石油化工中等职业教育教材

炼油工艺学

陆士庆 主编

中国石化出版社

内 容 提 要

本书为石油化工技工学校炼油专业用统编教材，主要讲述石油及其产品的性质和要求、石油的蒸馏、燃料油的生产(催化裂化、催化重整、气体分馏、烷基化、延迟焦化、加氢裂化)、润滑油生产(溶剂精制、酮苯脱蜡、丙烷脱沥青)以及加氢精制。

本书适用于石油化工中高等职业学校炼油专业用，及炼油中级工培训用，也可供炼油操作工阅读。

图书在版编目（CIP）数据

炼油工艺学 / 陆士庆主编.
—北京：中国石化出版社（2016.1 重印）
石油化工技工学校统编教材
ISBN 978-7-80043-290-3

Ⅰ. 炼… Ⅱ. 陆… Ⅲ. 石油炼制-工艺学-技工学校-教材 Ⅳ. TE624

中国版本图书馆 CIP 数据核字（1999）第 25578 号

中国石化出版社出版发行
地址：北京市东城区安定门外大街 58 号
邮编：100011　电话：(010)84271850
读者服务部电话：(010)84289974
http://www.sinopec-press.com
E-mail：press@sinopec.com
北京科信印刷有限公司印刷
全国各地新华书店经销

*

787×1092 毫米 16 开本 24 印张 1 插页 614 千字
2016 年 1 月第 2 版第 17 次印刷
定价：50.00 元

前 言

本书是根据原中国石化总公司技工学校炼油专业《炼油工艺学教学大纲》的要求编写而成的。可作为石油化工中高等职业学校炼油专业教材和炼油中级工培训教材，也可供炼油操作工阅读。

本书主要讲述石油及其产品的性质和要求、石油的蒸馏、燃料油的生产(催化裂化、催化重整、气体分馏、烷基化、延迟焦化、加氢裂化)、润滑油生产(溶剂精神，酮苯脱蜡、丙烷脱沥青)以及加氢精制。本教材各篇后附有部分思考题和习题，可供参考。带*号为选读内容。

本书是在原石油部1981年内部发行的《炼油工艺学》的基础上于1989年修改并试用后，在试用书的基本上再次修改编写而成的。由上海高桥石化公司炼油厂技工学校陆士庆、张洪汀、金陵石化公司炼油厂技工学校吕逸华、大连石化公司技工学校崔西城、张俊清、吴侠等编写，由陆士庆主编。在编写过程中，蒋国瑞、蔡岩等同志以及各兄弟学校曾提出不少宝贵意见，在此一并致谢。

由于编写水平有限，本书尚存在不少缺点和错误，敬请批评指正。

编 者

目　录

第四篇　润滑油的生产工艺

第五篇　加 氢 精 制

绪　　论

石油主要是由碳氢化合物组成的复杂混合物。

关于石油来源的说法基本上有两种：一种是无机生成说，认为石油是由水和二氧化碳与金属氧化物发生地球化学反应而生成。另一种是有机生成说，认为古代的动植物的遗体经过许多世纪的堆积，被新岩层覆盖后，在地下逐渐形成石油和天然气。

石油生成后需流到一定场所，形成储油层，储油层需要有多孔性的、多裂缝的或多洞穴的岩层，在这种岩层中，石油在气体压力、重力、水静压力、岩层压力和毛细管作用下，能大量集中，而且在含油岩层周围还要有使油不能穿透的岩层，以防止积聚的石油和天然气漏掉，这样，就形成了具有工业价值的石油矿藏。

通过地质调查，发现了"储油构造"，并根据大量资料选定钻井位置，再通过钻井，对岩样岩芯的分析资料证实所寻找的地方是否有工业价值的贮油面积。

石油埋藏在地下深达三、四千米，浅的也有几百米。要将石油从地下采集到地面上来，要用钻机将地壳打开一条通路——钻井。油井建成后就可采油。开采初期，井底压力较大，石油可以自喷，在采油过程中，油层压力逐渐下降，为保持自喷，则可向井底送入高压水或压缩天然气，或用深井泵将石油抽上地面，这就是采油。

从油井中开采出来的石油称为天然原油。天然原油在矿场上脱水脱盐后送往炼油厂进行加工。

石油在炼油厂中经过各种加工，制成了大量的汽油、煤油、柴油、润滑油、沥青等等各种产品。

一、石油在国民经济和国防上的重要性

1. *石油是当代主要动力资源*

自十九世纪内燃机出现以后，从石油中制成的汽油、煤油、柴油就成为汽车、拖拉机、内燃机车、船舶等不可缺少的燃料，其用量之大是相当可观的。

现代化国防装备主要以石油产品作为其动力来源，不仅坦克、飞机、装甲车、舰艇等及现代化武器多以石油产品为燃料，近代火箭燃料也有从石油中获得的。

作为燃料，石油较煤炭的发热值高，燃烧完全，使用方便，易于输送，因此，它是各种内燃机的主要动力资源。

2. *石油是优质的润滑材料*

石油是提取润滑油的主要原料，目前全世界每年生产的石油约有2%作润滑油。

各种机械设备都需要用润滑材料来防止机械磨损和节省动力消耗。随着生产技术的发展，近代的许多机械设备需要在高速、高温、高压或低温、低压下运转，因此，对润滑材料的性能和质量要求也日益提高。量大、面广的各种润滑油、脂，都是从石油中提取的，这是因为从石油中提取润滑油比较经济，所得的润滑油性能较好，品种较多，能满足多种机械润滑的需要。

3. *石油是化学工业的重要原料*

以石油为原料可以获得三烯（乙烯、丙烯、丁烯）、三苯（苯、甲苯、二甲苯）、一炔（乙炔）等基础有机原料，进而制取合成纤维、合成橡胶、合成塑料、化学肥料、炸药、农药、医药、染料等重要产品。石油在化工领域中的重要地位日益显著，今后将会有更广阔的前程。

二、我国石油工业发展的概况

我国是世界上最早发现和利用石油的国家之一。远在1800年以前，我国就有关于石油的文字记载。东汉著名历史学家班固的"汉书"中记载"上郡高奴县有洧水，肥可燃"。1600多年前的"后汉书"上记载了酒泉发现了石油。到了唐朝，人们把石油叫作"石脂水"。当时，不但记载了石油在地表产生的情况，还描写了人们怎样利用石油于照明、涂革囊，做车辆的润滑油等。在公元十一世纪北宋时代，我国已有了石油的初期加工产品了。在800年前宋朝沈括的"梦溪笔谈"中记载石油燃烧时所得的炭黑作墨用于书写，第一次使用了"石油"一词。在公元十六世纪，明朝著名医药学家李时珍在"本草纲目拾遗"中记载了石油在医疗上的用途。就钻井技术讲，远在2200年前，我国劳动人民就在四川钻凿深井，从中采取卤水。1600多年前，就从深井中发现了天然气，并加以利用。明朝正德末年（公元1521年），人们用竹子顿钻从井下1000多米深采出了石油，这比美国1859年钻的第一口油井早300多年，并深几十倍。在公元1637年宋应星著的"天工开物"中不但留下了文字记载，并留下了图画。

虽然我国劳动人民发现和利用石油很早，但由于长期的封建社会的统治，特别是近百年来帝国主义的侵略和官僚资本主义的黑暗统治下，我国的石油工业和其他工业一样，处在奄奄一息的状态中。从1907年在陕西延长开第一口现代化油井开始，到1949年的42年中，原油年产量最高不超过12万吨，帝国主义国家为了掠夺的需要，破坏我国的石油资源，"洋油"充满于市，捏造了"中国贫油"的谬论，企图扼杀我国的石油工业发展。

解放后，在中国共产党和毛主席的领导下，我国石油工业得到了迅速的恢复和发展。1952年石油年产量已达430kt，相当于解放前历史最高产量的137%，1958年以后，加速了玉门、克拉玛依等油田的开发和建设，特别是60年代，高速度、高质量建成了举世闻名的大庆油田，1963年，我国石油产品已经能够自给。70年代又陆续开发了胜利、大港、华北中原等油田，炼油厂的加工能力不断提高，1990年全国原油加工能力已达144Mt，占世界第4位，生产产品不断增加，而且逐步走上了石油化工综合发展的道路。

在石油炼制工艺方面，60年代突破了帝国主义的技术封锁，在兰州建成了第一座现代化燃料——润滑油型炼油厂，并较快地掌握了流化催化裂化、铂重整、延迟焦化等先进技术。自70年代起，分子筛提升管催化裂化和多金属催化重整已经在工业装置上运转成功，加氢精制、加氢裂化技术的发展也很迅速，我国自己发展的水蒸气脱附分子筛脱蜡、喷雾蜡脱油和塔式氧化沥青、连续重整等新工艺、新技术不断发展。炼油厂的机械化和自动化水平、计算机应用技术也有了进一步提高。随着石油加工的催化剂和添加剂研究和制备的进展，石油产品品种更加齐全，质量不断提高。

近年来，我国石油化工发展很快，根据国民经济新形势的发展，国家把石油化工放在非常重要的地位，今后以乙烯为代表的石油化工、提高原油加工深度、开发以重质油为原料的石油化工工艺、提高优质中间馏分油、充分利用炼厂气、提高石化产品质量等方面将得到进一步发展。

我国石油工业的发展已具有一定水平，但我国还是一个发展中的国家，摆在我们石油工作者面前的任务是很繁重的，我们必须在实践中不断前进，为发展我国的石化工业而奋斗。

三、本课程学习内容和方法

石油炼制工艺学是一门研究石油加工的学科。本课程将论述石油加工方法的原理、工艺生产过程及主要设备、简单工艺计算。

本书共有五篇组成：

第一篇为石油及其产品的性质。主要介绍石油及其产品的化学组成、物理性质、石油产品的分类和使用要求、原油的分类和评价。

第二篇为石油的蒸馏。主要介绍蒸馏的原理及其生产过程、操作分析。

第三篇为燃料油的生产。主要介绍催化裂化、催化重整、气体分馏、烷基化、延迟焦化、加氢裂化的生产方法基本原理、生产过程及其操作分析。

第四篇为润滑油的生产。主要介绍润滑油的分类、组成与使用性能的关系，润滑油原料的溶剂精制和脱蜡、丙烷脱沥青的原理、生产过程及其操作分析。

第五篇为加氢精制的原理、催化剂、工艺流程以及主要设备。

石油炼制工艺是一门应用科学，实践性较强，变动发展较快，因此在学习中必须注意理论联系实际，既要重视实践经验的总结，也要重视应用所学的理论作指导，善于从生产现象、操作数据的分析出发，引出规律性结论。

第一篇 石油及其产品的性质和要求

研究石油及其产品的性质和要求，对于原油的加工、产品的使用以及石油的综合利用等都具有重要的意义。

第一章 石油的一般性质和化学组成

第一节 石油的一般性质

石油是碳氢化合物的复杂混合物，外观是一种流动或半流动的粘稠液体。石油按其产地不同，性质也有不同程度的差异。

从颜色上看，天然石油绝大多数都是黑色的，但也有暗黑、暗绿、暗褐的，而且有些石油是呈赤褐、浅黄乃至无色的。如我国四川盆地开采出来的原油是黄绿色的，玉门原油是黑褐色的，大庆原油则是黑色的。石油之所以具有不同的颜色，是因为它们所含的胶质和沥青质的数量不同。胶质和沥青质含量越多，石油颜色就越深。我国的石油一般含沥青质不多，但含胶质却不算少。

绝大多数石油的相对密度介于0.8～0.98之间，但也有例外，如伊朗某石油相对密度高达1.06，美国加里福利亚州石油相对密度却低到0.707。石油的相对密度取决于石油中含有重质馏分、胶质、沥青质的多少，重质馏分、胶质和沥青质多，则石油的相对密度就大，反之相对密度就小。

由于石油里面含有不同数量的硫化物，因此石油都有不同程度的气味。

在常温下，大多数石油是可以流动的液体，但也有的是固体或半固体。石油的流动性主要取决于石油中含蜡量的多少。含蜡量少的，常温下呈液体状态，能流动；含蜡量高的，常温下呈固体或半固体。我国石油一般含蜡量比较高，有的高达30%。

表Ⅰ-1-1为我国几种原油的主要物理性质。

表 Ⅰ-1-1 我国几种原油的主要物理性质

原油性质	大庆混合原油	胜利混合原油	大港混合原油	任丘混合原油	克拉玛依混合原油	孤岛混合原油
相对密度 d_4^{20}	0.8601	0.9005	0.8826	0.8837	0.8718	0.9492
粘度(50℃),mm^2/s	23.85	83.36	17.37	57.1	28.0	243.5
凝点,℃	31	28	28	36	−23.5	−4
含蜡量(吸附法),%	25.76	14.6	15.39	22.8	5.12	12.74
胶质(硅胶法),%	17.96	23.2	13.14	23.2		34.64
沥青质,%	0.12	5.1	13.14	2.5	0.56	5.79
残炭,%	2.99	6.4	3.2	6.7		7.81
含盐,mg,NaCl/L	12.6	60	186.5	4.3		19.92
含硫,%	0.07～0.11	0.80	0.12	0.31	0.13	1.868
含氮,%	0.13	0.41	0.23	0.38		1.366
水分,%	0.83	1.0	0.23	无	0.07	1.2
酸值,mg,KOH/g					0.39	1.7
灰分,%	0.0027		0.018	0.0097		

第二节　石油的分馏和馏分

在研究石油的化学组成之前首先讨论石油的分馏和馏分。

石油是一个多组分的复杂混合物，各个组分有其各自不同的沸点。按照各组分沸点的差别，使混合物得以分离的方法称为分馏。通常炼油厂没有必要把石油分成单个组分，而是按需要将石油分成几个部分。按一定的沸点范围分得的油品称为馏分。例如分成＜200℃的馏分、200～300℃的馏分等等。应该强调的是：即使温度范围很小的馏分，它还是一个混合物，只不过包含的组分数目比原油少而已。

对常用石油馏分常冠以汽油、煤油、柴油、润滑油等名称。但馏分并不就是石油产品，还必须将馏分进一步加工以满足油品规格的要求。同一沸点范围的馏分也可因目的不同而加工成不同产品。例如航空煤油（150～280℃）、灯用煤油（200～300℃）、轻柴油（200～350℃）都含有（200～280℃）的馏分。减压塔馏出的馏分既可加工成润滑油产品，也可作为催化裂化原料油。在本书中称：＜200℃为汽油馏分或低沸馏分；200～350℃为煤柴油馏分或中间馏分；350～500℃为润滑油馏分或高沸馏分。

从原油直接分馏得到的馏分称为直馏馏分，其产品称为直馏产品。

第三节　石油的元素组成

组成石油的主要元素是碳和氢，它们占元素总量的96～99%，其中碳含量占83～87%，氢含量占11～14%。

此外，石油中还含有硫、氮、氧等元素，它们在石油中的总含量一般在1～4%，但也有个别石油中含量较高。如墨西哥石油仅硫元素含量就可高达3.5～5.3%。大多数石油含氮量甚少，约千分之几到万分之几，但也有个别石油，如阿尔及利亚及美国加里福利亚州石油含氮量达1.4～2.2%。

除上述五种元素外，在石油中还发现微量的金属元素和非金属元素。

在金属元素中，最重要的是钒(V)、镍(Ni)、铁（Fe)、铜（Cu)、铅（Pb)，此外有钙（Ca)、钛（Ti)、镁（Mg)、钠（Na)、钴（Co)、锌（Zn）等。

在非金属元素中，主要有氯（Cl)、硅(Si)、磷(P)、砷（As）等，它们的含量都很少。

石油中的硫、氮、氧及金属和非金属的含量虽然很少，但对石油的加工过程影响很大。

不同石油的元素组成见表Ⅰ-1-2。

表Ⅰ-1-2　石油的元素组成

	C	H	S	N	O
大庆混合原油	85.74	13.31	0.11	0.15	
大港混合原油	85.67	13.4	0.12	0.23	
胜利原油	86.26	12.20	0.80	0.41	
克拉玛依原油	86.1	13.3	0.04	0.25	0.28
孤岛原油	84.24	11.74	2.20	0.47	
杜依玛兹	83.9	12.3	2.67	0.33	0.74
墨西哥	84.2	11.4	3.6		0.80
美国宾夕法尼亚	84.9	13.7	0.5		0.9
伊　朗	85.4	12.8	1.06		0.74

上述各种元素并非以单质出现，而是以不同形式与碳和氢元素相互结合形成化合物存在于石油中。

第四节 石油的烃类组成

从元素组成可以看出，石油是复杂的有机化合物的混合物，它包括由碳、氢两种元素组成的烃类和碳、氢两种元素与其它元素组成的非烃类。这些烃类和非烃类的结构和含量决定了石油及其产品的性质。

石油中的主要成分是烃类，在天然石油中主要含有烷烃、环烷烃和芳香烃，一般不含有烯烃。在不同的石油中，各族烃类含量相差较大，在同一种石油中，各族烃类在各个馏分中的分布也有很大的差异。下面我们着重分析各族烃在石油中的分布情况。

一、石油中的烷烃

烷烃是组成石油的主要成分之一，随着分子量的增加，烷烃分别以气、液、固三态存在于石油中。

1. *气态烷烃*

在常温下，从甲烷到丁烷是气态，它是天然气和炼厂气的主要成分。

天然气因组成不同可分干气（贫气）及湿气（富气）。在干气中，含有大量的甲烷和少量的乙烷、丙烷等气体，而在湿气中，除含有较多的甲烷、乙烷以外，还含有少量易挥发的液态烃如戊烷、己烷直至辛烷的蒸气，还可能有极少量的芳香烃及环烷烃。

干气和湿气之间并无严格的界限，通常以天然气中丁烷以上的液态烃（称气体汽油）含量来区分。若在每立方米天然气中含有低于100g气体汽油时称为贫气，而在富气中，一般含有100g以上的气体汽油，有些甚至高达700～800g。

我国某些天然气的组成见表Ⅰ-1-3。

表 Ⅰ-1-3 我国某些天然气的组成%（体）

地 区	CH_4	C_2H_6	C_3H_8	C_4H_{10}	N_2	CO_2	H_2S
四川							
隆昌23井	95.5	0.8	0.2	—	0.8	0.9	—
巴县23井	97.9	0.3	—	—	1.1	0.2	—
自流井	87.8	←——	7.15	——→	2.3	0.6	0.5
柴达木							
盐 湖	95.5	0.2	0.3	—	3.5	—	—
油砂山	70.1	9.2	5.8	4.2	9.0	—	—
玉 门	82.7	8.5	2.7	1.0	4.7	—	—
延 长	82.4	5.2	4.0	2.6	3.3	—	—
上海江湾	84.6	—	—	—	10.8	2.8	—

至于炼厂气的组成，因加工条件不同，不但含有烷烃，还含有烯烃、氢气等气体。

2. *液态烷烃*

在常温下，C_5～C_{15}的烷烃为液态，主要存在于汽油和煤油中，其沸点随着分子量的增加而上升(见表Ⅰ-1-4)。在蒸馏石油时，C_5～C_{10}的烷烃多进入汽油馏分（200℃以下）的组成中，而C_{11}～C_{15}的烷烃则进入煤油馏分（200～300℃）的组成中。

表 I-1-4 烷烃分子量与沸点的关系

烃 类	沸点(℃)	烃 类	沸点(℃)
C_5H_{12}	36.1	$C_{11}H_{24}$	195.8
C_6H_{14}	68.8	$C_{12}H_{26}$	216.3
C_7H_{16}	98.4	$C_{13}H_{28}$	235.5
C_8H_{18}	125.7	$C_{14}H_{30}$	253.6
C_9H_{20}	150.8	$C_{15}H_{32}$	270.6
$C_{10}H_{22}$	174.1		

3. 固态烷烃

在常温下，C_{16}以上的烷烃为固态，一般多以溶解状态存在于石油中，当温度降低时，就有结晶析出，工业上称这种固体烃类为蜡。通常在300℃以上的馏分中，即从柴油馏分开始才含有蜡。含蜡量的多少，对油品的凝点的高低有很大影响。我国几种原油的含蜡量见表Ⅰ-1-5。

表 I-1-5 我国几种原油的含蜡量

	大 庆	胜 利	克拉玛依	玉 门		大 庆	胜 利	克拉玛依	玉 门
凝点,℃	23	30	−50	8	蜡熔点,℃	51～52.4	52～54	50	47.5
含蜡量,%	17.9	17.1	2.04	8.3					

蜡按其结晶形状不同，可分为两种，一种是结晶较大，呈板状结晶的称为石蜡，另一种是呈细微结晶的微晶形蜡称为地蜡。

石蜡主要分布在柴油和轻质润滑油馏分中，分子量一般为300～500，分子中碳原子数为20～35，熔点在30～70℃。石蜡的主要成分是正构烷烃，也含有少量的异构烷、环烷及少量的芳香烃。

地蜡主要分布在重质润滑油馏分、重油和渣油中，分子量一般为500～700，分子中碳原子数为35～55，熔点60～90℃。地蜡的组成较为复杂，各类烃都有，但以环状烃为主体，正、异构烷烃的含量都不高。

我国大庆原油含蜡量高，蜡的质量好，是生产石蜡的优良原料。

二、石油中的环烷烃

环烷烃是石油的主要组分之一，也是润滑油组成的主要组分。

在石油中所含的环烷烃主要是环戊烷和环己烷及其衍生物。

环烷烃在石油各馏分中的含量是不同的，它们的相对含量随馏分沸点的升高而增加，但在更重的石油馏分中，因芳香烃的增加，环烷烃则逐渐减少。一般来说，汽油馏分中的环烷烃主要是单环环烷烃（重汽油馏分中有少量双环环烷烃）；在煤油，柴油馏分中除含有单环环烷烃外（它较汽油馏分中的单环环烷烃具有更长的侧链或更多的侧链数目），还出现了双环及三环环烷烃（在煤油、柴油重组分中已出现多于三环的环烷烃）；而在高沸点馏分中则包括了单、双、三环及多于三环的环烷烃。

环烷烃含量对油品粘度影响较大，一般含环烷烃多，油品粘度就大，它是润滑油组成的主要组分，其中少环长侧链的环烷烃是润滑油的理想组分。

三、石油中的芳香烃

芳香烃也是石油的主要组分之一。在轻汽油（<120℃）中含量较少，而在较高沸点（120～300℃）馏分中含量较多，一般在汽油馏分中主要含有单环芳烃；煤油，柴油及润滑油馏分中不但含有单环芳烃，还含有双环及三环芳烃；三环及多环芳烃主要存在于高沸馏分及残油中。多环芳烃具有荧光，这是石油能发生荧光的原因。

芳香烃的抗爆性很高，是汽油的良好组分，常用做提高汽油质量的掺合剂；灯用煤油中含芳烃多，点燃时会冒黑烟和使灯芯易结焦，是有害组分；润滑油馏分中含有多环短侧链的芳香烃，它将使润滑油的粘温特性变坏，高温时易氧化而生胶，因此，润滑油精制时要设法除去。

芳香烃用途很广泛，可做为炸药、染料、医药、合成橡胶等，是重要的化工原料之一。

第五节　石油的非烃化合物

石油中含有相当数量的非烃化合物，尤其在石油重馏分中的含量更高。非烃化合物的存在，对石油的加工及产品的使用性能具有很大的影响。在石油加工过程中，绝大多数精制过程都是为了解决非烃化合物的问题。为了能正确地解决石油加工和产品使用中的一些问题，就必须学习研究石油中非烃化合物及其化学组成。

石油中的非烃化合物主要有含硫、含氧、含氮化合物以及胶质，沥青质。

一、含硫化合物

硫是石油中常见的元素之一，不同的石油含硫量相差很大，可从万分之几到百分之几。如我国克拉玛依石油含硫量只有0.04％，而委内瑞拉原油含硫量却高达5.48％。由于硫对石油加工影响极大，所以含硫量常作为评价石油的一项重要指标。

通常将含硫量大于2％的石油称为高硫石油，低于0.5％的称为低硫石油，介于0.5～2％之间的称为含硫石油。我国石油大多属于低硫石油。

硫在石油中的分布一般是随着石油馏分沸点范围的升高而增加，大部分硫均集中在残油中。

硫在石油中大部分以有机含硫化合物形式存在，极小部分以元素硫存在；含硫化合物按性质可分为三大类：

1．酸性含硫化合物

主要为硫化氢（H_2S）和硫醇（RSH）。

石油中硫化氢和硫醇含量都不大，它们大多是石油加工过程中其它含硫化合物的分解产物。硫化氢和硫醇大多数存在于低沸点馏分中，已经从石油的汽油馏分中，分离出10多种硫醇，但在高沸馏分中尚未发现它们。

硫醇具有极强烈的特殊臭味，空气中含硫醇浓度为$2.2\times10^{-12}g/m^3$时就可闻到。硫醇能与烯烃缩合生成胶质，对汽油安定性有影响。在高温时，硫醇能分解成硫化氢。硫醇和硫化氢对金属都有腐蚀作用，特别是硫化氢对金属的腐蚀作用更显著，在油品精制时，这类化合物必须除掉。

2. 中性含硫化合物

主要有硫醚（RSR′）和二硫化物（RSSR′）。

硫醚是石油中含量较多的硫化物之一。硫醚在石油中的分布是随着馏分沸点的上升而增加，大量集中在煤油、柴油馏分中。硫醚是中性液体，热稳定性高，与金属不发生化学反应。

二硫化物在石油馏分中含量较少，而且较多集中于高沸馏分。二硫化物也不与金属发生化学反应，但它的热稳定性较差，受热后可分解成硫醚、硫醇或硫化氢。

3. 热稳定性较高的含硫化合物

主要有噻吩（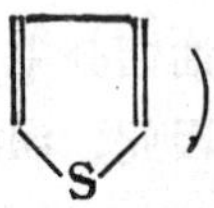）和四氢噻吩（）。

噻吩具有芳香气味，在物理性质和化学性质上接近于苯及其同系物。噻吩对热极为稳定，易溶于硫酸中，利用此性质可将噻吩除去。

噻吩主要分布在石油的中间馏分中。

含硫化合物对石油加工及产品质量的影响是多方面的，总的有以下几方面：

（1）严重腐蚀设备：在石油炼制时，含硫化合物对一般的钢材腐蚀严重，尤其是在炼油装置的高温重油部位（常压塔底、减压塔底、焦化塔底等），及低温轻油部位（初馏塔顶、常压塔顶等），腐蚀更为严重。

在石油产品的使用中，各种含硫燃料燃烧后生成SO_2和SO_3，遇水生成H_2SO_3和H_2SO_4，对机器零件造成强烈的腐蚀。

（2）在加工过程中生成的H_2S及低分子硫醇等有毒气体造成有碍人体健康的空气污染。

（3）汽油中有含硫化合物，会降低汽油的感铅性及安定性，使燃料性质变坏。

（4）在气体和各种石油馏分的催化加工时，会造成催化剂中毒。

因此，在油品精制过程中，必须把硫化物除去

二、含氧化合物

石油中的含氧量一般都很少，大约在千分之几的范围内，但也有个别石油含量较高，达2～3%。石油中的氧大部分集中在胶质、沥青质中，这里讨论的是胶质、沥青质以外的含氧化合物。

石油中的含氧化合物可分为酸性氧化物和中性氧化物两类。酸性氧化物中有环烷酸、脂肪酸以及酚类，总称石油酸。中性氧化物有醛、酮、醚等，在石油中的含量极少。

在石油的酸性氧化物中，环烷酸最重要，约占石油酸性氧化物的90%左右，但它在石油中的含量一般多在1%以下。环烷酸在石油馏分中的分布规律较特殊，在中间馏分（沸点范围约为250～350℃左右）中含量最高，而在低沸馏分及高沸重馏分中环烷酸含量都比较低，大致从煤油馏分开始，随馏分沸点升高其含量逐渐增加，到轻质润滑油及中质润滑油馏分其含量达到最高点，以后又逐渐下降。

在石油的酸性氧化物中，除了环烷酸外，还有酚类，如苯酚、甲酚、二甲酚、萘酚等。酚类在石油直馏产品中的含量较少。

酸性含氧化合物都具有强烈的腐蚀性，能腐蚀设备。中性含氧化合物也会进一步氧化，最后生成胶质，会影响油品使用性能，因此，在精制过程中必须除去含氧化合物。

三、含氮化合物

石油中含氮量很少，一般在万分之几到千分之几。我国大多数原油含氮量均低于0.5%，如大庆原油含氮量仅0.13%

石油中的含氮量一般是随馏分沸点升高而增加，因此，氮化物大部分以胶质，沥青质形式存在于渣油中。

石油中的氮化物可分为碱性和中性两类。碱性氮化物有吡啶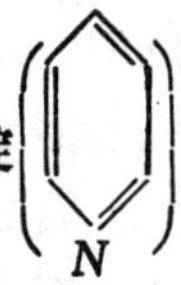喹啉、异喹啉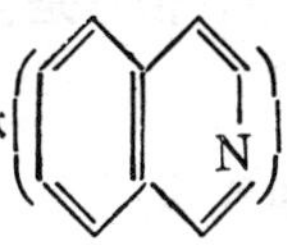、胺（R—NH_2）及它们的同系物。中性氮化物有：吡咯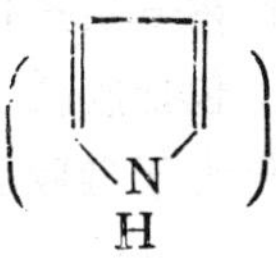、吲哚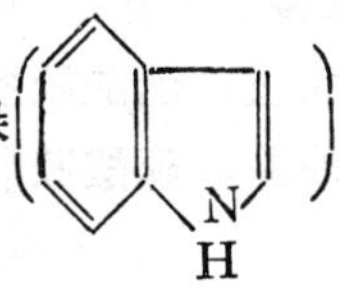、咔唑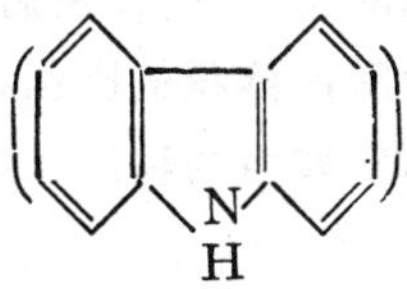及它们的同系物。

碱性氮化物约占20～40%，其余60～80%为中性氮化物。

氮化物在石油中含量虽少，但对石油加工及产品使用都有一定的影响。氮化物能使催化剂中毒，在油品贮存中，会因氮化物与空气接触氧化生胶而使油品颜色变深，气味变臭，并降低油品安定性，影响油品的正常使用。

因此，在油品精制过程中，也必须把含氮化合物除去。

四、胶质、沥青质

在石油的非烃化合物中，胶质、沥青质是很大一类物质。它们在石油中含量相当可观，我国各主要原油中，含有约百分之十几至四十几的胶质和沥青质。见表Ⅰ-1-6。

表Ⅰ-1-6　我国部分原油胶质、沥青质含量

原油产地	沥青质，%	硅胶胶质，%	原油产地	沥青质，%	硅胶胶质，%
大　庆	0.98	15.9	玉　门	1.4	12.3
胜　利	5.1	23.2	克拉玛依	0.63	13.2
大　港	合计　13.14		孤　岛	8.5	33.5

胶质、沥青质是石油中结构最复杂、分子量最大的物质，在其组成中，除含碳、氢外，还含有硫、氮、氧等元素。

1. 胶质

胶质是一种很粘稠的液体或半固体状态的胶状物，其颜色为黄色至暗褐色。它的平均分子量约为600～800，最高可达1000左右，相对密度在1.0～1.07之间。胶质具有很强的着色能力，0.005%（重）的胶质就能使无色汽油变为草黄色，所以油品的颜色主要是由于胶质的存在而引起的。

胶质能溶于石油醚、苯、乙醚中，也溶于石油馏分。胶质在石油中的分布是从煤油馏分

开始，随馏分沸点的上升，其含量不断增多，在渣油中的含量最大。

胶质很易被吸附剂吸附，因此，油品用石油醚稀释后，再用硅胶吸附，就可得出油品中的胶质的含量，这些胶质称为硅胶胶质。

胶质受热氧化时，可以转变为沥青质，进而生成不溶于油的油焦质。

2. 沥青质

沥青质是一种黑色的、无定形脆性的固体，相对密度大于1。它的分子量很高，大约为1300或更高些。沥青质能溶于苯、二硫化碳、四氯化碳中，但不溶于石油醚，而石油的其他组分都能溶于石油醚中，因此，当在石油中加入适量的石油醚后，沥青质就可以沉淀出来。

沥青质没有挥发性，石油中的沥青质全部集中在渣油中，但它是以胶体状态分散在石油中，而不是象胶质一样与石油形成真溶液。

沥青质在300℃以上温度时，就会分解成焦炭状物质和气体。

胶质、沥青质一般都能与硫酸起作用，作用后的产物能够溶于硫酸中，一般把在一定条件下和硫酸起作用的物质在石油中所占体积的比例称为硫酸胶质。硫酸胶质实际上包括胶质、沥青质及能和硫酸反应或溶解在硫酸中的物质，所以同一油品，硫酸胶质的数量大于硅胶胶质。

胶质、沥青质对油品性质影响很大，灯用煤油含有胶质，会影响灯芯吸油量并使灯芯结焦，因此灯用煤油要求精制至无色；润滑油含有胶质，会使粘度指数降低，在自动氧化过程中生成积炭，造成机器零件磨损和细小输油管路堵塞；裂化原料中含有胶质、沥青质容易在裂化过程中生焦。

因此，石油馏分中的胶质、沥青质在精制过程中必须除去。

第二章　石油及油品的物理性质

石油及油品的物理性质是科学研究和生产实践中评定油品质量和控制加工过程的重要指标，也是设计和计算石油加工过程的必要数据。

油品的物理性质和其化学组成及结构有密切的关系，通过物理性质，也可以大致判断油品的化学组成。

由于油品是各种化合物的复杂混合物，因此其物理性质是组成它的各种烃类和非烃类化合物的综合表现。与纯物质的性质不同，油品的物理性质往往是条件性的，离开了测量的方法、仪器和条件，这些性质就没有意义，所以为了便于比较油品质量，往往采用标准的仪器，在特定的条件下测定其物理性质的数据。

第一节　蒸　气　压

在某一温度下，液体与在它液面上的蒸气呈平衡状态时，由此蒸气所产生的压力称为饱和蒸气压，简称蒸气压。

蒸气压的高低表明了液体中分子逃离液体汽化或蒸发的能力，蒸气压越高，就说明液体越易汽化。

一、纯烃的蒸气压

纯烃和其它纯的液体一样，其蒸气压随液体的温度不同而异。液体的温度越高，则其蒸气压越高。

纯烃的蒸气压可以通过考克斯图求得。图Ⅰ-2-1就是称为考克斯图的石油烃类蒸气压图。利用此图可以找到各种烃类在某一温度下的蒸汽压，还可以用它来换算烃类和油品的沸点，即从减压下沸点换算至常压下的沸点，反之亦可。

例1-1　当压力为6.67kPa(50mmHg)时，某烷烃的沸点为110℃，试求出该烷烃常压下的沸点。

解：在纵坐标6.67kPa(50mmHg)处作一水平线，在横坐标110℃处作一垂直线，交点位于十一烷线上，在此线上查出与纵坐标101.3kPa(760mmHg)的交点，其温度为200℃，此即为该烷烃在常压下的沸点。

二、石油馏分的蒸气压

石油馏分是各种烃类的复杂混合物，其蒸气压不仅与温度有关，还与油品的组成有关，而油品的组成是随汽化率不同而改变的。因此，石油馏分的蒸气压也因汽化率的不同而不同。在温度一定时，油品的汽化率越高，则液相组成就越重，其蒸气压就越小。

石油馏分蒸气压通常有两种情况：一种是其汽化率为零时的蒸气压，也即是泡点蒸气压，或者叫做真实蒸气压，一般说的蒸气压即指的这种情况。另一种是所谓的雷德蒸气压，它是在特定的仪器中，在规定的条件下测得的条件蒸气压。

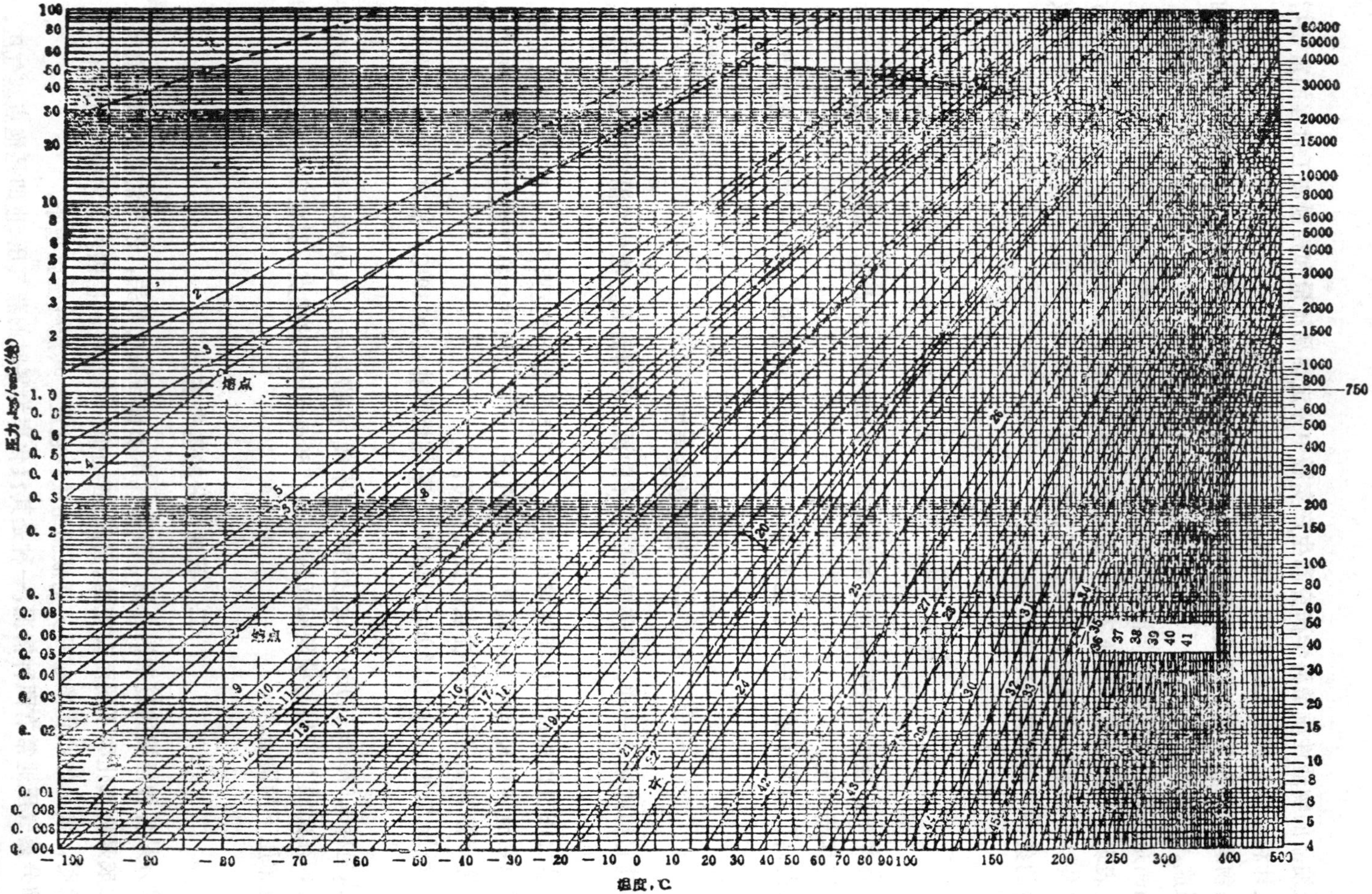

图 Ⅰ-2-1 烃类和石油产品蒸气压图

烷烃 1—甲烷;3—乙烷;6—丙烷; 12—丁烷; 9—异丁烷; 17—戊烷; 14—2,2-二甲基丙烷; 15—2-甲基丁烷;19—己烷; 18—2,2—二甲基丁烷;21—庚烷; 20—异庚烷; 24—辛烷;23—异辛烷; 25—壬烷; 26—癸烷; 27—十一烷; 28—十二烷; 29—十三烷; 30—十四烷; 31—十五烷; 32—十六烷; 33—十七烷; 34—十八烷; 35—十九烷; 36—二十烷; 37—二十二烷; 38—二十四烷; 39—二十六烷; 40—二十八烷; 41—三十烷; 烯烃 2—乙烯; 5—丙烯; 10—异丁烯, 1-丁烯; 13—顺2-丁烯; 22—二异丁烯; 26—三异丁烯;炔烃 4—乙炔;8—丙炔; 二烯烃 7—丙二烯; 11—1,3-丁二烯; 16—2-甲基-1,3-丁二烯; 石油产品 42—煤油; 43—瓦斯油; 44—轻残渣油; 45—重残渣油

* 1mmHg=133.3pa; 1kgf/cm²=98.1kpa=0.098MPa

石油馏分真实蒸气压也可以借用图Ⅰ-2-1求得，但此图是按纯烃作出的，未考虑油品蒸气压与汽化率的关系，因此，当用于石油馏分时，只适合于馏程小于50℃的窄馏分。

例1-2 某石油窄馏分在6.67kPa(50mmHg)时沸点为265℃求此石油馏分在常压下的沸点。

解： 在纵坐标6.67kPa(50mmHg)处作一水平线与横坐标265℃处所作垂直线相交于一点，此点位于$C_{22}H_{46}$线上（即此窄馏分相当于二十二烷），在此线上查出与101.3kPa(760mmHg)的交点，其温度为395℃，此即为该馏分常压下的沸点。

考克斯图一般用在一个大气压下较正确。

三、油品蒸气压的测定

蒸气压是汽油的主要指标之一，一般用雷德蒸气压测定器来测定，测得蒸气压称雷德蒸气压。

雷得蒸气压测定器如图Ⅰ-2-2。雷得蒸气压是在38℃、汽相体积:液相体积=4:1的条件下测得的，因此，它完全是条件性的，在测定过程中，必须严格按照规定的操作条件进行。

雷得蒸气压常用于油品（主要是汽油和原油）规格中来表示油品的蒸发性。

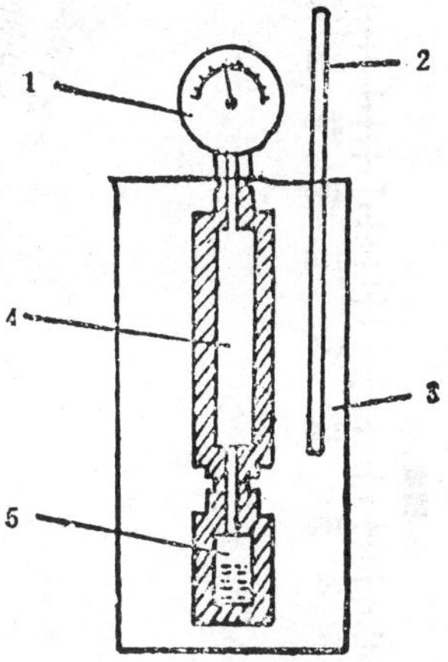

图Ⅰ-2-2 雷德蒸气压测定器

1—压力表；2—温度计；3—水浴；4—汽化空间；5—盛液体空间

四、不同压力下沸点换算

液体在其蒸气压与外压相等时开始沸腾，所以液体的沸点随外压而变化，例如水在101.3kPa(760mmHg)下的沸点为100℃，但在106.6kPa(800mmHg)下沸点为101.5℃，外压越高，沸点也越高。

科研和生产中经常要作不同压力的沸点换算，常用的最简单的方法是用图Ⅰ-2-3。

例1-3 某一石油窄馏分在30.39kPa〔0.3大气压（绝）〕下的沸点为170℃，试求此石油馏分在常压下的沸点。

解： 在图Ⅰ-2-3左右两端坐标上找出170℃与0.3大气压的两点，连接此两点交于常压下沸点坐标于215℃处，此即为该石油馏分在常压下的沸点。

第二节 馏 程（沸 程）

一、馏 程（沸 程）

对于纯化合物，在一定外压下，当加热到某一温度时，其饱和蒸气压与外界压力相等时的温度称为沸点。在外压一定时，沸点是一个恒定值。

油品是一个复杂的混合物，它与纯化合物不同，没有恒定的沸点。由于油品的蒸气压随汽化率不同而变化，所以在外压一定时，油品沸点随汽化率增加而不断升高。因此油品的沸

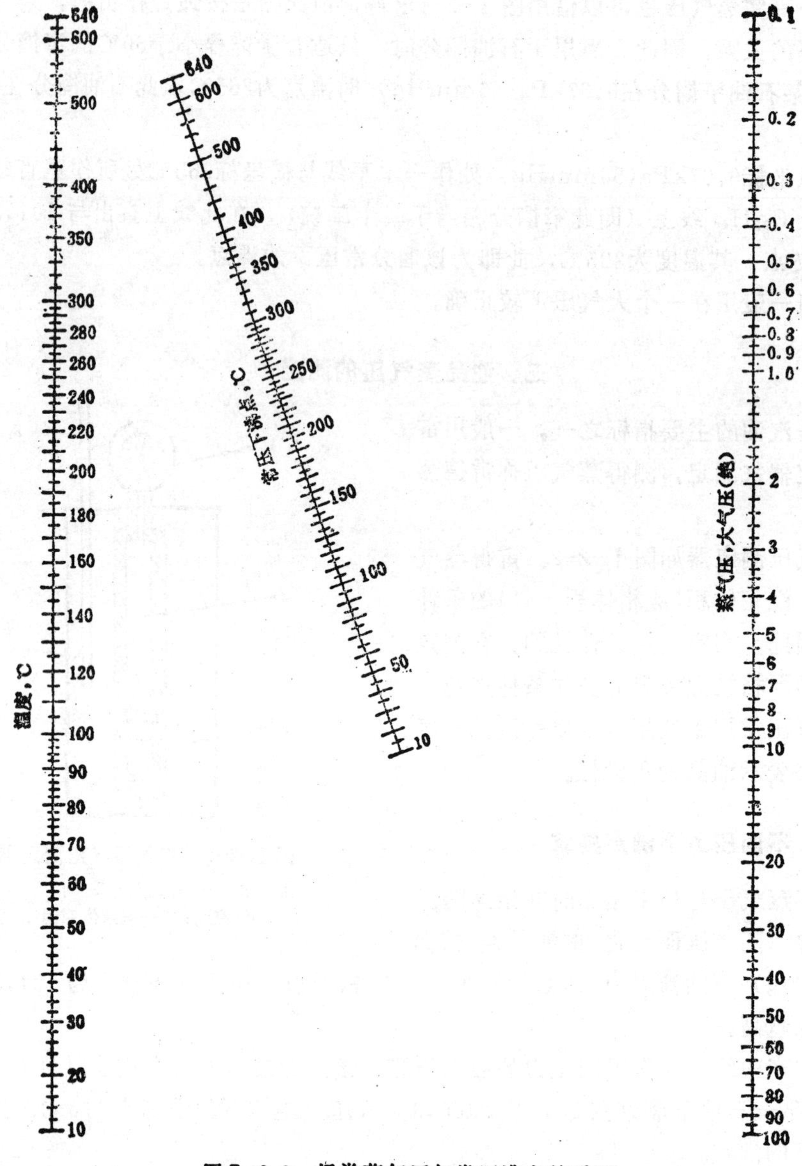

图Ⅰ-2-3　烃类蒸气压与常压沸点关系图
(1大气压＝101.3kPa)

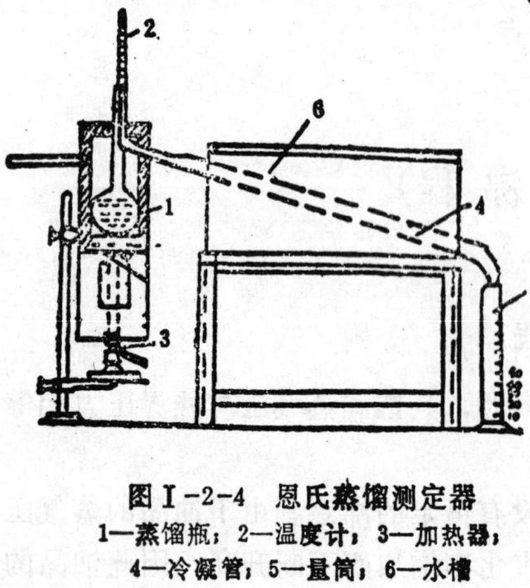

图Ⅰ-2-4　恩氏蒸馏测定器
1—蒸馏瓶；2—温度计；3—加热器；
4—冷凝管；5—量筒；6—水槽

点则以某一温度范围来表示，这一温度范围称沸程。

油品的沸点范围因所用蒸馏设备不同，测定的数值也有差别，在生产控制和工艺计算中使用的是最简便的恩氏蒸馏设备，见图Ⅰ-2-4。

当油品在恩氏蒸馏设备中进行加热蒸馏时，最先汽化蒸馏出来的主要是一些沸点低的烃类。当流出第一滴冷凝液时的汽相温度称为初馏点，在蒸馏过程中烃类分子基本上按其沸点高低依次逐渐蒸出，汽相温度也逐渐升高，将馏出体积为10%、20%、30%…90%时的汽相温度分别称为10%、20%、30%…90%点，当蒸馏到最后达到的最高汽相温度称为终馏点或干点。

油品从初馏点到干点这一温度范围称为馏程或沸程。温度范围窄的称为窄馏分，温度范围宽的称为宽馏分。低温度范围的馏分称为轻馏分，高温度范围的馏分称为重馏分。蒸馏温度与馏出量之间的关系称为馏分组成，它是油品质量的重要指标。

油品的馏程大致如下：

汽油	40～200℃
煤油	200～300℃
航空煤油	130～250℃
轻柴油	250～350℃
润滑油	350～520℃
重质燃料油	＞520℃

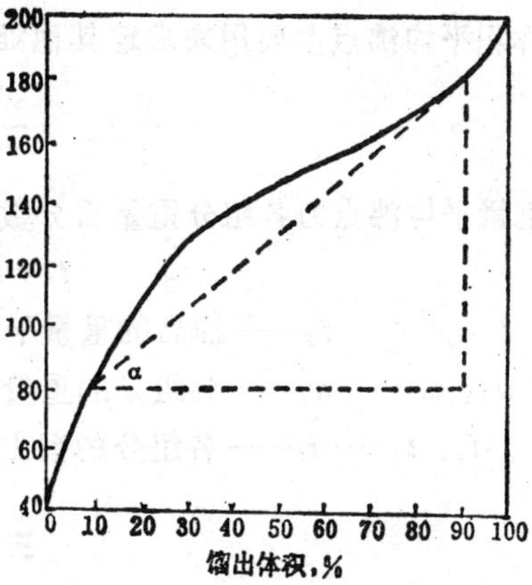

图Ⅰ-2-5　汽油的恩氏蒸馏曲线
（图中虚线表示10～90%斜率）

恩氏蒸馏是粗略的蒸馏，得到的馏分组成结果是条件性的，它不能代表馏出物的真实沸点范围，所以它只能用于油品馏程的相对比较，或大致判断油品中轻重组分的相对含量。

根据馏分组成数据，以馏出温度为纵坐标，馏出体积百分数为横坐标作图，得到的曲线称为恩氏蒸馏曲线，如图Ⅰ-2-5。

在工艺计算中常用到恩氏蒸馏曲线的斜率（tgα），其表示方法是：

$$\text{斜率 } (\text{tg}\alpha)=\frac{90\%\text{馏出温度}-10\%\text{馏出温度}}{90-10}$$

馏分越宽，其斜率值也越大。

例1-4　已知某汽油的恩氏蒸馏数据如下：

馏出体积，%	初馏点	10	20	30	40	50	60	70	80	90	干点
馏出温度，℃	42	78	109	126	137	145	151	159	168	180	196

作出其恩氏蒸馏曲线并计算其斜率。

解

$$\text{tg}\alpha=\frac{180-78}{90-10}=1.27\text{℃}/\%$$

第三节　平 均 沸 点

馏程在原油的评价和油品规格上虽然用处很大，但在工艺计算上却不能直接应用，因此工艺计算上为了要表示某一馏分油的特征，需要用平均沸点的概念。它在设计计算及其他物理性质的求定上用处甚大。

平均沸点有好几种，意义和用途也不一样，但都是根据恩氏蒸馏体积平均沸点和斜率求得，现分别叙述。

一、体积平均沸点

恩氏蒸馏的10%、30%、50%、70%、90% 5个馏出温度的平均值称为油品的体积平均沸点。

$$t_{体}=\frac{t_{10}+t_{30}+t_{50}+t_{70}+t_{90}}{5}$$

式中 $t_{体}$——油品的体积平均沸点，℃；

t_{10}、t_{30}……t_{90}——油品恩氏蒸馏10%、30%……90%的馏出温度，℃。

体积平均沸点主要用来求定其他难以直接测定的平均沸点。

二、重量平均沸点

重量平均沸点为各组分重量百分数和相应的馏出温度的乘积之和。

$$t_{重}=w_1t_1+w_2t_2+\cdots+w_it_i$$

式中 $t_{重}$——油品的重量平均沸点，℃；

w_1、w_2……w_i——各组分的重量百分数；

t_1、t_2……t_i——各组分的馏出温度，℃。

三、实分子平均沸点

实分子平均沸点为各组分摩尔分数和相应的沸点乘积之和。

$$t_{分}=N_1t_1+N_2t_2+\cdots\cdots+N_it_i$$

式中 $t_{分}$——油品的实分子平均沸点，℃；

N_1、N_2……N_i——各组分的摩尔分数；

t_1、t_2……t_i——各组分的馏出温度，℃。

对于石油窄馏分，可近似地用恩氏蒸馏50%点温度代替实分子平均沸点。

四、立方平均沸点

立方平均沸点为各组分体积百分数乘以各组分沸点（K）的立方根之和再立方。

$$T_{立}=(V_1T_1^{1/3}+V_2T_2^{1/3}+\cdots\cdots+V_iT_i^{1/3})^3$$

式中 T_i——油品的立方平均沸点，K；

V_1、V_2、……V_i——各组分的体积百分数；

T_1、T_2……T_i——各组分的馏出温度，K。

立方平均沸点可用来求定油品的特性因数和运动粘度。

五、中平均沸点

中平均沸点为立方平均沸点与实分子平均沸点的算术平均值。

$$t_{中}=\frac{t_{分}+t_{立}}{2}$$

式中 $t_{中}$——油品的中平均沸点，℃；

$t_{分}$——油品的实分子平均沸点，℃；

$t_{立}$——油品的立方平均沸点，℃。

中平均沸点可用来求定油品的特性因数、氢含量、平均分子量等。

上述五种平均沸点，除了体积平均沸点可根据油品的恩氏蒸馏数据直接计算外，其它几种按公式计算很难，因此，通常总是先利用恩氏蒸馏数据求得体积平均沸点，然后再根据体积平均沸点利用图Ⅰ-2-6求出其它平均沸点。

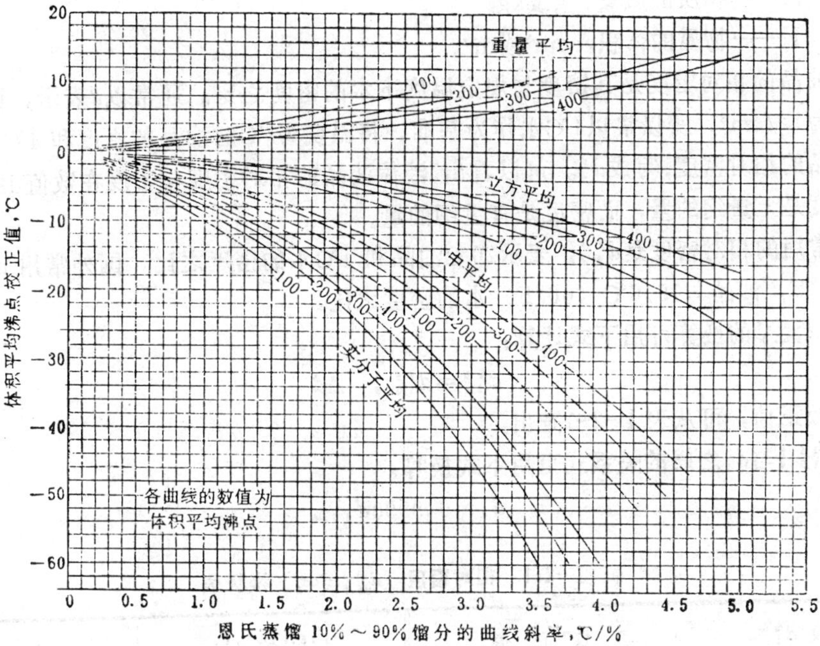

图Ⅰ-2-6 平均沸点温度校正图

例1-5 已知某油品的恩氏蒸馏数据如下：

馏出体积，%	初馏点	10	30	50	70	90	干点
馏出温度，℃	45	70	95	105	145	185	200

求出它的各种平均沸点：

解

$$t_{体}=\frac{70+95+105+145+185}{5}=120℃$$

$$\mathrm{tg}\alpha=\frac{t_{90}-t_{10}}{90-10}=\frac{185-70}{80}=1.44℃/\%$$

由$t_{体}$和$\mathrm{tg}\alpha$查图Ⅰ-2-6得：$t_{重}$、$t_{立}$、$t_{中}$、$t_{分}$的校正值分别为+3.8℃、-3.5℃、-9.5℃、-15.5℃。

则：

$$t_{重}=120+3.8=123.8℃$$

$$t_{立}=120-3.5=116.5℃$$

$$t_{中}=120-9.5=110.5℃$$

$$t_{分}=120-15.5=104.5℃$$

第四节　密度和相对密度

一、油品的密度和相对密度

单位体积内油品的质量称为油品的密度。通常以g/cm³、kg/m³为单位，以ρ表示。

$$\rho=m/V$$

式中　m——物质的质量，g或kg；

V——物质的体积，cm³或m³。

液体油品的相对密度是其密度与规定温度下水的密度之比。通常以d表示，因为水在4℃时的密度为1g/cm³，所以常以4℃水作为基准。将温度为t℃时油品的密度和4℃水的密度之比称为油品的相对密度，写成d_4^t。可以看出，液体油品的相对密度与密度在数值上是相等的，但相对密度是无量纲的量，而密度是有量纲的量。

我国常用的相对密度是d_4^{20}，表示20℃油品和4℃水的密度之比，国外常用$d_{15.6}^{15.6}$，表示15.6℃(60°F）油品与15.6℃（60°F）水的密度之比。

d_4^{20}与$d_{15.6}^{15.6}$的换算可用下式计算：

$$d_4^{20}=d_{15.6}^{15.6}-\Delta d$$

式中Δd为校正值，可从表Ⅰ-2-1查出。

此外$d_{15.6}^{15.6}$与d_4^t之间的关系式可用下式换算：

$$d_4^t=0.9990d_{15.6}^t$$

表Ⅰ-2-1　相对密度（$d_{15.6}^{15.6}$与d_4^{20}）换算表

$d_{15.6}^{15.6}$或d_4^{20}	校正值	$d_{15.6}^{15.6}$或d_4^{20}	校正值
0.700～0.710	0.0051	0.830～0.840	0.0044
0.710～0.720	0.0050	0.840～0.850	0.0043
0.720～0.730	0.0050	0.850～0.860	0.0042
0.730～0.740	0.0049	0.860～0.870	0.0042
0.740～0.750	0.0049	0.870～0.880	0.0041
0.750～0.760	0.0048	0.880～0.890	0.0041
0.760～0.770	0.0048	0.890～0.900	0.0040
0.770～0.780	0.0047	0.900～0.910	0.0040
0.780～0.790	0.0046	0.910～0.920	0.0039
0.790～0.800	0.0046	0.920～0.930	0.0038
0.800～0.810	0.0045	0.930～0.940	0.0038
0.810～0.820	0.0045	0.940～0.950	0.0037
0.820～0.830	0.0044		

注：$d_{15.6}^{15.6}=d_4^{20}+$校正值，$d_4^{20}=d_{15.6}^{15.6}-$校正值。

在欧美各国，常以比重指数（°API）来表示油品相对密度。它与$d_{15.6}^{15.6}$的关系式如下：

$$°API=\frac{141.5}{d_{15.6}^{15.6}}-131.5$$

$d_{15.6}^{15.6}$与°API的换算见表Ⅰ-2-2。

表 I-2-2 相对密度$d^{15.6}_{15.6}$与比重指数换算表

比重指数	1/10 比重指数 0	1	2	3	4	5	6	7	8	9
0	1.0760	1.0752	1.0744	1.0736	1.0728	1.0720	1.0712	1.0703	1.0695	1.0687
1	1.0679	1.0671	1.0663	1.0655	1.0647	1.0639	1.0631	1.0623	1.0615	1.0607
2	1.0599	1.0591	1.0583	1.0575	1.0568	1.0560	1.0552	1.0544	1.0536	1.0528
3	1.0520	1.0513	1.0505	1.0497	1.0489	1.0481	1.0474	1.0466	1.0458	1.0451
4	1.0443	1.0435	1.0427	1.0420	1.0412	1.0404	1.0397	1.0389	1.0382	1.0374
5	1.0366	1.0359	1.0351	1.0344	1.0336	1.0328	1.0321	1.0313	1.0306	1.0298
6	1.0291	1.0283	1.0276	1.0269	1.0261	1.0254	1.0246	1.0239	1.0231	1.0224
7	1.0217	1.0209	1.0202	1.0195	1.0187	1.0180	1.0173	1.0165	1.0158	1.0151
8	1.0143	1.0136	1.0129	1.0122	1.0114	1.0107	1.0100	1.0093	1.0086	1.0078
9	1.0071	1.0064	1.0057	1.0050	1.0043	1.0035	1.0028	1.0021	1.0014	1.0007
10	1.0000	0.9993	0.9986	0.9979	0.9972	0.9965	0.9958	0.9951	0.9944	0.9937
11	0.9930	0.9923	0.9916	0.9909	0.9902	0.9895	0.9888	0.9881	0.9874	0.9868
12	0.9861	0.9854	0.9847	0.9840	0.9833	0.9826	0.9820	0.9813	0.9806	0.9799
13	0.9792	0.9786	0.9779	0.9772	0.9765	0.9759	0.9752	0.9745	0.9738	0.9732
14	0.9725	0.9718	0.9712	0.9705	0.9698	0.9692	0.9685	0.9679	0.9672	0.9665
15	0.9659	0.9652	0.9646	0.9639	0.9632	0.9626	0.9619	0.9613	0.9606	0.9600
16	0.9593	0.9587	0.9580	0.9574	0.9567	0.9561	0.9554	0.9548	0.9541	0.9535
17	0.9529	0.9522	0.9516	0.9509	0.9503	0.9497	0.9490	0.9484	0.9478	0.9471
18	0.9465	0.9459	0.9452	0.9446	0.9440	0.9433	0.9427	0.9421	0.9415	0.9408
19	0.0402	0.9396	0.9390	0.9383	0.9377	0.9371	0.9365	0.9358	0.9352	0.9346
20	0.9340	0.9334	0.9328	0.9321	0.9315	0.9309	0.9303	0.9297	0.9291	0.9285
21	0.9279	0.9273	0.9267	0.9260	0.9254	0.9248	0.9242	0.9236	0.9230	0.9224
22	0.9218	0.9212	0.9206	0.9200	0.9194	0.9188	0.9182	0.9176	0.9170	0.9165
23	0.9159	0.9153	0.9147	0.9141	0.9135	0.9129	0.9123	0.9117	0.9111	0.9106
24	0.9100	0.9094	0.9088	0.9082	0.9076	0.9071	0.9065	0.9059	0.9053	0.9047
25	0.9042	0.9036	0.9030	0.9024	0.9018	0.9013	0.9007	0.9001	0.8996	0.8990
26	0.8934	0.8978	0.8973	0.8967	0.8961	0.8956	0.8950	0.8944	0.8939	0.8933
27	0.8927	0.8922	0.8916	0.8911	0.8905	0.8899	0.8894	0.8888	0.8883	0.8877
28	0.8871	0.8866	0.8860	0.8855	0.8849	0.8844	0.8838	0.8833	0.8827	0.8822
29	0.8816	0.8811	0.8805	0.8800	0.8794	0.8789	0.8783	0.8778	0.8772	0.8767
30	0.8762	0.8756	0.8751	0.8745	0.8740	0.8735	0.8729	0.8724	0.8718	0.8713
31	0.8708	0.8702	0.8697	0.8692	0.8686	0.8681	0.8676	0.8670	0.8665	0.8660
32	0.8654	0.8649	0.8644	0.8639	0.8633	0.8628	0.8623	0.8618	0.8612	0.8607
33	0.8602	0.8597	0.8591	0.8586	0.8581	0.8576	0.8571	0.8565	0.8560	0.8555
34	0.8550	0.8545	0.8540	0.8534	0.8529	0.8524	0.8519	0.8514	0.8509	0.8504
35	0.8498	0.8493	0.8488	0.8483	0.8478	0.8473	0.8468	0.8463	0.8458	0.8453
36	0.8448	0.8443	0.8438	0.8433	0.8428	0.8423	0.8418	0.8413	0.8408	0.8403
37	0.8398	0.8393	0.8388	0.8383	0.8378	0.8373	0.8368	0.8363	0.8358	0.8353
38	0.8348	0.8343	0.8338	0.8333	0.8328	0.8324	0.8319	0.8314	0.8309	0.8304
39	0.8299	0.8294	0.8289	0.8285	0.8280	0.8275	0.8270	0.8265	0.8260	0.8256
40	0.8251	0.8246	0.8241	0.8236	0.8232	0.8227	0.8222	0.8217	0.8212	0.8208
41	0.8203	0.8198	0.8193	0.8189	0.8184	0.8179	0.8174	0.8170	0.8165	0.8160
42	0.8155	0.8151	0.8146	0.8142	0.8137	0.8132	0.8128	0.8123	0.8118	0.8114
43	0.8109	0.8104	0.8100	0.8095	0.8090	0.8086	0.8081	0.8076	0.8072	0.8067
44	0.8063	0.8058	0.8054	0.8049	0.8044	0.8040	0.8035	0.8031	0.8026	0.8022
45	0.8017	0.8012	0.8008	0.8003	0.7999	0.7994	0.7990	0.7985	0.7981	0.7976
46	0.7972	0.7967	0.7963	0.7958	0.7954	0.7949	0.7945	0.7941	0.7936	0.7932
47	0.7927	0.7923	0.7918	0.7914	0.7909	0.7905	0.7901	0.7896	0.7892	0.7887

续表

比重指数	1/10 比重指数									
	0	1	2	3	4	5	6	7	8	9
48	0.7883	0.7879	0.7874	0.7870	0.7865	0.7861	0.7857	0.7852	0.7848	0.7844
49	0.7839	0.7835	0.7831	0.7826	0.7822	0.7818	0.7813	0.7809	0.7805	0.7800
50	0.7796	0.7792	0.7788	0.7783	0.7779	0.7775	0.7770	0.7766	0.7762	0.7758
51	0.7753	0.7749	0.7745	0.7741	0.7736	0.7732	0.7728	0.7724	0.7720	0.7715
52	0.7711	0.7707	0.7703	0.7699	0.7694	0.7690	0.7686	0.7682	0.7678	0.7674
53	0.7669	0.7665	0.7661	0.7657	0.7653	0.7649	0.7645	0.7640	0.7636	0.7632
54	0.7628	0.7624	0.7620	0.7616	0.7612	0.7608	0.7603	0.7599	0.7595	0.7591
55	0.7587	0.7588	0.7579	0.7575	0.7571	0.7567	0.7563	0.7559	0.7555	0.7551
56	0.7547	0.7543	0.7539	0.7535	0.7531	0.7527	0.7523	0.7519	0.7515	0.7511
57	0.7507	0.7503	0.7499	0.7495	0.7491	0.7487	0.7483	0.7479	0.7475	0.7471
58	0.7467	0.7463	0.7459	0.7455	0.7451	0.7447	0.7443	0.7440	0.7436	0.7432
59	0.7428	0.7424	0.7420	0.7416	0.7412	0.7408	0.7405	0.7401	0.7397	0.7393
60	0.7389	0.7385	0.7381	0.7377	0.7374	0.7370	0.7366	0.7362	0.7358	0.7354
61	0.7351	0.7347	0.7343	0.7339	0.7335	0.7332	0.7328	0.7324	0.7320	0.7316
62	0.7313	0.7309	0.7305	0.7301	0.7298	0.7294	0.7290	0.7286	0.7283	0.7279
63	0.7275	0.7271	0.7268	0.7264	0.7260	0.7256	0.7253	0.7249	0.7245	0.7242
64	0.7238	0.7234	0.7230	0.7227	0.7223	0.7219	0.7216	0.7212	0.7208	0.7205
65	0.7201	0.7197	0.7194	0.7190	0.7186	0.7183	0.7179	0.7175	0.7172	0.7168
66	0.7165	0.7161	0.7157	0.7154	0.7150	0.7146	0.7143	0.7139	0.7136	0.7132
67	0.7128	0.7125	0.7121	0.7118	0.7114	0.7111	0.7107	0.7103	0.7100	0.7096
68	0.7093	0.7089	0.7086	0.7082	0.7079	0.7075	0.7071	0.7068	0.7064	0.7061
69	0.7057	0.7054	0.7050	0.7047	0.7043	0.7040	0.7036	0.7033	0.7029	0.7026
70	0.7022	0.7019	0.7015	0.7012	0.7008	0.7005	0.7001	0.6998	0.6995	0.6991
71	0.6988	0.6984	0.6981	0.6977	0.6974	0.6970	0.6967	0.6964	0.6960	0.6957
72	0.6953	0.6950	0.6946	0.6943	0.6940	0.6936	0.6933	0.6929	0.6926	0.6923
73	0.6919	0.6916	0.6913	0.6909	0.6906	0.6902	0.6899	0.6895	0.6892	0.6889
74	0.6886	0.6882	.6879	0.6876	0.6872	0.6869	0.6866	0.6862	0.6859	0.6856
75	0.6852	0.6849	0.6846	0.6842	0.6839	0.6836	0.6832	0.6829	0.6826	0.6823
76	0.6819	0.6816	0.6813	0.6809	0.6806	0.6803	0.6800	0.6796	0.6793	0.6790
77	0.6787	0.6783	0.6780	0.6777	0.6774	0.6770	0.6767	0.6764	0.6761	0.6757
78	0.6754	0.6751	0.6748	0.6745	0.6741	0.6738	0.6735	0.6732	0.6728	0.6725
79	0.6722	0.6719	0.6716	0.6713	0.6709	0.6706	0.6703	0.6700	0.6697	0.6693
80	0.6690	0.6687	0.6684	0.6681	0.6678	0.6675	0.6671	0.6668	0.6665	0.6662
81	0.6659	0.6656	0.6653	0.6649	0.6646	0.6643	0.6640	0.6637	0.6634	0.6631
82	0.6628	0.6625	0.6621	0.6618	0.6615	0.6612	0.6609	0.6606	0.6603	0.6600
83	0.6597	0.6594	0.6591	0.6588	0.6584	0.6581	0.6578	0.6575	0.6572	0.6569
84	0.6566	0.6563	0.6560	0.6557	0.6554	0.6551	0.6548	0.6545	0.6542	0.6539
85	0.6536	0.6533	0.6530	0.6527	0.6524	0.6521	0.6518	0.6515	0.6512	0.6509
86	0.6506	0.6503	0.6500	0.6497	0.6494	0.6491	0.6488	0.6485	0.6482	0.6479
87	0.6476	0.6473	0.6470	0.6467	0.6464	0.6461	0.6458	0.6455	0.6452	0.6449
88	0.6446	0.6444	0.6441	0.6438	0.6435	0.6432	0.6429	0.6426	0.6423	0.6420
89	0.6417	0.6414	0.6411	0.6409	0.6406	0.6403	0.6400	0.6397	0.6394	0.6391
90	0.6388	0.6385	0.6382	0.6380	0.6377	0.6374	0.6371	0.6368	0.6365	0.6362
91	0.6360	0.6357	0.6354	0.6351	0.6348	0.6345	0.6342	0.6340	0.6337	0.6334
92	0.6331	0.6328	0.6325	0.6323	0.6320	0.6317	0.6314	0.6311	0.6309	0.6306
93	0.6303	0.6300	0.6297	0.6294	0.6292	0.6289	0.6286	0.6283	0.6281	0.6278
94	0.6275	0.6272	0.6269	0.6267	0.6264	0.6261	0.6258	0.6256	0.6253	0.6250
95	0.6247	0.6244	0.6242	0.6239	0.6236	0.6233	0.6231	0.6228	0.6225	0.6223

续表

比重指数	1/10 比 重 指 数									
	0	1	2	3	4	5	6	7	8	9
96	0.6220	0.6217	0.6214	0.6212	0.6209	0.6206	0.6203	0.6201	0.6198	0.6195
97	0.6193	0.6190	0.6187	0.6184	0.6182	0.6179	0.6176	0.6174	0.6171	0.6168
98	0.6166	0.6163	0.6160	0.6158	0.6155	0.6152	0.6150	0.6147	0.6144	0.6141
99	0.6139	0.6136	0.6134	0.6131	0.6128	0.6126	0.6123	0.6120	0.6118	0.6115
100	0.6112	0.6110	0.6107	0.6104	0.6102	0.6099	0.6097	0.6094	0.6091	0.6089
101	0.6086	0.6083	0.6081	0.6073	0.6076	0.6073	0.6070	0.6068	0.6065	0.6063
102	0.6060	0.6057	0.6055	0.6052	0.6050	0.6047	0.6044	0.6042	0.6039	0.6037
103	0.6034	0.6032	0.6029	0.6026	0.6024	0.6021	0.6019	0.6016	0.6014	0.6011
104	0.6008	0.6006	0.6003	0.6001	0.5998	0.5996	0.5993	0.5991	0.5988	0.5986
105	0.5983	0.5981	0.5978	0.5976	0.5973	0.5970	0.5968	0.5965	0.5963	0.5960
106	0.5958	0.5955	0.5953	0.5950	0.5948	0.5945	0.5943	0.5940	0.5938	0.5935
107	0.5933	0.5930	0.5928	0.5925	0.5923	0.5921	0.5918	0.5916	0.5913	0.5911
108	0.5908	0.5906	0.5903	0.5901	0.5898	0.5896	0.5893	0.5891	0.5888	0.5886
109	0.5884	0.5881	0.5879	0.5876	0.5874	0.5871	0.5869	0.5867	0.5864	0.5862
110	0.5859	0.5857	0.5854	0.5852	0.5850	0.5847	0.5845	0.5842	0.5840	0.5837

例1-6 汽油的d_4^{20}为0.7439，求它的$d_{15.6}^{15.6}$和°API。

解： 由表Ⅰ-2-1查得，d_4^{20}为0.7439时的校正值Δd为0.0049。

$$d_{15.6}^{15.6}=0.7439+0.0049=0.7488$$

$$°API=\frac{141.5}{d_{15.6}^{15.6}}-131.5=\frac{141.5}{0.7488}-131.5=57.47$$

石油产品标准测定方法中规定20℃密度为石油产品的标准密度，以ρ_{20}表示，以代替原来的标准相对密度d_4^{20}，在数值上，ρ_{20}与d_4^{20}是相等的，但是它们的物理意义和单位则不同。

二、液体油品密度与温度、压力的关系

温度升高时，油品体积就会膨胀，因而它的密度减小。

表Ⅰ-2-3 石油产品的平均密度温度系数

密度，g/cm³	α	密度，g/cm³	α
0.6700～0.6799	0.00093	0.8100～0.8199	0.00071
0.6800～0.6899	0.00091	0.8200～0.8299	0.00070
0.6900～0.6999	0.00090	0.8300～0.8399	0.00069
0.7000～0.7099	0.00088	0.8400～0.8499	0.00068
0.7100～0.7199	0.00086	0.8500～0.8599	0.00066
0.7200～0.7299	0.00085	0.8600～0.8699	0.00065
0.7300～0.7399	0.00083	0.8700～0.8799	0.00064
0.7400～0.7499	0.00081	0.8800～0.8899	0.00063
0.7500～0.7599	0.00080	0.8900～0.8999	0.00062
0.7600～0.7699	0.00078	0.9000～0.9099	0.00061
0.7700～0.7799	0.00077	0.9100～0.9199	0.00060
0.7800～0.7899	0.00076	0.9200～0.9299	0.00059
0.7900～0.7999	0.00074	0.9300～0.9399	0.00058
0.8000～0.8099	0.00073	0.9400～0.9499	0.00057

在 20±5℃ 的温度范围内，密度随温度的变化可近似地看作直线关系，可按下式来求。

$$\rho_t=\rho_{20}-\alpha(t-20)$$

式中 α——油品密度的平均温度校正系数，即温度变化1℃时油品密度变化的数值。

当温度变化不大时，α只随油品的密度不同而变化，其值见表Ⅰ-2-3。

上述校正方法只适用温度变化在15～25℃，若温度变化较大，此法就不够准确。为满足工业计算需要，当温度比较大时，可用图Ⅰ-2-7求得任何温度下的相对密度。

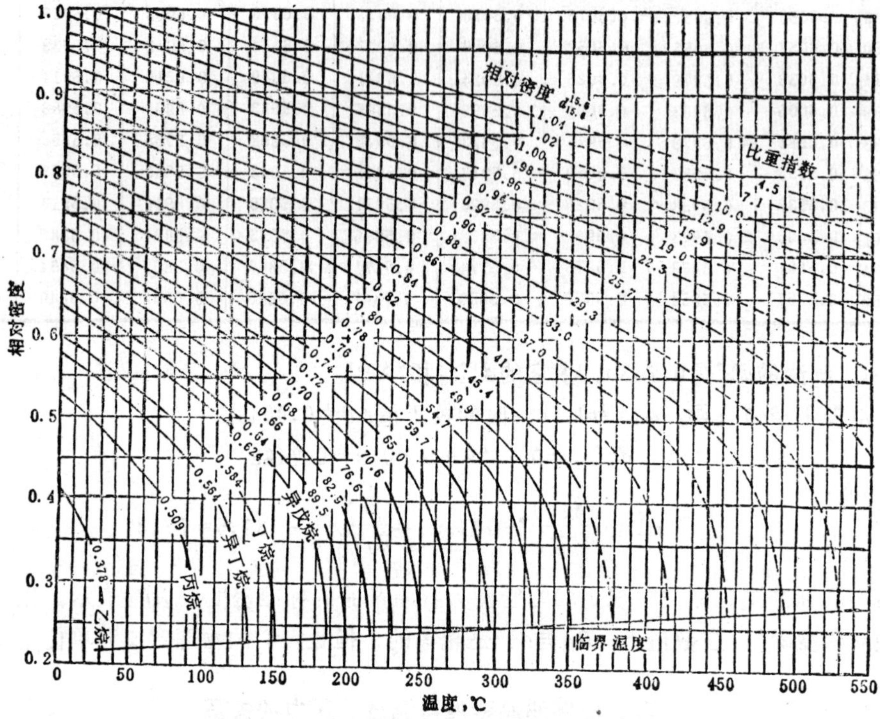

图Ⅰ-2-7 石油相对密度图

例 1-7 求上例的汽油在24℃时的密度。

解 由表Ⅰ-2-3查得α为0.00081

$$\rho_{24}=\rho_{20}-\alpha(24-20)=0.7439-0.00081\times4=0.7407\text{g/cm}^3$$

一般在非极高的压力下，压力对液体油品密度的影响，可以忽略不计。但在高温、高压条件下，压力对液体密度就有一定的影响，此时应进行校正。

三、油品的密度与组成的关系

油品的密度取决于组成它的烃类的分子大小和分子结构。

同一原油的各个馏分，随着沸点上升，分子量增大，密度也随着增大。但对不同原油的同一馏分，密度却有较大的差别，这主要是由于它们的化学组成不同所致。

当碳原子数相同时，芳烃的密度最大，环烷烃次之，烷烃最小。因此，当石油馏分的馏程相同时，含芳烃越多密度越大，含烷烃越多密度越小，因而通过密度的数据大致可判断油品中那种烃类的含量较多。各种油品的相对密度范围见表Ⅰ-2-4。

表Ⅰ-2-4　各种油品的相对密度范围

油　　品	相对密度($d_{15.6}^{15.6}$)	°API	油　　品	相对密度($d_{15.6}^{15.6}$)	°API
原　　油	0.65～1.06	86～2	柴　　油	0.82～0.87	41～31
汽　　油	0.70～0.77	70～50	润 滑 油	>0.85	<35
煤　　油	0.75～0.83	57～39			

四、混合油品的密度

当两种或更多的油品混合时，混合油品的密度可按加和性进行计算，即按比例取其平均值：

$$\rho_{混}=v_1\rho_1+v_2\rho_2+\cdots\cdots+v_i\rho_i$$

式中　v_1、v_2……v_i——混合油品中各组分的体积分率；

ρ_1、ρ_2……ρ_i——混合油品中各组分的密度，g/cm³。

根据这一道理，当油品粘度很大又难以直接测定其密度时，可用等体积已知密度的煤油与之混合稀释，然后测定混合油品的密度，再利用下式即可求出该粘度较大的油品的密度。

$$\rho_{粘}=2\rho_{混}-\rho_{煤}$$

式中　$\rho_{粘}$——粘度较大油品的密度，g/cm³；

$\rho_{混}$——混合油品的密度，g/cm³；

$\rho_{煤}$——煤油的密度，g/cm³。

例 1-8　用已知$\rho_{20}=0.8400$g/cm³的煤油测某一同体积粘性油品的密度，测得混合油品密度为$\rho_{混}=0.8900$g/cm³，求粘性油品的密度$\rho_{粘}$。

解：粘性油品的密度

$$\rho_{粘}=2\rho_{混}-\rho_{煤}=2\times0.8900-0.8400=0.94\text{g/cm}^3$$

五、油品密度的测定

密度的测定一般有3种方法：最简便但较粗略的方法是用密度计，如图Ⅰ-2-8所示。所测得的密度ρ_{20}，当测定粘度不大的油品时，其准确度为0.001，测粘性油品时，准确度为0.005。适用于工业生产上较准确的方法是韦氏天平，其结构如图Ⅰ-2-9所示。它的准确度为0.0005，刻度一般以20℃的水为标准，故测得的相对密度为d_{20}^t，它可用于产品的质量检查；准确度最高的为相对密度瓶，测得的相对密度为d_{20}^{20}，其准确度为0.00005，一般用于科学研究上。

六、石油气体的密度

气体的密度是指在标准状态下（0℃，101.3kPa）的密度。标准状态下空气的密度为1.293kg/m³。

气体的密度不仅与温度有关，与压力也有很大的关系。当压力较高时，要计算不同压力下气体的密度时，必须进行压力校正，在此不详述。

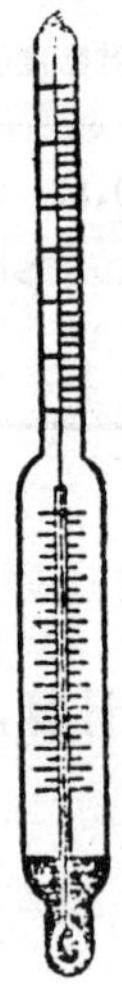

图 Ⅰ-2-8 石油密度计

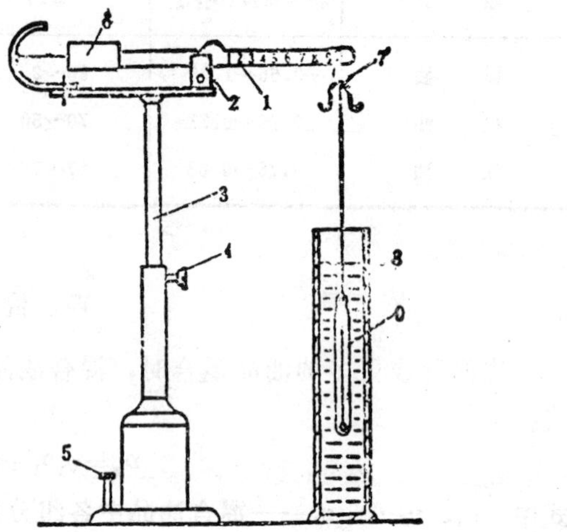

图 Ⅰ-2-9 韦氏天平

1—不等臂梁；2—托架；3—活动圆柱；4—固定螺栓；5—调整螺丝；6—平衡锤；7—钩；8—玻璃量筒；6—浮沉子

第五节 特 性 因 数

为表示石油馏分化学组成的特性，特引出特性因数的概念。所谓特性因数，是把相对密度与平均沸点关联起来，说明油品化学组成特性的一个复合参数。

特性因数可用下式表示：

$$K=1.216\frac{\sqrt[3]{T}}{d_{15.6}^{15.6}}$$

式中 K——石油馏分的特性因数。

T——沸点，K。对石油馏分来说，最早用的是分子平均沸点，以后改用立方平均沸点，近来又建议用中平均沸点。

$d_{15.6}^{15.6}$——该馏分在15.6℃时的相对密度。

表Ⅰ-2-5 列出几种纯烃的特性因数，由表中数据可以看出：烷烃的K值最大，芳烃K值最小，而环烷烃的K值介于二者之间。

石油馏分是烃类的复杂混合物，研究证明，纯烃的规律也完全适用于石油馏分，即油品的K值低，说明它含芳香烃多，K值高，说明它含烷烃多。一般含芳烃多的油品，K值在9.7～11.0；含烷烃较多的油品，K 值在12.0～13.0；而含环烷烃较多的油品，其K值在11.0～12.0之间。因此，通过K值的大小，可以大致判断石油馏分的化学组成。

我国某些原油的特性因数见表Ⅰ-2-6所示。

在工艺计算上，特性因数一般不用公式计算，而应用图Ⅰ-2-10和图Ⅰ-2-11来查得。

特性因数不仅可以用来判断石油及其馏分的化学组成的特性，而且对于石油的分类及确定原油的加工方案也是相当有用的，同时，还可以用它来求定油品的其他理化常数。

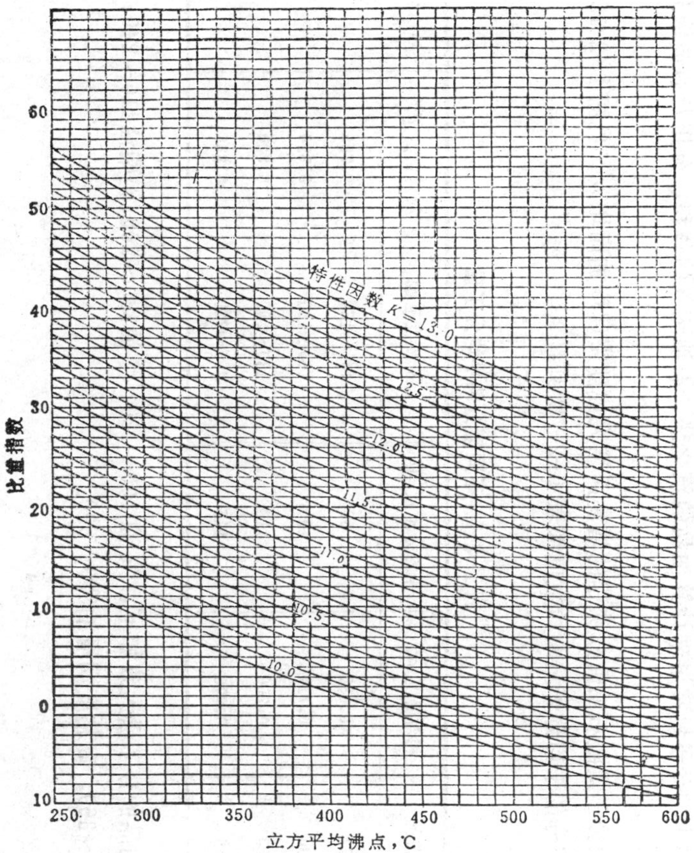

图 I-2-10 特性因数与立方平均沸点关系图(250～600℃)

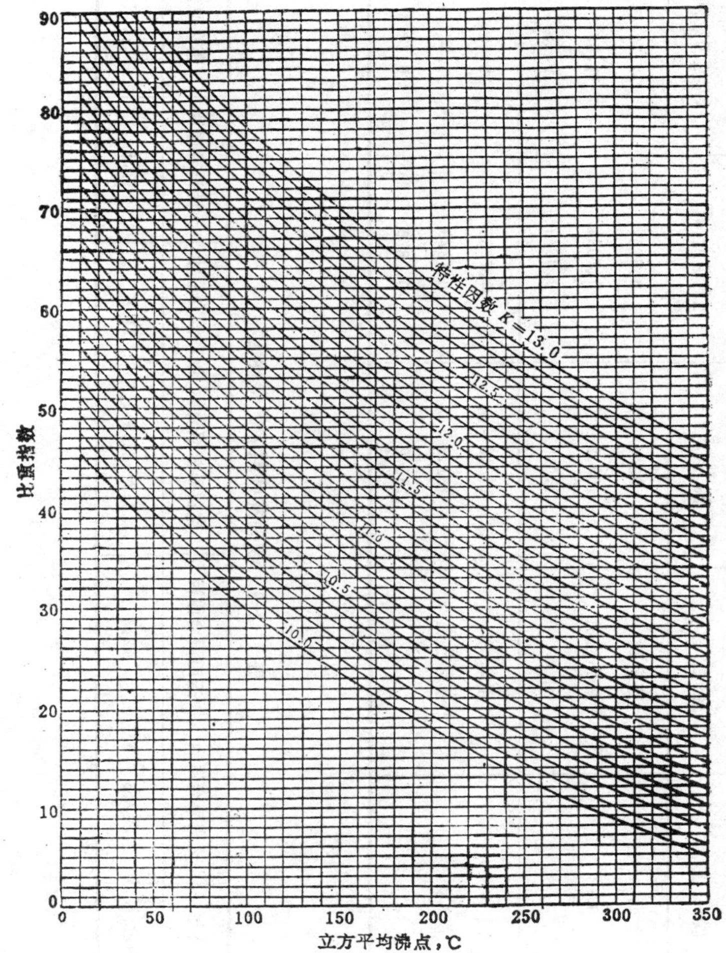

图 I-2-11 特性因数与立方平均沸点关系图(0～350 ℃)

表 I-2-5 纯烃的特性因数

碳 数	烃名称	沸点,℃	相对密度,d_4^{20}	特性因数,K
C_7	正庚烷	98.4	0.6837	12.72
	甲基环己烷	100.9	0.7694	11.36
	甲苯	110.6	0.8670	10.15
C_8	正辛烷	125.6	0.7025	12.68
	乙基环己烷	131.8	0.7879	11.37
	乙苯	136.2	0.8670	10.37

表 I-2-6 我国某些原油的特性因数

原油种类	大庆混合原油	玉门混合原油	克拉玛依原油	胜利混合原油	大港混合原油	孤岛原油
特性因数,K	12.5	12.3	12.2～12.3	11.8	11.8	11.6

第六节 平均分子量

由于石油是各种化合物的复杂混合物，所以石油馏分的分子量取其各组分分子量的平均值，称为平均分子量。

油品的平均分子量常用来计算油品的汽化热、石油蒸气的体积、分压及石油馏分某些化学性质等。

油品的分子量随石油馏分沸程的增高而增大或随密度增加而增大，见图 I-2-12。

不同馏分的平均分子量大约数值如表 I-2-7所列：

表 I-2-7 不同馏分的平均分子量

馏分温度范围	相对密度,d_4^{20}	平均分子量,M	馏分温度范围	相对密度,d_4^{20}	平均分子量,M
60～80	0.680	90	140～160	0.795	120
80～100	0.710	100	160～180	0.810	132
100～120	0.750	110	180～200	0.820	140
120～140	0.770	115	200～220	0.835	150

各种油品的分子量大致如下：汽油 100～120，煤油180～200，轻柴油210～240，低粘度润滑油300～360，高粘度润滑油370～500。

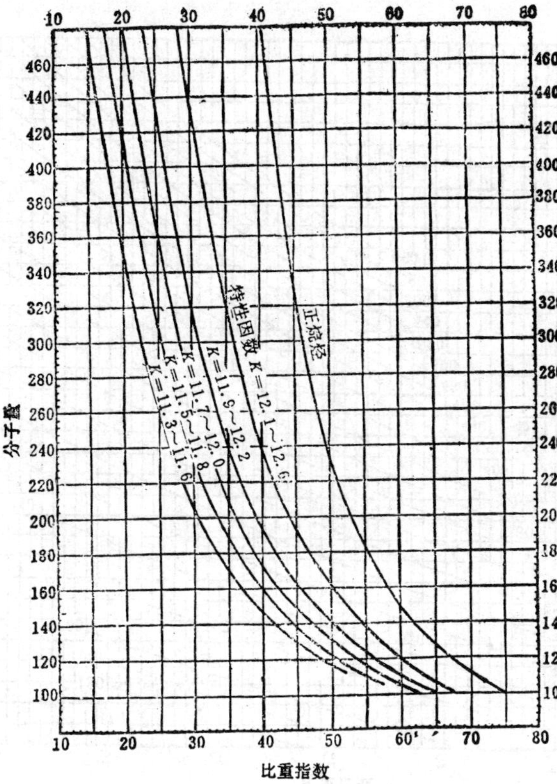

图 Ⅰ-2-12 分子量与相对密度关系图

石油馏分的平均分子量可用下式计算：

$$M=a+bt_{分}+ct_{分}^{2}$$

式中 $t_{分}$——油品的分子平均沸点，℃；

a、b、c——常数，其数值随馏分K值不同而变化，见表Ⅰ-2-8。

对于石蜡基油品（如大庆油）可用下式计算：

$$M=60+0.3t_{分}+0.001t_{分}^{2}$$

式中 $t_{分}$——油品的分子平均沸点，℃。

在工艺计算中，常用图Ⅰ-2-13和图Ⅰ-2-14和图Ⅰ-2-15查得，对于分子量较大的润滑油馏分可用图Ⅰ-2-16查得。

图Ⅰ-2-15中已知二个物理参数就可求图中其它数据。

表Ⅰ-2-8 平均分子量的常数表

特性因数 K	10	10.5	11.0	11.5	12.0
a	56	57	59	63	69
b	0.23	0.24	0.24	0.225	0.18
c	0.0008	0.0009	0.0010	0.00115	0.0014

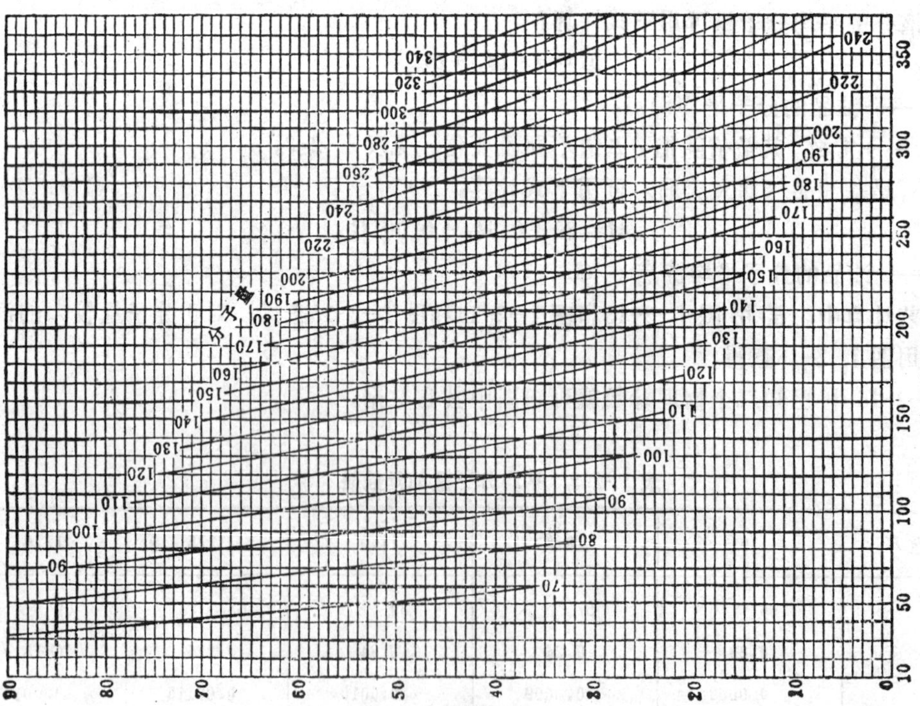

图Ⅰ-2-13 分子量与中平均沸点关系图(30～370℃)

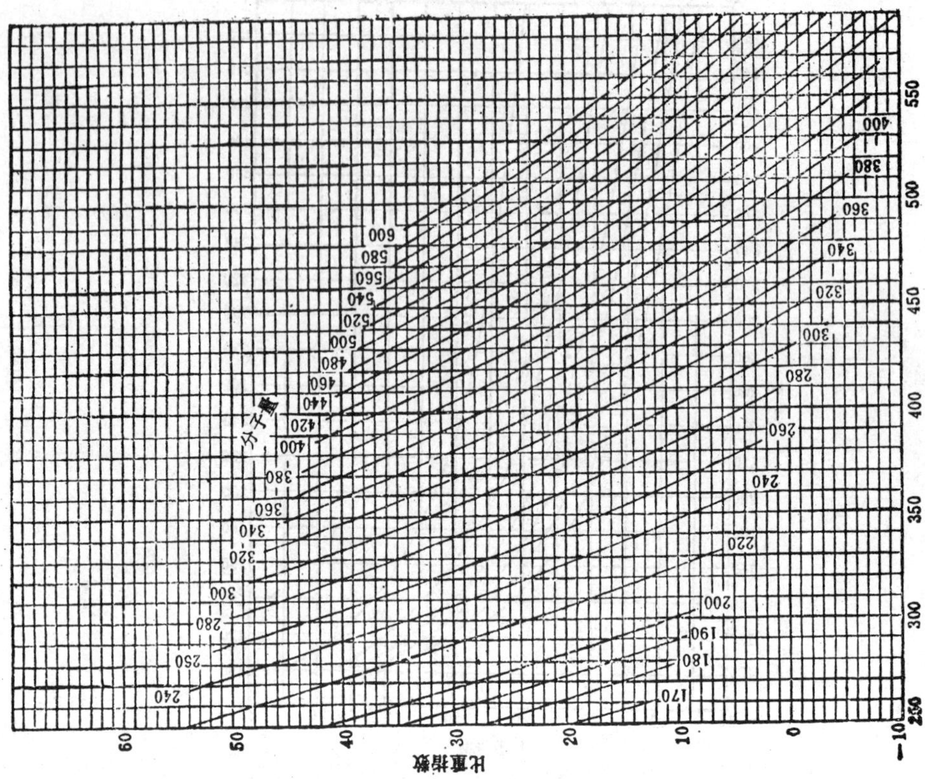

图 Ⅰ-2-14 分子量与中平均沸点关系图(250～590℃)

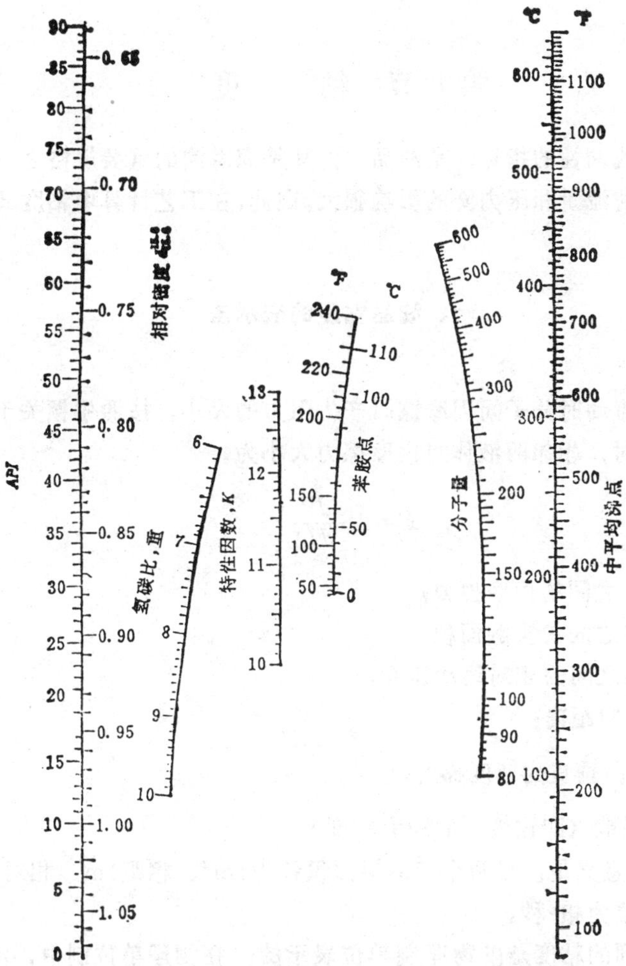

图 I-2-15 石油馏分分子量与特性因数图

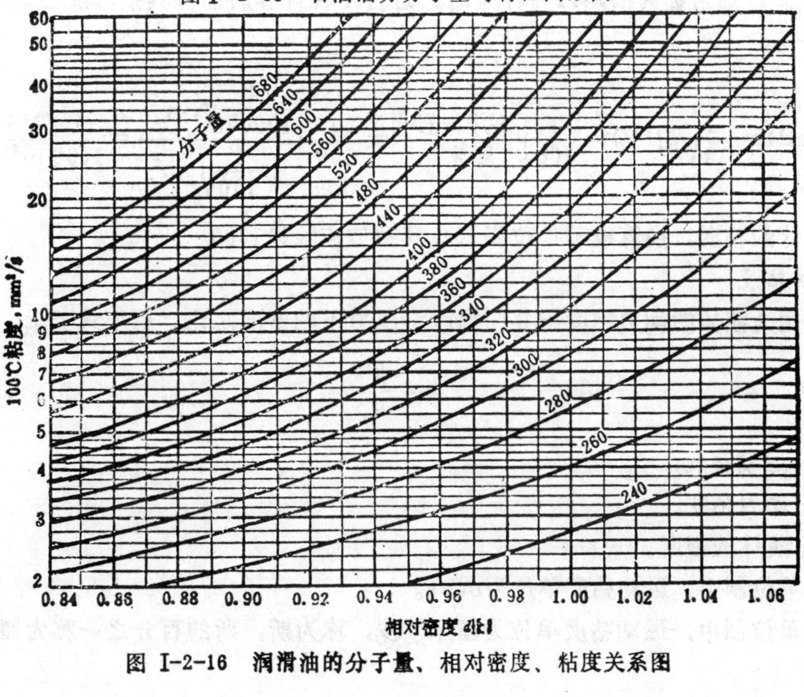

图 I-2-16 润滑油的分子量、相对密度、粘度关系图

第七节 粘　度

粘度是评价油品流动性的指标，是油品、尤其是润滑油的重要规格之一。在油品的流动和输送过程中，粘度对流量和压力降的影响很大，因此，在工艺计算中粘度又是不可缺少的物理参数。

一、油品粘度的表示法

1. 动力粘度

粘度是表示液体流动时分子间因摩擦而产生阻力的大小。按照牛顿关于液体内摩擦的定律，当液体在作层流时，相邻两液体间内摩擦力大小为：

$$F=\mu S\frac{dV}{dL}$$

式中 F——两液体层之间的内摩擦力；

S——两液体层之间的接触面积；

dV——两液体层之间的相对运动速度；

dL——两液体层的距离；

$\frac{dV}{dL}$——与流动方向垂直的速度梯度；

μ——内摩擦系数（即该液体的动力粘度）。

动力粘度μ的物理意义是：当两个液体层面积各为1m²、相距1m，相对移动速度为1m/s时所产生的阻力，单位为帕·秒。

通常在手册中查到的粘度是以物理制单位表示的。在物理单位制中，动力粘度单位是达因·秒/厘米²，通常称为泊，其1%称厘泊。进行工程计算时需将其换算成法定单位制(SI)或工程制单位。

$$1\text{厘泊(cP)}=\frac{1}{100}\text{泊(P)}=\frac{1}{100}\left[\frac{\text{达因·秒}}{\text{厘米}^2}\right]=\frac{1}{100}\cdot\frac{\frac{1}{100000}\text{N·s}}{\left(\frac{1}{100}\right)^2\text{m}^2}=\frac{1}{1000}\frac{\text{NS}}{\text{m}^2}=\frac{1}{1000}\text{Pa·s}$$

以厘泊计的粘度，换算成SI单位表示，其数值应除以1000。

2. 运动粘度

运动粘度为液体的动力粘度与其同温度、压力下的密度之比，用下式表示：

$$\nu=\frac{\mu}{\rho}$$

式中 ν——运动粘度；

μ——动力粘度；

ρ——液体的密度。

在法定单位制中，运动粘度单位为m²/s。

在物理单位制中，运动粘度单位为厘米²/秒，称为斯，斯的百分之一称为厘斯(cSt)。

$$1\text{厘斯(cSt)}=\frac{1}{100}\text{斯}\ (\text{St})=\frac{1}{100}\ \text{cm}^2/\text{s}=\frac{1}{100}\cdot\frac{\left(\frac{1}{100}\right)^2\text{m}^2}{1\text{s}}=10^{-6}\text{m}^2/\text{s}$$

3。恩氏粘度、雷氏粘度和赛氏粘度

除了上述两种粘度外，在石油商品的规格中还有恩氏粘度、雷氏粘度和赛氏粘度。它们都是条件粘度，即它们的测定都是用特定仪器，在规定条件下测定的。

在某温度下，200ml油品与同体积20℃纯水从同一恩氏粘度计中流出时间之比，称为该温度下的恩氏粘度，以$°E_t$表示。

$$°E_t=\frac{\tau_{油}}{\tau_{水}}$$

式中 $\tau_{油}$——测定某温度下油品流出粘度计的秒数；

$\tau_{水}$——20℃纯水流出粘度计的秒数。

雷氏和赛氏粘度是在雷氏和赛氏粘度计中，测定油品在t℃时的粘度，也是计量一定体积的油品在t℃时通过规定尺寸的管子所需要的时间，以秒数作为粘度的数值。

各种粘度的换算可用图Ⅰ-2-17和图Ⅰ-2-18。

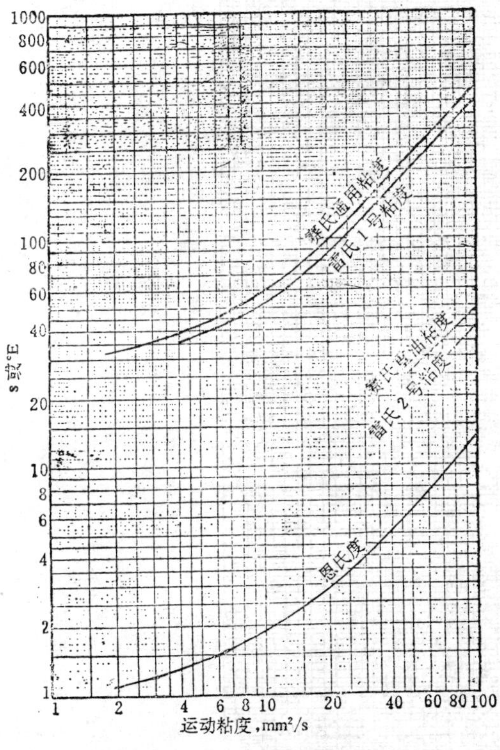

图 Ⅰ-2-17 粘度换算图(一)

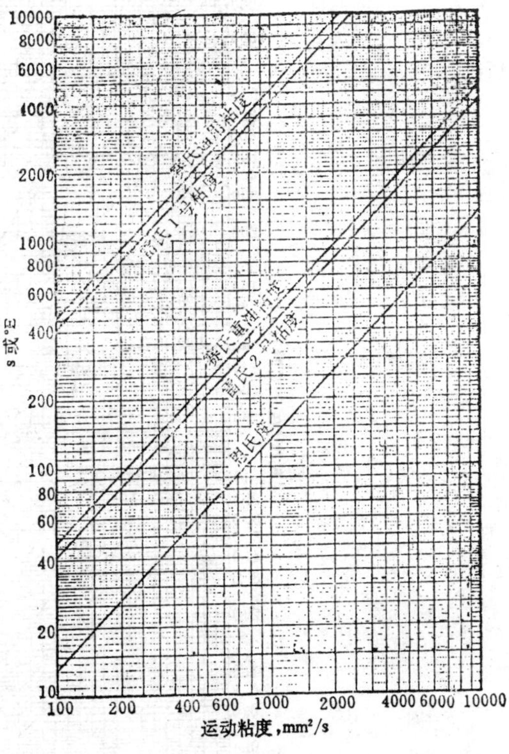

图 Ⅰ-2-18 粘度换算图(二)

例 1-9 某油品在99℃时的运动粘度为22mm²/s，求同温度下油品的恩氏粘度和赛氏通用粘度。

解：在图Ⅰ-2-17中，在横坐标上查得22mm²/s，向上交于恩氏粘度曲线处及赛氏通用粘度线处分别作水平线，在纵坐标上查得恩氏粘度为3.2°E，赛氏通用粘度为108s。

二、油品粘度与组成的关系及粘度的求法

粘度既然反映了液体内部的分子摩擦，因此它必然与分子的大小和结构有密切的关系。

当油品的比重指数减少（密度增大），平均沸点升高时，也就是说当油品中烃类分子量增大时，则粘度增加。

当油品的平均沸点相同时，因原油的性质不同，特性因数有差别，所以粘度也不同。随特性因数的减少，粘度则增加。也就是说当石油馏分的沸点相同时，含烷烃多的油品粘度小，而含环烷烃及芳烃多的油品粘度大。

从以上分析可知：油品的粘度与密度、平均沸点及特性因数有关，因此，可由油品的比重指数，立方平均沸点及特性因数来求定油品的粘度。如图Ⅰ-2-19和图Ⅰ-2-20。

用上述方法查得的粘度有一定误差，因此，若要精确计算应该用实测数据。

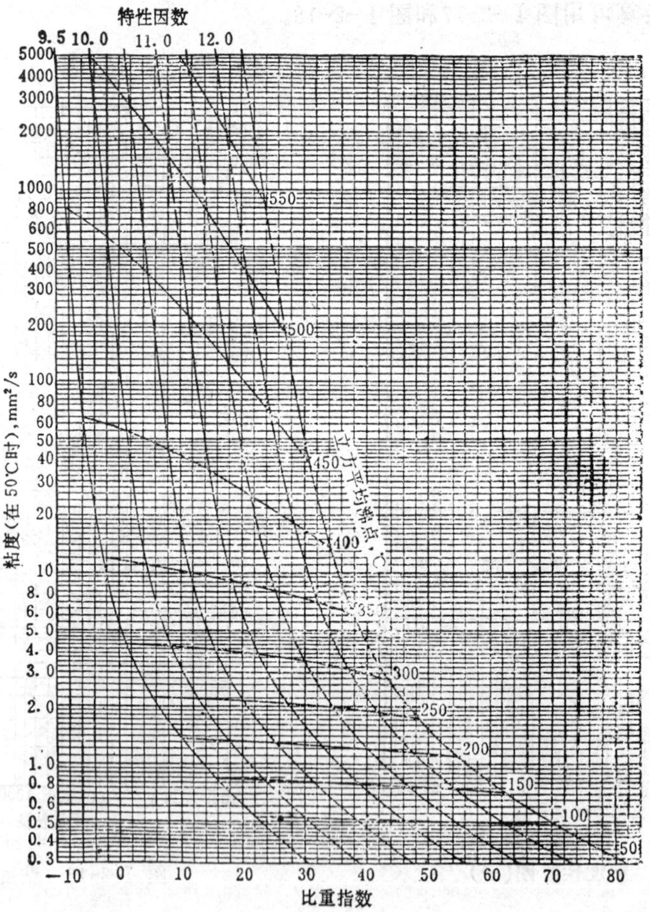

图 Ⅰ-2-19 油品粘度与特性因数的关系图(50℃时粘度)

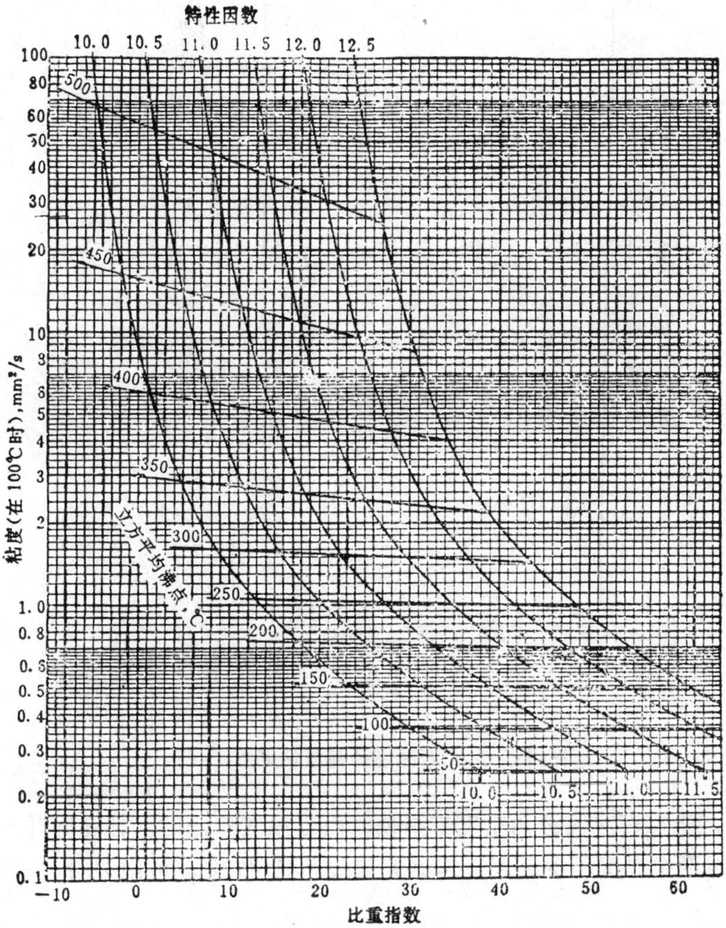

图 Ⅰ-2-20 油品粘度与特性因数的关系图(100℃时粘度)

三、油品粘度与压力的关系

当压力低于4MPa（约40大气压）时，压力对液体油品粘度的影响不大，可以忽略。当压力高于4MPa时，粘度随压力增加而逐渐增加，在高压下则显著增大。

油品的化学组成不同，压力对其粘度的影响也不同，一般，芳香族油品的粘度随压力的变化最大，环烷属油品其次，烷属油品的粘度随压力的变化最小。

在工艺计算中，凡压力在4MPa以上，应对油品的常压粘度作压力校正。如压力不太高，粘度也不太高，可用图Ⅰ-2-21简略估计。

四、粘度与温度的关系

对评定石油产品的性质，尤其是对润滑油，粘度与温度的关系是十分重要的。

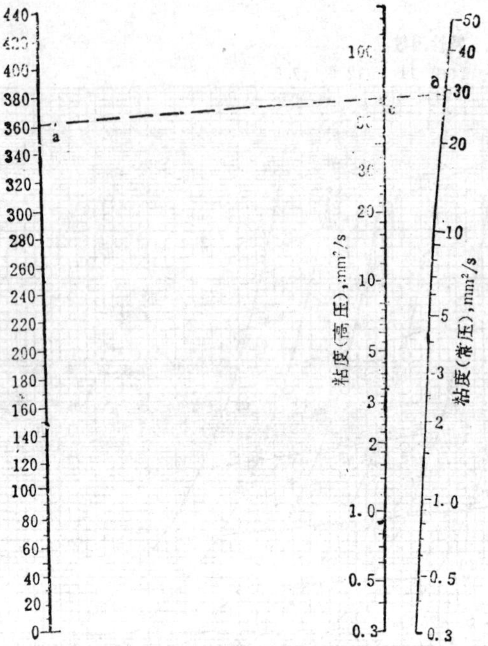

已知a,b,联直线即求得c

图 Ⅰ-2-21　石油馏分高压粘度图

当温度升高时，所有石油馏分的粘度都降低，而当温度降低时，粘度则升高。

已知一种油品在两个温度下的粘度，求其它温度下的粘度，可用图Ⅰ-2-22和图Ⅰ-2-23。

例 1-10　已知某油品在37.8℃和99℃时粘度分别为200和20mm²/s，求其在66.5℃时的粘度。

解：在图Ⅰ-2-22中标出已知粘度的两点，连接两点并延长成一直线，在此直线上查得在66.5℃时的粘度为57.5mm²/s。

油品粘度随温度变化的性质称为粘温特性。

在润滑油的使用中，希望油品的粘度随温度变化越小越好，粘度随温度变化越小，表示粘温特性越好。

粘温特性的表示方法有多种，最常用的是粘度比和粘度指数。

1．粘度比

同一油品在两个温度下的粘度之比称为粘度比。

$$粘度比=\nu_{t_1}/\nu_{t_2}$$

式中　ν_{t_1}、ν_{t_2}——在t_1、t_2温度下的粘度。

对内燃机润滑油用50℃与100℃的粘度比，8号喷气机润滑油则用-20℃与50℃的粘度比，舵机液压油则用20℃与50℃的粘度比和0℃与50℃的粘度比。

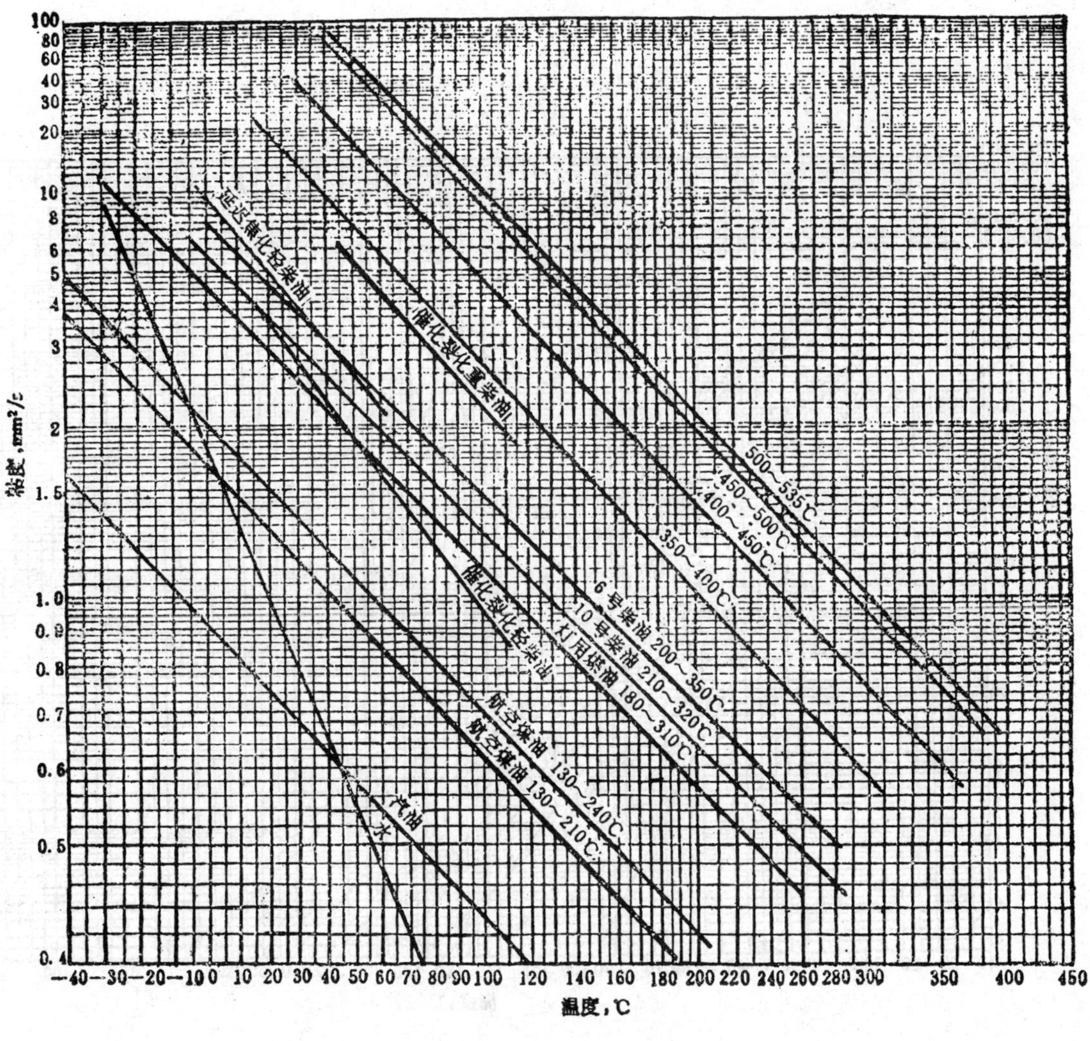

图Ⅰ-2-22 油品粘温关系图(低粘度)

注：图中油品均为1号原油馏分

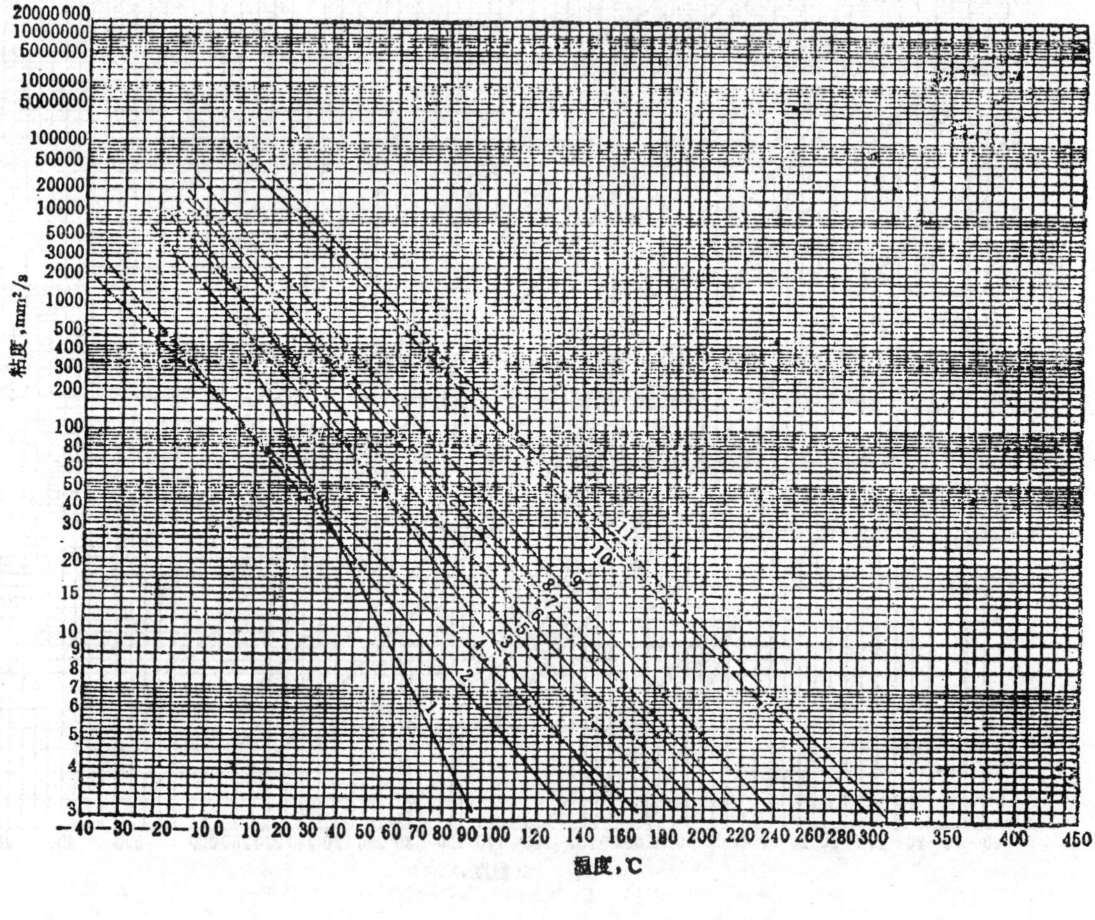

图Ⅰ-2-23　油品粘温关系图(高粘度)

1—5号原油；2—6号原油；3—9号原油；4—1号原油；5—1号原油>283℃之重油；6—1号原油>327℃之重油；7—1号原油>335℃之重油；8—1号原油>450℃之残油；9—1号原油>535℃之脱沥青残油；10—1号原油>500℃之残油；11—1号原油>525℃之残油

粘度比比较直观，可以直接读出粘度变化的数字，比值越小表示粘温特性越好。

2。粘度指数

国外常用粘度指数表示油品粘温特性的好坏。油品的粘度指数越高，说明粘度随温度变化越小，即粘温特性越好。

我国石油产品运动粘度的规格指标一般为ν_{50}和ν_{100}，油品的粘度指数可以根据ν_{50}和ν_{100}，查图Ⅰ-2-24和图Ⅰ-2-25。

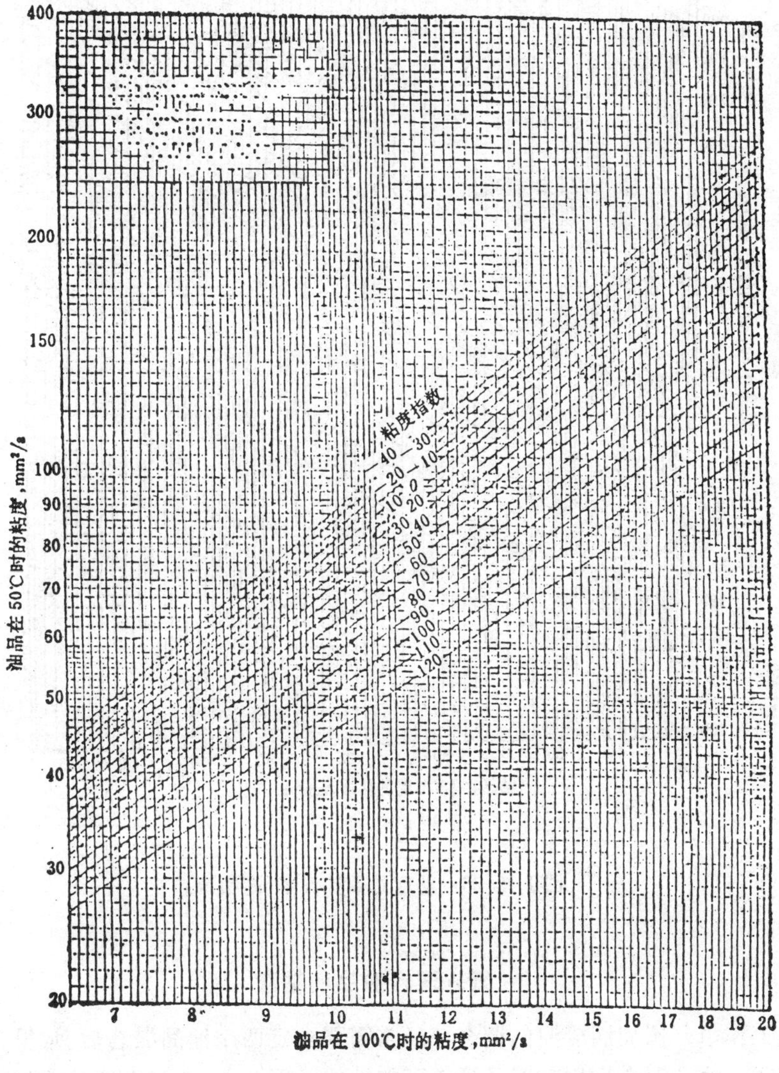

图Ⅰ-2-24 粘度指数计算图(低粘度)

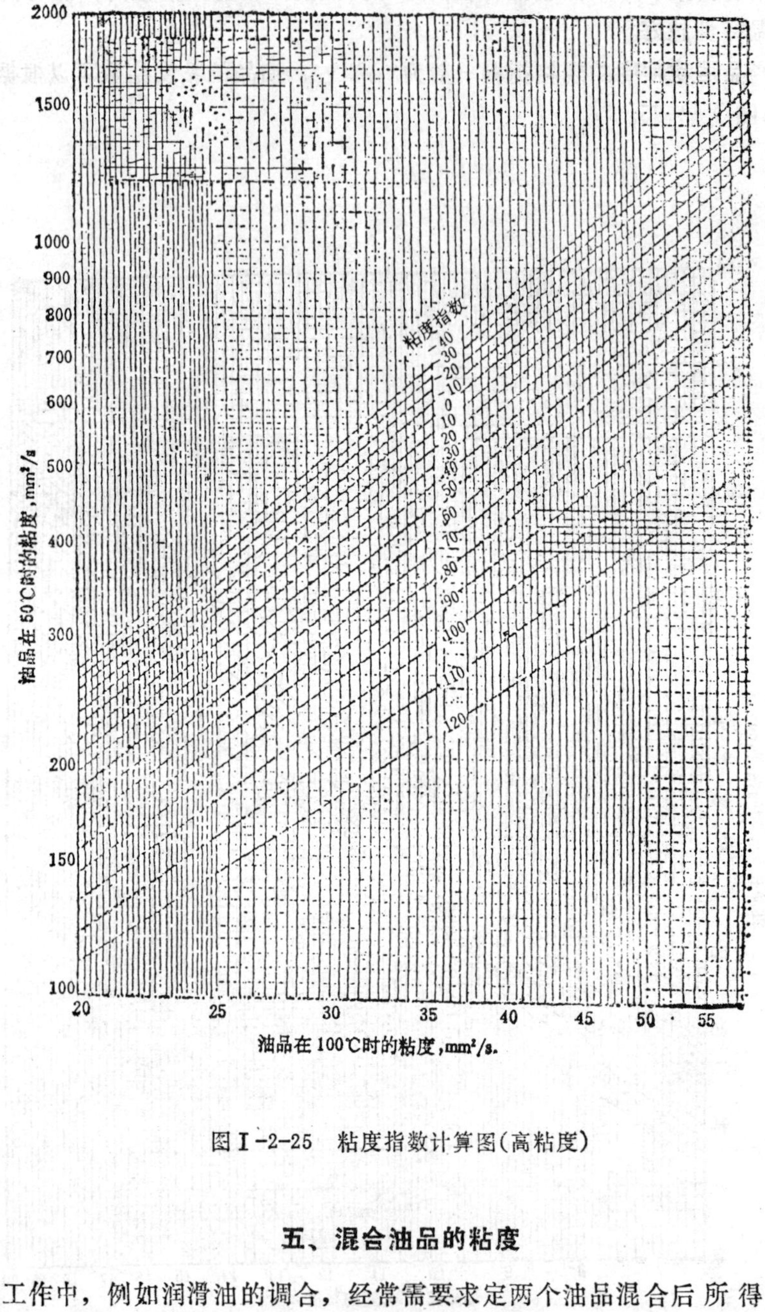

图Ⅰ-2-25 粘度指数计算图(高粘度)

五、混合油品的粘度

在实际工作中，例如润滑油的调合，经常需要求定两个油品混合后所得混合油品的粘度。实践证明，油品混合物的粘度是没有可加性的，因此，一般混合油品的粘度常用图Ⅰ-2-26求得，此图有两种用途：

（1）已知两种油品的粘度及调合比，求混合油的粘度。

（2）已知两种油品的粘度及调合后混合油的粘度，求调合比。

例 1-11 已知油品A的粘度为5.97°E，B为19.51°E，按60%（体）A和40%（体）B的比例调合，求其混合油品的粘度。

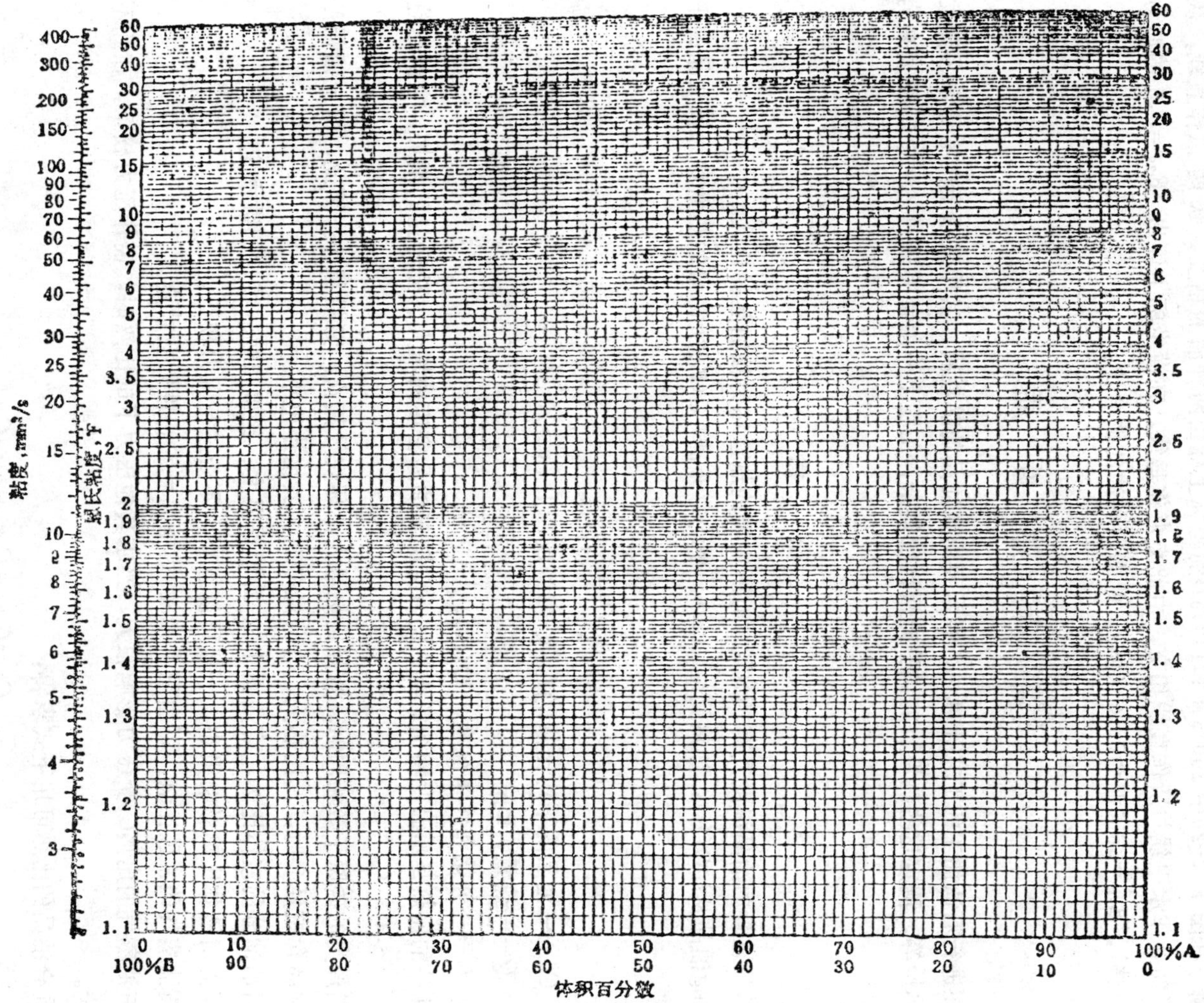

图 I-2-26　油品混合粘度图

用法：将已知两油品的粘度值标于本图上，两点间联直线，就可求得任一混合组成的粘度

解 在图Ⅰ-2-26中100%A和100%B的坐标上标出两种油的粘度，联两点作直线，从60%A作垂线与所作直线相交，由此交点作水平线，在纵坐标上读出混合油品的粘度为9.2°E。

例 1-12 已知$°E_{20}=20$的油品是由$°E_{20}=6.5$及$E_{20}=35$两种油品混合的，求两种油的调合比。

解 在图Ⅰ-2-26中100%A和100%B的坐标上标出两种油的粘度，联两点作直线，从$°E_{20}=20$处作水平线与所作直线相交，由此交点作垂线，在横坐标上读出$°E_{20}=6.5$的油为30%（体），$°E_{20}=35$的油为70%（体），此即两种油的调合比。

第八节　热　性　质

在进行石油加工的工艺计算中，经常要用到油品的热性质，其中最重要的有比热、蒸发热、热焓等，测定这些热性质的试验方法比较复杂，工程上一般都是通过公式或图表来确定。

一、比　热

单位重量的油品温度升高1℃(K）时所需要的热量称为该油品的比热。

1kg油品从t_1℃(K)，加热到t_2℃(K)，平均每升高1℃(K)所需要的热量称为该油品的平均比热。

$$C_{平}=\frac{Q}{t_2-t_1}$$

式中　$C_{平}$——油品的平均比热kJ/(kg·℃）或〔kJ/(kg·K)〕；

Q——热量，kJ；

t_1、t_2——开始和终了温度，℃(K)。

油品的比热是随温度增加而增加的，且随着油品密度的增大、分子量的增加，它的比热减小。

当烃类的碳原子数相同时，烷烃比热最大，环烷烃其次，芳烃最小。因此，同一馏程范围的油品含烷烃多时，其比热大，含芳烃多时，其比热也小。

石油馏分的液体比热，可由图Ⅰ-2-27根据温度、比重指数、特性因数求定。

压力对液体比热影响很小，一般可以忽略，不必进行压力校正。

石油蒸气的常压比热，可由图Ⅰ-2-28根据温度和特性因数求定。

石油蒸气的比热C_p受压力影响很大，当求其他压力下的比热时，需作压力校正，在此不作讨论。

混合油品的比热可用下式求得：

$$C_{混}=C_1x_1+C_2x_2+\cdots\cdots C_nx_n$$

式中　$C_{混}$——混合油品的比热；

C_1、$C_2\cdots\cdots C_n$——各组分的比热；

x_1、$x_2\cdots\cdots x_n$——各组分的重量分率。

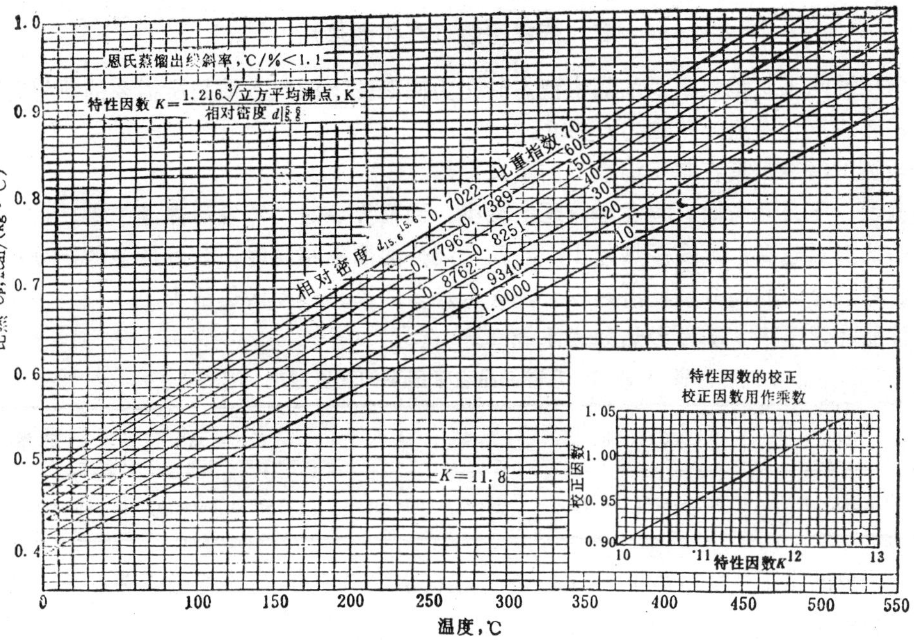

图 Ⅰ-2-27 石油馏分液体比热图（1kcal/kg·℃=4.187kJ/(kg·K)）

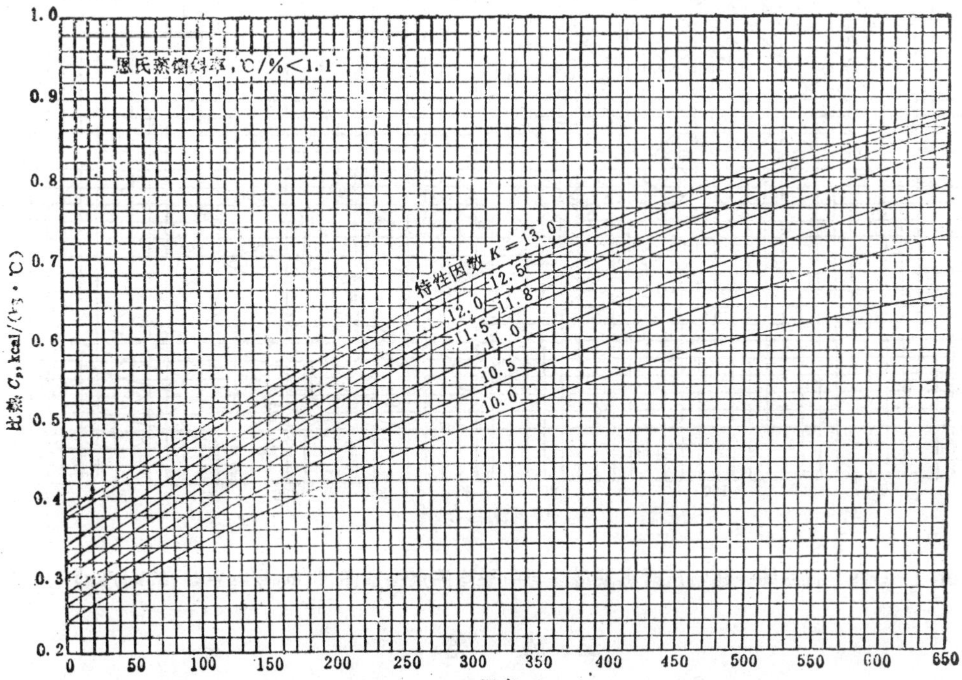

图 Ⅰ-2-28 石油蒸气常压比热图〔1kcal/(kg·℃)=4.187kJ/(kg·K)〕

二、蒸发潜热（汽化潜热）

在常压沸点下，单位重量油品由液态转化为同温度下的气态油品所需要的热量称为油品的蒸发潜热或汽化潜热。单位为kJ/kg。

一般蒸发潜热是指在常压沸点下的蒸发潜热。

当温度、压力升高时，蒸发潜热逐渐减少，到临界点时，蒸发潜热等于零。

油品的沸点越高，蒸发潜热越小；当几个馏分的馏程相同时，含烷烃多的馏分蒸发潜热较小，含环烷烃多的馏分蒸发潜热较大，含芳烃多的馏分蒸发潜热最大。

各油品在常压下的蒸发潜热如表Ⅰ-2-9。

表 Ⅰ-2-9　几种油品在常压下的蒸发潜热

油　品	汽　油	煤　油	柴　油	润滑油
蒸发潜热，kJ/kg(kcal/kg)	293～313(70～75)	251～271(60～65)	230～251(55～60)	188～210(45～50)

石油馏分的常压蒸发潜热可用图Ⅰ-2-29根据中平均沸点、比重指数和分子量三个数据中任意二个来查得。

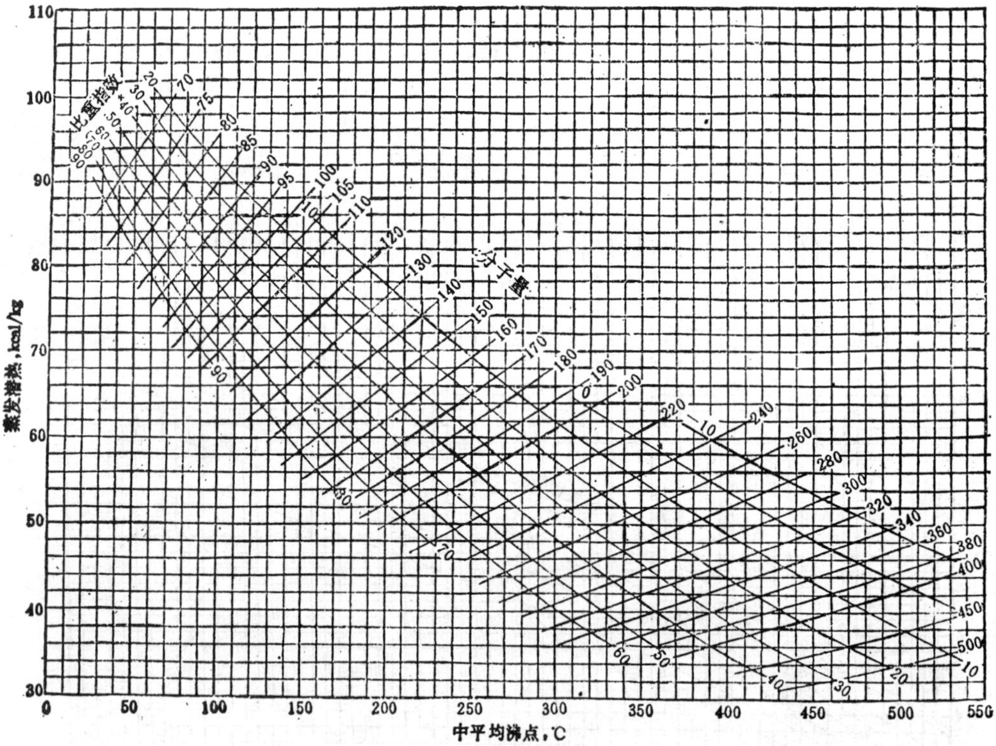

图 Ⅰ-2-29　石油馏分在常压时蒸发潜热与中平均沸点关系图（1kcal/kg=4.187kJ/kg）

三、热　焓

在炼油工业设计和工艺计算中，用得更多的是油品的热焓，因为热焓应用起来简便。

1. 热焓的定义

单位重量的油品自基准温度加热到某温度与压力时（包括相变化在内）所需的热量称为热焓。单位为kJ/kg。

油品的热焓因其所处的状态不同而异。对液态油品来说，它的热焓是将单位重量的液态油品从基准温度加热到某温度时所需的热量，以$q_{液}$表示。

对气态油品来说，它的热焓是将单位重量液态油品由基准温度加热到沸点，使之全部汽化，并使蒸气过热至某一温度所需的热量，以$q_{气}$表示。

不同的热焓图表，其制作的基准温度往往是任意的，因为绝对零度的焓不能确定。在实际计算中，一般都是用焓的变化来确定物理变化的热效应，因此，只要基准温度同，焓值数据就能加减，任意的基准条件即被消除。

对烃类来说，多采用－129℃(－200°F)、－17.8℃(0°F) 或0℃作基准温度。这个基准状态是假想的，对任何一种烃类的焓值在基准温度时都人为地定为零。

2. 热焓的计算

油品的热焓是油品性质、温度和压力的函数。不同性质的油品从基准温度升温至某温度时所需的热量不同，它的焓值也不同。在同一温度下，密度小及特性因数大的油品具有较高的焓值。例如，在同一温度下，汽油的焓值高于润滑油，烷烃的焓值高于芳烃。压力对液相油品的焓值影响很小。可以忽略，但是压力对汽相油品的焓却有较大的影响，因此，对于汽相油品，在压力较高时必须考虑压力对焓值的影响。

石油馏分的焓值可以从图Ⅰ-2-30查得，此图的基准温度是－17.8℃(0°F)、用$K=11.8$的石油馏分的实验数据制成，当$K\neq11.8$时，要进行校正。在图中有两种主要曲线，上方是汽相油品的焓值，下方是液相油品的焓值，同一种油品在相同温度时查得的两组曲线上的焓差，即为该油品在同一温度下的汽化潜热。两组曲线是根据常压下的数据制得的，对于气体，当压力高于常压时，要进行校正。

例 1-13 某液态油品的相对密度$d_4^{20}=0.8721$、$K=11$、温度为350℃，试求其热焓。

解 由图Ⅰ-2-30的下组曲线查得$K=11.8$，$t=350$℃时该油品的焓值为218kcal/kg。

在右下方的K值校正图中查得$K=11.0$时的校正系数为0.96，则该油品在350℃，$K=11$时的焓为：

$$218\times0.96=209\text{kcal/kg}=875\text{kJ/kg}$$

例 1-14 某汽油$d_4^{20}=0.7330$，$K=11.4$，试求其在1.5MPa(15大气压)、400℃时的蒸气热焓。

解 在图Ⅰ-2-30上组曲线查得$K=11.8$、$d_4^{20}=0.7330$、$t=400$℃时该油品的热焓值为312kcal/kg。

又查得在$K=11.4$的校正值为6kcal/kg，15大气压时的校正值为3.5kcal/kg。

所以在$K=11.4$、$d_4^{20}=0.7330$、15atm、$t=400$℃时该油汽的热焓为：

$$312-6-3.5=302.5\text{kcal/kg}=1.266\text{MJ}$$

第九节　油品的其它物理性质

一、燃 烧 性 质

1. 闪点和燃点

油品在一定条件下加热，液体表面上的蒸气和周围的空气形成混合气，当混合气中油气量达到一定比例时，便形成一种爆炸性的混合气，遇到火焰时就能闪火或爆炸。

油品发生闪火或爆炸，必须有一定的条件，即油气和空气混合物中油气的浓度要有一定的范围，低于这个范围，油气不足，高于这一范围，则空气不足，均不能闪火、爆炸，因此，这一浓度范围，就称爆炸范围，其下限浓度称为爆炸下限，上限浓度称为爆炸上限。

为了安全，油品在贮存和运输时所产生的蒸汽和空气混合物，其浓度应在爆炸范围以外，这样才不致在接近火焰时发生闪火与爆炸。

在规定的仪器内和一定的条件下，加热油品到某一温度，一定量的油品蒸气与空气形成混合物，当用明火接触时，就会发生短暂的闪火（一闪即灭），这时的温度称为油品的闪点。

油品的闪点与其馏分组成、化学组成以及压力有关。油品的沸点范围越低，则其闪点越低，例如汽油的闪点为－50～30℃，煤油的闪点为28～60℃，润滑油的闪点为130～325℃；油品的汽化性越大，其闪点越低，因此，只要有极少量轻质油混入润滑油中，就可以使其闪点显著降低；烯烃的闪点比烷烃、环烷烃、芳香烃都低。含石蜡较多的油品闪点较高，含胶质较多的环烷——芳香基石油所得粘度相同的油品的闪点较低。

油品的闪点随压力增大而增高，因为压力增大，油品的沸点范围升高，不易蒸发，故油品的闪点也升高。

测定闪点的方法有两种：闭口闪点和开口闪点。它们的区别在于加热蒸发及引火条件的不同，所测得的闪点数值也不一样，适用的油品也不同。

开口闪点仪一般用来测定重质油料如润滑油、残油等，闭口闪点仪则对轻、重油品都适用。

在闭口闪点仪中，油品的蒸发是在密闭的容器中进行的，而在开口闪点仪中，蒸发的油蒸气可自由扩散到空气中，而且容易分散开来，因此，同一油品用闭口闪点仪测得的闪点比开口闪点仪测得的闪点低，两者差别相当大。油品的闪点越高，这种差别也越大。

在测定闪点的同一仪器中，当油品达闪点后继续加热到某一温度，引火后液体开始燃烧，火焰不再熄灭的最低温度称为油品的燃点。油品的燃点一般比其闪点高20～30℃。

油品的闪点和燃点标志着油品的爆炸性和着火的危险性，是油品重要的安全指标，它关系着油品的储存、运输和使用的安全。用闪点也能判断润滑油或重油中是否混有轻组分以及在加工和使用过程中有无分解现象发生，分解产品混入油中会使闪点显著降低。

2．自燃点

将油品加热到某一温度，令其与空气接触不需引火油品自行燃烧的最低温度称为该油品的自燃点。

油品的沸点越低，则越不易自燃，故自燃点也就越高，反之，自燃点越低。

油品的自燃点与化学组成有关，含烷烃多的油品其自燃点较低，含芳烃多的最高，含环烷烃多的介于二者之间。

自燃点关系着油品加工和使用时的安全，炼厂中当高温重油从设备、法兰、接头等处漏出时所引起的火灾往往与油品的自燃点有密切的关系。

二、低温流动性

1．凝点、倾点、冷滤点

对于纯物质来讲，它有固定的凝点，而且与熔点的数值相同。油品是一种复杂的混合物，它没有固定的凝点。所谓油品的凝点即指其失去流动性的最高温度。这里所指的失去流

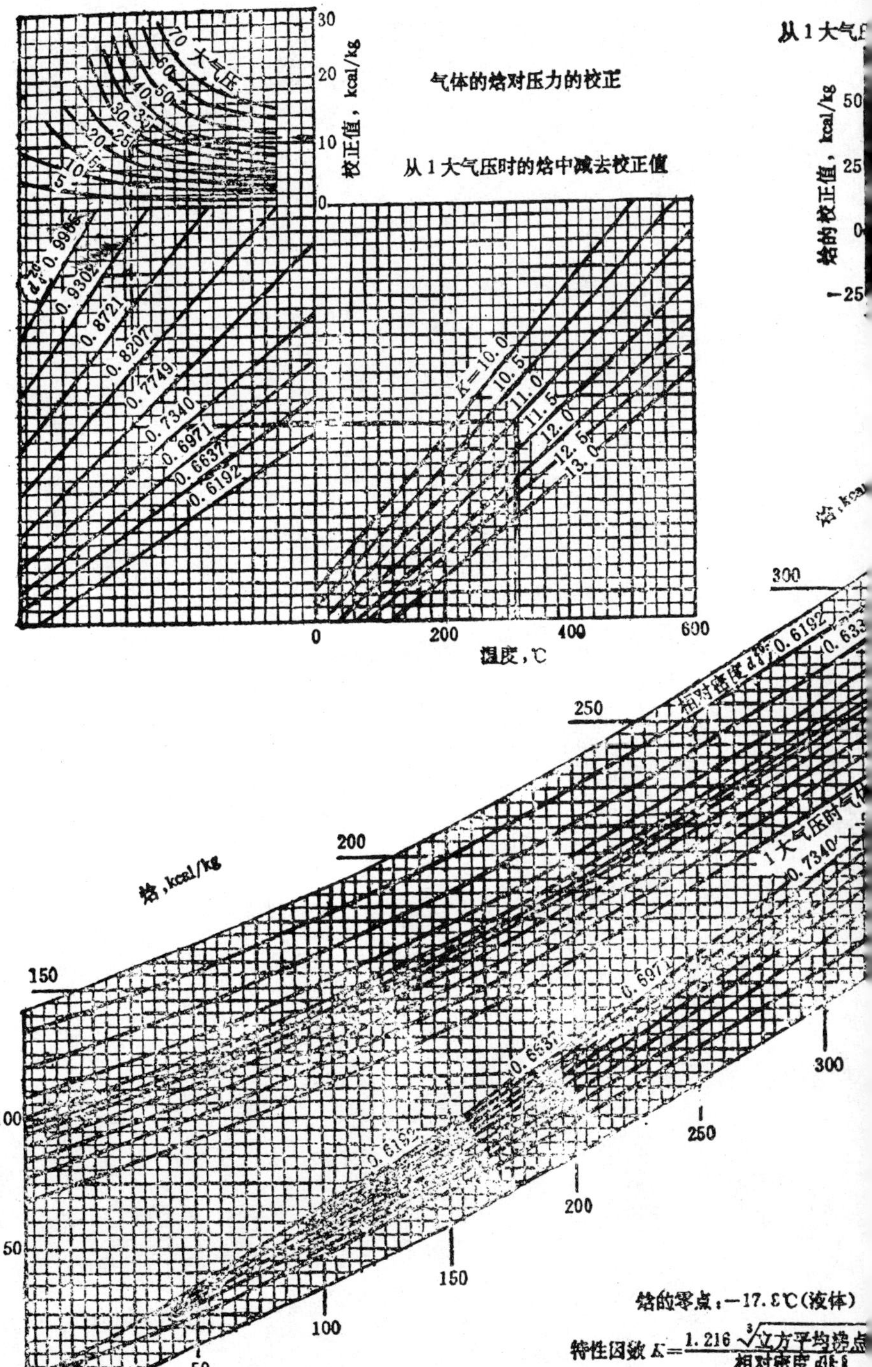

图 Ⅰ-2-30　石油馏分焓图（1kcal/kg＝4.187

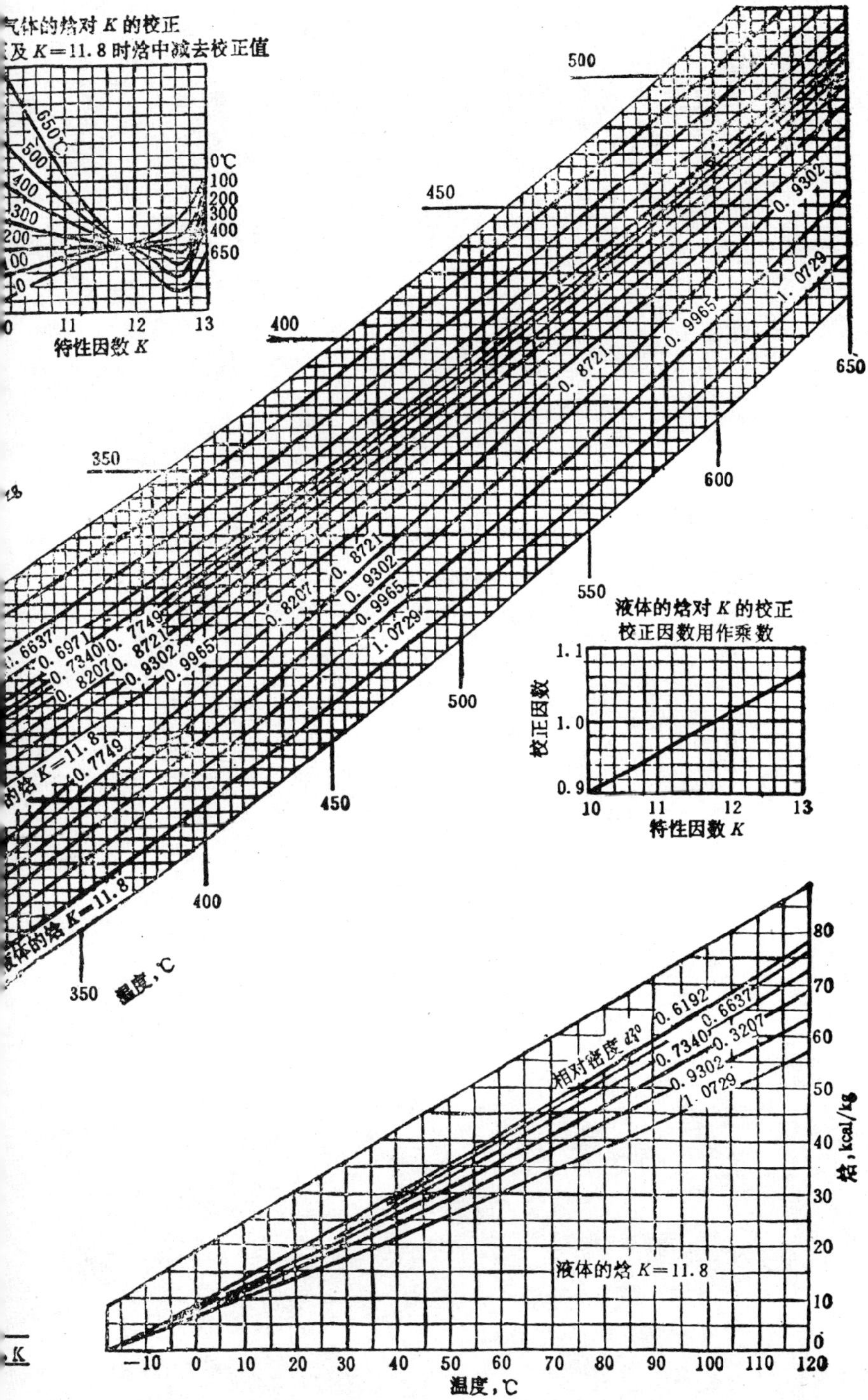

J/kg, 1大气压=101.3kPa)

动性，完全是条件性的。它的测定是利用特定的仪器，当油被冷却到某一温度时，将装油的试管倾斜45°角，而且经过一分钟后，用肉眼看不出管内液面位置有所移动，此时油品就被看作是凝固了，产生这种现象的最高温度即称为该油品的凝点。

倾点是指油品能从标准型式的容器中流出的最低温度。

油品的凝点（倾点）与其馏分组成和化学组成有关，油品中含蜡多，凝点（倾点）就高，所以油品凝点的高低，可以表示其含蜡的程度。

凝点表明油品在低温下的流动性，对油品的输送及其使用性能有很大的重要性。

由于凝点和倾点都不能较直接表示油品在低温下堵塞发动机滤网的可能性，因此又提出“冷滤点”的概念，它的测定方法是在规定的试验条件下测定20ml试油开始不能通过363目/英寸^{2}过滤网时的最高温度，这个温度称为冷滤点。

国内现已开始采用以倾点代替凝点，用冷滤点代替柴油的凝点作为油品的低温流动性指标。

2．浊点、冰点

浊点和冰点主要用来评价某些透明油品如航空汽油、煤油及轻柴油等低温性能的指标。

在特定的仪器中和规定的试验条件下，将油品冷却使其失去透明，并产生云雾状的浑浊现象的最高温度称为浊点。继续降低温度到油品中出现用肉眼能见到的晶体时的温度称为冰点或结晶点。

三、其 它 性 质

1．熔点

油品由固态变为液态时的温度叫熔点，对于纯物质来讲，凝点和熔点是相同的，但对作为复杂混合物的石油产品的熔点和凝点是不同的。

熔点是石蜡和地蜡的重要规格指标之一。石蜡的牌号是按其熔点高低来区分的。

熔点的测定也是用专门的仪器；因此，它的数值也是有条件性的。

2．滴点和软化点

对于一些胶态物质如沥青和凡士林、润滑脂等，很难区分其物态的转变，因此对于它们用更富有条件性的滴点、软化点来表示。

凡士林、润滑脂等半固体油品，当加热到一定的温度时，自标准仪器中滴下第一滴液体或油柱接触试管底时的最低温度称为滴点。高于此温度，润滑脂失去半固体性，故滴点可决定润滑脂使用时的最高温度，它是凡士林、润滑脂的重要指标。

软化点的测定是将沥青试样放在特制的铜环上，环上放置钢球，然后一起放入热水浴中，加热水浴直至钢球将铜环中的沥青压下时的温度称为软化点。

3．针入度

在标准的仪器上，在一定的温度（25℃）下和严格规定的时间（5s）内标准针在一定重量（100g）作用下，以垂直插入沥青内之深度称为针入度。以1/10mm为单位，针入度是衡量沥青软硬程度的指标，针入度越大，沥青越软。

4．伸长度

在标准试验条件下，将沥青拉伸至拉断为止的最大长度称为伸长度，以厘米表示。它表示沥青的延展性，及沥青粘结石料等的能力。

第三章　石油产品的分类及燃料的使用要求

第一节　石油产品的分类

从石油中得到的产品根据其主要特征大致可分为4类。

1. 燃料

石油燃料是用量最大的产品，它是主要能源之一。主要品种有液化石油气、汽油、航空汽油、喷气燃料、灯用煤油、柴油、重油（燃料油）等。

2. 润滑剂和有关产品

润滑剂和有关产品主要是用来减少机件的摩擦，保护机件以延长它们使用寿命并节省动力，它们的数量只占全部石油产品5%左右，但它们的品种繁多，按其使用场合可分成19组，详见第四篇。

3. 蜡、沥青和石油焦

它们是从生产燃料和润滑油的副产品，经进一步加工得来的固体产品，其产量约为所加工原油的百分之几。

4. 溶剂和化工原料

由石油加工得到的溶剂油可以用于油脂工业、医药、橡胶工业、涂料工业、机械零件洗涤、稀释剂等。

由石油加工得到的化工产品是有机合成工业的基本原料和中间体。

本章着重讨论燃料油的使用要求，对沥青、石油焦、蜡等只作简要介绍。关于润滑油的使用要求，将在润滑油生产一篇中加以叙述。

依据分类方法，产品名称用统一格式命名，一般形式如下所示：

	类	品种	数字
例如：	F	RFB	10
	燃料	残渣船用燃料油 R-残渣燃料	100℃最大粘度 ($10mm^2/s$)

石油产品总分类见表Ⅰ-3-1。

表Ⅰ-3-1　石油产品总分类

类别	类别含义	类别	类别含义
F	燃料	W	蜡
S	溶剂和化工原料	B	沥青
L	润滑剂和有关产品	C	焦

石油产品及润滑剂新旧类别对照见表Ⅰ-3-2。

表 Ⅰ-3-2 石油产品及润滑剂新旧类别对照表

新标准		原标准	
类别代号	含义	类别代号	含义
F	燃料	R	石油燃料
S	溶剂和化工原料	N	溶剂油
L	润滑剂和有关产品	H	润滑油
W	蜡	L	蜡及其制品
B	沥青	Q	沥青
C	焦	J	焦
		T	石油添加剂
		X	石油化学品及其它
		D	电气用油*
		Y	液压油及液压液*
		G	工艺用油*
		Z	润滑脂*
		K	真空油脂*
		F	防锈油脂*

*这些产品已并入L类（润滑剂），详见GB7631.1-87《润滑油和有关产品（L类）的分类 第1部分：总分组》。

第二节 汽 油

一、点燃式发动机的工作过程

点燃式发动机又叫汽化器式发动机或汽油机，它的主要优点是单位功率金属重量小，发动机比较轻巧。主要用于轻型汽车、活塞式发动机的飞机等。其原理构造如图Ⅰ-3-1。它的工作过程可分为：

1．进气（空气和油气）

当气缸活塞从气缸顶部往下运动时，气缸内产生了部分真空，空气受到了气缸内的引力进入汽化器，在汽化器的喉管部分装有汽油的喷嘴，汽油受到真空的作用也被吸入与空气进行混合。由于真空的作用，一部分汽油开始汽化，在混合物经过汽化器到气缸之间的导管时，汽化程度不断增加，混合物进入气缸后，受到气缸壁余热加热继续汽化。

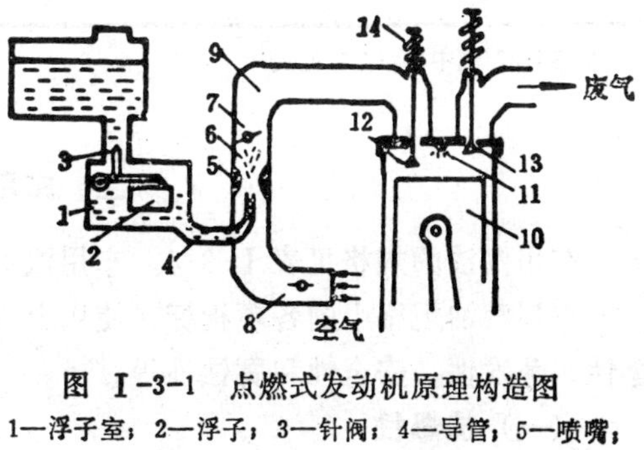

图 Ⅰ-3-1 点燃式发动机原理构造图

1—浮子室；2—浮子；3—针阀；4—导管；5—喷嘴；6—喉管 7、8—节气阀 9—混合室；10—活塞；11—火夜塞；12—进气阀；13—排气阀；14—弹簧

2．压缩

当活塞下行经过下死点而往上运动时，混合气被活塞压缩而升温。

3．点火燃烧作功

当活塞上行快到上死点时，电火花开始点火，混合气迅速燃烧，产生大量高温气体迅速膨胀，推动活塞往下作功。

4. 排气

活塞依靠惯性又往上运动，将燃烧废气排出。这就完成了一个循环，以后再重复进行上述的过程。

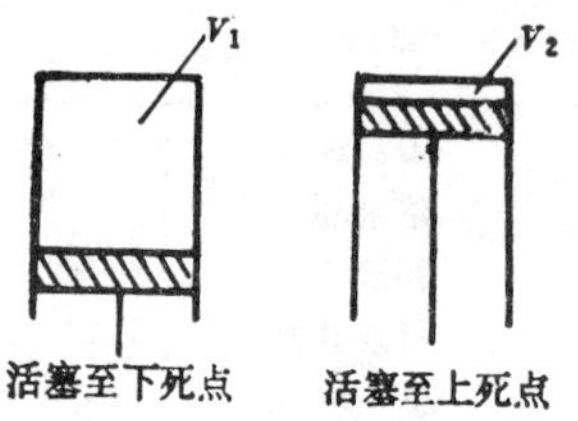

图 Ⅰ-3-2 进气及压缩时气缸中的容积

点燃式发动机一般有4个或6个气缸，4个或6个活塞用4个或6个连杆连接在曲轴上，各气缸在同一时间内进行不同的过程，使点火燃烧的作功过程变成连续的曲轴旋转过程。

当活塞运动到下死点时，气缸吸入汽油和空气混合气的体积V_1和活塞运动到上死点时被压缩后的汽油和空气混合气的体积V_2（如图Ⅰ-3-2）之比，称为压缩比。

$$压缩比=V_1/V_2$$

压缩比是设计内燃机时非常重要的一个数据，压缩比越高，内燃机的功率也越高，单位功率的发动机金属重量也越小。但是压缩比提高时，对内燃机的材质要求和使用汽油的辛烷值也要提高。我国汽油机的压缩比一般为7～8.5。

汽车发动机的压缩比在7.5～9.5范围内，压缩比每提高1，可节省汽油4～12%（平均7%），但提高压缩比后，发动机的爆燃趋势增加，排放废气中的NO_x含量增加，因此要求提高汽油的辛烷值，汽油辛烷值每增加1个单位，可减少汽车油耗0.7～3.1%（平均1.3%），由此可看出汽油质量和汽车制造工业有密切关系。

表 Ⅰ-3-3 几种汽车的压缩比和对汽油的要求

汽车名称	压缩比	使用汽油牌号
解放牌卡车	8	70号
跃进牌卡车	7.6	70号
上海牌轿车	7.7	80号85号
红旗牌轿车	8.5	85号

摘自1986年《中国汽车年鉴》。

二、车用汽油的使用要求

车用汽油的规格见表Ⅰ-3-4。车用汽油牌号是按辛烷值大小划分的。

车用汽油规格中的各项指标在使用上都具有实际意义，归纳起来，主要的使用性能有抗爆性、蒸发性、安全性和腐蚀性等。

（一）抗爆性

汽油的抗爆性能是重要的使用指标之一。它说明汽油能否保证在具有相当压缩比的发动机中正常地工作，这对提高发动机功率，降低汽油消耗量等都有直接关系。

1. 爆震现象

随着发动机压缩比的提高，发动机的功率提高，燃料消耗降低，但是有些汽油在低压缩

表 I-3-4 车用汽油规格质量指标

项目		质量指标			
		RQ—70	RQ—85	RQ—90	RQ—97
辛烷值 MON	不小于	70	85		
辛烷值 RON	不小于			90	97
四乙铅含量,g/kg	不大于	1.0	1.0	1.0	
馏程：10%馏出温度,℃	不高于	79	70	70	
50%馏出温度,℃	不高于	145	120	120	
90%馏出温度,℃	不高于	195	190	190	
干点,℃	不高于	205	205	205	
残留量及损失,%	不大于	4.5	3.5	3.5	
残留量,%	不大于	1.5	1.5	1.5	
饱和蒸气压,kPa					
从9月1日至2月29日	不高于	80	80	80	
从3月1日至8月31日	不高于	67	67	67	
实际胶质,mg/100ml	不大于	5	5	5	
诱导期,min	不少于	480	480	480	
硫含量,%	不大于	0.15	0.15	0.15	
腐蚀(铜片,50℃,3h)		合格	合格	合格	
水溶性酸或碱		无	无	无	
酸度,mgKOH/100ml	不大于	3	3	3	
机械杂质和水分		无	无	无	

比时燃烧得很好，而在高压缩比条件下就燃烧得不好，往往会使缸内发生一种金属爆击的声音，气缸温度随之大大升高，在废气中，还带有很多黑烟，结果发动机效率不但没有提高，设备反而受到损害，这种现象就叫内燃机的爆震现象。

爆震现象产生的原因可以这样解释：

当汽油和空气的混合气进入气缸后，经过压缩，温度随之升高到300～400℃，这时油气中的烃类被空气氧化生成过氧化物，再经电火花点火后，油气开始燃烧，火焰由电火花点火的地方以15～25m/s的速度向外传播，使没有点火的地方也同样进行燃烧，这是燃料的质量适应压缩比条件下的燃烧情况。

可是，当提高压缩比或使用质量差的汽油时，混合气被压缩后，压力和温度均比正常燃烧时要高，点火后，在已燃烧的那部分形成的高温高压气体的影响下，在火焰尚未能传到地方的混合气中生成了大量的过氧化物，不等火焰传到，即自行猛烈燃烧，使火焰传播速度剧增至1500～2500m/s，这种爆燃波传播在气缸壁上和活塞之间来回反射，就产生了金属爆击的声音，使发动机不能正常运转。

由此可见，点燃式发动机的爆震与两方面因素有关：

（1）燃料性质：燃料易氧化，氧化后的过氧化物不易分解，自燃点低，那么爆震就比较容易发生。反之，爆震现象就不易发生。由于正构烷烃比异构烷烃、芳香烃易氧化产生过氧化物，因此，含正构烷烃多的汽油比含异构烷烃、芳香烃多的汽油作燃料时易产生爆震现象。

（2）发动机的工作条件：如果发动机的温度高，压缩比大，就容易发生爆震现象。

2. 抗爆性能的评定指标

车用汽油的抗爆性用辛烷值来表示。

所谓辛烷值就是以纯正庚烷的辛烷值为零，纯异辛烷(2，2，4-三甲基戊烷)的辛烷值为100而定出的一种测定抗爆性能的相对标准。把正庚烷和异辛烷按不同的体积比混合，得到不同抗爆性等级的混合液，在发动机工作条件相同情况下，与待测燃料进行对比，若某一待测汽油的抗爆性能与某一混合液的抗爆性相当时，混合燃料中异辛烷的百分含量即为所测定汽油的辛烷值。例如某汽油的辛烷值为70，就表示它的抗爆性能相当于用70％异辛烷和30％正庚烷组成的混合液的抗爆性能。

测定辛烷值的方法有马达法和研究法，它们是在特制的辛烷值试验机中进行的。

汽油的辛烷值和汽油的化学组成有关，在碳原子数相同的烃类中，正构烷烃辛烷值最低，高度分支的异构烷烃和芳香烃辛烷值最高，而环烷烃和烯烃介于它们之间。因此，凡是从含芳香烃较多的芳香基石油分馏得到的汽油，其辛烷值一般较高，从含烷烃较多的烷基石油分馏得到的汽油，其辛烷值一般较低；同一石油，经直馏所得的汽油要比裂化所得的汽油辛烷值低，这是因为裂化汽油中含有较多的异构烃或烯烃；铂重整所得的汽油，由于其中含有较多的芳烃，因而其辛烷值也较高。

3．提高抗爆性的方法

在生产上，可用添加少量抗爆添加剂来提高汽油的抗爆性。最常用的抗爆剂是四乙基铅，分子式为 $Pb(C_2H_5)_4$。纯四乙基铅虽然抗爆性很高，但是在气缸里燃烧之后，会在燃烧室、气缸壁、火花塞和气阀等处积聚铅和白色的二氧化铅，使气阀关不严，火花塞短路，影响了发动机的正常工作，因此，必须加以“导出剂”，使之与铅形成挥发物质与废气一起排出，常用的导出剂有α-氯萘、二溴乙烷和二氯乙烷等。

四乙基铅和溴乙烷等混合成的液体叫做乙基液。汽油的烃类组成不同，对乙基液的感受性是不同的，通常把汽油因加入乙基液而使辛烷值提高的性能称为感铅性。各类烃感铅性好坏的顺序为：正构烷烃与少分支异构烷烃＞环烷烃＞烯烃＞芳烃。

为了减少环境污染，希望汽油中少加或不加四乙基铅，又为提高辛烷值，也可采用往辛烷值低于规定的汽油中加入适当数量的高辛烷值组分（如重整汽油、催化裂化汽油、烷基化油等）或高辛烷值汽油，就可将辛烷值低的汽油的抗爆性提高到使用汽油的要求，这种方法称为调合。例如，有一批车用汽油辛烷值从70降低到66，现在用辛烷值为75的优质汽油来调整，使其辛烷值恢复到70，可按下式大致计算出优质汽油的加入量：

$$\text{所需优质汽油}\% = \frac{\text{调合后汽油的辛烷值} - \text{降质汽油的辛烷值}}{\text{优质汽油的辛烷值} - \text{降质汽油的辛烷值}} \times 100$$

将上述数字代入则

$$\text{所需优质汽油}\% = \frac{70-66}{75-66} \times 100 = 44.4$$

即用44.4％（重）的优质汽油和55.6％的降质汽油调合后，其辛烷值就可达到70的要求了。由于辛烷值没有加和性，因此这个方法计算的结果只是近似的。

此外，可在汽油中加入含氧化合物来提高汽油的辛烷值。常用的有醇类（甲醇、乙醇和叔丁醇等）以及醚类［甲基叔丁基醚（MTBE）、乙基叔丁基醚（ETBE）和甲基叔戊基醚（TAME）等］。在工艺上可采用铂重整、异构化、叠合、醚化等生产高辛烷值汽油及高辛烷值组分进行优化调合。

（二）蒸发性

车用汽油是点燃式发动机的燃料，它在进入发动机气缸之前，先在汽化器中汽化并同空气形成混合物。汽油在汽化器中蒸发得是否完全，同空气混合得是否均匀，是跟它的蒸发性有关的。汽油的轻质馏分含量越多，它的蒸发性就越好，同空气混合得就越均匀，因而进入气缸内的混合气燃烧得越完全，能保证发动机顺利地工作。若汽油的蒸发性不好，那么混合气中就会含有悬浮状的油滴，破坏混合气的均匀性，使发动机的工作变得不均匀，不稳定，同时，还会增加汽油的消耗量。混合气中含有油滴，有时还会使燃烧过程变坏，由于燃料的不完全燃烧，一部分燃料成气态与废气一道排出，另一部分将沉积在气缸壁上，把润滑油洗掉，并稀释了润滑油。但是汽油的蒸发性也不能过高，否则汽油在未进入汽化器之前就会在输油管中蒸发，形成气阻，中断供油，而且使发动机停止工作。

评定汽油蒸发性可用馏程和蒸气压两种方法。

1. 馏程

产品标准中所规定的恩氏蒸馏方法来测定馏程。一般要求测出初馏点、10%、50%、90%点馏出温度和终馏点（干点）。

汽油的初馏点和10%点馏出温度是说明汽油在发动机中的启动性能，如10%点馏出温度过高，在冬季或严寒地区使用这种汽油时，汽车启动就有困难。

汽油的50%点馏出温度说明汽油在发动机中的加速性能。若这一馏出温度过高，当发动机由低速骤然变为高速而需要加大油门增加油量时，燃料就会来不及完全汽化，使燃烧不完全，甚至燃烧不起来，发动机就不能产生需要的功率。我们常见的汽车爬坡速度太慢，或中途停下来，如果机件正常，就有可能是因为汽油不能保证发动机加速性能的缘故。

汽油的90%点馏出温度和终馏点表示汽油在发动机中蒸发完全的程度，这个温度过高，说明重质成分过多，不能完全汽化而燃烧，其结果是降低发动机的功率和经济性。

在汽油贮运过程中，常遇见馏程温度升高的现象，特别是裂化汽油中含气体烃较多，10%点馏出温度常在贮存半年左右就不合格了。为了使汽油的馏程合格，也可以采取调合的方法。例如有一批车用汽油A，其10%馏出温度为85℃，已超过规格指标79℃，现用一批10%点馏出温度为68℃的汽油B来调合，经测定汽油A在79℃的馏出量为7%，而汽油B在79℃的馏出量为26%，按下式可求出调合时汽油B的数量。

$$\text{加入汽油}B\text{ 需用量}\% = \frac{\text{调合后汽油在79℃时馏出量} - \text{不合格汽油}A\text{ 在79℃时馏出量}}{\text{加入汽油}B\text{ 在79℃时馏出量} - \text{不合格汽油}A\text{ 在79℃时馏出量}} \times 100$$

将题中数值代入则，

$$\text{加入汽油}B\text{ 需用量}\% = \frac{10-7}{26-7} \times 100 = 16$$

即调合时汽油A:汽油B=84:16

实际调合时汽油B用量应大于16%，使调合汽油10%点馏出温度低于79℃。

2. 蒸气压

汽油的蒸气压用饱和蒸气压表示。汽油的蒸气压是说明其蒸发性能和在进油系统中形成气阻的可能性。汽油的蒸气压过大，在南方、夏季使用和高原等地带行驶的车辆，由于气温升高或大气压力降低，就会形成气阻、堵死输油管，中断供油并迫使发动机停止工作。

大气中的烃类会导致臭氧层的破坏，而汽油的挥发，则是造成大气中烃类污染的重要原因之一，因此，环保部门已把降低汽油蒸气压作为一个目标。为降低汽油蒸气压，炼油厂最有可能采取的办法就是减少调入汽油中的丁烷量。

（三）安定性

汽油的安定性，一般指汽油的化学安定性，它表明汽油在储存中抵抗氧化的能力，是一个重要的使用指标。安定性好的汽油储存几年，都不会变质，反之，安定性不好的汽油储存时间不长就会变质，汽油中如果含有大量的不饱和烃，特别是含有二烯烃，那么在汽油的储存和使用时，这些不饱和烃在空气中氧的作用下很容易氧化而形成胶质，这种汽油用于发动机时会发生很多困难。据经验证明，使用含胶质量大的汽油，不蒸发的胶状物将会沉积于油箱、汽油导管和汽油过滤器上，堵死汽油导管和汽化器喷嘴，并在进气阀门杆上积聚成粘稠的黄黑色的胶状物，将进气阀堵塞，中断供油而迫使发动机停止工作。

为了减少汽油的生胶倾向，除了将汽油进行适当的精制以外，还可用添加抗氧化添加剂的方法来改善汽油的安定性。最常用的抗氧化剂有：2,6-二叔丁基对甲酚、N,N′-二仲丁基对苯二胺。

表示汽油胶质的方法有两种：一种是实际胶质即在汽油中已经存在的胶质，以 mg/100 ml汽油表示；另一种是用诱导期表示，也称潜在胶质。潜在胶质是指在一定的条件下燃料中能够氧化而变为实际胶质的物质，它表示在储存时生成胶质的可能性。燃料的诱导期是指在精确的温度和压力下由试油和氧接触的时间算起，到试油开始大量吸入氧为止的这一段时间，以min表示。诱导期长说明油品不易氧化，油品较安定，反之亦然。

（四）腐蚀性

汽油的腐蚀性说明汽油对金属的腐蚀能力。汽油组成中的烃类并不腐蚀金属。但一些非烃杂质，如水溶性酸和碱、有机酸、硫化物等对金属具有腐蚀性。硫化物燃烧产生二氧化硫等对金属也具有强烈的腐蚀性。

在一般成品汽油中，元素硫及硫化氢含量极少，硫化物的腐蚀主要是由硫醇所造成的。汽油中存在硫醇，不但使汽油产生恶臭，显著促进生胶，而且引起对金属的腐蚀。硫醇能与金属作用生成硫醇盐，苯硫酚氧化生成的磺酸对金属有强烈的腐蚀性，当汽油中含有少量水分时，它能部分溶于水中，使水中酸度增加，从而强烈地腐蚀设备。

水溶性酸是指能溶于水的酸。这种酸包括低分子有机酸和无机酸，水溶性碱是指能溶于水的碱。汽油中的水溶性酸和碱，都是在硫酸精制和碱中和后，因水洗过程操作不良而留在汽油里的。成品汽油一般不含水溶性酸碱。

石油中的有机酸主要是环烷酸，汽油馏分中所含有机酸极少。汽油经氧化变质后也会生成有机酸，它随胶质含量的增加而增长，所以汽油产品标准中规定了酸度的指标，如酸度增大到影响使用程度，应用同牌号、酸度小于标准规格的优质汽油进行调合。

三、航空汽油的使用要求

我国生产的航空汽油是催化裂化或催化重整所得的高辛烷值汽油馏分，加适量的高辛烷值组分及少量的添加剂而成的。主要有三种：75号、95号（95/130）、100号（100/130）。

我国用“辛烷值/品度值”表示航空汽油的牌号。例如，RH-95/130表示这种汽油的辛烷值为95和品度值为130。75号用于教练机、通信机、农用机等，95号、100号用于中，重负荷和高速的飞机上。

航空汽油的规格见表Ⅰ-3-5。它的牌号是用辛烷值和品度值划分的。

表 I-3-5 航空汽油的规格表

项目		质量指标 75号	95号(95/130)	100号(100/130)
辛烷值	不小于	75	95	98.6
品度	不小于	—	130	130
四乙基铅含量,g/kg	不小于	无	3.3	2.7
净热值,MJ/kg	不小于	—	43.1	43.1
馏程				
初馏点,℃	不低于		40	
10%馏出温度,℃	不高于		80	
50%馏出温度,℃	不高于		105	
90%馏出温度,℃	不高于		145	
97.5%馏出温度,℃	不高于		180	
残留量及损失量,%	不大于		2.5	
残留量,%	不大于		1.5	
饱和蒸气压,kPa			27～48	
酸度,mgKOH/100ml	不大于		1.0	
结晶点,℃			−60	
碘值,gI/100g	不大于		12	
实际胶质,mg/100ml	不大于		3	
硫含量,%	不大于		0.05	
腐蚀(铜片50℃,3h)			合格	
水溶性酸或碱			无	
机械杂质及水分			无	
颜色		水白	同染色剂	

1. 航空汽油的组成

飞机在高空中飞行，工作条件恶劣，因此对燃料的质量要求比汽车更高。现用的航空汽油是一种混合物，它是由基础汽油、高辛烷值组分、添加剂和抗爆剂等混合而成的。

作为航空汽油的基础汽油有催化裂化汽油、加氢汽油、重整汽油和质量最好的直馏汽油。热裂化汽油于安定性差，根本不能应用。

作为高辛烷值组分有 3 类化合物：

（1）异构烷烃及其化合物：如异辛烷、2,2-二甲基丁烷、2,3-二甲基丁烷、2,2,3-三甲基丁烷及工业异辛烷等。

（2）芳香烃及其混合物：如苯、甲苯、二甲苯、乙苯、异丙苯、航空苯、热解苯及烷基苯等。

（3）含氧化合物：如乙醇、丙醇及异丙醇等。

由于高辛烷值组分制造成本高，所以不宜单独用作航空汽油。为此用基础汽油和高辛烷值组分混合，再加入少量抗爆剂而成航空汽油。

在各种航空汽油中除抗爆剂（四乙基铅）的含量固定不变外，其它成分（基础汽油和高辛烷值组分）的含量是不同的，没有一定的比例关系。基础汽油和高辛烷值组分的混合比例，应先在试验室做出样品，然后按比例混合，再加入抗爆剂，在选定某种高辛烷组分与基础汽油时，应全面分析它们的理化性质，计算出混合产品的质量指标数据，并经过多次混合试验，得出了可靠的成分比例后，才进行大批的混合。

2. 航空汽油的主要质量指标的使用意义

航空汽油的主要质量指标在使用上除发热值外，与车用汽油相近。由于飞机发动机工作条件特殊，对燃料的抗爆性、蒸发性要求较严格。同时基础汽油不同，燃料含四乙基铅量又大，其安定性的恶化倾向也不同于车用汽油，所以除发热值外，在此还需叙述航空汽油的抗爆性，蒸发性和安全性。

（1）抗爆性：航空汽油的抗爆性是重要的一个使用指标。特别是对生产的中、重负荷和高速的飞机发动机，要求汽油的抗爆性非常严格，不但要求汽油的辛烷值合格。而且还要求汽油的品度值合格。

航空汽油的辛烷值是表示在贫混合气时，即飞机巡航飞行时燃料的抗爆性，品度值是表示在富混合气时，也就是在飞机起飞和爬高飞行时燃料的抗爆性。

航空汽油的品度值试验是在富混合气时，试油至开始爆震条件下所能发出的最大功率与用纯异辛烷工作时发出最大功率之比（纯异辛烷的品度值定为100）。例如，某燃料的品度值为130，即表示发动机用该油在富混合气条件下工作时，在开始爆震条件下，所能获得的最大功率比用纯异辛烷时大30%。

（2）蒸发性：飞机工作在高空、空气稀薄压力低的条件下，汽油的蒸发强度增大，产生气阻的可能性增加。飞机在起飞和着陆的时间需要很精确，所以保证发动机迅速起飞和加速性能良好是非常重要的，这就要求用在高速飞机上的航空汽油具有良好的蒸发性。航空汽油的饱和蒸气压一般不高于48kPa(360mmHg)。

（3）安定性：航空汽油和车用汽油一样，安定性越高，储存期就越长，工作情况就越良好，但是在储存中航空汽油安定性恶化的倾向与车用汽油不同，车用汽油容易产生胶质和增加酸度，而航空汽油则产生四乙基铅的分解沉淀而使辛烷值降低。

含乙基液汽油中的四乙基铅分解速度主要随油温升高而加快，所以乙基液汽油储存在地下罐、大罐比地上罐、小罐要好。在储存中应尽可能降低汽油的温度，此外，向乙基液汽油中添加少量的抗氧化剂（对羟基二苯胺）是延迟四乙基铅分解的有效措施之一。

（4）发热量：航空汽油的发热量也是一个重要的使用指标。因为飞机发动机马力大，负荷重，在空中不能停下来加油，油箱容积又不能过大，所以要求使用发热量高的燃料，以便保证飞行时间长，续航里程远，以提高工作经济性和减少中途加油。

航空汽油的发热量大小是由其化学成分决定，通常烷烃的重量发热值较高。有人认为汽油的辛烷值高，发热量也高，这是不正确的。因为发热量不是由于辛烷值升高而增加的。如芳烃的辛烷值高于烷烃．而烷烃的重量发热值却高于芳烃。

第三节　喷气燃料（航空煤油）

喷气式发动机在航空业上得到越来越广泛的应用，不仅是军用，而且在民用的大型客机也都采用喷气式发动机，这是因为在高空高速飞行时，喷气式发动机比汽油机有无可比拟的优点，在飞行时速为1000km时，喷气式发动机的重量只有点燃式发动机的1/10，而当飞行时速提高到2000km时，此比值更进一步下降为1/50。此外，喷气式发动机还有一个突出的优点：飞行速度越高，燃料的热能转化为功的效率也越高，即燃料用得越省。

喷气燃料的规格见表Ⅰ-3-6，对它的质量要求主要有发热量、密度、低温性能、粘度、馏分等。

表 1-3-6 喷气燃料（航空煤油）的规格表

项目		质量指标			
		1 号	2 号	3 号	4 号
密度(20℃),kg/m³	不小于	775	775	775	750
馏程:					
初馏点,℃	不高于	150	150	实测	不低于60
10%馏出温度,℃	不高于	165	165	204	实测
50%馏出温度,℃	不高于	195	195	232	195
90%馏出温度,℃	不高于	230	230	实测	—
98%馏出温度,℃	不高于	250	250	280	280
残留量及损失量,%	不大于	2.0	2.0	2.0	3.0
闪点(闭口),℃	不低于	28	28	38	—
运动粘度,mm²/s					
20℃	不小于	1.25	1.25	1.25	1.0
−40℃	不大于	8.0	8.0	—	6.0
−20℃		—	—	8.0	—
结晶点,℃	不高于	−60	−50	−50	−40
芳烃含量,%	不大于	20	20	—	20
烯烃含量,%	不大于	—	—	5	
碘值,g碘/100g	不大于	3.5	4.2	4.2	4.2
酸度,mgKOH/100ml	不大于	1.0	1.0	1.0	1.0
硫含量,%	不大于	0.20	0.20	0.20	0.25
硫醇性硫含量,%	不大于	0.005	0.002	0.001	0.005
铜片腐蚀(100℃,2h),级		1	1	1	50℃,3h,1级
银片腐蚀(50℃,4h),级	不大于	1	1	1	—
净热值,MJ/kg	不小于	42.9	42.9	42.8	42.7
燃烧性能:(需满足下列要求之一)					
1. 无烟火焰高度,mm	不小于	25	25	25	实测
2. 萘系烃含量(无烟火焰高度小于20mm时),%	不大于	3	3	3	—
3. 辉光值	不小于	45	45	45	—
实际胶质,mg/100ml	不大于	5	5	5	5
灰分,%	不大于	0.005	0.005	—	—
水溶性酸或碱		无	无	无	无
机械杂质及水分		无	无	无	无
水反应:					
体积变化,ml	不大于	1	1	1	实测
界面情况,级	不大于	1b	1b	1b	实测
分离程度,级		实测	实测	实测	实测
动态热安定性:					
过滤器压力降,kPa	不大于	—	—	10.1	—
预热管评级,级	不大于	—	—	3	—
铜离子含量,μg/kg	不大于	—	—	150	—
饱和蒸气压,kPa	不大于				20

一、发热值和密度

由于喷气式发动机的飞行高度较高，续航里程较远，飞行速度大，发动机功率高，需要足够的热能产生动力来带动机械工作，这就要求燃料具有尽可能高的体积发热值和重量发热值。

所谓体积发热值是指单位体积油料燃烧时所放出的热量；重量发热值是指单位重量油料

燃烧时所放出的热量。喷气式发动机燃料的发热量高，可以相应减少油箱体积和重量，这对飞机的制造和航行来说是十分有利的。

重量发热值随燃料元素组成中含氢量增高而增大，以各族烃作比较，烷烃含氢量最高，芳香烃含氢量最低，所以烷烃的重量发热值最高；环烷烃次之，芳香烃最低。

对于喷气燃料，要求有尽可能大的密度，因为，燃料的密度大，则体积发热值也大，在同样体积的油箱里，可以多装油而使飞行更长的时间和距离。

喷气燃料的密度或体积发热值与其化学组成以及馏分组成有关。同一种烃类，沸点越高，密度就越大；对于不同烃类，当碳原子数相同时，芳香烃密度最大，环烷烃次之，烷烃密度最小，所以，就体积发热值而言，芳香烃最大，环烷烃次之，烷烃最小。

在同一族烃中，当其异构化程度增大时，重量发热值一般保持不变，但密度却大大增加了，即体积发热值大大增加。

由此可知，为了使喷气燃料有较高的密度和重量发热值，它的理想组分应是带有支链的环烷烃。

二、低温性能

喷气式飞机，特别是军用飞机，飞行高度经常在10000m以上，在这样的高空中，大气温度达－55℃到－60℃左右，如果使用结晶点不适宜的燃料，就会产生结晶。堵塞燃料滤清器，中断供油而引起飞行事故。

燃料的结晶点决定于燃料的化学组成和含水量，如果燃料中石蜡烃含量多，当温度下降至一定程度时，就会析出石蜡结晶。燃料中含芳香烃越多，溶解的水分就越多，当温度下降时，水分便析出成冰粒。无论是蜡的结晶或水的结晶，对燃料的使用都不利，所以要限制燃料的结晶点不高于－50℃左右，同时限制燃料中含芳烃量不超过20％。

三、粘　　度

粘度的大小直接影响到发动机喷油和燃烧的好坏，因此对粘度也应有一定的要求。

粘度过大的燃料，喷射锥角小而射程远，液滴大、雾化不良、燃烧不完全、不均匀。因而会降低发动机的功率，同时粘度过大时，在低温下不易流动，使供油量减少。粘度过小时喷射锥角大而射程近，火焰燃烧区域宽而短，容易引起局部过热；同时粘度过小，使燃料油泵磨损加大。所以规定了20℃及－40℃时的粘度，它们分别表示燃料在启动时及飞行中的粘度。

四、馏　　分

喷气式发动机要求燃料的馏分虽然较宽，但仍然是个重要的指标，因为燃料的馏分对于启动、燃烧区的宽窄、低温性能的好坏、密度的大小和蒸发损失等都有直接关系。

喷气式飞机的飞行高度常在10000m以上，特别是在上升时，速度快，大气压力急剧降低，而油箱里的油温几乎还保持地面上的温度。据经验证明，在这种条件下，使用馏程为150～250℃的燃料，才能保证正常的工作。

至于喷气燃料的其它质量指标，在使用意义上与汽油相同。

第四节　柴　　油

拖拉机、载重汽车、坦克、轮船、铁路柴油机车等广泛使用柴油作燃料，用柴油作燃料的发动机称为压燃式发动机，简称柴油机。

与汽油机相比，柴油机的单位功率的重量较大，但是其热效率高，耗油量小，因此，它适用于大功率的运输工具及固定式动力机械。

柴油分为轻柴油和重柴油两种。按柴油机的类别，轻柴油用于1000r/min以上的高速柴油机，重柴油用于1000r/min以下的中、低速柴油机上。

一、压燃式发动机的工作过程

柴油发动机有两冲程和四冲程两种，以四冲程的柴油机为例，其工作过程如下：

1．进气

当活塞从气缸顶往下运动时，进气阀打开，空气被吸入气缸。

2．压缩

当活塞经过下死点往上运动时，进气阀关闭，空气受到压缩，温度和压力急剧上升，到压缩终了，温度可达500～700℃，压力可达3.4～4.4MPa(35～45kg/cm^2)。

3．喷入燃料、自燃、膨胀作功

当活塞快到上死点时，喷入燃料，由于气缸温度已很高，早已达燃料的自燃点，因此喷入的燃料迅速着火燃烧。燃料产生的大量高温气体迅速膨胀，推动活塞往下运动作功。

4．排气

当活塞经过下死点凭惯性往上运动时，排气阀打开，燃烧产生的废气被排出，然后再开始一个新的循环。

从这里可以看出，柴油机和汽油机有两点本质的区别：第一，在柴油机中被压缩的只是空气，而不是空气和燃料的混合物，因此，设计发动机的压缩比时，不受燃料性质的影响，压缩比可以设计得很高，如解放牌汽车发动机的压缩比为8，而一般柴油机的压缩比可在16.5左右，这样，使燃料转化为功的效率高、耗油省，第二，在汽油机中，燃料是靠电火花点火而燃烧的，在柴油机中，燃料是自燃的。正因如此，汽油机叫做点燃式发动机，而柴油机叫做压燃式发动机。

二、柴油的使用要求

轻柴油和重柴油的规格见表Ⅰ-3-7和表Ⅰ-3-8，各种不同的商品柴油是以凝点来划分的。

（一）燃烧性能

1．爆震现象

柴油机在工作时也会产生类似汽油机那样的爆震现象，但是爆震的原因却与汽油机完全不同。

在柴油机中，压缩末期柴油以雾状喷入气缸，喷入的燃料在高温高压影响下开始氧化，当氧化过程逐渐加速以致猛烈进行时，燃料就着火燃烧。从燃料喷入到开始着火这一瞬间，

表 I-3-7 轻柴油规格表

项目		优级品 10号	优级品 0号	优级品 −10号	优级品 −20号	优级品 −35号	优级品 −50号	一级品 10号	一级品 0号	一级品 −10号	一级品 −20号	一级品 −35号	一级品 −50号	合格品 10号	合格品 0号	合格品 −10号	合格品 −20号	合格品 −35号	合格品 −50号
碘值,gI/100g		6						—						—					
颜色,色号	不深于	3.5						3.5						—					
催速安定性沉渣,mg/100ml	不大于	—						2.0						—					
实际胶质,mg/100ml	不大于	—						—						70					
硫含量,%	不大于	0.2						0.5						1.0					
硫醇硫含量,%	不大于	0.01						0.01						—					
水分,%	不大于	痕迹						痕迹						痕迹					
酸度,mgKOH/100ml	不大于	5						5						10					
10%蒸余物残炭,%	不大于	0.3						0.3						0.4			0.3		
灰分,%	不大于	0.01						0.01						0.02					
铜片腐蚀(50℃,3h),级	不大于	1						1						1					
水溶性酸或碱		无						无						无					
机械杂质		无						无						无					
运动粘度(20℃),mm^2/s		3.0~8.0			2.5~8.0	1.8~7.0		3.0~8.0			2.5~8.0	1.8~7.0		3.0~8.0			2.5~8.0	1.8~7.0	
凝点,℃	不高于	10	0	−10	−20	−35	−50	10	0	−10	−20	−35	−50	10	0	−10	−20	−35	−50
冷滤点,℃	不高于	12	4	−5	−14	−29	−44	12	4	−5	−14	−29	−44	12	4	−5	−14	−29	−44
闪点(闭口杯法),℃	不低于	65				45		65				45		65				45	
十六烷值	不小于	45						45						45					
馏程:50%馏出温度,℃	不高于	300						300						300					
90%馏出温度,℃	不高于	355						355						355					
95%馏出温度,℃	不高于	365						365						365					
密度(20℃),kg/m^3		实测						实测						实测					

表 I-3-8 重柴油规格表

项目		质量指标		
		10	20	30
运动粘度(50℃), mm^2/s	不大于	13.5	20.5	36.2
残炭，%	不大于	0.5	0.5	0.5
灰分，%	不大于	0.04	0.06	0.08
硫含量，%	不大于	0.5	0.5	1.5
机械杂质，%	不大于	0.1	0.1	0.5
水分，%	不大于	0.5	1.0	1.5
闪点(闭口)，℃	不低于	65	65	65
倾点，℃	不高于	13	23	33
水溶性酸碱		无	无	—

称为滞燃期。燃烧滞燃期越长，则开始着火时燃料的积存量越多，着火时就会引起压力的突然增加而发生爆震，使气缸磨损增加，发动机工作效率下降等等。如果滞燃期短，这种爆震现象就不会发生，柴油机工作就平稳，因此，柴油机要求易于自燃的燃料而汽油机却相反。

燃烧滞燃期长短与燃料是否容易氧化有关，也即与燃料的自燃点有关。越易氧化的燃料，自燃点越低，燃烧滞燃期越短，越不易产生爆震现象。

燃料的自燃点与燃料的化学组成关系十分密切，烷烃的自燃点最低，环烷烃其次，芳烃最高，所以含烷烃多的柴油是抗爆性能好的燃料。

2. 抗爆性能的评定指标

柴油的抗爆性能用十六烷值来评定。十六烷值也是采取与标准燃料对比的办法，以纯正十六烷的十六烷值定为100，以纯α-甲基萘的十六烷值为0，把两者以不同比例配成标准燃料，将欲测定十六烷值的试油与一定配比的标准燃料，在同一发动机，同一条件下进行比较试验，若试油与标准燃料的抗爆性能相同，那么标准燃料中正十六烷的百分含量即为所测定的试油的十六烷值。例如，某种柴油测定的十六烷值为45，即表示此种柴油与含有45%正十六烷，55%α-甲基萘的标准燃料具有相同的抗爆性，如果知道了燃料中各烃类的含量，可用下式计算十六烷值：

$$十六烷值=0.85P+0.1N-0.2A$$

式中P、N、A分别为燃料中的烷烃、环烷烃和芳香烃的百分含量。

柴油的十六烷值与其化学组成有关，烷烃的自燃性能最好，因而它的十六烷值最高，芳烃的自燃性能最差，十六烷值也最低，环烷烃介于两者之间，因此，含烷烃多的柴油十六烷值就高，含芳香烃多的柴油十六烷值就低。

柴油的抗爆性能也可用柴油指数来表示，柴油指数越高，柴油的燃烧性能越好。

柴油指数可按下式计算：

$$柴油指数=\frac{(1.8t_A+32)\times(141.5-131.5d_{15.6}^{15.6})}{100d_{15.6}^{15.6}}$$

式中 t_A——柴油的苯胺点，℃。

柴油指数与十六烷值的关系可用下式表示：

$$十六烷值=\frac{2}{3}\times柴油指数+14$$

柴油的十六烷值影响柴油发动机的整个燃烧过程，十六烷值高的柴油燃烧均匀，热转化为功的效率高。但柴油十六烷值过高也不恰当，一方面减少了燃料来源，另一方面十六烷值高，意味着烷烃含量多，这不仅使一部分烷烃在燃烧室产生热分解而形成炭烟，结果排气冒黑烟，燃料消耗增加，而且使柴油凝点高。柴油的十六烷值应适合柴油机要求，一般轻柴油的十六烷值在40～55之间是经济适用的。对十六烷值低的柴油，可加入添加剂使它提高。

（二）馏程

柴油机对燃料的馏分要求不如汽油那么严格，但它仍是一个重要的使用指标。柴油机的转速越高，对燃料的馏分要求就越严。一般馏分轻的燃料启动性好，蒸发和燃烧速度快。但是，燃料馏分过轻，自燃点高，滞燃期长，且蒸发程度大，在发火时几乎所有喷入气缸里的燃料会同时燃烧起来，结果造成气缸内压力猛烈上升而引起爆震。若燃料过重，喷射雾化不良，蒸发慢，不完全燃烧的部分在高温下受热分解，生成炭渣而弄脏发动机零件，使排气中冒黑烟，增加燃料的消耗量。

对轻柴油，我国规定的馏程为300℃馏出量不小于50％，350℃馏出量不小于85～95％。对重柴油不作严格规定，只限制残炭含量。

（三）柴油的低温流动性能

柴油的低温流动性是与其烃类组成有关的，当碳原子数相同时，正构烷烃的凝点最高，异构烷烃、环烷烃较低，芳烃的凝点介于环烷烃与正构烷烃之间，因此，石蜡基原油的直馏柴油的凝点要比环烷基原油的直馏柴油的凝点高。

高凝点的柴油一般不采取脱蜡的办法来降低其凝点，而是加入降凝剂来实现的。

柴油的低温性能对于冬季或露天工作的柴油机更为重要。柴油的凝点并不能说明该柴油可能使用的最低温度。当柴油达到浊点时，虽没有失去流动性，但已有蜡结晶出现，它易使滤清器堵塞，引起供油中断，所以柴油的低温流动性常用浊点、冷滤点或倾点表示。

（四）粘度

粘度是柴油的一种重要指标，因为它对油料的输送，泵的操作及喷雾状况等都有关系。

燃料的粘度过大，使泵的抽油效率降低，因而减少对发动机的供油量，同时喷出的油流不均匀，射程较远，雾化不良，同空气混合得不均匀，燃烧不完全，增加燃料单耗和在机件上的积炭。

燃料的粘度过小，射程太近，喷射角宽，全部燃料在喷油嘴喷口附近燃烧，易引起局部过热，而且不能利用燃烧室的全部空气，使燃烧不完全，降低发动机的功率。柴油同时又是输油泵和喷油泵的润滑剂，柴油粘度过大或过小，都会影响泵的可靠润滑，使磨损加剧，对轻柴油要求运动粘度为2.5～8.0mm^2/s。

除此之外，对柴油的要求还有腐蚀性及安定性，在使用意义上与汽油大致一样。

第五节　重质燃料油

重质燃料油用作锅炉燃料、冶金炉燃料和其它工业炉用燃料。

重质燃料油的商品牌号是以80℃的运动粘度数值划分的，分为20号、60号、100号、200号等4种。

对燃料油的品质要求主要有粘度、闪点、凝点、灰分、水分、含硫量及机械杂质等项。

粘度大小密切影响燃料油的燃烧情况，因为粘度直接影响燃料油的喷雾状况，不同构造的喷嘴对燃料油粘度要求也不同，因此，燃料油的粘度指标取决于它的使用条件，另一方面，粘度大小和油品输送也有很大关系。

闪点的规定是根据保安防火的要求出发的，加热燃料油时，如果容器是敞开在空气中的，就不允许温度达到或超过闪点。

凝点表示了燃料油不经预热所能输送的最低温度，灰分大小涉及到燃料油燃烧时可能聚集在炉管上的沉积物数量。至于含硫量的指标与燃料油本身以及它的燃烧产物的腐蚀性有关系，用于冶金炉的燃料油，含硫对所炼的金属性质也有影响。含硫燃料油的烟道气使空气污染。

燃料油含水多时，容易使火焰中断，含机械杂质多时可能堵塞喷嘴，为保证燃料的发热值以及正常燃烧，对燃料油的含水量及机械杂质也有要求。

燃料油的规格见表Ⅰ-3-9。

表 Ⅰ-3-9 燃料油规格表

项目			质量指标			
			20号	60号	100号	200号
恩氏粘度，°E	80℃	不大于	5.0	11.0	15.5	
	100℃	不大于				5.5～9.5
闪点(开口)，℃		不低于	80	100	120	130
凝　点，℃		不高于	15	20	25	36
灰　分，%		不大于	0.3	0.3	0.3	0.3
水　分，%		不大于	1.0	1.5	2.0	2.0
硫含量，%		不大于	1.0	1.5	2.0	3.0
机械杂质，%		不大于	1.5	2.0	2.5	2.5

炼油厂燃料油产品是各种重油调合起来的，来源有：原油的减压渣油（沸点在500℃以上），催化裂化油浆（催化分馏塔底油）、焦化蜡油以及其它不能作为正式产品的重油或馏分油。这些来源中，以减压渣油数量最大。

第六节　其它石油产品

一、灯用煤油

灯用煤油主要是作为煤油灯和煤油炉的燃料，也可用来洗涤机器，作为医药工业和油漆工业的溶剂以及作为冷冻机的燃料。

对于灯用煤油一般要求在点燃时有足够的光度，光度降低的速度不应过快，没有臭味和油烟，灯芯上积炭要少，单位烛光的耗油量也要少，见表Ⅰ-3-10。

二、沥青

石油沥青按用途可分为建筑石油沥青、道路石油沥青、普通石油沥青、橡胶沥青、油漆沥青、电缆沥青及专用石油沥青。

石油沥青的主要质量指标有针入度、软化点和伸长度，见表Ⅰ-3-11。

针入度表示沥青的硬度，针入度越大，表明沥青越软，软化点表示沥青的耐热性能，软化

<table>
<caption>表 Ⅰ-3-10 灯用煤油规格表</caption>
<tr><th rowspan="2" colspan="2">项 目</th><th colspan="2">质 量 指 标</th></tr>
<tr><th>1 号</th><th>2 号</th></tr>
<tr><td>密度(20℃),g/cm³</td><td>不大于</td><td colspan="2">0.840</td></tr>
<tr><td>燃烧性(点灯试验)</td><td></td><td colspan="2">合 格</td></tr>
<tr><td>无烟火焰高度,mm</td><td>不低于</td><td>30</td><td>20</td></tr>
<tr><td>闪点(闭口),℃</td><td>不低于</td><td colspan="2">40</td></tr>
<tr><td>浊点,℃</td><td>不高于</td><td>−15</td><td>−12</td></tr>
<tr><td>馏程:</td><td></td><td></td><td></td></tr>
<tr><td>10%馏出温度,℃</td><td>不高于</td><td>205</td><td>225</td></tr>
<tr><td>干点,℃</td><td>不高于</td><td>300</td><td>310</td></tr>
<tr><td>水溶性酸或碱</td><td></td><td colspan="2">无</td></tr>
<tr><td>硫含量,%</td><td>不大于</td><td>0.04</td><td>1</td></tr>
<tr><td>机械杂质及水分</td><td></td><td colspan="2">无</td></tr>
<tr><td>硫醇性硫含量(需满足下列条件之一)</td><td></td><td></td><td></td></tr>
<tr><td>硫醇性硫含量,%</td><td>不大于</td><td>0.01</td><td></td></tr>
<tr><td>亚铅酸钠试验(博士试验)</td><td></td><td>通过</td><td></td></tr>
<tr><td>色度(重铬酸钾溶液),号</td><td>不大于</td><td>1</td><td>2</td></tr>
<tr><td>铜片腐蚀(100℃,2h),级</td><td>不大于</td><td colspan="2">1</td></tr>
</table>

表 Ⅰ-3-11 石油沥青规格表

项 目		10号 建筑沥青	180号 道路沥青	1号专用沥青(电缆防潮用)	75号普通沥青(制油毡纸等)	橡胶沥青 QX-20	油漆沥青
针入度(25℃,100g),1/10mm		10～25	161～200	5～10	75	15～25	3～8
延度(25℃),cm	不小于	1.5	100	1.0	2		
软化点(环球法),℃	不低于	95	35	115～130	60	125～135	125～140
溶解度(三氯甲烷、三氯乙烯、四氯化碳或苯),%	不小于	99.5	99	(CCl_4)95	98	(苯)99.5	(苯)99.5
蒸发损失(160℃,5h),%	不大于	1	1	1		1	
蒸发后针入度比,%	不小于	65	60	60			
闪点(开口),℃	不低于	230	200	250	230	230	260
脆点,℃		报告					
水分,%	不大于			痕 迹	痕 迹	痕 迹	痕 迹
水溶性酸碱						无	
灰分,%	不大于					0.3	0.3
油溶性							完 全

点越高，则耐热性能越好。伸长度表示沥青的塑性，即在外力作用下延伸成细线的性能。

为了满足石油沥青的各种使用性能，沥青的组成中应不含蜡或仅含少量的蜡，因为蜡在沥青中会使针入度增加，软化点和伸长度下降，粘附性变坏，在低温下易开裂。环烷基原油的减压渣油含蜡少、沥青质和胶质含量高、含硫量高，是制取沥青的理想原料。

三、石 油 焦

石油焦绝大部分是在延迟焦化装置上用减压渣油和重油为原料制得的。石油焦的主要用途是在炼铝工业中制作铝用炭素，炼钢电炉中的电极以及制作绝缘材料和碳化硅等。它按用途分成1号、2号、3号3个牌号，各牌号按质量又分为A、B两种。

石油焦主要性质是挥发分、灰分和含硫量。

挥发分是焦炭中的高沸点组分，电极焦中若挥发分含量太高，将影响电极制造中煅烧过程的正常进行，一般挥发分不大于7%。

灰分是焦炭中的无机物杂质，以金属氧化物状态存在。若灰分含量太多，则会使电极孔隙率太大，而使电极不合格率增加，同时影响石油焦的电阻和化学安定性。

焦炭中的硫占原油含硫的40～60%，过高的硫含量会影响电极焦的质量，并对人体健康有害。

石油焦的规格指标见表I-3-12。

表 I-3-12 延迟石油焦（生焦）规格表

项目		1号		2号		3号	
		A	B	A	B	A	B
硫分,%	不大于	0.5	0.8	1.0	1.5	2.0	3.0
挥发分,%	不大于	10	12		15	16	18
灰分,%	不大于	0.3	0.5			0.8	1.2
水分,%	不大于	3					
真密度,g/cm³ 1300℃,5h下煅烧	不小于	实测		—			
粉焦量，% 块粒8mm以下	不大于	实测		—			

四、石蜡和地蜡

石蜡是石油加工的副产品之一，在润滑油脱蜡的同时可得到蜡膏，蜡膏进一步加工就可得到石蜡。

石蜡具有良好的绝缘性和化学安定性，广泛使用在国防工业、电气工业、化学工业和医药工业上。

根据精制深度不同，石蜡可分为粗石蜡、半精炼石蜡、全精炼石蜡3类。石蜡一般以熔点作为划分牌号的标准，它的规格指标见表I-3-13。

地蜡具有较高熔点和细微的针状结晶，它的规格指标见表I-3-14。其牌号以滴点表示。

表 I-3-13 石蜡的规格表

项目		粗石蜡		半精炼石蜡		全精炼石蜡		
		52号	60号	52号	60号	52号	60号	70号
熔点，℃	不低于	52	60	52	60	52	60	70
	低于	54	62	54	62	54	62	72
含油量,%	不大于	2.0	2.0	1.5	1.5	0.4	0.4	0.4
色度,号	不低于	−10	−10	+17	+17	+30	+30	+30
光安定性,号	不大于			6	6	4	5	5
针入度(25℃,100g),1/10mm	不大于			20	20	15	15	13
嗅味,号	不大于	3	3	2	2	0	0	0
机械杂质及水分		无	无	无	无	无	无	无
水溶性酸或碱						无	无	无

表 I-3-14 地蜡规格表

项目		80号	75号	67号
滴点，℃	不低于	80	75	67
针入度(25℃,100g),1/10mm	不大于	16	18	30
酸值,mgKOH/g	不大于	0.28		
水溶性酸或碱		无		
水分,%		无		
灰分,%	不大于	0.03		
机械杂质,%	不大于	0.1		
颜色,色号 (1:20的地蜡汽油溶液)	不大于	5.5		

*原油的分类及评价

第一节　原 油 的 分 类

我国的石油资源丰富，分布也相当广泛，各石油产地原油的性质是不同的，为了合理利用石油资源，需要按照原油的性质来加以分类，知道石油属于那一类，就可大致推测它的性质、加工途径、适宜生产的产品种类与质量等，因此将石油进行科学的分类，对认识和利用石油都是十分必要的。

原油的种类虽然很多，但从它的理化性质来看，某些原油的性质是相近的，而且从性质相近的原油生产某些产品所采用的加工方法及加工方案也相近，因而根据原油某些性质来将它们进行分类是完全可能的。这样，不论是对科学研究，还是对工业生产都有很大意义。

原油的分类方法很多，常用的有化学分类法和商品(工业)分类法。

一、化 学 分 类 法

在原油的化学分类法中最常用的是特性因数分类法和关键馏分特性分类法，此外还有结构族组成分类法。

1．特性因数（K值）分类法

按照特性因数（K值）的大小可以把原油分为：

特性因数K　　>12.1	石蜡基原油
特性因数K为11.5～12.1	中间基原油
特性因数K为10.5～11.5	环烷基原油

沥青基原油也是特性因数小于11.5的原油，它的特点是相对密度较大，含轻馏分少，含胶质、沥青质更多，为了便于统一分类，统称为环烷基原油。

石蜡基原油一般含烷烃量超过50％，其它族烃类的含量较烷烃少，其特点是含蜡量较高，相对密度较小，凝点高，含硫、含胶量低；汽油辛烷值较低；而柴油的十六烷值较高；并可制得粘温性能好的润滑油。大庆原油就是典型的石蜡基原油。

环烷基原油的相对密度较大，凝点低；汽油馏分中含有较多的环烷烃，达50％以上，汽油辛烷值较高，航空煤油的相对密度大，燃烧性能中重量发热值与体积发热值都较高，柴油的十六烷值低，润滑油的粘温性能差。环烷基原油中的重质石油，往往含有大量的胶质和沥青质，又称为沥青基原油，可以生产各种高质量的沥青，如孤岛原油。

中间基原油的性质介于这两者之间。

2．关键馏分特性分类法

用原油简易蒸馏装置，在常压下蒸得250～275℃的馏分为第一关键馏分，残油用不带填料的蒸馏瓶，在5.33kPa（40mmHg）的减压蒸馏，取275～300℃馏分（相当于常压395～425℃）为第二关键馏分。测定以上两个关键馏分的相对密度，并对照表Ⅰ-4-1中的相对密度分类标准，决定两个关键馏分的属性为石蜡基、中间基和环烷基。最后按表Ⅰ-4-2确定该

表 I-4-1 关键馏分的分类指标

关键馏分	石蜡基	中间基	环烷基
第一关键馏分	d_4^{20} 在0.8210以下比重指数>40(K>11.9)	d_4^{20} 在0.8210～0.8562之间，比重指数33～40(K=11.5～11.9)	d_4^{20} 在0.8562以上，比重指数<33(K<11.5)
第二关键馏分	d_4^{20} 在0.8723以下，比重指数>30(K>12.2)	d_4^{20} 在0.8723～0.9305之间，比重指数为20～30(K=11.5～12.2)	d_4^{20} 在0.9305以上，比重指数<20(K=11.5)

表 I-4-2 关键馏分特性分类

编号	轻油部分的类型	重油部分的类型	原油类型
1	石蜡	石蜡	石蜡
2	石蜡	中间	石蜡-中间
3	中间	石蜡	中间-石蜡
4	中间	中间	中间
5	中间	环烷	中间-环烷
6	环烷	中间	环烷-中间
7	环烷	环烷	环烷

原油为所列七种类属中的哪一种。

关键馏分的取得，也可以取实沸点蒸馏装置蒸出的250～275℃和395～425℃馏分分别作为第一和第二关键馏分。

表Ⅰ-4-1中，括号内的K值是根据关键馏分的中平均沸点和比重指数查图求得的，它不是分类的标准，仅供参考。

表Ⅰ-4-3是用上述两种方法对我国几种主要原油的分类结果。对两种分类结果进行比较，可以看出，关键馏分特性分类较为合理。例如孤岛原油从窄馏分的特性因数及一系列性质来看，应属于环烷基，其关键馏分特性分类也是属于环烷基，而用特性因数分类却为中间基。同时，由于关键馏分特性分类的分类界限，对于沸点较低和沸点较高的馏分取不同数值，这些较适合一般原油组成的实际情况，所以关键馏分特性分类比特性因数分类更为合理。

表 I-4-3 我国几种原油的分类

原油名称	含硫%(重)	相对密度 d_4^{20}	特性因数	特性因数分类	第一关键馏分 d_4^{20}	第二关键馏分 d_4^{20}	关键馏分特性分类	建议原油分类命名
大庆混合原油	0.11	0.8615	12.5	石蜡基	0.814 (K12.0)	0.850 (K12.5)	石蜡基	低硫石蜡基
玉门混合原油	0.18	0.8520	12.3	石蜡基	0.818 (K12.0)	0.870 (K12.3)	石蜡基	低硫石蜡基
克拉玛依原油	0.04	0.8689	12.2～12.3	石蜡基	0.828 (K11.9)	0.895 (K11.5)	中间基	低硫中间基
胜利混合原油	0.83	0.9144	11.8	中间基	0.832 (K11.8)	0.881 (K12.0)	中间基	含硫中间基
大港混合原油	0.14	0.8896	11.8	中间基	0.860 (K11.4)	0.887 (K12.0)	环烷～中间基	低硫环烷一中间基
孤岛原油	0.23	0.9574	11.6	中间基	0.891 (K10.7)	0.936 (K11.4)	环烷基	含硫环烷基

二、原油商品分类法（工业分类法）

原油商品分类可以作为化学分类的补充，在工业上也有一定的参考价值。分类可按相对密度、含硫量，含氮量，含蜡量、含胶量来分。

1. 按原油的相对密度

轻质原油	$d_4^{20}<0.830$
中质原油	$d_4^{20}0.830\sim0.904$
重质原油	$d_4^{20}0.904\sim0.966$
特重质原油	$d_4^{20}>0.966$

此种分类虽比较粗略，但也能反映各种原油的共性。

轻质原油中，一般含汽油、煤油、柴油等轻质馏分较高，含硫和含胶质较少，如青海、延长原油。另一类轻质原油轻馏分含量不高，但由于烷烃含量高，因而相对密度较小，如大庆原油。

重质原油中，一般含轻馏分和蜡都较少，而含硫、氮、氧及胶质较多，含沥青质多，如孤岛原油。

2. 按原油的含硫量分类

低硫原油	含硫 <0.5%
含硫原油	含硫0.5～2.0%
高硫原油	含硫 >2.0%

大庆原油为低硫原油，胜利原油为含硫原油，孤岛原油为高硫原油，在世界原油总产量中，含硫原油和高硫原油约占75%，我国含硫原油产量也在逐渐增长。

3. 按含蜡量分类

低蜡原油	含蜡0.5～2.5%
含蜡原油	含蜡2.5～10%
高蜡原油	含蜡 >10%

4. 按含胶量分类

低胶原油	原油中硅胶胶质含量不超过5%
含胶原油	原油中硅胶胶质含量在5～15%
多胶原油	原油中硅胶胶质含量在15%以上

石油的分类方法是很多的，但每一种分类方法大多是从某一方面来分类的，都有其局限性，因此，要比较全面、确切地说明一种原油的属性，常需要根据分类指标来说明。

第二节 原油的评价

所谓评价就是根据加工的需要，对原油进行全面的分析。原油评价的目的是根据原油的性质确定某一原油应如何炼制，从而制定合理的加工方案，为新炼厂的设计与确定生产流程提供基本数据，并为现有炼厂指出改进生产的方向。

一、原油评价的内容方法

原油评价分为下列4种类型：

（1）原油性质分析：它是为了在油田勘探开发过程中，及时了解单井、集油站及油库原油的一般性质，并掌握原油性质变化的规律和动态。

（2）简单评价：初步确定原油的类别及特点，适用于原油性质的普查。

（3）常规评价：为一般炼厂的设计提供数据。

（4）综合评价：为综合性炼厂设计提供数据。

现以综合评价为例，简述其评价过程。

经脱水后的原油，先进行一般性质分析，如测定密度、粘度、凝点、含蜡量、沥青质、硅胶胶质、残炭、水分、含盐量、灰分、机械杂质、元素分析、微量金属及馏程，并根据需要和条件，测定闪点及平均分子量等。

随后在分馏精确度较高的实沸点蒸馏装置中将原油分割成许多窄馏分，从而得到了馏分组成（蒸馏曲线）；然后，再就每一个窄馏分测定其密度、粘度、凝点、苯胺点。酸度（酸值）、硫含量及折光率等，并计算特性因数、粘度指数及结构族组成，根据这些数据可以知道各个窄馏分的性质，并由此作出原油的性质曲线；同时对不同深度的重油、渣油及沥青的性质进行测定。

为了合理地提出原油的切割方案，还必须先在实验室进行蒸馏，切割各种汽油、煤油、柴油馏分以及重整原料、裂解原料和裂化原料等，并测定其它主要性质。

除了上述分析工作外，还要进行汽油、柴油和重馏分的烃族组成分析，进行润滑油、石蜡和地蜡潜含量测定。为了得到复杂混合物的汽液平衡数据，还须进行平衡汽化并作出平衡汽化时馏出物的产率与温度的关系曲线。

综合评价的流程如图Ⅰ-4-1所示。

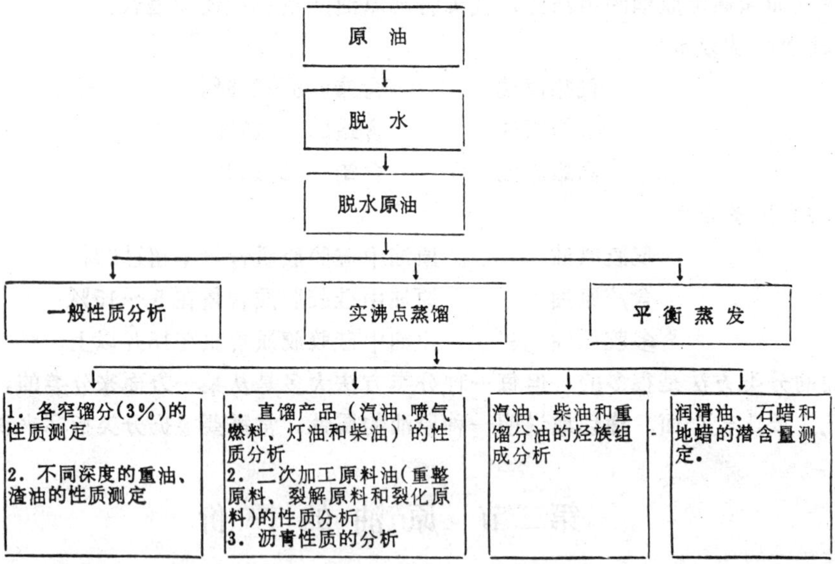

图 Ⅰ-4-1　原油综合评价的流程

二、原油的实沸点蒸馏

实沸点蒸馏就是在实验室中，用一分离精确度比工业上更好的精馏装置，把原油进行常减压蒸馏。所谓实沸点蒸馏（真沸点蒸馏）就是其馏出温度和馏出物的沸点相接近的意思，它远不能分离出单体烃，馏出温度也远不是馏出物的沸点。

原油实沸点蒸馏装置如图Ⅰ-4-2。主要部分有：

（1）蒸馏釜：在里面放入需要进行蒸馏的原油。

（2）精馏柱：在其内部充有填料，在柱外部需良好保温，柱顶有部分冷凝器。

（3）接受系统：包括冷凝器、接受器，以接受蒸馏出的窄馏分。

（4）抽真空系统：包括真空泵、压力缓冲器、恒压调节器。

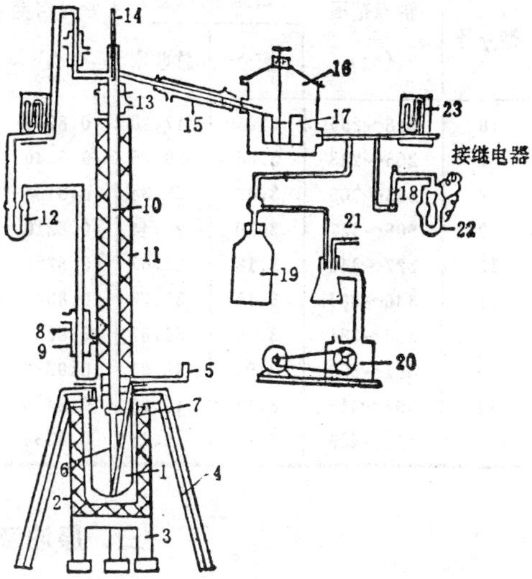

图 Ⅰ-4-2 实沸点蒸馏装置

1—蒸馏釜；2—电炉；3—电炉架；4—蒸馏釜架；5—装油及抽油管；6—热电偶管；7—填充物支网；8—铜管；9—冷凝器；10—蒸馏柱；11—保温层；12—压力差计；13—部分冷凝器；14—温度计；15—冷凝器；16—接受器；17—接受管；18—吸收器；19—压力缓冲器；20—真空泵；21—放气管；22—恒压调节器；23—压力计

实沸点蒸馏的实验步骤如下：

将脱水的原油试样3kg加入蒸馏釜中，然后往部分冷凝器中通入冷却水，并开始用电炉加热升温。随釜温的升高，原油中最轻部分首先汽化进入精馏柱。当上升的油蒸气通过部分冷凝器时，大部分被冷凝的液体流回精馏柱成为回流。液相回流和继续上升的蒸气在填料层上进行接触精馏，使各组分得到较好的分离。

未被冷凝下来的油蒸气，通过外部的冷凝器进入接受系统，按沸点高低截取一个个馏分。可以是每馏出3％取一个馏分，也可以是每隔10℃取一个。这样收集到的馏分，沸点范围很窄（约10～20℃），故称窄馏分。在收集窄馏分时，要严格控制馏出速度，并记录相应的柱顶温度。

随着釜底温度不断上升，可以收集到一个个窄馏分，直至釜底温度达350℃为止。此时，停止加热至釜内液体冷却至140℃左右时，开动真空泵，使系统处于减压下［残压约1.33kPa（10mmHg）］继续蒸馏，并按同样方法取窄馏分。

当减压蒸馏至釜内残液温度达350℃时，停止蒸馏，冷却后放出残油。

在减压蒸馏时，柱顶温度是油品在减压下的沸点温度，必须换算为常压下的沸点。

最后将所得的窄馏分编号，称重，并测其体积、然后整理数据，再作出以馏出百分数为横坐标，馏出温度为纵坐标的实沸点蒸馏曲线。

表Ⅰ-4-4为大庆原油实沸点蒸馏和窄馏分性质数据。

表 Ⅰ-4-4 大庆混合原油实沸点蒸馏及窄馏分性质

馏分号	沸点范围 ℃	占原油%(重)		相对密度 d_4^{20}	运动粘度，mm^2/s			折光率		凝点 ℃	特性因数	平均分子量
		馏分	总收率		20℃	50℃	100℃	n_D^{20}	n_D^{70}			
1	初馏点～96	2.70	2.70	0.6788				1.3873				
2	96～130	2.77	5.47	0.7287				1.4089			12.1	
3	130～166	2.84	8.31	0.7517				1.4214		<−60	11.8	
4	166～201	2.87	11.18	0.7712	1.36			1.4314		−58	12.1	
5	201～228	2.97	14.17	0.7981	2.02			1.4451		−40	11.9	178

续表

馏分号	沸点范围 (℃)	占原油%(重)		相对密度	运动粘度，mm²/s			折光率		凝点	特性	平均分
		馏分	总收率	d_4^{20}	20℃	50℃	100℃	n_D^{20}	n_D^{70}	℃	因数	子量
6	228～255	3.03	17.20	0.8070	2.87			1.4510		−24	12.0	186
7	255～283	3.05	20.25	0.8140	3.97	2.18		1.4548		−12	12.1	192
8	283～306	3.09	23.34	0.8155	5.50	2.78		1.4556		0	12.3	241
9	306～327	3.10	26.44	0.8210	7.41	3.54		1.4591		8	12.4	258
10	327～346	3.18	29.62	0.8285	10.07	4.46	1.90	1.4635		16	12.3	269
11	346～364	3.15	32.77	0.8333		5.60	2.22	1.4671	1.4471	24	12.4	278
12	364～381	3.10	35.87	0.8352		6.78	2.63	1.4681	1.4481	30	12.5	292
13	381～398	3.06	38.93	0.8396		8.40	3.04	1.4706	1.4506	36	12.5	322
14	398～418	3.13	42.06	0.8448		10.40	3.57	1.4745	1.4545	40	12.5	334
15	418～439	3.18	45.24	0.8534			4.33	1.4790	1.4590	42	12.5	348

三、原油及其窄馏分的性质曲线

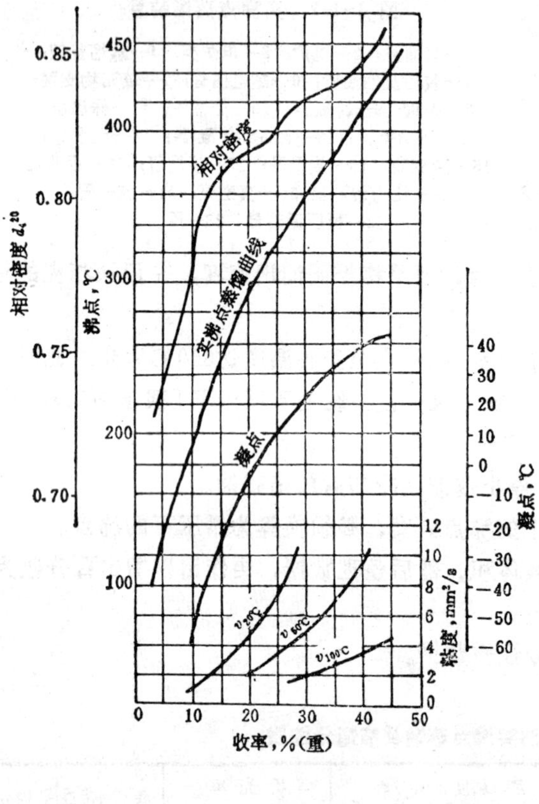

图 Ⅰ-4-3 大庆原油实沸点蒸馏及窄馏分性质曲线

实沸点蒸馏得到的许多窄馏分，需要测定它们的各种性质，如密度、粘度、凝点等，根据这些性质就可以制出原油及其窄馏分的性质曲线。

由实沸点蒸馏实验可知，每一个窄馏分是在一定的沸点范围内收集的，例如大庆混合原油实沸点蒸馏的第六个馏分的沸点范围是228～255℃，说明该馏分还是一个较复杂的混合物，而对该窄馏分所测得的性质如密度、粘度等是将这馏分全部收集后进行测定的结果，它只表示该窄馏分这些性质的平均值，因此，在作原油的性质曲线时，就假定这平均值相当于该馏分馏出一半时的性质，所得的曲线称为中比曲线。例如上述第六个馏分是从馏出物占原油总收率的14.17%开始到17.20%完成的，因此，这一馏分测得的相对密度 $d_4^{20}=0.8070$、粘度 $\nu_{20}=2.87$ 等就认为是相当于馏出量为 $\frac{14.17+17.20}{2}=$ 15.69%时的数值。如果要知原油蒸出20%以后再馏出10%的馏分的性质，只需在曲线上找相当于 $20+\frac{10}{2}=25\%$ 时的总馏出率的性质就可以了。图Ⅰ-4-3中的一些性质曲线都是中比曲线。

中比曲线有一定的局限性，因为原油的性质除相对密度外，其它性质都没有可加性，它只表明石油的各个窄馏分各种性质变化情况，不能用作制定原油加工方案或切割方案的根本依据。

四、直馏产品的产率曲线

在制定原油的加工方案时，比较可靠的方法是作出原油的各种产品的产率曲线。

产率曲线作法与性质曲线不同，以汽油为例，将蒸馏出一个最轻的汽油为基本馏分，依次加入后面的窄馏分，并分别测得混合物的性质，然后就可得出汽油的产率-性质曲线。用同样的方法可以制得煤油、柴油和重油等的产率-性质曲线。因此产率曲线没有中比性质，它表示的是累积性质。图Ⅰ-4-4和图Ⅰ-4-5就是大庆原油汽油和重油的产率曲线。

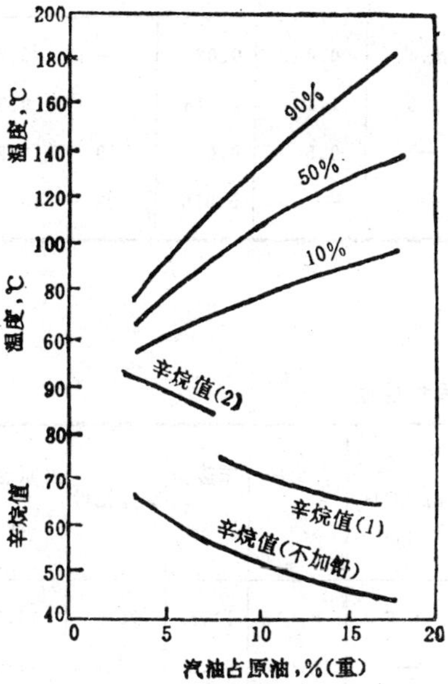

图 Ⅰ-4-4 大庆汽油馏分的产率-性质曲线

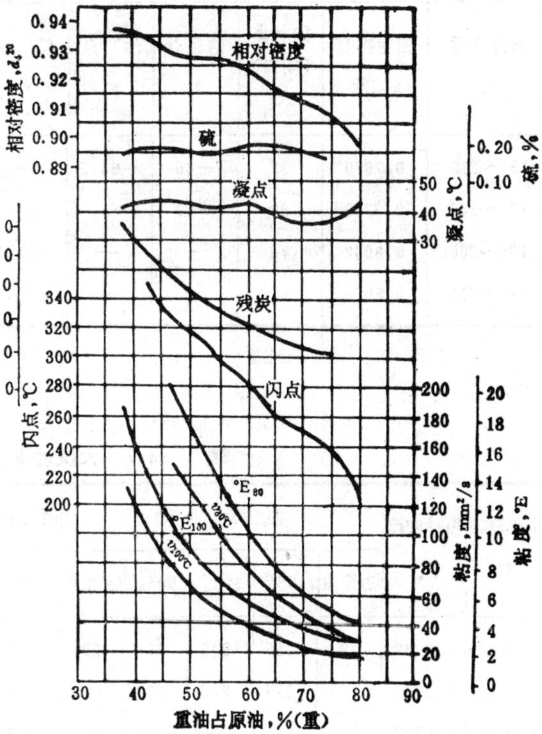

图 Ⅰ-4-5 大庆重油的产率性质曲线

有时人们并不作成产率曲线，而只是把实验数据列成表格，得到油品的产率-性质数据。表Ⅰ-4-5、表Ⅰ-4-6和表Ⅰ-4-7是表示大庆原油的汽、煤、柴油的产率-性质数据。

表 Ⅰ-4-5 大庆汽油馏分的产率和性质

沸点范围 ℃	相对密度 d_4^{20}	馏程，℃ 初馏点	10%	50%	90%	终馏点	残留及损失，%	酸度 mgKOH/100ml	辛烷值 纯汽油	加1.3g四乙铅/kg	占原油重量 %
初馏点～130	0.7109	54	75	96.5	118	136.5	—	0.9	52	72	4.2
初馏点～180	0.7330	61	90	127	161	177	—	1.6	40	62	8.0
初馏点～200	0.7439	62	94	137	179	196	—	1.1	37	59	9.8

表 I-4-6 大庆煤油馏分的产率和性质

沸点范围 ℃	相对密度 d_4^{20}	馏程 ℃						运动粘度，mm^2/s		
		初馏点	10%	50%	90%	98%	终馏点	20℃	0℃	-40℃
130～210	0.7679	142	152	167	193	206	—	1.27	1.67	3.65
130～240	0.7763	150	160	184	218	230	—	1.47	2.03	4.89
130～200	0.8042	194	215	236	267	—	279	2.74	—	—
180～310	0.8075	197	214	240	277	—	289	2.95	—	—

沸点范围 ℃	相对密度 d_4^{20}	闪点(闭口) ℃	结晶点 ℃	浊点 ℃	凝点 ℃	芳香烃 %	碘值 gI/100g	酸度 mgKOH/100ml	含硫 %	烟点 mm	占原油重 %
130～210	0.7679	33	-65	-64.5	—	12.6	1.3	0.8	0.02	—	6.7
130～240	0.7763	38	-52	-51	—	12.6	1.8	1.1	0.014	—	9.9
130～200	0.8042	70	—	—	-21.5	—	—	0.5	0.016	29	13.2
180～310	0.8075	67	—	—	-18.5	—	—	—	0.016	29	14.5

表 I-4-7 大庆轻柴油馏分的产率和性质

沸点范围 ℃	相对密度 d_4^{20}	馏程，℃					运动粘度 20℃ mm^2/s	凝点 ℃	酸度 mgKOH/100ml	含硫 %	苯胺点 ℃	柴油指数	占原油重 %
		初馏点	10%	50%	90%	终馏点							
180～300	0.8042	194	215	236	267	279	2.74	-21.5	0.5	0.016	71.5	70	13.2
180～310	0.8075	197	214	240	277	289	2.95	-18.5	—	0.016	72.3	69.4	14.5
180～330	0.8085	196	218	255	298	314	3.53	-12.0	1.8	0.018	76.2	72	17.5
180～350	0.8193	201	223	270	318	332	4.29	-5	3.4	0.028	78.8	70.1	20.8

在得到了原油的实沸点蒸馏曲线和数据、中比性质曲线以及产率-性质数据和曲线以后，就完成了一种原油的初步评价，制订原油的蒸馏方案（分割方案）的条件就已具备。

原油蒸馏分割方案的制定的基本内容就是要确定从原油生产哪些产品，在什么温度下切割，所得的产品性质怎样，方法就是将上述各种馏分的产率-性质数据和各种油品规格进行比较，然后确定各种产品的切割温度，同时也就知道了它们的性质。

五、平 衡 蒸 发

在原油评价时，还需取得平衡蒸发数据，因为在生产中，如原油在经过换热后进入初馏塔的蒸发，初馏塔底拔头油经过常压加热炉加热后进入常压塔的蒸发等都属平衡蒸发。

原油的平衡蒸发装置如图 I-4-6。

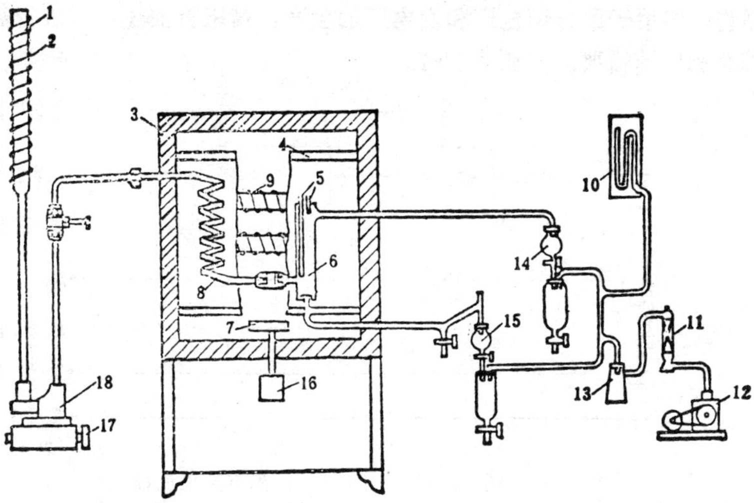

图 Ⅰ-4-6 原油的平衡蒸发装置示意图

1—进料管；2—电热丝；3—保温箱；4—耐火砖；5—汽、液相热电偶；6—分离器；7—风扇；8—蛇形加热管；9—电炉丝； 10—压力计； 11—干燥器； 12—真空泵；13—缓冲瓶；14—气相接受器；15—液相接受器；16—电动机；17—进料泵；18—支架

根据需要也可测定减压下的平衡蒸发，分别将馏出百分率与馏出温度为横、纵坐标，同样可作出原油及其它油品的平衡蒸发曲线。

第三节 原油的加工方案

各种原油可以按照不同的加工方案进行加工，有的原油只生产各种燃料，有的除了生产燃料之外，还生产润滑油或石蜡、沥青等，这些不同的方案，简称为原油的加工方案。主要生产各种燃料的就称为燃料方案，生产燃料之外还生产润滑油、沥青的就称为燃料-润滑油-沥青方案，也有燃料-润滑油-石蜡方案。近年来利用裂化气生产化工产品得到了越来越广泛的重视和利用，这种加工方案称为燃料-石油化工方案或燃料-润滑油-石油化工方案。

在确定石油的加工方案时，要考虑到下列因素：

（1）根据原油特性进行合理的加工以利于资源的综合利用。

（2）根据国民经济发展的需要提出对产品的品种、质量、数量的要求。

（3）尽量采用先进的技术和加工方法。

原油性质对确定加工方案的影响很大，例如有的原油除可以生产轻质燃料外，重油部分很适合作润滑油，如粘温性能好，凝点较低等，也有的原油其重油部分生产的润滑油的粘温性能不好，含胶质和沥青质多等，这样前一种原油就比较适宜燃料——润滑油方案，而后者则不宜生产润滑油而宜走燃料方案。我国的大庆原油生产的润滑油的粘温性能好，且含蜡量高，就适宜采用燃料-润滑油-石蜡方案。

下面将炼油厂的各种加工类型分别说明如下：

一、燃 料 型

1．常压蒸馏-铂重整型

这种流程的主要产品是燃料油，同时一部分汽油馏分进行铂重整生产芳香烃。这种流程称为简易流程型，多用于配合钢铁厂和发电厂的生产，常压重油还可以进行热解制气，以满足石油化工综合利用的需要。见图Ⅰ-4-7。

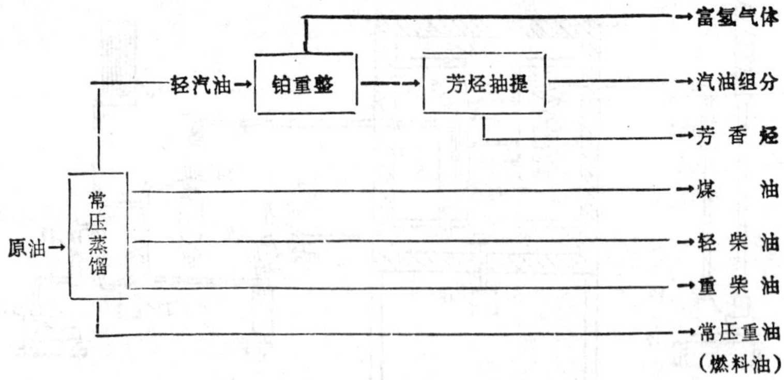

图 Ⅰ-4-7 常压蒸馏-铂重整型流程

2. 常减压-催化裂化-焦化型

这类流程将常减压蒸馏所得渣油进行焦化，蒸馏和焦化所得的重质馏分用作催化裂化原料，这样可以增产轻质油品，此流程较普遍，我国近年来新建的炼厂多属此类型，它的特点是加工深度较大，装置组成简单，技术水平较高，产品质量也比第一类的好，汽油的辛烷值可达70以上，轻质油收率达70%，同时还生产大量的裂化气，是石油化工的重要原料。见图Ⅰ-4-8。

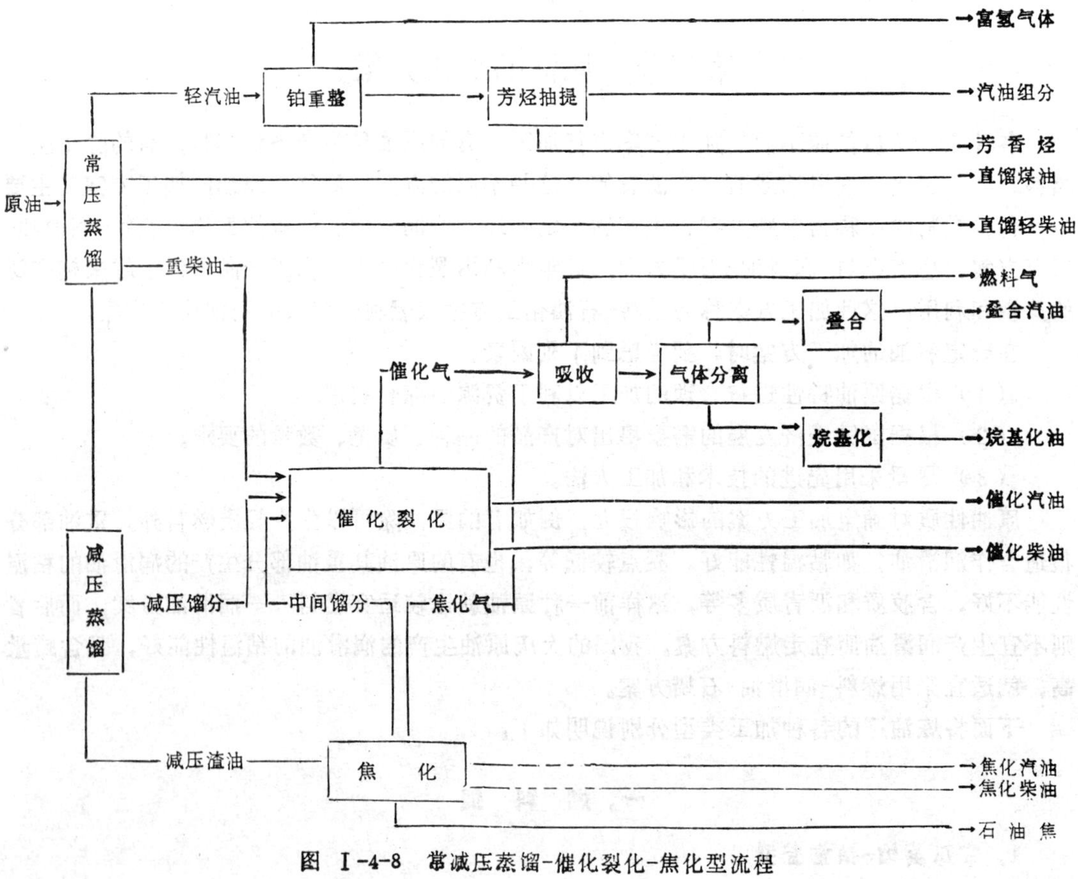

图 Ⅰ-4-8 常减压蒸馏-催化裂化-焦化型流程

3。常减压-催化裂化-加氢裂化-焦化型

本流程由于采用了加氢裂化新工艺，提高了产品品种的灵活性，产品的质量也比前几类的好，轻质油收率可达80%以上，这类流程的加工深度大，技术水平高，是一种比较先进的加工流程，尤其是它能生产较多的优质航空燃油及低凝点的柴油，我国有的炼厂已实现了这类流程。见图Ⅰ-4-9。

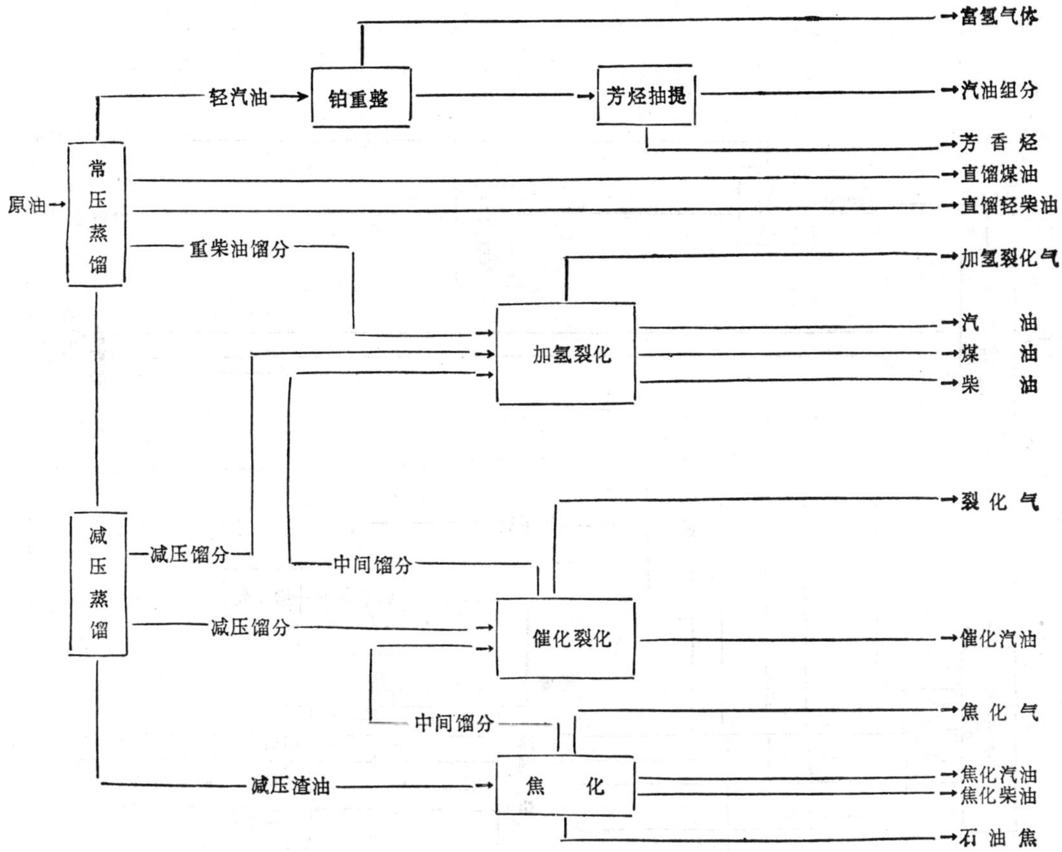

图Ⅰ-4-9 常减压蒸馏-催化裂化-加氢裂化-焦化型流程

二、燃料-润滑油型

此类炼厂除了生产燃料外，还生产润滑油，由于一部分原料油用来生产润滑油，因此，燃料和石油化工原料的产率就相应地降低了，见图Ⅰ-4-10。

三、燃料-石油化工型

这类炼厂除生产各种燃料外，还利用催化裂化装置生产的液化气和铂重整装置生产的苯、甲苯、二甲苯等作化工原料，生产各种化工产品如合成橡胶、合成纤维、塑料、合成氨等，使炼厂向炼油-化工综合企业发展，见图Ⅰ-4-11。

随着石油炼制技术的不断发展，有些旧装置已逐渐被新装置所代替，如热裂化装置逐渐被催化裂化、加氢裂化装置代替，汽、煤、柴油的酸碱精制和润滑油的溶剂、白土精制用加氢精制所代替，因此，前述的各种加工流程也不是固定不变的。

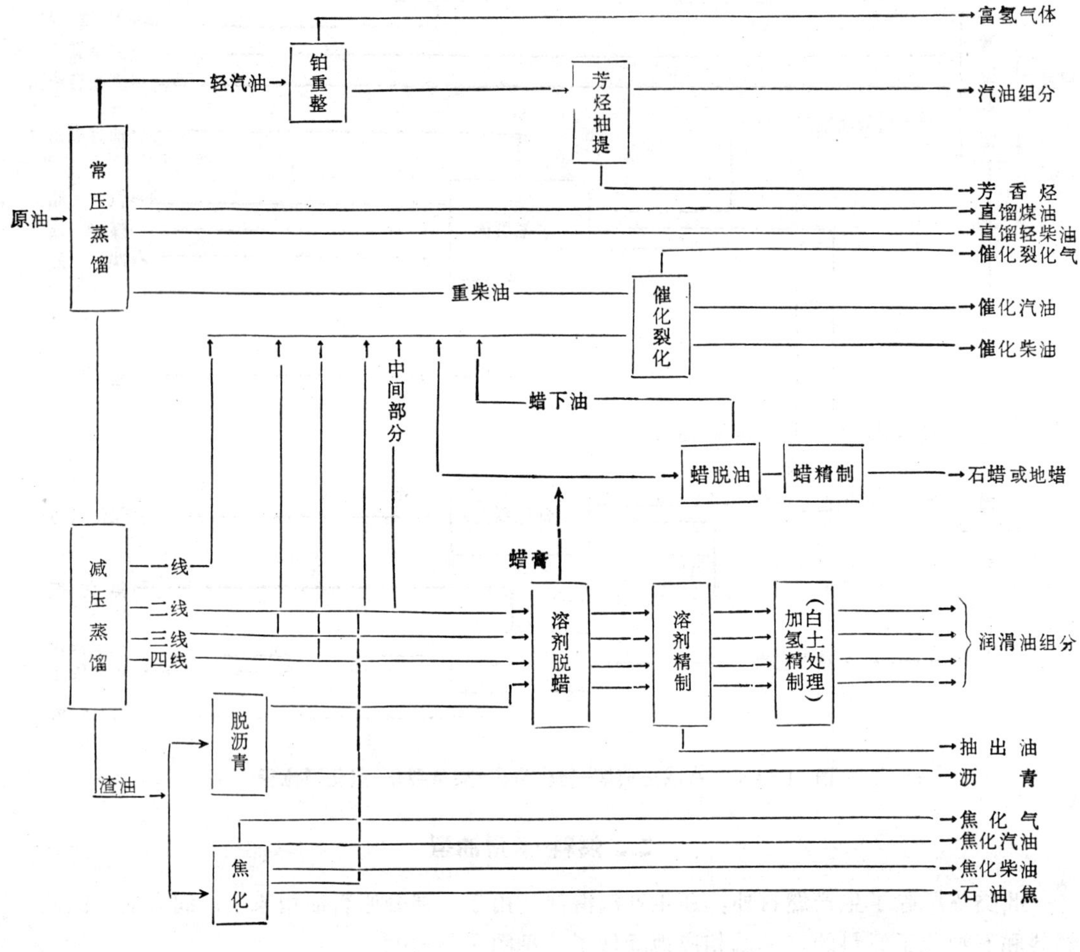

图 Ⅰ-4-10 燃料-润滑油型流程

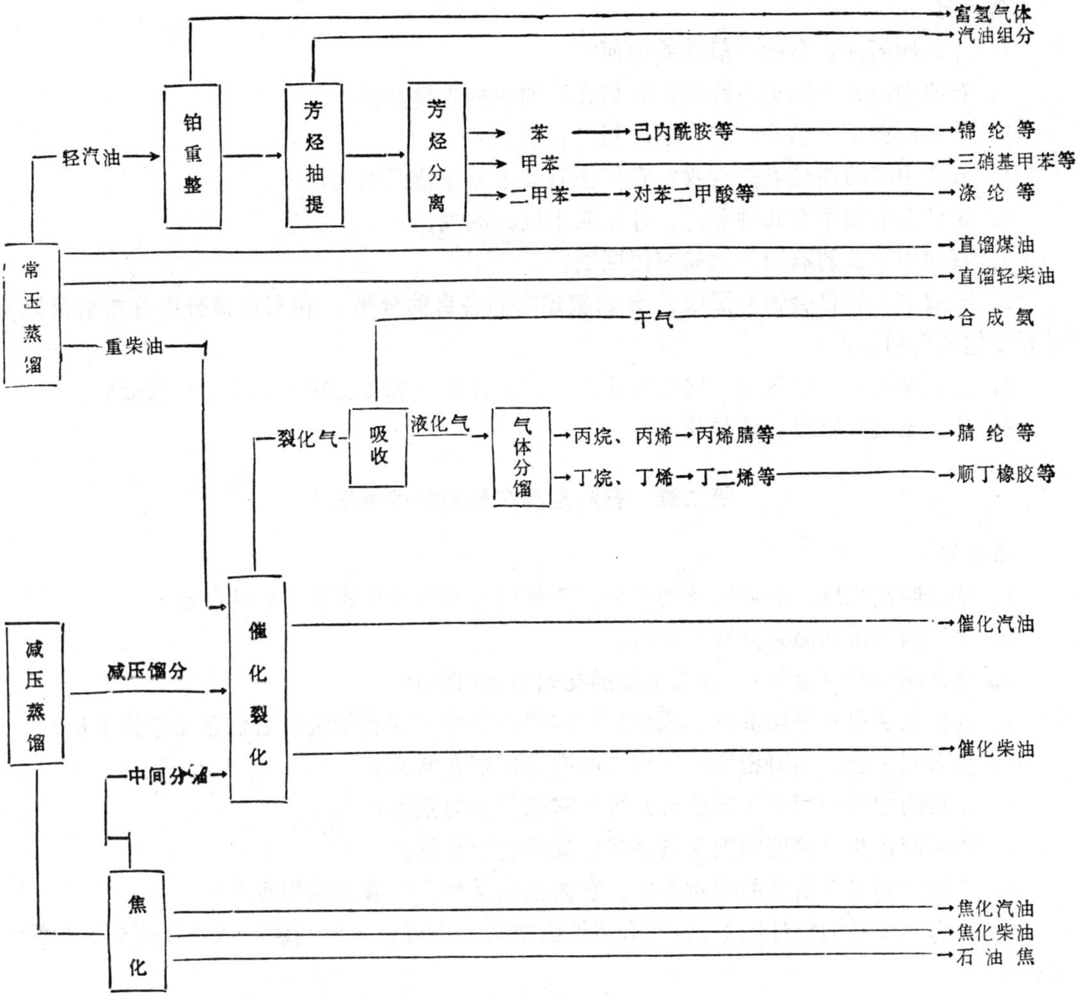

图 Ⅰ-4-11 燃料-石油化工型

习题及思考题

第一章　石油的化学组成

思考题

1．什么叫石油？它的一般性质如何？

2．石油中的元素组成有哪些？它们在石油中的含量如何？

3．什么叫分馏、馏分？它们的区别是什么？

4．石油中有哪些烃类化合物？它们在石油中分布情况如何？

5．烷烃在石油中有几种形态？什么叫干气、湿气？

6．石油中所含的石蜡、地蜡有何区别？

7．石油中非烃化合物有哪些？分别叙述它们各自的分类、在石油馏分中分布情况以及对石油加工有何危害？

8．什么是胶质、沥青质？它们有什么不同？在石油加工及在产品中有何害处？

9．什么是硅胶胶质、硫酸胶质？

第二章　石油及其产品的物理性质

思考题

1．什么叫蒸气压？纯物质及混合物的蒸气压各与哪些因素有关？为什么？

2．常用蒸气压的测定方法是什么？

3．什么叫馏程（沸程）、恩氏蒸馏的初馏点、终馏点？

4．为什么要引入平均沸点的概念？平均沸点有哪几种表示法？它们各是怎样求法？

5．什么叫密度、相对密度？它们之间有何区别及联系？

6．常用的相对密度表示方法有几种？它们间如何换算？

7．影响液体相对密度的因素有哪些？如何进行计算？

8．如何计算混合油品的相对密度？它的依据是什么？有何实用意义？

9．什么是油品的特性因数？为什么特性因数的大小可以大致判断石油及其馏分的化学组成？

10．有二种油品的特性因数大小相同，且油品A的相对密度（d_4^{20}）与油品B的相对密度（d_4^{30}）也一样，试问这二种油品的蒸气压一样吗？若不一样，哪一个油品的蒸气压大？为什么？

11．有二种油品的馏程一样，但油品A的相对密度d_4^{20}大于油品B的相对密度d_4^{20}，这二种油品的特性因数哪一个大？为什么？

12．什么叫粘度？常用的粘度表示法有几种？如何进行换算？

13．影响粘度的因素有哪些？为什么说不标明温度的粘度就没有意义？

14．什么叫粘温性能？它有几种表示法？如何求法？粘温特性有何实用意义？

15．怎样求油品的混合粘度？它有何实用意义？

16．有A、B二种润滑油，它们的特性因数相同，且油品A的ν_{20}与油品B的ν_{50}相同，比较这二种油品的平均沸点、相对密度、平均分子量及蒸气压。为什么？

17．什么叫比热、蒸发潜热、热焓？影响它们的因素有哪些？

18．什么叫爆炸极限？

19．什么叫闪点、燃点、自燃点？油品的组成与它们有什么关系？

20．在加工装置中，重油的管件、接头、法兰等处有泄漏时，为什么有着火的危险？

21．什么叫浊点、冰点、凝点、倾点、冷滤点？

22．什么叫熔点、软化点、滴点、针入度、伸长度？

23．请总结归纳一下：

（1）温度对蒸气压、相对密度、粘度、比热、蒸发潜热、热焓有什么影响？

（2）压力对沸点、相对密度、粘度、闪点、燃点、蒸发潜热、热焓有什么影响？

（3）化学组成对相对密度、粘度、凝点、闪点、自燃点、比热、蒸发潜热、热焓有什么影响？

（4）馏分组成对相对密度、粘度、凝点、闪点、自燃点、燃点、比热、蒸发潜热、热焓有什么影响？

习题

1．常压下$C_{30}H_{62}$的沸点为460℃，求6.67kPa（50mmHg）下的沸点？

2．在实验室进行重油减压蒸馏，在真空度98.66kPa（740mmHg）下要切取400～450℃的馏分，问减压操作时，温度应控制多少？

3．常压下沸点为250℃的油品，当真空度为97.33kPa（73 mmHg）、93.33kPa（700 mmHg）及压力为203kPa （2atm）（绝）时的沸点各为多少？由此可得出什么结论？

4．已知某油品的相对密度$d_{15.6}^{15.6}=0.7256$，其恩氏蒸馏数据如下：

馏出体积，%	初馏点	10	30	50	70	90	终馏点
馏出温度，℃	45	70	95	105	145	185	200

（1）试画出该油品的恩氏蒸馏曲线，

（2）求出各种平均沸点。

5．已知某油品$d_4^{20}=0.8351$，求其$d_{15.6}^{15.6}$、°API。

6．已知某油品$d_{15.6}^{15.6}=0.8500$，求其d_4^{20}、°API。

7．已知某油品°API＝41.3，求其d_4^{20}。

8．已知下列各油品的数据：

性质 / 油品	相对密度 d_4^{20}	恩氏蒸馏，℃						
		初馏点	10%	30%	50%	70%	90%	终馏点
汽油	0.7033	34	60	81	96	109	126	141
煤油	0.7994	159	171	179	194	208	225	239
轻柴油	0.8265	239	258	267	274	285	296	306
重柴油	0.8484	289	316	341	347	350	368	376

填下表，并写出其中一例的计算过程：

名 称	性		质			
	$tg\alpha$	$t_{体}$	$t_{立}$	$t_{中}$	$t_{分}$	$t_{重}$
汽 油						
煤 油						
轻柴油						
重柴油						

9．已知在混合油中，含机械油N 15为20%、N 32为50%、N 46为30%，它们的相对密度（d_4^{20}）分别为0.86、0.87、0.88，求其混合相对密度d_4^{2}、$d_{15.6}^{15.6}$、d_4^{25}。

10．用已知$d_4^{20}=0.8400$的煤油测某一同体积的粘性油品的相对密度，测得混合相对密度为$d_4^{20}=0.8901$，求粘性油品的d_4^{20}。

11．某柴油在25℃时，测得相对密度为0.8515，求d_4^{15}及d_4^{250}。

12．求某一残油的相对密度，已知数据如下：

油品名称	原油	轻柴油	重柴油	裂化原料	残油
%（体）	100	30	10	30	30
d_4^{20}	0.905	0.84	0.89	0.92	?

13．计算下列物质的特性因数，已知数据如下：

	沸点℃	$d_{15.6}^{15.6}$
辛烷（C_8）	125.67	0.7076
对二甲苯（C_8）	138.3	0.8654

从计算结果可得出什么结论？

14．某汽油恩氏蒸馏数据如下：$d_4^{20}=0.7210$

馏出体积，	初馏点	10	30	50	70	90	终馏点
馏出温度，℃	59	88	98	105	111	120	130.5

分别用公式及图表计算其特性因数K。

15．催化裂化重柴油$d_4^{20}=0.8471$，其恩氏蒸馏数据如下：

馏出体积，%	初馏点	10	30	50	70	90	终馏点
馏出温度，℃	326	337	349	354	361	372	395

求其特性因数K及平均分子量M。

16．已知某润滑油的粘度$°E_{37.8}=6.1$，求该油品在37.8℃时的运动粘度与动力粘度、赛氏粘度、10号雷氏粘度（该油品$d_4^{37.8}=0.8500$）。

17．某煤油在100℃时的运动粘度为0.010cm²/s，相对密度$d_4^{20}=0.8400$，求在100℃时的动力粘度。

18．某润滑油在常压下粘度为20mm²/s，求在2.02MPa（200atm）下的粘度。

19．某润滑油的特性因数$K=11.3$，$d_4^{20}=0.8700$，求其在50℃、100℃时的运动粘度？

20．某润滑油的比重指数°API=22.3，平均分子量$\overline{M}=360$，求（1）在100℃时常压下的运动粘度；

（2）在100℃、30MPa(300kg/cm²)下的运动粘度；

（3）粘度比ν_{50}/ν_{100}；

（4）在80℃、常压下的运动粘度。

21．ν_{100}为8.0mm²/s的轻质润滑油和ν_{100}为20.0mm²/s的重质润滑油，当其粘度指数均为100时，其粘度比ν_{50}/ν_{100}各为多少？哪种油的粘温性能更好一些？

22．用5种油调合生产N32机械油，各种油的粘度和所用的体积数量如下表，求调合油的混合粘度。

组分油	*A*	*B*	*C*	*D*	*E*	调合油
体积，m³	3.5	3.5	3.5	3.5	1.8	15.8
ν_{50}，mm²/s	25.2	19	23.8	24.5	8	ν

23．某油品d_4^{20}=0.8800，其恩氏蒸馏数据如下：

馏出体积，%	初馏点	10	30	50	70	90
馏出温度，℃	278	338	367	392	431	452

求该油品20℃及200℃的运动粘度。

24．某油品恩氏粘度$°E_{100}$=5.5，$°E_{80}$=12，求20℃及50℃时的运动粘度。

25．某油品ν_{38}=72.5mm²/s，ν_{70}=17.5mm²/s，求其粘度比ν_{50}/ν_{100}和粘度指数VI。

26．二油品的恩氏粘度分别为2.7°E、7.8°E，其混合后体积各占35%、65%，求其混合粘度。

27．某油品20℃粘度为6°E，另一油品ν_{20}=140mm²/s，调合后油品的粘度为10°E，求其调合比。

28．某原油的二个润滑油馏分的粘度如下表：

	A：300～380℃馏分	*B*：380～520℃馏分
ν_{20}（mm²/s）	8.68	—
ν_{50}（mm²/s）	3.97	12.69
ν_{100}（mm²/s）	—	3.97

如取A、B二馏分的体积比为45∶55相混合，问混合后的油品的ν_{40}为多少？

29．已知二油品的特性因数K均为11.8，在200℃时相对密度分别为0.8752和0.7790，求它们的比热？并说明比热随油品的密度是如何变化的？

30．已知混合油的温度为150℃，其组成如下：轻柴油占40%（重），重柴油占30%（重）机械油占30%（重），它们的相对密度d_4^{20}分别为0.83、0.85、0.87，特性因数K值分别为11.5、12、12，求它们的混合比热。

31．某液态油品$d_{15.6}^{15.6}$=0.8752，K=11，温度为350℃，求其热焓。

32．某液态油品d_4^{20}=0.8900、K=12，50kg，这种油品由100℃加热到200℃时所需多少热量？

33．求某油品$d_{15.6}^{15.6}$=0.8705、K=10.8，在365℃、2MPa（20atm）下全部成为汽相时的热焓？在此温度下，当汽化率为30%时求其热焓？若将此油品从50℃加热到365℃，此时汽化率为30%，求加热100kg此油所需热量。

第三章　石油产品的分类及使用要求

思考题

1．石油产品可以分为哪几大类？

2．简述汽油机、柴油机的工作过程。它们有什么本质的区别？

3．为什么汽油机的压缩比不能设计太高，而柴油机的压缩比可以设计很高？

4．汽油机、柴油机产生爆震的原因是什么？

5．什么是辛烷值？其测定方法有几种？提高辛烷值的方法有哪些？

6．什么叫汽油的感铅性？

7．车用汽油的主要质量指标有哪些？它们的使用意义是什么？

8．反映航空汽油的抗爆性用什么指标表示？航空汽油的组成有哪些？

9．为什么航空汽油的干点、蒸气压要比车用汽油低？

10．反映航空煤油燃烧性能优劣的二项质量指标是什么？各有何实用意义？

11．为什么对航煤要同时提出相对密度和发热值的要求？要作到大相对密度、高发热值是否有矛盾？为什么？

12．航空煤油的理想组分是什么？为什么？

13．为什么对航煤的芳烃含量要加以控制？

14．什么叫十六烷值？提高十六烷值的方法是什么？

15．为什么含烷烃多的馏分是轻柴油的良好组分？但又为什么在柴油中又要含有适量的芳烃？

16．轻柴油的十六烷值是否越高越好？为什么？

17．为什么对轻柴油的馏程要有一定的要求？

18．汽油、轻柴油、重质燃料油、石蜡、地蜡、沥青的商品牌号分别依据哪种质量指标来划分的？

习题

1．现有蒸馏、热裂化、焦化混合汽油，其辛烷值为60，现用辛烷值为77的催化裂化汽油调合成70号汽油出厂，问调合比为多少？

2.某汽油恩氏蒸馏数据如下：

馏出体积，%	初馏点	10	30	50	70	90	终馏点
馏出温度，℃	50	85	113	135	155	175	195

为使10%点温度≯79℃，须用下列轻汽油调合，其恩氏蒸馏数据如下：

馏出体积，%	初馏点	10	30	50	70	90	终馏点
馏出温度，℃	40	68	89	116	140	172	204

求调合比。

*原油的分类和评价

思考题

1．原油分类的目的是什么？分类的方法有哪些？

2．原油评价的目的是什么？评价的类型有几种？

3．原油综合评价包括哪些内容？

4．什么叫实沸点蒸馏及平衡蒸发？

5．什么是原油的性质曲线？它有什么特性？它是如何制的？有何用途？

6．简述目前炼厂对原油有几种加工方案？你厂是属于哪种类型的？了解你厂的加工流程。

第二篇　石油的蒸馏

炼油厂中经常遇到的生产过程是混合物的分离。分离混合物的方法很多，而蒸馏是分离混合物的重要方法之一。它是利用混合物中各组分在同一压力下沸点不同（即挥发度不同）将混合物分成各组分或馏分。

在炼油厂中原油的第一次加工就是采用蒸馏装置。其它几乎每个加工装置都要用到蒸馏过程。有的需要将原料进一步分离，切取合适的馏分，如重整的预分馏；有的需要将反应产物分离成各种产品，如催化裂化分馏系统；有的则需要将工艺过程中所用溶剂加以回收，如润滑油精制。蒸馏也是试验室中常用的试验方法之一。因此蒸馏是炼油工业中一种最基本、最常用的分离方法。

本篇介绍有关蒸馏过程的基本知识及蒸馏原理，说明蒸馏过程的实质以及石油蒸馏工艺特点。

*石油蒸馏的基本知识

第一节　饱和蒸气压与沸点、泡点、露点

一、饱和蒸气压

在石油及油品物理性质一章中，我们对蒸气压已有所了解，而用蒸馏方法来分离混合物时，就是利用各个组分在同一温度下具有不同的饱和蒸气压性质，使混合物达到分离的目的。

任何物质（包括气态、液态、固态）分子都处在不停的运动之中。对液体来说，内部分子都有向周围挥发逃逸的本能。液体中各个分子运动的速度是不相同的，分子动能大的，运动速度快，可以脱离液面进入空间，即挥发到空间去，就象一瓶敞口的汽油放在房间内，过一段时间后，整个房间都能闻到汽油味，这就是液体分子进入空间变成气体状态之故。这种液体分子转化为气体的现象叫汽化。当汽化在液体表面进行，则称为蒸发。若汽化在液体表面和内部同时进行，则称为沸腾。

物质从液体挥发到周围空间的分子，在一定条件下同样具有返回液体的本能。例如将液体放在密闭的容器中，在某一温度下，液体分子不断从表面挥发到空间，而挥发到空间的分子之间要互相碰撞，同时分子与器壁之间也要碰撞，这就会使一部分气体分子又返回到液体中，变成液体分子，这种从气体变成液体的现象叫做液化或冷凝。

在一定温度下，当从液面挥发到空间的分子数与同一时间内从空间返回到液体的分子数相等时，容器中的液体与液面上蒸气建立一种动态平衡，这种状态称汽-液相平衡状态，简称汽液平衡。处于该平衡状态下，液面上蒸气所具有的压力称为该温度下的饱和蒸气压，简称蒸气压，液体称为该温度下的饱和液体。

蒸气压是液体的一项重要性质，饱和蒸气压的大小，在数值上表示液体的挥发能力大小。

由于各种物质的物理性质和化学结构不同，其分子从液体转化为气体的能力也不同。因此，在相同温度下，饱和蒸气压数值也不相同，如表Ⅱ-0-1。这就使我们能用蒸馏方法将它们分离开。

表 Ⅱ-0-1 各纯组分的饱和蒸气压(0℃时)

纯组分	水	氨	乙烯	乙烷	丙烯	丙烷	正丁烷
饱和蒸气压，kPa (kg/cm^2)	0.589 (0.006)	413.99 (4.22)	3953 (40.3)	2506 (25.55)	564.1 (5.75)	457.1 (4.66)	99.96 (1.019)

注：$1kg/cm^2=98.1kPa$

就石油产品而言，它是一种复杂的烃类混合物，其蒸气压不仅与温度有关，还和其组成有关，它随馏分沸点范围升高而减少，见表Ⅱ-0-2。

蒸馏的基本原理就是以液体混合物的汽液平衡为基础，利用混合物中各组分(或馏分)在同一温度下具有不同的饱和蒸气压性质，使混合物得以分离提纯。

表 Ⅱ-0-2 石油产品蒸汽压

馏分名称	沸点范围，℃	体积平均沸点，℃	蒸气压，kPa(kg/cm^2)(绝) 100℃	150℃	200℃
汽油	初馏点～130℃	101	98.1 (1.00)	392.4 (4.00)	784.8 (8.00)
煤油	130～200	172	3.924 (0.04)	24.5 (0.25)	137.3 (1.40)
柴油	200～350	280	—	0.294 (0.003)	2.94 (0.03)

二、沸　点

任何液体被加热时，当达到某一温度时，其饱和蒸气压等于外界大气压（或系统压力）时，就会出现沸腾现象，此时的温度称为该液体的沸点。

对纯物质来说，一定的外压下其沸点是一个定值。如水当温度升到100℃时，其饱和蒸气压正好等于外界大气压（101.3kPa)，水就沸腾，即水的沸点就是100℃。

任一液体的饱和蒸气压是随温度升高而增加，所以当外界压力（或系统压力）增高时，液体的沸点就升高。反之，当外界压力（或系统压力）降低时，液体的沸点也降低。因此，沸点与外压的关系，实际上就是蒸气压与温度的关系。蒸馏装置中减压蒸馏就是利用这一原理，采用一定的措施使塔内压力降低从而降低油品沸点以达到蒸馏目的。

三、泡点和露点

纯物质在一定的外压下其沸点是一个定值，但是对混合物（如石油及其馏分）来说，其沸点表现为一个很宽的范围，它用沸程或馏程来表示。

在一定的压力下，将油品加热至液体内部刚刚开始汽化，也就是刚刚出现第一个汽泡时相应的平衡温度，称为油品的泡点温度（简称泡点）或称平衡汽化0%的温度。继续升高温度，直到油品全部汽化或者是气态油品冷却至刚刚出现第一滴液珠时所相应的平衡温度，称为露点温度（简称露点）或平衡汽化 100% 的温度。显然处于泡点状态的液体和处于露点状态的气体都是饱和的。

对于纯物质，在一定压力下，它的泡点温度和露点温度是相等的，也就是等于它的沸点。如水在常压下，其泡点和露点即沸点都是 100℃ 。但是，混合液的泡点温度要低于露点温度，因为混合液在沸腾过程中，沸点低的易于汽化，剩余的残留液逐渐变重。

泡点和露点温度与混合物组成、系统的压力有关，例如汽油的泡点温度要小于同一压力下煤油的泡点温度。因此，对于泡点和露点必须指明系统的压力和混合物的组成才有意义。

例如，精馏塔塔顶温度应是处于塔顶产品的油气分压下的露点温度（塔顶是以汽相引出的）。而精馏塔侧线温度则应是处于侧线产品的油气分压下的泡点温度（侧线产品通常以液相引出）。

蒸气温度如果高于其露点温度，称为过热蒸气，如催化裂化分馏塔进料为450～460℃，即为过热蒸气。液体的温度如果低于其泡点温度，称为过冷液体，如常压塔顶回流，温度一般在40℃左右，即为过冷液体。分馏塔内各层塔盘上的气相和液相处于平衡状态，则是饱和蒸气和饱和液体。

第二节　道尔顿定律和拉乌尔定律

在石油蒸馏过程中，要将液体混合物分离成一定纯度的各组分，就要利用汽液相平衡的原理，研究混合物在平衡状态时汽、液两相中组成和温度、压力的关系，这就要应用理想气体的道尔顿定律和理想溶液的拉乌尔定律。

在实际应用中，我们可以把石油烃类混合物看作近似于理想溶液，其蒸气则可视为理想气体。

一、理想气体和理想溶液

在任何温度和压强下，气体分子间不存在相互作用力，而分子本身体积可以忽略，这种气体称为理想气体。它在任何温度和压强下都能严格地遵守理想气体基本定律。

理想气体实际上是一种科学的抽象，客观上并不存在，它只能看作是一切真实气体在压强趋于零的极限情况，但实际上在气体温度较高、压力较低时，其性质与理想气体性质越近似。

理想溶液与理想气体一样，是一个理想化概念。在各组分完全互溶所构成的溶液中，不同种分子间的引力与同种分子间的引力相等，且在互溶时没有热效应（即不吸热、不放热），溶液的总体积是各组分体积的总和，这种溶液称为理想溶液。

在相当精确的程度上，可认为碳氢化合物的性质符合理想溶液的假设，在压力较低情况下，将它们的气体当作理想气体，然后运用理想气体和理想溶液的规律可去解决一些生产中的实际问题。

二、道尔顿定律

1. 总压与分压

在一定温度下，一定体积的容器中，盛有几种气体时，混合气体对器壁施加的压力称为总压。而混合气体中，某一种气体单独占有与混合气体相同体积时，对器壁所施加的压力称为该气体的分压。

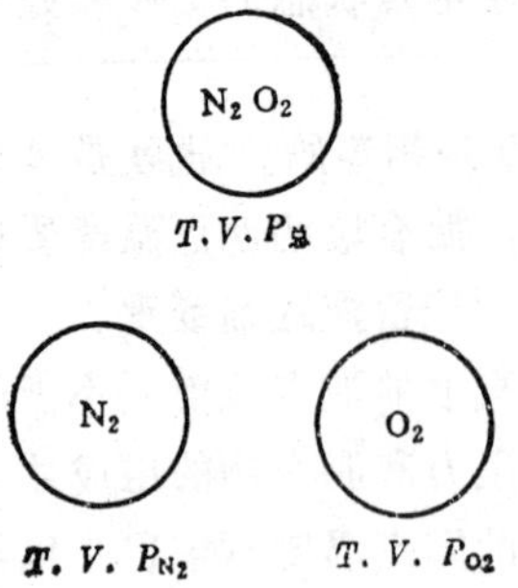

图 Ⅱ-0-1

如图Ⅱ-0-1设有一容器（其体积V）在温度T下，内装N_2和O_2两种气体，其总压为$P_总$。我们设想把容器中O_2抽出而只剩下N_2，温度和体积都不变，这时N_2气对器壁的压力就是混合气体中N_2气的分压。同样，如果将N_2气抽出只剩下O_2气，则这时的压力称为混合气中O_2的分压。

2. 道尔顿定律

理想混合气体的总压等于混合气体中各个气体的分压之和。

即：

$$P_总 = P_1 + P_2 + P_3 + \cdots\cdots + P_n \qquad (Ⅱ\text{-}0\text{-}1)$$

式中　$P_总$——混合气体的总压；

P_1、P_2、P_3……P_n——混合气体中各组分1、2、3……n的分压。

对理想溶液的蒸气也可应用上述定律。即在一定温度下，与液体混合物成平衡状态时的蒸气压等于在同一温度下混合物中各组分的蒸气压力之和。

道尔顿定律的另一种表示方法是：混合气体中某种气体的分压等于混合气体总压乘以该气体的摩尔分数。

即：

$$P_i = P_总 \cdot Y_i \qquad (Ⅱ\text{-}0\text{-}2)$$

式中　P_i——混合气体中某一组分的分压；

$P_总$——混合气体总压；

Y_i——混合气体中该组分的摩尔分数。

其推导如下：

对于理想气体混合物中某种气体，和它们单独存在时一样都服从理想气体状态方程式。

$$P_1V_1 = n_1RT_1 \qquad (Ⅱ\text{-}0\text{-}3)$$

$$P_2V_2 = n_2RT_2 \qquad (Ⅱ\text{-}0\text{-}4)$$

上列各式中V和T分别为与气体混合物相同的体积和温度。即$V = V_1 = V_2$，$T = T_1 = T_2$，n_1、n_2为组分1，2的摩尔数。

两式相加则得：

$$(P_1 + P_2)V = (n_1 + n_2)RT \qquad (Ⅱ\text{-}0\text{-}5)$$

以式（Ⅱ-0-5）分别除式（Ⅱ-0-3）、式（Ⅱ-0-4）得

$$P_1 = \frac{n_1}{n_总} \cdot P_总$$

$$P_2=\frac{n_2}{n_{总}}\cdot P_{总}$$

式中　$n_{总}$——气体的总摩尔数，$n_{总}=n_1+n_2$；

　　　$P_{总}$——气体的总压。

令式中：

$$\frac{n_1}{n_{总}}=Y_1,\quad \frac{n_2}{n_{总}}=Y_2$$

则：

$$P_1=P_{总}\cdot Y_1$$

$$P_2=P_{总}\cdot Y_2$$

写成通式即：

$$P_i=P_{总}\cdot Y_i$$

式中　P_i——任一组分i的分压；

　　　Y_i——任一组分i的摩尔分数。

混合物中各个组分的摩尔分数总和显然应等于1。

式Ⅱ-0-2还可写成：

$$\frac{P_i}{P_{总}}=Y_i$$

即理想气体的分压分数等于摩尔分数。

从道尔顿定律我们可以找出混合液体在平衡状态时汽相中各组分的关系，至于液相中各组分的浓度与其蒸气分压的关系则由拉乌尔定律来说明。

三、拉乌尔定律

两种或两种以上的液体组成的理想溶液，其饱和蒸气压不仅与温度有关，而且与溶液中各组分的浓度有关。也就是当温度一定时溶液的饱和蒸气压随溶液中各组分浓度不同而变化。

下面用分子运动论来解释溶液的蒸气压与溶液中组分浓度的关系。如图Ⅱ-0-2所示。图Ⅱ-0-2(一)表示纯组分A在密闭容器内蒸发情况。图Ⅱ-0-2（二）表示组分A中加入组分B后，溶液中组分A的蒸发情况。

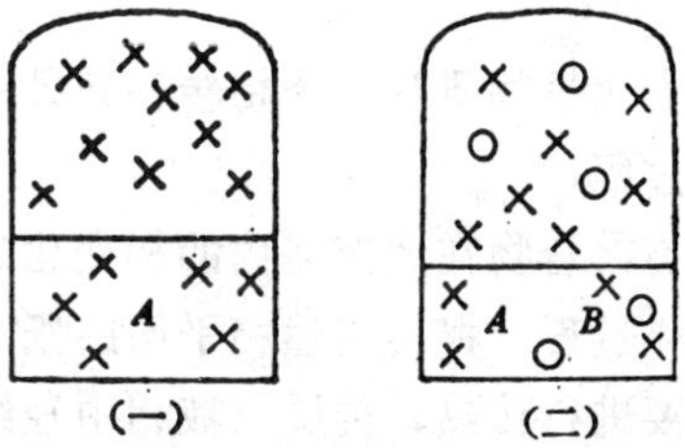

（一）　（二）

图 Ⅱ-0-2　蒸气压与溶液中组分浓度示意图

由图（二）可看出：由于B组分加入使溶液中A本身的浓度（单位体积内A的分子数）减小，因而在单位时间内从混合溶液中跑到汽相中的A组分的分子数比在同一时间内从纯A组分中跑到汽相中的A的分子数要小。我们知道，当汽液相达到平衡时，在单位时间内从液相跑到汽相中分子数和从汽相回到液相中分子数应相等，则在平衡时混合液中A组分从汽相回到液相中分子数比纯A组分时要小，因此，达到平衡时，在A、B溶液上面单位体积内汽相中A组分的分子数要小于纯A组分液面上A组分的分子数。由于气体压力和其单位体积内分子数成正比，所以溶液上面的A组分的蒸气分压低于同温度下纯A组分时的饱和蒸气压。显然，溶液中A组分的浓度越大，溶液上面A组分的饱和分压越高，拉乌尔根据实验得出：对于理想溶液，在一定温度下，溶液上面任一组分在蒸气中的分压（P_i）等于该组分在此温度下纯态时的饱和蒸气压（P_i^0）乘以该组分在液相中的摩尔分数（X_i）。其数学式如下：

$$P_i=P_i^o \cdot X_i \qquad (\text{Ⅱ-0-6})$$

对二元组分则为：

$$P_1=P_1^o \cdot X_1$$

$$P_2=P_2^o \cdot X_2$$

拉乌尔定律说明在理想溶液中各组分的分子克服液面阻力进入汽相的趋势，它与组分的性质和其本身在溶液中的摩尔分数有关。

当系统压力不大时，饱和蒸气可视为理想气体，与其平衡的液相可视为理想溶液，此时可适用道尔顿及拉乌尔定律。即：

$$P_{总}=P_1^o \cdot X_1+P_2^o \cdot X_2+\cdots\cdots+P_n^o \cdot X_n \qquad (\text{Ⅱ-0-7})$$

式中　$P_{总}$——系统总压；

P_1^o、P_2^o……P_n^o——纯组分1、2……n的饱和蒸气压；

X_1、X_2……X_n——纯组分1、2……n的摩尔分数。

第三节　汽液相平衡

汽液相平衡是蒸馏过程中进行两相物质传递的重要理论。因此，为了掌握蒸馏理论，必须首先了解汽液相平衡的基本规律。

一、汽液相平衡条件

所谓“相”就是系统中具有相同的物理和化学性质的任何均匀部分称为“相”。相与相之间有明显的界面，如一杯过饱和的食盐水中有固体食盐、溶液和与溶液呈平衡的水蒸气3个相。空气则为氮、氧、氩等均匀的混合气相。水和乙醇互溶成为均匀的液相，而水和油则为两个液相。

相变化是物质从一个相转移到另一个相的过程，例如蒸发、冷凝、结晶、升华等都称为相变化过程。

烃类混合物在蒸馏塔内的相变化是复杂的，可以同时进行汽相冷凝和液相汽化两个相反的相变化过程。根据前述相平衡的概念，在蒸馏塔的每一块塔板上，高温汽相与低温液相接触时，要进行传热、传质（液相中轻组分汽化到汽相中去，汽相中重组分冷凝到液相中来，这种两个相间的物质交换称为传质）。其结果使高温气体部分冷凝，低温液体部分汽化，这就使汽相中轻组分浓度有所增加，液相中轻组分浓度则降低，当达到某一极限时就不再变化了。此时，塔板上汽相温度等于液相温度，汽液两相的相对量和浓度分布也不再变化，也就是两相处于相平衡状态。

因此，汽液两相达到平衡状态时，必须同时具备下面两个条件：

（1）汽、液两相温度相等，否则就会因热交换引起组分在两相间重新分配。

即：　$t^V=t^L$（汽相温度＝液相温度）

（2）液相中各组分的蒸气分压与汽相中同一组分的分压相等，此时各组分汽化的分子数和冷凝的分子数相等。

即：

$$P_i^V=P_i^L$$

二、汽液相平衡方程

由上述相平衡条件可看出，达到平衡时，汽液两相的组成、温度和压力之间存在一定的关系。找出这种关系是研究汽液相平衡的主要目的，也就可以对精馏过程进行具体计算。

根据道尔顿定律可以知道汽相中某个组分的分压为：

$$P_i^V=P_{总}\cdot Y_i$$

根据拉乌尔定律可以知道液相中某个组分的蒸汽分压为：

$$P_i^L=P_i^0\cdot X_i$$

汽液两相达到平衡时，每个组分分压应相等（即$P_i^V=P_i^L$）。故

$$P_{总}\cdot Y_i=P_i^0\cdot X_i \qquad (Ⅱ\text{-}0\text{-}8)$$

亦可写为：

$$Y_i=\frac{P_i^0}{P_{总}}\cdot X_i$$

上式中令：

$$\frac{P_i^0}{P_{总}}=K_i$$

则

$$Y_i=K_i\cdot X_i \qquad (Ⅱ\text{-}0\text{-}9)$$

上两式中 $P_{总}$——气相总压；

P_i^0——组分i的饱和蒸气压；

X_i、Y_i——组分i在平衡液相和气相中的摩尔分数；

K_i——组分i的相平衡常数。

式Ⅱ-0-8和式Ⅱ-0-9称为汽液相平衡方程。它表示了汽液相平衡时，某一组分在两相中组成之间的关系。此式不仅适用于二元系统，也适用于多元系统。

相平衡常数K_i，其数值决定于组分的性质、温度和总压。烃类K_i值可以由图表查得，在总压不高时可由 $\frac{P_i^0}{P_{总}}$ 求得。

从式Ⅱ-0-9中可以看出，当$K>1$时$Y>X$，K值越大，Y比X大得越多，这说明该组分汽化能力强。所以相平衡常数可以用来衡量组分的挥发能力。

系统中有几个组分，就可以列出几 相平衡方程式。对二元系统混合物，系统中只有沸点不同的两个组分构成，则可写为：

$$Y_1=K_1X_1 \qquad (Ⅱ\text{-}0\text{-}10)$$

$$Y_2=K_2X_2 \qquad (Ⅱ\text{-}0\text{-}11)$$

式中 Y_1、X_1——轻组分在汽相和液相中的摩尔分数；

Y_2、X_2——重组分在汽相和液相中的摩尔分数；

K_1、K_2——轻、重组分在系统温度、压力下的相平衡常数。

三、相对挥发度

通常纯物质在一定温度下蒸气压的大小用挥发度表示。挥发度是用来衡量液体汽化倾向大小的，各组分挥发度的差异是用蒸馏方法分离混合物的根本依据。

混合物中某个组分的挥发度是其汽相蒸气分压与相应的液相摩尔分数之比。对二元系统的挥发度则可写为：

$$v_1=\frac{P_1}{X_1}$$

$$v_2=\frac{P_2}{X_2}$$

式中　v_1、v_2——轻、重组分的挥发度

两个组分挥发度之比称为相对挥发度α。

即：

$$\alpha_{1,2}=\frac{v_1}{v_2}=\frac{P_1/X_1}{P_2/X_2}$$

根据道尔顿定律：

$$P_1=P_{总}Y_1;\quad P_2=P_{总}Y_2,$$

以此代入上式，则：

$$\alpha_{1,2}=\frac{\frac{Y_1}{X_1}}{\frac{Y_2}{X_2}}=\frac{K_1}{K_2} \qquad (Ⅱ\text{-}0\text{-}12)$$

用式（Ⅱ-0-10）除式（Ⅱ-0-11）亦可得：

$$\alpha_{1,2}=\frac{K_1}{K_2}$$

对于理想溶液，则遵守拉乌尔定律，相对挥发度α等于两个组分饱和蒸气压之比。

$$\alpha_{1,2}=\frac{P_1/X_1}{P_2/X_2}=\frac{\frac{P_1^0\cdot X_1}{X_1}}{\frac{P_2^0\cdot X_2}{X_2}}=\frac{P_1^0}{P_2^0} \qquad (Ⅱ\text{-}0\text{-}13)$$

由式Ⅱ-0-12可得：

$$\frac{Y_1}{Y_2}=\alpha_{1,2}\cdot\frac{X_1}{X_2} \qquad (Ⅱ\text{-}0\text{-}14)$$

以 $Y_2=1-Y_1$，$X_2=1-X_1$ 代入上式，则可得用挥发度表示的二元系统相平衡方程式：即

$$Y_1=\frac{\alpha X_1}{1+(\alpha-1)X_1} \qquad (Ⅱ\text{-}0\text{-}15)$$

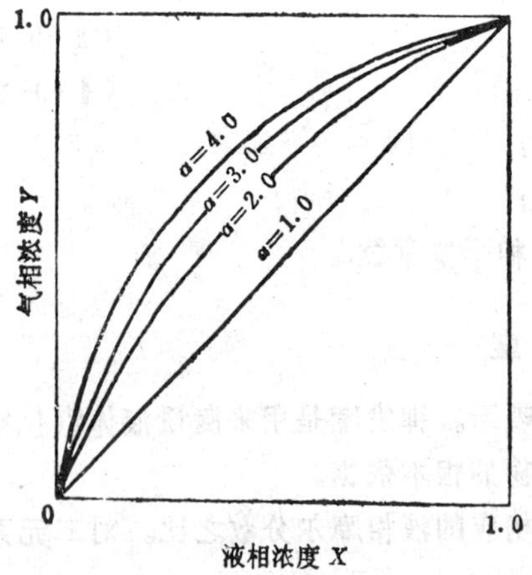

图 Ⅱ-0-3　相对挥发度对相平衡曲线的影响

根据α值的大小，可以预测混合物用蒸馏方法分离的难易程度。

当α值大于1时，表明汽相中轻组分浓度和重组分浓度之比大于两者在液相中浓度之比，根据式Ⅱ-0-14可知$\frac{Y_1}{Y_2}>\frac{X_1}{X_2}$，这表明用蒸馏方法可以使轻组分在汽相中提浓。$\alpha$值越大，说明轻组分在汽相中浓度越大，用蒸馏方法就越容易分离。表现在$Y-X$图上(图Ⅱ-0-3)的曲线称为相平衡曲线，该曲线离对角线越远，相对挥发度越大，则高挥发度组分在平衡的汽液相中的浓度差越大，分离的程度也就越显著。

当 $\alpha=1$时，即在$Y-X$图上的对角线，表示两个组分混合物在加热时生成的蒸气组成与平衡液相组成相等（即$Y=X$），就不能用普通蒸馏方法来分离。

相对挥发度不仅与两个组分的性质有关，而且随系统的温度和压力而变化。这是因为在$\alpha=P_1^0/P_2^0$中纯组分的饱和蒸气压是温度的函数。但α 随温度变化较慢，当温度变化不大时α可视为常数。由于汽液平衡系统的温度随压力增加而升高，因此，当压力升高时，α则减小，所以高压下不利于分离。当温度、压力变化较小时，相对挥发度可以当作常数。

第四节 相平衡方程的推广和应用

在分馏塔的设计计算中，往往要确定塔顶温度、塔底温度、进料温度及分馏塔的操作压力，这就需要用相平衡方程来确定组成、压力和温度之间的关系。

一、泡 点 方 程

对于二元理想溶液的汽液平衡系统，汽相总压等于液相中各组分的蒸气分压之和。即：

$$P_{总}=P_1+P_2=P_1^0X_1+P_2^0(1-X_1) \qquad (Ⅱ\text{-}0\text{-}16)$$

整理上式则得：

$$X_1=\frac{P_{总}-P_2^0}{P_1^0-P_2^0} \qquad (Ⅱ\text{-}0\text{-}17)$$

上式表示了在一定温度下（即P_1^0及P_2^0已定）系统压力与液相组成的关系，称作二元理想溶液低压下的泡点方程或称液相等温线方程。由式中可以看出，当系统温度、压力一定时，饱和液相组成就确定了，而不能任意选择的。

应用式Ⅱ-0-16时，当温度、总压及液相组成3个数值中有两个已知，就可以求出第三个数值。如果已知压力和组成要求温度时，则需要进行猜算。即假设一个温度，查出P_1^0、P_2^0，代入式Ⅱ-0-16中计算出$P_{总}$，看与已知压力是否相等，如果不等，则需重新假定，直到相等为止。

二、露 点 方 程

假如已知二元平衡系统中汽相混合物组成（Y_1，Y_2）和系统总压，要求其温度，则可由相平衡导出露点方程来求。

$$P_{总}\cdot Y_1=P_1^0\cdot X_1$$

则

$$\frac{Y_1}{P_1^0}=\frac{X_1}{P_{总}} \qquad (Ⅱ\text{-}0\text{-}18)$$

$$P_{总}(1-Y_1)=P_2^0(1-X_1)$$

则

$$\frac{1-Y_1}{P_2^0}=\frac{1-X_1}{P_{总}} \qquad (Ⅱ\text{-}0\text{-}19)$$

将式Ⅱ-0-18与式Ⅱ-0-19相加得：

$$\frac{Y_1}{P_1^0}+\frac{1-Y_1}{P_2^0}=\frac{1}{P_{总}} \qquad (Ⅱ\text{-}0\text{-}20)$$

整理后得：

$$Y_1=\frac{P_1^0(P_{总}-P_2^0)}{P_{总}(P_1^0-P_2^0)} \qquad (Ⅱ-0-21)$$

上式为二元理想溶液低压下的露点方程或称汽相等温线方程。它表达了在一定温度下，系统压力与汽相组成之间的相互关系。当系统压力和温度一定时，汽相组成也就确定。这就是我们在蒸馏过程中，要尽量保持塔顶温度不变，以控制产品质量的理论根据。

同样，当温度、总压和汽相组成 3 个数值中已知其中两个，就可求得第三个。当已知系统总压及汽相组成要求温度时，也要用试差法猜算。

例2-1 某苯-甲苯精馏塔的操作压力为101.3kPa(760mmHg)，塔顶产品中苯摩尔分数为0.95，塔底产品甲苯摩尔分数为0.95，求塔顶及塔底温度。

解：设塔顶温度为83℃，查图得：

$$P_{苯}^0=107.8\text{kPa}(809\text{mmHg})$$

$$P_{甲苯}^0=44\text{kPa}\ (330\text{mmHg})$$

代入式Ⅱ-0-20：

$$\frac{Y_1}{P_1^0}+\frac{1-Y_1}{P_2^0}=\frac{0.95}{107.8}+\frac{0.05}{44}=8.81\times10^{-3}+1.13\times10^{-3}=9.94\times10^{-3}$$

而
$$\frac{1}{P_{总}}=\frac{1}{101.3}=9.87\times10^{-3}$$

等式两边误差很小，可以认为假设正确，故塔顶温度为83℃。

设塔底温度为108℃，查图得：

$$P_{苯}^0=213.3\text{kPa}(1600\text{mmHg})$$

$$P_{甲苯}^0=95.4\text{kPa}\ (716\text{mmHg})$$

代入式Ⅱ-0-16：

$$P_{总}=213.3\times0.05+95.4\times0.95=101.3\text{kPa}$$

与外压相符，故塔底温度为108℃。

例2-2 在苯和甲苯精馏塔中，测得某塔板上操作压力为 98.3kPa〔0.97大气压(表压)〕，温度为110℃，外界大气压为101.3kPa，求该塔板上饱和汽相和液相的组成。

解：求塔板上的液相组成：

查得110℃时：

$$P_{苯}^0=226.6\text{kPa}\ (1700\text{mmHg})$$

$$P_{甲苯}^0=99.5\text{kPa}\ (746.57\text{mmHg})$$

塔板上的绝对压力＝101.3＋98.3＝199.6kPa

代入式Ⅱ-0-17

则
$$X_{苯}=\frac{P_{总}-P_{甲苯}^0}{P_{苯}^0-P_{甲苯}^0}=\frac{199.6-99.5}{226.6-99.5}=\frac{100.1}{127.1}=0.787$$

$$\therefore\ X_{甲苯}=1-0.787=0.213$$

塔板上的气相组成可代入式Ⅱ-0-9：

则
$$Y_{苯}=\frac{P_{苯}^0}{P_{总}}\cdot X_{苯}=\frac{226.6}{199.6}\times0.787=0.893$$

$$\therefore\ Y_{甲苯}=1-Y_{苯}=0.107$$

第五节　汽液平衡相图

根据汽液平衡数据（主要由实验测得）绘制的几何图形称为相图。相图可以直观而形象地反映出系统中相变化和相平衡的规律，可以帮助进行定量分析和计算，所以它是研究相平衡的重要工具。

在工业上，蒸馏和精馏过程几乎都在恒压下进行，因此，对工艺计算来说，需要知道的是在一定压力下，汽液两相组成随温度变化而变化的规律，这种规律用曲线图来表示，即为恒压相图（$t-X$、Y图）。

二元混合物恒压相图作法如下：在恒压下，取一系列温度，求出这些温度下平衡汽液两相组成Y_1、Y_2、Y_3……，X_1、X_2、X_3……，以温度为纵坐标，相应的平衡浓度X_1、Y_1为横坐标，即可得到两条平衡曲线，如图Ⅱ-0-4。

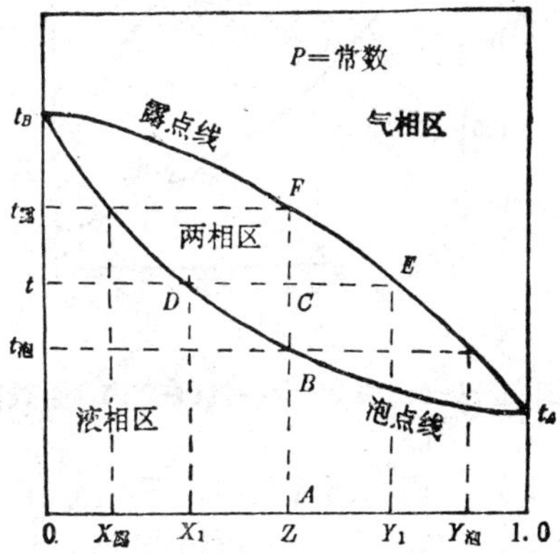

图　Ⅱ-0-4　二元组分恒压相图

例 2-3　绘制压力为101.3kPa时庚烷和十一烷的相平衡曲线图(t-X、Y图)

解： 由烃类蒸气压数据表可知在101.3kPa下纯组分沸点为，庚烷：98.6℃，十一烷：194.5℃，因此可在98.6～194.5℃的范围内，任选几个温度，查出各温度下它们的饱和蒸气压，然后按相平衡方程计算出X_1和Y_1，列表如下：

温度 t,℃	$P_1^0(C_7)$,kPa (mmHg)	$P_2^0(C_{11})$,kPa (mmHg)	$P_总-P_2^0$,kPa (mmHg)	$P_1^0-P_2^0$,kPa (mmHg)	$X_1=\frac{P_总-P_2^0}{P_1^0-P_2^0}$	$P_1^0\cdot X_1$	$Y_1=\frac{P_1^0}{P_总}X_1$
98.6	101.3 (760)	4.40 (33)	96.9 (727)	96.9 (727)	1	101.3 (760)	1
110	110.2 (1052)	7.14 (53.6)	94.2 (706.4)	133.1 (998.4)	0.707	99.2 (744)	0.979
120	182.2 (1367)	10.67 (80)	90.6 (680)	171.5 (1287)	0.528	96.2 (722)	0.950
140	297.1 (2229)	21.73 (163)	79.6 (597)	275.4 (2066)	0.289	81.9 (641)	0.848
160	459.8 (3450)	40.39 (303)	60.9 (457)	419.4 (3147)	0.145	66.7 (500)	0.658
180	678.6 (5091)	69.84 (524)	31.5 (236)	608.8 (4567)	0.052	35.3 (265)	0.348
194.5	873.0 (6550)	101.3 (760)	0 (0)	771.7 (5790)	0	0 (0)	0

将上述数据作图，**见图Ⅱ-0-5**；题中X_1、Y_1是庚烷在同温度下平衡液相和汽相中的摩尔浓度。

在图Ⅱ-0-4中上面一条是温度-汽相组成（$t-Y$）曲线——露点线，下面一条是温度-液相组成（$t-X$）曲线——泡点线。两条曲线分别交于两个端点t_B点（纯高沸组分的沸点）和t_A（纯低沸组分的沸点）。在图中，露点线上方是过热汽相区，因为在P压力下，该区域内混合物的温度均高于其饱和蒸气温度。泡点线下方为过冷液相区，因为在该区域内混合物温度低于P压力下的饱和液相温度。两条曲线之间为汽液两相区，由于呈平衡状态的汽液两相处于相同的温度和压力之下，则图上水平线DE所交的D点和E点，分别表示液相和汽相组成。这类平衡线可作无数条，分别表示一系列温度下的平衡汽液相组成。

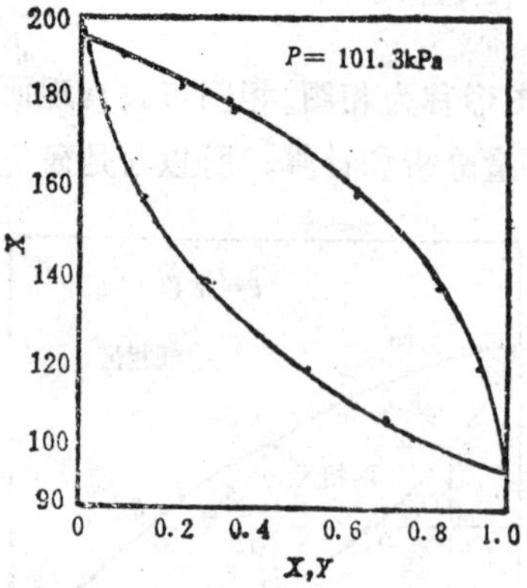

图 Ⅱ-0-5　庚烷-十一烷(t-X-Y)曲线图

露点线和泡点线上任意一点（如E、F、B、D）都表示饱和蒸气和饱和液体的组成。过热汽相区和过冷液相区中任意一点代表相应的过热蒸气和过冷液体组成。两相区内任何一点（如C点）只代表混合物的总组成，其平衡的汽、液相组成分别由D、E点表示。

根据相图分析，可得出以下结论：

（1）二元理想溶液的汽液平衡系统，只有在系统温度处于轻组分的沸点和重组分的沸点之间才能形成。

（2）平衡汽液两相中，轻组分在汽相中浓度总是大于它在液相中的浓度。

（3）汽液平衡时，汽液两相组成随温度升高同时变重，随着温度降低而同时变轻。

第六节　混合物的汽化和冷凝

用蒸馏方法分离混合物，就是将混合物进行多次部分汽化和部分冷凝的过程，使其部分或全部分离。因此，了解石油及其馏分的汽化与冷凝实质，对掌握蒸馏的基本原理是很重要的。

根据汽液平衡条件，当汽液两相达到平衡时，各组分在汽相中分压等于其液相的蒸气分压（在低压条件下），即：

$$P_i^V = P_i^L$$

对整个混合物来说，则汽相总压应等于液相各组分在汽相中的总蒸气压。即：

$$P_{总}^V = P_{总}^L$$

如果液相的总蒸气压大于汽相总压力，那末必然有一部分液体要汽化。相反，如果液相中总蒸气压小于汽相总压，则必然有一部分汽相要冷凝成液体。因此，汽化和冷凝必要条件是：

$$汽化条件：P_{总}^L > P_{总}^V$$

$$冷凝条件：P_{总}^L < P_{总}^V$$

所以要想使液体混合物汽化，可以通过增加混合物在液相中的总蒸气压，或者降低混合物在汽相中总压来达到。前者可以通过加热的方法使液体汽化；后者可以通过降低系统压力或在系统中加入惰性气体（如水蒸气）来实现。

相反，蒸气的冷凝可以通过冷却（降温）和加压的办法来实现。因此，应用改变温度和改变压力的办法，破坏原有的平衡状态就可以使汽化或冷凝过程得以进行，直到达到新的平衡状态为止。如果我们不断创造不平衡条件，那么汽化和冷凝就不断进行。原油在精馏塔中的精馏就是利用了这一原理。

混合物的汽化或冷凝，根据汽液两相接触的情况不同，一般可分为下面两种方式。

1. 一次汽化（平衡汽化）及一次冷凝（平衡冷凝）

液体混合物在加热汽化过程中所形成的蒸气始终与液体保持接触，严格地说即汽相和液相始终保持平衡接触状态，只是在达到必要的加热温度之后才最终进行汽液分离，则此汽化过程称为一次汽化或平衡汽化。

如图Ⅱ-0-6,原油经加热炉加热,蒸气并未立即从炉管中引出，而是与未汽化的液体保持接触，直到进入分馏塔后，汽液两相才同时分开。

应该指出一次汽化过程随着温度的不断升高，原有的平衡状态不断破坏，而新的平衡状态不断建立，但系统总组成保持不变。

为了进一步了解一次汽化过程实质，现以二元混合物恒压相图来分析，如图Ⅱ-0-7所示。

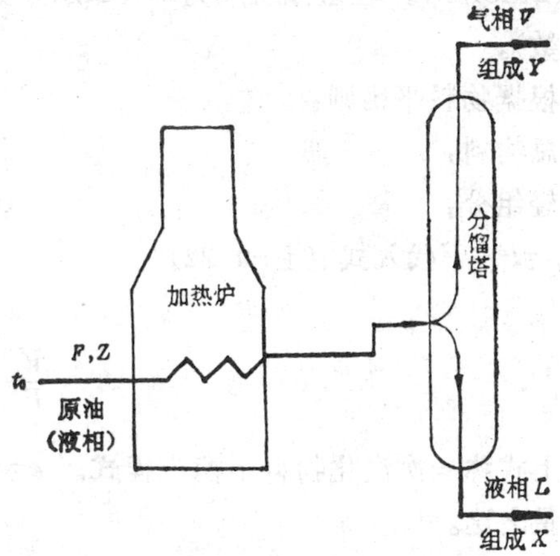

图 Ⅱ-0-6 一次汽化示意图

当组成为Z的二元混合物，温度从t_0(过冷液体状态)加热到泡点温度$t_{\text{泡}}$时开始汽化,出现第一个气泡，其组成为$Y_{\text{泡}}$，汽相中轻组分含量高于原有混合物中轻组分含量（即$Y_{\text{泡}}>Z$)。而液相组成仍为Z，因为所形成的微量气泡（一个气泡）还不至于改变原有液体组成。将溶液继续加热，随着温度升高，汽化量逐渐加大，汽液两相中轻组分组成Y、X分别沿着露点线和泡点线而变小。当加热到t_1时，汽液两相组成分别为Y_1、X_1，直至加热到混合物的露点温度$t_{\text{露}}$时，液体混合物全部汽化，其组成$Y_{\text{露}}\approx Z$，而与此饱和蒸汽成平衡的最后一滴液体，其组成为$X_{\text{露}}$。温度再升高，混合物就变成了组成为Z的过热蒸汽。

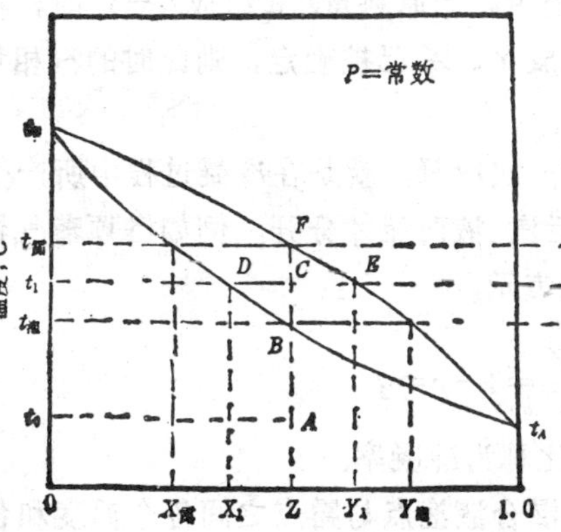

图 Ⅱ-0-7 二元组分的一次汽化图

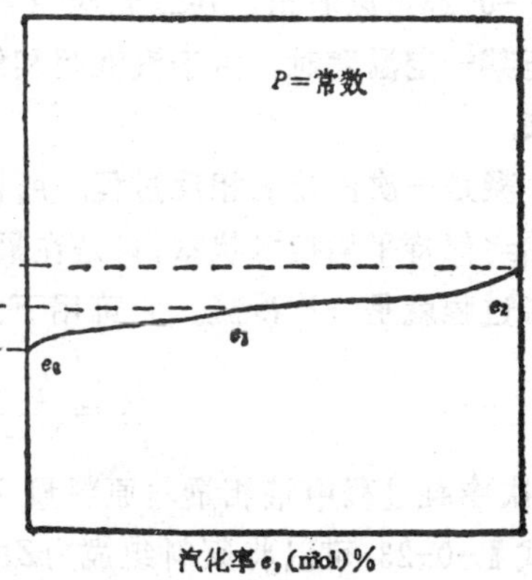

图 Ⅱ-0-8 一次汽化曲线

在工业生产中，很多情况属于一次汽化，所以求得一次汽化曲线是很重要的。但是，应该指出，经过一次汽化分离后，虽然汽相中轻组分浓度比原混合物中轻组分浓度增加了，液相中重组分浓度也增加了，而从相图中可以看出其汽相中轻组分浓度不会大于$Y_{\text{泡}}$（泡点浓度），液相中轻组分浓度不会小于$X_{\text{露}}$（露点浓度）。因此，一次汽化不可能将混合物分离为高纯度的组分，它只是一种粗略的分离方法。

上面我们分析的是在一定压力下温度和汽液相组成的定性关系，下面我们进一步讨论一次汽化过程中汽液两相的定量关系。

如图Ⅱ-0-6设进料量为F(kmol/h)、组成为Z（摩尔分数），平衡汽化后，所得汽相量为V(kmol/h)，轻组分组成为Y（摩尔分数），液相量为L(kmol/h)，轻组分组成为X（摩尔分数）。

根据物料平衡则：

总物料：
$$F=V+L$$

轻组分：
$$FZ=VY+LX \quad (Ⅱ\text{-}0\text{-}22)$$

以 $L=F-V$代入式（Ⅱ-0-22）

则：
$$FZ-FX=VY-VX$$

$$\therefore \quad \frac{V}{F}=\frac{Z-X}{Y-X}=e \quad (Ⅱ\text{-}0\text{-}23)$$

上式称一次汽化物料平衡方程式。e为一次汽化过程中的汽化率，即已汽化的汽相量与原料量之比。

在相图Ⅱ-0-7中可看出：

$$\frac{Z-X}{Y-X}=\frac{DC}{DE}=\frac{V}{F}=e$$

由上式可知，汽、液两相和原料的数量关系，在恒压相图上是服从物理学上的杠杆定律的。

由式Ⅱ-0-23可以看出，在二元理想系统中，当原料量F和组成Z一定时，在一定的压力下，加热至某一定温度时，由于汽液两相组成Y、X已被确定，则此时的汽相量和液相量也被确定下来。

一次冷凝是一次汽化的相反过程。所谓一次冷凝，就是在冷凝过程中所产生的液体与剩余的汽体始终保持平衡接触状态，只是在最后汽、液两相才分开。例如塔顶蒸气馏出物在冷凝器中的冷凝过程就是一次冷凝。它可用下式表示：

$$\frac{L}{F}=\frac{Y-Z}{Y-X}=1-e=q \quad (Ⅱ\text{-}0\text{-}24)$$

q为一次冷凝过程中液相量与原料量之比称为冷凝率。

根据式Ⅱ-0-23，可以将原料组成为Z的混合液泡点与露点之间各个温度和各个汽化率的对应关系作图，即得图Ⅱ-0-8曲线，称为一次汽化曲线或平衡汽化曲线。

例2-4 苯-甲苯二元混合物，含苯为40%（摩尔分数）进入精馏塔时温度为100℃，压力为101.3kPa(760mmHg)，求其汽化率及平衡的汽液相组成。

解：查得$t=100$℃时

$$P^0_{苯}=179.2\text{kPa}\ (1344\text{mmHg})$$
$$P^0_{甲苯}=74.2\text{kPa}\ (557\text{mmHg})$$

则：
$$X_{苯}=\frac{P_{总}-P^0_{甲苯}}{P^0_{苯}-P^0_{甲苯}}=\frac{101.3-74.2}{179.2-74.2}=0.258$$

$$X_{甲苯}=1-0.258=0.742$$

$$Y_{苯}=\frac{P^0_{苯}}{P_{总}}X_{苯}=\frac{179.2}{101.3}\times0.258=0.456$$

$$Y_{甲苯}=1-Y_{苯}=1-0.456=0.544$$

汽化率 $$e=\frac{Z-X}{Y-X}=\frac{0.4-0.258}{0.456-0.258}=\frac{0.142}{0.198}=0.717$$

即进料中有71.7%（摩尔分数）为汽相，28.3%（摩尔分数）为液相。

2. 渐次汽化（渐次冷凝）

混合物被加热时，当蒸气一旦形成就从蒸发空间中引出，使之冷凝，而残留液体组分变重。继续升温汽化，形成蒸气又引出，这样微量蒸气不断形成并被引出，液相中轻组分浓度越来越低。任何时候刚汽化的微量蒸气总是与剩下的全部液体呈平衡，这种汽化方式称为渐次汽化。它可以被看成是无穷多个一次汽化所组成。

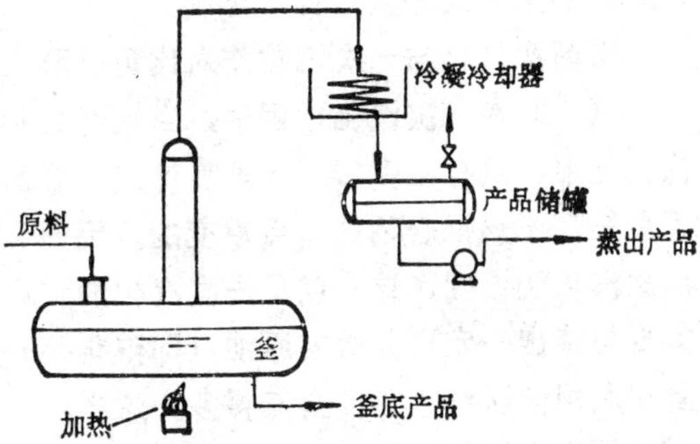

图 Ⅱ-0-9 渐次汽化示意图

渐次汽化在实践中遇到的很多，例如作为鉴定石油产品规格的恩氏蒸馏和工业上使用的釜式蒸馏都属于渐次汽化。如图Ⅱ-0-9为渐次汽化示意图。

现仍以二元恒压相图来说明渐次汽化过程。

如果将组成为Z的液体加热，到泡点温度 $t_{泡}$ 时，液体开始沸腾，无论是一次汽化还是渐次汽化，只要两者开始时组成相同，泡点温度是一致的。达到泡点以后，温度继续上升至t_1〔如图Ⅱ-0-10(a)〕就会产生一小部分蒸气，这时汽相组成为 Y_1，液相组成为 X_1。将此蒸气引出，系统内就剩下饱和液相，其物态由A_1点坐标表示。将此液体继续加热至 t_2，此时又有一小部分液体汽化，剩下的液相物态以A_2点表示。由此可知，若不断继续加热，则液相组成将随温度的变化，沿图中泡点线呈阶梯状折线移动，最后剩下的少量液体其组成必然接近于纯高沸点组分。如果把每次升温变得无穷小（即连续加热），每产生一点蒸气就被引出，那么这阶梯状折线就无限接近泡点线。这种蒸馏过程就称为渐次汽化蒸馏，最后当蒸馏温度十分接近纯高沸点温度时，剩下微量液体则可以看作为纯高沸点组分。

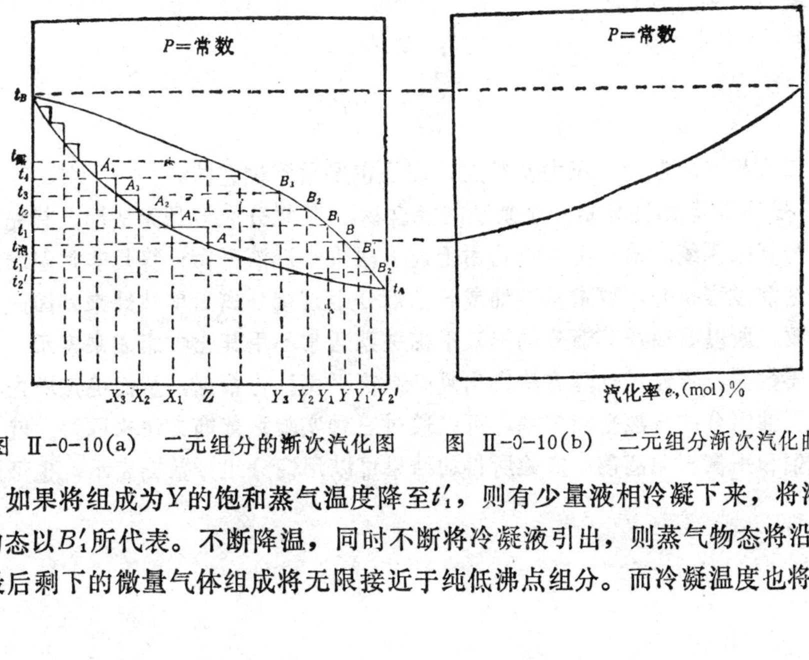

图 Ⅱ-0-10(a) 二元组分的渐次汽化图　　图 Ⅱ-0-10(b) 二元组分渐次汽化曲线

同理，如果将组成为Y的饱和蒸气温度降至t_1'，则有少量液相冷凝下来，将液相引出，剩下蒸气物态以B_1'所代表。不断降温，同时不断将冷凝液引出，则蒸气物态将沿上面的露点线移动，最后剩下的微量气体组成将无限接近于纯低沸点组分。而冷凝温度也将接近于低沸点组分的沸点。这一过程称为渐次冷凝，它是渐次汽化的逆过程。

如果将组成为 Z 的混合物渐次汽化，以温度和汽化率的关系作图，可得到渐次汽化蒸馏曲线，见图Ⅱ-0-10(b)。

由相图分析可以看出：渐次汽化实际上是由无穷多个一次汽化过程所组成，渐次冷凝是由无穷多个一次冷凝过程所组成。

用渐次汽化与一次汽化作对比可以看出：

（1）在一次汽化过程中，当温度达到混合液露点时，系统就全部转变为汽相。而在渐次汽化中，只有温度接近于纯高沸点组分的沸点时，最后微量液体才能完全汽化。这一温度无疑是高于该混合物的露点温度的。因此，如果汽化率相同，那么一次汽化的温度总是低于渐次汽化的温度，这一点是一次汽化的有利之处。在原油蒸馏中经常利用这一有利条件。例如要想蒸出一定百分数的原油（即汽化率e一定），而不计蒸出物的组成，那么利用一次汽化要比利用渐次汽化温度要低得多。这样，一方面可以降低加热设备的负荷。另一方面也可以避免因为高温使油品的分解和结焦。

（2）一次汽化是一种粗略的分离过程，分离效果差，不能将两个组分的混合物分为较纯的组分，而渐次汽化则可以得到较一次汽化纯的组分。

（3）一次汽化过程在工业上可以连续操作，而渐次汽化只能是间歇操作。

第七节　复杂系统的相平衡

前面我们讲了二元系统的相平衡及汽化、冷凝的实质，对于多组分系统的相平衡在原理上是二元系统相平衡的推广。通常用下列方程式来计算：

泡点方程（液相方程）：

$$Y_i = K_i X_i$$

$$\sum_{i=1}^{n} Y_i = \sum_{i=1}^{n} K_i X_i = 1$$

露点方程（汽相方程）：

$$X_i = Y_i / K_i$$

$$\sum_{i=1}^{n} X_i = \sum_{i=1}^{n} Y_i / K_i = 1$$

用上述二方程来求温度、压力及组成，往往也要用到试差法。

但是，石油和石油馏分是一个复杂的混合物，其组分之多是无法测定其完整的化学组成，因此称为复杂系统。对这类混合物用上述方法进行汽液平衡计算是非常困难的。况且炼油工业中的蒸馏过程也并不要求从石油或石油馏分中直接分离出单体烃来，因此上述繁琐的计算无此必要。所以石油及其馏分的汽液平衡关系通常不用其化学组成来表示，而是通过蒸馏试验来测得数据，再通过计算方法得出复杂系统平衡汽化数据，从而确定塔内各点温度。

石油和石油馏分的汽液平衡关系，可以通过三种实验室蒸馏方法来取得。就是实沸点蒸馏、恩氏蒸馏和平衡汽化蒸馏。实验所得的结果可以用馏分组分数据表示，也可用蒸馏曲线来表示。

一、石油及其馏分的蒸馏曲线

1. 恩氏蒸馏曲线

恩氏蒸馏是一种简单蒸馏，属渐次汽化蒸馏。它基本上没有精馏作用，显然不能反映出油品中各组分的沸点情况，但是它能反映油品在一定条件下汽化性能，而且简便易行。恩氏蒸馏是油品规格试验主要项目，由它可以计算油品的一部分性质参数，因此油品的恩氏蒸馏数据是主要的物性数据之一。恩氏蒸馏曲线见图Ⅱ-0-11(a)。

2. 实沸点蒸馏曲线

实沸点蒸馏亦属渐次汽化蒸馏。它有起精密分馏作用的分馏柱，分馏精确度高，馏出温度与馏出物沸点相接近，但是要分离出单体烃也是不容易的。图Ⅱ-0-11(b)中曲线是八元混合物理想的实沸点蒸馏曲线图，从图中可以看出8个组分有8个转折，它大致反映出各个组分沸点的变化情况。

3. 平衡汽化曲线

在实验室平衡汽化设备中，将油品加热汽化，使汽液两相在恒定的压力和温度下，密切接触一段时间后迅速分离，即可测得油品在此条件下的汽化率。通过一系列的试验（至少5次以上)，就可以作出其平衡汽化曲线，如图Ⅱ-0-11(c)。

根据平衡汽化曲线，可以确定油品在不同汽化率时的温度（如精馏塔进料温度)、泡点温度（如精馏塔侧线温度和塔底温度）和露点温度（如精馏塔塔顶温度）等。

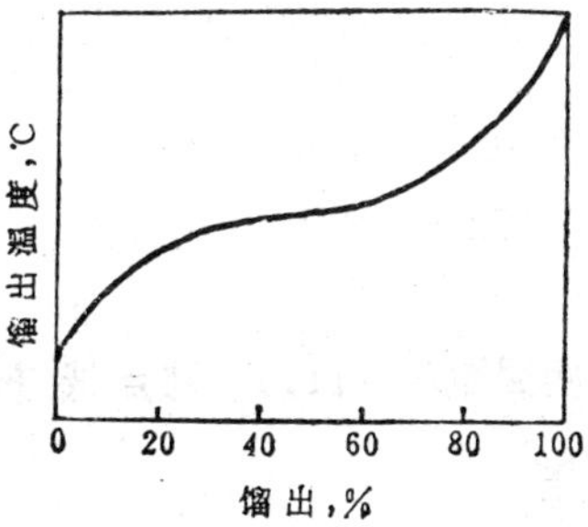

图 Ⅱ-0-11(a) 恩氏蒸馏曲线示意图

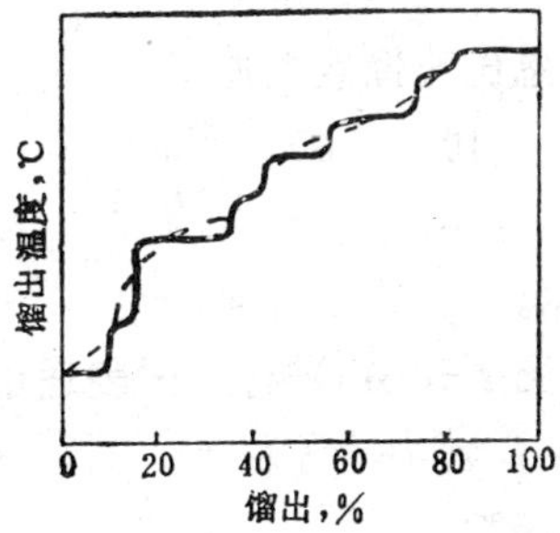

图 Ⅱ-0-11(b) 八元混合物实沸点蒸馏曲线示意图

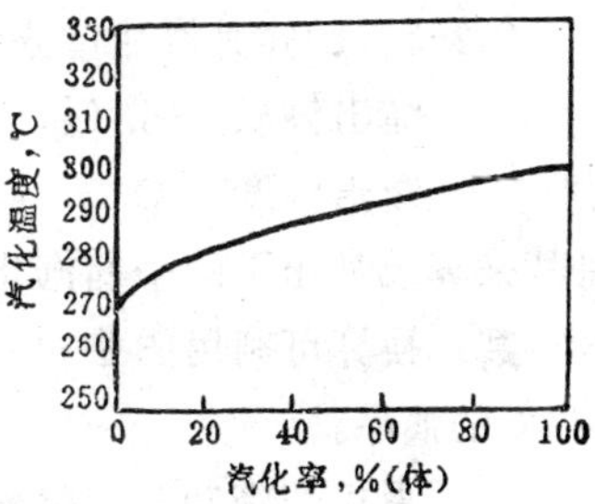

图 Ⅱ-0-11(c) 石油馏分平衡汽化曲线

二、3种蒸馏曲线的比较

将同一种油品3种蒸馏曲线（实沸点、恩氏蒸馏和平衡汽化）进行比较，见图Ⅱ-0-12。

可以看出：

（1）就曲线的斜率而言，平衡汽化曲线最平缓，恩氏蒸馏曲线斜率较大，实沸点蒸馏曲线最大。

（2）平衡汽化曲线初馏点和终馏点之差最小，恩氏蒸馏次之，实沸点蒸馏曲线的初馏点和终馏点之差最大。这说明3种蒸馏方法中，实沸点蒸馏的分离精馏度最高，恩氏蒸馏次之，平衡汽化分离效果最差。

虽然平衡汽化分离精确度很低，然而炼油厂和化工厂的生产过程中却大量应用，如蒸发塔和精馏塔的进料段都属于平衡汽化过程。其原因在上节中已详述，即在得到同样汽化率情况下，平衡汽化所需温度最低。

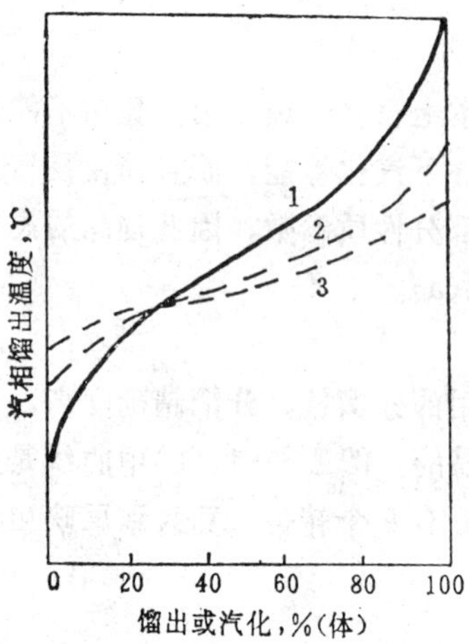

图 Ⅱ-0-12　3种蒸馏曲线的比较
1—实沸点蒸馏；2—恩氏蒸馏；3—平衡汽化

（3）蒸馏曲线的相互换算：

前面已经多次提到，在炼油工艺中常常碰到平衡汽化问题，如计算加热炉和转油线的汽化率、精馏塔进料段和其它各点温度等，都需要用到原油及石油馏分的平衡汽化数据。但是通过试验方法取得平衡汽化数据相当困难，尤其在压力下试验更为复杂。因此，一般在工业上要求精确度不高的情况下，可以通过较易获得的恩氏蒸馏或实沸点蒸馏数据换算得到。

3种蒸馏曲线的换算，目前主要用经验方法。通过大量数据处理，找出各种曲线之间的关系，制成许多经验图表，以供换算之用。但对于其可靠性不可盲目信赖，需注意应用的局限性，在此仅介绍常压下蒸馏曲线的相互换算，可应用下列图表：

恩氏蒸馏——实沸点蒸馏　　图Ⅱ-0-13及图Ⅱ-0-14
恩氏蒸馏——平衡汽化　　图Ⅱ-0-15及图Ⅱ-0-16
实沸点蒸馏——平衡汽化　　图Ⅱ-0-17及图Ⅱ-0-18

具体换算方法举例说明：

例2-5　已知某汽油馏分常压恩氏蒸馏数据如下：

馏出体积，%（体）	0	10	30	50	70	90	100
馏出温度，℃	17	48	84	116	142	172	204

将其换算成常压下的平衡汽化数据。

解：换算可利用图Ⅱ-0-15及图Ⅱ-0-16进行。图表适用于特性因数$K=11.8$，沸点低于427℃的油品。

恩氏蒸馏50%点温度为116℃

恩氏蒸馏30%点温度－10%点温度＝84－48＝36℃

查图Ⅱ-0-16得：

平衡汽化50%点温度－恩氏蒸馏50%点温度＝－11℃

故：平衡汽化50%点温度＝116－11＝105℃

再由图Ⅱ-0-15找得蒸馏曲线各段温差：

曲线线段	恩氏蒸馏温差，℃	平衡汽化温差，℃	曲线线段	恩氏蒸馏温差，℃	平衡汽化温差，℃
0～10%	31	14	50～70%	24	12.2
10～30%	36	23.3	70～90%	32	17
30～50%	32	18.6	90～100%	32	12.3

由平衡汽化50%点（105℃）推算得其它温度：

平衡汽化数据：

30%点=105－18.6=86.4℃

10%点=86.4－23.3=63.1℃

0%点=63.1－14=49.1℃

70%点=105＋12.2=117.2℃

90%点=117.2＋17=134.2℃

100%点=134.2＋12.3=146.5℃

同样方法，利用图Ⅱ-0-16及图Ⅱ-0-17可由实沸点蒸馏数据换算成平衡汽化数据；利用图Ⅱ-0-12及图Ⅱ-0-13可由恩氏蒸馏数据换算成实沸点蒸馏数。

如果要求高压或减压下的平衡汽化数据，粗略的作法是将常压下平衡数据通过图Ⅰ-2-1或图Ⅰ-2-3，换算成高压或减压下的温度或通过其它经验图表进行换算。

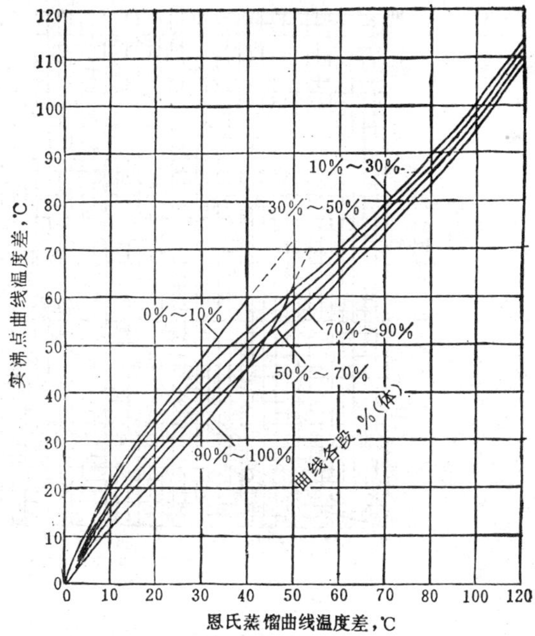

图 Ⅱ-0-13 常压恩氏蒸馏曲线各段温差与实沸点蒸馏曲线各段温差换算图

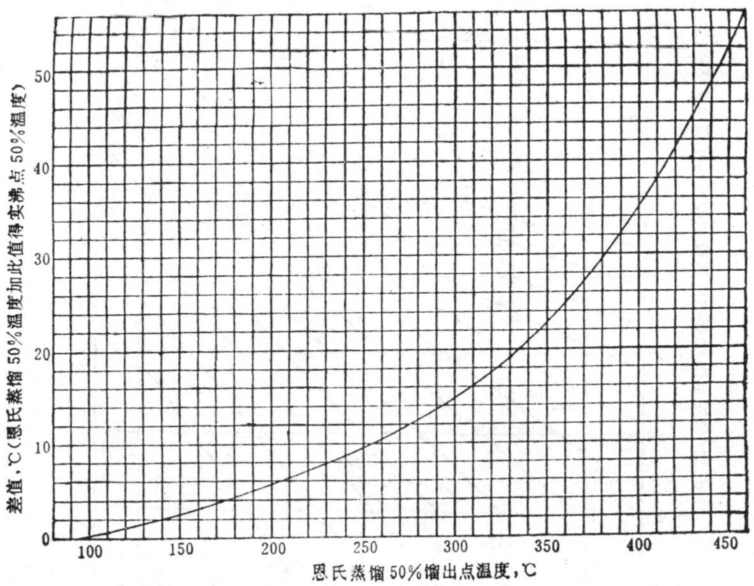

图 Ⅱ-0-14 常压恩氏蒸馏50%馏出温度与实沸点蒸馏50%馏出温度换算图

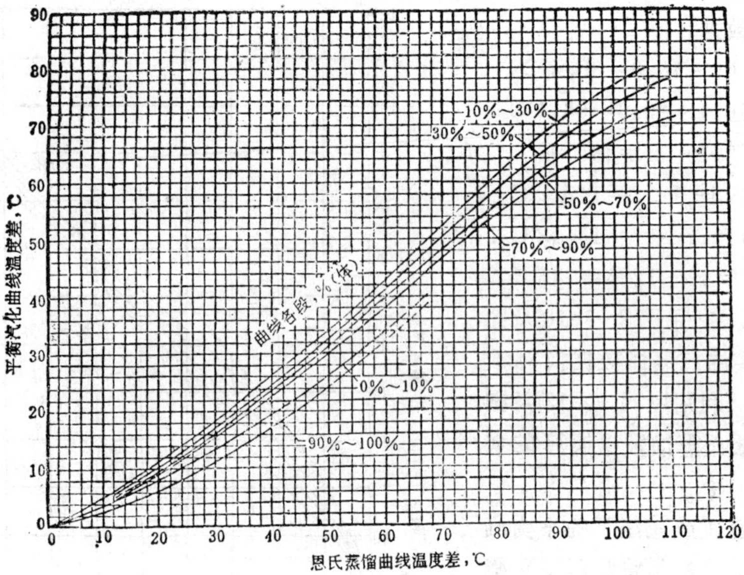

图 Ⅱ-0-15　常压蒸馏曲线各段温差与
平衡汽化曲线各段温差换算

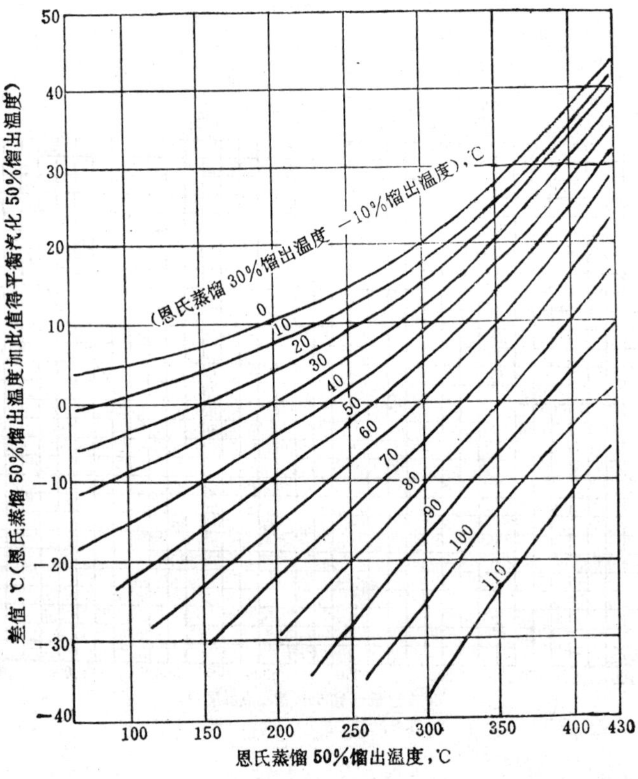

图 Ⅱ-0-16　常压恩氏蒸馏50%馏出温度与
平衡汽化50%馏出温度换算图

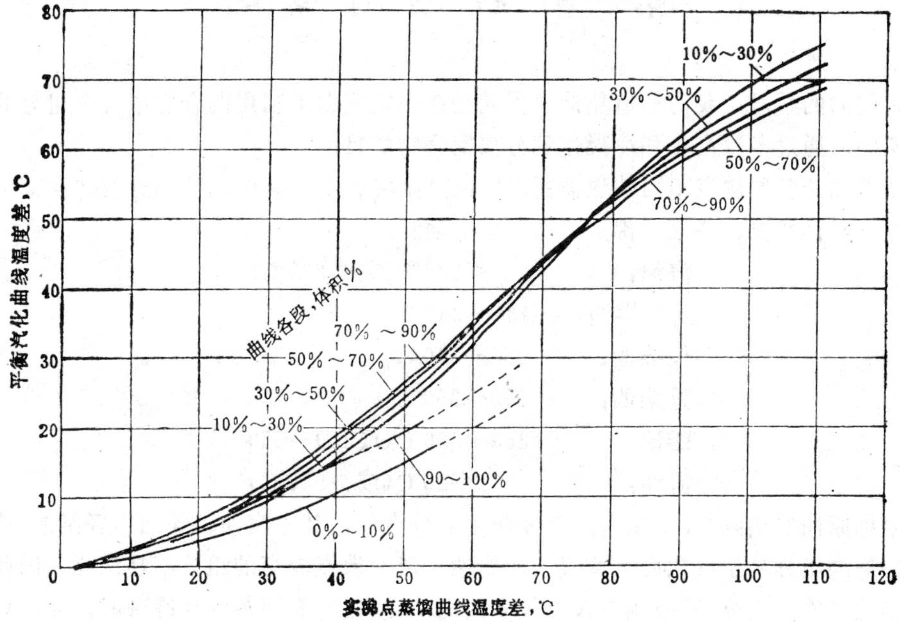

图 Ⅱ-0-17 常压平衡汽化曲线各段温度差与实沸点蒸馏曲线各段温度差换算图

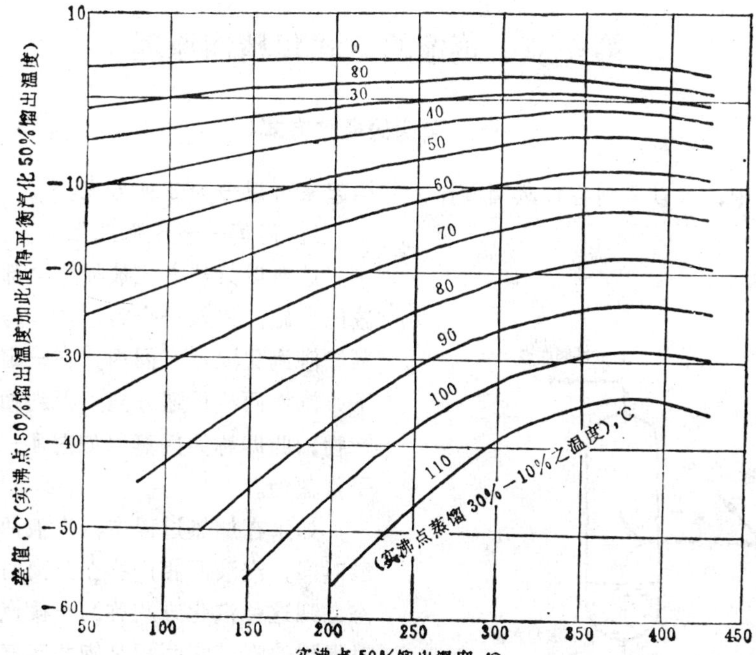

图 Ⅱ-0-18 常压平衡汽化50%馏出温度与真沸点50%馏出温度换算图

第一章 石油的蒸馏

通过前面的学习，我们知道蒸馏过程就是在一定压力下利用混合物中各个组分的沸点或挥发度不同，通过多次汽化和冷凝达到分离混合物的目的。

例如原油是各种沸点不同的烃类所组成的复杂混合物，其中几种馏分的沸点范围大致如下：（根据具体情况，各馏分沸点范围可以变动）

汽油： <130℃（或<200℃）
航空煤油： 130～250℃
轻柴油： 250～300℃
重柴油： 300～350℃
蜡油： 350～520℃（或350～550℃）
渣油： >520℃（或>550℃）

如果把原油加热到360℃左右，就要产生部分汽化，其中汽油、煤油、轻柴油、重柴油这些沸点较低的组分易于汽化成为蒸气，而蜡油、渣油沸点较高的组分不易汽化，因此汽相中含有较多的低沸点组分，而液相中含有较多的高沸点组分。石油蒸气在冷凝时，高沸点组分容易冷凝，故冷凝液中含有较多的重组分，剩余汽相中则含有较多的轻组分。

因此，只要把液相混合物多次汽化，汽相混合物多次冷凝，就可以在最后的汽相中，得到较浓的低沸点组分，在最后的液相中得到较浓的高沸点组分。

第一节 蒸馏的方式和精馏原理

一、蒸馏的各种方式

在炼油厂中，可以遇到各种蒸馏操作，归纳起来可以分为3种方式：

1．闪蒸——平衡汽化

进料以某种方式被加热至部分汽化，经过减压设施，引入一个容器（如闪蒸罐、蒸发塔、蒸馏塔汽化段）空间内，在一定的温度和压力下，汽液两相迅速分离，得到相应的汽液两相产物，此即称为闪蒸（如图Ⅱ-1-1），又称为平衡蒸馏。

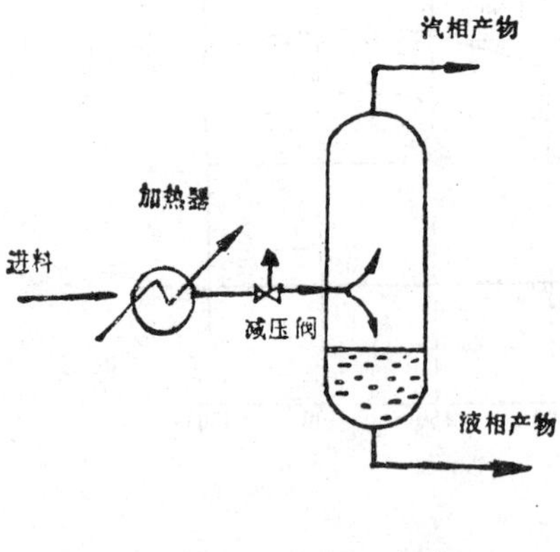

图 Ⅱ-1-1 闪蒸

如果在加热过程中，汽液两相有足够的接触时间，汽液两相产物在分离时达到了平衡状态，则这种汽化方式称为平衡汽化。平衡汽化时得到的汽、液两相是饱和蒸气和饱和液体。实际的闪蒸过程不可能达到真正的平衡汽化，只能接近平衡汽化状态。

石油加工过程中，这种近似平衡汽化的地方很多，如原油从加热开始汽化到蒸馏塔进料口的每一点都可近似地看作平衡汽化。

2. 简单蒸馏——渐次汽化

在一定的压力下，液体混合物在蒸馏釜中加热，当被加热到某一温度时，液体开始汽化，生成微量蒸气当即被引出，并继续加热，蒸气不断形成并不断引出，将其冷凝冷却成为液体，收集之，一直蒸到所需要的程度为止，这种蒸馏方式称为简单蒸馏。它是一种间歇式蒸馏过程，如图Ⅱ-1-2。

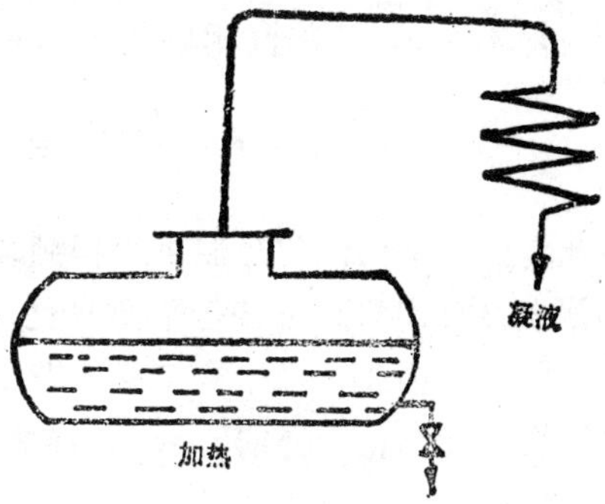

图 Ⅱ-1-2 简单蒸馏

简单蒸馏的处理能力很低，而且分离效率不高，所以简单蒸馏只用于小型的粗略分离，而大型生产装置的精确分离都不用此方法。

3. 精馏——蒸馏的高级形式

由于平衡闪蒸和简单蒸馏都不能有效的分离混合物，因而出现了精馏(或称蒸馏、分馏)。

精馏按操作分为间歇式和连续式两种，现代石油加工中都采用连续式精馏设备——精馏塔或称蒸馏塔、分馏塔。间歇式精馏只用于实验室或小型装置。

二、精 馏 的 实 质

为了满足生产上对分离产品的质量和数量的要求，工业上常采用精馏过程来实现。

精馏是分馏精确度较高的蒸馏过程，它的特点在于：在提供回流的条件下，汽液两相多次逆流接触，进行相间传质传热，使混合物中的各组分因挥发性不同而有效地分离。

为了简明起见，下面以二元系统为例，具体分析精馏过程的实质。

有一戊烷-己烷二元理想混合物，在常压下汽液平衡数据如表II-1-1所列：

表 Ⅱ-1-1 戊烷-己烷二元理想体系汽-液平衡数据〔总压P=101.3kPa (760mmHg)〕

温度，℃	饱和蒸气压，1kPa(mmHg)		平衡液相组成 X 戊烷分子分率	平衡汽相组成 Y 戊烷分子分率
	戊烷	已烷		
36.1	101.3 (760)	31.7(238)	1.0	1.0
37.0	103.9 (780)	32.7(245)	0.963	0.988
37.8	106.6 (800)	34.0(255)	0.925	0.975
40.6	119.3 (895)	37.3(280)	0.78	0.92
43.3	127.9 (960)	43.3(325)	0.685	0.865
48.9	154.6(1160)	52.8(396)	0.477	0.73
54.5	179.9(1350)	63.7(478)	0.323	0.575
57.3	194.6(1460)	70.6(530)	0.248	0.476
60.0	213.3(1600)	77.3(580)	0.176	0.371
62.8	233.3(1750)	85.0(638)	0.109	0.252
65.7	253.3(1900)	93.3(700)	0.050	0.125
68.0	267.9(2010)	98.6(740)	0.0157	0.0414
68.9	286.0(2150)	101.3(760)	0.0	0.0

设戊烷-己烷混合物中含戊烷47.7%(摩尔)，要求用蒸馏的方式将戊烷、己烷分离，产

品纯度不低于98%(摩尔)。

先考虑用平衡汽化蒸馏的方法，将此混合物在54.5℃下部分汽化，则由表II-1-1可以看到，将获得$Y_F=0.575$的汽相以及$X_F=0.323$的液相，此时汽相产物收率（即汽化率e）为：

$$e=\frac{Z-X}{Y-X}=\frac{0.477-0.323}{0.575-0.323}=0.611$$

由此看出，平衡汽化虽然可以得到较高的汽相收率，但是分离是十分粗略的。即使在混合物的泡点（48.9℃）下进行平衡汽化，所得的汽相产物中戊烷的摩尔分数也只有0.73，而收率是无限小。因此，用平衡汽化来获得较纯的分离组分是不可能的。

如果将平衡汽化所得的$Y_F=0.575$的汽相产物进行一次部分冷凝，若冷凝温度为48.9℃，那么则形成一个$X_n=0.477$的液相和$Y_n=0.73$的汽相。同时，将$X_F=0.323$的液相再进行一次部分汽化，若温度为57.3℃，则得$Y_1'=0.476$的汽相和$X_1'=0.248$的液相。图Ⅱ-1-3表示了这种情况。这就启示了我们，若使汽相产物的部分冷凝重复多次，最终就有可能得到戊烷纯度相当高的汽相产物。若最后一级部分冷凝温度为37.0℃，则汽相产物中戊烷浓度可达98.8%(摩尔)。同样，液相产物的部分汽化若多次重复，则当最后一级部分汽化温度为68℃时，最终可得戊烷摩尔分数为0.0157〔也就是己烷浓度为98.43%(摩尔)〕的液相产品。但是，这两种产品纯度虽然很高，收率却是很低的。

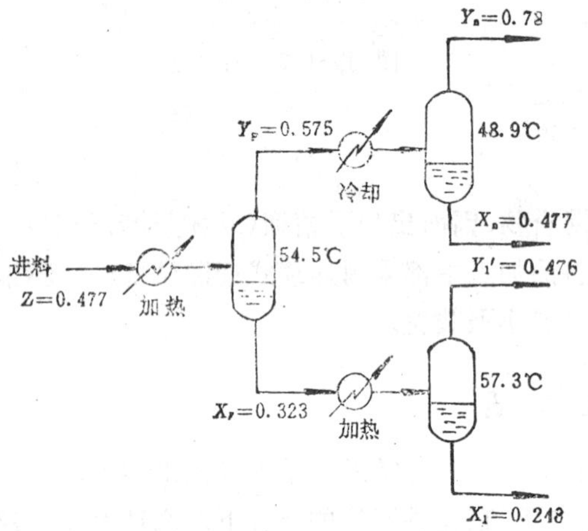

图 Ⅱ-1-3 戊烷-己烷的分离

这种多级相继部分汽化和部分冷凝过程收率低的原因，是由于过程中许多浓度不高的汽、液相中间产物未得到利用。为此不妨把它们引入相应的地方予以回收。如图II-1-4中的$X_n=0.477$的液相产物与$Y_1'=0.476$的汽相产物组成均与进料组成Z相近，把它们和进料一起处理当然是合适的，因此，我们可以设计出如图II-1-4的流程，级与级之间就出现了回流。

图Ⅱ-1-4所示的实质上就是精馏过程。这样的精馏过程可以使混合物得到有效的分离，既可以保证较高的产品纯度，又能达到较高的收率。

在这样的精馏过程中，每一个容器都是一个汽-液平衡接触级，每一级中都有汽、液两个进料。以第二级为例，液相进料（回流）中轻组分浓度（$X_1=0.963$）高于该级条件下的平衡液相浓度（$X_2=0.925$），而汽相进料的轻组分浓度（$Y_3=0.92$）低于该条件下的平衡汽相浓度（$Y_2=0.975$）。这就是相间（浓度）差别，由于进入每一级的汽、液两相都是不平衡的，这就造成了传质的条件。在汽、液两相接触时，汽相中重组分部分冷凝为液相，液相中轻组分部分汽化为汽相。达到平衡后，汽相中轻组分和液相中重组分都得到了提浓，从而达到一定的分离效果。

由于进入第二级容器中的汽相Y_3的温度（40.6℃）比液相X_1的温度（37.0℃）高，因此，汽相Y_3与液相X_1充分接触后，不但温度降低，而且其中有一部分冷凝，这样就会放出热量，这一部分热量恰好被用来加热进入第二级容器中的液体。同时又从其中蒸发出一部分

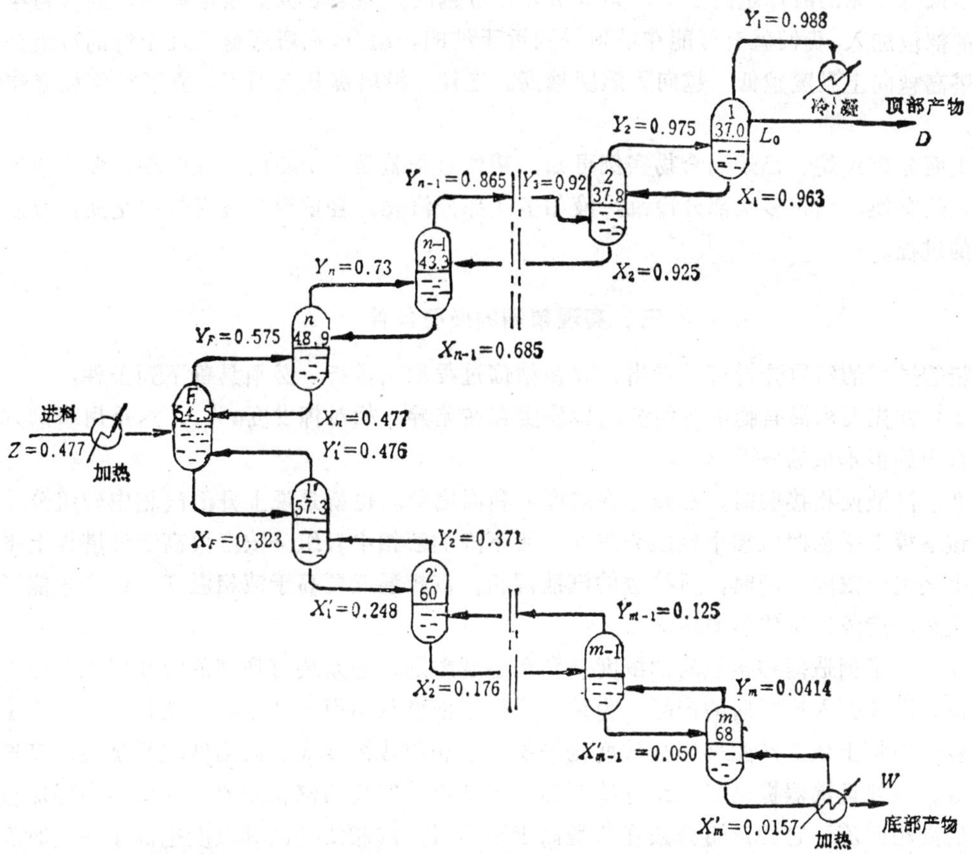

图 Ⅱ-1-4 戊烷-己烷精馏示意图（罐中数字为温度，℃）

含轻组分较浓的蒸气。也就是说，在相与相之间进行传质的同时，也进行了传热，二者是同时进行的。

由上可见：精馏过程是一个传质、传热、多次汽化、多次冷凝的过程。

在工业生产中，把每个容器中相与相之间的接触放在精馏塔主要部件——塔板上实现的。如图Ⅱ-1-5，在精馏塔中，对任一块塔板而言，都有4股流体出入，以第二层塔板为例，由上一塔板流下的液体（$X_1=0.963$）和下一塔板上升的蒸气（$Y_3=0.92$）在第二层塔板上进行相间传质、传热，产生组成为$Y_2=0.975$的蒸气和$X_2=0.925$的液体。组成为X_2的液体向下流和由更低一层塔板上升的蒸气接触，进行传质、传热。组成为Y_2的蒸气上升和更上层塔板下来的含轻组分更多的液体接触进行传质、传热。这样只要我们在最上一层塔板提供轻组分含量很高的液体，而在最下一层塔板上提供轻组分含量很低的蒸气，此液体和蒸气在塔板上充分接触，那么从每一块塔板上上升的蒸气越向上行，其轻组分含量越高。而从

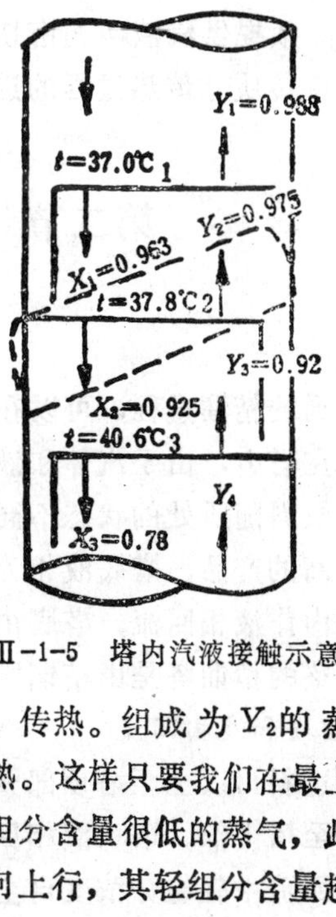

图 Ⅱ-1-5 塔内汽液接触示意图

每一块塔板向下流的液体越向下流，其重组分含量越高。如果塔板数量足够多，混合物在塔中适当的部位加入，我们就有可能在塔顶得到近于纯的轻组分，在塔底得到近于纯的重组分。而且沿塔高越向上温度越低，越向下温度越高。这样，沿塔高从上到下建立了温度梯度和浓度梯度。

由上面分离戊烷、已烷混合物实例可知，精馏过程就是不平衡的汽液两相，多次逆流接触，经过热交换，汽相多次部分冷凝，液相多次部分汽化，轻重组分进行多次交换，最后得到分离的过程。

三、实现精馏的必要条件

从精馏过程的实质分析可以看出，要使精馏过程顺利进行，必须具备下列条件：

（1）首先要求混合物中各组分间挥发度存在差异，相对挥发度$\alpha \neq 1$，这是用精馏方法分离混合物的根本依据。

（2）汽液两相接触时，必须存在浓度差和温度差。也就是说上升的汽相中轻组分浓度要低于该塔板上平衡时汽相中轻组分浓度，而下降的液相中轻组分浓度要高于该塔板上平衡时液相中轻组分浓度。同时，所接触的汽液两相，汽相温度要高于液相温度，这样才能形成不平衡状态，造成传质传热的推动力。

（3）为了创造两相接触时的浓度差别和温度差别，必须要有顶部的液相回流和底部的汽相回流。塔顶打入冷凝后的产品，为精馏提供了浓度很高而温度很低的液相回流，有了它就会使各层塔板上依次产生轻组分浓度比平衡时液相组成浓度高、而温度较平衡时温度低的液相回流。底部重沸器提供了重组分浓度高、温度也比较高的汽相回流。这就为各层塔板造成相应的汽相回流，它的重组分浓度总是高于平衡时的汽相浓度，其温度也高于平衡时的温度。由于汽、液相回流的共同作用，各层塔板上才具有了浓度差别（浓度梯度）和温度差别（温度梯度），这样才能使精馏得以顺利进行。

（4）必须提供汽液两相密切接触的场所——塔板。汽液两相通过多层塔板上的充分接触，才能保持传质、传热过程的进行。

第二节　精馏塔的构成及工艺形式

一、精馏塔的构成

上节讲到的精馏过程，可以在单一设备——精馏塔中进行，而精馏塔是由很多接触单元叠加而成。在塔中，由于汽体和液体的相对密度差，自然形成了汽体向上而液体向下的逆向流动过程。原料随所处的状态不同，可以在塔的上、中、下部进入塔内，塔顶汽相馏出物为轻组分浓度高的产品，塔底液相为重组分浓度高的产品。塔顶将产品冷凝冷却后，将其中一部分打回塔内作液相回流，塔底由重沸器提供汽相回流。

一个完整的精馏塔是由精馏段，提馏段和进料段3部分构成。如图Ⅱ-1-6所示。

1．精馏段和液相回流

精馏塔进料口以上至塔顶部分称为精馏段。原料进入塔进料段后，汽、液相分离，汽相自下而上升至塔上部。塔顶液相回流自上而下流动，在塔上半部的各层塔板上与上升的汽相接触，液相回流中轻组分浓度自上而下不断减少，而其温度不断上升。而汽相中轻组分浓度自下而上不断上升，其温度则逐渐降低。到塔顶时，轻组分浓度很高，可接近于纯的轻组分。因此，精馏塔上部的作用是将进料的汽相部分中轻组分提浓，在塔顶得到合格的产品。因此将精馏塔的这一段称为精馏段。

液相回流是精馏段操作的必要条件。如果没有液相回流，汽相会直穿过精馏段直达塔顶，起不到任何提浓作用。工业上通常把塔顶抽出的汽相进行冷凝冷却成为液体，将其中一部分打回塔内作液相回流，其余作为塔顶产品。

塔顶回流量L_0往往比产品量D大几倍到十几倍，甚至几十倍。L_0与D之比称为回流比R：

$$R=\frac{L_0}{D}$$

一般塔顶回流量的大小，主要根据各组分分离难易程度(即相对挥发度的大小)和对产品质量要求而定，在一定范围内可以人为调节。

2．提馏段和汽相回流

精馏塔进料段下方直至塔底部分称为提馏段。进料的液相部分与精馏段底部下流的液体一起进入提馏段，此液流与逆流而上的汽相回流在塔板上接触，逐级传质传热，最后液相中轻组分逐渐被提出，重组分则被提浓，得到合格的塔底产品。

重沸器中被加热形成的蒸气，返回塔底作为汽相回流，如果提馏段不提供汽相回流，液体也将穿流而过，液相中重组分就得不到提浓，所以汽相回流是提馏段操作的必要条件。因此提馏段的作用是将进料的液相中重组分提浓以保证塔底产品质量，也提高了塔顶产品收率。从过程实质来说，提馏段中进行的仍是精馏过程。

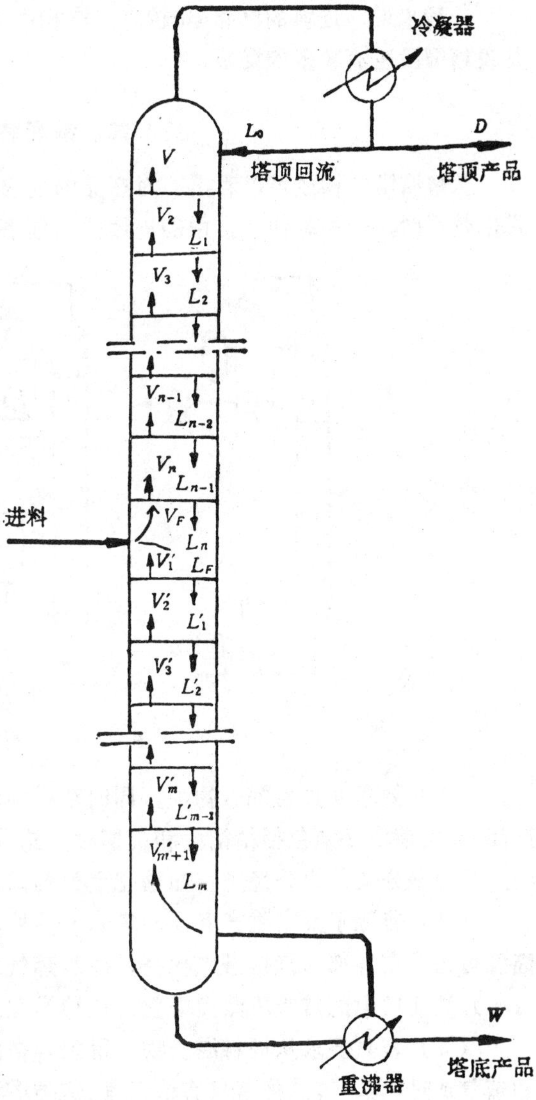

图 Ⅱ-1-6 精馏塔示意图

3．进料段

进料入塔的部位称为进料段。通常只是一个汽化空间，进料在此汽化闪蒸，所以又称汽化段。在进料段中，进料中的汽相部分与提馏段来的汽相汇合上升至精馏段。液相部分与精馏段来的液相汇合下降到提馏段。

精馏塔的进料，可根据情况不同而处于不同的状态。通常用汽化率e表示进料的热状态。

过冷液体进料	$e<0$
饱和液相进料	$e=0$
部分汽化两相进料	$0<e<1$

饱和汽相进料　　　　$e=1$

过热蒸气进料　　　　$e>1$

一般来说，进料的汽化率e越高，汽相中轻组分浓度越低，进料的位置也应该越低，也就是说精馏段应有较多的塔板。

二、精馏塔的工艺形式

从精馏塔的构成可以看出，对产品的要求不同，原料的入塔部位不同，精馏塔的工艺形式也就不同。一般炼油厂常用的连续式精馏塔有下列几种形式，如图Ⅱ-1-7。

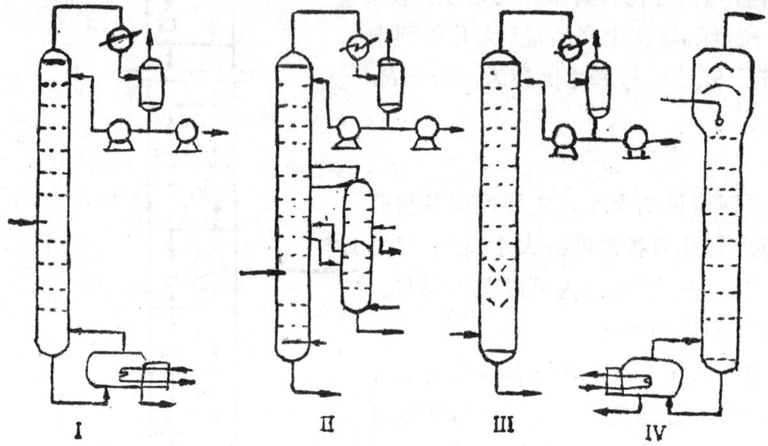

图 Ⅱ-1-7　精馏塔工艺形式

（1）要求从进料混合物中，同时获得纯度较高的轻、重组分（即生产塔顶和塔底两个产品），精馏塔必须包括精馏段和提馏段，这种塔称为完整的塔，如图Ⅱ-1-7（Ⅰ）所示。在炼油厂常用来分离单组分烃类，如催化重整的苯、甲苯精馏塔。

（2）若除了要求生产塔顶、塔底产品外，还要从塔的侧线抽出产品，则侧线产品的提馏段可由设在外部的汽提塔来代替，经水蒸气或重沸器汽提，使侧线产品合格，如图Ⅱ-1-7（Ⅱ）。炼油厂中的常减压蒸馏塔就属这种类型。

（3）若只要求从进料混合物中得到合格的轻组分（塔顶产品），此时进料的热状态是饱和蒸气或过热蒸气，这种塔只有精馏段。这类塔称为不完整塔，如图Ⅱ-1-7（Ⅲ）。炼油厂中的催化裂化装置的分馏塔属此类型。

（4）若只要得到合格的重组分（塔底产品），塔的形式采用只有提馏段的塔就可以了，进料在塔的上部，如图Ⅱ-1-7（Ⅳ）。炼油厂中气体分离和润滑油精制过程常用这种塔，汽提塔也属于此类型。

第三节　石油精馏塔的工艺特点

二元精馏塔只能分离两个组分，也就是说只出塔顶和塔底两个产品。而炼油厂中经常遇到的是分离复杂混合物，如原油、催化裂化反应产物等，对复杂混合物的精馏与二元混合物精馏有明显的不同。首先是原料组成复杂难以测定；其次是精馏产品也都是组成复杂的石油馏分，不需要分离成纯度很高的单体烃；第三是处理量大。这些特殊性就决定了石油精馏塔的根本特点。原油精馏塔是其典型的代表。特点如下：

1．用复合塔代替多塔系统

在常减压蒸馏装置中，原油经常压塔蒸馏被分成若干个馏分，如汽油、煤油、轻柴油、重柴油和重油。按照精馏的原理，要得到五个产品就需要四个塔，这四个塔可以按照图Ⅱ-1-8方式排列。

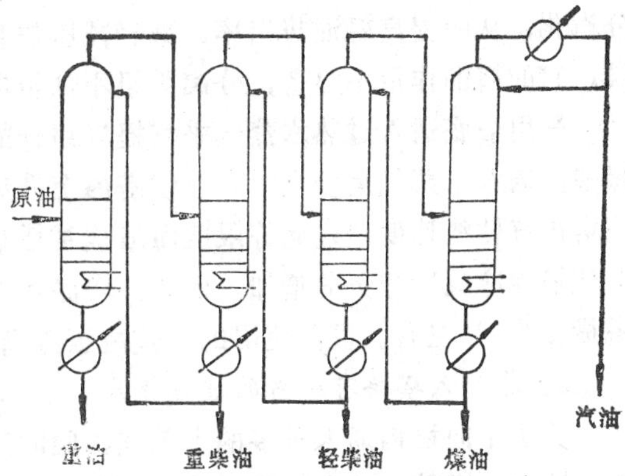

图 Ⅱ-1-8 原油蒸馏多塔系统

在多塔系统中，每一个塔都是一个完整的精馏塔。这种分离方式的设备过于复杂。在工业生产中，只有在某些产品纯度要求高的情况下才采用。如铂重整装置的苯类产品分离；催化裂化的气体分离。而原油蒸馏的分离精确度要求不高，普遍采用一个复合塔来代替几个塔的作用。如图Ⅱ-1-9所示。在塔顶引出最轻产品（汽油），塔底引出最重产品（重油），在于其间的煤油、柴油等则从塔侧线取出。

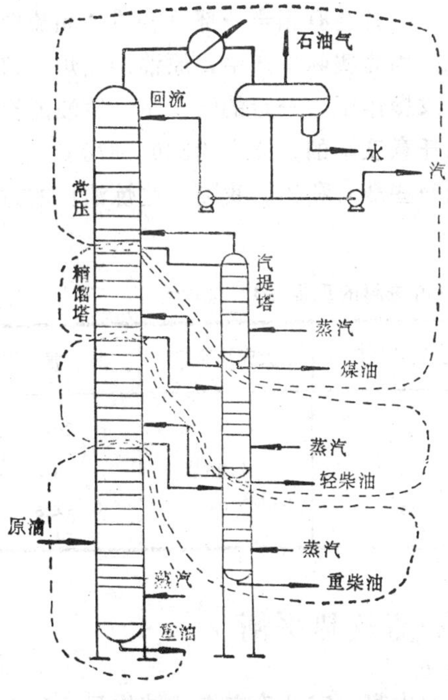

图 Ⅱ-1-9 原油蒸馏的复合塔

在复合塔中，每个产品之间的分离只有精馏段，没有提馏段，这样在各侧线馏分中必然会含有相当数量的轻组分，使产品质量受到影响（如煤油和柴油闪点不合格），而且影响前一馏分的收率。因此，在原油精馏塔旁设立汽提塔，其作用相当于各侧线的提馏段。将侧线产品引入汽提塔中，汽提塔内装有4～6块塔板，从塔下部通入280～420℃的水蒸气进行汽提，使侧线产品中轻组分汽提出来，由汽提塔顶返回精馏塔内，从而使产品合格。近年来，常压侧线采用重沸器提馏的方式日益增加，其原因是：（1）用水蒸气汽提使产品中会溶解微量水分，影响低冰点的航空煤油的质量。（2）水蒸气体积相当于同重量油品蒸汽体积的十几倍，这样就会增加塔的汽相负荷和塔顶冷凝冷却的负荷，同时也使含油污水量增加。

2．采用过热水蒸气汽提代替塔底重沸器

在二元精馏塔中，塔底一般采用重沸器，向塔内提供汽相回流，使塔底产品中轻组分被汽化出来，以保证塔底产品质量。而在原油精馏塔中，常压塔底重油中含350℃以前的轻质馏分有时高达10～15%，减压塔底渣油中含500℃以前的馏分可达10%左右，因此也应将塔底产物加热，把其中轻组分汽化出来。如使用重沸器有一定困难，首先是塔底温度已经很高，一般常压塔为330～350℃，减压塔为390℃左右，如果用重沸器，很难找到合适的热载体，同时温度再升高也会使油品分解、结焦。其次是原油精馏塔处理量大，采用重沸器需要很大的换热面积，使设备十分庞大。如果不用重沸器，采用把塔底重油打入管式炉加热，使它们汽化后重新返回塔内，这也会使设备过于复杂，也使油品分解、结焦。为了解决这些困难，在原油精馏塔中广泛采用向塔底吹入过热水蒸气的办法，以降低油气分压，使塔底重油中轻组分汽化，从而提高轻油拔出率，减轻减压炉和塔的负荷。因此，原油精馏塔的下部也称汽提段，它的精馏作用不显著，分离效果不如精馏段。

采用塔底通入过热水蒸气来汽提轻组分的方法有一定的局限性。因为水的分子量比油小得多，通入水蒸气量较大时，会使塔内上升蒸气的体积过大。在塔径一定的条件下，很容易使塔内气体线速度超过允许限度而造成冲塔事故。同时由于水蒸气潜热很大，过多的水蒸气会使塔顶冷凝冷却负荷增加。因此，塔底吹入水蒸气不宜过大，一般常压塔为3%左右，减压塔最多为5%左右。目前使用的干式减压蒸馏技术，已不向减压塔内吹入水蒸气。

3. *原料入塔要有适当的过汽化度*

为了不向塔内通入过多的水蒸气，同时又要防止塔底产品带走过多的轻组分，这就需要使原油在入塔前，凡在精馏段取出的产品部分都应汽化成汽相，并能在精馏段分离以保证最低侧线产品的质量。同时，为了使精馏段最低侧线以下的几层塔板上有一定的液相回流，原油入塔的汽化率应该比塔精馏段各产品的总收率略高一些。这高出的部分称为过汽化量，过汽化量占进料的百分数称为过汽化度(也称过汽化率)。原油精馏塔的过汽化度一般推荐对常压塔为进料的2～4%(重)，对减压塔为3～6%(重)。

如果原油进塔汽化率低于塔顶和侧线产品的总收率，就会有相当一部分轻质产品流向塔底，而使轻质油收率降低。过高的过汽化率也不适宜，因为实际生产中，原油加热炉出口温度是油品不发生严重分解的最高温度，因此，在进料段操作压力一定的情况下，原油的汽化率已被决定，塔的进料温度（即炉出口温度）是不能任意变动的，通常为360～370℃。

在保证侧线产品质量的前提下，过汽化率定得低一些是有利的。我国一些炼油厂的过汽化率数据列于表Ⅱ-1-2。

表 Ⅱ-1-2　原油精馏塔的过汽化率（占进料的重量%）

	南京炼油厂	上海炼油厂	胜利炼油厂	大庆炼油厂	推　荐　值
初　馏　塔	5.3	2			2～5
常　压　塔	2.5	2.14	2	2.85	2～4
减　压　塔	1.2		2		3～6

第四节　精馏塔的物料平衡及热平衡

物料平衡和热平衡是炼油装置工艺计算必须进行的内容。它是确定塔的结构尺寸和工艺操作条件的依据，也是分析生产和解决生产中存在问题的重要手段之一。

一、原油精馏塔的物料平衡

物料平衡是进行塔的工艺计算的基础。根据物质守恒定律可知道进入某个系统的各种物料总量，应等于离开该系统的物料总量。所谓物料系统是人为规定的。系统的大小及其范围的选定是以分析问题和解决问题是否简便为原则。下面以常压塔为例说明。

首先根据塔的实际操作情况绘出草图，见图Ⅱ-1-10所示。并以表格方式列出进系统和出系统的物料，最后两边总和应相等。物料的单位通常用kg/h或t/h。

我们取系统A和B进行比较选定隔离系统。进B系统的物料除进料量、产品量及回流量外，还有侧线汽提塔进出的物料量，这个物料量是未知的，而且也不是解决精馏塔计算所必须的量。因此，若取B系统计算只能增加分析计算的麻烦。如果取A系统，情况简单，这时塔顶回流和进出汽提塔的量可以看作系统内部的循环，与系统计算无关。

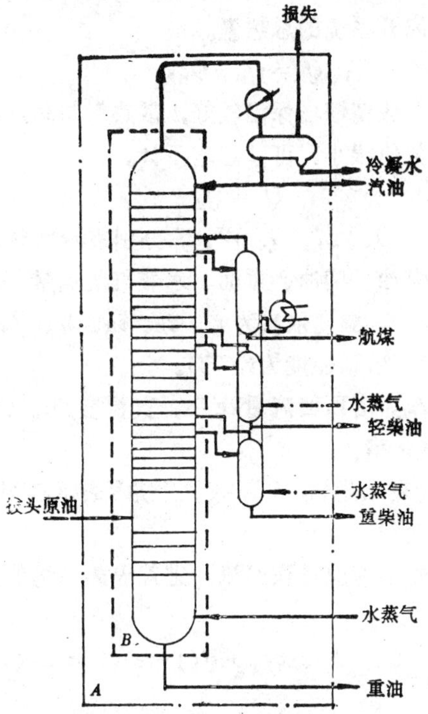

图Ⅱ-1-10　精馏塔物料平衡示意图

作物料平衡时，首先要确定一个计算基准，通常用一个操作日（24h）或1h的流量作为计算基础。

计算时，产品方案和各馏分收率可根据实验数据或装置标定、操作数据确定。按图Ⅱ-1-10系统A作常压塔物料平衡，见表Ⅱ-1-3所示。

表 Ⅱ-1-3　常压塔的物料平衡

进入系统A的物料，kg/h	出系统A的物料，kg/h
1.原料(拔头原油) 2.水蒸气(汽提用) 包括：塔底水蒸气 轻柴油汽提水蒸气 重柴油汽提水蒸气	1.汽油 2.煤油 3.轻柴油 4.重柴油 5.重油 6.冷凝水 7.损失

常压塔的损失主要是油气分离器顶的不凝气及其带走的少量汽油蒸气，一般占入常压塔原油量的0.1～0.3%。减压塔损失大部分是冷凝水带走的未冷凝的油蒸气及少量不凝气，一般约占减压进料的0.5～1.0%。

例2-6　已知常压塔进料为337.5×10^3kg/h，各产品产率如下表，求常压塔物料平衡数据。

油品名称	汽　油	煤　油	轻柴油	重柴油	重　油
产率，%(重)	3.2	5.5	7.7	8.3	74.9

解：常压塔物料平衡计算列表如下：

入方			出方		
项　目	%，(重)	kg/h	项　目	%，(重)	kg/h
原　料	100	337.5×10^3	汽　油	3.2	10.8×10^3
			煤　油	5.5	18.56×10^3
			轻柴油	7.7	25.99×10^3
			重柴油	8.3	28.01×10^3
			重　油	74.9	252.79×10^3
			损　失	0.4	1.35×10^3
总　计	100	337.5×10^3	总　计	100	337.5×10^3

二、原油精馏塔的热平衡

计算热平衡时，也必须选取一个适宜的隔离系统，如图Ⅱ-1-11虚线表示部分。

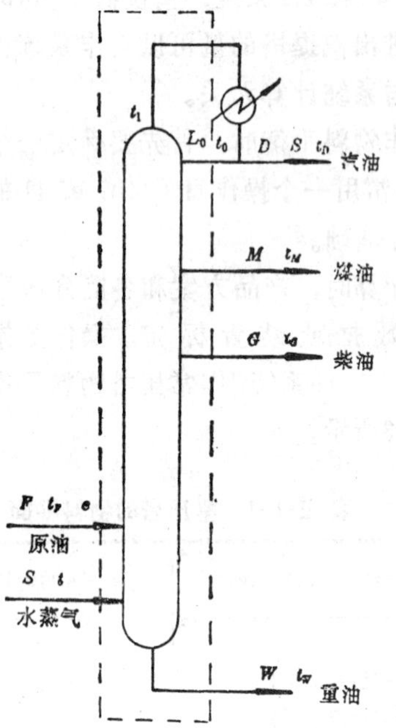

图 Ⅱ-1-11 精馏塔热平衡示意图

根据能量守恒定律，进入系统的总热量应等于离开系统的总热量。

$$Q_{入}=Q_{出}+Q_{损失}$$

一般精馏塔保温较好，散热量与总热量相比，数值很小，可以忽略不计。

则 $Q_{入}=Q_{出}$

以 F、D、M、G、W、S 分别表示原料、汽油、煤油、柴油、重油、水蒸气的流量，单位kg/h。其温度依次为 t_F、t_D、t_M、t_G、t_W、t_S（℃），塔顶温度为t_1(℃)。

L_0为塔顶回流量kg/h，其温度为t_0（℃），e为汽化率。

q表示热焓，kJ/kg。上角V表示汽相，L表示液相。

先不考虑塔顶回流，进入隔离系统的热量为：

$$Q_{入}=F\cdot e\cdot q^{V}_{t_F}+F(1-e)q^{L}_{t_F}+S\cdot q^{V}_{t_S}$$

离开隔离系统的热量为

$$Q_{出}=D\cdot q^{V}_{t_1}+S\cdot q^{V}_{t_1}+M\cdot q^{L}_{t_m}+G\cdot q^{L}_{t_G}+W\cdot q^{L}_{t_W}$$

令 $$Q_{回}=Q_{入}-Q_{出}$$

则$Q_{回}$显然是为了达到全塔热平衡要由塔顶回流取走的热量，也就是全塔的回流热。温度为t_0、流量为L_0的塔顶回流，入塔后在塔顶先被加热至饱和液相，然后汽化为温度t_1的饱和蒸气，自塔顶引出并将回流热$Q_{回}$带走。

$$\therefore\quad Q_{回}=L_0(q^{V}_{t_1}-q^{L}_{t_0})$$

上面讨论的全塔热平衡，假设回流热是全部由塔顶冷回流取出。但实际生产装置为了使塔的负荷趋向均匀，一般都采用冷回流和中段回流配合使用。在不影响分馏精确度条件下，适当分配取出的回流热。

第五节 回流的作用及方法

一、回流的作用

精馏塔内的回流是精馏的必要条件，它有以下两个作用：

（1）提供塔板上的液相回流，创造汽、液两相充分接触的条件，达到传热、传质的目的。

（2）回流可以取出塔内多余的热量，维持全塔热平衡，以利于控制产品质量。

打入塔内回流量大小通常用回流比来表示。在本章第二节已讲过，回流比R等于塔顶回流量与塔顶产品量之比。

$$R=\frac{L_0}{D}=\frac{\text{回流量，m}^3/\text{h}}{\text{产品量，m}^3/\text{h}}$$

当塔顶下降的液相回流量越大时，塔顶温度越低，上升蒸气中轻组分浓度越高。同理，当上升的汽相回流量越大时，则下降液相中重组分浓度越高。因此，要提高精馏段产品分离效果好，在塔板数一定的条件下，可以增加塔顶回流比。要想提高提馏段分离效果，可以增加塔底的汽相回流量。

但是，增加回流比是有限度的，对原油精馏塔，当原油入塔温度和汽化率一定时，原油入塔热量基本固定。根据全塔热平衡计算，塔顶的回流量和回流比也就确定了，它允许变动的范围很小。回流比过大，必然会使下降的液相中轻组分含量增多，此时，如不能相应的增加进料热量及塔底热量，就会使轻组分来不及汽化，被带到下一层塔板，其结果影响了轻组分收率，也影响侧线产品及塔底产品的分离效果。同时大量回流在塔内循环，大大降低了塔的处理能力，此外，由于塔内的循环量增大，塔内上升蒸气量以及上升的蒸气速度有所增大，反而会造成雾沫夹带或液泛，使分离效果恶化，塔板效率下降。所以回流比只能在一定范围内调节，改变时还应考虑塔板效率的因素。

二、回流的方法

根据取走回流热的方式不同，回流的方法有下列几种：

1．塔顶冷回流

如图Ⅱ-1-12所示。塔顶产品蒸气经冷凝冷却后，成为过冷液体，将其中一部分送回塔顶作回流。因为回流以过冷状态打入塔内，所以称为冷回流。

冷回流量可以通过下式计算：

$$L_0=\frac{Q_1}{q^{V}_{t_1}-q^{L}_{t_0}}$$

式中　L_0——冷回流量，kg/h；

Q_1——塔顶回流热，kJ/h；

$q^{V}_{t_1}$——塔顶汽相热焓，kJ/h；

$q^{L}_{t_0}$——回流油热焓，kJ/h。

从上式可知，当从塔内取走的热量相同时，回流温度越低，所需的回流量越少。生产操作上塔顶回流用来控制塔顶温度，以调节产品质量。一般塔顶汽油回流温度为30～40℃。

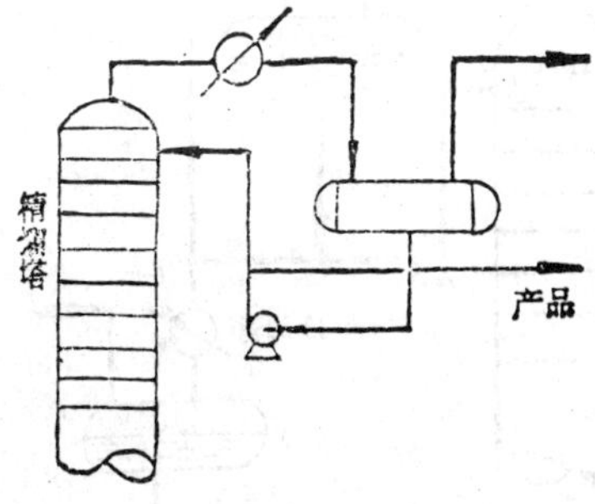

图 Ⅱ-1-12　冷回流

2．塔顶热回流

如图Ⅱ-1-13所示。在塔顶装有部分冷凝器，塔顶汽相馏出物被冷凝到露点温度，用冷凝的饱和液体作为回流称之为热回流。一般除塔顶的第一层塔板外，塔内各层塔板上的液相回流都为热回流，亦称内回流。它取走热量只能靠吸收汽化潜热。

热回流量可用下式计算：

$$L_h=\frac{Q_2}{q^{V}_{t_1}-q^{L}_{t_1}}$$

式中　L_h——热回流量，kg/h；

Q_2——热回流取走的热量，kJ/h；

q^V_{t1}，q^L_{t1}——饱和温度下的汽液相热焓，kJ/h。

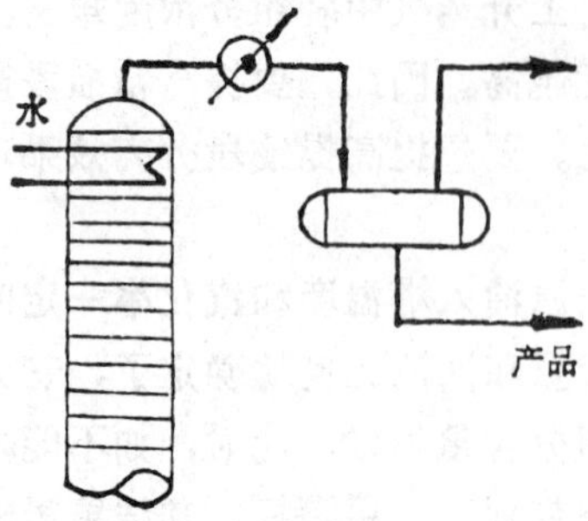

图 Ⅱ-1-13　热回流

塔顶热回流作用与冷回流作用一样，可以控制塔顶温度，调节产品质量。但由于塔顶部分冷凝器安装困难，易腐蚀，不易检修清理，因此炼油厂中很少采用。其优点是密封性好，可以减少冷凝冷却管线，对有毒易聚合的产品用热回流较好，常用于小型化工生产上。

3．塔顶二级冷凝冷却

如图Ⅱ-1-14所示。原油常减压装置的处理量较大，冷凝冷却负荷也很大。一个年处理量250万吨的常减压装置，常压塔顶冷凝冷却面积可达2000～3000m³。为了减少换热面积，常采用二级冷凝冷却方式。首先将塔顶油气和水蒸气冷到基本全部冷凝（一般冷到55～90℃），即将冷凝液大部分送回塔顶作回流，剩下产品送二级冷却，冷到40℃左右送出装置。

采用二级冷凝冷却的好处在于：一级冷凝时，由于油气和水蒸气基本全部冷凝，集中了大部分热负荷，此时传热温差较大，传热系数较高，所需传热面积就相应小些。到二级冷却间，虽然温差较小，但需要冷却的产品也少，热负荷大为减少，所需传热面积也就小。因此总的传热面积可以大大减少。但采用二级冷凝冷却的回流量大，消耗动力也相应增加，流程也较复杂。一般大型装置采用二级冷凝冷却方法有利。

4．循环回流

（1）塔顶循环回流：如果塔顶产品的不凝气很多（如催化裂化分馏塔）或者塔顶冷凝冷却负荷相当大，为了避免使用庞大的冷凝冷却器，又希望利用一部分回流热；或者为了减小塔顶冷凝冷却系统的压力降，保证塔内较高的真空度，如减压塔可采用塔顶循环回流。如图Ⅱ-2-15所示。

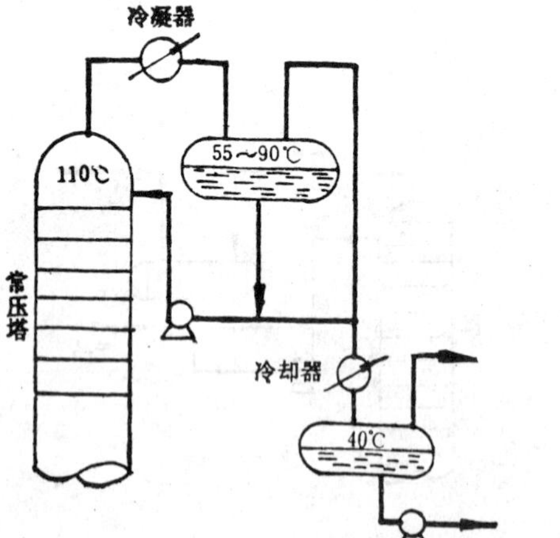

图 Ⅱ-1-14　塔顶二级冷凝冷却示意图

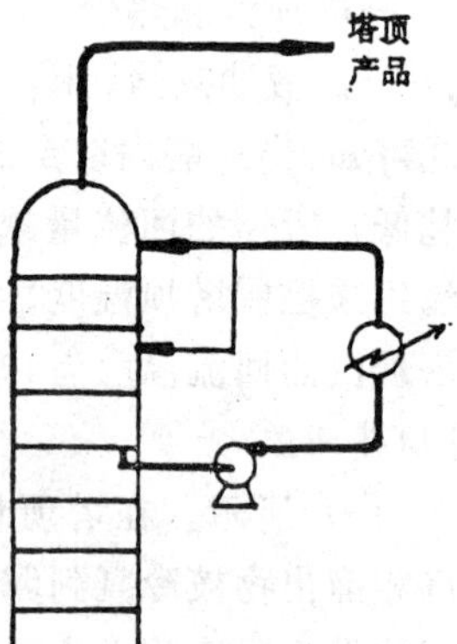

图 Ⅱ-1-15　塔顶循环回流示意图

塔顶循环回流可以用下式计算：

$$L_{tp}=\frac{Q_{tc}}{q^L_{t2}-q^V_{t1}}$$

式中 L_{t_p}——塔顶循环回流量，kg/h；

Q_{tc}——塔顶循环回流取走的热量，kJ/h；

$q^L_{t_2}$——循环回流在出塔温度下的液相热焓，kJ/kg；

$q^L_{t_1}$——循环回流在入塔温度下的液相热焓，kJ/kg。

上式对于其他形式的循环回流（如塔中部和塔底部的循环回流）也同样适用。

为调整塔的取热比例，尽量回收热量，降低塔顶冷凝热负荷，目前有的厂增设了常压塔顶循环回流。但由于塔顶增加了循环回流段，降低了塔的分馏能力，因此在保证相同分馏能力的情况下，需要适当增加塔板数。此外还增加了循环回流泵的动力消耗。

循环回流在塔内外循环流动，一般不发生相变化。

（2）中段循环回流：当塔内仅采用塔顶回流时，全部回流热都需从塔顶取出，所以塔顶部的汽液相负荷最大。而塔径是根据汽、液相负荷最大部位来确定的，因此，汽、液相负荷分配不均将使设备不能充分发挥作用，同时塔顶温度低，不利于热量的回收。如果在塔中部设置一、二个循环回流，既可使塔内各部分汽、液相负荷趋于均匀，使塔径大大缩小，或提高设备处理能力，又有利于热量的回收利用，减少燃料和冷却水的消耗。中段循环回流如图Ⅱ-1-16所示。

采用中段循环回流也存在一些缺点：

①使流程复杂，增加泵和换热器的数量。

②输送液体量大，消耗动力大。

③入塔的循环回流为过冷液体，要达到塔板上的汽液平衡状态，必须有几块主要起换热作用的塔板，影响了分离效果。同时采用中段回流后，上部塔板上回流量显著减少，上部塔板效率也有所下降。经验表明循环回流的塔板分离效率只有无循环回流时塔板效率的30～50%。通常每三块换热塔板按一块精馏塔板计算。

由于上述缺点，采用中段循环回流取热应慎重，以不过多的降低上方塔板的分离效率为限。对常压塔，中段回流取热量约占40～60%。

（3）塔底循环回流：

当精馏塔底部热负荷很大时，可以采用塔底循环回流以充分利用热量；同时也可降低上部汽相负荷。如图Ⅱ-1-17所示。为催化裂化分馏塔底部的油浆循环回流。建立塔底循环回

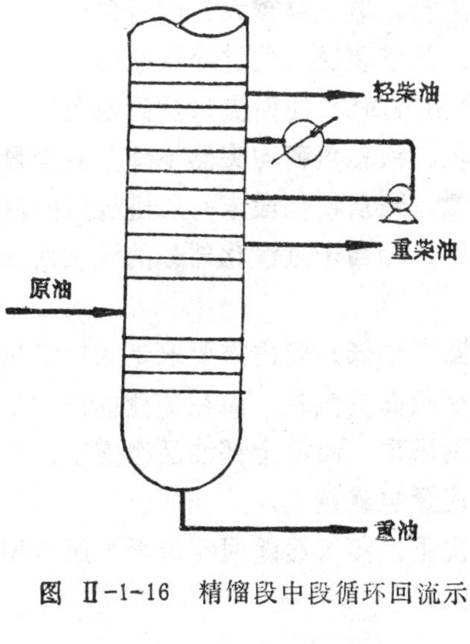

图 Ⅱ-1-16 精馏段中段循环回流示意图

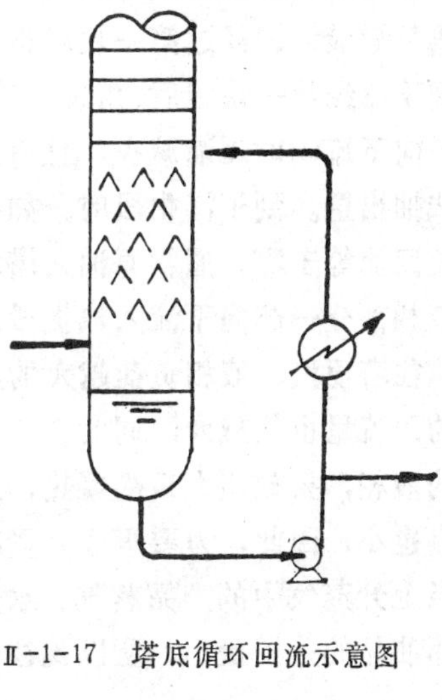

图 Ⅱ-1-17 塔底循环回流示意图

流还可以控制塔底温度，以防止塔底结焦。

上述各种回流方法可以结合具体工艺过程灵活选用不同的取热方法。

第六节　精馏塔内汽液相负荷分布规律

塔内汽相负荷是指塔内上升的蒸气量，对某一块塔板来说，它包括该塔板以上的所有侧线产品和塔顶产品以及该塔板以下（侧线和塔底）吹入的过热水蒸气量和该塔板上液相回流传质后上升的蒸气量。液相负荷是指每块塔板上的液体内回流量。

精馏塔精馏段的汽、液相负荷的分布规律如图Ⅱ-1-18。汽提段内的汽、液相负荷分布规律较简单，在此不予示出。

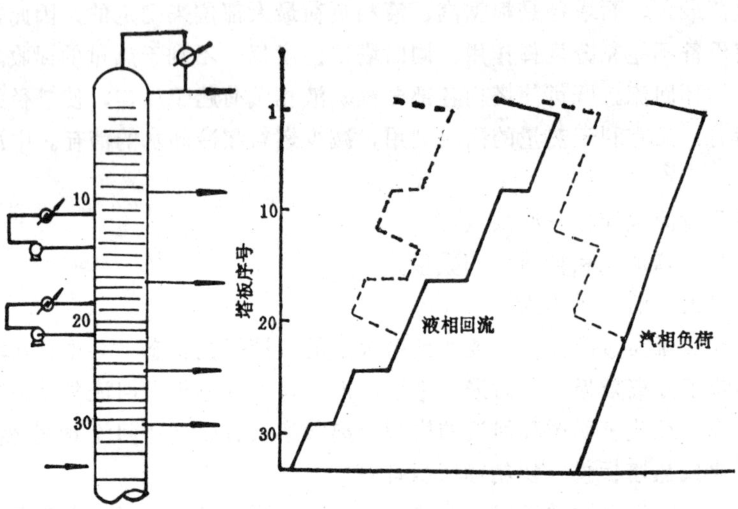

图Ⅱ-1-18　常压精馏塔汽、液相负荷分布图

——无中段循环；----有中段循环回流（不包括循环量在内）

从图中实线部分可以看出，如不考虑过热水蒸气，原油进入汽化段后，其汽相部分和从塔底汽提出来的少量轻质油蒸气上升到精馏段，越向上行，蒸气量越大，到塔顶第一块塔板之下蒸气量最大，经过第一块塔板后蒸气量显著减少。从塔顶送入的过冷状态的液相回流，自上到下流经第一块板后，由过冷液体回流变成饱和液相热回流，使回流量达到最大值，以后在沿塔向下流动时逐渐减少，且每经过一层侧线抽出板，液相负荷均突然下降，减少量相当于侧线抽出量。到了汽化段时，如果进料没有过汽化量，则从精馏段末一层塔板流向汽化段的液相回流等于零。通常原油入塔均有一定的过汽化度，相当于过汽化部分的液相回流和进料的液相部分一起向下流入汽提段。

越往塔顶汽、液相负荷越大的原因是：越往塔顶温度越低，塔内需要取走的热量越多，需要的回流量也就越大，同时各侧线产品进塔时是温度较高的汽相，而在塔侧抽出时是温度较低的液相，要放出大量冷凝热，这些热量逐渐转移到塔顶，而塔上部油品密度小，它的汽化潜热也小，因此，为要吸收大量冷凝热，需要内回流量也就越大。

当上升蒸气中的产品蒸气、水蒸气量保持不变情况下，蒸气量随回流量增加而增加，且塔上部油品的分子量小，所以越往塔顶蒸气体积就越大。

由于塔顶打入的冷回流是过冷液体，入塔后先要吸收显热，使温度升至泡点温度，然后再吸收汽化潜热变成蒸气。而第一层塔板往下的内回流（即热回流）为饱和液相，在汽化时只吸收汽化潜热，所以在取走总热量大致相等的情况下，供给的冷回流量要比热回流量小。因此第一层塔板之下的液相负荷最大，汽化后相应的蒸气量也最大。

由于无中段循环回流时，汽液相负荷沿塔高分布不均匀，塔的处理量受到最大蒸气负荷的限制，且对塔的操作也不利，塔顶汽相负荷大，易造成雾沫夹带而影响产品质量。在塔下部负荷小，还有提高处理量的潜力。为了改善塔内负荷不均匀的现象，充分发挥设备能力，尽量利用装置的热能，生产中广泛使用中段回流。

图中虚线部分为采用了中段循环回流后的汽液相负荷分布。由图可看出，由于采用了中段回流后，从塔中部取走了一部分热量，这就减少了抽出板上方的回流热，则需要的液相回流就少了，相应的汽相负荷也减少了，此时，沿塔上下负荷就变得比较均匀。随着中段回流取出回流热的多少不同，塔内最大蒸气负荷可能在中段回流抽出板附近，也可能在第一层塔板下。

采用中段回流后，对现有生产塔可以提高设备处理能力，同时又充分利用了中段回流的热能，对新设计的塔可以减小塔径。

要合理使用中段循环回流，必须综合考虑其利弊，一般而言，中段循环回流数目越多，汽液相负荷越均衡，可回收的热量也越多，但一次性投资也将提高，且扩大处理量的弹性越小，对产品质量也有影响。对三个到四个侧线的常压塔，一般采用二个中段回流，对二个侧线的采用一个中段回流。随着能量利用问题日益受到重视，有人主张循环回流的数目一般不能少于侧线数目。

第七节　水蒸气蒸馏及减压蒸馏

原油中重组分沸点很高，在常压下蒸馏则需要较高的温度。但是当原油加热到370℃以上时，其中一些高分子烃类就会发生分解，使油品分子结构发生变化，一些良好的润滑油组分和蜡油组分就会因分解而损失掉。因此要设法降低其沸点，使重油组分在较低的温度下汽化。

油品的沸点与外压有关。因此降低沸点的方法有两种：一种是系统的总压（外界压力）不变，降低油气分压，如水蒸气蒸馏；另一种是降低系统压力（即外压），如减压蒸馏。

一、水蒸气蒸馏

在原油蒸馏装置中，常采用水蒸气蒸馏的方法来降低油品沸点。就是在蒸馏塔的塔底及侧线汽提塔的塔底，直接吹入过热水蒸气，以降低油品分压，使石油馏分在较低的沸点下汽化。

根据道尔顿分压定律，当通入水蒸气时，塔内总压应等于水蒸气分压和油气分压之和。

$$P_{总}=P_{Y}+P_{W}$$

式中　$P_{总}$——塔内总压力；

P_{Y}——油蒸气的分压；

P_{W}——水蒸气的分压。

由于塔内总压保持不变，原来要达到$P_{总}$才开始沸腾的油品，现在在较小的P_{Y}下就沸腾，相应的就等于降低了油品的沸点。若吹入的水蒸气越多，形成的蒸气分压（P_W)就越大，油气分压（P_Y）就越小，油品沸腾所需要的温度就越低。

根据道尔顿定律可知，汽相中油蒸气和水蒸气的分压之比等于其摩尔分数之比：

$$\frac{\text{油蒸气（摩尔分数）}}{\text{水蒸气（摩尔分数）}}=\frac{Y}{W}=\frac{P_Y}{P_W}=\frac{P_Y}{P_{总}-P_Y}$$

则

$$W=\left(\frac{P_{总}-P_Y}{P_Y}\right)\cdot Y$$

通过上式可以求得汽化每千摩尔油料所消耗的水蒸气千摩尔数。

炼油厂水蒸气蒸馏，通常用过热蒸汽，是将蒸汽通过加热炉对流段加热到400～450℃，压力一般为147～294kPa（1.5～3kg/cm²）。

二、减 压 蒸 馏

减压蒸馏是利用在减压塔顶抽真空的方法，将蒸馏塔内气体（不凝气和水蒸气）抽出，使油品在低于101.3kPa（1个大气压）下进行蒸馏。这样可以使油品在较低的温度下汽化，不致使油品产生严重分解。

减压塔内实际压力（绝对压力）称为残压。大气压减去残压为真空度。真空度越高，塔内残压越低，油品的汽化温度就越低。一般湿式减压蒸馏塔内残压在4.0～5.3kPa（30～40 mmHg),干式减压蒸馏塔内残压可达1.33kPa(10mmHg)。

1. 抽真空系统流程

减压塔顶抽空冷凝系统包括塔顶冷凝器、蒸汽喷射抽空器、中间冷凝器和受液罐等，目前各炼油厂大都采用间接冷凝冷却流程。如图II-1-19（a）水间接冷凝式抽真空系统及如图II-1-19(b）空冷抽真空系统。

为了使塔内形成真空，必须将塔内不断产生的不凝气和吹入的水蒸气连续抽走。抽出后首先进入冷凝器，水蒸气和油气被冷凝后排入水封罐。不凝气则由一级喷射器从冷凝器中抽出，从而使冷凝器中形成真空。

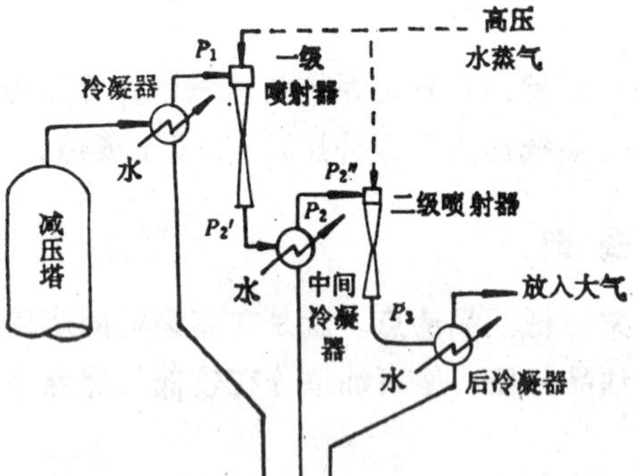

图 II-1-19 (a) 水间接冷凝式抽真空系统

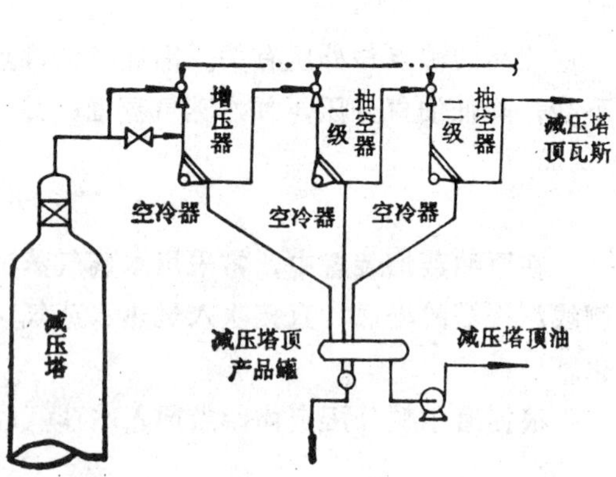

图 II-1-19 (b) 湿式空冷抽真空系统

一级喷射器利用高压水蒸气产生的局部真空将不凝气抽出，排入中间冷凝器，其中水蒸气被冷凝，不凝气再用二级喷射器抽出排入大气或进入后冷器。

2. 冷凝器

抽真空系统所用的冷凝器有水冷式和空冷式。

水冷式又分为直接冷凝器(大气冷凝器)和间接冷凝器(即表面冷凝器)两种。

直接冷凝器中，冷却水与减压塔顶馏出物直接接触，会产生大量的含油含硫污水，目前各炼厂均已不采用。但它冷却最终温度比间冷式低一些，塔内真空度比间冷式稍高。

水冷间接冷凝器均用浮头式管壳冷凝器。气体走壳程，冷却水走管程，它可以减少炼厂含油含硫污水，并便于操作，但冷却最终温度较高，特别是夏季因水温高，真空度受到较大限制，比直冷式设备多，占地面积大，对水质要求高。

空冷器也是间接冷凝器，由翅片管束和风机组成。它既可以减少装置用水量，消除含油含硫污水；又可保持较高的真空度。目前全国各炼厂都在逐步改为空冷式。

空冷包括干空冷和湿空冷。湿空冷与干空冷的不同点就是向空冷器翅片管侧喷洒雾状水，依靠水对空气的增湿和在翅片管上的蒸发，降低空气入口温度，强化传热，最终达到降低油品出口温度，从而使空冷器具有更高效率和更大的适应性。

当湿式空冷的出风温度低于环境温度时，为了更好地利用对传热有利的低温空气，在湿空冷的基础上，发展了干湿联合空冷。

不管直接冷凝器，还是间接冷凝器，都在真空下操作，为了能使冷却水顺利排出，防止外界空气倒吸入塔，冷凝器下部应装一根长管（俗称大气腿）。这根管子的长度必须保证101.3kPa的水头高度，即10.33m水柱高。

3. 蒸汽喷射器

蒸汽喷射抽空器如图Ⅱ-1-20、Ⅱ-1-21所示。

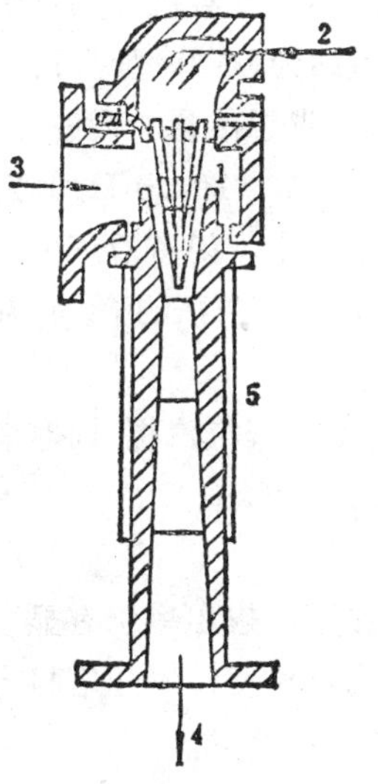

图 Ⅱ-1-20 蒸汽喷射抽空器

1—喷管；2—蒸汽入口；3—气体入口；4—混合气出口；5—扩张器

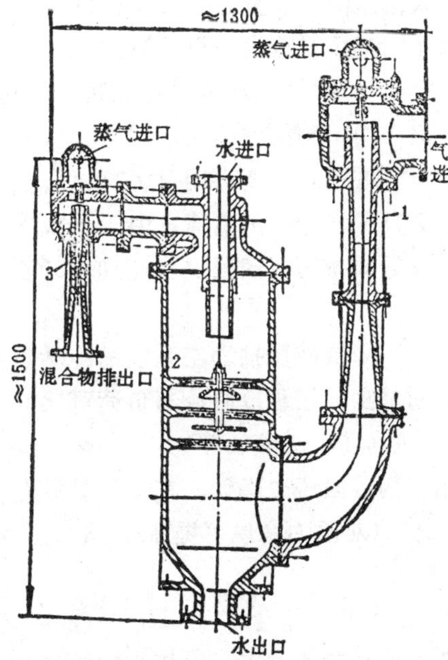

图 Ⅱ-1-21 二级蒸汽喷射抽真空设备

1—一级蒸汽抽空器；2—混合冷凝器；3—二级蒸汽抽空器

蒸汽喷射器的基本工作原理是利用高压水蒸气喷射时形成的抽力，将系统中气体抽出，造成真空。一般使用0.8～1.37MPa（8～13kg/cm²）的高压水蒸汽，自上部经喷嘴高速(达1000～1400m/s）喷出。由于喷嘴上端截面积大，蒸汽速度低而压力高，下端截面积缩小，蒸汽流速增大。根据能量守恒定理，动能增加，静压能必然降低，这样在蒸汽喷射器的喉管部分形成了负压，于是冷凝器中的不凝气就被抽吸出来。混合气进入扩张管后，由于扩张管截面积扩大，混合气速度降低，压力又复增高，即可将混合气排入大气。

使用一级喷射器可抽至残压9.99kPa(75mmHg)，二级喷射器可抽至残压5.3kPa（40mmHg)。

在用水冷时，蒸汽喷射器的抽空能力，受冷凝器所用冷却水温度的限制，当系统残压等于该温度下冷却水的饱和蒸汽压时，塔顶残压就不能再降低了。因此，如果要求更高的真空度，可在冷凝器前加一级增压喷射器，则塔顶真空度就不再受冷却水温度限制了。

三、干式减压蒸馏

对于润滑油型减压塔，为了尽可能提高馏分油的质量，应尽可能做到"低炉温，高真空"。但由于润滑油型塔塔板数较多，加上抽空器的设计水平，国内一般维持塔顶残压在5.3kPa（40mmHg）左右。近年来，随着低压降新型填料塔的发展，塔顶真空度大大提高，趋向于采用干式减压蒸馏，即无水蒸气吹入减压炉中或减压塔底。闪蒸段油气分压的降低通过塔的深度减压来达到，一般可维持在1.33～3.3kPa（10～25mmHg)。按全塔的压降值为0.67～1.6kPa（5～12mmHg）计，则塔顶减压可在0.67～1.7kPa（5～13mmHg）左右。近年来，燃料型减压塔倾向于采用干式减压技术。

采用干式减压技术具有下列优点：

1．有效的降低装置总能耗

干式减压降低装置总能耗可以以下列3方面来看。

（1）减少了蒸汽用量：原湿式减压通常要用汽提蒸汽、抽空蒸汽和加热炉注入蒸汽3种。一个年处理300万吨/年的蒸馏装置的减压塔总蒸汽用量约为7～10t/h。而采用干式减压技术后只需用一种抽空蒸汽，用量只有2～3t/h。这就大大节省了能量。同时，由于塔内无汽提蒸汽，塔顶真空度可明显提高，塔顶残压最低可达1.33kPa（10mmHg）左右。

（2）降低减压炉负荷：由于干式减压塔顶残压低，压降小，闪蒸段压力和温度大大降低。可比湿式减压闪蒸段温度低10～20℃，减压炉出口温度低，炉子的热负荷就显然减小。

（3）降低减压抽真空系统的冷凝负荷：干式减压由于不用蒸汽汽提，同时塔顶油气及不凝气相对减少，塔顶冷凝冷却负荷可比湿式减压降低约60%左右。

2．提高了装置拔出率

由于闪蒸段压力降低，在减压炉温度降低10～20℃前提下，拔出率仍有显著提高，约提高1～2%（对原油来说可提高2～4%）。如果提高减压炉出口温度，减压塔拔出率还可提高1%左右。

3．改善产品质量

全填料型干式减压，一般分馏效果差一些。这对生产裂化原料的燃料型减压塔，产品质量能有保证并有提高。而对分馏精确度要求较高的润滑油型炼厂，有可能出现产品颜色变深，残炭增加等不利影响。国外某些生产润滑油馏分的减压塔中，在塔顶冷凝段、中段回流及洗涤段用填料代替塔板后，由于提高了塔的真空度及降低了加热炉温度，使产品的颜色、残炭和金属含量均有所改善。国内已改造的减压塔中，常减压（生产润滑油馏分）采用混合型干式减压，取得降低能耗和分馏精确度较好的效果。

目前国内已经改造投产的干式减压蒸馏有两种类型：

（1）全填料型干式减压。南京炼油厂二套常减压于1983年首先应用了全填料型干式减压新技术。在减压塔内全部采用莫特洛克斯填料环和格里希格栅填料合理搭配，组成混合填料床；同时采用塔顶三级抽真空设备及大直径（1.6m）的低速转油线等措施，取得了显著效果。减压塔结构简图见图Ⅱ-1-22。

全填料型干式减压蒸馏存在问题：

①填料需要合金钢材，1Cr13合金钢或0Cr18Ni9钢、1Cr18Ni9Ti钢，造价高。

②填料腐蚀严重，特别是处理含硫量高的原油。

③填料腐蚀后生成的FeS，接触空气后易自燃，检修时易引起火灾，并烧坏填料。

（2）混合型干式减压。大庆石化总厂二套常减压装置于1982年进行改造。减压塔采用了大浮舌型塔板与填料混合结构，用于生产润滑油料，效果显著。减压塔结构简图如图Ⅱ-1-23所示。

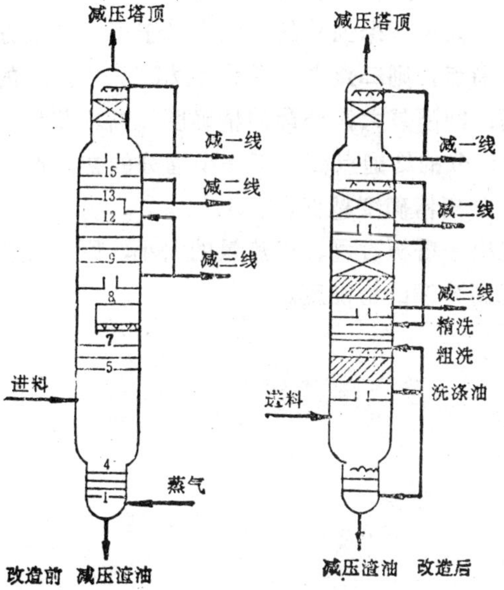

图 Ⅱ-1-22 全填料型干式减压塔结构简图

塔顶缩径为填料段，7～15层为浮动喷射塔板；5～7层为舌型塔板；1～4层为圆型泡帽塔板塔顶缩径段为填料段，直径6.4m部分上段为ϕ50金属环填料，中段为金属环与格栅混合填料，下段为格里希格栅填料，下部缩径段为泡帽塔板

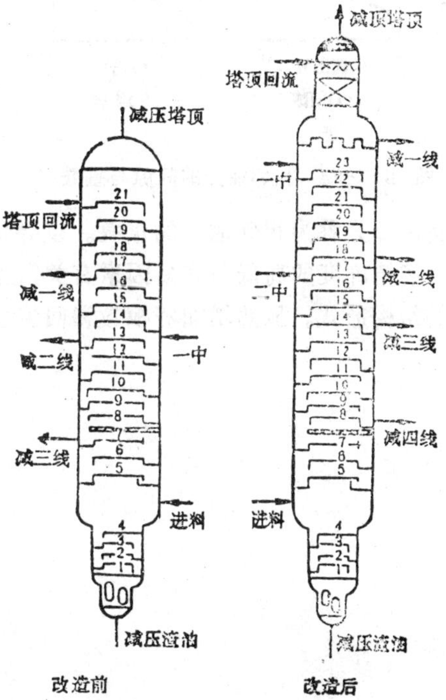

图 Ⅱ-1-23 减压塔结构简图

注：改造前1～17、20为固舌塔盘，1～7为固舌塔盘。改造为18、19、21圆泡帽塔盘，8～13为大浮舌塔盘，上缩径为填料段

减压塔内，减压塔顶一线段装填料，可装$\phi 50 \times 25$mm阶梯环或50#莫特洛克斯填料环。其他侧线段选用压降小、分馏精确度高的V-4型浮阀、浮动喷射塔板或大浮舌型塔板。其他

低速转油线、三级抽真空系统等同全填料型。

混合型干式减压与全填料型干式减压比较，塔内压降较高。生产裂化原料的混合型干式减压塔全塔压降约2.46kPa(18.5mmHg)（南京炼油厂一套）；生产润滑油料的减压塔全塔压降由原来8.0kPa(60mmHg)降至5.33kPa(40mmHg)（大庆石化总厂二套）。其他方面与干式减压相似，同样可取得降低装置能耗、提高收率、提高产品质量的效果。特别对生产润滑油料的减压塔更有利。

混合型干式减压可以克服填料昂贵、腐蚀及检修时填料自燃等缺点。

第八节 分馏精确度

二元组分混合物的蒸馏，只出塔顶、塔底产品，其分馏精确度常用塔顶、塔底产品中的纯度来表示。产品的纯度越高，分馏的精确度也就越高。

对原油分馏来说，除塔顶、塔底产品外，还生产侧线产品，由于原油本身组分十分复杂，分馏精确度常用相邻二组分的恩氏蒸馏曲线之间的间隔和重叠来表示。图Ⅱ-1-24为石油馏分的间隔和重叠的示意图。

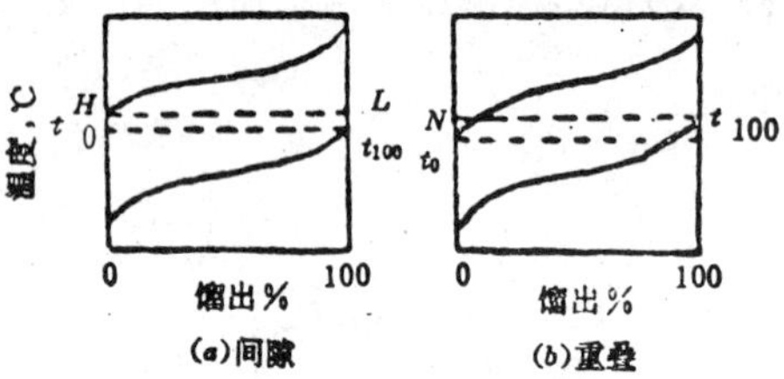

图 Ⅱ-1-24 相邻馏分的间隙与重叠

如果一个馏分的终馏点低于下一个馏分的初馏点，则二点温度差称为相邻二馏分的间隔，间隔越大，分馏的精确度越高。相反，一个馏分的终馏点高于下一个馏分的初馏点，这两点交错部分称为相邻馏分的重叠。重叠越大，分离精确度越低。

分馏精确度的高低与许多因素有关，主要取决于塔板数量、回流量的大小、原料性质和塔板的结构形式。显然增加塔板数和回流量能提高分馏的精确度。

第二章 常减压蒸馏装置

第一节 原油的预处理

从地下开采出来的石油，由于地质条件不同或采油注水等原因，一般都含有相当数量的水分，少则百分之几，多则百分之几十。而这些水分中都溶解有不同数量的无机盐。原油虽经过油田沉降，除去部分水分和杂质（泥沙，固体盐等），但是仍然不符合炼厂加工的要求，为此炼厂设有脱盐脱水装置，对原油进行预处理，以达到加工的要求。

一、原油含盐含水的危害

进入常减压装置的原油，目前国内外先进指标都要求含水0.1～0.2%，含盐不大于10 mg/L，甚至小于5mg/L。对进入蒸馏装置的原油含盐含水要求如此严格，是因为原油含水含盐太高，会给原油加工带来很多危害。

原油含水量太多，水汽化后，水蒸气体积比同样重量的油体积大十几至几十倍。这样会造成塔内汽相线速度过高，使操作不稳定。严重时会引起塔内超压和冲塔事故；同时，也会白白增加加热和冷凝冷却负荷，增加燃料消耗和冷却水用量，降低装置处理能力，增加动力消耗及装置总能耗。

原油中含的无机盐有氯化钙、氯化钠、氯化镁等，这些盐类一般溶于原油所含的水中。也有一部分以微小的颗粒悬浮在油中。原油中含盐对炼油装置危害极大。首先盐类水解生成HCl，严重腐蚀设备(详见本章第四节)；同时原油在加热炉和换热器中，随着温度升高，水分蒸发，盐类在管壁上沉积形成盐垢，影响传热，增加燃料消耗。严重时会堵塞炉管和换热器，甚至烧坏炉管而被迫停工；原油含盐多，还会使重油、渣油中重金属含量高，加剧污染二次加工催化剂，影响二次加工产品质量。

所以原油的充分脱盐脱水，对装置的平稳操作，减轻设备腐蚀、保证安全生产、延长开工周期和提高二次加工产品质量等方面都是十分重要的。

要分离油和水，可以利用两种液体的密度不同，用沉降的方法达到分离的目的。

油和水是两个互不相溶的液体，在进行沉降分离时，基本符合球形粒子在静止流体中自由沉降的斯托克司公式：

$$u=\frac{d^2(\rho_1-\rho_2)}{18v\rho_2}g$$

式中 u——水滴沉降速度，m/s；

d——水滴直径，m；

ρ_1——水的密度，kg/m³；

ρ_2——油的密度，kg/m³；

v——油的运动粘度，m²/s；

g——重力加速度，m/s²。

由上式可以看出：沉降的速度与水滴的直径平方成正比。所以加大水滴直径就可大大加快沉降速度。因此，脱盐脱水过程中，我们就要创造条件使水滴直径增大，以加速其沉降分离。此外，水和油的密度差增大和油的粘度减小都有利于加速沉降分离。

一般原油中含水很不易脱除。主要原因是原油在采油和运输过程中由于剧烈扰动，使水和油形成了乳化液，水以极细的颗粒分散在油中。而且石油中又有天然乳化剂（如环烷酸、胶质、沥青质等）存在，形成了稳定的油包水型憎水乳化液。

根据原油乳化液性质，我们可以采用相应的措施，破坏其稳定性，把水分离出来。

二、工业上脱盐脱水方法

1. 加热法

将原油加热，使油的粘度减小，水和油的密度差增大，静置沉降后可达到油水分离的目的。加热温度通常为80～120℃，沉降罐一般保持0.5～1.5MPa（5～15大气压），沉降时间3～6h。这种方法，可用于处理不稳定乳化液，一般不单独使用。

2. 化学方法

若原油中含水呈稳定的乳化状态，仅靠加热沉降是无法脱除。必须加入少量的破乳剂，破坏水滴外面的保护膜，使微小的水滴集聚成较大的水滴，从而提高水滴沉降速度，加速分离。

破乳化剂是一种水包油型表面活性剂，其性质与原油中存在的乳化剂（如环烷酸等）相反。加入原油中，能很快聚集在油水界面上，减弱、破坏原来稳定的油包水型保护膜，便于小水滴集聚，进行沉降分离。

常用的破乳化剂，大都是一些大分子表面活性剂，有离子型和非离子型两种。

离子型破乳化剂（又称离子型表面活性剂），是有机磺酸盐类，如中性酸渣，中性磺酸植物油等。

非离子型破乳剂（又称非离子型表面活性剂）是一些大分子有机合成树脂，如聚氧乙烯烷基醇醚、聚氧丙烯二醇醚等。

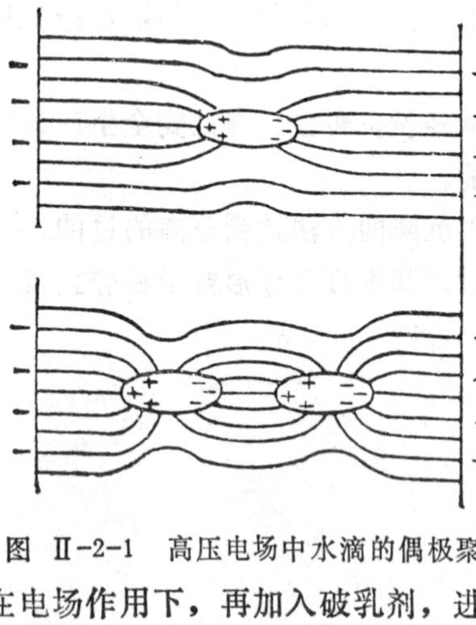

图 Ⅱ-2-1 高压电场中水滴的偶极聚结

3. 电化学法

电化学脱盐脱水是原油在破乳剂和高压电场的共同作用下进行破乳化。如图Ⅱ-2-1所示。

由于乳化原油在交流或直流电场中，都能由于感应使水的微滴两端带上不同极性电荷，使微滴两端受到方向相反、大小相等的两个吸引力作用，微滴被拉长成椭圆形，但并不发生位移，而是按电场方向排列整齐。每行相邻微滴之间，由于相邻端的电荷相反而具有相互吸引力，这种引力使外层乳化膜受到削弱而破坏，使水的微滴聚集成大水滴而沉降。

在电场作用下，再加入破乳剂，进一步降低乳化液的稳定性，则水滴更易集聚，从而提高脱水效率。

原油脱盐脱水的主要设备是脱盐罐，目前各炼厂大都采用卧式电脱盐罐，其示意图如图Ⅱ-2-2。

卧式电脱盐罐，外壳直径为3～4m。长度可根据处理量而定。有的长度可达30m。电场强度一般是800～2000V/cm²之间。电极板之间电压一般为160～350kV。原油在罐中停留时间约20～30min。

原油在脱盐脱水过程中，还需加入一定量的软化水，这是因为原油中常有一些固体盐类分散在油中，需要加入将其溶解；同时适当增加原油中含水量，可以增大水滴聚集能力，促进破乳，提高脱盐效果。注水量一般为5%左右。注水太多，会在电极间出现短路，破坏电场平稳操作。

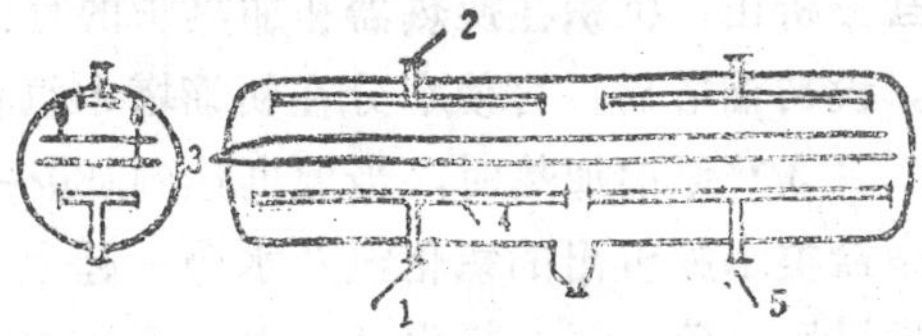

图 Ⅱ-2-2 卧式脱水、脱盐罐结构示意图
1—原油入口；2—原油出口；3—电极板；
4—原油分配器；5—含盐污水出口

第二节 常减压蒸馏装置的工艺流程

常减压蒸馏是原油的一次加工。它是通过蒸馏的方法将原油分离成各种燃料油、润滑油馏分（或二次加工原料），这些馏分除了小部分可作为产品外，大部分均为半成品，还需要进行二次加工。因此，常减压蒸馏的收率高低和质量好坏，将会影响到以后的各个加工过程，所以必须根据原油特性和对产品种类和数量的需要，合理选择加工流程。原油蒸馏的工艺流程设计要考虑的内容有：①制定流程方案。②确定汽化段数。③选择回流方式。④确定换热方案。

一、汽化段数的确定

原油蒸馏装置的核心部分是蒸馏，在加工流程方案确定以后，即可选择确定原油的汽化段数。所谓原油的汽化段数是指原油的加工过程中，经过几次加热汽化，用几个塔蒸馏。

原油采用几段汽化，应根据原油性质、产品方案、处理量等因素决定，大多数炼油厂的原油蒸馏装置都采用三段汽化（也称三级蒸馏）流程。包括初馏（预汽化）、常压蒸馏、减压蒸馏。在三段汽化中，各段(塔)的作用如下：

1．常压塔

从常压塔中可分馏出汽油、煤油、轻柴油、重柴油等燃料油或部分二次加工原料（如催化裂化、加氢裂化原料等），塔底油作裂化原料油或燃料油。

如果用一段汽化的常压蒸馏，有很大的局限性，润滑油馏分就分离不出来。只有用减压蒸馏才能分离出润滑油馏分和合适的裂化原料。同时一段汽化对常压塔的操作会带来一定困难，如轻组分含量多或含有水分时，系统压降大、塔的操作也不稳定等，就需使用预汽化塔。

2．初馏塔：（预汽化塔）

将原油换热到200～250℃，轻组分受热汽化，先进入初馏塔，使原油汽相部分分离，液相部分送至常压加热炉。初馏塔顶分离出重整原料或轻汽油，侧线一般不出产品，但可根据需要开一侧线作中段回流，或抽出部分馏分送入常压塔侧。使用初馏塔有很多优点：

（1）当原油中轻组分含量多时，加热后大量轻组分汽化，会造成管路巨大压力降。若采用初馏塔，原油在进常压炉之前，分离出一部分轻组分，这就使原油在加热系统中压力降减小，使泵出口压力降低，动力消耗减少；换热系统设备压力也可降低，同时有可能减轻常压炉的负荷，有利于提高装置处理量。

（2）当原油脱盐脱水效果不好时，进入换热系统后，水分汽化也会使压力降增加。同时盐分析出，沉积在换热器和加热炉的管壁上，影响传热，甚至堵塞管路，严重时会烧穿炉管。设初馏塔后，可使水分在初馏塔中汽化蒸出、减少上述危害，又可以使常压塔操作平稳。

（3）原油加热时，当温度达到160～180℃，有些硫化物就分解，放出硫化氢，它和原油中盐类水解析出的氯化氢及水分一起上升至塔顶，对塔顶设备会产生强烈的腐蚀。采用初馏塔以后，硫化氢、氯化氢和水分可从初馏塔顶蒸出，使腐蚀部位从常压塔顶移至尺寸较小的初馏塔顶，便于检修更换，经济上也合理。

（4）有利于改善产品质量。在初馏塔顶可以得到理想的重整原料。因为初馏塔进料只经换热、未经加热炉高温加热，原油中烃类及金属化合物和非金属化合物的分解可以减少，使重整原料中重金属含量降低，避免催化剂中毒。如大庆原油初馏塔顶馏分含砷量约为200ppb，而常压塔顶同一沸点范围馏分含砷量高达1000～2000ppb。

（5）减少汽油损失。原油中常溶解气体烃，蒸馏时随汽油一起进入油水分离器。罐顶放空时，会携带相当多的汽油，有时可高达20%。采用初馏塔后，可以使初馏塔在较高的压力下操作，减少气体烃带走的汽油量。

由于上述优点，所以常减压装置一般都设初馏塔，特别是大处理量情况下。

在初馏塔上部可以考虑开一侧线，相当于重汽油——煤油馏分，直接打入常压塔上部作回流，可以避免进加热炉而分解，有利于保证航空煤油的质量。但从节能的角度看开初侧线的做法是不可取的，更何况这样做还增加了流程和操作的复杂性，并且由于常一中段回流量的减少，对某些馏分的质量还可能有所影响。当在外供热量相同的情况下，开初侧线后，根据原油性质的不同，常压炉的热负荷有增有减，故需作全面的热平衡，开初侧线并不一定减少常压炉热负荷。

因此，对于原油轻组分含量不高，含硫量低、脱盐脱水效率高或处理量小的情况下。可以不设初馏塔，采用两段汽化流程。对于性质很轻的原油，国外的流程大多是尽量提高原油温度后先进入闪蒸罐一次闪蒸，闪蒸罐顶的油气直接进入常压塔。这种将轻馏分一次汽化而后将油气直接引入常压塔与初馏塔开侧线的做法并不相同，前者并不损失能量，流程也很简单。

3. 减压塔

常压塔一般只有拔出初馏～360℃沸点范围的馏分，若要进一步提高拔出率，则必须更高的汽化温度，这又会导致油品分解。为了进一步提高拔出率，生产润滑油、催化裂化和加氢裂化的原料，并直接在塔底生产焦化、脱沥青原料或燃料油，就必须在减压下进行蒸馏。有的厂为了尽可能拔出高粘度润滑油馏分，采用二级减压蒸馏，即二个减压塔的四段汽化流程。

总的看来，由于原油蒸馏装置的处理量一般都较大，所以不论加工任务是专为生产燃料油，还是生产燃料油与润滑油，三段汽化的常减压蒸馏装置是具有代表性的。只有少数炼厂采用二段汽化流程，为石油化工提供裂解原料的可采用一段汽化流程。

减压蒸馏根据目的产品的不同，可分为润滑油型减压塔和燃料油型减压塔。润滑油型减压塔的目的是要出粘度、色度符合润滑油要求且残炭低、有一定馏程的基础油，因此它在分离要求上虽逊于直接出产品的常压蒸馏，但仍有较严格的馏分范围要求。而燃料型减压塔的目的产品为馏分很宽的裂化原料，它对分馏精确度几乎没有要求，（只有残炭和重金属含量的要求），因此燃料型减压塔塔内侧线间的塔板事实上接近于一种换热塔板。

和常压塔比较，减压塔有它的明显特点：

（1）要求尽可能高的真空度以提高拔出率。由于残压低、气相密度、气相负荷远较常压塔大，故减压塔塔径相应较常压塔大。我国2.5Mt/a的常减压装置定型设计的常压塔直径为3.8m，而减压塔的主体直径达6.4m。

（2）为了减少塔顶压降及塔顶系统冷凝热负荷，减压塔顶不出产品，且塔顶采用循环回流，而不用塔顶冷回流。由于塔顶部汽相负荷大为减少，所以减压塔顶部常常缩小直径。

（3）为了降低汽化段到塔顶的流动压降，因此要求的塔板数相应减少并采用压降较小的塔板（填料），有利于提高真空度。

（4）减压塔中为减少塔底渣油在高温下停留时间过长而发生分解、缩合等反应，造成塔内结焦及真空度下降，因此塔下部的汽提段的直径比上部要小得多，对主体直径6.4m的减压塔，下部直径只有3.2m。有的厂还在塔底注入换热后的渣油以降低塔底温度，减少分解、结焦倾向。

（5）减压塔在真空下操作，为使塔底产品泵能顺利上油，须把塔底提到相当的高度，一般塔底液面距泵入口7～10m，以增加塔底渣油的液柱高度。

（6）为缩小减压塔的塔径，并利用塔中的高温热量，减压塔通常配置几个中段回流，往往每一个侧线都设有循环回流。

（7）为进一步降低油汽分压及避免油品分解，塔底吹汽提蒸汽用量比常压塔多。

二、常减压装置的原则流程

常减压装置（润滑油型）的三段汽化原则流程如图Ⅱ-2-3。原油由原油泵抽入装置，送经一系列换热器换热至210～250℃左右进入初馏塔。自初馏塔顶拔出轻汽油馏分（或铂重整

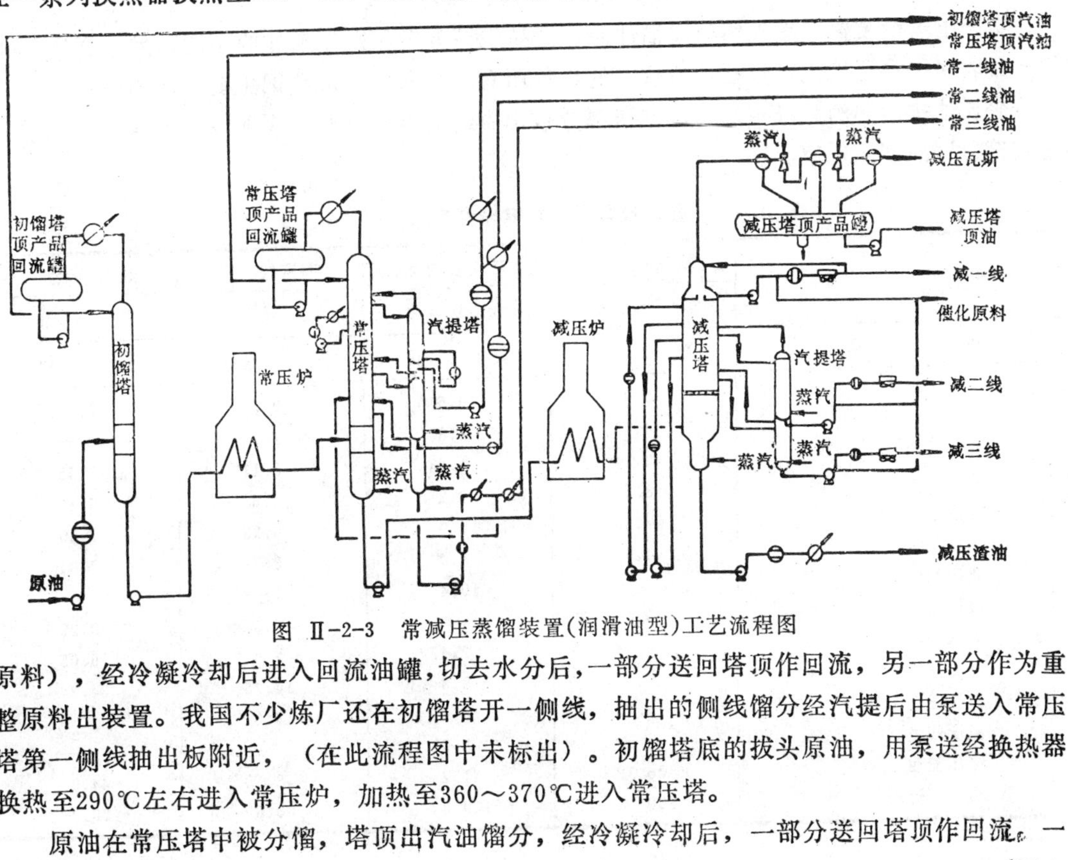

图 Ⅱ-2-3 常减压蒸馏装置(润滑油型)工艺流程图

原料），经冷凝冷却后进入回流油罐，切去水分后，一部分送回塔顶作回流，另一部分作为重整原料出装置。我国不少炼厂还在初馏塔开一侧线，抽出的侧线馏分经汽提后由泵送入常压塔第一侧线抽出板附近，（在此流程图中未标出）。初馏塔底的拔头原油，用泵送经换热器换热至290℃左右进入常压炉，加热至360～370℃进入常压塔。

原油在常压塔中被分馏，塔顶出汽油馏分，经冷凝冷却后，一部分送回塔顶作回流。一

部分为汽油馏分出装置。塔侧一般有3～5个侧线，分别引出煤油和轻、重柴油等馏分，经汽提塔汽提后，吹出其中轻组分，再经换热冷却后出装置。塔底常压重油用泵送减压炉。

在常压塔顶打入冷回流以控制塔顶温度（90～130℃），以保证塔顶产品质量。为了使塔内汽、液相负荷分布较均匀，并充分利用热能，一般在塔中各侧线抽出口之间设2～3个中段循环回流。为尽量回收热量，降低塔顶冷凝热负荷，有的厂还增设了塔顶循环回流（图中未标出）。

侧线馏分进入各自的汽提塔上部，塔底吹入过热水蒸气，被汽提出的油汽和水蒸气由汽提塔顶出来，从侧线抽出板上方进入常压塔。当常压一线和二线作航煤馏分时，为了严格控制航煤的含水量，不用水蒸气汽提，而采用热虹式重沸器加热，蒸出其中轻组分。

常压塔底吹入过热水蒸气以吹出重油中轻组分，塔底温度为350～360℃，经汽提后的常压重油自塔底抽出送到减压加热炉，加热至400℃左右进减压塔。

减压塔顶不出产品，塔顶出的不凝气和水蒸气（干式减压蒸馏无水蒸气），经冷凝冷却后，由蒸汽喷射抽空器抽出不凝气，维持塔内残压在1.33～8.0kPa（10～60mm汞柱）。减压一线油抽出经冷却后，一部分打回塔内作塔顶循环回流以取走塔顶热量，另一部分作为产品出装置。减压塔侧开有3～4个侧线，抽出轻重不同的润滑油（如各种机械油、汽缸油等）或裂化原料，经汽提(裂化原料不汽提)、换热、冷却后作为产品出装置。塔侧并配有2～3个中段循环回流。塔底渣油用泵抽出后，经与原油换热，冷却后出装置，可作为焦化、氧化沥青、丙烷脱沥青等装置的原料或作燃料用油。

三、产品产率

常减压蒸馏装置产品收率随原油性质、产品生产方案和操作条件的不同而异，炼厂实际的产品收率往往还受生产过程计量仪表的误差而有所出入。一般我国主要产区的原油在常压部分轻质油拔出率约为25～40%，减压部分拔出率约为25～35%。表Ⅱ-2-1为国内几套常减压蒸馏装置的产品产率。

表 Ⅱ-2-1 国内典型减压蒸馏装置产品产率（%重）

项目	大庆炼油厂	燕山石化公司炼油厂	南京炼油厂	胜利炼油厂
	大庆油	任丘油	任丘油	胜利油
生产方案	航煤	灯油	分子筛脱蜡原料	航煤
气体＋损失	0.85	0.5	0.5	0.52
初馏塔顶	4.63	2.3	1.77	—
常压塔顶	2.1	1.43	3.11	3.55
常压一线	8.97	6.2	4.61	6.36
常压二线	12.35	15.0	6.23	7.85
常压三线	4.98	3.0	8.38	7.31
常压四线	—	10.4	—	—
减压塔顶	0.5		0.5	0.26
减压一线	5.74	2.47	2.0	5.05
减压二线	10	9.3	14.75	24.2
减压三线	14.76	4.65	14.6	—
减压四线	—	3.55	—	—
减压渣油	35.12	41.2	43.55	44.9
合计	100.0	100.0	100.0	100.0

四、主要操作条件

常减压装置的生产操作条件，根据原油性质和生产方案不同而略有变化。主要操作条件如表Ⅱ-2-2所示。

表 Ⅱ-2-2 常减压装置主要操作条件

主要操作条件	初馏塔	常压塔	减压塔
进料温度，℃	210～250	360～370	390～400
塔顶温度，℃	80～110	90～130	60～100
一线温度，℃	130～150	160～190	150～180
二线温度，℃		250～270	250～280
三线温度，℃		300～330	310～350
四线温度，℃		335～360	340～360
塔底温度，℃	220～240	350～360	370～380
塔顶压力，kPa(kg/cm²)	108～157 (1.1～1.6)	108～150 (1.1～1.5)	真空度>93.4 (>700mmHg)

第三节 常减压蒸馏的换热方案

常减压装置处理量大，原油需要加热的温度高，燃料油用量大，能耗大；同时蒸馏出来的产品，都要求冷却到较低的安全温度，才能送出装置，所以冷却水用量大，能耗也大。据统计1982年常减压装置的能耗占炼油各装置总能耗的23.17%，居首位。因此，充分利用装置余热，降低能耗是常减压工艺流程中一个重大问题。

原油入常减压装置时温度低（约40℃），而各侧线产品出塔时温度较高，若能使装置的冷流原油与热流产品换热，可以大幅度降低燃料与冷却水用量。但是这样会使换热器设备增多，泵耗电量相应增加，操作费用增加。因此，如何选择一个合理的换热方案，使投资和操作费用最小，回收热量最多，是节能的一个重要方面。

一、换热方案制定原则

常减压装置的换热方案是炼厂各装置换热方案中最复杂的一个。目前都采用网络计算来优化换热流程。一般来说换热方案选择要遵循下列原则：

（1）冷流原油与热源（侧线产品、减压塔底产品）换热，可减轻加热炉负荷，提高装置处理量。但是原油入炉温度增高，炉子效率就会降低。过去我国未把原油预热温度提得过高，近几年来，各炼厂节能改造后的换热流程有了很大提高，原油换热温度一般可达290℃。

（2）热源的选择要尽量利用产品温度高，数量多的油品，这样回收的热量就多。同时，由于温度高，与换热原油的温差大，完成同样的换热任务需要的传热面积就小。

（3）余热回收的程度，必须考虑到既充分利用热能又尽量节省设备费用。因为，随着热量回收效率的增加，换热器的传热强度就要降低，所以要全面考虑其经济性。

（4）使用换热器后，不能引起操作上困难。表Ⅱ-2-3中列出常减压装置产品收率和温度情况，我们可以分析各线产品的换热价值。从表中数据看：

①初馏塔和常压塔顶产品都有一定数量，而且离塔前为汽相，带有的汽化潜热大，但温

表 Ⅱ-2-3　各塔产品收率及馏出温度

馏分	初馏塔		常压塔		减压塔	
	收率,%	馏出温度,℃	收率,%	馏出温度,℃	收率,%	馏出温度,℃
塔顶	3.5～4.5	80～110	1～3	90～130	0.4～1.0	60～100
一线			4～8	160～190	4～10	150～180
二线			5～15	250～270	10～20	250～280
三线			3～8	300～330	6～14	310～350
四线			3～10	335～360	3～6	340～360
塔底		230～240		350～360	30～45	370～380

度较低，而原油进装置一般在40℃上下，传热温差较小；另一方面，塔顶换热器在相变温度区易腐蚀，如被腐蚀坏，会使原油漏入产品，造成损失，这部分低温余热，一般不与原油换热，而另作其他用途。国外也有些炼厂利用常压塔顶汽油与原油换热，提高了热回收率。

②初馏塔底和常压塔底的产物尚需进炉加热，不能从中取热。

③常压侧线和减压侧线产品都有一定数量，温度也较高，携带热量多，都有条件利用。

④减压塔底产品数量多，温度高，必须回收其热量。但它粘度大，容易使换热器结垢，运转后期影响传热。

⑤常压塔和减压塔的循环回流温度较高，数量也较大，也是理想的热源。

二、常减压装置的换热流程

由上述可知，热源是多方面的，必须安排合适才能经济合理，最大限度的回收热量。先进的换热流程应该达到传热系数高，原油预热温度高，换热器强度大而压力降小，操作和检修方便。换热流程一般安排原则是：

（1）原油先经温度较低的油品换热，再经温度较高的油品换热，这样温差大，传热效率高。

（2）要考虑原油通过换热器的压力降不致太大，如果一个热源需要通过若干个换热器，要采用并联形式，以降低压降。

（3）高温热源的油品要经过多次换热，如减压渣油，以充分回收热量。

目前，我国各炼厂原油换热流程的热能利用率较低和换热面积较大。换热温度一般在

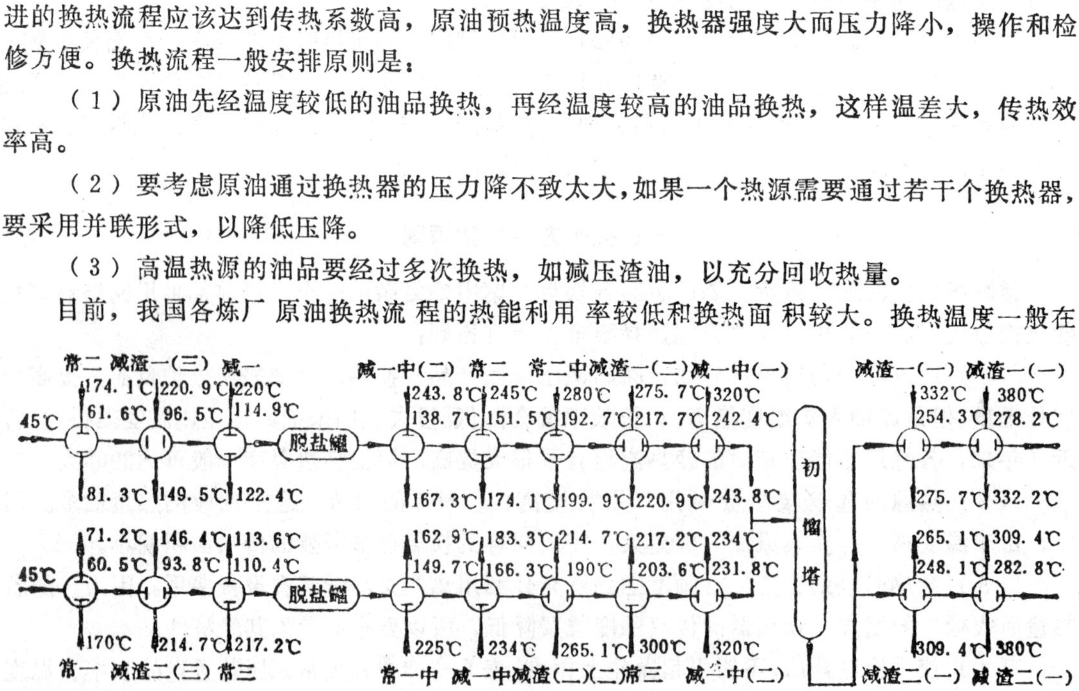

图 Ⅱ-2-4　新设计2.5Mt/a常减压换热系统优化流程图

210～230℃，最高285℃。国外常减压蒸馏的换热流程比较先进的是美国帕斯卡哥拉炼厂的第二套常减压蒸馏装置，其原油预热温度达到338℃。图Ⅱ-2-4与图Ⅱ-2-5分别为我国新设计2.5Mt/a常减压换热系统优化流程及美国帕斯卡哥拉炼厂2号蒸馏换热流程。

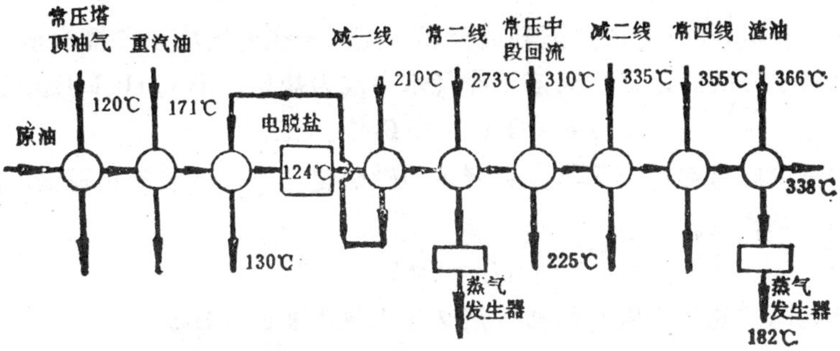

图 Ⅱ-2-5　美国帕斯卡哥拉炼厂2号蒸馏换热流程示意图

第四节　常减压蒸馏设备的腐蚀与防腐

炼油生产装置，常常因为腐蚀问题而使设备损坏，影响开工周期，严重的会发生意外的火灾、爆炸事故，尤其是处理含硫和脱盐脱水不好的原油更为严重。因此研究腐蚀原因，采取有效的防腐措施，是当前炼油生产中一个重要课题。

常减压装置按其腐蚀部位不同，通常分为下列两种腐蚀。

一、高温重油部位对金属的腐蚀

引起高温重油部位腐蚀的主要原因是活性硫化物引起，包括硫化氢、硫醇、元素硫。

硫化氢和铁能直接作用，生成硫化亚铁。硫醇与铁接触也产生腐蚀。

$$2RSH + Fe \longrightarrow (RS)_2Fe + H_2\uparrow$$

$$R—CH_2—CH_2—SH + Fe \longrightarrow RCH{=}CH_2 + FeS + H_2\uparrow$$

中性硫化物本身对金属无腐蚀作用，但有些硫化物热稳定性很差，如硫醚、二硫化物等，在加工过程中很易分解成活性硫化物。同时在高温下还能分解生成元素硫。元素硫可直接与铁作用，生成硫化亚铁。

$$Fe + S \xrightarrow{\text{高温}} FeS$$

活性硫化物腐蚀后生成的硫化亚铁，形成覆盖在金属表面的保护膜，对金属有保护作用。但是，这些腐蚀层机械强度较差，受高速流体的冲击后，腐蚀层就破坏脱落，新的金属表面又暴露在腐蚀介质中，造成局部严重腐蚀。这种现象又称为冲蚀。

高温重油部位的腐蚀常见于：加热炉管、转油线、蒸馏塔底、热油泵的叶轮等高温重油部位。这些部位的防腐措施，常采用防腐蚀材质如Cr5Mo、12CrMo合金钢，或采用涂料、衬里等。

二、低温轻油部位对金属的腐蚀

引起低温轻油部位腐蚀的主要原因是原油中含盐。按其腐蚀机理分主要有下面两类腐蚀：

1. 化学腐蚀

原油在蒸馏前虽经脱盐脱水，但其中仍含一定数量的无机盐类和水。盐类中氯化镁、氯化钙易水解生成氯化氢。

$$MgCl_2 + 2H_2O \rightleftharpoons Mg(OH)_2 + 2HCl$$

$$CaCl_2 + 2H_2O \rightleftharpoons Ca(OH)_2 + 2HCl$$

水解生成的氯化氢，在分馏塔中随轻馏分和水蒸气一起升至塔顶并馏出至冷凝冷却系统。当温度降低，水蒸气冷凝时，氯化氢溶于冷凝水中成为盐酸，形成 $HCl-H_2O$型严重腐蚀。

$$Fe + 2HCl \longrightarrow FeCl_2 + H_2$$

如果加工过程中同时存在硫化氢，金属表面受硫化氢腐蚀生成硫化亚铁，附在金属表面对金属起一定的保护作用。

$$Fe + H_2S \rightleftharpoons FeS + H_2$$

当有盐酸存在时，硫化亚铁与盐酸作用又生成氯化亚铁和H_2S。

$$FeS + 2HCl \longrightarrow FeCl_2 + H_2S$$

氯化亚铁溶于水，破坏了保护膜，又放出硫化氢，再次腐蚀金属。这类腐蚀称$H_2S-HCl-H_2O$型腐蚀。腐蚀部位集中在冷凝水出现的相变区，如分馏塔顶及塔顶冷凝冷却系统。

2。电化学腐蚀

所谓电化学腐蚀，就是金属表面与可以导电的电解质溶液相接触而形成的微电池所造成的腐蚀。

塔顶水蒸气冷凝部位，凝结在金属表面的水层，溶解了氯化氢，形成盐酸溶液。氯化氢是强电解质，水溶液是电解质溶液，此时就在金属表面形成无数微电池。

在相变区，氯化氢在水分子作用下电离，提供了H^+。

$$HCl \longrightarrow H^+ + Cl^-$$

在电解质溶液中（氯化氢溶液），进行氧化还原反应。其中电极电位低的铁为负极，在上面发生氧化过程，金属铁不断被腐蚀，亚铁离子连续进入溶液中；电极电位高的碳化铁（Fe_3C）或焊渣等杂质为正极，正极上进行还原过程，溶液中的氢离子得到电子成为氢气。

负极（Fe） $Fe - 2e \longrightarrow Fe^{2+}$（氧化）

正极（Fe_3C） $2H^+ + 2e \longrightarrow H_2\uparrow$（还原）

这种电化学腐蚀，它的速度比化学腐蚀快得多，表面越不光滑（焊缝处），电化学腐蚀就越严重。

电化学腐蚀严重的地方还有以燃烧含硫燃料的烟道内及暴露在大气中的金属表面。

针对塔顶低温轻油部位的严重腐蚀，我国各炼厂普遍采取的防腐措施是：原油脱盐、原油注碱、塔顶馏出线注氨、注缓蚀剂和碱性水的“一脱四注”综合防腐措施。长期实践证明，这是一种行之有效的防腐办法。注入位置如图Ⅱ-2-6所示。

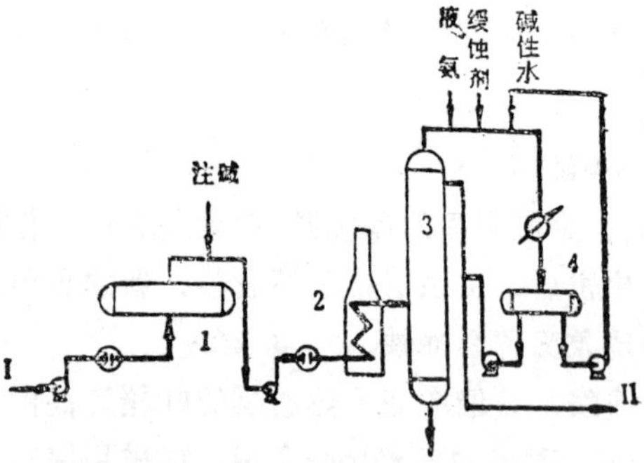

图 Ⅱ-2-6 “一脱四注”位置图

1—电脱水脱盐罐；2—常压加热炉；3—常压蒸馏塔；4—常压蒸馏塔顶回流罐；Ⅰ—原油；Ⅱ—产品

（1）原油脱盐脱水。原油脱盐减少氯化氢来源是减少低温轻油部位腐蚀的根本措施。脱盐不仅要降低总的含盐量，而且要设法降低容易水解的氯化镁、氯化钙的含量。通过二次脱盐可以收到较好的效果。

（2）原油注碱。原油脱盐后注入纯碱（Na_2CO_3）或烧碱（NaOH）溶液可以起到两方面作用：

①使原油中残留的容易水解的氯化镁、氯化钙转变为不易水解的氯化钠。

$$MgCl_2 + Na_2CO_3 \longrightarrow 2NaCl + MgCO_3$$

②中和已生成的氯化氢和原油中含有的硫化氢、环烷酸等。

$$Na_2CO_3 + 2HCl \longrightarrow 2NaCl + H_2O + CO_2$$

国内注碱液一般为纯碱(Na_2CO_3)溶液，国外一般为烧碱(NaOH)溶液。注入量一般为中和脱盐后原油中腐蚀性物质所需理论量的100～150%。对国产原油（脱盐后原油含盐量约10mg/L)的碱液注入量为10g纯碱/t原油，碱液浓度约为5%。

从防腐方面来说，注碱将获得良好的效果，但从工艺和产品质量来衡量，由于钠盐残留在渣油中，对渣油的进一步加工或作为燃料油组分，均将有一定影响。由于钠盐带入减压侧线馏分中，对溶剂精制装置也产生不良影响。并且注碱（特别是烧碱）可能引起高温部位（如辐射炉管）钢材的碱脆以及加速炉管结垢。因此，一般对装置按燃料型方案设计时应予注碱，按润滑油方案设计时不宜注碱，对深度脱盐后原油含盐量小于5mg/L时可不注碱。

（3）塔顶馏出线注氨。原油脱盐和注碱后，系统腐蚀可以大为减轻。但是，残余的氯化氢和硫化氢，仍能引起严重腐蚀。用注入氨水来中和这些酸性物质，可进一步抑制腐蚀作用。同时还可以更好的发挥缓蚀剂的保护作用。

$$NH_3 + HCl \longrightarrow NH_4Cl$$

注入位置在水冷凝以前（塔顶馏出管线），此时氨与氯化氢能充分作用，生成氯化铵，被水洗而带出冷凝系统。

氨的注入量用塔顶馏出系统冷凝水的pH值来控制。一般控制在7.5～8.5之间为好。装置注氨可以注入浓度10～20%的氨水，也可以注入气态氨。

氨中和后生成的氯化铵，当它浓度高时会沉积下来，不但会影响传热效率和引起堵塞，而且在有硫化氢存在时，会引起强烈的垢下腐蚀。因此注氨要与其他措施结合使用。

（4）塔顶馏出线注缓蚀剂。缓蚀剂有保护金属表面不被腐蚀的作用。它能被吸附在金属表面上，形成单分子的抗水保护层，使腐蚀介质不能与金属面直接接触，从而保护了金属表面不受腐蚀，且对设备和管线还具有一定的清洗作用。

缓蚀剂在一定的pH值范围内才能发挥保护金属的作用，因此必须和氨配合使用，才能收到较好的效果。

国产缓蚀剂牌号有4502（氯化烷基吡啶)，7019（脂肪族酰胺化合物)，7201（酰胺类化合物）和兰4-A（聚酰胺类化合物），前3种缓蚀剂系水溶性化合物，后一种系油溶性化合物。水溶性缓蚀剂溶液一部分注入塔顶管线注氨之后，以保护塔顶冷凝冷却系统，另一部分注入塔顶回流管线内，以防止塔顶部的腐蚀。油溶性的只注入塔顶管线注氨之后。缓蚀剂注入量一般为塔顶冷凝水量的10～15ppm，或为塔顶总馏出物的0.5ppm。通常不同原油应选用不同的缓蚀剂和不同用量。

（5）注水。塔顶管线内注氨后与氯化氢作用生成氯化铵，逐渐沉积在管线及冷凝器管壁上，造成介质阻力增大和传热速率下降，同时还产生垢下腐蚀。注水的作用主要是使氯化铵溶解于水中，以防止上述不良影响，另一方面，注入适宜水量后，可使塔顶油气急冷，而将介质初凝点移至冷凝器之前，并稀释最初冷凝下来的腐蚀性较强的冷凝液，从而减少设备和管线的腐蚀。

注入部位在塔顶冷凝器或换热器入口管线前，可用本系统的冷凝水为最好，因为此水不会污染油品，同时又能充分利用已加入的氨和缓蚀剂。

注入水量必须保证能除去生成的全部氯化铵。如果注水量过少，仅仅将氯化铵润湿，反而增加了设备和管线的腐蚀。因此连续地注入的水量应保持一定的范围，国内一般为塔顶总馏出量的5～10%。

上述"四注"措施的作用不一，因而实际生产中可根据原油的性质及装置的具体要求加以应用，可以是"两注"、"三注"或"四注"。例如大庆炼厂常减压蒸馏装置在处理大庆原油时，采用注氨和注水的"两注"措施，不但能防止塔顶系统的腐蚀，而且还可以省去汽油碱洗过程，节省了相应的碱洗设备。

第五节　常减压蒸馏的操作

一个生产装置要做到优质、高产、低消耗，除了工业设计中采用合理流程和采用先进技术外，生产中主要靠操作技术的好坏。其中包括在正常生产时，如何保持平稳操作，在生产条件改变时，如何进行调节，建立新的平衡。

一、主要操作因素分析

影响蒸馏装置平稳操作的因素很多，但必须抓住主要矛盾，找出对操作经常起作用的关键因素。对分馏塔来说主要的矛盾是全塔的物料平衡和热平衡。在操作中主要表现为各工艺参数（包括温度、压力、流量、液面等）相对保持平稳。下面针对常压和减压系统的不同目的要求，具体分析操作因素的影响。

1. 常压系统

常压系统主要设备是常压塔，它们任务是生产各种燃料油。要求控制严格的馏分组成，所以常压塔操作以提高分馏精确度为主。

分馏精确度的高低除和分馏塔的结构（如塔板形式、板间距离、塔板数）有关外，还和塔的操作分不开。影响塔的操作因素有：温度、压力、回流比、塔内蒸汽线速度、水蒸气用量和塔底液面等。

（1）温度：加热炉出口温度、塔顶温度及各侧线温度，都要严格控制平稳。其中任何一点温度波动都会影响塔的分馏效果。在原油处理量恒定的情况下，加热炉出口温度和塔顶温度是生产操作中的关键温度，一般都有仪表自动控制。若加热炉出口温度不平稳，会严重影响全塔的操作和产品质量。在原料不变的情况下，炉出口温度提高，则油品汽化量增加，带入塔内热量也增加，其他各点温度上升。若不及时相应调节，就会使产品变重。反之加热炉出口温度降低，入塔油气量及热量都减少，各点温度会相应下降，若不进行调节，就会使产品变轻。所以炉出口温度必须平稳，生产中常压炉出口温度变化要求控制在±1℃。如果炉出口温度不变，回流量、回流温度和各侧线温度有变化，也会破坏塔内热平衡，引起各处温度变化，其中塔顶温度对热平衡影响最灵敏。

（2）压力：油品汽化温度与油气分压有关，一般当吹入蒸气量一定时，油气分压与操作压力（总压）成正比。操作压力越低蒸出同样组分的油品所需要的温度越低。操作压力越高，越不利于汽化和分馏。一般常压塔在20～50kPa表压下操作。操作中如发现初馏塔和常压塔压力升高，往往是由于原油含水多，塔顶回流带水或原油处理量增大，致使塔内蒸气量最大，而引起压力增高。可能引起冲塔事故，所以操作中要密切注意压力的变化。

（3）回流比：塔顶回流是控制蒸馏塔操作的重要因素之一，塔顶回流比的大小直接影响分馏的好坏。在蒸馏操作中，随着塔内温度条件等改变，适当调节回流比（即回流量），是维持塔顶温度平稳的重要手段，从而也达到了调节产品质量的目的。回流比增大，可以改善分馏效果，但是要控制适当，太大会使塔内蒸气量过大，蒸气速度增加，造成雾沫夹带，不利于分馏。

中段回流对调节塔内蒸气负荷分布起着重要作用，其抽出位置和抽出量，影响附近侧线产品质量，必须注意调节。

（4）蒸气速度：蒸馏塔的操作需在一定的允许线速度下进行。塔内汽相线速度过高，雾沫夹带严重，分馏效果不好。但若汽相线速度过低，不仅处理量下降，而且也影响分离效果，甚至会产生漏塔（即蒸气速度过低，液体从升气管漏下），起不到分馏作用。因此，操作中要求在不超过允许线速度的前提下，尽可能提高蒸气速度，这样既不影响产品质量，又能充分提高设备处理能力。

影响塔内蒸气速度的因素很多，如处理量、回流量、吹入水蒸气量等，都应该注意及时调节。

不同类型塔板，允许蒸气速度不同。以浮阀塔板为例，常压塔一般为0.8～1.1m/s，减压塔为1.0～3.5m/s。

（5）水蒸气量：蒸馏塔内吹入水蒸气，其作用是降低油汽分压，降低油品汽化程度，有利于产品分离。吹入量变化，对塔内平衡操作影响很大，改变吹入量可以调节产品质量。但吹入量不能过大，以免增大塔内及冷凝冷却器的负荷。根据各厂经验，一般水蒸气汽提用量见表Ⅱ-2-4。

表Ⅱ-2-4 汽提蒸气用量表

操作方法	油品名称	蒸气用量，kg/100kg产品油
常压塔	溶剂油	1.5～2
	煤油	2～3.2
	轻柴油	2～3
	重柴油	2～4
	轻润滑油	2～4
	塔底重油	2～4
初馏塔	塔底油	1.2～1.5
减压塔	中、重润滑油	2～4
	残渣燃料油	2～4
	残油、汽缸油	2～5

（6）塔底液面：塔底液面的变化，反映了塔内物料平衡变化，而物料平衡又取决于温度、流量、压力的稳定。一般塔底液面波动的主要原因有：①进料量与进料性质的变化；②炉出口温度的变化；③侧线抽出量的变化；④塔顶馏出量的变化；⑤塔底抽出量的变化；⑥塔顶压力的变化；⑦汽提蒸汽量的变化；⑧仪表失灵。要经常注意这些变化，保持塔底液面平稳。

2．减压系统

减压系统是生产润滑油馏分或裂化原料，对馏分组成要求不高，只要求在馏出油残炭合格前提下，尽可能提高拔出率。如果其他条件不变，提高真空度就可增加拔出率。因此减压塔主要是以提高真空度和拔出率为主，其他因素大致与常压系统相同。

塔内汽化段真空度对减压馏分的拔出深度有决定影响。在高真空时，每改变1.33kPa(10mmHg)真空度，馏分油沸点就会变动10～20℃。所以要尽量提高减压塔汽化段真空度。影响真空度的因素除在设计上应考虑增加抽真空设备，采用干式减压蒸馏、用填料代替塔板，减少塔内压降以减少转油线压力降等措施外，操作上应考虑下列因素：

（1）降低塔顶气体导出管压力降：一般减压塔顶不出产品，采用减一线油打循环回流来控制塔顶温度，以减少塔内汽体抽出量，提高真空度。

（2）增加抽真空喷射器的效能：采用几级喷射器确定后，操作上主要是保持稳定的水蒸气压力，蒸汽压力越高，形成的真空度越大。一般蒸汽压力波动是造成真空度波动的主要原因，应予重视。

（3）塔顶冷凝冷却效果、炉出口温度及塔底液面的变化也会影响汽化段真空度。

从以上讨论的常减压装置操作因素可以看出，只要控制好装置的物料平衡和热平衡，就容易达到平稳操作。

在正常操作中，不能在产品质量出现不合格后再进行调节。必须密切注意操作中出现的不平稳苗头，及时进行调节，才能维持平稳操作，保证产品质量。正常操作调节手段多以物料平衡为基础。由于蒸馏过程是物理加工过程，没有化学变化，当原油性质一定时，各产品的量就一定了，操作中必须遵循这一客观规律。如果某一油品的馏出量高于它在原油中的潜在含量，本产品质量必然不合格；还要影响其他产品的收率，因此，操作人员很好地掌握原料性质，依据物料平衡关系来进行分析判断，对实现平稳操作是很重要的。

在常减压蒸馏装置中有几个关键参数要求严格控制，不能轻易作为调节手段，因为它们的变化对装置的平稳操作影响很大。

①炉出口温度：炉出口温度是决定汽化率和精馏塔物料平衡、热平衡的关键参数。它的波动对全塔操作影响很大，如炉出口温度升高，汽化量增大，塔底液面下降，各侧线及塔顶温度上升。为了保持塔顶温度不变，使产品质量合格，应加大塔顶回流，这样各侧线温度也会逐渐恢复正常。调节及时可能影响不大，否则将使产品质量不合格，因此这一温度必须采用自动控制仪表严格控制，波动范围仅在±1%以内。

②塔顶温度：塔顶温度为塔顶产品在该油气分压下平衡汽化露点温度。当塔的总压不变，油气分压也不变时，如塔顶温度升高，油品变重，会使干点过高。相反温度降低，油品变轻，收率下降，塔顶温度的改变，侧线温度也会相应改变，侧线产品也会受到影响。所以也必须采用自动控制仪表，严格控制。

③塔底液面：液面波动影响塔内压力，尤其对减压塔真空度影响更为显著，而压力改变就会影响产品质量。如液面降低是由于蒸发量大造成的，则塔内压力会随液面降低而升高；如由于其他原因引起液面下降，液体在塔内停留时间缩短，使蒸发量减少，压力就会因之降低。影响塔底液面变化的因素很多，因此必须针对液面变化的不同原因，采取不同的处理方法。

④塔顶压力及真空度：塔顶压力对产品有直接影响，塔顶压力除受液面影响外，还与塔底吹气量（泛汽压力）及塔顶馏出物的冷却情况等有关。例如冷却温度不够，塔顶压力将上升。

减压塔操作的关键是保持较高而且稳定的真空度。影响真空度的因素很多，操作中必须根据不同影响因素，采取不同措施。

⑤蒸汽压力：常减压蒸馏装置各塔底及侧线吹入的过热蒸汽量与蒸汽压力有关。当蒸汽压力改变时，虽然吹气开度未变，但蒸汽量会改变。这样也会影响油汽分压，影响产品质量。因此维持平稳的蒸汽压力，对稳定操作也是很重要的。对采用直接蒸汽汽提，通常采用294kPa($3kg/cm^2$)、约400℃过热蒸汽。

二、常减压蒸馏装置的操作调节

上面我们着重讨论了影响常减压装置的重要操作因素。这些因素对操作的影响都不是孤立的，是互相影响的。在实际生产中原料油性质、处理量、装置设备状况、辅助材料（水、水蒸气、燃料等）在不断变化，影响正常操作的因素很多。所以平稳操作只是相对的，不平稳是经常发生的。因此，要达到平稳操作，必须充分发挥人的积极作用，掌握变化的一般规律，全面观察分析，抓住关键参数，适当进行调节，使操作尽快稳定下来。下面对装置的主要条件变化时的调节方法作一些原则说明。

1．根据原油性质变化调节操作

原油性质变化包括原油含水量的变化和原油品种的变化。

（1）原油含水量变化：原油含水量，对常压系统操作影响很大，原油含水多，会使换热温度下降、原油泵出口压力升高、初馏塔内压力增高、液面波动，造成初馏塔操作困难。严重时会造成冲塔或塔底油泵抽空。因此，当含水量增高时，要及时补充热源，保证原油进塔温度在200℃以上。

（2）原油品种的变化：原油品种变化时，操作指标应按新换原油性质重新确定。如新换原油含轻组分多，则常压系统负荷加大，此时可适当降低常压炉出口温度。但原则上必须保证轻组分在常压系统内充分蒸发。这样既有利于产品产率，而且不影响减压系统的操作。如果原油变重时，常压塔重油多，使减压系统负荷大，这时需要适当提高常压炉出口温度，或加大常压塔水蒸气吹入量，尽可能提高常压拔出率。原油变重则减压渣油增多，操作中要注意减压塔底液面控制，以防渣油泵抽出不及时而造成冲塔。

2．根据产品质量变化调节操作

产品质量指标很多，在蒸馏装置中主要控制馏程、闪点、粘度、残炭等指标。这些都和分馏效果好坏有关。因此，从蒸馏操作来说，蒸馏装置的产品质量变化，不外乎头轻或尾重。

（1）头轻：即初馏点低、闪点低（对润滑油馏分是闪点低，粘度低）。这说明前一馏分未充分分离出来，这不仅影响本抽出线的质量，还影响上一侧线产品的收率。处理方法是提高上一侧线油品的抽出量，使塔内下降回流量减少，馏出温度升高，或者加大本侧线汽提蒸汽量，均可使轻组分被赶出，解决头轻问题。

（2）尾轻：干点偏低，使本馏分产品收率降低。这时可增大本侧线馏出量或开侧线下流阀，使本侧线馏分完全抽出。

（3）头重：初馏点偏高，常常由于上一侧线抽出量过多，可适当减少上一侧线抽出量。

（4）尾重：即馏分干点高，凝点和冰点高（对润滑油馏分表现是残炭高）。这说明下一侧线馏分中重组分被携带上来了。这样，不仅本侧线产品不合格，还影响下一侧线油品的收率。处理方法是降低本侧线油品馏出量，使下一层塔板内回流量加大，从而使温度降低，或者减少下一侧线汽提量，均可减少重组分的上升，解决尾重问题。

3，根据产品方案改变调节操作

加工方案改变，操作条件也随之改变。例如常压一线由生产灯用煤油改为生产喷气燃料，质量指标有如下差别。

	初馏点，℃	98%馏出温度，℃	闪　点，℃	相对密度d_4^{20}
喷气燃料	≯150	≯245	≮28	≯0.775
灯　　油	—	≯310	≮40	≮0.840

这些差别，决定了生产喷气燃料时，塔顶温度不能过高，否则，重组分大量进入塔顶，喷气燃料的初馏点就会超过 150℃。一侧线和二侧线温度也不能过高，否则，干点就会超过250℃。

产品质量要求是多方面的，改变操作条件满足一项质量指标的同时，要兼顾其他各项质量指标要求。如提高塔顶温度，可以提高喷气燃料的闪点和相对密度，但应注意初馏点不应超过150℃。

4．根据处理量的变化调节操作

在原油性质和加工方案没有改变的情况下，处理量的变化，全装置的负荷都要变化。在维持产品收率和确保产品质量的前提下，必须改变操作条件，使装置内各设备的物料和热量重新建立平衡。

一般原油提量时，应先升高炉出口温度，开大塔侧馏出阀，泵流量按比例提高，各塔液面维持在较低位置，做好增加负荷的准备工作。提量过程中，应随时注意各设备和设备间的物料平衡和热平衡，要设法控制炉出口温度平衡，以利于调整其它操作。

由于处理量的变化，塔顶和各侧线等处温度也应改变。例如当处理量增大时，塔内操作压力必然升高，油气分压也要升高，此时塔顶和侧线温度要相应升高，否则产品就要变轻。

习题及思考题

*石油蒸馏的基本知识

思考题

1. 什么叫汽化、蒸发、冷凝、沸腾、相平衡？
2. 什么叫泡点、露点、沸点、初馏点、终馏点？它们的区别何在？
3. 什么叫过热蒸气、过冷液体？
4. 叙述道尔顿定律及拉乌尔定律及其适用条件，并写出它们的数学表达式。
5. 相平衡的条件是什么？写出相平衡方程的通式以及二元系统的相平衡方程？它们各自的适用条件是什么？
6. 何谓挥发度、相对挥发度？它们的意义是什么？
7. 指出二元理想混合物的恒压相图中各点、线、面的意义。
8. 在二元理想混合物的t-$X(Y)$图中，指出组成为Z的溶液从相态A点加热到H点时的过程中各点温度、组成、相态的变化情况。

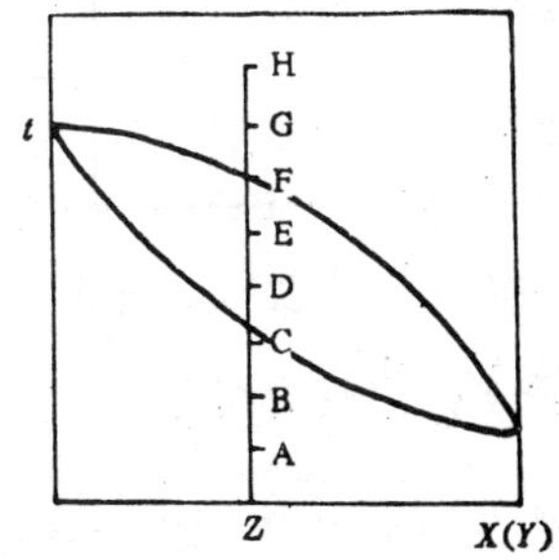

(第8题)

9. 何谓杠杆规则？
10. 混合物的汽化、冷凝有何特点？它与纯物质的汽化、冷凝有何区别？
11. 混合物的汽化、冷凝的条件是什么？方法有几种？
12. 什么叫一次汽化、渐次汽化？举出生产中应用的例子。
13. 一次汽化、渐次汽化各有何优缺点？它们间有何区别与联系？
14. 为什么一次汽化不能将混合物分成纯组分，而渐次汽化却能将混合物分成纯组分？[以$t-X(Y)$图说明]
15. 一次汽化既然不能将混合物分成纯组分，但为什么在工厂中还被广泛应用？
16. 在3种蒸馏方法的温度-馏出体积曲线图上，为什么实沸点蒸馏的初馏点最低，而终馏点最高？恩氏蒸馏为何解于二者之间？

习题

1. 设有一混合气体，用气体分析仪进行分析，气体取样100ml，首先用NaOH溶液吸收CO_2，吸收后剩余97ml，接着用焦性没食子酸溶液吸收O_2，吸收后还剩气体96ml，再用浓硫酸吸收乙烯，最后尚余63ml，已知混合气体中有CO_2、O_2，C_2H_4、H_2等4个组分，求各组分的摩尔分数及分压。设当时的气压为103.3kPa（775mmHg）。
2. 用煤气发生炉制造合成氨的原料气，原料气中各组分的体积百分含量为H_2 36%、$N_2$21%，CH_4 0.4%，CO 34%，CO_2 8%，H_2S 0.3%，在25℃，101.3kPa（1atm）下试计算原料中各组分的气体分压。

3. 容器A、B分别盛有O_2、N_2，二容器用旋塞连接，温度均为25℃，容器A的体积为250ml，内藏O_2的压力为101.3kPa（1atm），容器B的体积为1500ml，内藏N_2的压力为50.6kPa（0.5atm），当旋塞打开后，二气体均匀混合后的温度仍为25℃，计算其中气体的总压及O_2、N_2的分压。

4. 在100℃时，苯和甲苯的饱和蒸气压分别为179.1kPa（1344mmHg）、74.2kPa（557mmHg），填下表，并写出3个计算示例。

苯摩尔分数$X_苯$	0	0.1	0.2	0.3	0.4	0.5	0.6	0.7	0.8	0.9	1.0
甲苯摩尔分数$X_甲$											
$P_苯=P^0_苯\cdot X_苯$											
$P_甲=P_甲\cdot X_甲$											
$P_总$											
气相组成$Y_苯$											
$Y_甲$											

5. 已知丙烯、丙烷混合物在1.722MPa（17atm）下平均相对挥发度为1.128，设丙烯为组分1，丙烷为组分2，气、液相组分关系式为 $Y_1=\dfrac{1.128X_1}{1+0.128X_1}$，试画出Y－$X$图。

6. 计算在101.3kPa（760mmHg）、下列温度下苯和甲苯的相平衡常数、相对挥发度。并从计算中可得出什么结论？

沸　点，℃	110.6	106.2	102.2	95.3	89.4	84.4	82.2	80.1
液相组成$X_苯$	0	0.1	0.2	0.4	0.6	0.8	0.9	1.0
$P^0_苯$,kPa(mmHg)	237.4 (1781)	212.6 (1595)	191.1 (1434)	158.3 (1188)	134.2 (1007)	115.4 (866)	108.2 (812)	101.3 (760)
$P_甲$,kPa(mmHg)	101.3 (760)	89.0 (668)	79.2 (594)	64.0 (480)	53.3 (400)	45.1 (338)	41.9 (314)	39.1 (293)
$K_苯$								
$K_甲$								
$\alpha_{苯甲苯}$								

7. 苯、甲苯精馏塔要求塔顶苯摩尔分数为0.99，塔底甲苯摩尔分数为0.99，操作压力为101.3kPa（760mmHg）（绝），求塔顶、塔底温度。

8. 在上题中，测得某塔盘上操作压力为95.99kPa(720mmHg)温度为102.2℃，求此塔盘上的饱和汽、液相组成。

9. 设有一在常压操作下的苯、甲苯精馏塔，已知料液组成为$X_苯=0.500$，在泡点下液相进料，设计要求塔顶蒸汽组成为$Y_{苯}=0.95$，塔底残液组成为$X_{苯}=0.0555$，当地气压为99.6 kPa (747mmHg)，求：

（1）进料、塔顶、塔底的温度；

（2）进料、塔顶、塔底的相对挥发度；

（3）95℃时的塔盘上二相组成。

10. 苯和甲苯构成理想溶液，据下列数据，计算在不同沸点时的气、液相平衡组成，并作出t-$X(Y)$图。

温　度，℃	$P^0_{苯}$, kPa(mmHg)	$P^0_{甲苯}$, kPa(mmHg)
80.6	101.3(760)	—
85	116.9(877)	45.98(345)
90	135.4(1016)	53.98(405)
95	155.7(1168)	63.3(475)
100	179.1(1344)	74.2(557)
105	204.2(1532)	85.97(645)
110	232.99(1748)	99.0(743)
110.7		101.3(760)

11. 有200摩尔组成为0.500的苯-甲苯溶液，计算在95.3℃、101.3×10^3Pa(760mmHg)下的汽相、液相量以及汽化率。（已知在95.3℃时气，液相组成分别为0.621和0.4）

12. 胜利原油轻柴油馏分的常压恩氏蒸馏数据如下：

馏出体积，%	初馏点	10	30	50	70	90	终馏点
馏出温度，℃	239	261.8	271.5	279.2	289.1	303.9	314.3

换算为平衡汽化数据

第一章　石油的蒸馏

思考题

1. 按操作方式、原料含组分数、操作压力、操作连续性的不同，蒸馏可以分成几种形式？
2. 为什么用一次汽化、一次冷凝和渐次汽化、渐次冷凝或简单的多次汽化、多次冷凝的方法都不能满足混合物分离的要求？
3. 举例说明精馏过程的实质。
4. 精馏过程的条件是什么？
5. 一个完整的精馏塔由几部分构成？各段操作的必要条件是什么？
6. 在原油精馏中，为什么采用复合塔代替多塔系统？
7. 原油精馏塔底为什么要吹入过热水蒸气？它有何作用及局限性？
8. 原油入塔前为何一定要有一定的过汽化度？
9. 何谓“过汽化度”？它有何作用？其数值范围为多少？为什么要尽量降低“过汽化度”？
10. 回流的方式以什么区分？炼油厂常用的回流有几种？
11. 回流的作用是什么？
12. 在精馏塔精馏段中，为何越往塔顶内回流量及蒸气量均越大？
13. 在塔顶采用冷回流时，为什么在第一、二层塔板间汽液相负荷达最大？
14. 中段循环回流有何作用？为什么在油品分馏塔上经常采用，而在一般化工厂精馏塔上并不使用？

15. 减压塔的真空系统是怎样产生的？
16. 何谓“干式减压蒸馏”？此新工艺的特点何在？
17. 蒸汽喷射泵的结构和工作原理是什么？
18. 油品分馏塔中相邻二馏分的分离精确度如何表示？

计算题

计算初馏塔的物料平衡及热平衡以及顶回流量。

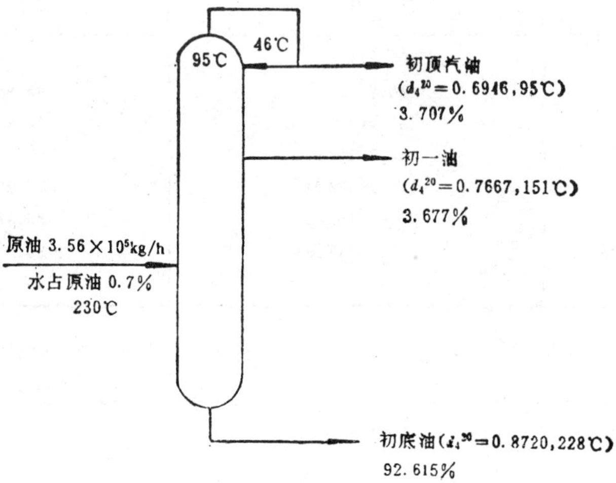

第二章 常减压蒸馏装置

思考题

1. 原油预处理的目的是什么？
2. 原油中所含盐的种类、存在形式及含盐对原油炼制加工和产品质量所带来的危害性？
3. 原油中所含水的存在形式及对石油加工的危害性？
4. 原油在脱盐之前为什么要先注水？脱后原油的含水、含盐指标应达到多少？
5. 脱盐、脱水原理和方法是什么？
6. 原油常减压蒸馏的类型有哪几种？什么叫原油的汽化段数？增加汽化段数的优缺点是什么？
7. 原油常减压蒸馏中采用初馏塔的原因是什么？设置初馏塔有什么优缺点？初馏塔是否都需要开侧线？为什么？
8. 减压塔有何特点？
9. 原油换热流程设计应遵循怎样的原则？换热流程优化的标志是什么？
10. 常、减压系统的操作目的有何不同？它们各自的操作因素有哪些？
11. 当某侧线馏出油出现下列质量情况时，应作怎样的操作调节：
    1）头轻（初馏点低或闪点低）
    2）尾重（干点高、凝点高或残炭值高）
    3）头轻尾重（馏程范围过宽）
12. 常减压蒸馏装置设备的腐蚀分几种？常用的防腐措施有哪些？它们的作用及注入部位如何？

第三篇 燃料油的生产

第一章 催 化 裂 化

第一节 概 述

一、催化裂化在炼油工业中的作用

由常减压蒸馏（一次加工）所得到的馏分油（直馏产品）在数量、品种和质量上远不能满足国防、工农业生产和人民生活的广泛需要，必须对这些馏分油进一步加工，常减压蒸馏以后的各种加工过程称为二次加工。催化裂化是炼油工业中二次加工的重要过程之一。

催化裂化的主要作用是将重质油品转化成高质量的汽油，同时也生产柴油，为发展石油化工提供更多的含烯烃的催化裂化气体。

催化裂化装置能接受多种原料，除常减压蒸馏330～500℃的直馏馏分外，脱沥青油、延迟焦化的蜡油、各种脱蜡装置的蜡膏、石蜡生产中的蜡下油等都可作为催化裂化的原料。近年来，随着重油催化裂化技术的发展，加工原料已扩大到常压重油和减压渣油，渣油催化裂化作为重油深度加工，提高经济效益的有效方法正在蓬勃地发展。同时为满足石油化工原料的需要以及节约能源、减少环境污染等因素也促进催化裂化过程的发展。

原料油经过催化裂化反应转化成汽油、柴油、气体等主要产品以及渣油、焦炭。气体可通过气体分馏为烷基化等提供原料，气体中丙烯、丁烯又是合成纤维、合成塑料、合成橡胶的原料。催化裂化汽油辛烷值可达80以上，是车用汽油的理想调合组分，催化裂化的柴油十六烷值较低，但其凝点也低，其中有含量高达40～50%的芳烃，可抽提出来作宝贵的化工原料。又因催化裂化过程是在略高于常压下操作，设备结构简单，在加工非高含硫原油时就比加氢裂化过程具有更大的优越性。因此，目前全世界约有 2/5 的炼油厂都有催化裂化装置，在我国各类型的炼油厂中大都建有催化裂化装置。

二、催化裂化发展简况

催化裂化自从1936年工业化以来，发展很快，现在它已成为石油二次加工中最重要的一个加工过程。在五十年的发展中，出现过许多型式的工业装置，其中目前还广为使用的就有近十种。

催化裂化反应是在催化剂上进行的，一般反应温度在450～500℃压力为98～196kPa（1～2kg/cm²）（表），在裂化反应过程中，除生成气体和油以外，还生成一部分焦炭沉积在催化剂表面上，在很短的时间内（如几十秒到几分钟），催化剂的活性就由于表面上的积炭增加而大大下降，这时，必须停止反应，继而用空气烧去积炭以恢复催化剂的活性，这一烧去焦炭的过程称为再生。催化裂化反应是吸热反应，而再生反应是强放热反应，为了维持一定的温度条件，必须在反应时向系统供热，而在再生时又要从系统中取热，因此一个工业

催化裂化装置必须周期性地进行反应和再生，同时又周期性地供热和取热。如何解决反应和再生、供热和取热这一对矛盾成为催化裂化工业装置型式发展的主要推动力。

根据反应-再生的基本方式不同，可以把现有的工业催化裂化装置区分为三大类：固定床、移动床和流化床。

（1）固定床：1936年最先在工业上采用的是固定床催化裂化装置，如图Ⅲ-1-1(a)所示。反应和再生交替在一个反应器中进行，为了使生产连续化，可将几个反应器并联操作。这种方法设备结构复杂，消耗钢材多，生产连续性差，因此，在工业上已被淘汰，但是在试验研究中它还有一定的使用价值。

（2）移动床：如图Ⅲ-1-1(b)所示。反应和再生分别在两个设备中进行，催化剂不断循环于反应器和再生器之间，它使反应连续化，但由于设备结构更加复杂，投资高，处理量小等缺点，也被流化床催化裂化所取代。

（3）流化床：流化床催化裂化的反应和再生也分别在两个设备中进行的，其原理和流程与移动床相似，在两器内，催化剂与油气或空气形成流化状态，这样，不但使反应连续化，而且设备结构简单，处理能力大，因而被广泛地采用。如图Ⅲ-1-1(c、d)所示的为Ⅳ型（同高并列式）流化床和高低并列式提升管。

二十多年来，由于催化剂性能和工艺技术的不断进步，反应-再生设备的构型和结构也在不断发展，按反应-再生设备的相对位置和结构的不同，国内的催化裂化装置可分为如下两大类。

- 并列式
  - 同高并列
    - 床层反应
    - 提升管反应
  - 高低平列
    - 双提升管
    - 单提升管
    - 带烧焦罐
- 同轴式
  - 汽提段在再生器稀相段上部外面
  - 汽提段在再生器稀相段内部

解放前，旧中国的炼油工业十分落后，基本上没有催化裂化加工过程。1958年在兰州炼油厂建成了移动床催化裂化装置，生产出高辛烷值的车用汽油和航空汽油，但当时所用的催化剂和设备仍然依赖进口。1965年5月在抚顺石化公司石油二厂建成了我国第一套年处理量600kt的流化催化裂化装置，填补了我国炼油技术上的一次空白，同时在兰州炼油化工总厂生产出催化剂，从此，流化催化裂化工艺随技术上的不断革新而迅速发展。

从第一套流化催化裂化装置建成以来的近20余年中，流化催化裂化技术紧跟国外技术发展步伐，不断取得进展，有些方面已经接近或赶上了世界先进水平。1974年8月在玉门炼油厂首次将120kt/a同高并列式装置改建成150kt/a高低并列式提升管催化裂化装置，并使用了分子筛（沸石）催化剂，以后相继在武汉、独山子、乌鲁木齐、南充、清江等地建成了高低并列式提升管装置及同轴式提升管装置。1989年我国催化裂化总加工能力为35.3Mt/a，占原油总加工能力的27%以上，在炼油厂二次加工装置中遥遥领先。

1972年原油催化裂化研究成果在玉门炼油厂进行工业化试验以来，掺炼渣油的工业化规模从小到大，从掺炼10%到全部处理大庆常压渣油均获成功，近几年又在进行高金属含量渣油催化裂化工艺的试验研究工作，并在两段催化裂化方面取得了较好的试验结果。

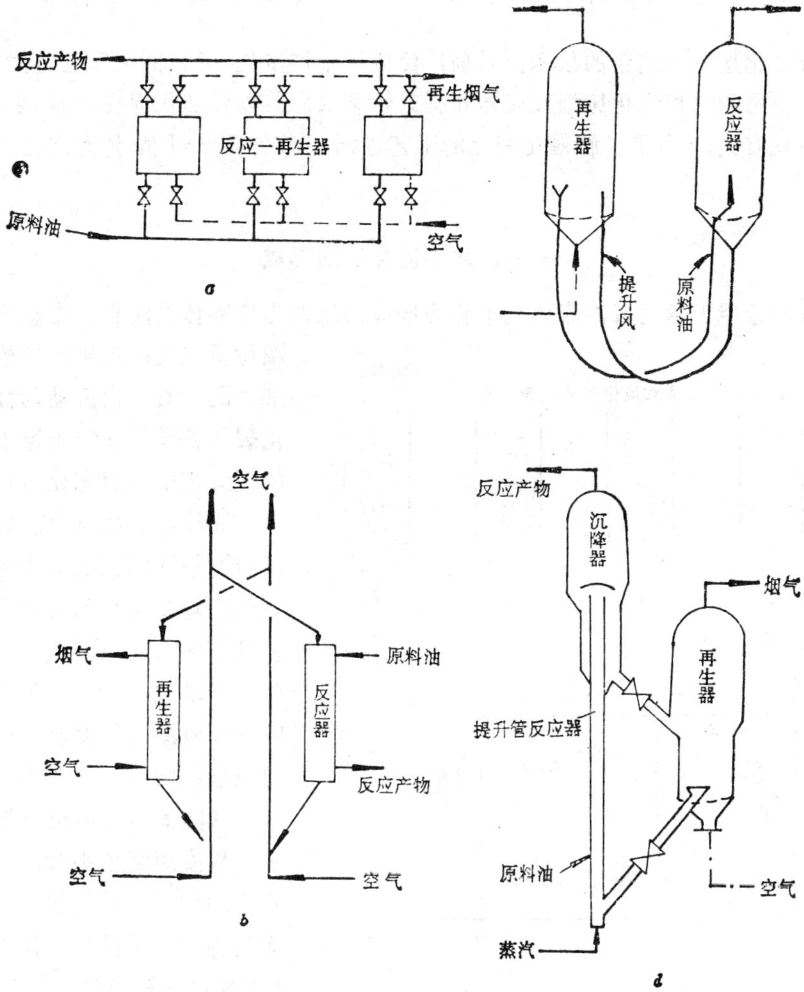

图 Ⅲ-1-1 催化裂化装置工业型式

a—固定床；*b*—移动床，*c*—Ⅳ型流化床（床层反应）；*d*—高低并列式提升管

在催化剂方面，微球催化剂从无定形硅铝发展到稀土Y型分子筛，近年来研制的Y-7型、CRC-1型催化剂在抗蒸汽老化的性能上性质优异，在活性、选择性、抗磨损等方面性能较好，基本上能满足我国渣油催化裂化工艺的要求。

在70年代中期以来，随着分子筛催化剂和提升管催化裂化的应用，在我国对于催化剂的再生也发展了许多新技术——两段再生、旋转床再生、快速床烧焦罐再生、使用CO助燃剂的完全再生等，对于三级旋风分离器及烟气轮机回收能量的试验不断完善，标志着在节能方面的进展。

我国的催化裂化在我国炼油技术努力赶超世界先进水平方面起了带头作用，催化裂化是一个正在发展的工艺过程，我们要结合我国实际情况，继承和发扬成功经验，为赶超世界先进水平作出新的贡献。

第二节　固体流态化和密相输送原理

固体流态化是一项较新的技术，目前广泛应用于许多气-固相催化反应过程。在催化裂化装置中，使用的密相流化床型反应器和提升管型反应器以及催化剂在两器间的循环输送等都与流态化有关。为了了解催化裂化的工艺过程，首先需学习固体流态化及密相输送原理。

一、固体流化床的形成

固体颗粒悬浮于运动着的流体之中称为固体的流态化或固体的流化。流态化时，由固体颗粒所组成的床层好象被流体托举起来，而具有自由流动的性质。流化催化裂化就是催化剂悬浮于油气或空气的气流之中的流态化过程。

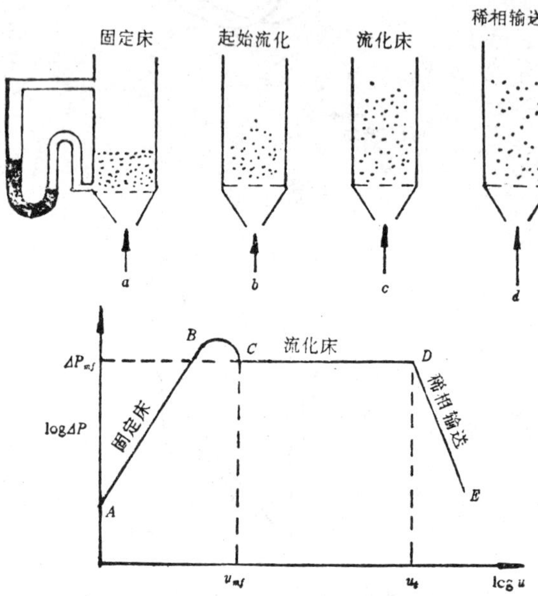

图 Ⅲ-1-2　压降与气速关系

固体流化的试验装置是在一个底部装有小孔筛板的圆筒内，装入一定量的微球状催化剂或其它固体粒子，从筒底通入压缩空气，使气流通过这些粒子堆成的床层，改变气流的速度，同时测定气流通过床层的压降。记录绘制曲线，如图Ⅲ-1-2所示。

从图Ⅲ-1-2中可以看出：

气流速度较小时，床层内颗粒并不活动，处于堆积状态，即处于固定床状态。只是随着气体流速的增大，床层压降亦随之增加。（见图中a及AB段）。

气流速度增加到B时，粒子开始松动，固定床开始膨胀，一些细粒在有限范围内运动，气流通过床层压降稍有下降，这是开始流化的信号。（见图中b及BC段）。

气流速度再增高时，固体粒子被气流悬浮起来并作不规则运动，固体粒子开始流化。此后，继续增大气速，床层继续膨胀，固体粒子运动也越激烈，但床层压降基本不变（见图中c及CD段）。

气流速度增加到D时，粒子开始被气流带走，随着床层粒子的减少，气流通过床层的压降迅速下降。气流速度再继续增大，被带出的粒子越多，最后被全部带出，床层压降下降到很小（见图中d及DE段）。

在此过程中，相当于C点的气速即开始流化的气体速度称为临界流化速度（u_{mf}）或最小流化速度。相当于D点的气速即粒子开始带出的气速称为终端速度（u_t）或带出速度。

在固定床阶段，粒子之间的空隙形成了许多弯曲的小通道，气体流过这些小通道时因有摩擦阻力而产生压降。摩擦阻力与气体流速的平方成正比。因此，气速越大，产生的床层压降也越大。

当气速增大到C点时，作用于固体颗粒上的向上的摩擦力及向下的重力达到平衡，因此，颗粒只是在气流中悬浮着并不被气体带走。此时，气体通过床层的压差等于床层固体颗粒的重量，把整个床层托起来了，即流体经过床层的阻力降ΔP就等于单位截面床层的重量。利用这个原理，在实验室或工业装置中可以通过测定流化床中不同高度的两点间的压差来计算床层中的固体藏量或床层密度。

$$\Delta P=\frac{mg}{F}$$

式中 m——床层中固体颗粒总质量，kg；

F——床层横截面积，m^2。

g——重力加速度，$9.81m/s^2$；

ΔP——床层压力降，Pa。

床层中固体颗粒总质量m等于床层的体积（$F\cdot H$）乘以床层密度，即：$m=F\cdot H\cdot\rho_{床}$，由此可得出：$\Delta P=H\cdot\rho_{床}\cdot g$，即$\rho_{床}=\dfrac{\Delta P}{H\cdot g}$

式中 H——床层（料位）高度，m；

$\rho_{床}$——床层平均密度，kg/m^3。

由上式可看出，单位高度的床层压力降等于床层平均密度。催化裂化的反应-再生系统的密度、藏量都是通过测定差压计算得来的。

由以上分析可见，要形成流化床，气体的速度必须保持在临界流化速度u_{mf}和带出速度u_t之间。

关于临界流化速度和带出速度的计算公式有多种，且它们之间有较大的误差，这里分别各推荐一个计算公式。

$$u_{mf}=8\cdot\frac{d_p^2\cdot(\rho_s-\rho_f)}{\mu}$$

$$u_t=15\cdot\frac{d_p^{1.14}\cdot(\rho_s-\rho_f)^{0.31}}{\mu^{0.43}\cdot\rho_f^{0.29}}$$

式中 u_{mf}——临界流化速度，m/s；

u_t——带出速度，m/s；

d_p——颗粒平均直径，m；

ρ_s、ρ_f——固体颗粒和气体密度，kg/m^3；

μ——气体粘度，mPa·s（毫帕·秒）。

由以上公式可以看出：当固体颗粒直径越小，气体粘度越大，则临界流化速度和带出速度越小。

在流化催化裂化中，细粒催化剂易被带出，使催化剂跑损就是这个原因。

二、提升管中的稀相输送

当气速大于带出速度u_t时，固体颗粒全部被气体带出，流化床的界面消失，这时称为稀相输送。提升管反应器就是采用稀相输送原理。在垂直管道中，用油和水蒸气将催化剂输送上去，在输送过程中完成所希望的反应。稀相输送在工业上也采用得很普遍，成为输送固体细粒的一种有效方法。

图Ⅲ-1-3表示垂直流动时，稀相气-固混合物的运动形态。当没有固体颗粒时，即当固体质量速度$G=0$时，气体线速u_0和单位管长压力降$\Delta P/L$的关系如图中直线所示。此$\Delta P/L$主要是气体流动时的摩擦压降，它随气速u_0的增大而增大。

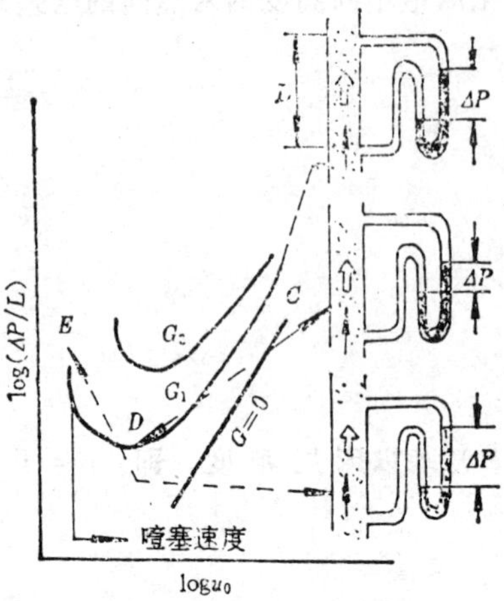

图 Ⅲ-1-3 提升管中气-固流动的形态

当固体质量速度增加至G_1时，所测压降是混合物密度产生的静压与混合物流动压降之和。当在高气速C点时，提升管内固体密度较小，流动压降占主导地位。因此，当气速下降时，静压头虽由于密度增大而增大，但摩擦压降却因气速下降而减小，故总的$\Delta P/L$下降。当气速从D点再继续下降时，管内固粒密度逐渐上升，这时气流阻力虽然降低，但固粒的静压头增大起主要作用，总的$\Delta P/L$也随之增大。当气速再降至E点时，管内密度太大，气流已不足以支持固粒，因而出现腾涌，E点处的气体表观速度称噎塞速度。

当固体质量速度增大到G_2时，曲线上移，但形式不变如图中G_2。

为了在提升管内维持良好的流动状态，管内气流必须大于噎塞速度。噎塞速度的数值主要取决于催化剂的筛分组成、颗粒密度、管内固体质量速度、管径大小等。一般工业用微球裂化催化剂用空气提升时的噎塞速度约为1.5m/s，实际工业上采用的气速在油气入口处为4.5～7.5m/s，远比噎塞速度高，但考虑到压降不宜过大，工业上也不应采用过高的气速。

图Ⅲ-1-4是提升管反应器的示意图。由再生器来的再生催化剂通过斜管上的节流滑阀进入提升管的下端，先与预提升蒸气混合，然后与原料气混合，气-固混合物呈稀相状态同时向上流动，在提升管出口，反应后的油气与催化剂分离，催化剂下落构成密相床层，然后进入汽提段，油气上至顶部引出。

在提升管反应器中，催化剂和油气接近同向流动，在理想情况下，二者应是同速同向流动，这时反应器的效率是最高的，在实际情况下，因为催化剂颗粒是被油气携带上去的，它的上行速度总要比油气速度慢些，这种现象称作催化剂滑落现象。气体线速u与催化剂线速u_s之比称为滑落系数。在催化剂被加速以后，催化剂速度应等于u与催化剂自由降落速度u_t之差。这样：

$$滑落系数=\frac{u}{u_s}=\frac{u}{u-u_t}$$

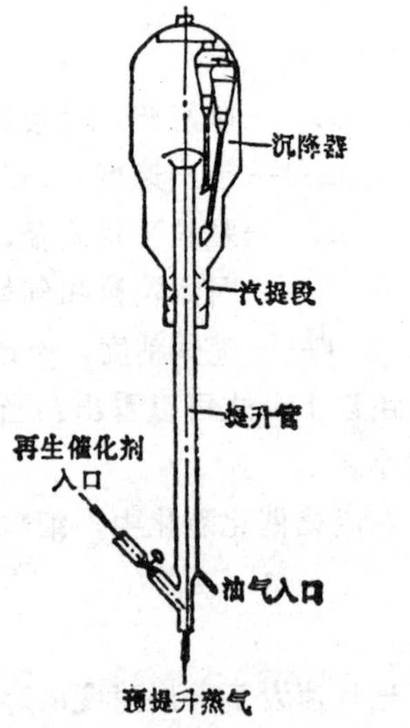

图 Ⅲ-1-4 提升管反应器简图

显然，在油气速度比催化剂自由降落速度高得多时，滑落系数接近1。在$u_t=0.6～1.2$m/s范围内，滑落系数和油气速度的关系如图Ⅲ-1-5。由图可见，当气速超过20m/s左右时，滑落系数的变化就不大了，此外，在比较高的油气速度下，可以大大减少催化剂在管壁处的局部密集，这一点也具有实际意义。

在提升管反应器的实际操作中，催化剂和油气之间的接触，在沿着提升管的不同高度而发生着复杂的变化，这是由于随着反应的进行，气体的体积增大，气速逐渐增高，滑落系数逐渐减小，催化剂由比较低的初速逐渐加快到接近油气的速度，一般在提升管出口处的速度为9～15m/s。

三、床层反应器和提升管反应器的比较

1. *床层反应器*

在床层反应器中使用颗粒小、比表面积大的催化剂，催化剂与气流在床层中处于激烈的搅动状态，因此，流化床反应器有如下优点：

（1）由于催化剂的颗粒小、比表面积大，给反应提供了更大的催化表面，从而加速了反应的进行。

（2）由于床层内气固混合搅拌剧烈，提高了传质传热速度，使床层温度均匀，避免了局部过热现象。

（3）由于催化剂输送方便，可以采用较高的剂油比，提高了反应强度。

（4）固体粒子的流态化，便于实现自动化和连续化。

这些优点集中反映在反应器处理能力大、结构简单，体积小以及操作控制方便。

但在流化床中，由于气体主要以气泡形式向上运动，造成了再生催化剂和待生催化剂以及原料和产品的返混，同时，气泡里的气体（反应物）和催化剂接触很差，往往未经反应就离开床层，这对催化反应很不利。特别是这些气泡还会互相联成大气泡，严重时会形成一层气泡，一层催化剂，这种现象叫气节或“腾涌”，当大气泡把催化剂层托到床层顶部时，气泡破裂，催化剂突然下落、不但影响了反应深度，还使反应器压力波动大。由于气泡在床层中分布不均匀，使气流在床层中形成短路，这种现象叫沟流。沟流会降低催化剂的效率和寿命以及转化率，同时对设备也有损害。

2. *提升管反应器*

高活性高选择性的分子筛的出现，促进了提升管反应器的发展，并可以完全取代床层反应。由于使用的催化剂的性能和催化剂再生工艺的改进，使提升管反应有如下的特点：

（1）*改善了产品产率* 提升管反应器油气和催化剂是同向流动，从而减少了返混，由于催化剂活性高、与油气接触时间短，且在出口一般都设置了快速分离装置，这样就减少了

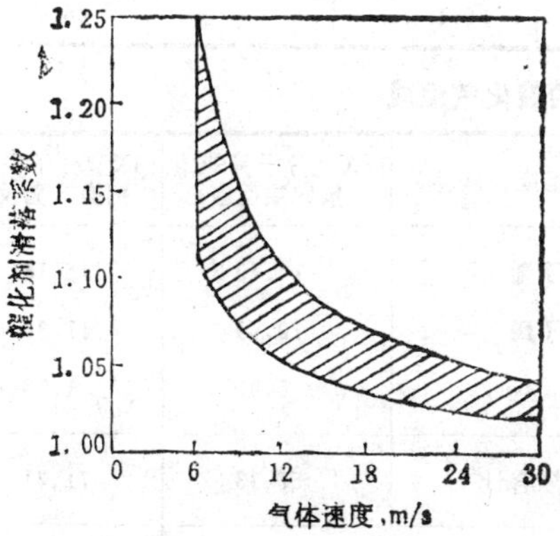

图 Ⅲ-1-5 气体线速对催化剂滑落系数的影响

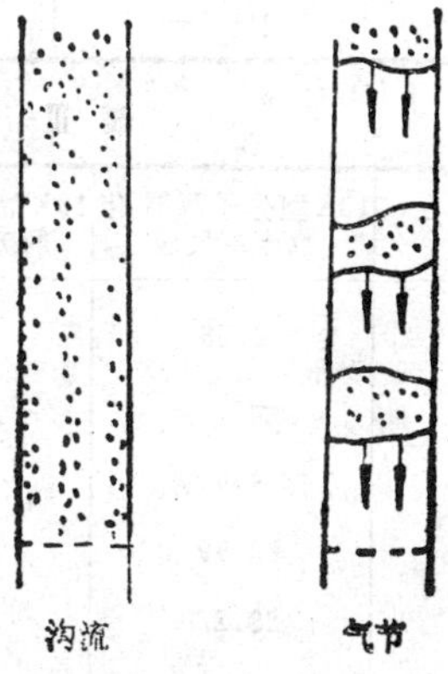

图 Ⅲ-1-6 沟流和气节

二次反应，改善了反应的产品分布，减少了焦炭及干气的产率，提高了轻质油收率。表Ⅲ-1-1是玉门炼油厂床层反应和提升管反应的主要操作条件和产品收率，从表列数据看出，在同样使用13X型催化剂条件下，提升管反应的轻质油收率较高，而干气、焦炭产率较低，使装置经济效益大为提高。由于提升管反应减少了二次反应，使液化气中的烯烃含量增加，有利于进一步加工和综合利用。表Ⅲ-1-2列出了玉门炼油厂在使用13X型催化剂时二种反应器生成液化气的组成。提升管反应的液化气中烯烃含量高达71.21%，而床层反应仅为57.33%。

表 Ⅲ-1-1 玉门炼油厂床层反应和提升管反应催化裂化装置的操作数据

项目	床层反应		提升管反应			
	汽油方案	汽油方案	汽油方案	汽油方案	柴油方案	汽油方案
1.使用的催化剂	无定形硅铝	13X	13X	MZ-3	13X	Y-5
2.主要操作条件						
处理量,t/d	336	372	420	450	370	450
反应温度,℃	490	492	496	510	485	510
再生温度,℃	590	625	627	665	631	660
反应压力,kPa(kg/cm²)	73 55(0.75)	88.26(0.90)	105.91(1.08)	107.87(1.10)	105.91(1.08)	105.42(1.075)
再生压力,kPa(kg/cm²)	73.55 0.75)	88.26(0.90)	117.68(1.20)	117.68(1.20)	117.68(1.20)	120.13(1.225)
回炼比	1.64	0.813	0.891	0.449	1.49	0.683
剂油比	6.5	6.47	4.42	5.13	2.924	4.44
再生剂含碳,%(重)	0.42	0.38	0.23	0.20	0.19	0.31
3.产品产率,%(重)						
干气	3.9	4.87	2.53	3.65	2.59	4.04
液化气	14.50	13.54	17.25	14.00	12.25	18.10
汽油	47.70	50.30	51.00	54.33	37.50	50.12
轻柴油	19.40	23.40	24.70	21.24	41.76	22.10
重柴油	5.95	—	—	—	—	—
焦炭	7.84	7.89	5.52	6.72	5.06	5.54
损失	0.71	—	-1.0	0.06	0.84	0.10
轻质油收率	67.10	73.7	75.70	75.57	79.26	72.22
转化率	74.65	76.6	75.30	78.76	58.24	77.90
4.产品质量						
汽油辛烷值(马法达)	79	78	78	79	—	—
诱导期,min	—	—	—	7490	—	7485
柴油十六烷值	37.56	—	46.5	45.8	—	45.99
碘值,g/100g	—	—	10.1	6.1	—	26.1

表 Ⅲ-1-2 催化裂化装置的液化气组成

液化气组成,%(体)	13X型分子筛催化剂床层反应	13X型分子筛催化剂提升管反应	液化气组成,%(体)	13X型分子筛催化剂床层反应	13X型分子筛催化剂提升管反应
甲烷	0.55	4.03	1-丁烯	14.40	15.18
乙烷	—	10.8	2-丁烯	12.94	11.39
丙烷	9.6	44.64	戊烷	5.07	1.36
丙烯	29.99	10.30	烯烃合计	57.33	71.21
异丁烷	23.27	2.30	烷烃合计	42.66	28.79
正丁烷	4.17				

（2）操作弹性好　提升管反应器具有较好的操作弹性，处理量可以在较大范围内变化，而且操作方便，产品收率仍可维持在较高水平。在使用Y型催化剂时，玉门炼油厂最大处理量达554.6t/d，而最低处理量只有336.05t/d，轻质油收率分别为77.34%和83.68%，转化率分别为80.79%和61.85%，汽油收率分别为58.13%和45.53%。可以看出，提升管反应器可以适应处理量较大幅度的变化。

（3）较好的灵活性　提升管反应器可以通过反应温度、催化剂活性及催化剂等条件的变化，实现不同的方案，以多产汽油、轻柴油或作为进一步加工的原料——液化气。

①多产汽油：一般说，分子筛催化剂提升管裂化多产汽油的效果是十分显著的。国外提升管裂化操作大多以多产汽油为主要目的，操作条件为较高的反应温度（500～510℃），低回炼比或单程操作，短反应时间（1～4s）。玉门炼油厂用无定形催化剂床层裂化的汽油产率为47.7%，提升管裂化使用13X分子筛催化剂汽油产率为51.0%。

②多产柴油：增产柴油对发展我国农业和交通运输业有着重大意义，采用较缓和的操作条件，即较低的反应温度（460～470℃），较大的回炼比，可以达到增产柴油的目的，同时柴油的质量也有所提高。玉门炼油厂用无定形催化剂床层裂化的柴油产率19.40%，十六烷值为37.56，提升管裂化使用13X型分子筛催化剂轻柴油产率24.70%，十六烷值为46.5。

③多产气体：增产气体烯烃对发展我国石油化工有重大意义，使用较苛刻的反应条件（主要是提高反应温度），可以增产气体——丙烯、丁烯，同时对所产汽油的辛烷值也略有提高。

提升管反应器的灵活性还体现在可以使用性质各异的原料。从馏分很宽的蜡油到残炭及金属含量较高的渣油均可作为它的原料。我国有的炼油厂已进行了大庆原油全常压渣油的生产，得到了较好的产品收率。

（4）处理能力大　提升管反应器由于采用了分子筛催化剂大大提高了反应强度，使裂化反应在提升管内以很短时间内完成，而沉降器仅作为分离催化剂的容器，因而可以大大提高反应部分的处理能力，同时可使回炼比降低，并由于提高操作压力及采用了快速分离技术，在不改动沉降器及旋风分离器的情况下，增建提升管反应器可以大幅度提高处理能力。当然，再生系统必需与反应系统相匹配。

（5）产品质量提高　使用分子筛催化剂和提升管反应后，除汽油的辛烷值变化不大或稍有下降外，其它均有提高，抚顺石化公司石油二厂1980年产品与1965年相比，汽油辛烷值下降了三个单位，而诱导期则由约250min提高到560～735min，柴油十六烷值也由36～38提高到40以上，溴价均有下降，即安定性大为改善。

（6）控制灵活　在同高并列床层裂化装置中，催化剂的循环量调节不灵敏，而在提升管反应器中充分利用了催化剂的料位——斜管输送，因而二个系统可用单动滑阀来调节，且提升管具有较好的催化剂流动性能，目前，国内各装置的提升管内尚未出现过流化方面的问题，如噎塞等。

（7）对再生催化剂含炭要求较高　为了充分发挥分子筛催化剂的作用，催化剂必须保持较干净的状态，使反应原料油能够与分子筛本身接触，因此，对再生催化剂的含碳量要求降低到0.3%以下（按汽油方案生产时，应低于0.2%，柴油方案时应低于0.3%），才能充分发挥其高活性、高选择性的优点。

（8）适合处理重质原料　提升管反应器的反应时间比床层反应器少得多，二次反应减少，因此，更适合于处理重质原料。

现将提升管反应器和密相输送流化床反应器的主要不同点的比较列于表Ⅲ-1-3。

表 Ⅲ-1-3 床层反应器和提升管反应器的比较（装置处理能力同为600kt/a）

项 目	床层反应	提升管反应	项 目	床层反应	提升管反应
催化剂	无定型硅铝剂	分子筛催化剂	反应器尺寸,(m)直径	3.66	0.8～0.9
催化剂活性	低	高		高度4.5	长度3.2
流动状态	流化床	稀相输送，同向流动	油气线速,m/s	0.5～1.0	进口4～7,出口9～15
温度分布	较均匀	上下部温度有变化	空间速度,h^{-1}	约10	100以上
产品选择性	较差	较好	催化剂表观密度,kg/m^3	250～400	30～60
操作灵活性	较差	灵活性大	反应器内剂藏量;t	10～15	约1

从表中可知，对600kt/a的催化裂化装置来说，为完成所需要的反应，床层反应器中无定形硅铝催化剂的藏量约为10～15t，而提升管反应器中分子筛催化剂仅为1t，且在选择性和操作灵活性等方面也比床层反应优越。

四、密相输送原理

流化催化裂化装置的催化剂需要周期性地进行反应和再生，因此，需要大量的催化剂在两器间按指定路线进行循环，能否实现稳定的催化剂输送以保证催化剂的正常循环，在设计和生产中都是非常重要的问题。

固体输送按气体中固体含量不同和气速不同，可分为密相输送和稀相输送，区分大致的范围如下：

	气速，m/s	密度，kg/m^3
密相输送	＜8	＞100
稀相输送	8～30	＜100

在催化裂化装置中U型管输送、汽提段催化剂移动、斜管输送、旋风分离器料腿输送等均属密相输送。提升管反应器内催化剂输送、装料管和卸料管的催化剂输送属稀相输送。

密相输送常以少量气体输送大量固体，输送推动力为静压差，用以克服沿程摩擦力。

密相输送原理示意图如图Ⅲ-1-7所示。在一U型管中放入密度为ρ_1的流体，如水银，此时，在U型管底部的A点所受到的来自左侧和右侧的压力相等，均为$P=\rho_1 h_1 g$，故A点处于平衡状态。如图Ⅲ-1-7中（a）。

如果把U型管右侧一段密度为ρ_1的流体换成密度为ρ_2的流体，如水，且$\rho_2<\rho_1$，这时管底A点所来自左、右侧的压力就不等了。如图Ⅲ-1-7中（b）。

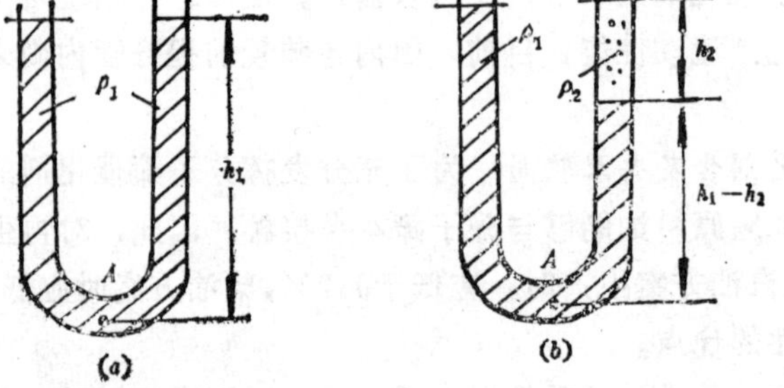

图 Ⅲ-1-7 密相输送原理

左侧：$P_{左}=\rho_1 h_1 g$

右侧：$P_{右}=\rho_2 h_2 g+\rho_1(h_1-h_2)g$

两侧静压差：$\Delta P=P_{左}-P_{右}=h_2(\rho_1-\rho_2)g$（$g$为重力加速度，$9.81m/s^2$）。

此静压差就是输送推动力，使流体自左向右运动。

在IV型催化裂化装置中，催化剂在再生器和反应器之间循环输送是用U型管连接起来的，在待生U型管再生器一端通入增压风，在再生U型管反应器一端通入原料油气，形成较低的流化密度，以产生U型管二端料柱的静压差，使催化剂定向流动，见图Ⅲ-1-8。

同高并列式流化催化裂化装置的U型管中的催化剂密度为400～600kg/m³，再生密相提升管中约200～400kg/m³，反应稀相提升管中约100～200kg/m³。

为保持U型管在流化状态下进行密相输送，需用蒸汽或空气进行松动。

提升管催化裂化装置利用斜管进行催化剂输送，如图Ⅲ-1-9推动力主要由斜管催化剂料柱静压力造成。

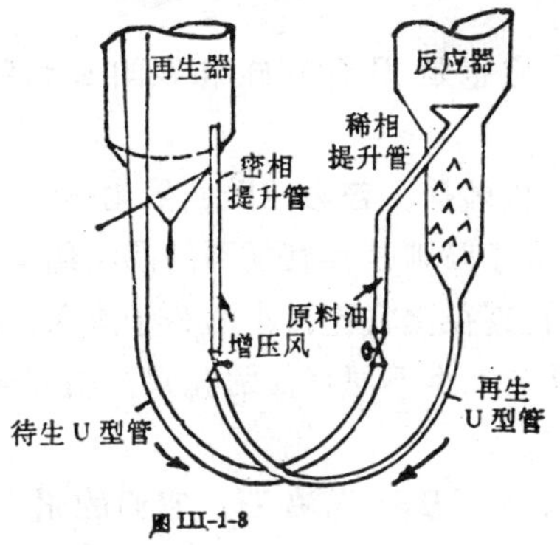

图 Ⅲ-1-8 密相输送

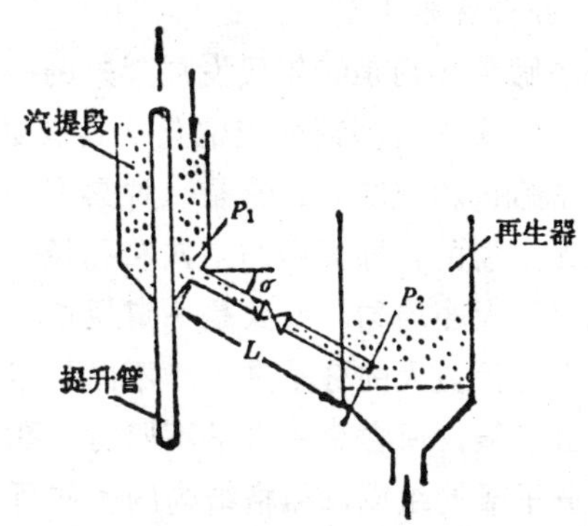

图 Ⅲ-1-9 斜管密相输送原理图

推动力 $\Delta P=L\cdot\sin\theta\cdot\rho\cdot g$

斜管中催化剂静压力还起着防止斜管二端气体反窜的料封作用。

在生产中，进料量基本规定，因此，经常调节催化剂循环量的主要手段，对IV型催化裂化装置是增压风流量，对斜管输送是通过滑阀开度来调节。

第三节 催化裂化催化剂

催化剂的作用是改变化学反应速度，由于催化剂可以有选择地促进某些反应，因此，催化剂不仅对某些化学反应的速度（对一定的反应器来说就是处理能力），而且对目的产品的产率和质量、生产成本、操作条件、工艺过程、设备型式都有重要影响。流化催化裂化的发展和催化剂的发展是分不开的，尤其是分子筛催化剂的发展促进了催化裂化工艺的重大改革。

一、裂化催化剂的分类

1. 无定型硅酸铝催化剂

最初使用的是处理过的天然活性白土，其主要成分是硅酸铝，后来人工合成的硅酸铝由于具有更高的稳定性而被广泛应用。

硅酸铝催化剂的主要成份是氧化硅和氧化铝，依据含量的不同又分为低铝和高铝二种，低铝硅酸铝含$Al_2O_3$10～13%，高铝硅酸铝含Al_2O_3约25%，它们的大致化学组成见表Ⅲ-1-4，依颗粒大小又可分为小球状（直径在3～6mm）和微球状（直径在40～80μm）。其中Al_2O_3、SiO_2和少量水是必要的活性组分。

表 Ⅲ-1-4 硅酸铝催化剂的组成

组　分	低　铝	高　铝	组　分	低　铝	高　铝
SiO_2,%干基	86	74	Fe_2O_3,%干基	0.05	0.05
Al_2O_3,%干基	13	25	SO_4^{2-},%干基	0.2	0.5
Na_2O,%干基	0.01	0.03	615℃灼烧减量,%湿基	10	12

合成硅酸铝催化剂是由硅酸钠（水玻璃）和硫酸铝按一定比例配合生成凝胶，再经过水洗、过滤、成型、干燥、活化等步骤制成。

2. 分子筛催化剂

分子筛催化剂是60年代发展起来的一种新型催化剂，它也是用含有硅和铝的原料制成的，它比无定型硅酸铝催化剂具有更好的使用性能。

分子筛也称泡沸石，它是一种具有一定晶格结构的铝硅酸盐。普通硅酸铝催化剂的微孔结构是无定型的，即其中的空穴和孔径是很不均匀的，而分子筛则是具有规则的晶格结构，它的孔穴直径大小均匀，好象是一定规格的筛子一样，只能让直径比它孔径小的分子进入，而不能让比它孔径更大的分子进入。不同晶格结构的分子筛具有大小不同直径的孔穴，相同晶格结构的分子筛，所含金属离子不同时，孔穴的直径也不同。

按分子筛的组成及晶格结构的不同可分为A型、X型、Y型及丝光沸石，它们的孔径及组成见表Ⅲ-1-5。

表 Ⅲ-1-5 分子筛的孔径和化学组成

类　型	孔径,nm(Å)	单元晶胞化学组成	硅铝原子比
4A	0.4(4)	$Na_{12}[(AlO_2)_{12}(SiO_2)_{12}]\cdot27H_2O$	1:1
5A	0.5(5)	$Na_{2.6}Ca_{4.7}[(AlO_2)_{12}(SiO_2)_{12}]\cdot31H_2O$	1:1
13X	0.9(9)	$Na_{86}[AlO_2)_{86}(SiO_2)_{106}]\cdot264H_2O$	1.5～2.5:1
Y	0.9(9)	$Na_{56}[AlO_2)_{56}(SiO_2)_{136}]\cdot264H_2O$	2.5～5:1
丝光沸石	平均0.66(6.6)	$Na_8[AlO_2)_8(SiO_2)_{40}]\cdot24H_2O$	5:1

注：$1nm=10^{-9}m$，$1Å=10^{-10}m$。

目前工业上使用的主要是X型和Y型两种分子筛，这两种分子筛的晶格结构相同，其主要差别是其中的硅铝原子比不同，不同硅铝比使分子筛的物理和化学性质都有变化，硅铝比越高，分子筛的热稳定性和水蒸气稳定性都随着提高。

图Ⅲ-1-11是X型、Y型分子筛的单元晶胞结构，每个单元晶胞由八个削角八面体组成（见图Ⅲ-1-10），削角八面体的每个顶端是Si或Al原子，其间由氧原子相连接。由于削角八面体的连接方式不同，可形成不同品种的分子筛。A型分子筛是由四个削角八面体围成，孔道由八元环组成，直径为0.42nm(4.2Å)，X型和Y型分子筛由八个削角八面体围成，孔道由十二元环组成，直径为0.9nm(9Å)，这种孔道是催化反应进行的主要场所，见图Ⅲ-1-11。

人工合成的分子筛是含钠离子的分子筛，这种分子筛没有催化活性。分子筛中的钠离子

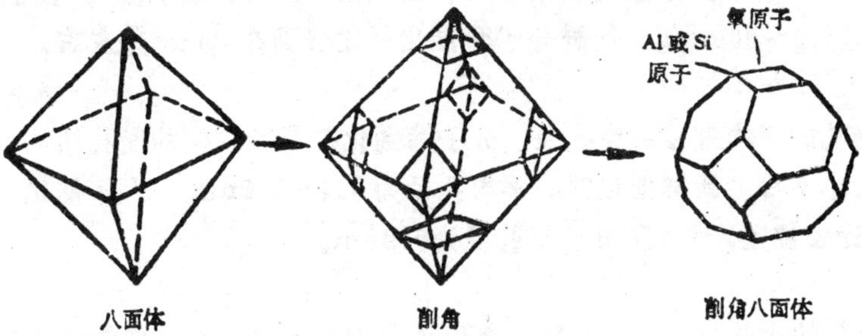

图 Ⅲ-1-10 削角八面体

可以被氢离子、稀土金属离子（如铈、镧、镨等）等取代，经过离子交换的分子筛的活性比硅酸铝的高出上百倍，这样过高活性不宜直接用作裂化催化剂。作为裂化催化剂时，一般将分子筛均匀分布在担体上，担体通常采用无定形硅酸铝、白土等具有裂化活性的物质。目前工业上所采用的分子筛催化剂一般含5～15%的分子筛，其余的是主要起稀释作用的担体。近年来，催化剂中分子筛含量有进一步提高趋势。

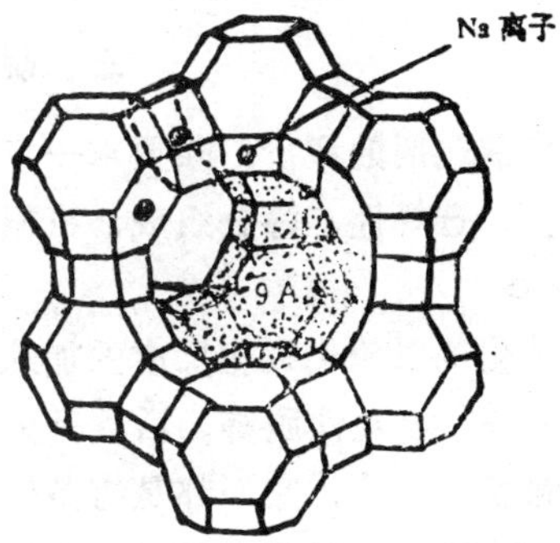

图 Ⅲ-1-11 X型、Y型分子筛的晶体结构（八面沸石笼）

二、裂化催化剂的物理性质

1．密度

由于裂化催化剂是微球（小球）状的多孔性物质，故其密度有几种不同表示方法。

（1）真实密度：颗粒骨架本身所具有的密度，即颗粒的质量与骨架实体所占体积之比，又称骨架密度，一般2～2.2g/cm^3。

（2）颗粒密度：把微孔体积算在内的单个颗粒的密度，一般是0.9～1.2g/cm^3。

（3）堆积密度：催化剂堆积时包括孔体积和颗粒间的空隙体积的密度，一般在0.5～0.8g/cm^3。

对于微球状催化剂又可按测定方法分成：

①松动状态：催化剂装入量筒内经摇动后，待催化剂则全部落下时，立即读取的体积所计算得的密度。

②沉降状态：上述量筒中的催化剂静置两分钟后，由读取的体积计算的密度。

③密实状态：将量筒中的催化剂在桌子上振动数次至体积不变时，由读取的体积计算的密度。

2．孔体积

单位质量催化剂内部微孔的总体积为孔体积，以ml/g表示。其中微孔所占据的体积要占整个颗粒体积的1/3～1/2。一般低铝催化剂在0.6～0.7ml/g，高铝的可达0.84ml/g，纯的X型和Y型分子筛为0.35ml/g，加入硅酸铝担体的分子筛催化剂为0.65ml/g。

3．比表面积

单位质量催化剂所具有的内、外表面积之和称为比表面积，以m^2/g表示。通常比表面积大，活性也大。一般新鲜硅酸铝催化剂比表面积在500～700m^2/g。平衡催化剂比表面降为100m^2/g，甚至40～80m^2/g，新鲜分子筛催化剂比表面在900m^2/g左右。

4. 孔径

各种大小微孔的平均直径称为孔径。分子筛催化剂具有均匀的微孔结构，一般裂化催化剂的微孔直径大小不等。新鲜催化剂的平均孔径为0.4～0.8nm，平衡催化剂为0.9～12.5nm，分子筛孔径较规则，例Y型分子筛孔径为0.9nm。

5. 比热

硅酸铝催化剂的比热与硅铝比有关，高铝催化剂的比热较大，低铝催化剂的比热较小，约1.086kJ/(kg·K)[0.26kcal/(kg·℃)]。

三、裂化催化剂的使用性能

对裂化催化剂的评价，除要求一定的物理性能外，还需有一些与生产情况直接关联的指标，如活性、选择性、筛分组成、机械强度等。

1. 活性

裂化催化剂对催化裂化反应的加速能力称为活性。活性的大小决定于催化剂的化学组成、制备方法、物理性质等。活性是评价催化剂促进化学反应能力的重要指标。工业上有好几种测定和表示方法，它们都是有条件性的。目前各国测定活性的方法都不统一，但是原则上都是取一种标准原料油，通过装在固定床中的待测定的催化剂，在一定的裂化条件下进行催化裂化反应，得到一定干点的汽油重量产率（包括汽油蒸馏损失的一部分）作为催化剂的活性。

对于硅酸铝催化剂，国内多采用$D+L$活性法。它采用的标准原料油是大庆原油的230～350℃的馏分，测定的条件是：

反应温度	500℃
体积空速	$2h^{-1}$
装入催化剂	25ml 或 100ml
通油时间	1h

反应所得干点为204℃的汽油产率，包括损失的汽油轻馏分，即为该催化剂的活性，用$(D+L)$%表示。

工业生产上为快速测定催化剂的活性以及时地调整生产操作，经常采用简便的间接测定法——KOH指数法。裂化催化剂的活性与其表面的酸性直接有关，而酸性强弱可以用KOH溶液来滴定。每克催化剂所需的KOH毫克当量叫做KOH指数，然后由经验图表得相应的催化剂$D+L$活性。

对高活性的分子筛催化剂，采用了微活性法测定催化剂的活性。测定的条件是：

反应温度	460℃	催化剂用量	5g
反应时间	70s	催化剂颗粒直径	20～40目
剂油比	3.2	标准原料油	大港原油235～337℃馏分
重量空速	$16h^{-1}$	原料油用量	1.5g

所得产物中的(<204℃汽油＋气体＋焦炭)重量占总进料量的百分数即为该催化剂的微活性。

新鲜催化剂有比较高的活性，但是在使用时由于高温、积炭、水蒸气、重金属污染等影响后，使活性开始下降很快，以后缓慢下降。在生产装置中，为使活性保持在一个稳定的水平上以及补充生产中损失的部分催化剂，需补入一定量的新鲜催化剂，此时的活性称为平衡催化剂活性。普通硅酸铝的平衡活性一般在26～30左右（$D+L$活性），分子筛催化剂的平衡活性为60～70（微活性）。

活性是催化剂最主要的使用指标，在一定体积的反应器中，催化剂装入量一定；活性越高，则处理原料油的量越大，若处理量相同，则所需的反应器体积可缩小。

2。选择性

在催化反应过程中，希望催化剂能有效地促进理想反应，抑制非理想反应，最大限度增加目的产品，所谓选择性是表示催化剂能增加目的产品（轻质油品）和改善产品质量的能力。活性高的催化剂，其选择性不一定好，所以不能单以活性高低来评价催化剂的使用性能。

对裂化催化剂的选择性，常以汽油产率与转化率之比或汽油产率与焦炭产率之比以及汽油产率与气体产率之比来表示。我国的催化裂化除生产汽油外，还希望多产柴油及气体烯烃，因此，也可以从这个角度来评价催化剂的选择性。

选择性与催化剂表面结构有关，分子筛催化剂比无定形硅酸铝催化剂有更好的选择性，表现在气体、焦炭产率低、轻质油收率高、生产灵活性大、产品质量好。Y型分子筛比X型分子筛的选择性好。

3。稳定性

催化剂在使用过程中保持其活性的能力称稳定性。在催化裂化过程中，催化剂需反复经历反应和再生两个不同阶段，长期处于高温和水蒸气作用下，这就要求催化剂在苛刻的工作条件下，活性和选择性能长时间地维持在一定水平上。催化剂在高温和水蒸气的作用下，使物理性质发生变化、活性下降的现象称为老化。也就是说，催化剂耐高温和水蒸气老化的能力就是催化剂的稳定性。

在生产过程中，催化剂的活性和选择性都在不断地变化，这种变化分二种：一种是活性逐渐下降而选择性无明显的变化，这主要是由于高温和水蒸气的作用，使催化剂的微孔直径扩大，比表面减少而引起活性下降。对于这种情况，提出热稳定性和蒸气稳定性二种指标。另一种是活性下降同时，选择性变差，这主要是由于重金属及含硫、含氮化合物等使催化剂发生中毒之故。

一般高铝硅酸铝催化剂的稳定性比低铝的好，而分子筛催化剂的稳定性则更高。在分子筛催化剂中，Y型的稳定性比X型的好。因此，分子筛催化剂可采用高温再生操作，硅铝催化剂再生温度为590～610℃，而分子筛催化剂可达650～680℃，对烧焦罐型再生器的设计温度可达730～750℃。这样可以提高再生时的烧焦速度，降低再生催化剂的含碳量。

4。再生性

经过裂化反应后的催化剂，由于表面积炭覆盖了活性中心，而使裂化活性迅速下降，这种表面积炭可以在高温下用空气烧掉，使活性中心重新暴露而恢复活性，这一过程称为再生。催化剂的再生性能是指其表面积炭是否容易烧掉，这一性能在实际生产中有着重要的意义，因为一个工业催化裂化装置中，决定设备生产能力的关键往往是再生器的负荷。

若再生效果差，再生催化剂含碳量过高时，则会大大降低转化率，使汽油、气体、焦炭产率下降，且汽油的溴价上升、感应期下降，柴油的十六烷值上升而实际胶质下降。表Ⅲ-1-6是催化剂含炭量对提升管裂化反应的影响。

再生速度与催化剂物理性质有密切关系，大孔径、小颗粒的催化剂有利于气体的扩散，使空气易于达到内表面，燃烧产物也易逸出，故有较高的再生速度。

表 Ⅲ-1-6 再生剂含碳对提升管反应的影响

项　目	再生剂含碳，%(重)			项　目	再生剂含碳，%(重)		
	0.16	0.46	0.62		0.16	0.46	0.62
产品收率，%(重)				焦　炭	2.4	1.8	1.5
C_1及C_2	1.3	1.4	1.5	损　失	−0.1	0.6	0.3
丙　烷	6.0	4.8	4.3	转化率	80.0	56.5	46.8
丙　烯	5.0	4.1	3.5	产品性质			
总C_4烷烃	11.3	3.3	7.6	汽油辛烷值	—	—	79.0
总C_4烯烃	7.0	6.4	5.3	汽油溴价	84	107	115
汽油	47.1	38.6	31.6	轻柴油十六烷值	33	37	40
轻柴油	13.5	12.9	13.3	轻柴油凝点，℃	−14	−14	−14
重柴油	18.5	30.6	39.9				

注：原料油：大庆原油减压二、三线；催化剂：稀土Y-2型；提升管温度(出口/入口)：500℃/530℃；反应压力：68.7 kPa〔0.7kg/cm²(表)〕；剂油比-10

对再生催化剂的含碳量的要求：对硅酸铝催化剂为0.5～0.7%（重），对分子筛催化剂为0.2～0.3%（重），甚至更低。

5．抗金属污染性能

原料油中重金属（如铁、镍、铜、钒等）在催化剂表面上沉积会大大降低催化剂的活性和选择性，使汽油产率降低、气体和焦炭产率增加，尤其是裂化气体中的氢含量增加、C_3和C_4的产率降低。

沉积在催化剂上的重金属，使催化剂的活性和选择性恶化，而且不能用再生的方法恢复，这种现象称永久性失活或催化剂中毒。重金属对催化剂的污染程度常用污染指数来表示：

$$污染指数=0.1(Fe+Cu+14Ni+4V)$$

式中　Fe、Cu、Ni、V分别为催化剂上铁、铜、镍、钒在催化剂上的含量，以ppm（百万分之一）表示。

新鲜硅酸铝催化剂的污染指数在75以下，平衡催化剂污染指数在150以下，都算作清洁的催化剂，污染指数达到750时为污染催化剂，＞900时为严重污染催化剂。但是，分子筛催化剂的污染指数达1000以上时，对产品的收率和质量尚无明显影响，这就使分子筛催化剂能适应较宽的原料范围和性质较差的原料。国外渣油催化裂化装置实际操作中，催化剂上镍与钒的总含量通常可控制在10000ppm以下，钠含量不大于10000ppm，催化剂的污染程度还可以用生氢因素或H_2/CH_4之比来表示。因为沉积在催化剂上的重金属，特别是Ni和V具有催化脱氢的作用，使H_2产率明显增加，而对CH_4产率影响不大。生氢因素高或H_2/CH_4之比高说明催化剂的污染程度严重。

表Ⅲ-1-7列出某厂采用普通硅酸铝的催化裂化装置受重金属污染对生产的危害。

催化剂上重金属的来源主要来自原料油，部分来自催化剂与设备的磨损。表Ⅲ-1-8列出原料油的重金属含量与催化剂污染程度的关系。

由于分子筛催化剂有较强的抗金属污染能力，它可适应较重的裂化原料。

为了控制催化剂的重金属污染，除了选择合适的低硫原料外，还可通常在常减压蒸馏中增添二级脱盐、改善减压塔操作、更新部分催化剂、提高催化剂的抗污染能力以及对进料采用加氢预处理及溶剂精制等方法。还可采用金属钝化剂、增加催化剂中分子筛含量、采用低

表 Ⅲ-1-7 重金属污染对生产的影响

催化剂上重金属含量，ppm				污染指数	液体收率，%	汽油碘值 g碘/100g油	富气中H_2 %(体)	焦炭产率，%(重)
Fe	Ni	Cu	V					
4200	225	0	0	735	~30	~70	13.2	~5
4200	540	0	57	1199	~65	~100	43.4	~6

表 Ⅲ-1-8 原料油中重金属含量与催化剂污染的关系

原料油			原料油中重金属含量，ppm				催化剂上重金属含量，ppm			
原油	初馏点 ℃	干点 ℃	Fe	Ni	Cu	V	Fe	Ni	Cu	V
胜利	280～320	500～540	2～3	0.2～0.4	—	—	3000～4000	200～400	—	10～40
大庆	293	535	0.4～0.7	0.04～0.09	0.02～0.03	<0.02	670～1022	28～42	3～6	24～27
大庆	270	515	0.1～0.5	<0.02	<0.02	<0.02	308～1030	8～13	0.02	6～24

比表面积和大孔径的担体等措施解决重金属的污染。

6. 筛分组成和抗磨损性

在流化床催化裂化装置里，为了保证良好的流化状态，要求催化剂有适宜的粒径。制成催化剂的颗粒直径是大小不均匀的，大小颗粒所占的百分数称为催化剂的筛分组成。

催化剂的筛分组成要满足：容易流化、反应传热面积大以及气流夹带催化剂损耗小。比较适宜的催化剂的筛分组成为：

0～40μm含量≯25%

40～80μm含量≮50%

>80μm含量≯25%

因为<20μm的催化剂在旋风分离器中不易回收，而>80μm的催化剂过多时，使流化性能变差，对设备磨损也大，所以一般要求在20～80μm之间。

在生产中由于<20μm的细粉带出损耗以及颗粒在流化过程中的磨损，使催化剂筛分组成不断改变，这就需补充新鲜催化剂。

为了避免在生产过程中催化剂的过度粉碎以保证良好的流化和减少损耗，要求催化剂有一定的机械强度。我国目前采用磨损指数来评价微球催化剂的机械强度。一般要求微球催化剂磨损指数不大于5%（重）。

表Ⅲ-1-9为各种裂化催化剂的性能与化学组成。

第四节 催化裂化的化学反应

催化裂化装置生产的产品包括气体、汽油、柴油、焦炭等，与热裂化产品比较，催化裂化汽油的辛烷值高，安定性好，气体中C_3、C_4多，而且烯烃含量多，其原因是因为在催化剂上的化学反应与热裂化过程的反应不同而造成的。石油馏分是由各种烷烃、环烷烃、芳烃等组成，在催化剂上，各种单体烃进行着各种不同的反应，并且相互影响。为了更好地了解催化裂化的反应过程，首先应了解单体烃的催化裂化反应。

表 Ⅲ-1-9　我国目前生产和使用的几种主要裂化催化剂质量指标

项目			无定形硅铝微球裂化催化剂			低铝分子筛微球裂化催化剂			高铝分子筛微球裂化催化剂			
商品牌号			LWC-11	CDW-2	2#裂化催化剂	LWC-23	CDY-1	Y-9	LWC-33	CGY-1	Y-4	偏Y-15
通称			2#裂化催化剂	2#裂化催化剂		低铝Y-9	低铝Y-9	低铝Y-9	偏Y-3A	1#共Y	Y-4	偏Y-3A
化学组成%(重)	Al_2O_3		≯12.0	≯12.0	≯12.0	≮12.0	≮12.0	≮12	≮23	≮25	≮23	≮23
	Na_2O	≯	0.04	0.04	0.04	0.15	0.15	0.15	0.2	0.20	0.2	0.2
	SO_4^{2-}	≯	0.7	0.70	0.70	0.8	0.8	0.8	1.5	2.5	2.0	2.0
	Fe_2O	≯	0.07	0.05①	0.07	0.15	0.11①	0.15	0.15	0.14①	0.2	0.2
	灼烧减量,%(重)	≯	13.0	13.0	13.0	15.0	15.0	15	15	15.0	15	15
物理性质	比表面积,m^2/g	≮	530	530	530	530	530	530	530	400	440	530
	孔体积,mL/g	≮	0.55～0.75	0.5	0.55	0.5	0.5	0.5	0.55～0.75	0.50	≯0.45	0.60
	磨损指数,%(重)	≯	2.4	3.5	2.4	3.5	3.5	3.5	4.2	4.8	4.2	4.5
	筛分组成%重 <20μm	≯	5	5	5	25	25	25	25	20	25	25
	20～40μm	≯	20	20	20							
	40～80μm	≯	55	57	55	50	57	50	50	52	55	50
	>80μm	≯	25	25	25	30		30	30			30
初活性,%		≮	38	36	38							
水蒸气稳定性,		≮	19	20	19							
微反活性,%		≮				56	56	56	60	70	65	63

①以Fe计。

②LWC-23的微反活性为790℃蒸汽老化4h，其它均为800℃蒸汽老化4h。

一、单体烃在催化裂化催化剂上的反应

1．烷烃

烷烃主要发生分解反应，分解成较小分子的烷烃和烯烃，例如：

$$C_{16}H_{34} \longrightarrow C_8H_{16} + C_8H_{18} \qquad C_4H_8 + C_4H_{10}$$

（C_8H_{18} 进一步分解为 $C_4H_8 + C_4H_{10}$）

烷烃分解时多从中间的C—C键处断裂，而且分子越大越易断裂。异构烷烃的反应速度比正构烷烃的快，且多发生在C—C原子的β键位上。如：

$$CH_3—CH_2—CH_2—CH_2—\overset{\beta}{|}CH_2—\underset{\underset{CH_3}{|}}{\overset{\alpha}{CH}}—CH_3 \longrightarrow CH_3—CH_2—CH_2—CH_3 + CH_2{=}\underset{\underset{CH_3}{|}}{C}—CH_3$$

这些反应使催化裂化气体中含较多的C_3、C_4烃类。

2．烯烃

烯烃在催化裂化时，可发生多种反应，主要是分解反应，其余为异构化、氢转移和芳构化。

（1）分解反应：大分子烯烃可以分解成两个较小烯烃。

$$C_{16}H_{32} \longrightarrow C_8H_{16} + C_8H_{16} \qquad 2C_4H_8$$

（C_8H_{16} 进一步分解为 $2C_4H_8$）

烯烃的分解反应速度比烷烃的高得多。例如在同样条件下，正十六烯的分解反应速度比正十六烷的高一倍。与烷烃分解反应的规律相似，大分子烯烃的分解反应速度比小分子的快，异构烯烃的分解速度比正构烯烃的快。

（2）异构化反应：异构化反应包括二种：一种是分子骨架结构的改变，由正构烯烃变成异构烯烃，另一种是分子中的双键向中间位置转移。例如：

$$CH_3—CH_2—CH{=}CH_2 \longrightarrow CH_3—\underset{\underset{CH_3}{|}}{C}{=}CH_2$$

$$CH_3—CH_2—CH_2—CH_2—CH{=}CH_2 \longrightarrow CH_3—CH_2—CH{=}CH—CH_2—CH_3$$

（3）氢转移反应：二个烯烃分子之间能发生氢转移反应，一个获得氢变成烷烃，另一个失去氢变成二烯烃。如：

$$2R—CH_2—CH_2—CH{=}CH_2 \longrightarrow R—CH_2—CH_2—CH{=}CH_2 +$$
$$R—CH_2—CH_2—CH_2—CH_3$$

环烷烃和芳烃也会放出氢使烯烃饱和，而自身逐渐变成稠环芳烃。

氢转移是烯烃的一个重要反应，它是造成催化裂化汽油饱和度较高的主要原因。氢转移反应速度较慢，需要活性较高的催化剂，在高温时如500℃，氢转移反应比分解反应慢得多，故裂化汽油烯烃含量较高，而在较低温度时，如400～450℃，氢转移反应速度降低的幅度比分解反应要小，故氢转移反应进行得较多，汽油中烯烃含量降低，因此，在生产低碘值的航空汽油的基础油时，要求用较低的反应温度和活性较高的催化剂。

（4）芳构化反应：烯烃环化并脱氢生成芳香烃，例如：

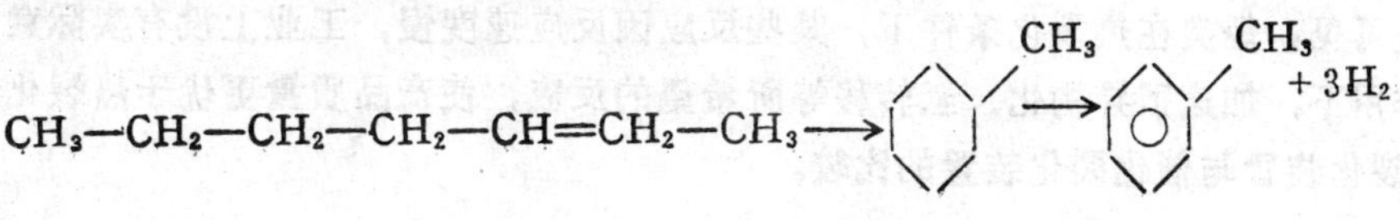

这一反应有利于汽油辛烷值的提高。

3．环烷烃

（1）环烷烃的环可断裂生成烯烃，烯烃再可进行上述反应。例如：

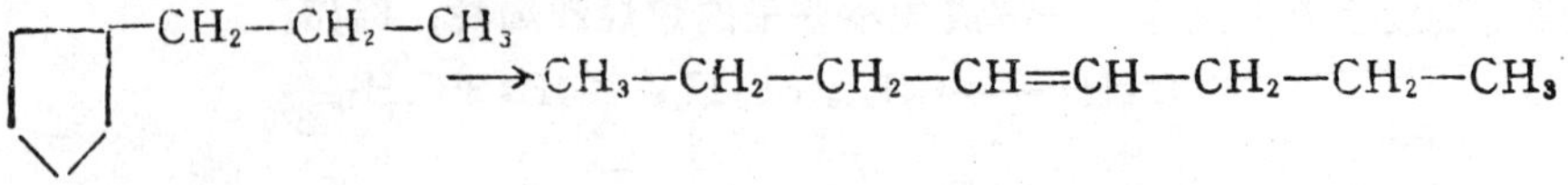

（2）如果环烷烃带有较长侧链，则侧链本身也会发生断裂。

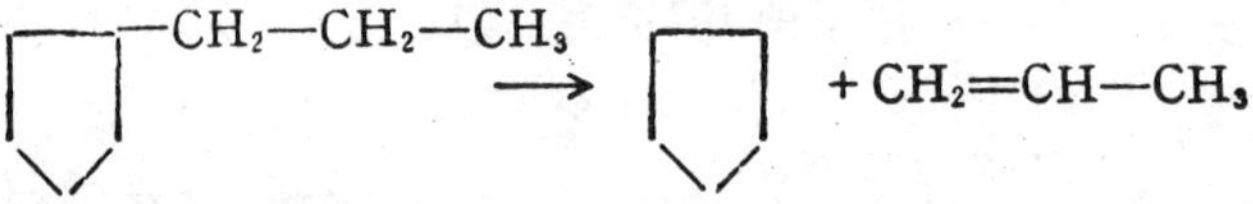

（3）环烷烃本身可脱氢转化成芳烃：

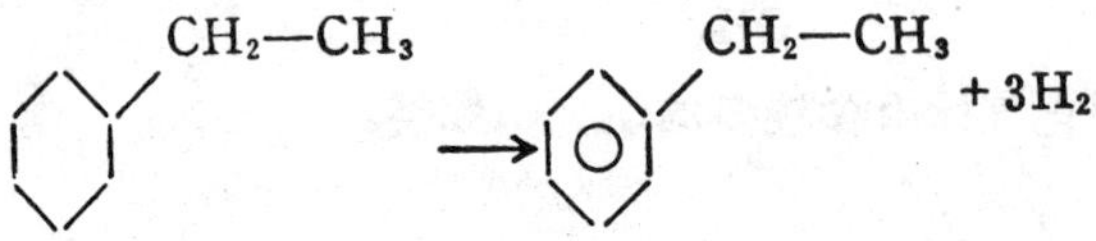

（4）带侧链的五员环烷烃可异构化，变成六员环烷烃，并进一步脱氢生成芳烃。

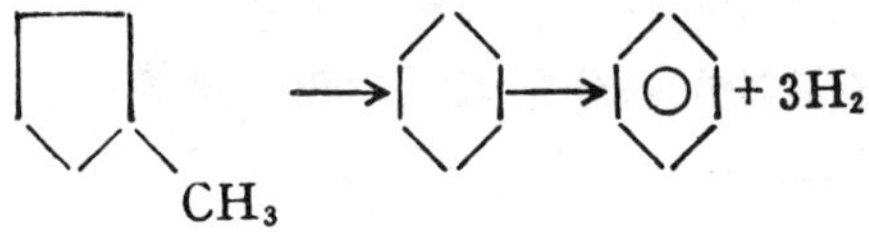

（5）多环环烷烃和十氢萘易发生环断裂，生成C_3、C_4和五员，六员的单体环烷烃或脱氢生成萘。

4．芳香烃

（1）芳香烃核本身在催化裂化条件下十分稳定，不会发生断裂，当有烷基侧链时，却很容易在烷基侧链与芳烃的连接处断裂，生成芳烃和烯烃。侧链越长，反应速度越快。

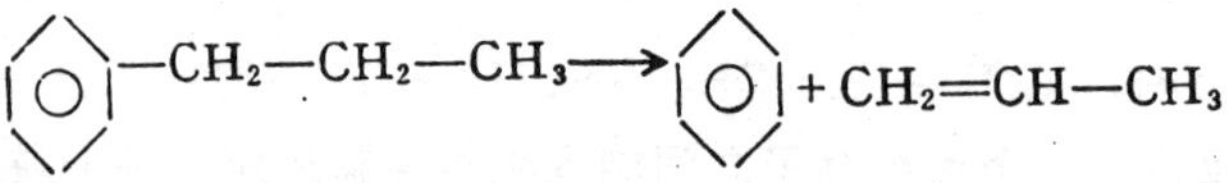

（2）多环芳烃裂化速度很低，主要反应是缩合成稠环芳烃，最后生成焦炭，同时放出氢使烯烃饱和。因此，在裂化过程中生成的焦炭并不是纯碳，而是脱氢缩合生成的一种碳氢比很高的稠环芳烃。

通过以上列举的反应，我们可以看到：即使是单体烃，在裂化催化剂上进行的反应也是多种多样的，不是单一的分解反应，由此可知反应对产品质量有显著的影响，例如环烷烃氢转移生成烷烃和芳烃，烯烃异构化生成异构烯烃，这些都有利于辛烷值的提高。而烯烃分解为气体的丙烯和丁烯，由于发生氢转移而被饱和，烯烃和稠环芳烃缩合生成焦炭等都是不希望的反应，因此，在催化裂化中控制反应深度是十分重要的。

烃类在没有催化剂存在的热裂化反应中也是分解反应，但是它与催化裂化反应有着根本区别。现将单体烃的催化裂化反应同热裂化反应比较于表Ⅲ-1-10。

由表可见：烃类在热裂化条件下，某些反应因反应速度慢，工业上没有实际意义，但在催化剂作用下，加速了异构化、氢转移等所希望的反应，使产品质量更优于热裂化。表Ⅲ-1-11为热裂化装置与催化裂化装置的比较。

表 Ⅲ-1-10 单体烃的催化裂化反应同热裂化反应的比较

反应类型	催化裂化	热裂化	结果
分解反应	1. 反应速度快 2. 烯烃、环烷烃的反应速度比烷烃快 3. 多在从分子两端数起的第三、四个碳原子处断链	1. 反应速度慢 2. 几种烃的反应速度差不多 3. 多在分子的边上断链	1. 催化裂化的处理能力大 2. 环烷烃是比较理想的催化裂化原料 3. 催化裂化气体中含C_3、C_4多，热裂化气体中C_1、C_2多
异构化反应	显著	不显著	催化裂化汽油中异构烃多，辛烷值高
芳构化反应	显著，烯烃、五员环烷烃也生成芳烃	不显著	催化裂化产品中含芳烃多，汽油辛烷值高
氢转移反应	显著	不重要	催化裂化汽油含二烯烃少，安全性好

表 Ⅲ-1-11 热裂化装置与催化裂化装置比较

		热裂化(300kt/a)	催化裂化(600kt/a)
供气数量，$\times 10^4$t/a		2	8
丙烯、丁烯含量，%		23	54
汽油质量比较	辛烷值	62	83
	诱导期	60	250

二、石油馏分的催化裂化

石油馏分是个复杂的烃类混合物，但归根结底还是由各种单体烃所组成，因此石油馏分在进行催化裂化时，单体烃的反应规律是首要因素，但它又不等于各种烃类单独裂化的简单相加，因为在烃类混合物裂化时，任何一种烃类的裂化，都要受到同时存在的其它烃类的影响。

石油馏分的催化裂化反应是一个气-固相的非均相催化反应，在反应器中，原料和产品是气相，而催化剂是固相，因此在催化剂表面进行裂化反应时，包括以下5个步骤：

（1）原料油分子扩散到催化剂表面，包括微孔的内表面。

（2）油气分子被催化剂表面所吸附。

（3）油气分子在催化剂表面进行化学反应。

（4）反应产物分子自催化剂表面脱附。

（5）反应产物分子从催化剂表面扩散出来。

反应物进行催化裂化的先决条件是原料油气扩散到催化剂表面上，并被其吸附，才可能进行反应，如果某种烃类难以在催化剂表面上吸附，尽管它的化学反应速度很高，但它的总的反应速度不可能很大，因此此时影响反应速度的因素是吸附速度。

各种烃类在裂化催化剂上的吸附能力按其强弱顺序是：

稠环芳烃＞稠环、多环环烷烃＞烯烃＞单烷基侧链的单环芳烃＞单环环烷烃＞烷烃。

在同一族烃类中，大分子的吸附能力比小分子的强。

各族烃类的化学反应速度按其快慢顺序是：

烯烃＞大分子单烷基侧链的单环芳烃＞异构烷烃及环烷烃＞小分子单烷基侧链的单环芳烃＞正构烷烃＞稠环芳烃

上述的两个顺序显然是有差别的，通过比较可以看到：石油馏分中的芳烃，尤其是稠环芳烃的化学反应速度最低，但是它在催化剂上的吸附能力却最强。因此，当裂化原料中含较多的芳烃时，这些芳烃首先占据了催化剂表面，它不但反应得很慢而且不易脱附，尤其是稠环芳烃更是缩合成焦炭，沉积在催化剂表面上不离开。这就大大妨碍了其它烃类到催化剂表面上进行反应，从而使整个石油馏分的反应速度减慢。在这种情况下，稠环芳烃对于催化裂化起着毒物作用，是原料中的不利成分。

芳烃和烯烃在各自单独进行催化裂化反应时，都能发生缩合反应直至生成焦炭，但在两者同时存在时，烯烃与芳烃的缩合反应加剧，促使生成更多的焦炭。

原料中的烷烃虽然有一定的化学反应速度，但是吸附性能最弱，也不是催化裂化的理想成分。最好的是环烷烃，既有一定的反应能力，又有一定的吸附能力，成为催化裂化原料油中的理想成分。

前面我们比较细致地从各种烃类的角度来观察石油馏分的催化裂化，这是我们认识石油馏分的催化裂化反应的基础。在工业生产中，常常是从主要反应产物的变化来考察石油馏分的催化裂化反应。用图Ⅲ-1-12来大致表示。

由图可见：原料朝着几个方向同时进行反应，这种反应叫平行反应。同时随着反应深度的加深，中间产物又会继续反应，这种反应叫顺序反应。因此，石油馏分的催化裂化反应是一个复杂的平行-顺序反应。

平行-顺序反应的一个重要特点是反应深度对各产品产率的分配有重要影响。由图Ⅲ-1-13可见：随反应时间的增长，转化率提高，最终产物气体和焦炭的产率一直增加，而汽油的产率开始时增加，经过一最高点后又下降，这是因为到一定反应深度后，汽油分解成气体的速度高于生成汽油的速度。同理，对于柴油产率来说，也象汽油的产率曲线有一最高点，只是这个最高点出现在转化率较低的时候。通常把初次反应产物再继续进行的反应叫做二次反应。

催化裂化的二次反应有些对产品有利，有的则是不利的，因此，在催化裂化反应器中，应对二次反应加以适当的控制。

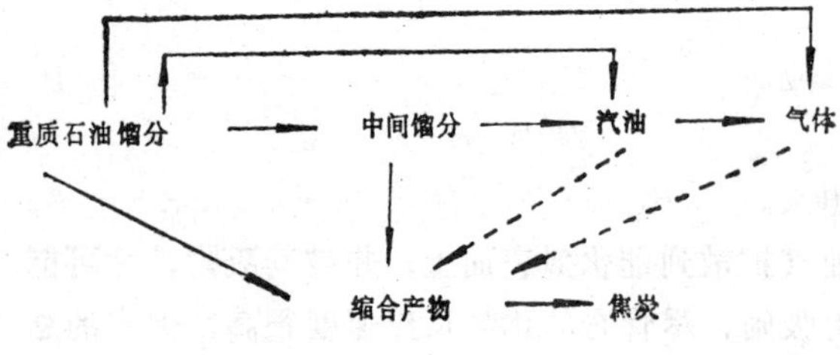

图 Ⅲ-1-12 石油馏分的催化裂化反应

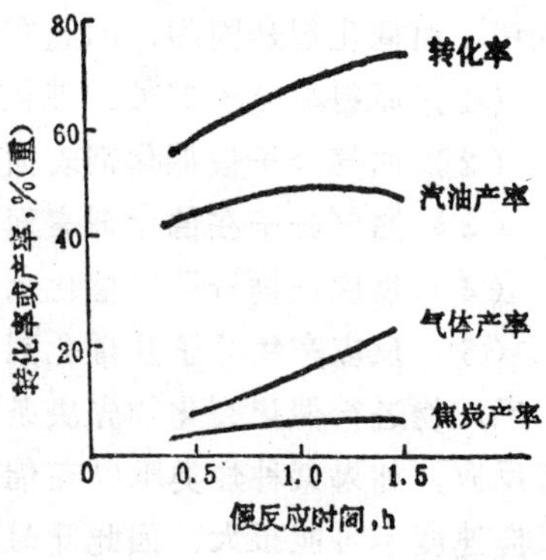

图 Ⅲ-1-13 克拉玛依原油320～510℃馏分的催化裂化结果（反应温度：450℃）

认识这个特点对指导生产有重要意义。例如在工业生产中，如果主要目的产品是汽油，应当选择在汽油产率最高点处的单程转化率（即原料一次通过反应器的转化率），这个最佳单程转化率因原料性质不同而异，通常在50～70％之间。如果以生产柴油为主要目的产品时，则应采用较缓和的反应条件使单程转化率低些。

在工业催化裂化装置中，一般都不是一次把全部原料裂化至汽油、气体和焦炭，而是产生相当多的中间馏分以及留下一部分沸点范围与原料沸点范围相当的馏分。因为如果一次把全部原料油裂化到汽油等，必然需要很深的反应深度，这时得到的汽油产率是比较低的，而气体和焦炭的产率则很高，这是不合理的。为了使原料油更多地转化为产品，则应当将反应产物分馏，然后再把"未反应的原料"重新送入反应器进行反应。"未反应原料"是指反应产物中沸点范围与原料相当的那一部分，通常称为循环油或回炼油。实际上回炼油的组成、性质与原料油并不相同，因为其中包含相当大的一部分已经过催化裂化反应的产物，只是沸点范围与原料相同而已，回炼油比原料含有较多的芳烃，所以它比原料油难裂化。

为了充分利用原料，最好是将回炼油全部回炼，但由于它含芳烃多，较难裂化，而且易生成焦炭，影响装置处理能力，因此需从具体条件而定是否全部回炼。对于提升管反应使用活性高，选择性好（而且还可根据原料油性质选择不同种类）的催化剂，生产中大大降低了回炼比，一般在0.4～0.7，甚至更低。

第五节　催化裂化的原料和产品

一、催化裂化的原料

我国的催化裂化原料范围很广，有350～500℃直馏馏分油常压重油及减压渣油，也有二次加工馏分，如延迟焦化蜡油，润滑油脱蜡的蜡膏、蜡下油，脱沥青油及提余油等等。

直馏馏分（如常三、常四及减压馏分）含烷烃高、芳烃较少，因此，它易裂化、轻质油收率和总转化率较高。对于二次加工所得的催化裂化原料，除蜡膏、蜡下油含烷烃多易裂化外，其余的如焦化蜡油、提余油、脱沥青油含芳烃较多，易缩合、难以裂化，因而转化率低、生焦量高，一般不能单独作为催化裂化原料，只能与直馏馏分掺合一起作为催化裂化原料。对于低硫原油，催化原料中掺合少量的焦化蜡油、脱沥青油和提余油，一般对产品性质没多大影响，但掺合比例越大，影响也越大。

表Ⅲ-1-12列出从大庆原油和胜利原油所获得的直馏裂化原料油的性质比较。

对于原料油需要控制的主要指标是残炭和重金属含量。残炭影响反应生焦量，重金属易污染催化剂、降低催化剂的选择性。一般来说，我国直馏裂化原料的残炭和重金属含量都较低，因而，目前我国直馏裂化原料都不预处理，同时由于分子筛催化剂的使用，可以有效地抑制重金属沉积所引起的催化脱氢效果。

原料油的反应速度不但与它的化学组成有关，而且与原料的馏程有关。原料越重，分子量越大，在同样的反应条件下，反应深度与焦炭产率也越高。反之，原料越轻，分子量越小，反应深度越低，焦炭产率也越小。一般以原油的直馏重馏分油（330～550℃）为理想的催化裂化的原料油。

根据资料，不同类型的原料油用分子筛催化剂提升管裂化时，产品分布举例如表Ⅲ-1-13。从表中可看出，石蜡基原料和中间基原料对于提升管裂化来说都比较适宜，芳香基原料则较

表 Ⅲ-1-12 裂化原料油的性质

项目	来源		项目	来源	
	大庆油	胜利油		大庆油	胜利油
d_4^{20}	0.8534	0.8892	铁	0.4	2.50
残炭,%(重)	0.016	0.23	钒	<0.03	<0.2
含硫量,%(重)		0.47	铜	0.04	0.08
含氮量,%(重)	0.04	0.078	分子量	370	382
凝点,℃	42	39	特性因数	12.4	12.3
粘度,mm^2/s			馏程,℃	350~500	355~500
50℃	15.4	25.4	族组成		
100℃	4.50	5.94	$\%C_P$	70.1	62.4
重金属含量,ppm			$\%C_N$	20.15	25.1
镍	0.3	<0.2	$\%C_A$	9.75	12.1

表 Ⅲ-1-13 不同原料油的产品分布

原料类型		石蜡基	中间基	芳香基
原料油性质	d_4^{20}	0.8508	0.8887	0.9302
	特性因数	12.65	11.95	11.50
	含硫量,%(重)	0.13	0.4	0.9
	含氮量,%(重)	0.04	0.10	0.35
	馏程,℃			
	10%	343	293	335
	50%	432	421	429
	90%	527	527	499
操作条件	进料预热温度, ℃	413	357	288
	提升管出口温度,℃	538	538	549
	再生器温度, ℃	649	649	663
	剂油比	5.7	6.4	7.5
物料平衡 %(重)	硫化氢	0.1	0.2	0.4
	C_1+C_2	2.5	2.8	3.0
	总C_3	7.5	5.1	4.2
	总C_4	15.2	12.2	10.5
	汽油	62.2	58.3	43.8
	轻柴油	5.3	10.6	20.7
	重油	2.4	5.4	11.1
	焦炭	4.8	5.4	6.3
	转化率	92.3	84.0	68.2
产品性质	汽油净辛烷值	83	84	85
	汽油 d_4^{20}	0.7340	0.7418	0.7499
	轻柴油 d_4^{20}	0.9302	0.9492	0.9624

难裂化。

近年来，在国外开始兴起的渣油催化裂化是扩大原料来源、提高经济效益的一种有效办法。我国1977年在洛阳炼油实验厂开始进行试验，取得了一定经验，以后相继在其它厂进行掺炼各种原油的渣油和全馏分大庆常压渣油的试验和生产，都取得了良好的效果，使我国渣油催化裂化技术发展进入工业应用的新阶段。至1990年已有25套装置掺炼渣油，催化裂化-

芳烃抽提、催化裂化-溶剂脱沥青、催化裂化-焦化等组合工艺较适合我国国情。

我国原油大部分为重质原油，减压渣油收率占原油的36～50%，常压重油占65～70%，渣油量很大。目前，我国二次加工用于焦化和脱沥青的原料仅占渣油的20%左右，其余都作燃料油。这在石油资源的利用上是极不合理的。为提高原油加工深度、扩大催化裂化原料来源，可在常规催化原料油中掺入不同比例的减压渣油或直接用全馏分常压重油。

对于重油催化裂化，由于原料油的胶质、沥青质、重金属及残炭值增加，首先要解决高残炭值和高金属含量的影响。为此，可对原料进行预处理，预处理的方法有加氢精制、沥青渣油处理（ART）和溶剂脱沥青。

二、催化裂化的产品及其产率、性质

催化裂化反应主要是烯烃的二次反应，由于这些反应特有的规律，决定了产品具有许多特点。

1. 裂化气

催化裂化气体可分为干气（C_1～C_2组分）及液化气（C_3～C_4组分）两部分。它的产率可高达15%左右，C_3、C_4收率高达10%左右。

干气中除C_1～C_2组分外，还含有一定量的惰性气体，目前一般作燃料气用，可进一步利用其中的烷烃转化制氢供合成氨以及利用其中的乙烯。大部分炼厂的干气都不精制，只有个别厂的催化干气进行乙醇胺脱硫。

液化气的产率可根据不同的生产方案而不同，其中丙烯和丁烯含量较多。液化气的利用途径有二种：一是作为烷基化、叠合装置生产高辛烷值汽油组分的原料，二是作为优良的化工原料，如用丙烯制造丙烯腈，正丁烷、正丁烯脱氢制合成橡胶用的丁二烯等。大部分炼厂的液化气均未精制，个别厂采用碱洗精制以及乙醇胺脱硫、脱硫醇。

2. 汽油

催化裂化的汽油辛烷值可达70～80，且它的感铅性较好，并由于其烯烃相对较少，尤其是α-烯烃少，基本不含二烯烃，所以它的汽油安定性比热裂化汽油安定性要好，尤其是分子筛催化剂所生产的汽油、柴油的安定性更好。由于催化裂化的汽油馏分组成较轻，它的10%和50%温度较低，因此它的使用性能好。

由于催化裂化汽油的含硫量不同，它的精制方法也不同。对于低硫汽油，如大庆油、任丘油等，汽油均经碱洗、水洗。有的还采用铜分子筛、聚酞菁钴-碱溶液或磺化酞菁钴催化氧化等脱硫醇工艺。对于含硫高的催化汽油，如胜利油，可采用电化学精制或催化氧化脱硫醇。

3. 轻柴油

轻柴油由于含芳烃较多，因此它的密度大，十六烷值低，只有35～45，因而催化柴油使用性能差，需要与直馏柴油调合后才能使用。轻柴油的安定性较好，碘值较低。由于轻柴油中含有一定数量的萘，可采用溶剂抽提从中得到。

对于低硫原油的催化裂化柴油，一般不进行精制。对含硫原油的催化裂化柴油可采用碱洗电精制或加氢工艺。

重油催化和掺炼重油催化裂化柴油除十六烷值更低外，含硫、氮、胶质也较多，颜色深，安定性差，易氧化产生沉渣，需加氢精制。

4. 重柴油

表 Ⅲ-1-14 产品产率和产品性质

原油种类	大庆原油				大庆、大港油	任丘油		胜利油	大港油	克拉玛依油	玉门油	盘锦油
编号	1	2	3	4	5	6	7	8	9	10	11	12
装置名称	抚顺石化公司石油二厂提升管裂化		大庆石化总厂炼油厂床层裂化	茂名石油工业公司炼油厂床层裂化	燕山石化公司炼油厂床层裂化		荆门炼油厂床层裂化	齐鲁石化公司胜利炼油厂床层裂化	天津石化公司炼油厂床层裂化	独山子炼油厂提升管裂化	玉门炼油厂提升管裂化	锦州石化公司炼油厂床层裂化
原料种类	焦蜡 减二、三 13.3:86.1	减二、三	常三 减一、二	减压馏分油	直馏馏分油		直馏馏分油	直馏馏分油	常三 减一、二	减馏 焦馏	蜡膏 焦蜡 减一、二 =1:3:6	减压馏分油
方案	汽柴	汽柴	汽油	0#轻柴油和35#重柴油			同左	汽柴	汽柴	汽油	汽油	柴油
催化剂	高铝Y型分子筛	高铝Y型分子筛	Y-9	微球催化剂			同左	Y-9分子筛	无定形硅铝	Y-9低铝分子筛	Y-5分子筛	无定形硅铝
产品产率,%(重)				平均								
干气	6.10	7.16	5.98	7~9	3.92+0.51气态烃	3.92	4.57+2.75(气态烃)	3.16	}21.5	4	3.1	9.5
液化气	3.69	5.70	7.97	3~5	12.55	14.32	7.98	10.02		12	16.5	12.5
汽油	40.08	49.63	49.49	43~47	39.4	34	34.18	45.53	33.2	45	51.7	30.4
轻柴油	24.89	24.35	17.95	28~32	28.2	25.73	23.19	34.52	41.9	32	22.5	27.5
重柴油	19.29	6.95	13.62	3~5	7.46	16.72	21.03				5.7	14.9
焦炭	3.96	5.35	4.29	}6.8	5.35	4.47	5.21	5.47	3.4	7	0.5	5.2
损失	1.99	0.86	0.70		1.61	0.84	1.09	1.3				
汽油性质									粗汽油			
d_4^{20}	0.7179	0.7188	0.7161	0.7067	0.7248	0.7187	0.7215	0.7298	0.7331		0.7228	0.729
馏程,℃	36~196	58~197	37~203	35~198	37~200	46~190	34~182	35~196	39~198	~196.5	34~193	53~190
硫含量,%(重)	0.006	0.006		0.023		0.0327	0.04	0.25	0.018		0.018	
辛烷值	76.0	76.1	81	79.2		81.1	79	78.3	97	84		79.6
蒸气压,kPa (mmHg)	60.5(454)	60.1(451)	64.5(484)	67.8(471)			51.5(387)	50.7(380)	62.3(467)			31.3(235)
诱导期,min	345	350	535	495		335	330	605	120	260	<485	

续表

原油种类	大庆原油				大庆、大港油	任丘油		胜利油	大港油	克拉玛依油	玉门油	盘锦油
编号	1	2	3	4	5	6	7	8	9	10	11	12
胶质,mg/100ml	1.6	0.80		0.80			1.6	0.8	1.8	1.8	2.0	
轻柴油性质												
d_4^{20}	0.854	0.8590	0.8544	0.8506	0.8770	0.8522	0.8612	0.8909	0.8843	0.8692	0.8685	0.855
硫含量,%(重)	0.094	0.115		0.219		0.135	0.168	0.63			0.055	
溴价,g溴/100g	35.24	31.93						总氮772		37.61	16.9	
凝点,℃				−4.3	−6	−2	−3	−4	−2		−14	−20
闪点,℃				89	102	84	79	67	70		86.5	73
十六烷值	51.8	49.7		53		46.1	48.8	34	29～33	39	36.4	30
苯胺点,℃				53.3				39.8	44.5	45.1	44.6	
重柴油性质												
d_4^{20}	0.8653	0.87	0.8555		0.8817	0.8373	0.8472					0.865
凝点,℃			15		24		33					28
硫含量,%(重)	0.21	0.14					0.101					0.005
残炭,%(重)							0.013					
闪点,℃					148		105					

重柴油的馏程在300～350℃，凝点在20～30℃，其大部分指标均符合20号、30号重柴油的规格。

5．渣油

渣油馏程在350～500℃，它的平均分子量大，约有400，特性因数在11～11.5，残炭量在2～5%间。由于渣油中含有催化剂粉末，一般渣油不作产品，只进行回炼，如果除去催化剂粉末，可作为焦化原料，生产优质焦——针状焦。

对于不同原油的裂化原料，虽然在同样操作条件下，收率和产品性质是不同的，如表Ⅲ-1-14中的编号5、6就是一例，燕山石化公司炼油厂加工任丘裂化料时，汽油收率和柴油收率都降低了，而重柴油收率则上升了，产品性质也有所不同。

同一原油的裂化原料，虽操作条件相同，但由于掺入焦化蜡油等产品产率和性质也会变化。如编号1、2，石油二厂在直馏馏分中掺入13.3%焦化蜡油后，汽油产率较直馏馏分裂化的产率低，而重柴油产率则提高了，产品性质无明显变化。

完全相同的裂化原料，由于各厂操作条件的差异，则它们的产品收率和性质也不同。如编号2、3和6、7。

第六节 催化裂化的工艺流程

催化裂化装置一般由三部分组成，即反应-再生系统、分馏系统和吸收稳定系统，在有些装置中还有再生烟气能量回收系统。下面逐一介绍。

一、反应-再生系统

不同类型的催化裂化的主要差别在于有不同类型的反应-再生部分，下面介绍二种典型的反应-再生系统。

1．密相床流化催化裂化（Ⅳ型催化裂化）

密相床流化催化裂化反应-再生系统工艺流程见图Ⅲ-1-14。

原料油由原料油泵升压后，顺序通过一系列换热器，分别与分馏塔顶循环回流、中段回流、轻、重柴油、塔底油浆换热，然后与回炼油合并进入加热炉加热到300～400℃，由加热炉出来的原料油、回炼油与分馏塔底出来的部分回炼油浆混合组成反应总进料（有的流程回炼油浆单独进一只喷嘴）经过若干只喷嘴，用雾化蒸汽喷入反应器稀相提升管，在其中与来自再生器的高温催化剂（580～600℃）接触，随即汽化并进行反应，油气在稀相提升管内的停留时很短，约有20～30%的反应在此进行，经过部分反应的油气和催化剂混合物进入进料弯管，并通过分布板再进入反应器的密相床层内继续反应，大部分反应在密相床中完成。反应生成的油气经过直径较大的稀相段，大部分催化剂沉降下来，油气和蒸汽携带少量催化剂，使绝大部分催化剂返回密相床层，反应油气进集气室后离开反应器，进入分馏塔下部。

反应生焦后的催化剂（待生催化剂）由床层落入反应器下面的汽提段。汽提段内装有多层人字挡板并在底部通入过热水蒸气汽提，待生催化剂上吸附的油气和颗粒之间空间的油气被水蒸气置换出而返回床层。经汽提后的待生催化剂通过待生U型管、密相提升管而进入再生器。

待生催化剂在待生U型管提升管处与增压机来的提升风相遇，送至再生器密相层，再与由主风机供给的经过辅助燃烧室、分布板的空气相接触，同时进行流化烧焦，烧焦后的再生

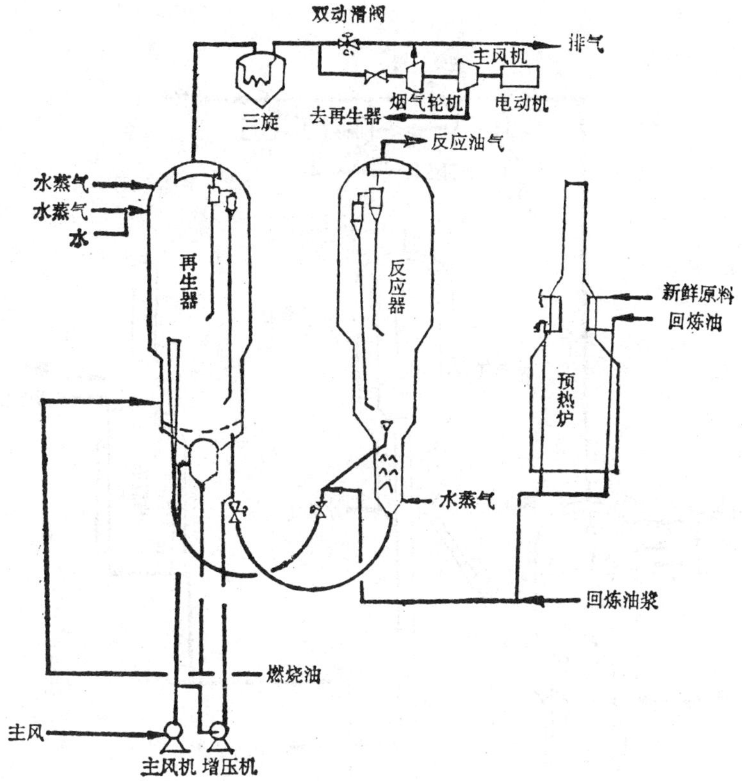

图 Ⅲ-1-14 Ⅳ型流化催化裂化（同高并列式）反应再生工艺流程

催化剂经再生器溢流管沿再生U型管进入反应器循环使用。

携带部分催化剂的烟气离开密相段进入稀相段，部分催化剂经沉降返回密相段，带有少量催化剂的烟气进入若干组二级旋风分离器，分离出绝大部分夹带的催化剂后，经集气室、双动滑阀后排入大气。

再生烟气的温度很高，且含有5～10%的CO，为了利用其热量，不少装置设有CO锅炉，利用再生烟气来产生水蒸气。对于操作压力较高的装置，常常还设有烟气能量回收系统，利用再生烟气的热能和压力能做功驱动主风机以节约电能。

在生产过程中催化剂会有损失，为维持系统的催化剂藏量以及平衡催化剂的活性，必须定期向系统补充新鲜催化剂。

在催化裂化装置的自动控制系统中，除了有与其它炼油装置相类似的温度、压力、流量等自动控制系统外，还有一套维持正常催化剂循环的自动控制系统和在发生流化失常时的自动保护系统。

到70年代中期为止，我国建成投产的催化裂化装置都属这种类型，但随着催化裂化技术的发展，为提高处理量及轻质油收率，大部分炼厂对此类装置进行了改造，如增设管式反应器构成三器流化等技术。

2. 提升管流化催化裂化

今以高低并列式反应-再生系统为例说明提升管式催化裂化的反应-再生系统工艺流程。见图Ⅲ-1-15。

新鲜原料和回炼油在加热炉入口汇合，经加热炉加热至360～400℃，然后喷入提升管底部

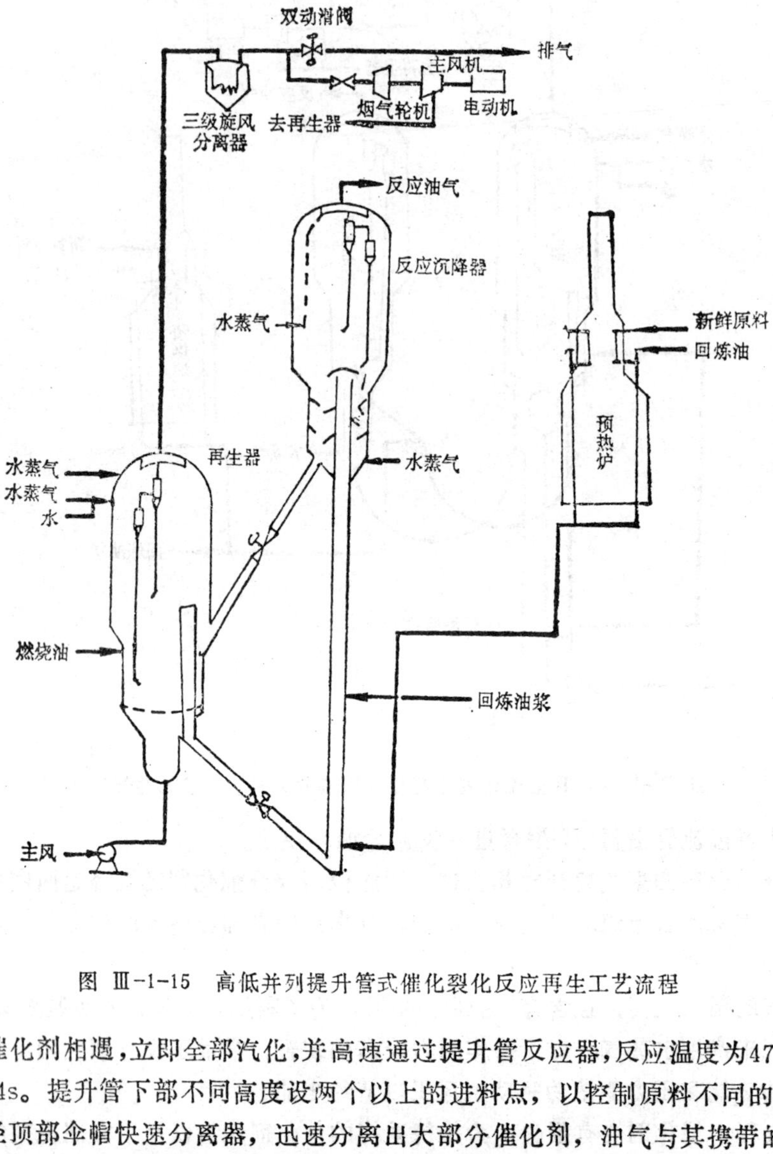

图 Ⅲ-1-15 高低并列提升管式催化裂化反应再生工艺流程

与高温再生催化剂相遇，立即全部汽化，并高速通过提升管反应器，反应温度为470～510℃，反应时间为3～4s。提升管下部不同高度设两个以上的进料点，以控制原料不同的停留时间，反应后的油气经顶部伞帽快速分离器，迅速分离出大部分催化剂，油气与其携带的少量催化剂经两级旋风分离器，再次分出部分催化剂后，经集气室排出，进入分馏塔。

反应后的催化剂由沉降器落入汽提段，通过水蒸气脱去附着的油气后，经待生斜管、待生单动滑阀，以切线方向进入再生器，与来自底部的空气相遇，在再生温度为670～680℃、再生压力235～275kPa（绝）（2.4～2.8kg/cm²）下进行流化烧焦，同时放出大量燃烧热，使再生器保持较高的温度。再生后的催化剂携带大量显热流入溢流管、再生斜管、再生单动滑阀，然后进入提升管，重复上述过程。

为维持热平衡和控制烟气二次燃烧，在再生器密相段设有燃烧油喷嘴，在稀相段设置稀相喷水，在二级旋风分离器的一、二级间设置冷却蒸汽喷嘴。

再生斜管上装有滑阀来调节再生催化剂循环量以控制反应温度，用再生器稀、密相床层温差自动调节主风机出口再生空气的微量放空，以控制烟气的氧含量，一般控制烟气氧含量小于0.5%，以防止二次燃烧。

二、分馏系统流程

1. 催化裂化原料为馏分油冷进料

图Ⅲ-1-16系催化裂化原料为馏分油冷进料时的流程，现简述如下：

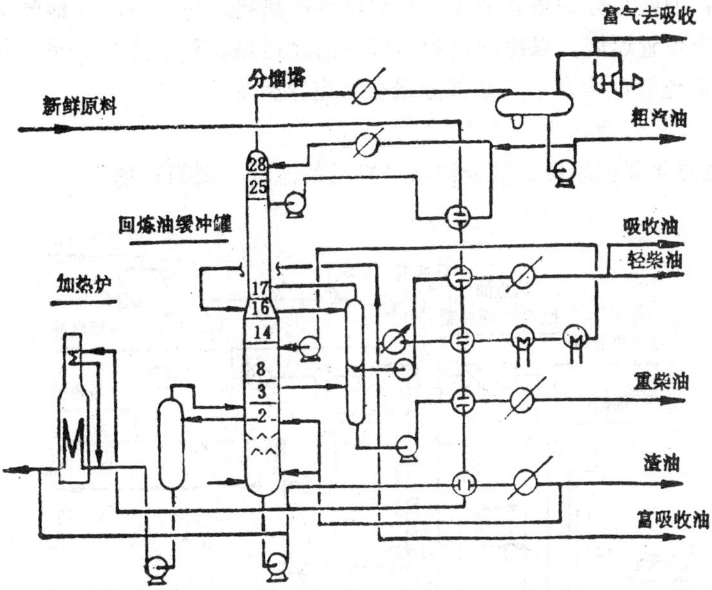

图 Ⅲ-1-16　分馏部分工艺流程（冷进料）

（1）原料油预热：自原料油罐来的新鲜原料用泵升压后顺序通过塔顶循环回流、轻柴油、重柴油、中部循环回流和油浆循环回流换热器，然后进入原料油加热炉，加热至所需温度进入反应器中。

（2）粗汽油：由反应器来的携带少量催化剂粉末的高温油气，进入分馏塔底部，经过脱过热段后在分馏塔上部将油气混合气分成汽油及富气、轻柴油、重柴油和回炼油、油浆等产品。

粗汽油、轻组分和水蒸气从塔顶出来后经冷凝冷却器，然后进入分馏塔顶油气分离器，未冷凝的油气（富气）送到气体压缩机，冷凝的粗汽油用泵加压后送到吸收稳定系统，少部分作为分馏塔顶冷回流补充顶部循环回流。

（3）顶部循环回流：顶部循环回流的作用是为了取走并利用一部分热量，以减轻塔顶冷凝冷却器负荷，同时产生足够的塔顶内回流以保证粗汽油和轻柴油馏分分割良好，顶部循环回流自25层塔板抽出，经与原料换热后再用水冷却，然后循环至28层塔板。

（4）轻柴油：自第16层塔板的液体全部自流入两段汽提塔上段，汽提后的产品用泵抽出经与原料换热，并取出少部分作为燃烧油和泵的封油及仪表冲洗油，大部分经冷却器，其中一部分作为吸收油送至再吸收塔，其余则做为产品，汽提出来的油气和蒸汽回到分馏塔第17层塔板的上部。

（5）中部循环回流：中部循环回流用泵自第14层塔板抽出，送经吸收稳定部分作为重沸器的热载体，返回的油品经与原料换热，再经冷却到适当温度与富吸收油混合返回到分馏塔第16层塔板。

（6）重柴油：重柴油馏分自第8、10层塔板自流入两段汽提塔的下段，用泵抽出后经与原料换热，再用水冷却后作为产品出装置。

（7）回炼油：回炼油从第2层塔板自流入回炼油罐，然后用泵抽出，一部分回到塔的第2层塔板，作为脱过热段的回流，较大部分则经加热炉加热，与原料混合进入提升管反应器。

（8）油浆：油浆自分馏塔底抽出，经与原料换热再经冷却后，大部分作为循环回流，从高低不同的两个位置返塔，以冷却反应油气，消除过热以利于分馏，同时洗去油气中夹带的催化剂粉末，避免塔盘堵塞，其余部分送往反应器回炼。

2. 催化裂化原料为馏分油热进料

图Ⅲ-1-17是催化裂化原料为馏分油热进料时的流程，现简述如下：

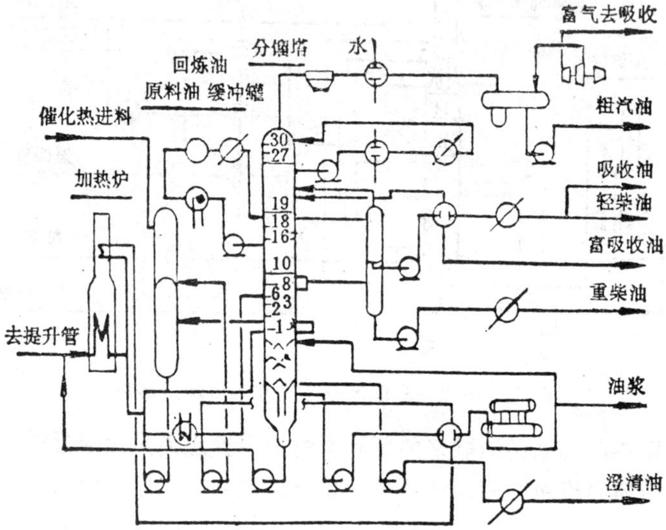

图 Ⅲ-1-17 分馏部分工艺流程（热进料）

（1）原料油预热：自常减压蒸馏装置来的热新鲜原料约250℃，经原料油-循环油浆换热器然后进入原料加热炉并在对流室出口与回炼油混合，经加热后进反应器。

（2）粗汽油：粗汽油、轻组分和水蒸气离开塔顶经空冷、水冷然后进入分馏塔顶油气分离器，未冷凝的油气（富气）进入气体压缩机、冷凝的粗汽油用泵升压后送往吸收稳定部分。

（3）顶部循环回流：顶部循环回流自第27层塔板用泵抽出，经与锅炉用水换热后再经空冷或水冷，返回至塔顶。

（4）轻柴油：从第19层塔板全部自流入两段汽提塔的上段，汽提后的产品用泵抽出经与富吸收油换热，并经水冷（或发生低压蒸汽）后，一部分作为吸收油送到再吸收塔，另一部分作为燃烧油、泵的封油及仪表冲洗油，其余作为产品出装置。

（5）一中段循环回流：一中段循环回流用泵自第16层塔板抽出，送往吸收稳定部分作为脱吸塔底热源，返回来的油品经冷却（或发生水蒸气），返回至塔的第18层塔板。

（6）重柴油：重柴油馏分从第8层或第10层塔板自流入两段汽提塔的下段，汽提后的产品用泵抽出，经冷却（或发生水蒸气）作为产品出装置。

（7）二中段循环回流及回炼油：自第2层塔板自流入回炼油罐然后用泵抽出，一部分返回第 2 层塔板作为脱过热段的回流，另一部分（即二中段循环回流）送往稳定塔底重沸器作热载体后，回到分馏塔的第 5 层塔板，还有一部分经加热炉加热后与原料油一起进反应器。

（8）油浆：油浆用泵从过热段底部抽出，经与原料换热或发生水蒸气，从高低不同的两个位置回塔，只有很小一部分回炼以调节装置热平衡。

以上只是两种典型流程，各厂都因具体情况不同而有差异，特别在热的利用、塔板数目和循环回流个数上会有差异。

三、吸收稳定系统

催化裂化装置吸收稳定系统的任务是利用吸收和精馏的方法将来自催化分馏塔顶油气分离器的富气及粗汽油分离成干气（$\leqslant C_2$）、液化气（C_3、C_4）和蒸气压合格的稳定汽油。

吸收解吸过程要求同时达到三个目的：通过吸收塔尽可能将C_3、C_4组成吸收下来；通过解吸塔尽量将C_2组成解吸出去。一般都以来自分馏塔来的粗汽油作为吸收剂，并根据吸收率要求以稳定汽油作为补充吸收剂。在50～60年代，我国均采用吸收、解吸在同一塔内进行的单塔流程，其优点是布置紧凑、流程简单，但因在同一塔内进行的二个过程相互干扰较大。为了减少吸收和解吸过程的相互干扰，提高吸收、解吸效率，便于控制调节，70年代多采用吸收和解吸过程分别在二个塔内进行的双塔流程。现将二种流程简述如下：

1．单塔流程

图 Ⅲ-1-18为单塔吸收解吸的老式吸收稳定流程。

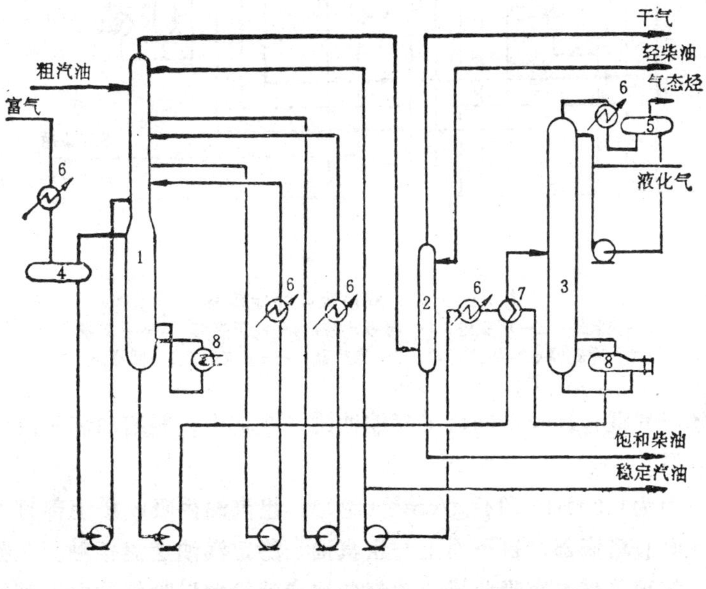

图 Ⅲ-1-18　单塔吸收稳定流程

1—吸收解吸塔；2—再吸收塔；3—稳定塔；4—平衡罐；5—回流罐；6—冷却器或冷凝冷却器；7—换热器；8—重沸器

由分馏系统油气分离器来的裂化富气经气压机压缩至405～912kPa(4～9atm)，冷凝冷却后进入凝缩油分离罐，气体直接进入吸收解吸塔的解吸段顶部（19层），凝缩油用泵打入吸收段底(20层)，分别进行吸收和解吸。粗汽油作为吸收剂用泵打入吸收段上部，稳定汽油作为补充吸收剂打入塔顶，为取走吸收过程中放出热量，在吸收段采用二个中段回流。气体和吸收剂在吸收段逆流接触完成吸收。塔顶排出的贫气中含有残留的C_3、C_4组分以及携带的稳定汽油中的C_5组分，故再进再吸收塔，一般以轻柴油作为再吸收剂，再吸收贫气中大于C_3组分，塔底富油返回分馏塔，塔顶干气到气体脱硫或燃料气管网。

稳定塔实质上是个精馏塔。吸收解吸塔底部的脱乙烷汽油用泵送经稳定汽油换热器后，进入稳定塔中部，稳定塔塔顶气体经冷凝冷却后进入回流罐，不凝气放至燃料气管网，液化气用泵抽出一部分作稳定塔顶回流，其余部分送至脱硫或直接作为产品。塔底稳定汽油经换热、冷却后分二路，一路用泵送至吸收解吸塔顶，另一路经碱洗出装置。

2. 双塔流程

目前新建炼油厂中多采用双塔流程，见图 Ⅲ-1-19。

从分馏系统来的富气经气压机加压后，进行冷凝冷却，再与来自吸收塔底部的富吸收油

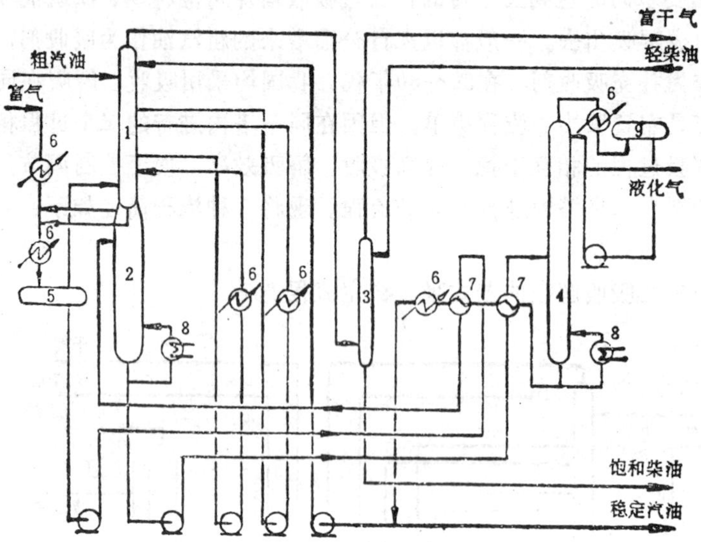

图 Ⅲ-1-19　双塔吸收稳定流程

1—吸收塔；2—解吸塔；3—再吸收塔；4—脱丁烷塔；5—平衡罐；6—冷凝器或冷凝冷却器；7—换热器；8—重沸器；9—回流罐

及解吸塔顶部的解吸气混合，经冷却后进凝缩油罐，在其中将凝缩油和不凝气分开，然后分别去解吸塔、吸收塔。

吸收塔操作压力为1.37MPa〔14kg/cm²（绝）〕，粗汽油由吸收塔上部打入，从凝缩油罐来的不凝油气进入吸收塔底部，自下而上与粗汽油、稳定汽油逆流接触。在吸收塔内也设二个中段循环回流，塔顶贫气去再吸收塔，与轻柴油逆流接触以除气体中夹带的轻汽油组分，塔底富油经换热回到分馏塔，塔顶干气至脱硫部分。

由凝缩油罐出来的凝缩油用泵抽出，经换热至解吸塔顶部，底部设有重沸器，脱乙烷汽油由解吸塔底出来，经换热后进入稳定塔，塔顶气体（液化气）经冷凝冷却后进入回流罐，用泵抽出一部分作为塔顶回流，另一部分去脱硫。塔底稳定汽油经换热、冷却后，一部分送至吸收塔顶作补充吸收剂，其余部分经碱洗、脱臭后出装置。

国内还有另一种型式的双塔流程，即采用吸收塔和解吸塔并列布置，因流程相同，故从略。

第七节 催化裂化装置的主要设备

一、反应器和反应沉降器

反应器是催化裂化装置的关键设备，它应具有以下三项功能：

（1）提供原料油与催化剂充分接触所必需的空间，并能控制一定的反应温度和接触时间，以获得所需产品。

（2）将离开反应器油气所携带的催化剂回收下来，以减轻分馏塔底塔盘的堵塞和油浆泵的磨损。

（3）反应过的已结焦的待生催化剂去再生之前，先要经受过热蒸汽汽提，以回收催化剂表面吸附的油气，并减轻再生器烧焦负荷。

目前催化裂化反应器有床层反应器和提升管反应器两种类型。

1．*床层反应器*

图Ⅲ-1-20是Ⅳ型催化裂化反应器的结构图。整个反应器分为稀相段、密相段和汽提段三个部分，总高度约26～33m。

密相段位于筒体中部，分布板上方，气-固相在此区域内形成密相流化床，75％的反应需要在此进行（其余的25％在稀相提升管内进行），一般高约5m左右。稀相段位于筒体上部，紧接密相段之上，其直径比密相段大，两者由过渡锥体连接，上部装有多组旋风分离器。

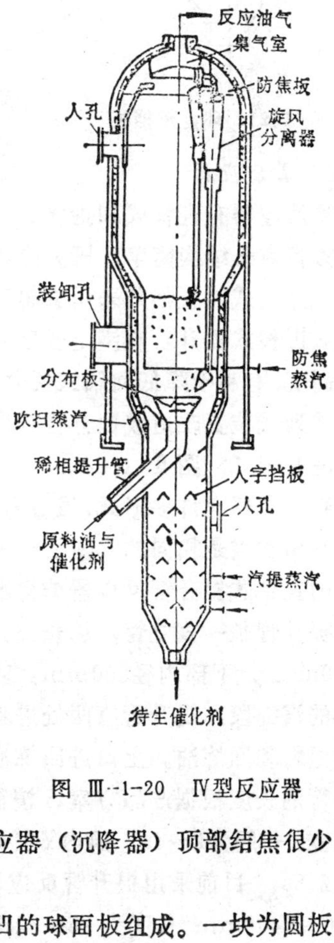

图 Ⅲ-1-20 Ⅳ型反应器

反应油气在离开密相床料面时，总会携带一部分催化剂，当进入稀相段后，由于直径扩大，气流速度降低，有些固体颗粒因本身重力沉降而与油气分离，减轻了旋风分离器负荷，不能沉降的催化剂与油气一起进入旋风分离器内进行回收。一般其净空高度——即密相床面至一级旋风分离器入口的高度保持在6m以上。

反应器顶部是集气室，所有从二级旋风分离器出口的气体都集中于集气室排出，二级旋风分离器的出口管均穿过集气室顶盖。为防止反应器顶部死区结焦，在一级旋风分离器进口上方装有一块防焦板，以封闭反应器顶，在防焦板上装有一圈蒸汽管，用过热蒸汽吹扫防焦板以上的空间，此蒸汽称为防焦蒸汽。实践证明，反应器（沉降器）顶部结焦很少，所以后期设计中取消了防焦板。

分布板位于密相床之下，由两块曲率相同的向下凹的球面板组成。一块为圆板，一块为环形板，上面开有均匀的许多ϕ25～50mm的小孔，开孔率为6～10%，其作用是均匀分布气体，创造一个良好的起始流化的条件。在凹形圆板下还设有一块圆盘形挡板，使催化剂和气体能均匀通过内、外分布板，而不至于过分集中于内分布板。

汽提段位于反应器的下部。在密相段反应过的待生催化剂利用自重落入下面汽提段，用汽提段底部吹入的水蒸气将被催化剂吸附的油气吹出，从而返回密相段。

为了使催化剂和汽提蒸汽充分接触，汽提段内设有15～20层人字形挡板，挡板之间要有足够的空隙，以保证催化剂在汽提段内畅通，防止堵塞。

近年设计的沉降器，汽提段采用了环盘形挡板，见图Ⅲ-1-21。挡板与水平面夹角大于30°，挡板间距700～800mm，挡板数为8～10层。每层自由流通面积为汽提段横截面积44%左右，蒸汽管采用环形布置。

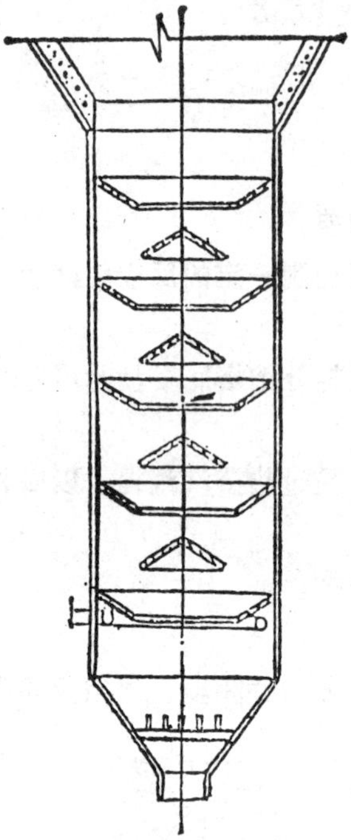

图 Ⅲ-1-21 环盘形挡板

在兰州炼油化工总厂同轴式装置中，沉降器的汽提段伸入到再生器稀相段内，使反应-再生器总高度降低了约8m。

整个反应器是一圆筒形焊制设备，稀相段和密相段用厚18～20mm碳钢（A3）板制造，内衬隔热层和耐热耐磨衬里共100mm厚，汽提段内构件较多且催化剂流速较低，故一般不衬里而用锅炉钢板制作。

2. 提升管反应器

提升管反应器有直管式和折叠式二种。直管式提升管特点是结构简单，压力降小，目前新建的高低并列式装置都是采用直提升管。见图Ⅲ-1-22。折叠式提升管在满足长度要求下，可以降低高度，有利于降低同轴式两器总高度，它为同高并列式装置改造成提升管提供了有利条件，见图Ⅲ-1-23、图Ⅲ-1-24。

提升管反应器有许多形式，虽各有特点，但考虑的基本出发点是相同的。图Ⅲ-1-25是玉门炼油厂的直管式提升管反应器结构图。

整个提升管是一直立管，总长25.4m，上部内径550mm，下部内径500mm，其上部伸入沉降器的汽提段。提升管有两处进料口，通常下口进原料和回炼油，上口进回炼油浆。

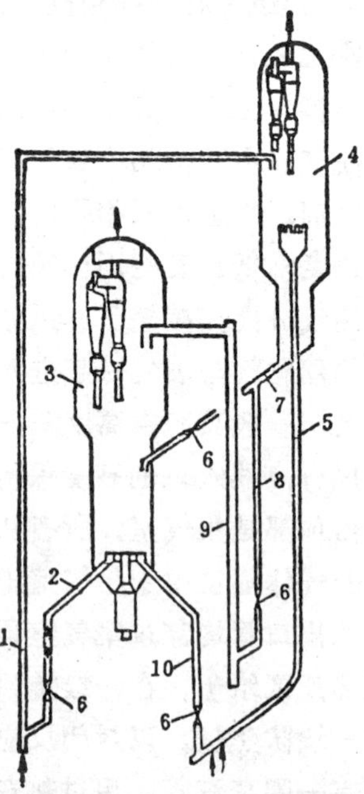

图 Ⅲ-1-22 高低并列式双提升管催化裂化
1—蜡油提升管；2—再生斜管；
3—再生器；4—沉降器；
5—汽油提升管；6—单动滑阀；
7—待生斜管；8—待生立管；
9—烧焦管；10—再生立管

提升管的长度根据产品方案，按需要的反应时间确立，一般为2～4s。国内Y型分子筛催化剂多用2.5s。目前采用提升管反应器内径范围为ϕ200～1400mm，长度为25～41m。在提

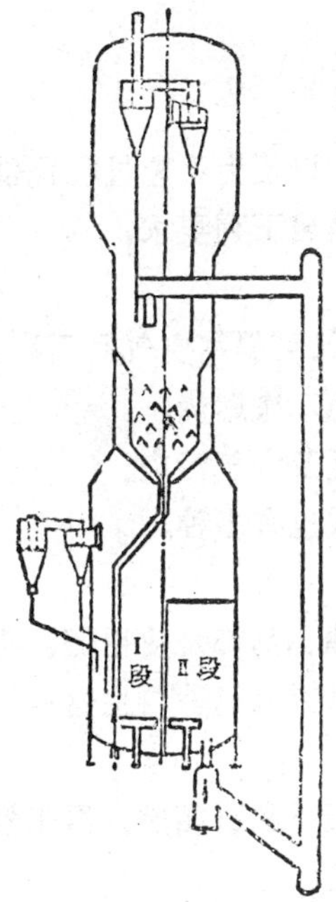

图 Ⅲ-1-23 同轴式提升管催化裂化

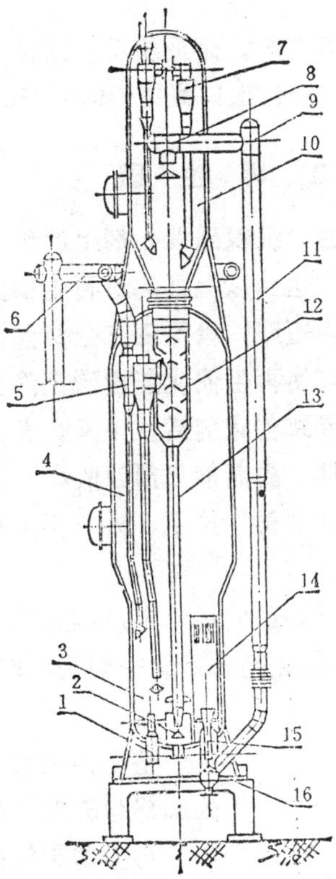

图 Ⅲ 1-24 50kt/a年同轴式提升管催化裂化

1—空气分布管；2—待生塞阀；3——段密相床；4—稀相段；5—旋风分离系统；6—外部烟气集合管；7—旋风分离系统；8—快速分离设施；9—耐磨弯头；10—沉降段；11—提升管；12—汽提段；13—待生立管；14—二段密相床；15—再生立管；16—再生塞阀

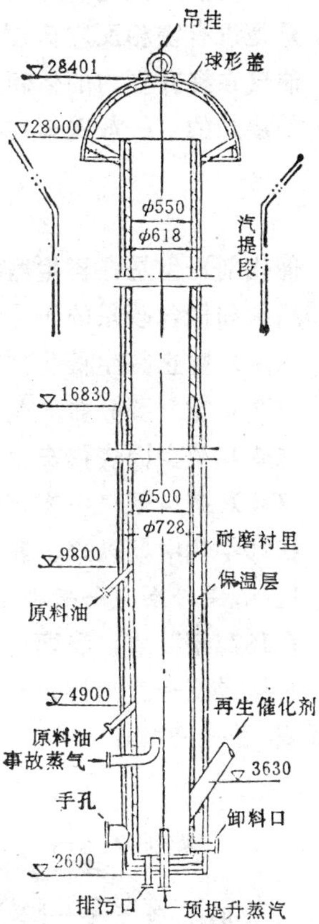

图 Ⅲ-1-25 玉门炼厂提升管反应器

升管出口均应设置各种类型的快速分离器，以使裂化反应生成的油气尽快与催化剂分离，减少不必要的二次反应，提高反应的选择性、目的产品产率以及可以降低旋风分离器入口浓度。目前国内采用的快速分离装置有分布板、伞帽、倒L型快速分离装置、T型弯头及粗旋风分离器。见图 Ⅲ-1-26。

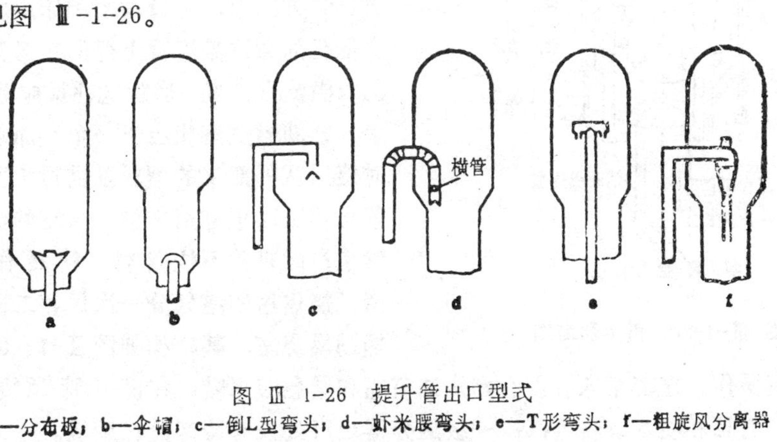

图 Ⅲ 1-26 提升管出口型式

a—分布板；b—伞帽；c—倒L型弯头；d—虾米腰弯头；e—T形弯头；f—粗旋风分离器

分出大部分催化剂的反应油气进入沉降器，一般沉降器的结构与床层反应器的结构相似，只是没有密相反应床层。

油气在提升管内的体积流率不是恒定的，而是随反应逐步进行增加的，故提升管内的线速也是增加的，一般入口线速为4～7m/s，出口线速为9～15m/s。

二、再生器

催化剂再生是在再生器把反应过程中沉积到催化剂上的焦炭烧掉，以便为反应过程提供所需热量和低含碳量的再生催化剂。为达到以上目的对再生器的结构提出下列要求：

（1）防止待生催化剂在再生器内短路，以保证充分烧焦；

（2）空气要分布均匀，这样既可使再生催化剂含碳量降至最少，又可提高空气利用率；

（3）减少因烧焦产生的高温而导致催化剂活性下降，尤其要避免二次燃烧；

（4）减少烟气中携带的催化剂量，提高催化剂回收率，减少损耗及大气污染。

在70年代中期以来，我国发展了许多再生技术，为此再生器的形式也有多种。

1．低温再生（一般再生）的再生器

在1974年以前，我国催化裂化装置普遍使用无定形硅铝催化剂，催化剂都是使用低温再生，再生温度一般为590～610℃，再生催化剂含碳量一般为0.5～0.7%（重）。这种再生器的结构见图 Ⅲ-1-27。

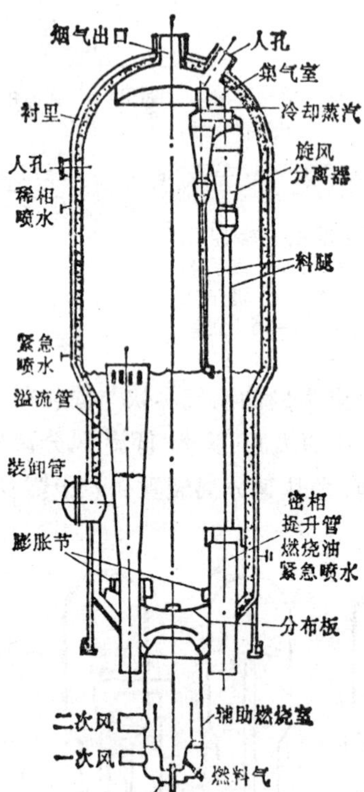

图 Ⅲ-1-27　再生器简图

整个再生器分为稀相段和密相段，再生器的底部与辅助燃烧室联接。

再生器为筒形焊制设备，它的密相段及稀相段、集气室的作用、位置均与反应器相同，在此不再重述。

分布板中心开有人孔，以便于拆修时进入分布板下检查，人孔用平板盖封死。分布板小孔应均匀分布，孔径为φ12～25mm。

待生催化剂提升管伸出于分布板之上，出口上端装有圆形防冲盖板，以保证催化剂均匀分散。

溢流管为一漏斗形立管，设置在与提升管成180°方向上，上口与密相床层料面平齐，再生催化剂通过溢流管上部的矩形开口，均匀地流入溢流管，经U形管送往反应器。

辅助燃烧室相当于一个小加热炉，在开工时使用从外部来的燃料以供再生器升温用，在紧急停工时也可用来维持系统的温度，而在正常生产时它并不烧燃料，只是作为主风的通道。烧焦用的空气分一次风和二次风两路进入辅助燃烧室。其结构如图 Ⅲ-1-28。

为了控制操作，在密相床层设有燃烧油喷嘴和紧急喷水嘴；在溢流管顶装有紧急喷水嘴；在稀相段有稀相喷水或喷蒸汽，一级旋分器出口处设有冷却蒸汽喷嘴。

2. 两段再生的再生器

两段再生是根据返混床的特点利用烧焦速率和床层中催化剂含碳量成正比的关系，使待生催化剂依次通过二段床层进行再生以提高总的烧焦强度。这种再生器的结构见图 Ⅲ-1-29。

两段再生器密相段用隔板（或内套筒）分成第一密相段（一段）、第二密相段（二段），稀相段是共用的，在隔板（或内套筒）上方设溢流口使一段催化剂溢流到二段中。二段的操作条件比一段苛刻，才能使进入二段催化剂含碳量继续降至所要求的水平，除温度外，过剩氧也应稍高。

3. 旋转床再生的再生器

旋转床再生可近似看作多段再生。在旋转床再生器中，待生催化剂通过斜管切线进入再生器密相床上部，具有一定动能的催化剂在再生器密相床呈圆周运动与空气错流接触烧焦后进入设于密相床下部的溢流管。这种烧焦形式可减少催化剂返混，提高烧焦速率和降低催化剂含碳量。

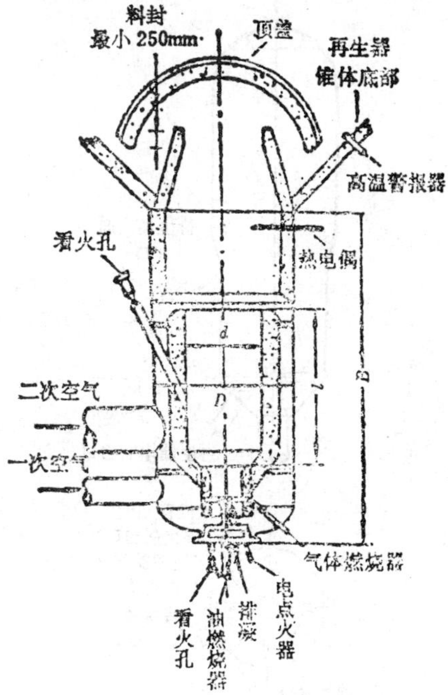

图 Ⅲ-1-28 辅助燃烧室

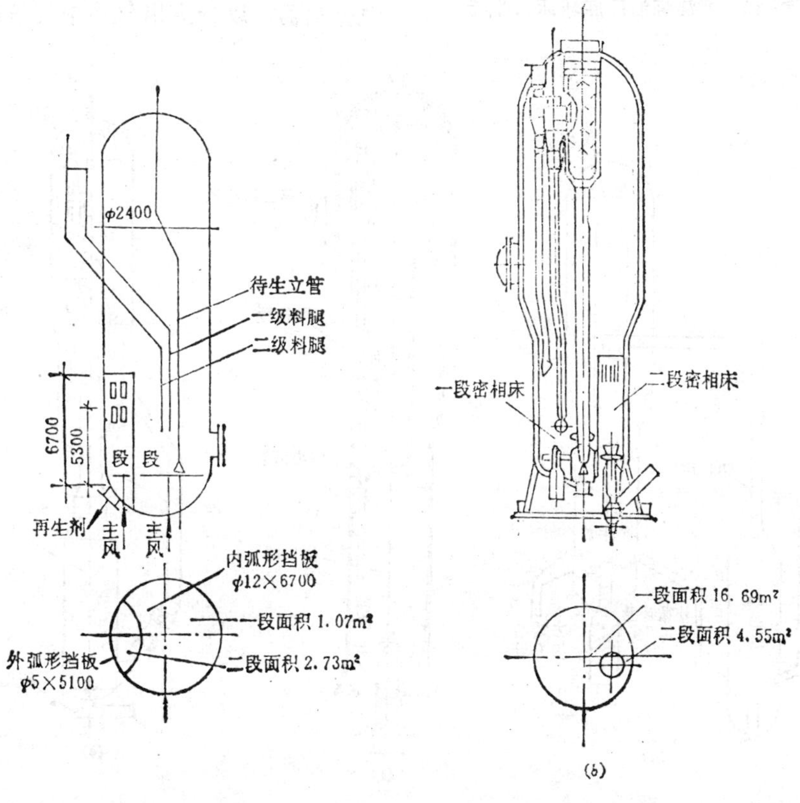

图 Ⅲ-1-29 同轴式装置两段再生器

(a) 一洛阳炼油实验厂；(b) 一兰州炼油化工总厂

这种再生器结构简图见Ⅲ-1-30。它和常规再生器一样，也是由密相段和稀相段组成，其结构特点是：（1）待生催化剂斜管为20°水平角，30°垂直角，从切线方向进入再生器密相段上界面附近，距离分布管的垂直距离为550毫米。（2）二级旋分器料腿翼阀、分布板开孔数及喷嘴开口方向均按旋转床要求设计。

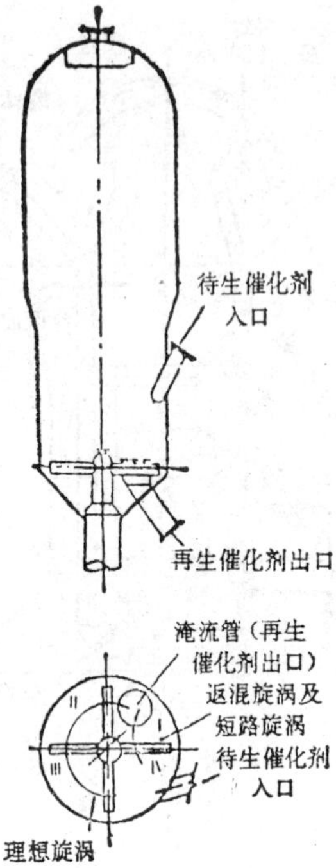

图 Ⅲ-1-30 浙江炼油厂旋转床再生器

4. 烧焦罐再生的再生器

烧焦罐再生是指待生催化剂在快速床型再生器中实现一氧化碳完全燃烧和降低催化剂含碳的方法。烧焦罐型再生器见图Ⅲ-1-31。

烧焦罐再生器均由第一密相床（又称烧焦罐）、稀相管和第二密相床组成。现有的烧焦罐型再生器的主要区别在于循环管结构的不同，图中（*a*）、（*c*）的第一、第二密相床间由一根带滑阀的外循环管连接，图中（*b*）是由3根带3根翼阀的内溢流管连通。

三、旋风分离器

在反应器（沉降器）及再生器中都设有旋风分离器，以分离出气体中携带的催化剂，以

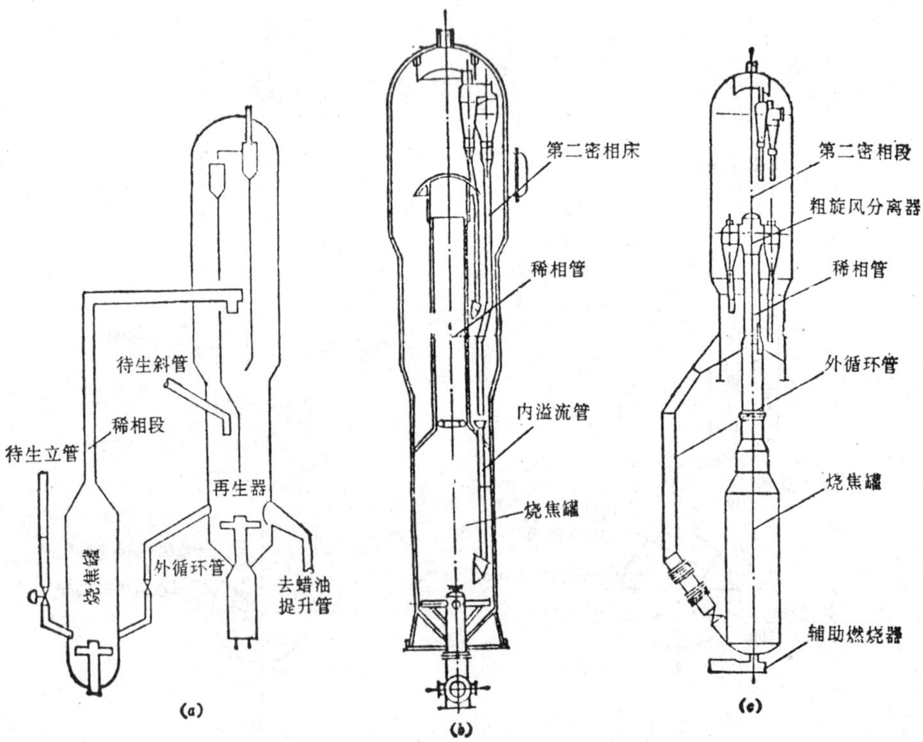

图 Ⅲ-1-31 烧焦罐型再生器

净化气体、回收催化剂。在反应器（沉降器）和再生器中采用多组并联的二级旋风分离器，安装在二器内部的叫内旋风分离器，安装在外面的叫外旋风分离器。如图Ⅲ-1-32。

旋风分离器有杜康型和布埃尔型二种，但基本上结构相同。它是由外圆柱筒和内圆柱筒以及与外筒下端联结的圆锥及料斗组成，料斗下面连接着料腿及起密封作用的翼阀。

图Ⅲ-1-33是旋风分离器工作情况示意图。含有催化剂的气流以切线方向进入，在升气管与壳体之间形成旋转的外涡流，由上而下直达锥体底部，悬浮在气流中的催化剂在逐步增强的离心力作用下，一面被甩向器壁，一面随气流旋转至下方，最后落入集灰斗内，净化的气体形成上升的内涡流，通过中央排出管排出。

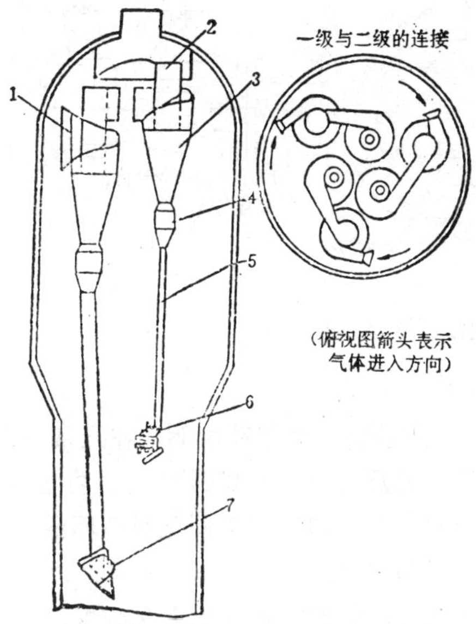

图 Ⅲ-1-32　旋风分离装置的构成

1—气体入口；　2—气体出口；
3—旋分器筒体；　4—集灰斗；
5—料腿；　6—半复盖式翼阀；
7—全复盖式翼阀

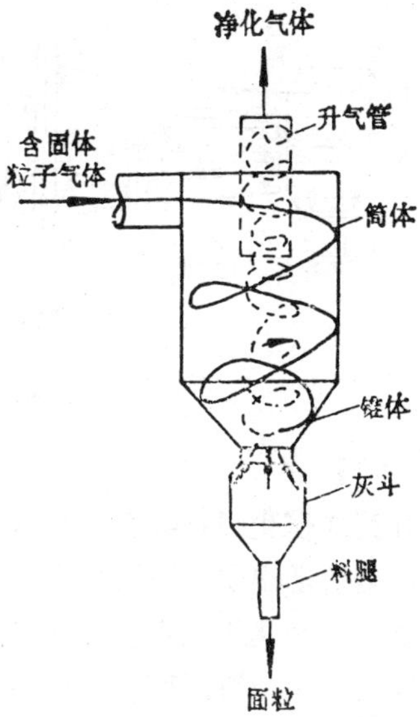

图 Ⅲ-1-33　旋风分离器工作情况

各类型的旋风分离器对气体入口速度有一定要求，一般采用一级旋风分离器入口气速是18～25m/s。此外，气流旋转半径越小，分离效率越高，所以，虽然大直径的旋风分离器检修和安装方便，但一般不采用，而用几组较小直径的旋风分离器并联。

随着烟气能量回收技术的开发，在烟气能量回收系统中安装了三级旋风分离器，它分多管式、旋流式及布埃尔型3种。

四、阀　　门

1．双动滑阀

双动滑阀装于再生器出口和放空烟囱之间，它是反应再生系统自动控制的最重要的设备，其结构见图Ⅲ-1-34。它有两块依相反方向同时移动的阀板，分别由两套传动机构自动控制，在滑阀处于关闭状态时，中间留有一定开口，以免憋坏主风机。双动滑阀的灵敏度，准确度和稳定性都比较高。其作用是控制再生器压力或两器压差，以保持两器压力平衡。

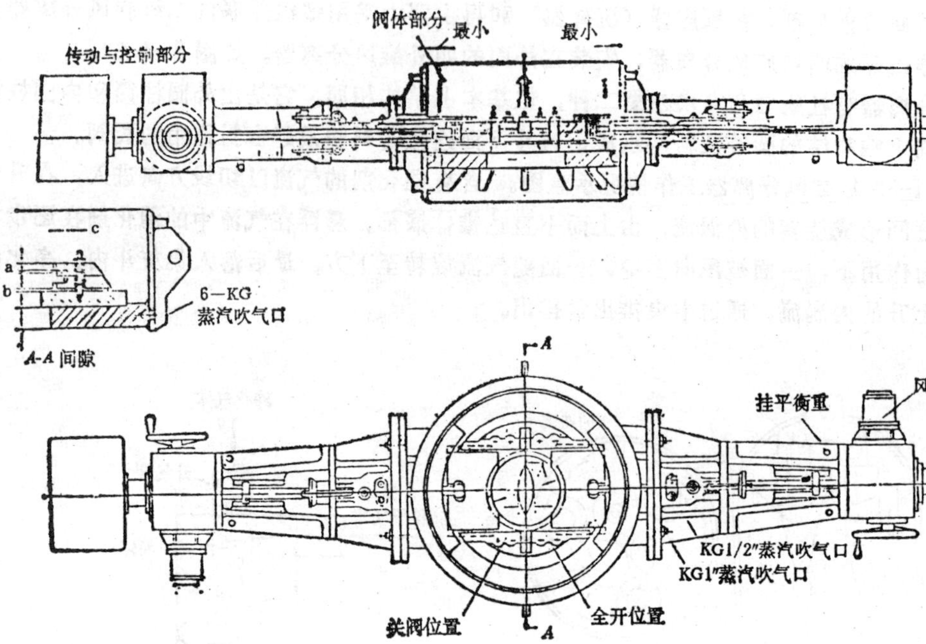

图 Ⅲ-1-34 双动滑阀结构图

2. 单动滑阀

在同高并列式催化裂化装置中的两根U型管上方各装一个单动滑阀，在正常生产时呈全开状态。当两器流动出现不正常情况时，可根据需要及时关闭，切断两器，防止催化剂倒流。在提升管催化裂化装置中，用单动滑阀调节再生催化剂和待生催化剂循环量，以便控制反应温度。因此，单动滑阀可分切断滑阀和调节滑阀二种。

单动滑阀的动作性能没有双动滑阀要求的那么高。如提升管催化裂化装置用气动调节单动滑阀的结构见图Ⅲ-1-35。

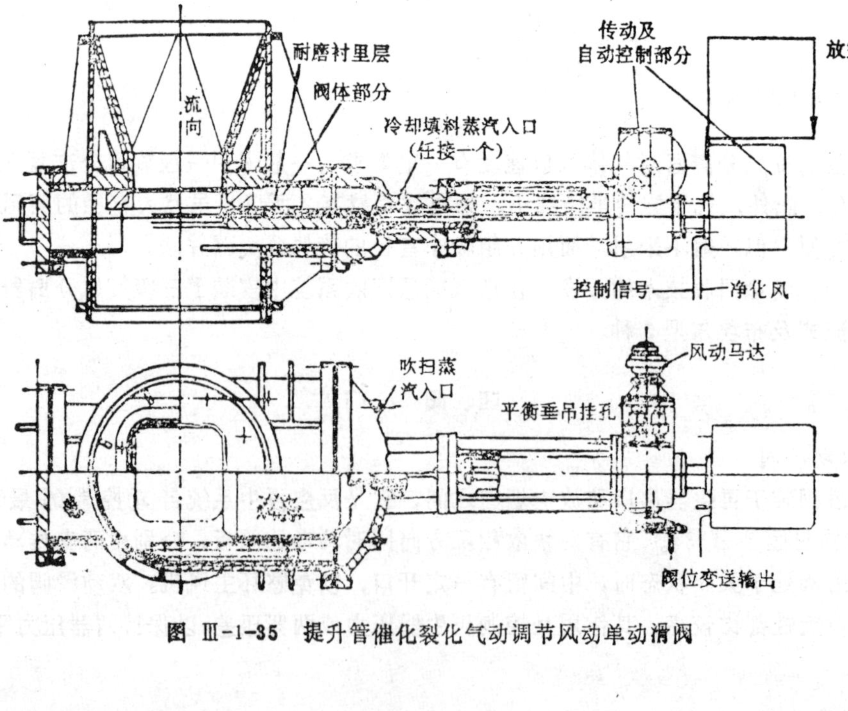

图 Ⅲ-1-35 提升管催化裂化气动调节风动单动滑阀

3. 塞阀

在同轴式催化裂化装置利用塞阀调节催化剂循环量。塞阀比滑阀具有以下优点。

（1）磨损均匀而且较少；

（2）高温下承受强烈磨损的部件少；

（3）安装位置较低，操作维修方便。

在同轴式催化裂化装置中的塞阀有待生管塞阀和再生管塞阀两种。但两种阀体的结构和自动控制部分完全相同，只是阀体部分连接部位及尺寸略有不同，现以YES-Ⅰ型待生塞阀结构为例，见图Ⅲ-1-36。它主要由阀体部分、传动部分、定位及阀位变送部分和补偿弹簧箱组成。

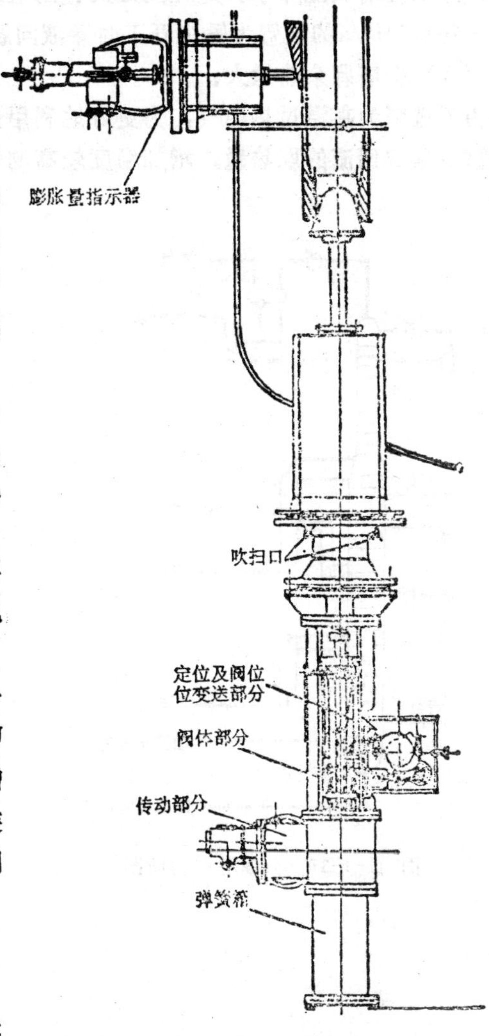

图 Ⅲ-1-36 塞阀结构剖面图

五、三 机

催化裂化装置的"三机"指主风机、气压机和增压机。

主风机是将空气加压后（也称主风）供给再生器烧焦，并使再生器的催化剂流化；气压机是用以压缩富气至一定压力然后送往吸收塔。在同高并列式的催化裂化装置中，增压机将一部分主风再提压后（也叫增压机）送入待生U型管，由于单动滑阀通常处在全开位置，用增压风流量调节催化剂循环量。在高低并列式装置或同轴式装置中，催化剂循环量由单动滑阀或塞阀控制，一般不用增压机。

六、分 馏 塔

催化分馏塔的作用是使由反应器来的裂化油气由过热状态转为饱和状态（称为脱过热），并将油气按沸点范围不同分割成裂化气体和汽油、轻柴油、重柴油及油浆等馏分，保证各馏分沸点范围符合质量要求，例如粗汽油40～200℃、轻柴油200～300℃、重柴油330～380℃、回炼油380～450℃、渣油＞450℃。为此，催化裂化的分馏塔与原油蒸馏塔既有共同点又有其差别，现将催化裂化分馏塔的特点介绍如下：

（1）有脱过热和洗涤催化剂粉末的脱过热段。

分馏塔进料一般为温度在460℃以上且带有催化剂粉末的过热气体，而不是气-液混合物，最重的油料必须从进料的油气中凝缩下来，并作为塔底液相产品。为防止侧线产品污染，必须先把油气冷却到饱和状态，并洗下夹带的粉末以便进行分馏和避免堵塞塔盘。为此分馏塔的底部设有脱过热段，由于温度高易结焦且有催化剂粉末，一般常用8～10层人字形挡板而不用塔板，国外也有用筛板塔板。

（2）有将饱和油气分离的分馏段；

侧线产品比从原油蒸馏出来的相应产品的馏程要宽，催化裂化分馏塔各侧线产品之间要求比较容易满足，回流比较小，为尽量减少分馏系统的压力降，它的塔板数一般在28～32层左右，并采用塔板压降小、处理能力大、制造简单和安装方便的舌型塔板。但由于回流比小，一些1.2Mt/a的装置为解决开工时漏液问题，在中段回流处采用浮阀塔板。

（3）全塔剩余热量大：

由于进料为高温过热油气，为更好地利用分馏塔的热能，在满足分馏要求的前提下，应尽量减少顶部回流的取热量，增加温度较高的中段及油浆回流的取热量。典型的流程有4个循环回流：塔顶循环回流，两个中段回流和油浆循环回流。

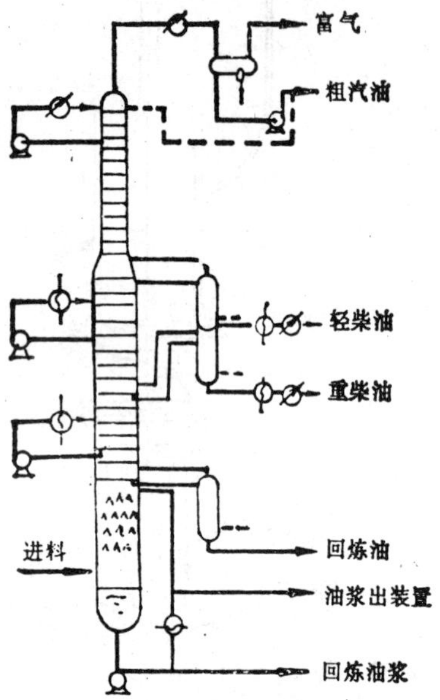

图 Ⅲ-1-37　分馏塔结构简图

（4）塔顶多用顶循环回流而不用冷回流：

因为进入分馏塔的油气带有相当数量的惰性气体和不凝气，会影响塔顶冷凝冷却器的传热效果，采用循环回流可避免惰性气和不凝气的影响，且抽出温度较高，对热量回收有利，同时又可减少冷却面积、降低水电消耗以及减少塔顶至气压机入口的压降以提高气压机入口压力。

（5）有的装置在分馏塔底增设了澄清段，可以生产一部分重质芳烃含量高的澄清油作为制造炭黑或针状焦的原料，也可部分打回反应器再生部分作为调节系统热平衡手段。

催化裂化分馏塔在塔的底部进料，因此催化裂化分馏塔是不带提馏段的不完全塔。

典型的催化裂化分馏塔如图Ⅲ-1-37。

第八节　催化裂化反应和再生的影响因素

一、催化裂化反应中的几个参数

1．单程转化率与总转化率

转化率体现了反应深度，通常假定反应产物中与原料具有相同沸点范围的那部分是没有起反应的，而实际上这部分也经过反应，化学组成已与原料油不同。其余部分的产物则是经反应转化而得，它们对原料之比称为转化率，常用的转化率表示式中，产物一项内包括汽油、气体和焦炭。

由于回炼油的使用，生产上有单程和总转化率之分。

用新鲜原料油加回炼油作为原料油来计算的转化率称为单程转化率，仅用新鲜原料油作为原料油来计算则称为总转化率。

$$单程转化率=\frac{汽油+气体+焦炭}{总进料}\times100\%（重）$$

$$总转化率=\frac{汽油+气体+焦炭}{新鲜原料}\times100\%（重）$$

2．产品产率

产品产率是各种产品量与原料油之比。

$$汽油产率=\frac{汽油产量}{新鲜原料油量}\times100\%（重）$$

$$气体产率=\frac{气体产量}{新鲜原料油量}\times100\%（重）$$

$$轻柴油产率=\frac{轻柴油产量}{新鲜原料油量}\times100\%（重）$$

$$焦炭产率=\frac{焦炭产量}{新鲜原料油量}\times100\%（重）$$

3．单程产品产率

单程产品产率是各种产品量与总进料（包括回炼油）之比。

4．回炼比

回炼油量（包括回炼油浆）与新鲜原料油量之比称回炼比。

$$回炼比=\frac{回炼油量}{新鲜原料油量}\times100\%$$

5．藏量

在反应器或再生器内经常保持的催化剂量称为藏量。在流化床反应器中，一般指分布板以上的密相床层的催化剂重量，以吨表示。

6．空速

每小时进入反应器的油量与反应器内催化剂藏量之比。如以重量为单位的称重量空速，如以体积为单位的称作体积空速。

$$重量空速=\frac{反应器总进料量(t/h)}{反应器藏量(t)}，h^{-1}$$

$$体积空速=\frac{反应器总进料量(m^3/h)}{反应器藏量(m^3)}，h^{-1}$$

7．假反应时间

空速越大，原料油停留在催化剂上的时间越短，故用空速的倒数称假反应时间。但此值并不代表原料油在反应器内的真正反应时间，只是一个用于比较的相对数值。

$$假反应时间=\frac{1}{空速}，h$$

8．催化剂循环量

单位时间内进入反应器的再生催化剂量，以t/h表示。

9．剂油比

单位时间进入反应器的催化剂量（即催化剂循环量）与反应器进料油量之比称剂油比。常以C/O表示。

$$剂油比=\frac{催化剂循环量\ (t/h)}{总进料量\ (t/h)}$$

10. 强度系数

剂油比与空速之比称为强度系数。这一比值与转化率有一定关系，即如果剂油比提高，而空速也提高，这一比值不变，则转化率基本上也不变。也就是说剂油比提高使催化剂活性提高了，使原料与催化剂的接触更密切了，于是加剧了反应的进行，另一方面空速提高使原料在反应器内的反应时间缩短了，缓和了反应的进行。当 $(C/O)/V_0$不变时，这两个互相对立的影响大致上相互抵消，于是反应深度不变，转化率不变。由于 $(C/O)/V_0$反映了裂化反应条件的程度，因此叫做强度系数。强度系数越高，反应条件越苛刻，反应深度也越大，转化率越高。

$$强度系数=\frac{剂油比\,(C/O)}{空速\,(V_0)}$$

11. 催化剂停留时间

藏量与催化剂循环量之比称催化剂停留时间。一般以分钟表示。

$$停留时间=\frac{藏量(t)}{催化剂循环量(t/h)}\times 60,\ \mathrm{min}$$

对于提升管催化裂化，催化剂呈稀相充满提升管空间，裂化反应时间就是指油气经过提升管的停留时间。

$$停留时间=\frac{V_{管}}{v_{油}},\mathrm{s}$$

式中 $V_{管}$——提升管的体积，m^3；

$v_{油}$——油气经过提升管的体积流量，m^3/s。

例3-1 某催化裂化装置使用320～500℃的原料油，反应藏量为15t，催化剂循环量为750t/h，原料油量和反应后各产物数量如下所示，求反应中各参数。

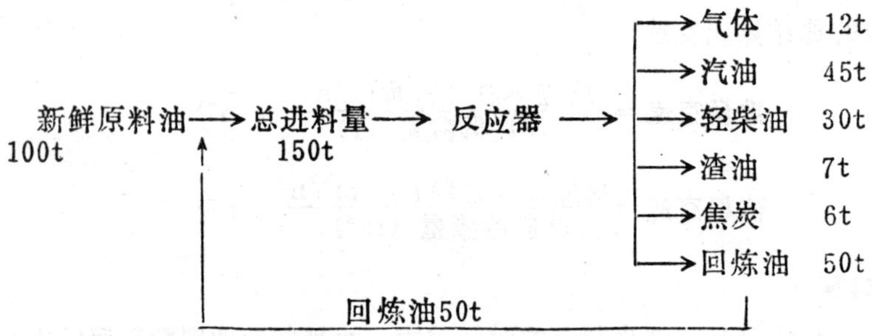

解：

$$单程转化率=\frac{12+45+6}{150}\times 100\%=42\%$$

$$总转化率=\frac{12+45+6}{100}\times 100\%=63\%$$

$$汽油产率=\frac{45}{100}\times 100\%=45\%$$

$$气体产率=\frac{12}{100}\times100\%=12\%$$

$$轻柴油产率=\frac{30}{100}\times100\%=30\%$$

$$焦炭产率=\frac{6}{100}\times100\%=6\%$$

$$单程汽油产率=\frac{45}{150}\times100\%=30\%$$

$$单程气体产率=\frac{12}{150}\times100\%=8\%$$

$$单程轻柴油产率=\frac{30}{150}\times100\%=80\%$$

$$单程焦炭产率=\frac{6}{150}\times100\%=4\%$$

$$回炼比=\frac{50}{100}\times100\%=50\%$$

$$空速=\frac{150}{15}=10h^{-1}$$

$$假反应时间=\frac{1}{10}时=0.1h$$

$$剂油比=\frac{750}{150}=5$$

$$强度系数=\frac{5}{10}=0.5$$

$$停留时间=\frac{15}{750}\times60=1.2min$$

二、催化裂化反应-再生系统的三大平衡

反应-再生系统是催化裂化装置的核心部分，在这个系统中包括二十几个主要可变操作参数，而它们间的关系又十分复杂，要达到安全、高产、优质、低消耗的生产目的，选择适应的工艺条件使操作平稳是它的基础，平稳操作的实质是时时刻刻使装置运转处于平衡状态。它包括三大平衡——压力平衡、热平衡、物料平衡。

1. 压力平衡

压力平衡是本装置进行正常生产的基础，压力平衡包括两器压力平衡、气体产量和气体压缩能力的平衡。

在系统中，两器压差是压力平衡的关键，两器压差控制平衡才易于使催化剂循环调节稳定，从而使反应温度保持稳定。在系统压力平衡中，两器压力大致相等，当两器压差超过规定的范围，就会引起操作波动，容易发生催化剂从一器向另一器倒流，破坏立管料封，或是再生空气倒串入反应器，或是反应油气倒串入再生器，都可能造成爆炸事故。为了控制好压

力平衡，生产中要求单、双动滑阀动作准确、灵敏、稳定。

在两器压力间，反应器压力是主要的，它是用气压机转数和气体循环量(即反飞动流量)来控制。再生器压力是随反应压力的改变而改变，它是通过两器差压调节器控制双动滑阀开度来调节，使两器压力大致相等，在调节两器压力平衡中，差压调节是主要的。

气体压缩机在控制上相当于反应压力的调节阀，对两器压力平衡有直接影响，它的能力有一定限制，所以富气量要控制不超负荷，才能使气压机运转稳定，保持系统压力平衡。富气量不仅决定于反应气体的气体产率，而且与分馏塔顶冷凝器的冷却情况有关，冷却效果差，则一部分轻汽油组分冷凝不下来随气体进入气压机。富气分子量增大，增加气压机负荷，从而使反应压力升高。

2. 热平衡

待生催化剂在再生器内进行烧焦再生，所产生热量除加热主风（增压风）外，余热全部通过催化剂带入反应器，供原料油汽化和反应所需热量，若再生烧焦所产生热量与反应吸热达到平衡，则系统处于热平衡。热平衡包括生焦和烧焦能力的平衡、烧焦需氧和主风供氧的平衡、反应需热和再生供热的平衡。

在运转中原料油质量和反应条件发生变化，使回炼油量、总进料量和焦炭生成量也随之变化。若生焦量增加要及时增大主风以增加再生器烧焦量，否则催化剂上积炭就增多，催化剂选择性随之变坏，又促使生焦率增加，烧焦更不完全，从而形成恶性循环。催化剂上积炭增多，催化剂活性下降，使汽油、气体产率下降，回炼油和油浆增多，这种现象叫做炭堆积。其后果是催化剂活性大大下降，产品分布变坏，单程转化率下降，以致无法维持生产，需要切断进料进行流化烧焦以处理炭堆积。

不同类型的装置所发生的炭堆积现象和顺序不同，对常规再生来说烟气含氧量降至零，稀密相温差降至零，再生催化剂颜色变黑，含碳量大幅度上升，富气、汽油产量下降，严重时两器藏量明显增多。对烧焦罐式高效再生来说，由于正常操作中往往采用较高的氧含量（一般烧焦罐出口为2～3%），再生温度较高，烧焦速度较快，发生炭堆积的几率比常规再生少，一旦发生，往往会先引起再生系统温度上升，然后再出现氧含量回零，稀相管出入口温差回零。以后的现象与常规再生相同。

发生炭堆积的处理方法是：停掉油浆回炼，大幅度降低进料量和回炼油量，必要时切断进料，流化烧焦。炭堆积处理后期要防止二次燃烧发生。

在再生器中，若主风量不足，即烧焦需氧量供应不足，将产生烧焦能力不足，此时，再生烟气含氧量降至零，会造成炭堆积。反之，若主风供氧量超过烧焦需氧量，烟气含氧量上升，超过一定限度，在一定再生温度下，稀相、旋风分离器以至集气室内会发生CO的剧烈燃烧——称二次燃烧，并放出大量热量，最高温度可达1000℃以上，很容易烧坏设备，因此，烟气氧含量是操作中最重要的控制指标之一。

当发生二次燃烧时，可根据二次燃烧的部位，加大该部分冷却蒸汽量，或启用稀相喷水以降低局部温度，另外可适当降低主风，或提进料量，增加再生器喷燃烧油的方法。在处理二次燃烧事故中，也要防止因调节过分而造成炭堆积。总之，调节好再生供氧和需氧的平衡，就可防止二次燃烧和炭堆积。

在两器间通过催化剂循环量来调节两器间的热量传递，便可保持要求的反应温度，再生热量是由燃烧焦炭产生的，所以焦炭生成量是影响热平衡的基本因素，而进料预热和喷燃烧油只作反应需热的补充手段。对于热量过剩的渣油裂化装置再生器的取热措施也是辅助手段。操作中主要用催化剂循环量控制好两器间热量传送，辅以其它手段，保持要求的反应温度，再生器也要保持在合理的温度范围内。对于常规再生的装置再生器超温也会引起二次燃烧。

对于分子筛催化剂添加CO助燃剂后，二次燃烧问题基本不发生，对于高温完全再生的装置，由于CO已基本在床层中烧掉，二次燃烧也已避免。

3. 物料平衡

物料平衡包括催化剂和原料在数量上的平衡、单程转化率和回炼比的平衡及催化剂损失和补充的平衡。这三个方面的问题是与催化剂循环量、藏量、活性和原料性质相联系，同时又是影响处理能力与产品质量的关键。

要达到高的轻质油收率和高的产品质量，在生产中必须选择一个较佳的操作条件，对床层裂化，要选择合适的空速和剂油比，或者是合适的强度系数，它们分别与进料量、反应器催化剂藏量和催化剂循环量有关。提升管装置的空速无实际意义，也不作调节手段，而剂油比是个重要条件。对于特定的催化剂在其自然平衡活性下，剂油比大小对反应效率影响较大。

单程转化率与回炼比的平衡是有关装置处理能力和轻质油收率的问题，进行循环裂化时，适当降低单程转化率，控制裂化深度(如降低反应温度)，在达到相同的最终转化率（即总转化率）时，就可使气体和焦炭产率减少，轻质油收率提高，但是回炼比会增大，处理能力下降。

由于回炼油更难进行裂化，若单程转化率不适当地降得过小，回炼油量会增加很大，空速增加或反应时间缩短，进一步降低单程转化率，造成恶性循环，对处理量有很大影响。因此，需根据原料性质选择适当的条件，达到适中的单程转化率，使处理量和轻油收率都较高，以达到最好的经济效益。

催化剂在反应-再生部分循环使用中，不断地老化、污染中毒和磨损，质量变坏，需要置换。而两器顶部经旋风分离器排出的气流中总是要带出一些催化剂细粉，反应油气带出的可与油浆一起回炼返回系统，再生烟气带出的就损失掉。有时由于重金属污染严重还需卸出一部分。这就要不断的补充新鲜催化剂，以保持系统内催化剂藏量不变，同时使活性、粒度、金属毒物含量等保持在一定范围，以满足操作要求。

三、催化裂化反应操作的影响因素

催化裂化反应是一个复杂的平行-顺序反应，影响的因素很多，在生产装置中，各个操作条件密切联系，常常在改变某个操作条件时就会引起其他条件的变化。因此，常遇到的是两个或几个操作因素同时发生变化时引起的综合影响，此时，各单个操作因素的影响则在综合结果中反映出来。

各个操作因素各自对反应的影响是第一位的，而它们之间的相互影响是第二位的，因此，我们首先讨论各个单个操作因素对反应的影响，然后联系到各操作因素的相互影响。

1. 反应温度

提高反应温度可以提高反应速度，即可缩短油气和催化剂接触时间，在其它条件不变时，就可提高空速，也就是可以提高设备的处理能力。在一般催化裂化条件下，温度每升高10℃能使裂化反应速度提高10～20%。

在生产中温度是调节反应速度和转化率的主要操作因素，不同的产品方案，靠选择不同的反应温度来实现。

在保持同一转化率时，使用较低的反应温度（此时应降低空速或改变其它条件以维持转化率不变），可以得到较高的汽油产率、较低的气体产率，而焦炭产率则较高。

当要求多产柴油时，可采用较低的反应温度（460～470℃），在低转化率下进行大回炼比操作。要求多产汽油时，可采用较高的反应温度（500～510℃），在高转化率下进行小回炼比或单程操作。要多产气体时，反应温度则更高。

反应温度对催化裂化各类反应速度有不同的影响，从而引起产物组成和质量的改变。在提高反应温度时，烃类分解反应和芳构化反应的速度增快幅度要比氢转移反应要大，故产品汽油中芳烃和烯烃含量增加，辛烷值有所提高，但它的安定性下降，柴油因芳烃量的增加，十六烷值降低。由于温度的升高，使热裂化反应的影响渐趋重要，因此，气体中C_1、C_2组分增加，在C_3、C_4组分中烯烃含量增加，见表Ⅲ-1-15。

表 Ⅲ-1-15 反应温度的影响

反应温度（出/入），℃		480/510	501/524	517/556
物料平衡	转化率，%（重）	62.3	70.6	77.7
	C_1、C_2	0.8	1.3	3.2
	总C_3	4.4	5.7	7.2
	丙 烯	3.6	4.8	6.1
	总C_4	10.1	12.3	13.0
	丁 烯	6.6	8.0	9.1
	汽油（C_5～205℃）	44.3	48.3	51.0
	轻柴油	14.7	12.3	10.5
	重 油	23.0	17.1	11.8
	焦 炭	2.0	1.9	1.6
	损 失	0.7	1.0	1.6
产品性质	汽油净辛烷值	—	78	79
	汽油感应期，(min)	465	385	245
	柴油十六烷值	37	34	29
	凝 点	−11	−15	−12

注：原料油：大庆减二、三线油；催化剂：分子筛催化剂；操作方式：单程提升管型反应器；反应压力：68.7kPa[0.7kg/cm²（表）]；剂油比：5.9；再生催化剂含碳量：约0.1%左右。

直接影响反应温度的主要因素是再生温度或再生催化剂进入反应器的温度、催化剂循环量和原料预热温度。

在提升管装置中主要是用再生单动滑阀开度来调节催化剂循环量，从而调节反应温度，其实质是通过改变剂油比调节焦炭产率而达到调节装置热平衡的目的。

2．反应压力

提高反应压力使反应器内油气体积缩小，即相当于延长反应时间，也意味着催化剂表面的油气分压增大，有利于提高反应速度，从而提高了转化率。使产品中气体产率下降，汽油/气体产率之比提高，但焦炭产率亦提高了，见表Ⅲ-1-16。

床层式流化催化裂化反应器的压力在68.7～78.5kPa〔0.7～0.8kg/cm²（表）〕，有些装置使用烟气能量回收时，可提高到（147.1kPa）〔1.5kg/cm²（表）〕左右，提升管催化裂化反应器的压力在98.1～294.2kPa〔1～3kg/cm²（表）〕。一般压力不作为操作调节手段，生产装置的反应压力随再生压力而定，而再生压力又应根据全装置综合考虑而定，它的可调节的范围

表 Ⅲ-1-16 油气分压的影响

油气分压,kPa〔kg/cm²(表)〕	68.7 (0.7)	171.7 (1.75)	274.6 (2.8)
汽油产率,%(重)	53.1	52.6	51.2
焦炭产率,%(重)	7.4	9.6	12.4
丁烯相对产率	1.0	0.86	0.72
转化率,%(体)	69.3	70.4	75.7

很小。一般说来，对于给定大小的设备，提高压力是增加装置处理能力的手段。

影响反应压力的主要因素有再生器的压力、气压机的入口压力、原料油的总进料量和含水量、汽提蒸汽量等。

3. 空速与反应时间

对床层式流化催化裂化反应器中，降低空速使原料的反应时间延长，有利于转化率的提高。在实际生产中，空速对转化率的影响并不象理论上那么显著，空速只是反映原料在反应器床层内的反应时间。

空速降低，使反应深度加深，有利于进行反应速度较慢的氢转移反应，使汽油中烯烃含量降低，安定性提高，又因延长反应时间有利于异构化和环烷脱氢等反应，汽油辛烷值可提高。但降低空速，使装置的处理能力下降，在以生产辛烷值和碘值要求均不过高的车用汽油时，为维持一定处理量，装置均采用高空速操作。一般采用空速在$10h^{-1}$以上。

空速的确定还与催化剂活性有关，活性高的催化剂允许采用高空速操作，即可以提高装置处理量，同时剂油比和空速这二个因素可以相互弥补，为了达到同一转化深度，可以采用高剂油比、高空速操作，也可采用低剂油比、低空速操作。对于使用分子筛催化剂的提升管催化裂化，因为催化剂数量比流化床要少得多，而且实际上已不存在床层，故空速的概念对提升管催化裂化已无实际意义，仅采用反应时间来表示。在提升管中的反应时间就是油气在提升管中的停留时间，反应时间与转化率的关系如图Ⅲ-1-38。通常约为2～4s。有些加工渣油的装置采取了更低的反应时间，以降低生焦率。

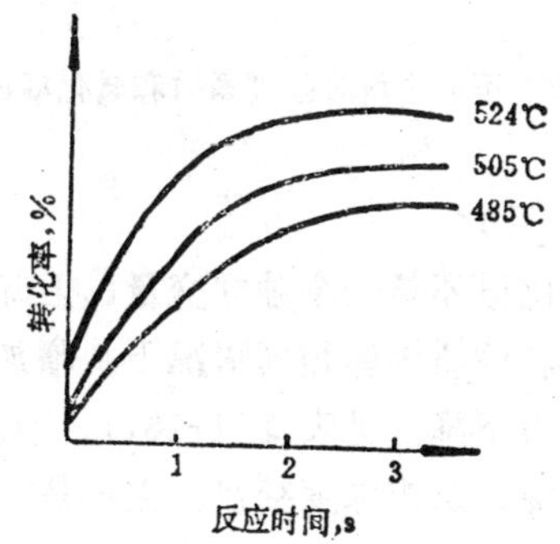

图 Ⅲ-1-38 提升管催化裂化反应时间与转化率的关系

反应时间在生产中是不可任意调节的，它是由提升管的容积决定的，但在生产中由于进料量的多少，其它条件引起的转化率的变化，都会引起反应时间的变化。

4. 剂油比

提高剂油比可使转化率提高，因与油气接触的催化剂量增多，可以提供更多的反应活性中心，从而加快了反应进行，提高了转化率，见表Ⅲ-1-17。

但是过高的剂油比使催化剂在再生器内停留时间过短，致使烧焦不完全，而且剂油比提高时，虽每颗催化剂上焦炭量少了，但随转化率提高，对原料油说，总焦炭产率上升了，同时，提高剂油比势必增加再生器负荷。因此必须综合考虑选用适当的剂油比。对床层式流化催

表 Ⅲ-1-17 剂油比对转化率和产品产率的影响

剂油比	5.3	10.0
反应温度,℃	480	480
产品产率,%(重)		
$C_1 \sim C_4$	14.5	17.0
汽油	44.3	46.8
轻柴油	14.7	14.6
重油	23.0	15.9
焦炭	2.0	2.8
损失	0.7	1.7
转化率,%(重)	62.3	69.5

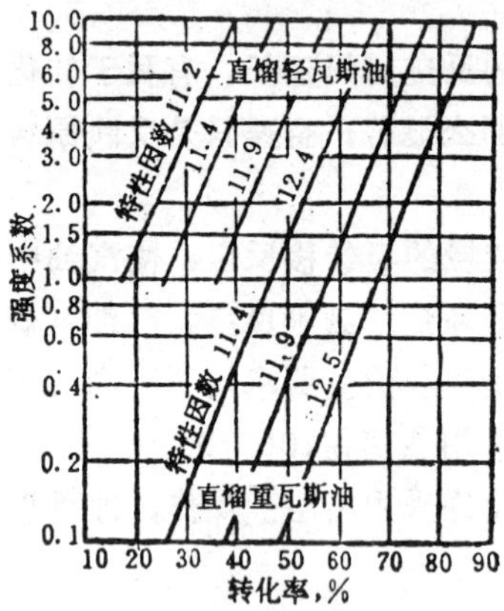

图 Ⅲ-1-39 不同原料时强度系数和转化率的关系

化裂化剂油比一般为5～10。对于提升管反应器，剂油比一般取2.5～6.5。

生产中一般是在一定进料量条件下操作，因此，通常是由改变催化剂循环量来改变剂油比。

强度系数综合了剂油比和空速的关系。强度系数越大，则转化率越高；原料越重，则转化率越高；原料的特性因数越高（即原料中含芳烃少），则转化率越高。这些关系如图Ⅲ-1-39。

对于床层流化催化裂化反应器的强度系数一般为0.5～1.0，对提升管反应器的强度系数则失去意义。

5。回炼比

回炼比虽不是一个独立变量，但却是个重要的操作条件，在操作条件（包括单程转化率）和原料性质大体相同情况下，增加回炼比则转化率上升，汽油、气体和焦炭产率上升，但处理能力下降，见表Ⅲ-1-18(1、2)。在转化率大体相同情况下，若增加回炼比，则单程转化率下降，反应深度变浅，主要是轻柴油产率增加。见表Ⅲ-1-18(3、4)。反之，回炼比太

表 Ⅲ-1-18 回炼比与转化率、产品产率关系

项目	序号			
	1	2	3	4
回炼比	1.0	1.36	1.85	0.9
转化率，%(重)	64.5	71.6	61.27	64.22
产品分布,%(重)				
干气	2.8	3.0	5.38	4.01
液化气	10.9	12.7	8.51	9.51
汽油	44.2	48.3	42.37	45.42
轻柴油	20.4	22.4	38.73	35.78
焦炭+损失	6.6	7.6	5.01	5.28
单程转化率，%(重)			21.49	33.80

低，虽处理能力较高，但轻质油总产率仍不高。因此，增加回炼比、降低单程转化率是增产柴油的一项重要措施。但是，增加回炼比后，反应所需热量大大增加，原料预热炉的负荷、反应器和分馏塔的负荷都会随之增加，能耗也会增加。究竟选择多大的回炼比，要根据具体情况而定。

四、催化裂化再生操作的影响因素

催化剂在反应器参加反应后表面覆盖焦炭，使其活性下降、选择性变差，因此，需在再生器中进行燃烧，以恢复催化剂活性。催化剂再生的好坏，对反应过程有很大的影响。再生的好坏是以再生催化剂的含碳量表示，一般控制反应后的催化剂含碳量≯1.5%，再生后催化剂含碳量控制在0.2～0.7%之间，对分子筛催化剂的要求更高。

待生催化剂上沉积的焦炭量是一种缩合的芳香烃，再生反应就是利用空气中的氧同焦炭中的碳与氢生成一氧化碳（CO）、二氧化碳（CO_2）及水（H_2O），并放出大量的热量。反应式如下：

焦炭中的碳 $C+O_2 \longrightarrow CO_2+33.91MJ(8100kcal)/kg$碳

焦炭中的碳 $C+\frac{1}{2}O_2 \longrightarrow CO+10.26MJ(2450kcal)/kg$碳

焦炭中的氢 $H_2+\frac{1}{2}O \longrightarrow H_2O+119.74MJ(28600kcal)/kg$氢

再生过程中放出的大量热量与生成烟气中CO_2/CO比值及焦炭中H/C比值有关，而生成的CO_2与CO的比例取决于催化剂的种类和再生条件。

1. 催化剂再生操作的要求

（1）烧焦速度快：烧焦速度快就能达到装置处理能力高或设计较小的再生器，也能满足再生时间短的要求。

（2）再生催化剂含碳量低：再生催化剂含碳量低有利于活性的恢复，有利于提高反应器的能力，改变产品分布状况。

（3）在烟气进入旋风分离器时不再发生二次燃烧。

2. 催化剂再生操作的影响因素

（1）催化剂上焦炭含量及其组成：催化剂上焦炭的燃烧速度大体是与催化剂上的焦炭含量成正比，因此，待生催化剂进入再生器后，开始时其上面的焦炭烧得较快，以后随着焦炭含量的下降，烧焦速度也下降，如果要把催化剂上最后残存的少量焦炭烧去则需很长的时间或者要很大的再生器，因此，过度的要求降低催化剂上的焦炭量是不经济的，而且实践证明，催化剂上少量的焦炭对活性并无太大的影响，工业上控制再生催化剂含碳量在0.2～0.7%间，提升管分子筛催化剂要求在0.2%以下。

催化剂上面存在于催化剂微孔内部的焦炭在再生条件下无法烧掉，这部分炭称为残余炭或叫做坑积炭，烧掉的部分称可燃炭。总积炭量是裂化反应时沉积于催化剂孔隙内部及表面上的焦炭量和催化剂颗粒所携带吸附的焦炭量之和，也称总炭产率，通常分作催化碳、附加碳和可提碳三种。催化碳是原料油经过催化反应时所产生的碳，这部分碳的量与裂化反应条件有密切的关系。附加碳是非反应炭，它是由于原料中的残炭造成的焦炭中的碳。可提碳是吸附在催化剂表面上的油气在进入再生器以前没有汽提干净，在再生器内也和焦炭一样烧了，但实际上它不是焦炭，这部分碳的量是不大的，它与剂油比和汽提蒸汽量有关。

（2）再生温度与氧含量：提高再生温度或提高再生器氧含量都有利于烧焦过程，较高的再生温度虽有利于烧焦过程的进行，但受设备的机械强度及反应条件下热平衡的限制，过高的再生温度容易引起二次燃烧。目前床层式催化裂化的再生温度控制在580～590℃，提升管式的再生温度可提高到650～700℃。

为防止二次燃烧和炭堆积，再生温度和氧含量不宜超过下列范围：

氧含量，%（体）	床层温度，℃
7	<540
5～7	540～550
3～5	550～560
1.5～2	570～580
1.5～1.5	580～590
0.5～1.0	590～600

在开工初期，通常采用较低的再生温度（<560℃）和较高的氧含量（2～3%）。

（3）再生时间：延长再生时间可以减少催化剂上的焦炭含量，但当焦炭量降低到一定程度后，延长再生时间的效果就减少，因为此时再生氧化反应速度已很小，一般催化剂在流化床中大约5min就可使催化剂上含碳量降到0.5%以下，目前介绍的是平均停留时间为3～5min。

（4）再生压力：提高再生压力，使氧分压能相应提高，因此使烧焦速度加快，但再生器压力由系统压力平衡所决定，并非调节手段。

综上所述，可以看出影响再生过程的主要因素中，烟气中的氧含量是最重要的，而且可以作为直接调节手段，在常规再生的烟气中适宜的氧含量为0.5～1.0%，完全再生的装置一般控制3～5%，根据氧含量的变化也可迅速判断生焦的平衡，因此氧含量在生产中显得较重要。

3. 使用CO助燃剂以提高再生效果

一氧化碳助燃剂是提高一氧化碳在再生器密相段中燃烧速率的催化剂。

在再生烟气中约有8～10%的CO，这部分烟气直接放空不仅损失热量，而且污染大气。当使用分子筛催化剂后，由于它对焦炭比较敏感，必须在再生过程中将催化剂含碳量降到0.2%以下，为此必须采用高温再生，而较高的温度又使CO_2/CO比值下降，CO增加，而CO在再生器中停留时间过长又会增加CO的后燃机会。当使用了CO助燃剂后，再生器密相段燃烧放热量增加，使密相段温度上升。对反应过程的影响是剂油比下降，生焦量减少，轻油收率上升，总的效应是增加了炼厂的经济效益。

此外，对再生过程产生了下列效果：

（1）回收了一氧化碳燃烧热：使用CO助燃剂后，由于在再生器密相段内实现了完全燃烧，回收了这部分CO燃烧热，减少了烟气余热回收的热负荷，并可用余热锅炉代替价格较贵的CO锅炉。

（2）再生温度提高、再生催化剂含碳量降低。提高了催化剂的活性和选择性，即提高了反应深度，改善了产品分布，增加了汽油产率，降低了焦炭产率。

（3）改善了产品质量：大多数装置汽、柴油安定性提高，汽油的诱导期可延长达100min以上，胶质含量也有不同程度的下降。

（4）减轻了对大气的污染，因为使用了CO助燃剂后，烟气中CO含量下降。

（5）提高了操作稳定性：由于在密相段实现了完全燃烧，烟气中CO含量降低，使稀相段和烟道中减少了产生二次燃烧的可能性。尤其是对那些需要在再生器中烧油的装置，采用助燃剂后可以不再喷燃烧油，在操作上带来了改善流化质量和提高操作稳定性的效果，而且也降低了催化剂的单耗。

据不完全统计，目前我国绝大多数催化裂化装置都使用了CO助燃剂。除常用的铂型CO助燃剂外，我国还研制出一种价格较便宜的钯型CO助燃剂。

五、操作参数对反应、再生的综合影响

对于一个稳定生产的催化裂化装置，各操作因素不仅共同影响于处理量、产品分布及质量等方面，而且它们通过本身的相互联系共同处于一个统一的平衡体系中。当其中一个因素发生变化时，打破了原有的平衡，其它各因素就要有相应的调整以建立一个新的平衡。

随装置类型不同，反应、再生系统可变参数的数目稍有不同，但都有20多个。有些是通常用作主要调节手段的，有些是在平衡破坏的特殊情况下调整操作使用的，还有些则是在平衡状态改变后相应地起变化的。这样划分，有利于在操作时抓住主要手段，及时正确地调整。

1．主要调节参数

反应进料（包括新鲜原料、回炼油、回炼油浆）、进料预热温度、反应温度、主风量、反应压力、再生压力（对于两器压力分别控制的装置是主调参数，对于双动滑阀控制两器差压的装置则不是主调参数），平衡剂活性和助燃剂量等。

2．特殊调节参数

反应器喷汽油、再生器喷燃料油、再生器稀相喷水、旋风分离器级间冷却蒸汽、内集气室保护蒸汽、汽提蒸汽、预提升蒸汽、事故蒸汽、再生器可调取热量等。

3．相应变化参数

再生温度、催化剂循环量、再生烟气氧含量、稀密相温差、两器压差（或再生压力）、再生器藏量、待生和再生催化剂含碳量、取热器蒸汽发生量、反应空速（反应时间）、剂油比、回炼比等。

第三类相应变化的参数对其它参数也有影响，它们主要决定再生烧焦效果和反应的生产效果，但是一般不作经常调节平衡操作的手段。

例如：提高反应器的进料量并设想反应温度、预热温度、反应器藏量及主风量不改变、则整个系统中各个因素将如图Ⅲ-1-40所示作相应调整。

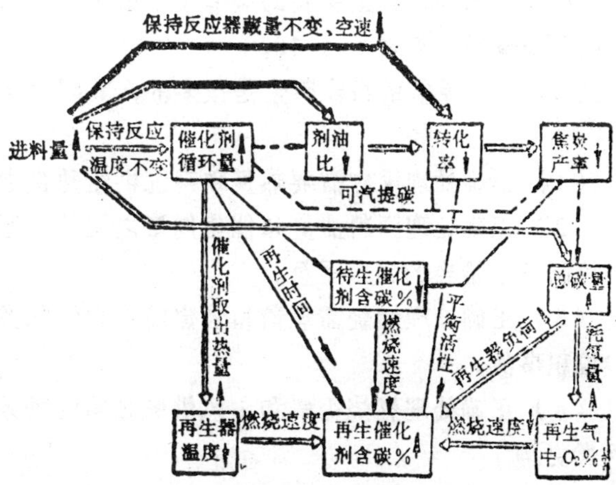

图 Ⅲ-1-40　进料量改变时引起的变化

图例：影响者 ——产生影响的原因→ 被影响者的变化

═▷表示主要影响；

——→表示次要影响；

····→表示相反方向的影响

在图中可以看到：由于进料量提高使剂油比降低，空速加大，再加上

再生催化剂含碳量增加的影响，结果是转化率下降。由于转化率下降，使回炼油增加，回炼比加大，这时的进料量虽然提高，但对新鲜原料的处理能力则提高不大。因此，如果只是提高进料量而不相应地提高反应温度或降低空速则不能真正达到提高处理量的目的。

另外由图可以看出，在提高进料量后，由催化剂带入再生器的总碳量增加了，也就是说再生器的负荷增加了，这时应当提高再生器烧焦效率，以保持焦炭的平衡关系。但是由于进料量提高后引起的待生催化剂含碳量下降，再生烟气中氧含量下降，再生温度下降以及再生时间减小，这种情况继续下去，就可能产生炭堆积的严重后果，因此，必须提高再生器中的氧浓度。提高氧浓度可使再生温度上升，而且由图中看到提高进料量正好使再生烟气中氧浓度下降，因此，解决的办法就是提主风量，以增加烧焦时的需氧量。

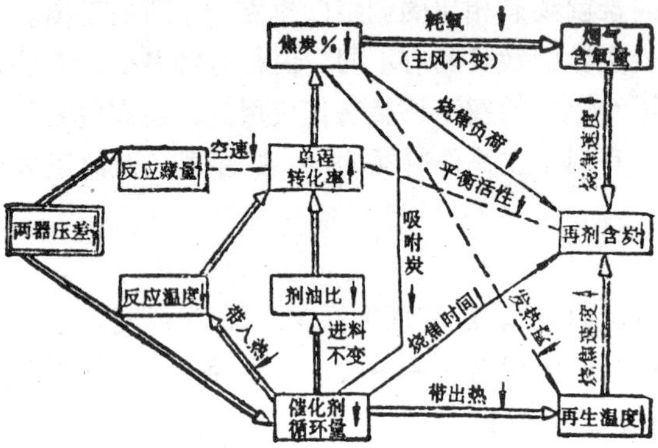

图 Ⅲ-1-41　两器压差改变时其它参数的影响

提主风量尚不能满足再生温度时，尚须提高预热温度或增加再生器燃烧油量，才能恢复正常操作。

提高再生温度后，由于催化剂带入反应器的热量增加，使反应温度上升，从而可能保持转化率不变或降低不多，因此提高总进料量如不提高主风量及反应温度，则不能实现既加大处理量又保持正常生产的愿望。

再如降低两器压差的综合影响见图Ⅲ-4-41。其中不变参数为进料量，预热温度及主风量。综合影响结果：反应温度下降，再生温度上升，烟气氧含量增加。为了防止二次燃烧，应降低主风量，要保持反应温度使转化率不要变化太大，应提高预热温度。

按照类似的分析，把主要的调节手段单个调节时的综合影响和为保持操作平稳而需要做相应的调节参数列于表Ⅲ-1-19。

反应、再生系统的操作因素是很多的，其间关系又是很复杂的，现总结如下几条操作原则：

（1）正确处理反应需要热量和系统供给热量之间的关系，控制一个恰当的反应温度。

（2）正确处理原料油量和催化剂量之间的关系，控制一个恰当的剂油比和空速，或者说是控制一个恰当的强度系数。

（3）正确处理燃烧需氧量和烧焦能力之间的关系，控制一个恰当的催化剂含碳量，避免炭堆积事故。

（4）正确处理燃烧需氧和主风供氧之间的关系，控制合理的烟气含氧量，避免烟气的二次燃烧。

（5）正确处理反应器和再生器压力之间的关系，控制合理的压差，保证催化剂在两器间的正常循环。

（6）正确处理提高装置生产能力和增加轻质油品产量的关系，选择一个合理的回炼比。

表 Ⅲ-1-19 操作参数的综合影响结果

改变的参数		不变的参数	单程转化率 %	焦炭产率 %	生焦量 %	催化剂循环量 t/h	剂油比	烟气含氧量 %	再生温度	再生剂含碳 %	需相应调节的参数		
											主风量	预热温度	燃烧油
进料量①	+	反应温度、藏量、预热温度、主风	−	−	+	+	−	−	−	+	+	+	+
	−		+	+	−	−	+	+	+	−	−	−	−
反应藏量	+	反应温度、进料预热温度、主风	+	+	+	+	+	−	+	+	+	不变	−
	−		−	−	−	−	−	+	−	−	−	不变	+
反应温度②	+	藏量、进料预热温度、主风	+	+	+	+	+	−	−	+	+	不变	+
	−		−	−	−	−	−	+	+	−	−	不变	−
预热温度	+	反应温度、藏量、进料、主风	−*	−	−	−	−	+	+	−	−	不变	−
	−		+*	+	+	+	+	−	−	+	+	不变	+
烟气含氧量③	+	反应温度、藏量、预热温度、进料	+*	+*	+*	−	−	(+)	(+)	−	—	不变	不变
	−		−*	−*	−*	+	+	(−)	−	+		不变	不变
燃烧油		反应温度、藏量、预热温度、主风、进料	−*	−	−	−	−	−	+	−	+	−	—
			+*	+	+	+	+	+	−	+	−	+	

①"+"表示参数值增大，"−"表示减小；

②是靠提高催化剂循环量使反应温度增加；

③是靠提高主风量使含氧量增大。

对上表的说明：

1．标有＊号的是该参数变化不太显著，由于受别的参数不同方向变化幅度的影响，甚至可能有相反的变化。

2．操作参数"主风量"都是指通入再生器烧焦的总主风量，即包括增压风量在内。如果主风机出口不放空时即主风机的入口流量。

3．"燃烧油"在一般情况下尽可能不喷，只有热量严重不足，难以维持热平衡时才用。

4．"单程转化率"变化时，回炼油罐液面发生变化，首先应调反应参数使恢复平衡。变化幅度过大时再改变回炼比。

此外，凡进料量、转化率和反应温度变化都会对分馏塔的操作有影响，因为这时使分馏塔的负荷改变，所以必须同时对分馏塔的操作参数作相应的调节。

六、选择适宜的操作条件

由我国催化裂化生产的经验，说明我们操作条件的选择原则与国外不尽相同，而是按照我国的具体情况和需要进行的。

（1）我们追求的不是最高的汽油产率而是包括汽油和轻柴油在内的轻质油收率。

（2）由于我国炼厂气的石油化工综合利用还很不够，一般炼厂也不希望多生产气体。

（3）由于我国催化裂化原料长期以来大多以减压馏分油为主，有的虽然掺炼焦化蜡油等，但总的原料质量都很好，生焦少，加上回炼比大，不少装置过去热量不足，再生器连续喷燃烧油的比较普遍。因此一直采取油浆全回炼，不出澄清油，即不愿用馏分油生产重质廉价的催化油浆。有的厂出少部分重柴油，一方面满足用户要求，主要还是为了加大处理量。在分子筛提升管发展以后，催化剂活性增高，回炼比减小，现大部分都不产重柴油了。因此，我国催化裂化装置的生产中，不强调转化率而是强调轻质油总收率，强调反应的选择性。针对以上情况，床层裂化反应器内选择适宜反应条件的原则一直是：低温度、低藏量和低剂油比（对分子筛提升管更是如此），以达到低反应强度、高回炼比的目的，从而得到高轻油收率，低气、焦产率。这种操作条件叫做“柴油方案”。反应温度一般在460～480℃，回炼比在1左右，高的达1.5，轻油收率80%左右。

近年来，由于分子筛催化剂的推广使用，新老装置都建立或改造成提升管，有的则在床层内掺用分子筛（如Y-5）或全部换用活性较低的分子筛催化剂（如Y-9）。同时逐步倾向加助燃剂进行完全再生，停喷燃烧油，提高再生温度，降低再生催化剂含碳量在0.2～0.1%以下。反应条件仍采用上述原则，选择性进一步提高，轻油收率超过80%，最高达到84～85%。

80年代以来，我国渣油催化裂化开始发展。渣油残炭高、生焦多，热量大大过剩，使能耗指标增大，轻质油收率下降。所以降低渣油催化裂化的生焦率成了技术发展新课题。针对渣油催化裂化的特点，现正在从以下几方面摸索操作经验：

（1）高温、短接触反应。

（2）进料高强度雾化并注水。

（3）用渣油裂化催化剂CRC-1，并加金属钝化剂。

（4）高温再生（750℃），使再生剂含碳量降低至0.05%以下。

（5）出重质油浆（相对密度>1.0）。

第九节　催化裂化新工艺简介

二十多年来我国流化催化裂化发展很快，为我国大量的重质原油加工提供了经济效益优异的手段，建成的流化催化裂化工业装置总加工能力约占原油炼制能力的1/4，重质油裂解能力所占比重已远远超过热裂化和加氢裂化而居首位。它提供了我国商品汽油数量的80%，和液化石油气的75%以上，产品产值达到炼油行业总产值的1/3。装置型式从单一的同高并列式发展为高低并列提升管式和同轴提升管式，再生方式也从单段常规再生发展到二段再生和快速床再生。原料适应性也逐步扩大，早期只能处理残炭很低的减压馏分油，后来能掺炼部分焦化蜡油，近年来则进一步扩大到渣油领域，不少炼厂掺炼了一定比例的脱沥青油、常渣油或减渣油，全部大庆常压渣油和含80%任丘常压渣油馏分混合油已在工业装置上正常处理。在装置建设中所需的各种设备、压缩机、涡轮机、泵、特殊阀门、仪表等基本可以自给。但我国的催化裂化技术与国外先进技术相比尚有一定差距。

目前国外几种代表性的反应-再生型式如图Ⅲ-1-42、Ⅲ-1-43、Ⅲ-1-44、Ⅲ-1-45、Ⅲ-1-46。

1．渣油催化裂化新工艺

在80年代国外涌现了一批渣油催化裂化的新工艺，其中有：

（1）美国Total公司开发的渣油裂化工艺，其特点是使渣油进料高速分散成比催化剂粒度更小的颗粒，与800℃以上高温催化剂接触，渣油中沥青很快裂化成二环及三环芳烃而减少焦炭的含量，预计适用于残炭高（但沥青质不高）且重金属含量不太高的渣油。

（2）ART工艺是一种把选择性蒸发与流化床脱碳、脱金属联合在一起的加工过程，装置结构与常规催化裂化相同，但采用了一种低活性物质代替分子筛催化剂，用此过程来处理渣油为进一步裂化提供原料，可以提高炼厂原料和产品的灵活性。

（3）RCC工艺是在进料中注水11～13%，以降低焦炭产率和过剩热、高温下汽提再生

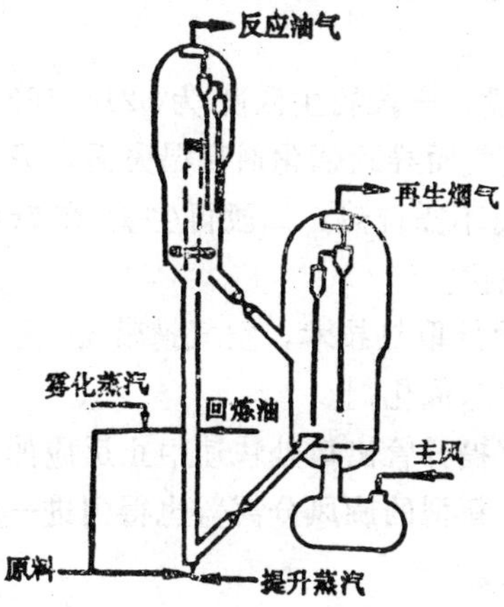

图 Ⅲ-1-42 海湾公司（Bay）全提升管催化裂化

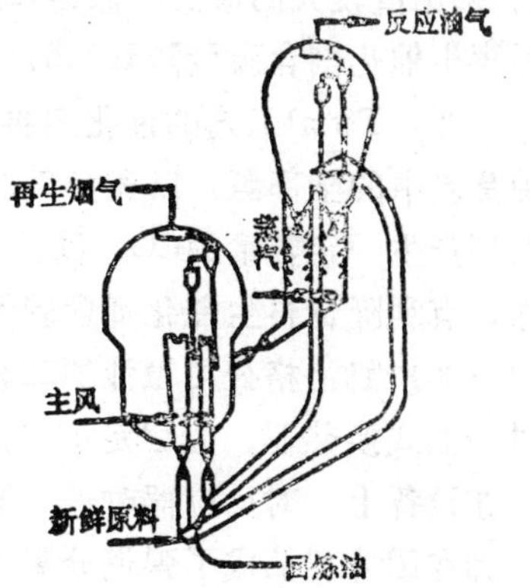

图 Ⅱ-1-43 德士古（Texco）双提升管催化裂化

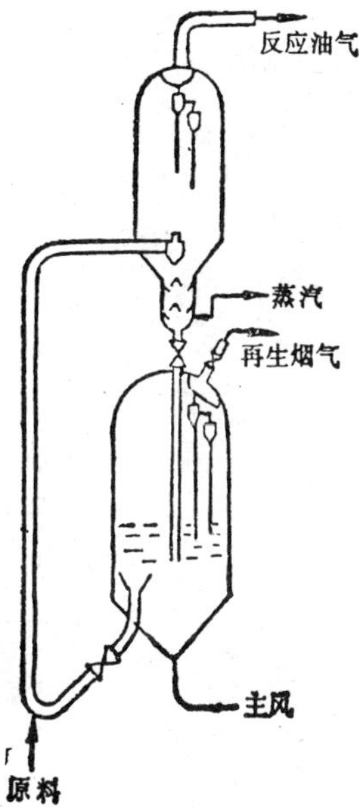

图 Ⅲ-1-44 埃索公司（Esso）全提升管催化裂化

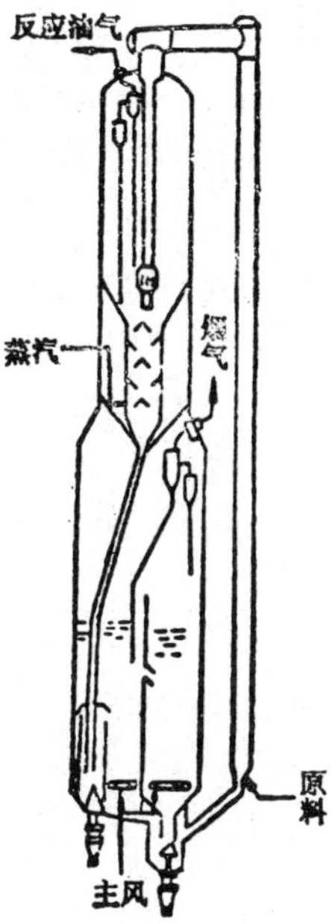

图 Ⅲ-1-45 凯洛格公司（Kellog）同轴式催化裂化

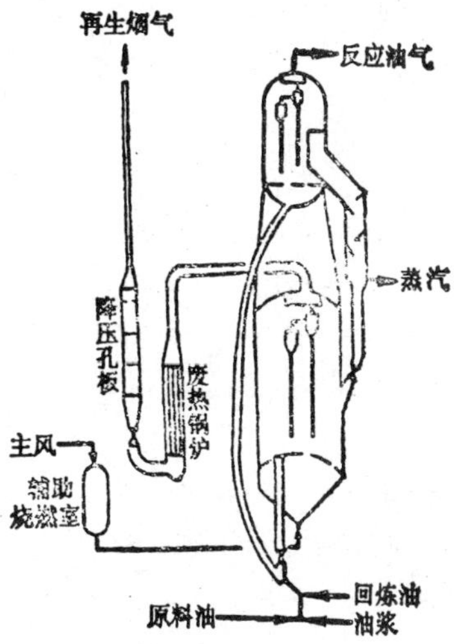

图 Ⅲ-1-46 环球油公司（U.O.P.）叠置式催化裂化

催化剂使金属钝化，从而提高催化剂活性和汽油产率，降低焦炭和氢气产率。

（4）HOT工艺是以沥青为原料，采用铁系催化剂，在500～540℃裂化生产中间馏分油，同时水蒸气和铁反应生成副产品氢气，用于中间馏分油的脱硫。

（5）ACC工艺是以胶质土为催化剂，进行液相催化裂化，据称对针入度为60～70的沥青进行催化裂化反应可得气体33.6%、油35.6%、焦炭30.8%。

2．再生技术新工艺

在再生技术上也有几项新工艺：

（1）RCC催化剂再生采用了二段逆流烧焦技术，一段烧焦是在烟气氧含量接近于零、CO_2/CO比值较大的情况下操作，二段烧焦系在氧大量过剩和催化剂含碳量低的条件下操作，可使再生催化剂含碳量降到0.01%。

（2）Total工艺的催化剂再生工艺也采用二段，一段再生温度为621～760℃，主要是烧掉焦炭中的全部氢，以避免二段再生时产生水蒸气而导致催化剂高温失活，另外，一段再生时还产生一定数量的CO，以使生焦率为7～8%时不需取热，二段再生是在760～982℃下操作，有利降低再生催化剂含碳量，并使重金属钝化。

（3）凯洛格公司设计的二套HOC装置上采用外取热技术，空气携带催化剂从下到上通过一立式换热器，壳程走水，产生中压蒸汽以冷却催化剂。

在设备上，对反应器改进了原料雾化系统以及提升管出口处快速中止反应的“快分”设施，如在国外已搞成了弹道分离器和蝶形分离器，新型的旋风分离器也得到进一步的发展，新型的能量回收设备及自动控制设备都有新的发展。

第二章 催化重整

第一节 概　　述

一、催化重整在石油加工中的地位

催化重整是现代炼油工艺中重要的二次加工方法。

重整是指烃类分子重新排列成新的分子结构。在催化剂作用条件下对汽油馏分进行重整的过程叫做催化重整。采用铂催化剂的叫铂重整；采用铂铼催化剂或多金属催化剂的叫铂铼重整或多金属重整。

催化重整以直馏汽油为原料，用来生产高辛烷值汽油或苯、甲苯、二甲苯等化工原料，副产品氢气可供加氢精制和加氢裂化使用。所以随着石油化工和加氢工艺的发展，随着汽油辛烷值要求的不断提高，催化重整在炼油工业和石油化工中占有重要的地位。

在催化重整过程中，发生环烷脱氢、烷烃环化脱氢等生成芳烃的反应以及烃类异构、加氢裂化等反应，这些反应都会有利于汽油辛烷值的提高。重整汽油的辛烷值（研究法）一般在90以上，而且烯烃含量少、安定性好，不加铅可作车用汽油，又是良好的航空汽油基础组分。在重整生成油中，苯、甲苯、二甲苯及较大分子的芳烃含量很高，它们是现代石油化工中三大合成（合成纤维、合成塑料和合成橡胶）的基本原料，此外还是医药、洗涤剂、溶剂、涂料等工业的基础原料，甲苯还是制取炸药的重要原料。在重整反应过程中，它还能生产重要的副产品——纯度很高的氢气，一般每吨原料油可产氢气20～30kg，约150～300Nm³。大量的氢气可直接用于含硫油的加氢精制、加氢裂化，重整过程是炼油厂获得廉价氢气的重要来源，重整和加氢联合工艺是炼油工业重要的发展方向。

二、催化重整的发展简史

在30年代初，由于汽车和航空工业的发展，需要较高辛烷值的汽油，在1931年出现了热重整（也称热改质）。热重整以直馏汽油为原料，通过高温（530℃）、高压〔3～7MPa(30～70atm)〕,分子重新排列,可以得到少量的芳香烃，大量的是较小分子的烷烃和烯烃，有利于提高汽油辛烷值。但这种过程的气体产率高、液体收率低（70%左右）。而汽油的辛烷值不很高（70左右）、安定性也不好，因此在工业上没有广泛应用，但仍为现在的催化重整奠定了基础。

1940年建成了第一套以氧化钼/氧化铝（MoO_3/Al_2O_3）作催化剂的催化重整装置，以后又使用氧化铬/氧化铝（CrO_3/Al_2O_3）作催化剂的工业装置。这个过程以石脑油（轻馏分的泛称，一般指80～200℃馏分）为原料，在480～530℃、1～3MPa〔10～20atm（氢压）〕下进行。这个过程也称铬重整（或钼重整）或临氢重整。在此过程中通过环烷烃脱氢和烷烃环化脱氢生成芳烃，通过加氢裂化反应生成小分子烷烃等，所得汽油的辛烷值可达80左右，安定性较好，汽油收率较热重整高，所以在二次世界大战期间得到很快发展。但钼（或铬）催化剂活性不高，且易结焦失活，因此反应期短，处理量小、操作费用大，也就没有得到发展。

1949年后，出现了贵金属铂催化剂，使催化重整得到了迅速的发展。铂催化剂具有比氧化钼催化剂高的活性，可以在比较缓和的条件下进行反应，得到辛烷值较高的汽油。铂重整也是以石脑油为原料，在450～520℃1.5～2MPa〔15～20atm（氢压）〕及铂-氧化铝催化剂作用下进行，使用固定床反应器时，可连续生产1年以上不需要再生，所得汽油收率约90%左右，辛烷值达90以上，安定性也好。在铂重整生成油中含芳烃30～70%，所以也是生产芳烃的重要来源，由于铂重整的效率高，因此发展较快。

1968年开始出现铂-铼双金属重整催化剂，以后又出现了多金属催化剂在与双（多）金属催化剂开发和更新的同时，促进着催化重整工艺的不断提高。为此连续重整工艺（催化剂连续再生的催化重整过程）正在取代半再生式、循环再生式工艺，这种新工艺具有装填催化剂量少，使用寿命长等优点。由于是连续再生，反应就可以在更苛刻的条件下〔即低压、高温、低氢油比〕进行，生成油辛烷值高或芳烃浓度更大，汽油和氢气产量都提高了。

随着催化剂的改进、对原料的选择、节能，产品的质量的要求越来越高，目前，国外又发展了超低压连续重整及Aromax（多芳烃）重整、麦格纳重整、超重整。

从70年代起，世界各国新设计的装置大多采用双（多）金属重整催化剂，现在工业上应用的重整催化剂大致有3个系列：铂-铼、铂-铱、铂-锡，其中以铂-铼应用最广。

当前，鉴于环保要求，世界各国对汽油质量要求很高，在美国、西欧等国要求使用无铅或限铅汽油，而一般直馏油达不到高辛烷值要求，烷基化油虽质量高，但产量少，因此只有在很大程度上应用重整油，所以发展重整是生产高质量汽油的重要手段之一。

目前催化重整与催化裂化、催化加氢一起已成为炼油过程中3个最重要的催化加工过程。

催化重整装置由四部分组成：①原料预处理；②催化重整；③溶剂抽提；④芳烃精馏。如不生产芳烃，则只需原料预处理及催化重整两部分。

以直馏汽油为原料，生产各种轻质芳烃为目的的催化重整装置示意流程如图Ⅲ-2-1。

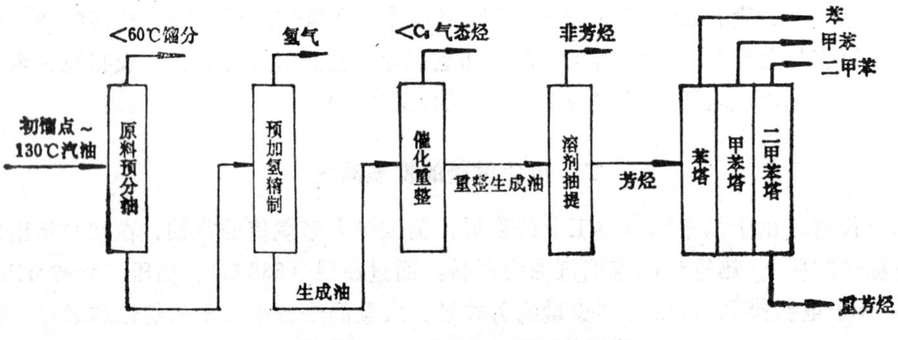

图 Ⅲ-2-1　催化重整装置的组成

第二节　催化重整的催化剂

一、重整催化剂的种类

工业用重整催化剂可分为两大类，即非贵金属催化剂和贵金属催化剂。

非贵金属催化剂有 Cr_2O_3/Al_2O_3、MoO_3/Al_2O_3 等，其主要活性组分多属元素周期表中的第Ⅵ族金属元素的氧化物。这类催化剂的活性不如贵金属催化剂，目前在工业上已基本上被淘汰。

贵金属催化剂的主要活性组分多属元素周期表中第Ⅷ族的金属元素，如铂、钯、铱、铑等，目前应用的有3类：①单金属催化剂——铂催化剂；②双金属催化剂，如铂铼催化剂等；③以铂为主体金属的三元或四元的多金属催化剂。它们的催化作用机理，都是以铂催化剂的作用机理为基础的。

二、重整催化剂的双功能特性

催化重整催化剂是一种双功能催化剂，即同时具有脱氢活性中心来促进脱氢、加氢反应以及酸性活性中心来促进裂化、异构化反应。在铂催化剂中，铂含量约为0.3～0.7%(重)，它在催化剂中起脱氢和加氢作用，它主要是促进环烷脱氢、烷烃环化脱氢及烯烃饱和等反应。在铂催化剂中的酸性组分是卤素（氯或氟），一般含量为0.4～1.0%，它可促进异构化和加氢裂解等反应。铂和卤素所提供的两种催化功能在反应过程中是相互影响的，它们之间应保持一定的平衡关系，否则就会影响催化剂的使用性能。

例如：正已烷环化脱氢按如下步骤进行：

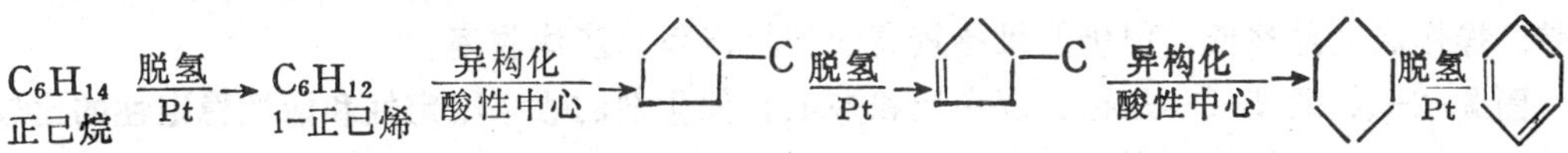

由上式看出：正已烷生成苯，是交替在催化剂的两种活性中心——脱氢中心和酸性中心上起作用。两种催化功能必须有适当的配比才能达到生成苯的结果。如果只是脱氢活性很强，则只能加速六元环烷烃的脱氢反应，而异构和加氢裂化反应不足，不可能促进烷烃和五元环烷烃的芳构化反应，达不到提高芳烃产率和辛烷值的目的。相反，如果酸性作用很强，异构化反应就被促进，加氢裂化反应也相对促进，使液体收率就可能降低，五元环烷烃和烷烃生成芳烃的选择性降低，也不可能达到预期目的，因此，必须设法使双功能催化剂的各种功能配合适当，以发挥最佳效能。

三、重整催化剂的物理化学组成

重整催化剂组成大致分为3个部分，就是金属组分、酸性组分和担体。

1. 金属组分——铂、铼及其他

金属组分是催化剂的核心。重整催化剂的活性金属通常用的是铂，在现代双金属和多金属催化剂中大多离不开铂。铂的最大特点是它具有强烈的吸引氢分子的能力，因此它对脱氢芳构化反应具有催化功能。一般来说，催化剂的脱氢活性、稳定性和抗毒能力随铂含量的增加而增强。但许多研究工作表明：当催化剂中铂含量接近于1%时，继续提高铂含量几乎没有什么裨益。所以许多国家生产的催化剂的铂含量在0.3～0.7%，用于生产芳烃和高辛烷值汽油。

在重整催化剂中，把金属组分颗粒分散得越细，催化剂的活性就越高。但在生产过程中，由于高温凝聚和再生或还原过程中的氧（或水）原子的影响，使催化剂中的铂晶粒长大，有效的——即外露的铂原子减少，这会降低催化剂的活性。为了提高芳烃产率，一个途径是提高催化剂的脱氢功能，用提高催化剂中的含铂量和铂的分散度的方法，可以起到一定的作用。在实际生产过程中，加强活性金属脱氢功能的另一途径是采用双金属催化剂。除铂外，加入铼、钯、铱等第二组分。此时铂仍是主要金属组分（基础活性组分），具有强烈的吸引氢原子的能力，第二金属组分则能改善铂的分散度，抵抗铂晶粒的凝聚作用，这就使催化剂的活性和稳定性大大提高。铼等还加强了催化剂的活性、金属脱氢功能，使催化剂的选择性得到改善。

双金属铂-铼催化重整发展很快，1974 年已实现了工业化。根据实践，双金属催化剂有以下优点：

①对热稳定性好，在条件相同时，活性下降速度只有铂的1/5，不易结焦；

②对结焦敏感性差，容炭量可达20%以上（铂催化剂为 3～6%），为此可在苛刻条件下操作，例如高温、低氢压等条件，有利于催化芳构化反应；

③对原料的适应性强，如重组分多、烷烃多、二次加工油等都可使用，芳烃产率可达100～130%以上；

④使用寿命长，国外有的可用 5 年以上；

⑤再生性能好，再生后的活性有时还略有上升。

但第二金属有严重的加氢裂解活性和氢解作用，在生产中造成液体收率和氢纯度比纯铂催化剂为低。为了防止铂晶粒长大以及减少氢解作用，在双金属催化剂中加入第三种金属——铱、金、铝、锡等，于是出现了多金属催化剂。

第三组分的加入，使催化剂稳定性大大改善，同时也改善了活性和稳定性，可以长周期运转。操作温度虽然低，但仍能维持较高的芳烃产率和液体收率。

图Ⅲ-2-2、图Ⅲ-2-3是铂、双金属和多金属催化剂的收率稳定性和活性稳定性的比较。以铝作为第三组分加入双金属催化剂中，试验数据如表Ⅲ-2-1所示。

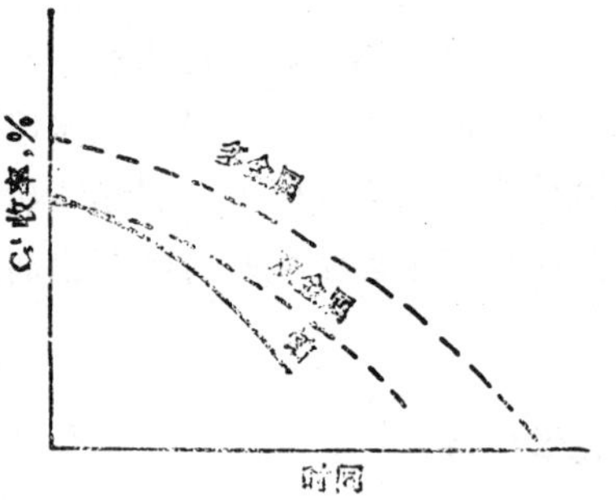

图 Ⅲ-2-2 不同金属催化剂收率稳定性对比曲线图

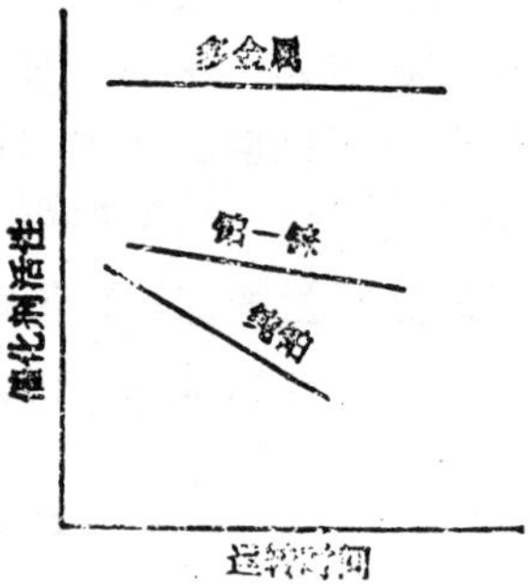

图 Ⅲ-2-3 不同金属催化剂活性稳定性对比图

从表Ⅲ-2-1看出，铂铼催化剂中加入铝后可使液体收率和芳烃收率大大增加。

多金属催化剂还可用于更苛刻的条件操作，空速比用双金属催化剂时可提高2～3倍。由于脱氢环化能力较强，适用于加工烷烃等原料。

表 Ⅲ-2-1 第三组分铝的作用

金属	液体收率，%(重)	芳烃收率，%(重)	金属	液体收率，%(重)	芳烃收率，%(重)
铂-铱	74.0	46.0	铂-铼	76.3	40.7
铂-铱-铝	78.0	53.0	铂-铼-铝	79.8	53

2. 酸性组分——氟和氯

催化剂中的酸性组分起着助催化剂的作用。所谓助催化剂作用，就是能够使催化剂具有更好的催化功能，因为只有金属组分制成的催化剂的活性是很差的。

酸性组分主要是添加的卤素元素——氟和氯。改变卤素含量可调节催化剂的酸性功能，随着卤素含量的增加，催化剂对异构化和加氢裂化等酸性功能的催化活性也增强。在卤素的使用上还常有氟氯型和全氯型两种。一般氟氯型新鲜催化剂含氟和氯约1%。氟在催化剂上比较稳定，在操作时不易被水带走，但氟的加氢裂化性能较强，使催化剂的选择性变差，因此，近年来多采用全氯型。一般新鲜的全氯型催化剂含氯0.6～1.5%。实际操作中要求含氯是稳定在0.4～1.0%。由于氯在催化剂上不稳定，容易被水带走，造成催化剂酸性功能不足，因此在工艺操作中，根据系统中水-氯平衡状况注氯以及在催化剂再生后进行氯化等措施来维持氯在催化剂上的适当含量。卤素含量太低，则造成酸性功能不足，芳烃转化率降低（尤其五元环烷和烷烃的转化困难）或生成油中辛烷值低。但卤素含量太高时，加氢裂化反应增强，导致液体产物收率下降。

3. 重整催化剂担体

重整催化剂的担体通常是氧化铝（Al_2O_3），它又分η-Al_2O_3和γ-Al_2O_3两种型式，现都改用γ-Al_2O_3，因其热稳定性较好。一般来说，担体没有催化活性，但担体具有较大的表面积和较好的机械强度。它作为催化剂的骨架，使催化剂活性组分分散在担体上，从而有效地发挥活性组分的催化作用，节省活性组分的用量，同时也提高了催化剂的热稳定性和机械强度，有的担体还可减少催化剂活性中心对毒物的敏感性。

担体的主要特点是含有很多细孔，以Al_2O_3为例，每克催化剂的孔表面积达200～300m^2，这些小孔大小不一，从零点几nm到10nm，在制成催化剂时，便将铂等组分的溶液均匀分布在孔中，如果这些小孔把金属组分的颗粒分散得越细，催化剂活性就越高。

四、金属组分、酸性组分与担体之间的相互关系

双功能的催化剂，不仅需要金属组分，也需要酸性组分，两者是缺一不可的。它们之间关系见表Ⅲ-2-2及图Ⅲ-2-4。

表 Ⅲ-2-2 金属组分与酸性组分的关系

〔原料油：甲基环戊烷；条件：453℃、1.9MPa(19kg/cm²)〕

催化剂含铂0.3%		催化剂含氟0.77%	
氟含量,%	苯产率,%	铂含量,%	苯产率,%
0.05	25.0	0.012	14.5
0.15	31.5	0.030	45.0
0.30	41.0	0.050	56.0
0.50	59.0	0.075	63.0
1.00	71.0	0.100	63.5
1.25	71.5	0.300	63.0

由表及图可以看出，在含铂量一定（0.3%）的催化剂上，适宜的酸性组分为1%左右，含氟量不足，催化剂活性不好，苯产率下降。由此可见含氟量小于1%时，甲基环戊烷异构脱氢的反应速度是由酸性功能控制的。当含氟量（0.77%）不变时，催化剂的含铂量增加，苯产率增加，当含铂量大于0.08%时，产率不再增加，由此可见，含铂量小于0.08%时，反应速度由脱氢功能所控制。与上述情况相似，不足或过高的含铂量也是不好的。两种情况下适宜的铂与氟的原子比大约为1～3:100。如果以1000mol担体为基准，那么在担体上的酸性

组分卤素的摩尔数为40～50，金属组分的摩尔数则为0.4～1.5。也就是说，并不是所有的担体(Al_2O_3)分子都能得到酸性组分卤素，也并不因诱导而产生酸性中心，也不是所有的酸性中心都能分配到金属组分，即金属活性中心比酸性活性中心还要少得多。

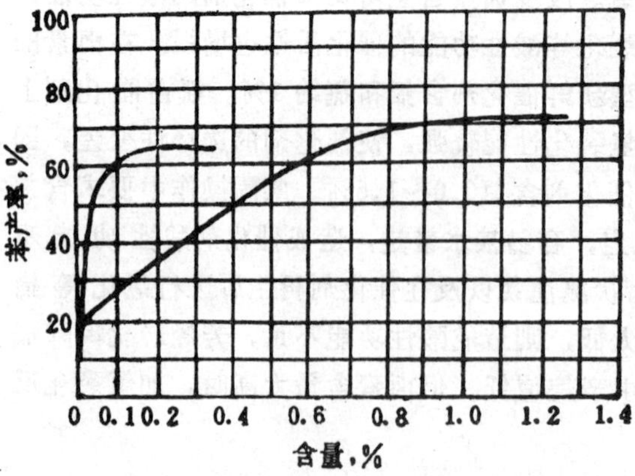

图 Ⅲ-2-4 金属组分与酸性组分适宜配比图
注：图中左边曲线为金属铂含量，右边曲线为氟含量

综上所述，催化剂担体上的金属组分和酸性组分之间有一个恰当的比例关系，这种关系的破坏，就会损害催化剂的活性和稳定性，这不仅对制备催化剂是重要的，在运转使用过程中也是极为关键的问题，在生产过程中，虽然催化剂具有适宜的配比，但由于操作过程中各种因素的影响，也会导致催化剂的配比变化，亦导致其活性、选择性、稳定性和寿命的变化。表Ⅲ-2-3列出了几种重整催化剂的组成和结构特征。

表 Ⅲ-2-3 国内外几种铂-铼系催化剂数据

催化剂型号	C_8-5(r-133)	R-50	E-603	RG-482	CB-6(PR-A)	3741-L
产地	长岭	UOP	恩格哈尔德	IFP	长岭	石油三厂
担体	γ-Al_2O_3	γ-Al_2O_3	γ-Al_2O_3	γ-Al_2O_3	γ-Al_2O_3	γ-Al_2O_3
化学组成,%(质)						
Pt	0.50	0.25	0.30	0.31	0.30	0.50
Re	0.35	0.25	0.30	0.37	0.30	0.48
Ti	0.20	—	—	—	—	—
Cl	1.40	1.10	1.0	—	1.10	1.6
物理性质						
堆密度,g/ml	0.82	0.82	0.74	0.712	0.810	—
孔容,ml/g	0.467	0.467	0.426	0.657	0.49	0.50
比表面积,m^2/g	193	205	211	233	189	220
外形	球	条	条	条	球	球
微孔结构,nm						
<2.0	—	—	—	—	<3.0nm	—
2.0～4.0	6.8	9.0	12.0	3.4	～4.0nm30.8	—
4.0～8.0	26.9	25.9	56.2	31.5	～5.0nm55.7	—
8.0～10.0	26.3	25.4	17.6	31.0	～5.0nm55.7	—
10.0～15.0	33.6	33.1	9.4	32.5		—
15.0～20.0	4.0	4.2	1.9	0.9	～1.0nm0.9	—
>20.0	2.6	2.4	2.9	0.5	—	—
孔径,nm	10.5	10.5	6.25	10.5	4.2	

五、重整催化剂的使用性能

对于工业生产中的催化剂功能可用催化剂效率来表示

$$催化剂效率=\frac{生成目的产品摩尔数}{原料中可以转化的摩尔数}\times 100\%$$

如果原料中所有能够转化的分子数，在某种催化剂上全部转化为目的产品，则此催化剂的工作效率为100%。

对于铂催化剂而言，其重整效率为：

$$\text{重整效率}=\frac{\text{生成芳烃摩尔数}}{\text{可转化的环烷摩尔数}}\times 100\%$$

但是仅由重整效率这一指标，还不能完全反映重整催化剂的全部工作性能，工业生产中更关心的是催化剂的实际使用性能，通常从以下几方面来评价：

1．活性

催化剂活性是指该催化剂催化功能大小的重要指标。催化剂活性越强，促进原料转化的能力越大，在相同的反应时间内得到的目的产品越多，因此，重整催化剂的活性往往就用芳烃产率的高低加以衡量。此外，也可用获得规定的芳烃产率时，反应强度（通常指温度T）高低来描述。显然，在获得规定的芳烃产率时，所用的反应温度越低，表明它的活性越高。

催化剂活性根据生产目的不同，有两种评价的方法。如以生产芳烃为目的时，可将标准试油在一定条件下反应，以所得的芳烃产率（或重整转化率）来表示其活性的高低。转化率高，则活性高。例如铂催化剂芳烃转化率可达85%，用铂铼催化剂时，芳烃转化率可达110%左右。如果用于生产高辛烷值汽油时，则可用所产汽油的辛烷值来比较其活性。对于一定组成的原料，随着反应条件不同，所得汽油的辛烷值和产率也不同，因此，工业上也常常用“辛烷值-产率”曲线来评价催化剂活性。如图Ⅲ-2-5是“辛烷值-产率”曲线图。

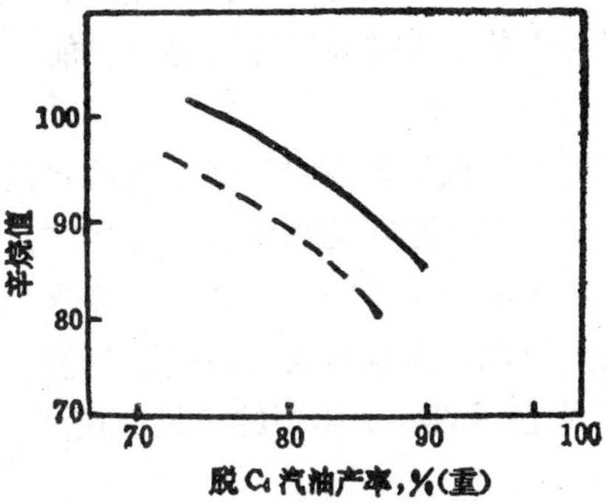

图 Ⅲ-2-5 辛烷值-产率图
——高活性催化剂； ----低活性催化剂

图中两条曲线表示了两种催化剂的活性。不但要求汽油的辛烷值高，而且产率也要高，这种催化剂的活性才好。如果原料不变，则当催化剂活性下降时，辛烷值-产率关系变坏。若要维持汽油辛烷值不变，则必须采用苛刻的反应条件，于是汽油的产率就降低，反之，汽油产率不变时其辛烷值降低。显然，这种活性的评价方法实际上包含了催化剂的选择性这一因素。

2．选择性

选择性是指催化剂促进理想反应（芳构化）能力的高低。通常催化剂除加速希望发生的反应外，还伴随着过多的裂化等副反应。选择性高则是促进环化能力高而裂解反应少。

3．稳定性和寿命

在正常生产中，催化剂表面上积炭逐渐增多，同时由于高温的作用，催化剂的某些微观结构（如铂晶粒、卤素含量、担体的微孔结构）也会发生一定的变化，导致催化剂的活性不断下降，结果芳烃转化率或重整汽油的辛烷值降低。在催化剂运转的工作周期中，随着工作时间的延长，其活性和选择性都要下降，催化剂能保持活性和选择性的能力称为稳定性。催化剂的减活速度越慢表示它的稳定性越好。

为了维持一定水平的芳烃转化率或重整汽油的辛烷值，随着催化剂活性的下降，需要提高反应温度，但这会使液体产率降低。当反应温度提高到某个限度时，液体产率已下降很多，经济上不再合理时就停止使用催化剂，进行催化剂的再生。从新鲜催化剂投用到再生这一段时间称为一周期的寿命，可以用小时表示。对重整催化剂，表示寿命的方式更多地是用每公斤催化剂能处理的原料数量，即吨原料/千克催化剂或米^{3}原料/千克催化剂。催化剂的寿命越长，重整装置的有效生产时间越多。国产催化剂在空速3～6h^{-1}、氢油体积比为1200:1及压力2.5MPa（25kg/cm^2）条件下，一个周期的寿命一般在4个月以上。

从新催化剂投用到因失活而停止使用这一段时间称为催化剂的总寿命，在铂重整过程中，以每千克催化剂处理原料油数量来衡量，一般在80～100m^{3}原料/kg催化剂左右。催化剂的稳定性越好，则使用寿命越长，在满足生产需要的前提下，寿命长可增加有效生产时间和节省生产费用。

4. 再生性能

催化剂表面积炭，可通入含氧气体烧去积炭，恢复活性，这个过程称为催化剂再生。再生性能好的催化剂，经再生后的催化剂活性可恢复到新催化剂水平。这是因为催化剂对热稳定性好，再生时，铂在担体上的分散程度没有大的变化，担体结构没有遭到破坏的缘故。但实际上在催化剂多次再生的过程中，每次再生后的催化剂的活性往往只能达到上一次再生时的85～95%左右。在经过多次再生后，催化剂的活性不能满足使用要求时就需要更换催化剂。对再生式铂重整要求连续再生仍能维持较高的活性。

5. 机械强度

固定床装置催化剂的机械强度虽然没有象流化床或移动床装置对催化剂的要求那样高，但是一定的机械强度是必须的。在生产过程中，由于操作条件的变动（例如压力波动、温度变化等）和承压等原因，将会引起催化剂粉碎，使反应器床层压降增大，也增加了气体压缩机的动力消耗，而且对反应也是不利的，特别不利于低压操作。工业上以耐压强度（Pa或N/粒）来表示重整催化剂的机械强度。

六、催化剂的失活和中毒

生产过程中使催化剂活性下降的原因有催化剂表面积炭、卤素流失，长时间处于高温下引起铂晶粒聚集使分散度减小以及催化剂中毒等。一般正常生产中催化剂活性下降主要是由于催化剂表面积炭引起。

1. 催化剂上积炭失活

对一般铂催化剂，当积炭增至3～10%，其活性大半丧失，对铂铼催化剂则积炭达20%时其活性大半丧失。

催化剂因积炭引起的活性降低可以采用提高反应温度的办法来补偿。但是提高反应温度有一定的限制，国内的铂重整装置一般限制反应温度最高不超过520℃，此时，催化剂上的积炭量约8～10%，当反应温度提至最高时可以用再生的办法烧去积炭并使催化剂的活性恢复。再生性能好的催化剂其活性基本上可以恢复到原有水平。

催化剂积炭的速度与原料性质和操作条件有关。原料的终馏点高、不饱和烃含量高时积炭速度快。因此必须恰当地选择原料的终馏点并限制原料油的溴价不大于1克溴/100克油。此外，反应条件苛刻（如高温、低空速、低氢油比等）也会增加积炭速度。

2. 催化剂中毒

铂催化剂受原料中某些杂质的影响而丧失活性的现象称为中毒，而使催化剂中毒的物质称为毒物，对铂催化剂的毒物按其对催化剂中毒严重程度，其顺序是：砷、铅、铜、铁、钒、镍、汞、钠等金属毒物和硫、氮、氧、烯烃等非金属毒物。

（1）砷（As）和铂有很大的亲合力，它能与催化剂表面的铂晶粒形成铂砷化合物（$PtAs_2$）造成催化剂永久性中毒。砷还可与酸性组分氟、氯等作用生成$AsCl_3$等，影响催化剂的酸性功能。通常铂催化剂上砷含量>200ppm时催化剂的活性在再生后也不能恢复，这种中毒称为永久性中毒，因此对铂重整原料的含砷量应严格控制。通常铂重整原料的含砷量限制在1～2ppb以下（1ppb=10亿分之一）。

原料中的砷含量一般随石油馏分沸点的升高而增加，大约90%的砷集中在蒸馏残油中，因此经过热加工所得的轻馏分往往含有较多的砷。根据生产实际经验，原油常减压蒸馏时，初馏塔顶<130℃馏分中砷含量一般<100ppb，制取重整原料油时，只须经过预加氢精制，砷含量即可合格。而常压塔顶<130℃馏分的含砷量很高，有时高达1000ppb以上，这些砷可能是由于拔头原油经过加热炉后部分热分解所产生，使用这些原料时，必须先进行预脱砷，然后再预加氢。

（2）铅、铜、汞、铁、钠等金属也都可以引起催化剂永久中毒，因此，要注意重整原料油不要被加铅汽油污染，检修时要尽量避免铜屑、铁屑、汞等物进入系统，并禁止使用氢氧化钠等钠化合物处理原料。对铂重整原料中这些杂质的限制一般为铅<5ppb，铜<10ppb，汞<10ppb，铁<20ppb。

（3）硫：原料中的含硫化合物在重整反应条件下生成H_2S，当原料含硫量高时，硫化氢在循环氢中集聚，使催化剂的脱氢活性下降，而促进烷烃的加氢裂化，其结果是芳烃产率降低，液体产率下降，有研究数据指出，当原料中含硫量达0.3%时铂催化剂的脱氢活性下降了80%，因此在使用铂催化剂时，限制重整原料的含硫量在10ppm以下，重整原料含硫量的允许值与采用的氢分压有关，氢分压高时可允许较高的原料含硫量。在使用铂铼催化剂时，对硫含量更为敏感，限制在1ppm以下，它们形成的ReS或ReS_2，更难用氢还原。

在一般情况下，硫对铂催化剂的作用是暂时性中毒，如果原料的硫含量降低或除去后，经过一段时间的操作，铂催化剂的活性可以恢复，但长期存在过量硫，则也会造成永久性中毒，即使再用不含硫的原料也不能使催化剂的活性恢复。

但是，有生产实践证明，完全脱净原料中的硫并不见得好，因为少量的硫可以抑制催化剂上积炭的生成，尤其是对铂-铼催化剂，开工时甚至有控制地人工加硫，实行催化剂预硫化以减少铂-铼催化剂上生成过多的积炭。

（4）氮：原料油中的氮化物在重整反应条件下生成氨，氨呈碱性，它会抑制铂催化剂的酸性功能，与催化剂的酸性组分作用形成铵盐（NH_4Cl），从而抑制了加氢裂化、异构化、脱氢环化等反应。

氮对催化剂的作用是暂时性中毒，通常要求经过预加氢的原料油的氮含量<2ppm。

氮中毒后可采用提高温度、增氯来消除，产率不受严重影响，但是要降低催化剂寿命。

（5）一氧化碳和二氧化碳：一氧化碳能与铂生成碳化铂（Pt—C）造成永久性中毒。二氧化碳可还原成一氧化碳也是毒物。原料中一般不含一氧化碳，生成气中也不会有。它的主要来源是开工时引入系统内的工业氢或置换氮中带入的，通常要求使用气体中的一氧化碳<0.1%，二氧化碳<0.2%。

（6）烯烃：烯烃在重整条件下加氢生成烷烃，但也可以加速催化剂积炭，降低催化剂活性，所以，一般也要限制原料油的溴价<1g溴/100g油。

3. 氯-水平衡

铂催化剂内含有一定的氟和氯，或两者兼有，这是因为要使催化剂具有适当的催化酸性反应的功能。催化重整中对氯和水的含量也有严格的要求。但它们对催化剂的影响本质上不同于其他毒物。控制氯含量的目的是在于控制双功能催化剂中酸性组分与金属组分的比例。使用的新催化剂含氯化物约0.6%，在正常操作情况下应维持含氯化物0.4～0.5%，在生产过程中含氯过多会导致催化剂酸性功能过强，引起过度加氢裂化，结果是液体收率下降，环烷烃转化为芳烃的选择性变差。在反应器内汽相（原料和循环氢）中氯与催化剂上的氯有平衡关系，当原料中含氯过多时，铂催化剂上的氯含量增加，使催化剂的酸性功能增强。因此，对原料中的含氯量有一定的限制，一般要求＜5ppm。使用铂铼双金属催化剂时，要求更严，氯含量＜1ppm。

原料或循环氢中含少量水可保证氯的良好分散，但含水多时会促使铂催化剂上氯损失，使催化剂的酸性功能下降，破坏了脱氢功能和酸性功能的比例关系。使催化剂催化异构化及加氢裂解的活性受到抑制，因此，达到同样的辛烷值就要采用更苛刻的条件，一般规定原料中含水量应＜20ppm，循环氢中含水量则＜0.2g/m^{3}铂铼催化剂对原料含水的限制更严格。

由上述可见，氯和水之间有一定的联系。维持氯水平衡的办法是定期从反应器进料、生成油及进出气体处采样分析氯水摩尔比，也可根据操作情况判断，例如产品辛烷值、反应器总温降、循环氢纯度的变化来判断是否要注水或注氯。当催化剂上含氯少时可向原料中注氯，如二氯乙烷、氯化丙烷等有机氯化物，当催化剂上含氯多时可以向原料中注入水（注水通常用醇类，用醇类可以避免腐蚀）。当原料中含水多时应适当补氯。操作经验认为原料中每含水50ppm时，应注入氯化物1～1.5ppm。

催化剂毒物的允许含量的限制见表Ⅲ-2-4

以上这些要求是比较苛刻的，在多数情况下，原料油的杂质含量都超过这个限制量，因此一般铂重整装置都设计有原料预处理部分，以保证原料能达到要求的标准，有时在循环系统中还设有干燥和脱H_2S的设备。

表 Ⅲ-2-4 催化剂毒物的允许含量

毒物含量(对原料油)	铂重整	铂铼重整	毒物含量(对原料油)	铂重整	铂铼重整
砷,ppb	≯2	1	水,ppm	≯20	5
铜,ppb	≯10	10	溴价,g/100g油不大于	≯1	
铁,ppb	≯20	20	(对循环气)		
铅,ppb	≯5	1	CO,%	≯0.1	
汞,ppm	≯10	—	CO_2,%	≯0.2	
硫,ppm	≯10	1	H_2S,%	≯0.0067	
氯,ppm	≯5	1	H_2O,g/m^3	≯0.2	
氮,ppm	≯2	0.5	O_2,%	≯0.2	

七、运转催化剂的活性保护

在正常运转中，欲使装置长周期运转，除了合理调整工艺参数外，还必须了解催化剂的工作性能，才能很好地保护它的活性。活性指标中最主要的是预防催化剂的迅速积炭，保持催化剂的双功能组分——水和氯的平衡。

1. 合理控制积炭

防止积炭加剧的有效方法就是加大氢油比。在任何情况下操作，氢油比不应低于操作规程的指标，否则会使积炭加剧，缩短运转周期。应当指出，新鲜重整催化剂开工时初活性的控制很重要，如果不控制新鲜催化剂的强烈裂解，就会迅速产生积炭而影响运转周期。

2. 控制催化剂毒物

（1）抑制加氢裂解和异构化的毒物：加氢裂解和异构化的毒物主要是水、氯。在运转中发生过量水（或氯）的污染时，将会使反应产物中的甲烷含量骤然下降。

控制水污染的有效方法是加强系统干燥和原料油的脱水。

当发现系统含水量过高时，应适当降低反应温度，并调整预加氢汽提塔的操作，直至含水量合格，再逐渐将温度提至所需的反应温度。

在必要时为抵消水的作用，常采用注氯的办法，在原料中加入有机氯化物。

（2）抑制增强裂解活性的物质：最常见的是氯。过多的氯会破坏重整催化剂的双功能机能的平衡。为了洗去催化剂上的氯或抑制原料中多余氯，可以采用注水的办法，注水量可稍低于分离器分出的水量就可以了。

（3）抑制脱氢芳构化的物质：属于这种作用的有硫和多种金属有机化合物。为改善这种污染，必须尽力排除金属和硫的存在，加强原料油的处理。

第三节　催化重整的化学反应

催化重整是以一定沸点范围的直馏汽油作原料，在氢气存在下，以蒸气状态通过铂催化剂，生成含有多量的芳烃和异构烷烃的重整产物。催化重整的目的是制取芳烃和提高汽油的辛烷值。为此必须了解重整过程中发生的反应，在一定条件下，原料在催化剂上进行的化学反应有以下几种：

一、芳构化反应

1. 六元环烷烃脱氢反应

例如：

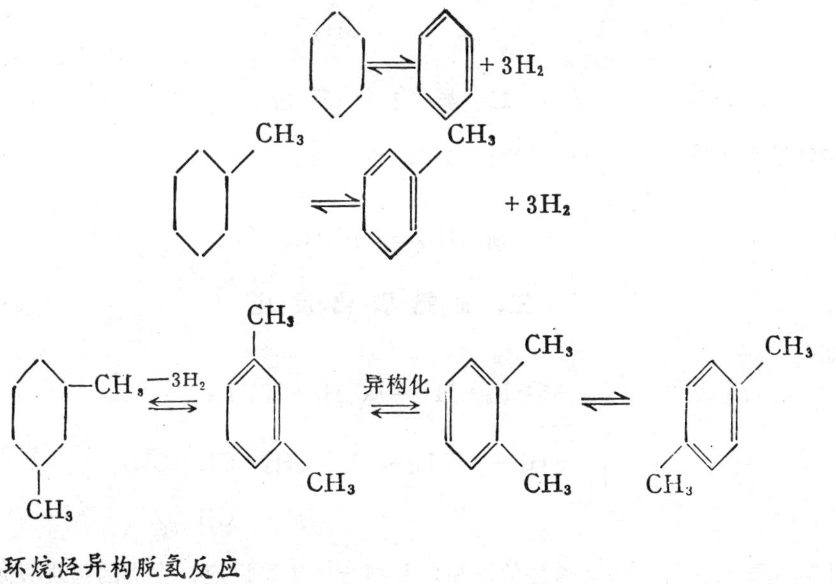

2. 五元环烷烃异构脱氢反应

例如：

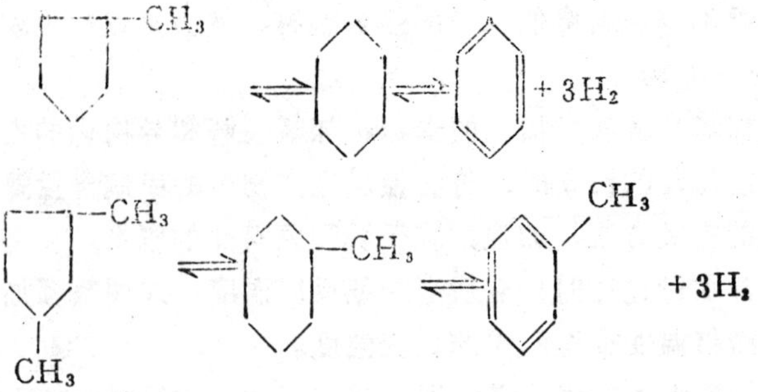

3．烷烃环化脱氢反应

例如：

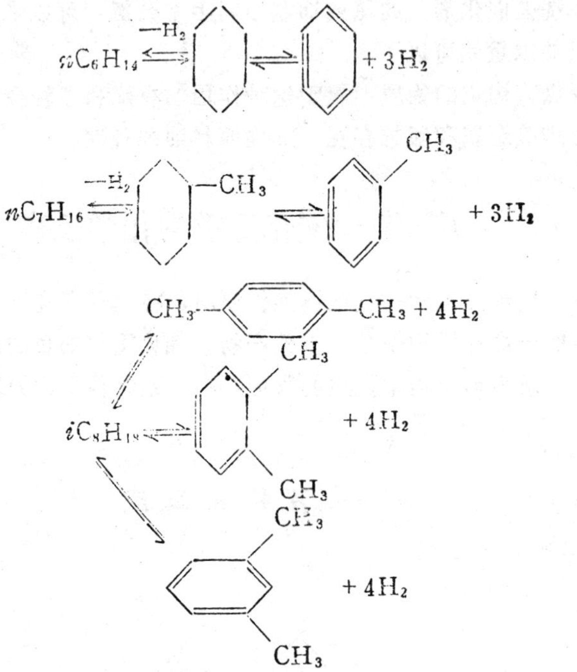

二、异构化反应

正构烷烃在铂重整条件下也可异构化生成异构烷烃，

例如：

$$nC_7H_{16} \rightleftharpoons iC_7H_{16}$$

三、加氢裂化反应

例如：

$$nC_7H_{16} + H_2 \longrightarrow C_3H_8 + iC_4H_{10}$$

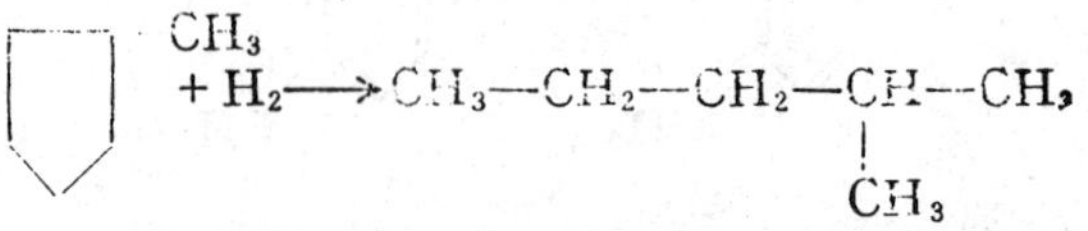

除上述主要反应外，还有烯烃的饱和以及缩合生焦等反应，生成的焦炭吸附在催化剂表面会降低催化剂的活性，因此希望这类反应越少越好。

由于重整原料油在催化剂的作用下，发生了上述反应，使装置在一定反应条件下可制取芳烃、高辛烷值汽油、氢气等产品。

上述几种反应，除了加氢裂化反应在没有催化剂条件下可以大量发生外，其余反应是不易进行的，即使发生也是非常慢的，只有在催化剂的条件下才能进行。而芳构化反应、异构化反应是我们所需要的反应，芳烃具有较高的辛烷值，所以无论目的产物是芳烃或是高辛烷值汽油，这些反应都是有利的。尤其是正构烷烃的脱氢环化反应会使辛烷值大幅度提高。

在几种芳构化反应中的反应速度很不一样。六元环烷脱氢反应进行较快，它是生成芳烃及氢气的主要反应，反应时强烈吸热，是一个吸热、体积增大的可逆反应。五元环烷烃先异构化生成六元环烷烃，然后再脱氢生成芳烃，反应速度比较缓慢。这类反应分两步进行，第一步异构化反应是热效应不大的放热反应，脱氢则是强吸热反应，一般只有一部分转化成芳烃。而五元环烷烃在直馏重整原料中占有相当大的比例，例如大庆原油 60～130℃ 馏分中，C_6五元环烷烃和C_7五元环烷烃分别占C_6和C_7环烷烃的41％和25％。因此，如何提高这一类反应的反应速度，将大于C_6的五元环烷烃转化为芳烃是提高芳烃产率的重要途径，大分子五元环烷烃转化为相应的芳烃也可大大提高汽油辛烷值如乙基环戊烷转化为甲苯，辛烷值（研究法）可从 75 提到124。烷烃环化脱氢的速度很慢，在一般铂重整过程中，烷烃转化成芳烃的转化率很小，但是这种反应使辛烷值提高的幅度最大，同时对提高芳烃的产率也有很大的意义。工业生产中为了提高环化脱氢的速度，常采用较高温度，适当降低反应压力等手段，但是，催化剂积炭增加很快，为解决这个问题，可采用循环再生或半再生式流程。为了进一步提高芳烃产率，主要途径还是改变催化剂的组成和性能，使其提高烷烃环化脱氢反应的能力，我国原油多属石蜡基原油，促进这种反应的进行对提高汽油辛烷值有很大意义。铂铼重整和多金属重整的芳烃转化率有很大的提高，主要的原因就是提高了烷烃环化转化为芳烃的速度。

从生产芳烃的角度看，大于C_6的正构烷烃异构化不能直接生成芳烃，但异构化生成的异构烷烃比原来的结构更易于环化生成芳烃。从生产高辛烷值汽油的角度看。异构烷烃的辛烷值高，可提高汽油的辛烷值。

烷烃和五元环的异构化反应却是放热反应，但热效应不大，低温有利于上述反应达到平衡，但低温时，异构化速度较慢，所以在实际生产中，常常采用较高温度。

加氢裂化反应生成较小烃分子，而且在催化重整条件下的加氢裂化还包括异构化反应，因此加氢裂化反应有利于提高辛烷值，但是过多的加氢裂化反应会使液体产物收率降低，因此，在以生产芳烃为主要目的时，加氢反应是副反应，应加以抑制。

加氢是个强放热反应，裂化是个吸热反应，异构化热效应很小，综合起来是放热反应。

在以生产高辛烷值汽油为目的时，不但要求汽油的辛烷值高，而且要求C_5以上生成油的收率也要高，这就存在着反应产物的产率和质量之间的矛盾。这一矛盾反映在辛烷值-产率的关系上。对于一定的原料有一定的辛烷值-产率的理论关系。如图Ⅲ-2-6 表示了某重整原

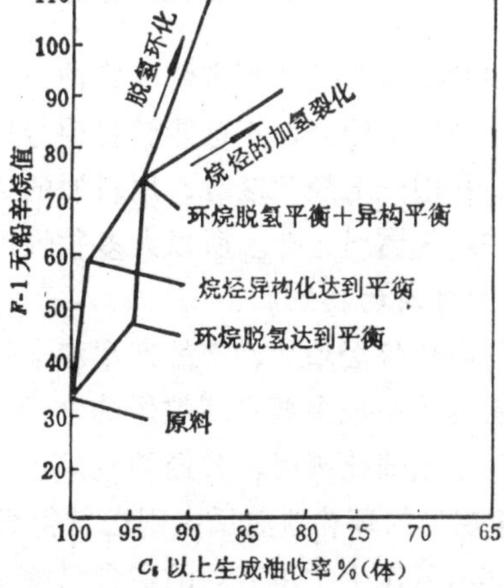

图 Ⅲ-2-6　某重整原料的理论产率与辛烷值关系

料的化学反应、汽油产率、汽油辛烷值的理论关系。原料油的辛烷值为31，环烷脱氢达到平衡时，汽油的辛烷值仍不高，烷烃异构化达到平衡时，能得到稍高些的辛烷值，当两者都达到平衡时，汽油的辛烷值达70左右，此时汽油产率为93%(体)。经过此点以后，进一步提高辛烷值可由脱氢环化和加氢裂化反应来达到。由图可见，通过烷烃脱氢环化可以得到很高的辛烷值而通过加氢裂化反应则要在大大降低汽油产率的情况下才能得到较高的辛烷值。但实践上反应并不象我们所希望的那样进行，同时发生副反应，所以生产上所得辛烷 值-产 率关系比图中所表示的要差。

第四节　催化重整的原料及预处理

重整催化剂比较昂贵和娇嫩，易受多种金属及非金属杂质的污染中毒而失去 催 化 剂 活性，为了保证催化重整装置长周期运转、生产能力大、目的产品收率高的要求，对重整原料油进行适当的选择，并予以精制处理。

一、重整原料油的选择

对重整原料油的选择主要有几方面的要求，即馏程、族组成和很低的毒物及杂质含量。

1。原料的馏程

催化重整原料的馏程根据不同的产品要求来确定，当生产高辛烷值汽油时，一般采用85～180℃的馏分。因为低于90℃的轻组分具有很高的辛烷值，也就不必重整，而且它们在重整时多半裂解生成气体，会减少汽油产品收率。而高于180℃的馏分，容易在催化剂上结焦，作为重整原料也是不适宜的。在生产不同种类的芳烃时则要选用一定的沸点范围，见表Ⅲ-2-5。

表 Ⅲ-2-5　重整原料油馏程与目的产品的关系

目的产品	应切取的原料油馏程	目的产品	应切取的原料油馏程
1．苯	60～80℃	4．高辛烷汽油	90～180℃
2．甲苯	85～110℃	5．苯-甲苯-二甲苯	60～145℃
3．二甲苯	110～145℃	6．轻芳烃-汽油	60～180℃

在同时生产芳烃和高辛烷值汽油时可采用60～180℃宽馏分作重整原料。

小于60℃的馏分，不可能转化的芳烃，应在原料预处理时除去，以免影响重整装置的生产能力。从增产芳烃角度看，原料油的终馏点应切到140～145℃为宜。但目前130～140℃馏分是生产喷气燃料组分。所以大多数炼厂重整原料取60～130℃馏分为重整原料。

2。原料油的族组成

原料中环烷烃增加，产品产率和辛烷值都会增加，同时积炭减少，催化剂寿命长，所以重整原料的族组成主要看环烷烃的含量。

在使用铂催化剂时，芳烃的生成主要靠六元环烷脱氢和分子大于C_5的五元环烷的异构脱氢，至于烷烃的环化脱氢反应则进行得很少，因此，含较多环烷烃的原料是良好的重整原料。

在实际工作中，用芳烃的潜含量衡量原料油的品质。通常生产中把原料中的全部环烷烃转化为芳烃（一般指C_6～C_8芳烃），再加上原料中原有的芳烃总和，称为芳烃潜含量。重整生成油中的实际芳烃含量与原料的芳烃潜含量之比称为芳烃转化率或重整转化率。具体计算公式如下：

芳烃潜含量%(重)＝苯潜含量%(重)＋甲苯潜含量%(重)＋八碳芳烃潜含量%(重)

其中：

$$苯潜含量\%（重）=C_6环烷\%（重）\times\frac{78}{84}+苯\%（重）$$

$$甲苯潜含量\%（重）=C_7环烷\%（重）\times\frac{92}{98}+甲苯\%（重）$$

$$C_8芳烃潜含量\%（重）=C_8环烷\%（重）\times\frac{106}{112}+C_8芳烃\%（重）$$

式中的78、84、92、98、106、112分别为苯、六碳环烷、甲苯、七碳环烷、八碳芳烃、八碳环烷烃的分子量。

$$重整转化率\%（重）=\frac{芳烃产率\%（重）}{芳烃潜含量\%（重）}$$

由于甲基环戊烷的异构脱氢速度较慢，相对地加氢裂化速度较快，它转化成苯的转化率也就较低，因此，良好的重整原料不仅要求环烷烃含量高，而且希望其中的甲基环戊烷含量不要过高。在适宜的条件下，原料芳烃潜含量越高，经重整后得到的芳烃越多。潜含量只能说明原料油可以提供芳烃的潜在能力，但并不是生成芳烃的最高数值。这是因为原料油中的烷烃反应后仍然能转化为芳烃，所以实际生产中就可能获得比潜含量更高的芳烃产量。

3．杂质含量

为了使重整催化剂能长期维持高活性，必须严格限制重整原料中的杂质含量如砷、铅、铜、汞、硫、氮等。一般重整原料的杂质含量超过规定的限制量，都必须经过预处理。

二、扩大重整原料油的来源

催化重整最理想的原料是石油一次加工从初馏塔得来的直馏汽油，但通常的原油初馏塔得到的汽油只占原油的3～5%，最多不超过10%，不能满足生产要求。近年来，经过试验，可以考虑使用的原料油有：

1．宽馏分

切取原油的60～180℃馏分，进行重整，重整生成油经过脱戊烷和脱重组分以后，切出C_6～C_8馏分再抽提，剩余的重组分可作为高辛烷值汽油组分（150～200℃的重整生成油，辛烷值在90以上）。国内大庆、胜利等原油宽馏分数量为窄馏分（60～130℃）的1.8～2.2倍，是可行的原料来源。目前这种方法受蒸馏装置生产喷气燃料的限制。

使用双金属催化剂时，因容炭量高，原料馏分组成控制终馏点达240℃。

蒸馏常压塔顶汽油，砷含量高达1000ppb以上甚至高达5000ppb，但其芳烃潜含量高达45～47%，是增产芳烃的好原料，只要采用有效的预脱砷方法，仍能作为重整原料。

2．二次加工汽油

二次加工汽油，如加氢裂化、焦化、催化裂化等汽油馏分，都可考虑作为重整原料。其中加氢汽油无杂质，烯烃含量少，芳烃潜含量高，对于重整加工和生产芳烃均有利，焦化汽油烯烃含量高达20～40%，杂质也多，经预加氢深度精制后仍能使用，这些汽油的芳烃潜含量也较低。目前有的工厂采用直馏汽油和焦化汽油按70:30混合，经深度预加氢后，可获得合格的重整原料。

为了解决装置原料不足的困难，有的工厂将重整生成油分出的非芳烃，进行回炼，非芳烃中的烯烃及杂质含量很少，但环烷烃含量也很少，其中甲基环戊烷又很难转化，用非芳烃作原料对增产苯类产品作用不大。只在装置原料暂时短缺时，可适当加以回炼。

由于重整原料的扩大也促进了新型催化剂的开发。

表 Ⅲ-2-6　几种重整原料的化学组成

组　分	大庆直馏汽油	预加氢后焦化汽油	加氢裂化汽油	抚顺石油三厂抽余油	南京炼油厂抽余油
总烷烃	58.66	68.1	61.36	81.07	90.3
≥C_6环烷烃	39.74	29.6	36.34	14.73	7.1
其中：甲基环戊烷	4.18	4.0		5.36	3.8
环己烷	7.03	2.7		1.35	0.9
甲基环己烷	13.12	6.5		2.21	1.6
C_7环戊烷	4.02	4.7		2.05	—
C_8环烷	11.39	11.7		3.76	0.8
总芳烃	1.6	2.3	2.3	4.2	2.6
芳烃潜含量	39.0	30.11	36.93	17.96	9.3

三、重整原料油的基本要求

1．密度

作为重整原料油的密度通常为 0.70～0.80g/cm³ 之间。一般对于相同碳数的烃类，芳烃的密度最高，环烷次之，烷烃的密度最小。同此，油品的密度越大，表明相同馏分中的芳烃含量越高。

2．折光率

折光率是在20℃时，用钠的黄色光(波长 $\lambda_0=0.5896\mu m$(5896Å) 来测定物质的折光率，以n_D^{20}表示。在各类烃中，芳烃的折光率最大，环烷烃次之，烷烃最小。

几种纯烃物质的折光率：

苯	甲苯	邻二甲苯	间二甲苯	对二甲苯
1.5011	1.4969	1.5055	1.4972	1.4958

重整生成油中芳烃含量越高，折光率越高，n_D^{20} 值一般在1.4200以上，而原料油的 n_D^{20} 值在1.4000以下。

3．溴价

溴价是指油品不饱和程度的特性指标。所以油品含有不饱和烃类越多，溴价越高。

二次加工的汽油作为重整原料时品质不好，因为它的溴价太高。通常直馏汽油的溴价为0.05～0.5g溴/100g油之间，而二次加工的焦化汽油的溴价高达 80～100g溴/100g 油，从而给重整带来很多不利。因此用它作为重整原料时，必须设法使溴价降到指标要求，一般重整原料油的溴价要求小于1.0g溴/100g油。

4．特性因数（K）

K值越小表明汽油原料含芳烃越多，因此，重整生成油中的K值大于原料油的K值。

除了以上要求之外，对原料中的杂质需要严格控制（前已叙述）。

表Ⅲ-2-7列出几种重整原料油的性质。

表 Ⅲ-2-7 几种重整原料油的性质

	大庆直馏	胜利直馏	大港直馏	焦化直馏
d_4^{20}	0.6906	0.7013	0.7124	0.6875
折光率	1.3923	1.3957		
溴价，g溴/100g油	1.75	0.31	0.29	66.9
杂质含量				
砷，ppb	157	12	6.81	150
铜，ppb	4	5		
铅，ppb	7	7		
硫，ppm	183	25	9.4	140.7
氮，ppm	1.0	<1	3.85	2.14

四、重整原料的预处理

重整原料油的预处理包括预脱砷、预分馏和预加氢三部分。目的是将原料切割成重整要求的馏程和脱除对重整催化剂有害的杂质及水分。

1. 预脱砷

预脱砷的过程就是原料油中砷化物被吸附在脱砷剂上的过程。较有效的脱砷剂是含5～10％硫酸铜的硅铝小球和含5～10％硫酸铜-0.1％氯化汞的硅铝小球两种，后者脱砷效果和寿命较前者为佳，但制备复杂，成本高，因此通常用硫酸铜-硅铝小球作脱砷剂的较多。但当原料油含水较多时，水将硫酸铜溶解后带入油中，造成脱砷油含铜较高。经研究发现，采用白土、硅胶和硫酸铜的硅铝小球混合吸附剂脱砷的措施，既充分利用了硫酸铜的硅铝小球的脱砷效用，又可防止铜的析出，取得了较好的脱砷效果。

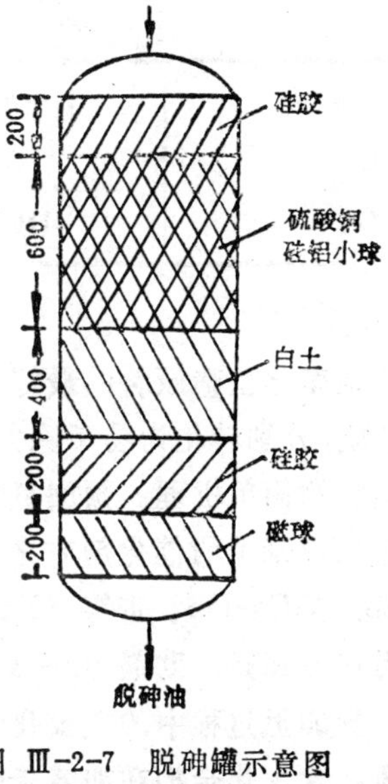

图 Ⅲ-2-7 脱砷罐示意图

预脱砷在常温常压下进行。其空速可根据原料含砷量大小，可用1～4h^{-1}。预脱砷是一个吸附过程，随着吸附使用时间的延长，脱砷效果变差，当效果降到要求以下时，更换新脱砷剂。

废脱砷剂在500℃下煅烧再生，活性可基本恢复。目前国内有的工厂将废脱砷剂用非芳烃进行循环洗涤使砷脱附的方法进行再生，可使活性恢复到新脱砷剂的水平。这种方法便于再生。

脱砷通常在原料油罐区进行，主要设备是脱砷罐。罐内装混合吸附剂（见图Ⅲ-2-7）。

脱砷流程可采用一次通过脱砷罐的方法，也可用原料油罐与脱砷罐之间循环脱砷流程，直至油中含砷量达到要求<100ppb，否则经预加氢后，不能达到要求。

如果原料油含砷量<100ppb可不进行预脱砷。

2. 预分馏

预分馏的目的是从直馏汽油中切取重整所需的60～130℃馏分。预分馏过程中也同时脱除原料油中的部分水分。

预分馏的主要设备是预分馏塔，目前多用浮阀塔，塔板数16～24块。当原料油的终馏点由蒸馏装置直接控制符合重整原料要求而初馏点过低时，预分馏塔不需要开侧线，只需从塔顶蒸出轻馏分，塔底油即为重整原料油。

原料经过预分馏后，其中初馏至60℃的馏分，因不含六碳环烷，不能生成芳烃而被除去，减少了设备无效负荷，同时也除去了原料中的部分水分。

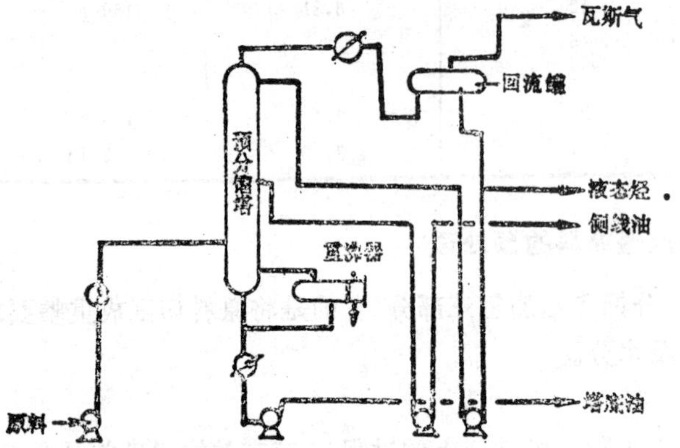

图 Ⅲ-2-8　单塔预分馏流程

在正常生产中，预分馏产品质量用恩氏蒸馏温度作参考。为了控制其沸点60℃以上的馏分作重整原料，应控制塔底产品恩氏初馏温度为75±2℃。

如果使用终馏点＞130℃馏分作原料时，则应开一侧线，分出60～130℃馏分，＞130℃馏分从塔底分出，作车用汽油组分。有的工厂使用双塔预分馏，分馏效果更好些，可以做到塔底油基本不含＜C_6的馏分。

预分馏塔的操作比较简单，普通采用单塔预分馏流程（见图Ⅲ-2-8）。

预分馏的主要操作指标见表Ⅲ-2-8。

表 Ⅲ-2-8　预分馏塔主要操作指标

塔顶原料油馏程，℃	初馏点～130	进料温度，℃	90～110
塔顶温度，℃	60～70	操作压力，kPa(kg/cm²)	245～295(2.5～3.0)
塔底温度，℃	138～145	回流比（回流/进料）	0.8～1.0

3．预加氢

预加氢是净化重整原料的最好方法，加氢过程可以把原料中的硫、氮、氧等化合物以及烯烃和金属杂质，分别转化为易于除去的H_2S、NH_3、H_2O、饱和烃和吸留金属杂质于催化剂中，这就是预加氢的简单机理。预加氢精制的目的是保护重整催化剂不受污染。

预加氢反应采用的催化剂有多种，但常用的是带有不同金属助剂的氧化钼（MoO_3），如带有钴（Co）的Co-Mo、带镍（Ni）的Ni-Mo和带钴、镍的Co-Mo-Ni等。主要活性金属Mo通常用量为10～15%，助剂为2～5%，其余为担体氧化铝（Al_2O_3）。

（1）预加氢过程中的主要化学反应

①脱氮：含氮化合物在加氢条件下，按下式转化为氨。

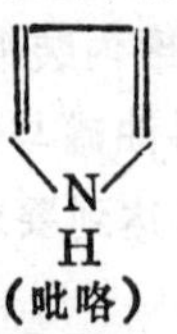
（吡咯）

$$+ 4H_2 \longrightarrow C_4H_{10} + NH_3$$

（丁烷）（氨）

氮是重整进料中最难除掉的毒物，如果氮化物全部除掉，其它对铂的毒物即可完全除净。

②脱硫：原料油中的硫化物按下式转化为硫化氢：

$$C_2H_5—S—S—C_2H_5 + 3H_2 \longrightarrow 2C_2H_6 + 2H_2S$$

（二硫二乙烷）　　　　　（乙烷）（硫化氢）

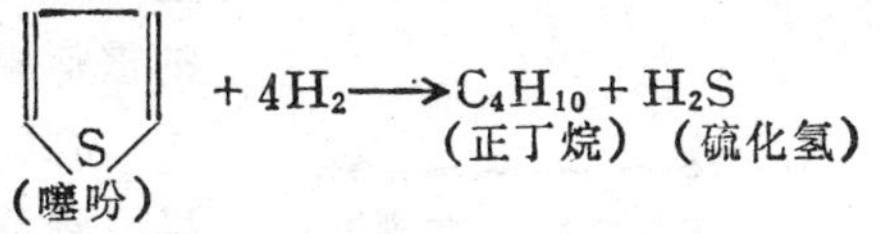

③脱氧：原料油中的氧化物按下式转化为水：

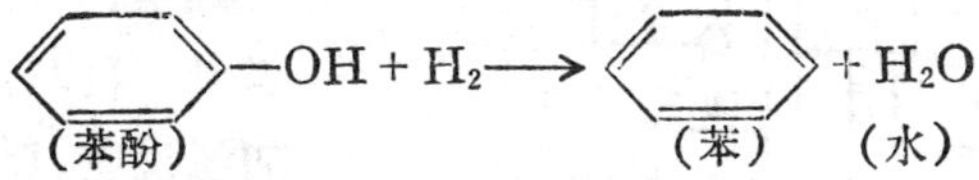

④脱烯烃：

$$CH_2{=}\underset{\displaystyle CH_3}{\underset{|}{C}}—CH_2—CH_2—CH_2—CH_2—CH_3 + H_2 \longrightarrow$$

（2-甲基庚烯）

$$CH_3—\underset{\displaystyle CH_3}{\underset{|}{CH}}—CH_2—CH_2—CH_2—CH_2—CH_3$$

（2-甲基庚烷）

⑤脱金属：砷、铅等重金属在预加氢条件下几乎可以全部除去。原料油中的砷、铅等有机化合物在预加氢条件下进行分解。砷、铅等则被吸附在催化剂表面上。

上述硫、氮、氧生成的H_2S、NH_3和H_2O等气体，再经预加氢气提塔被氢气气提出去。

（2）预加氢工艺流程的操作条件．

铂重整时，预加氢工艺原理流程示意图如图Ⅲ-2-9所示。

原料油（60～130℃馏分）从预分馏塔底抽出与循环氢压缩机来的氢气（称混氢）汇合，先和预加氢生成物进行换热，温度升高230～240℃，再进入加热炉，加热到340℃后，进入预加氢反应器，反应物自上而下通过催化剂层进行加氢精制。加氢系放热反应，但是在原料中，杂质和烯烃含量不高时，反应床层温度无明显变化或稍有上升。

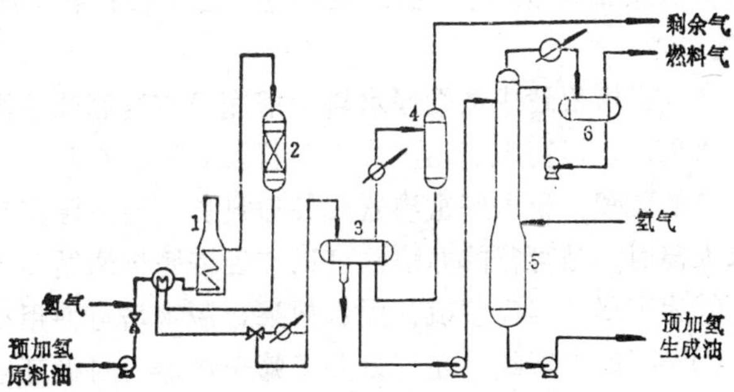

图 Ⅲ-2-9　预加氢工艺原理流程示意图

1—加热炉；2—预加氢反应器；3—高压分离器；4—分离器；5—气提塔；6—回流罐

预加氢反应主要操作条件如下：

反应器入口温度：320～370℃；

反应压力　　2.0～2.5MPa（20～25kg/cm²）；

空速（体）　　$3\sim5h^{-1}$

氢油比（体）　　$80\sim160(H_2)Nm^3/m^3$油

反应生成物经换热、冷凝冷却后，经高压分离器分出氢气，由于加氢生成油中溶有H_2S、NH_3和H_2O等，为了保护重整催化剂，必须除去这些杂质，通常采用气提的方法。在一般的加氢装置中可采用水蒸气作为惰性气体，但在重整装置中，由于重整原料的含水量需严格控制，故采用氢气。

加氢生成油送入气提塔上部，塔下部通入重整部分来的氢气，将加氢生成油中的H_2S、NH_3和水等连同少量汽油一起自塔顶吹出，冷凝冷却后送入回流罐。塔底抽出杂质含量合格的重整原料油。

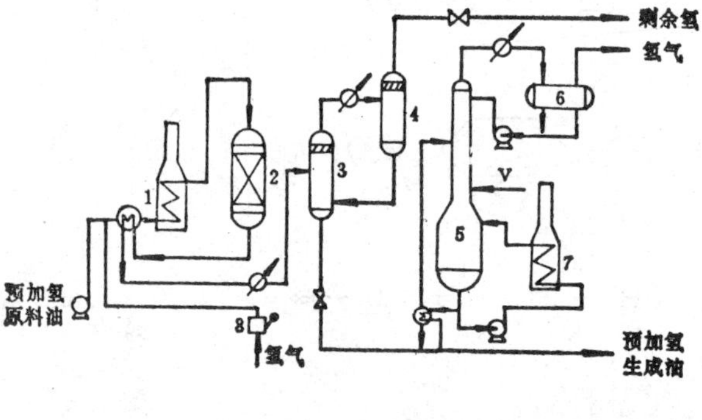

图 Ⅲ-2-10 铂铼重整预加氢工艺原理流程示意图

1—加热炉；2—预加氢反应器；3—高压分离器；4—分离器；5—蒸馏脱水塔；6—回流罐；7—重沸加热炉；8—氢气压缩机

有的装置为了尽量提高气提效果，将重整部分来的氢气先全部进入气提塔作气提作用，由气提塔出来的氢气，再与预加氢进料油一起进入预加氢反应，反应产物经冷凝冷却后，在分离器中将氢气分开，作为重整付产物送出装置，分离器分出的液体再经气提，得到重整原料油。

为了适应铂铼重整的要求，要进一步提高杂质的净化程度，尤其是含硫，含水要求十分严格。铂铼重整预加氢工艺原理流程示意图如Ⅲ-2-10。

铂铼重整预加氢工艺流程有以下特点：

①增设氢气压缩机，将重整低压氢气加压使用。有的装置还将分离器顶分出的氢气，经压缩后供预加氢循环使用。氢气加压不仅有利于加氢精制，而且可为其他装置提供高压氢气。

②气提塔改造成蒸馏脱水塔，塔底设有塔底油重沸加热炉，塔底油加热到240～250℃进入脱水塔，以提高塔底温度。塔顶打入回流，有利于脱水、脱硫化氢。

有的装置，设塔底重沸器代替加热炉，当热源充足时，尤其在处理窄馏分，塔底温度不要求太高时，是可行的办法，可以节省塔底热油循环泵，减少设备投资。

③为了尽量提高脱硫、脱水效果，脱水塔可使用少量吹氢，这有利于控制塔顶压力。

④必要时，系统中还可设分子筛干燥器，对循环氢进行脱水。

4．预加氢催化剂的再生

在加氢精制过程中，催化剂表面因逐渐积炭及有害杂质的影响活性逐渐下降，活性下降首先表现在脱氮性能降低，其次为烯烃饱和，最后为脱硫活性降低。当积炭达百分之十几时，活性已大部丧失，此时，对催化剂需进行烧去积炭以恢复活性——再生。

无论是钼酸钴或钼酸镍催化剂，通常均用空气-水蒸气法再生。一般用含氧0.5～3%（体）的水蒸气-空气混合气体在常压及400～450℃下进行再生。其操作条件如下：

压力	常压放空
水蒸气空速	500kg/(m^3催化剂·h)
反应器入口温度	第一阶段400℃
	第二阶段450℃
床层最高温度	≯500℃
床层最大温升	≯50℃
正常氧含量	0.3～3%

第五节　催化重整装置(反应部分)工艺流程及主要设备

催化重整工艺流程包括4部分：原料油预处理、反应(再生)、芳烃抽提和芳烃精馏。其中反应（再生）部分按反应系统催化剂再生方式不同可分为3种类型：固定床半再生、固定床循环再生和移动床连续再生。现介绍固定床半再生式（铂重整）和移动床连续再生两种反应（再生）部分的工艺流程。

一、铂重整（反应部分）工艺原则流程

图Ⅲ-2-11为铂重整反应部分工艺流程。

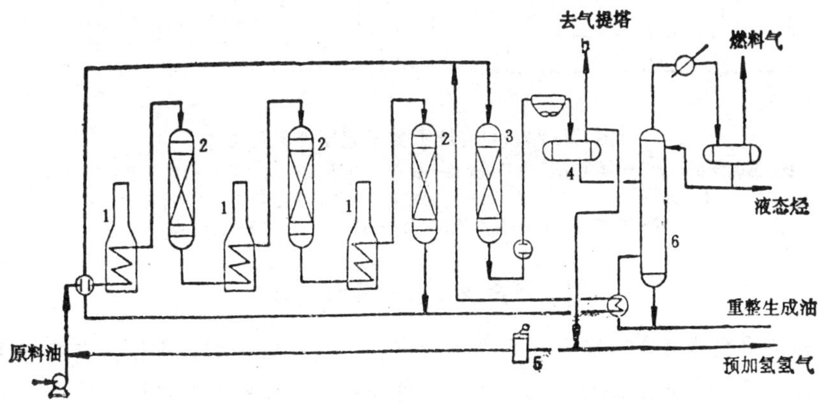

图 Ⅲ-2-11　铂重整工艺原理流程示意图

1—加热炉；2—重整反应器；3—后加氢反应器；4—高压分离器；5—循环氢压缩机；6—脱戊烷塔

经预处理合格的原料油与循环氢混合，与重整生成油换热，然后进入加热炉加热后，进入重整第一反应器，进行重整反应。由于重整反应为强吸热反应，反应器床层温度随之下降。为了维持较高的反应温度，以保持较高的反应速度，需要不断地在反应过程中补充热量'因此，一般重整反应器由3～4个反应器串联，反应器之间有加热炉加热至所需的反应温度。

自反应器出来的重整生成油，温度仍较高，为了回收热量，该反应产物可先去进行换热，然后进入后加氢反应器。后加氢目的是将重整生成油中少量的烯烃加氢饱和，以利于芳烃抽提操作和保证取得芳烃产品的酸洗颜色合格。后加氢所用的催化剂和预加氢一样，其操作参数的调节、工艺影响因素也相同，但再生是用氮气——空气法。

经后加氢反应器的重整生成油再经换热，冷却后，送入高压分离器进行油气分离，分出含氢85～95%（体）的气体，少部分直接去气提塔，大部分经循环压缩机升压后送回反应系统循环使用。高压分离器顶还有少量剩余氢排出，以平衡系统压力。

高压分离器出来的重整生成油进入脱戊烷塔，此塔主要保证塔底油中不含小于C_5以前的馏分，以保证抽提系统正常操作，同时尽量回收重整生成油中苯类产品，塔顶出小于C_5的液态烃，塔底取得C_6以上的脱戊烷油，作为芳烃抽提进料。

当以生产高辛烷值汽油为目的时，可以不用后加氢和脱戊烷塔，但是要经过稳定以使蒸气压合格。

重整反应系统是重整装置的关键部分，操作条件的合理确定对装置的稳定操作、处理量

的提高，重整产物的收率和质量，都是十分重要的。

图Ⅲ-2-12为连续重整反应(再生)部分工艺流程。

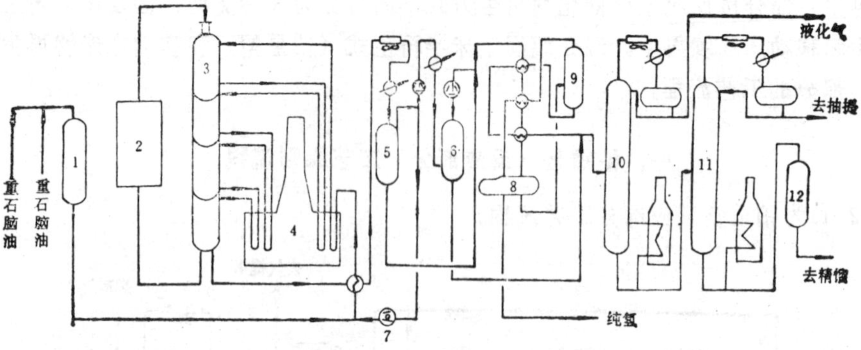

图 Ⅲ-2-12 连续重整工艺原理流程图

1—脱硫保护床；2—催化剂再生系统；3—反应器（由四台同轴叠置径向反应器组成）；4—加热炉；5—分离罐；6—中间罐；7—循环氢压缩机；8—冷冻；9—分离罐；10—脱戊烷塔；11—脱庚烷塔；12—白土塔

二、双金属和多金属重整工艺

双金属和多金属重整催化剂的特点是活性高、稳定性好，可以取得较高的芳烃产率，工业上得到广泛应用。双金属和多金属重整是在低压高温、低空速和杂质要求十分严格的苛刻条件下进行的，因而在工艺上提出了很多新的要求，这些要求反应在工艺流程和设备以及工艺条件上，有如下特点：

（1）操作压力低，双金属和多金属重整反应压力为1.5MPa（15kg/m²）左右，比铂重整的压力低得多。为此，需采取一系列措施来降低压力降。

（2）降低空速，提高反应深度，增加催化剂装入量，可考虑增设第四反应器，或将最后反应器催化剂装入比例扩大，并可考虑将反应温度提高到530～540℃下操作。

（3）进一步改善加氢控制油质量，特别是降低其中含硫、含水量。流程中将铂重整吹氢气提方法，改为蒸馏脱水方法。

（4）设置循环氢干燥设备和相应的干燥剂再生设备。

（5）由于重整反应压力低，系统氢气压力低，为了提高预加氢精制效果，可采用适用于低压下的加氢精制催化剂，如用钼钴镍代替钼酸钴催化剂或增设预加氢压缩机，以提高预加氢用的氢气压力。

（6）双（多）金属催化剂在进油初期，有很强的裂解性能，导致床层温度飞升现象，为了钝化这种催化剂的初活性，需设置注硫设施，将硫化物（例如叔丁硫醇，正丁硫醇，二硫化碳等）加入原料油中，注入加热炉入口，控制浓度0.01～0.02%。

为控制水-氯平衡，还设置注水、注氯措施。

三、催化重整反应器

反应器是催化重整过程的核心设备，烃类的转化过程就在这里发生，重整反应器根据不同的工艺要求，大致分为固定床和非固定床两种类型。

1. 固定床

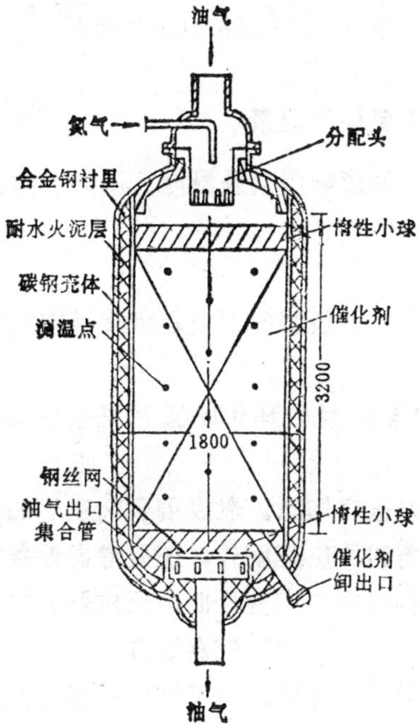

图 Ⅲ-2-13 下流式轴向筒型反应器

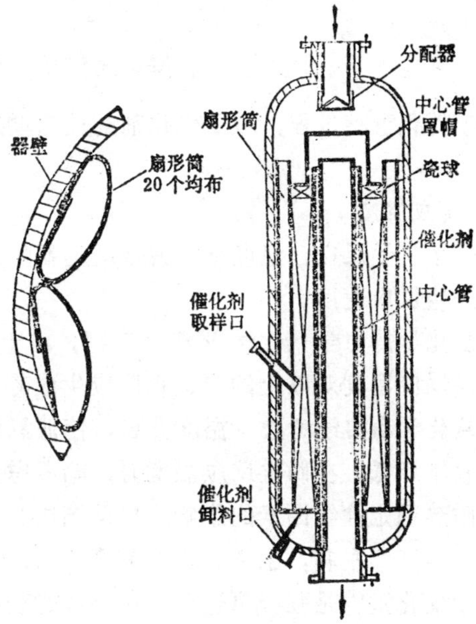

图 Ⅲ-2-14 径向反应器

固定床反应器根据其结构不同又分为二种型式：下流式筒型反应器和径向反应器。

（1）下流式筒型反应器：反应器为圆筒形，在其中部装有催化剂，在催化剂上部及下部装有惰性瓷球，以防止操作波动时催化剂层的跳动而使催化剂破碎，同时有利于气流均匀分布。在反应器入口处设有分配头及事故氮气线，出口处设有收集器。如图Ⅲ-2-13。

下流式筒型反应器制造简单，造价便宜，进料分布均匀、装卸催化剂容易，因此目前应用较广泛。缺点是原料和催化剂接触不均匀，严重时会多生局部过热。

（2）径向反应器：径向反应器是适应低压重整发展起来的。其结构如图Ⅲ-2-14所示。

径向反应器气流进出比较均匀，床层在反应过程中温度分布均匀，反应也很充分，它的总压降比轴向反应器小得多。径向反应器的结构复杂，检修困难，不宜用于小尺寸反应器。

2. 非固定床反应器

目前非固定床反应器只有轴向重叠式反应器在工业上应用，它好比是将三个轴向反应器轴向叠置在一起，但催化剂能够自上而下靠重力移动。其构造见图Ⅲ-2-15。

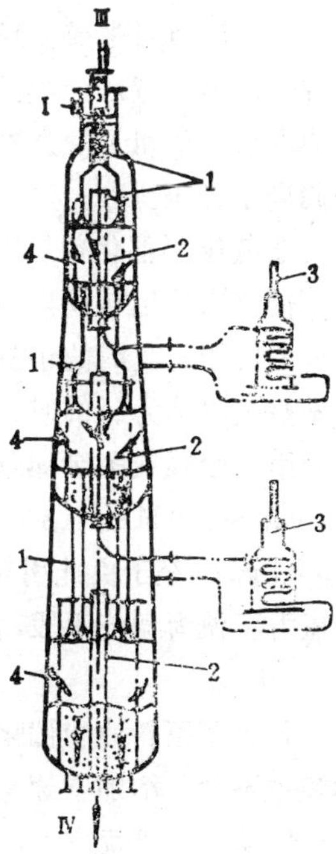

图 Ⅲ-2-15 轴向重叠式连续重整反应器
1—催化剂分配器；2—径向筛网；
3—加热炉；4—反应器
Ⅰ—进料；Ⅱ—产物；Ⅲ—新催化剂；
Ⅳ—待生催化剂

第六节　催化重整反应系统的操作因素分析及催化剂的再生

一、催化重整反应系统的主要操作因素

对于催化重整过程，除了催化剂的性能以外，主要的影响因素是温度、压力、空速和氢油比。

1. 反应温度

对一个化学反应，温度可以说是最重要的影响因素。一般情况下提高反应温度对所有反应都能加快反应速度。

①从化学热力学（化学平衡）考虑，由于环烷脱氢和烷烃环化脱氢都是吸热反应，因此，提高反应温度对以上的芳构化反应生成芳烃有利。

②从化学动力学考虑，温度升高，使加氢裂化反应速度加剧，造成催化剂积炭加快，液体产物收率降低。在确定反应温度时，除考虑化学平衡和反应速度外，还要考虑设备材质、催化剂耐热稳定性等因素的影响。目前国内各铂重整装置在生产芳烃时的反应器入口温度多采用490～495℃左右，生产高辛烷值汽油时，可采用510～520℃的较高温度。

由于催化重整是强吸热过程，在反应过程中会产生很大温降，为了维持必要的温度以提高芳烃转化率，采用中间加热使反应器入口温度依次递升，并用催化剂装入量的比例控制各反应器的温降，使反应器平均温度依次递增。

2. 反应压力

提高反应压力对生成芳烃的环烷脱氢，烷烃环化脱氢反应都不利，相反却有利于加氢裂解反应。因此，从增加芳烃产率的反应来看，希望采用较低的压力，在较低反应压力下，可以得到较高的汽油产率和芳烃产率，氢气的产率和纯度也较高，所以，以生产芳烃为主要目的产物时，趋向于低压操作。

但是在低压下催化剂表面容易积炭，活性下降很快，此时，芳烃产率和汽油辛烷值等反而下降，催化剂的运转周期缩短。所以，压力的选择是如何处理转化率和催化剂使用周期这一对矛盾的问题。我国的铂重整装置是多采用中等压力2.0～3.0MPa（20～30kg/cm^2）以生产高辛烷值汽油为目的时，可选高压3.0～4.0MPa（30～40kg/cm^2）操作。

在使用双金属或多金属催化剂时，采用较低压力，如1.4～1.8MPa（14～18kg/cm^2），甚至还有0.8～1.0MPa（8～10kg/cm^2）操作的。如在连续重整中压力为0.863MPa（8.8kg/cm^2），至于由此引起的结焦，可充分发挥连续重整的优势，通过连续再生除掉。在操作中压力不做为调节手段，否则会影响到氢气压缩机的排量，从而影响系统的氢油比。

3. 空速

空速代表了原料油和催化剂的接触时间，对于固定床反应器，操作过程催化剂数量不变，体积也不变，增加空速意味着减少反应时间。由于催化重整中各类反应的反应速度是不一样的，因而，变更反应时间对各类反应的影响不同。例如，环烷脱氢反应尤其是六元环烷脱氢反应的速度很高，较容易达到化学平衡，因此延长反应时间影响不大。但是，对反应速度较慢的加氢裂化反应和烷烃环化脱氢反应，则延长反应时间会有较大的影响，所以，在一定范围内提高空速，在保证环烷脱氢反应的同时，减少了加氢裂解反应，可以得到较高的芳烃产率和液体收率。空速大，对同一装置的处理能力也就大，所以，一般希望采用较大的空

速。但采用多大的空速，主要取决于催化剂的活性水平，只有催化剂具有足够的活性时才能提高空速。

空速和温度在一定范围内是可以互相补偿的两个变数，如加大空速后可用提高温度的办法来保持同样的芳烃转化率，也就是靠加快反应速度来补偿反应时间的缩短。

在一般情况下，由于反应温度调节幅度不大，改变空速又影响装置处理量，所以空速一般亦不作调节手段。在操作中，如果需要降低空速时，原则上必须是先把反应温度降低，再降低进料流量，否则，空速低了，温度不相应降低，就会发生剧烈的加氢裂解反应，造成氢的迅速消耗和催化剂的大量结焦。同样，若要提高空速（即加大处理量）时，应适当提高反应温度。但必须做到先提量后提温，否则也会造成催化剂的结焦。

选择空速时，还应考虑原料油性质，对环烷基原料可以采用较高的空速，而对烷基原料，则需用较低的空速。在生产芳烃时，多采用高空速、中等温度、中等压力；在生产高辛烷值汽油时，则需要采用较低空速、较高温度，此时，液体收率虽有下降、C_1～C_4气体产率增多，但汽油的轻组分和异构物增多辛烷值提高。

我国铂重整装置采用的空速一般是3～5h^{-1}，铂铼重整装置采用的空速为1.5h^{-1}。

4．氢油比

所谓氢油比是指标准状态（273K、101.3kPa）时氢气流量与进料量之比值。

氢油比有两种方法：一是氢油摩尔比：进入重整反应器的循环氢中氢气千摩尔数与重整原料油千摩尔数之比。

$$\text{氢油摩尔比}=\frac{\text{循环氢}(\text{kmol/h})}{\text{原料油}(\text{kmol/h})}$$

二是氢油体积比：进入重整反应器循环氢与重整原料油的体积比。

$$\text{氢油比(体)}=\frac{\text{循环氢}(\text{Nm}^3/\text{h})}{\text{原料油}(\text{m}^3/\text{h})}$$

一般工业上采用氢油摩尔比 5～8 或 氢油体积比 1200～1500。在一定范围内，氢油比的变化对重整反应过程影响不大，只是在操作强度高时，或原料油干点上升，应适当提高氢油比。

在催化重整中，使用循环氢的目的是抑制生焦反应、保护催化剂，同时也起到热载体的作用，减少床层温降，提高反应器内的平均温度，此外还可稀释原料，使原料均匀地分布于床层，但提高氢油比使循环氢量增大，压缩机消耗功率增加，在氢油比过大时会由于反应时间减少而降低了转化率。

在双金属等低压重整过程，为了降低压缩机功率，降低系统压力降和加热炉热负荷，应采用低氢油比〔600～1000（体）〕操作，目前我国双金属和多金属重整氢油比仍是1200左右。

实际生产中情况是多变的，必须根据以上基本规律及生产中具体情况制订指导生产的方案。表Ⅲ-2-9为在铂重整条件下各类反应特点和各因素的影响。

二、重整催化剂再生的主要操作因素

催化剂使用过程中，活性因积炭而逐渐下降，就需要再生。催化剂经再生后，活性可以恢复。再生好坏取决于催化剂的再生性能及再生操作是否恰当。

再生过程是用少量含氧的惰性气体（如氮气）缓慢烧去催化剂表面上的积炭。再生燃烧时产生的二氧化碳、一氧化碳、水等随烧焦用的惰性气体带出，反应器内硫化铁屑、加热炉

表 Ⅲ-2-9 催化重整中各类反应的特点和操作因素的影响

反应		六元环烷脱氢	五元环烷异构脱氢	烷烃环化脱氢	异构化	加氢裂化
反应特点	热效应	吸热	吸热	吸热	放热	放热
	反应热，kJ/kg	2000～2300	2000～2300	～2500	很小	～840
	反应速度	最快	很快	慢	快	慢
	控制因素	化学平衡	化学平衡或反应速度	反应速度	反应速度	反应速度
对产品产率的影响	芳烃	增加	增加	增加	影响不大	减少
	液体产品	稍减	稍减	稍减	影响不大	减少
	C_1～C_4气体	—	—	—	—	增加
	氢气	增加	增加	增加	无关	减少
对重整汽油性质的影响	辛烷值	增加	增加	增加	增加	增加
	相对密度	增加	增加	增加	稍增	减少
	蒸气压	降低	降低	降低	稍增	增大
操作因素增大时产生的影响	温度	促进	促进	促进	抑制	抑制
	压力	抑制	抑制	抑制	无关	促进
	空速	影响不大	影响不很大	抑制	抑制	抑制
	氢油比	影响不大	影响不大	影响不大	无关	促进

管内少量积炭等，全可呈氧化物被带出。

1. 铂催化剂再生的主要操作因素

（1）再生温度：提高再生温度，可加速烧焦速度，但效果不大，而过高的再生温度，加上床层温升，容易因超高温而烧坏催化剂，因此在350～450℃较缓和条件下再生。通常按温度分成几个阶段来烧焦，一般铂重整装置分三段再生。

（2）再生压力：压力虽不影响烧焦反应的速度，但高压使氧气的输入发生困难，压力过低，导致气体循环量下降，因此一般控制为0.5～0.8MPa（5～8kg/cm²）。

（3）空速：再生气体空速大，有利于导出再生放出的热量，使床层温升不致过大。但气体空速过大，会使床层提升或使催化剂吹沸，破坏床层分布。通常控制500～1000h^{-1}较适宜。

（4）再生气的氧含量：提高氧含量可提高烧焦速度，缩短再生时间，但氧含量过高，会使床层温升过高而烧坏催化剂。所以最初的氧含量为0.3～0.7%，最终时氧含量再提到5%左右，以保证再生完全。

2. 催化剂的氯化、更新

再生过程中，由于高温使铂晶粒产生凝聚使铂晶粒增大以及含水介质的作用，造成催化剂氯的流失，需要进行氯化、更新，以恢复催化剂的双功能特性。

改善铂晶粒的凝聚，提高金属活性的分散度，叫做催化剂的再活化过程。通常催化剂的再活化，主要包括催化剂的氯化和更新两个步骤。

氯化——是在催化剂烧焦以后，在一定的条件下通入氯气。一方面补充运转过程中损失的酸性组分，同时使铂晶粒重新分散，从而提高催化剂的活性。

更新——是在适当的温度下用干空气处理催化剂，使铂的表面再氧化以防止铂晶粒的聚结，以保持催化剂的表面积和活性。

对Pt/Al_2O_3催化剂的氯化更新条件：

氯化温度，℃	480
更新温度，℃	530～535
氯化时间，h	出口有氯后通30min
更新时间，h	4～8

第七节　芳烃抽提过程

经催化重整之后，原料中的环烷烃和部分烷烃转化成了芳烃。由于催化剂的活性和操作强度不同，重整油的芳烃含量为30～60%，最高可达80%，这些芳烃是具有宝贵价值的化工原料。

由于重整生成油组成复杂，相同碳原子数的芳烃与非芳烃的沸点差极小，而且有些组分还能生成共沸物，因此不能用一般精馏方法达到分离目的。从重整生成油中分离芳烃是采用抽提、吸附、共沸蒸馏或抽提蒸馏等方法，应用最多的是溶剂抽提法。

一、抽提原理和溶剂特性

由于芳烃能与二乙二醇醚溶剂形成氢键的结果，使芳烃能被溶剂抽取出来。

氢键的结合形式如下：

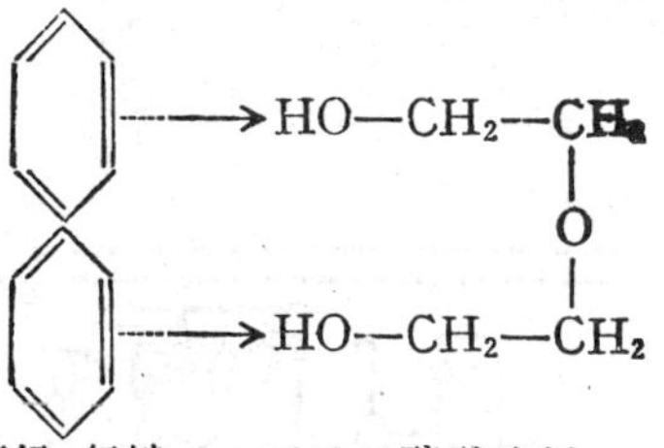

芳烃　氢键　　二乙二醇醚溶剂

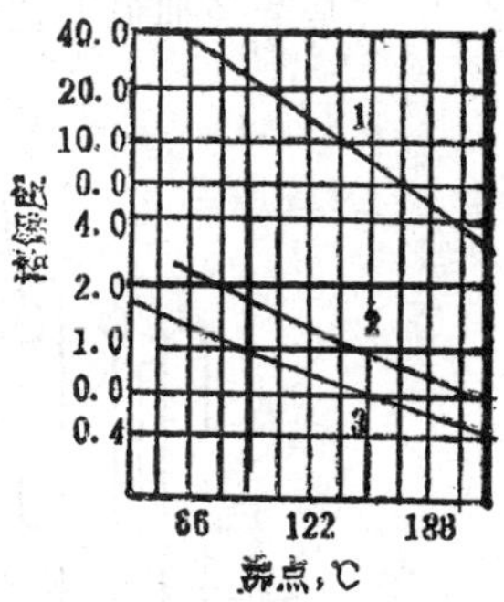

图 Ⅲ-2-16　各种烃的相对溶解度

1—芳烃；2—环烷烃；3—烷烃

溶剂对各种烃的溶解度是不相同的(见图Ⅲ-2-16)，即溶剂对各种烃具有不同的选择性。实验表明，各种烃在二乙二醇醚中的相对溶解度由大至小的次序为：芳烃>环二烯烃>环烯烃>环烷烃>烷烃。按照各烃类沸点高低的不同又有低沸点烃>高沸点烃的次序。

但是，这种溶解度的次序不是一成不变的。当外界条件发生变化时，溶剂的选择性就会改变，例如，当溶剂的温度由30℃提高到60℃时，溶剂的选择性就会由4.16降为2.90。

在实际生产过程中，就是通过改变温度的办法来改变溶剂的选择性，例如，为了保证抽提塔的芳烃损失不致过大，可使塔顶温度高些，而为了保证芳烃纯度，可使塔底温度低些，这就是为什么抽提塔顶与塔底之间还常要有一定温度梯度的道理。

对于一个抽提塔来说，可以看成是由很多个搅拌、沉降、分离等过程组合而成的。由于原料油密度较小，进入塔后上升，溶剂密度大，自塔顶部往下流动，这就构成了原料油与溶剂接触过程，原料经过每一块塔板就被溶剂分离一次，到塔底之后，原料所含的绝大部芳烃便被溶剂抽提出来，这时的非芳烃便自塔顶流出。

影响溶剂选择性的因素，除了温度之外，还有溶剂的含水量，在溶剂中加入一定量的水，可以提高溶剂的选择性。但是过大的含水量非但不能提高选择性，反而使溶剂的溶解能力大大下降。通常所用的二乙二醇醚的含水量为6～8％。

常用的二乙二醇醚溶剂易分解（分解温度164℃），尤其在有空气的情况下易生成小分子有机酸，腐蚀设备，还会生成高分子叠合物，堵塞筛孔，影响抽提塔的效率。目前工业上采用的溶剂还有：三乙二醇醚，四乙二醇醚，二丙二醇醚，二甲基亚砜$\left(H_3C-\overset{\overset{\displaystyle O}{\|}}{S}-CH_3\right)$、环丁砜

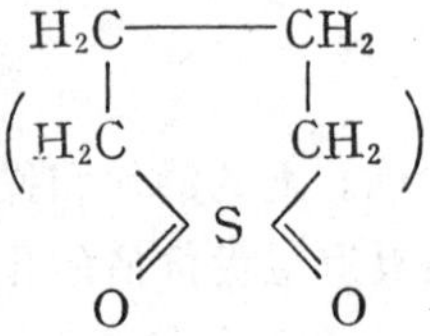

等溶剂，这些溶剂克服了二乙二醇醚的某些缺点。例如三乙二醇醚比二乙二醇醚有较强的溶解能力和选择性，取得同样的抽提效果时，溶剂比可降低一半，处理量可提高20％～30％，芳烃回收率较高，芳烃纯度也较好。

环丁砜的使用性能更为良好，它的溶解能力较大，同时还具有密度大、沸点高、比热小（可减少热负荷）、热稳定性强（使用过程中损失小）和对碳钢腐蚀小等优点，因而被广泛采用。

二、筛板式溶剂抽提的工艺流程

芳烃抽提装置一般包括芳烃抽提、溶剂回收和溶剂再生三部分。

图Ⅲ-2-17是芳烃抽提工艺流程图

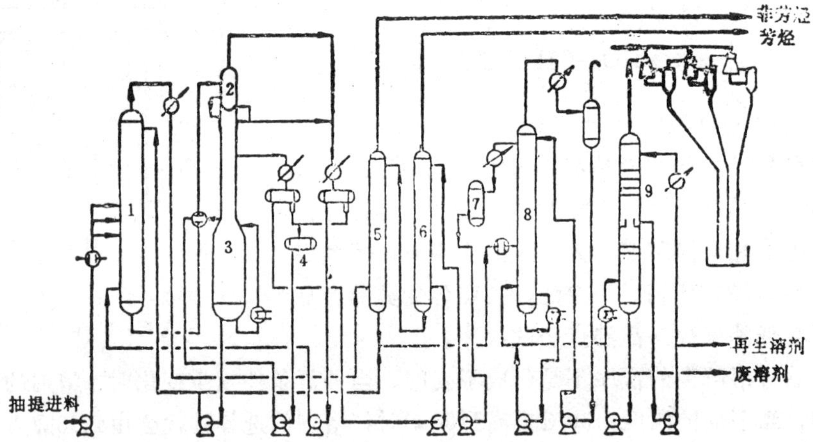

图 Ⅲ-2-17　芳烃抽提部分工艺原理流程示意图

1—抽提塔；2—闪蒸罐；3—汽提塔；4—汽提水罐；5—非芳烃水洗塔；6—芳烃水洗塔；7—水洗水罐；8—水分馏塔；9—减压塔

1，芳烃抽提部分

自重整来的脱戊烷油打入抽提塔中上部，与塔顶下来的溶剂逆向接触，由于溶剂密度远远高于原料油密度，所以靠重力溶剂可以自上而下流动，在流动接触过程中，在筛板上将原料中的芳烃抽出，原料中的剩余部分——非芳烃自塔顶流出，经冷却后进入水洗塔，在水洗塔中回收溶剂，然后排出装置。水洗后的非芳烃亦可以作为生产橡胶溶剂油的原料。

含有芳烃的溶剂流入塔的下部，为了保证芳烃质量，塔底打入回流芳烃，将塔底溶剂中所含的非芳烃顶出。

整个抽提塔必须保持0.6～1.0MPa（6～10kg/cm²）的压力，以防原料油汽化而破坏抽提塔液——液传质过程。当温度高于140～150℃以后，继续升温会使芳烃溶解度增加不大，但溶剂选择性却降低很快，同时温度过高会引起二乙二醇醚的分解。温度低于100℃时，不仅需要较大的溶剂比，而且由于液体粘度增加使塔板效率降低，因此，一般采用125～140℃为宜。

2．溶剂回收部分

这部分的任务，一是从提取液（富溶剂）中分离芳烃，二是回收溶剂并使之循环使用。

抽提塔底取出溶解有芳烃的溶剂，经冷却到130℃进入汽提塔顶部的闪蒸段进行闪蒸，在闪蒸段中，提取液中轻质非芳烃、部分芳烃和水因减压而被闪蒸出去，余下的液体流入汽提塔上部。汽提塔顶部引出的芳烃也含有少量非芳烃（主要是C_6），这部分芳烃与闪蒸产物混合后经冷凝冷却并分去水分后作为回流芳烃返回抽提塔下部。产品芳烃由自塔侧以汽相引出，经冷凝冷却后，送入储槽，将芳烃与水分层，用泵将芳烃送入水洗塔洗去溶剂，进入储罐或直接进入苯精馏塔，汽提塔底部设有重沸器供热，塔底温度150℃左右。

为避免溶剂分解，在汽提段引入汽提水以降低芳烃蒸气分压，使芳烃能在较低温度（约150℃）下全部蒸出。在汽提塔底抽出的溶剂有适宜的含水量，汽提段压力和塔底温度必须严格控制。

为了回收水中的溶剂并得到干净水供循环使用，同时为了将汽提塔底出来的贫溶剂增浓并减轻再生塔抽真空的负荷，将水洗塔底出来的含溶剂的水以及汽提塔底出来的贫溶剂（一部分打入抽提塔顶作回流）一并进入水分馏塔。水分馏塔在常压下操作，塔顶采用全回流，水从塔上部侧线抽出。塔内多采用圆形泡帽塔板。

水分馏塔上部抽出来的水用来水洗芳烃，用量约为芳烃量的30%，由芳烃水洗塔底出来的水，再用于非芳烃水洗，然后将水洗水返回水分馏塔处理。处理后的水，再循环使用。水洗塔的压力为0.35～0.5MPa（3.5～5.0kg/cm²）。

水分馏塔顶温度不大于90℃，塔底温度不低于150℃，如果塔底温度低，则影响再生系统减压塔的操作，但也不允许超164℃，以防溶剂分解。

3．溶剂再生部分

由于二乙二醇醚在使用过程中因高温及氧化会生成大分子的叠合物和有机酸，导致堵塞和腐蚀设备，同时也降低溶剂的使用性能。为保证溶剂质量，除定期往溶剂系统中加入乙醇胺以控制溶剂的pH值外，将水分馏塔底的溶剂送去减压塔再生。再生塔在2.7kPa（20mmHg）下操作，将溶剂蒸出，使之与生成的大分子叠合物分开。再生溶剂从减压塔中部抽出，一部分作塔顶回流，一部分则送回抽提系统。变质老化的物质不能汽化，留在塔底必要时定期排出。以保证减压塔的正常操作。减压塔塔顶温度在40℃，塔底温度在150～160℃。

三、筛板式抽提塔抽提的影响因素

芳烃抽提过程要求具有较高的芳烃回收率（95%以上）、芳烃质量好（芳烃产品纯度99.9%以上）、溶剂消耗少。影响抽提过程因素很多，主要有以下几个方面：

1．抽提原料油质量

原料油质量是指原料的烃组成和馏分组成的差异。

原料油的烃组成取决于重整反应的深度，反应强度越高、转化率越高，重整生成油芳烃含量越多。一般来说，抽提高芳烃原料较处理低芳烃原料容易达到上述要求。因此，到重整开工末期，转化率不高时，抽提操作更应加强管理。原料油的馏分组成的初馏点取决于脱戊烷塔的操作。其干点则与重整反应有关，当重整原料油干点提高，会使抽提原料干点升高，即重芳烃含量增高，从而使芳烃回收率下降。

原油的初馏点过高，会使部分低分子量芳烃（如苯）损失；初馏点过低，会使部分非芳烃被抽出，结果使芳烃纯度下降，甚至使苯的质量不合格，被抽提出来的非芳烃往往是低分子的五元环烷烃，它与苯形成共沸物，不易分离。

2。溶剂工作性能

溶剂工作性能因素包括很多方面，诸如溶剂的分子量、折射率、密度、沸点、闪点、凝点、蒸气压、粘度、水溶性等。但主要的是下述几个性能因素的影响：

（1）溶剂的选择性和溶解能力；

（2）对温度的稳定性以及在操作温度下是否老化、变质、或分解；

（3）工作温度下的流动性好坏、比热大小等。

在操作过程中，使用不同的溶剂时，应根据它们不同的工作性能，在操作上及时作适当的调整，这种调整包括：溶剂比的大小，回流比的大小，再生周期的时间等。

为了使过程中溶剂不断清除变质物，必须加强溶剂再生的管理。

3．工艺操作参数的影响因素

在原料和工作溶剂确定的情况下，影响抽提过程的主要环节便是操作调整，即工艺参数的选择问题。

抽提工艺参数选择的原则是：在保证芳烃质量合格的前提下，尽可能提高芳烃回收率，在任何情况下，尽量保证非芳烃中的芳烃含量小于3%。

对抽提过程来说，主要的工艺参数包括：温度、压力、溶剂比、回流比、溶剂含水量、汽提水量、侧线开度和界面高低等。

（1）温度：温度提高，则溶解度增大，有利于芳烃回收，但是非芳烃在溶剂中的溶解度也增大，而且比芳烃的溶解度增加得快，即溶剂的选择性下降，芳烃产品的纯度下降。在140～150℃以前，提高温度时，芳烃的溶解度急剧上升，但在140～150℃以后则溶解度增加不多而产品芳烃的纯度却急剧下降。因此一般采用130～150℃。

在100℃以上时，溶剂有较合适的粘度，有利于传质过程，保证较高的塔板效率。

（2）压力：抽提塔压力是保证抽提过程呈液相操作的重要条件，如果抽提压力过低，塔内部分烃类汽化会降低抽提效率和加大塔内流速，严重时会造成液泛。

压力本身不影响芳烃在溶剂内的溶解度，应保证恒压操作，避免抽提塔进出料的突然变化，造成塔压波动，通常抽提塔的压力在0.6～1.0MPa(6～10kg/cm^2)。

（3）溶剂比：进入抽提塔的溶剂量与进料量之比称为溶剂比，它是调节芳烃回收率的主要手段，同时它又决定了汽提塔的负荷。

对于一定的进料量，溶剂比大意味着需要的设备投资和操作费用都大。为了保证一定的芳烃回收率，必须有一定的溶剂比。随着溶剂比的增大，芳烃回收率增大，二甲苯回收率的增加尤其显著。（见表Ⅲ-2-10）。但是，溶剂比增大时，非芳烃在溶剂中的溶解量也增加，造成抽出的芳烃纯度下降。在操作时，溶剂比是由芳烃收率和质量来决定，通常取14～20。提高溶剂比与提高抽提温度都能提高芳烃的回收率，大约温度提高10℃相当于溶剂比提高0.8。

（4）回流比：回流芳烃量与抽提塔进料量之比称为回流比。对于不同的原料应选择不同的适宜温度和溶剂比，参考数据如下表Ⅲ-2-11。

表 Ⅲ-2-10 溶剂比与各种芳烃收率的关系

溶剂比(重)	各种芳烃的收率，%(重)			总芳烃的收率 %(重)
	苯	甲 苯	二 甲 苯	
9.8	100	87	51	80
12.4	100	96	78	91
15.2	100	99	85	94

表 Ⅲ-2-11 溶剂比与温度关系

原 料 馏 程，℃	60～85	60～105	60～130
产 品	苯	苯、甲苯	苯、甲苯、二甲苯
溶剂比	5:1	7:1	14～17:1
温度，℃	75	100	130～150

在抽提塔中的工作溶剂，除了抽出芳烃之外，往往有少量的非芳烃也溶解在溶剂中，但由于溶剂对芳烃的溶解度比对非芳烃的溶解度大得多，因此，回流芳烃可将溶剂带下来的非芳烃置换出去，从而提高抽出油的芳烃纯度。回流比越大，则芳烃纯度越高，但芳烃回收率下降，并由于不必要的多余回流入塔，会影响抽提塔的有效负荷，过多时，甚至会造成液泛。一般回流比为1.1～1.5时，可使芳烃纯度达99.9%以上。回流比的选取与进料芳烃含量有关，原料的芳烃浓度高时，则回流比应小些。

（5）溶剂含水量：溶剂的含水量可用来调节溶剂的溶解度和选择性。当溶剂中含水量增大时，选择性提高而溶解度下降。实践证明，溶剂含水5～8%（重）时抽出油中的芳烃浓度可提高约10%，而芳烃回收率下降不多，如果含水再提高时，抽出油芳烃浓度提高不多而芳烃回收率却下降很快。特别是二甲苯的回收率急剧下降。

当提高溶剂含水量时，为了保证一定的芳烃回收率需要稍提高溶剂比。

（6）抽提塔界面的影响：抽提塔界面和汽提塔重沸器液面（或塔底液面）反映了抽提塔、汽提塔物料平衡的关系以及塔内溶剂积存量与溶剂循环量的关系。

当其界面过高时，容易使抽提塔下部塔板浸入溶剂层中，不能发挥塔板的效率，而界面过低，容易造成溶剂带油，使芳烃纯度下降。

第八节 芳烃精馏过程

前节叙述了多种芳烃混合物从重整生成油中分离出来的过程。但得到的并不是单一苯类产品，只有将它们分离成单一组成的产品才有工业价值。

为了分离各种单一组成的苯类产品，可利用它们的沸点不同（见表Ⅲ-2-12），采用精馏方法将混合芳烃分成苯、甲苯、混合二甲苯和重芳烃4个部分。

表 Ⅲ-2-12 各单体苯类芳烃的物理-化学特性

	20℃密度	折光率	沸点，℃	熔点，℃
苯	0.880	1.5011	80.1	5.5
甲苯	0.867	1.4969	110.6	−95
邻二甲苯	0.880	1.5055	144.4	−25.2
间二甲苯	0.864	1.4972	139.1	−47.9
对二甲苯	0.861	1.4958	138.35	13.3
乙基苯	0.867	1.4983	136.2	−94.9

如果混合二甲苯还需进一步分离，以满足工业的需要，可用超精馏方法将乙基苯、间、对二甲苯、邻二甲苯分开。而对于间、对二甲苯则不能用精馏的方法将它们分开，因为二者的沸点非常接近，可采用深度冷冻或分子筛吸附分离法予以分开。

与一般石油蒸馏相比较，芳烃精馏有它自己的特点：

（1）产品纯度要求高，其纯度在99.9%以上，同时馏分窄，如苯、甲苯的馏分在0.6～0.9℃。

（2）精馏塔塔顶与塔底产品要求同时合格。在芳烃精馏时，一个塔只能出一种产品，不允许有重叠，否则会产生塔顶产品不合格或下一个塔的塔顶产品不合格。

（3）芳烃蒸馏出来的产品不能混兑、调合。

（4）精馏塔顶温度的变化幅度不能大于0.02℃，故采用温差控制的方法控制产品的质量。

一、芳烃精馏过程的工艺流程

芳烃精馏的工艺流程如图Ⅲ-2-18所示。

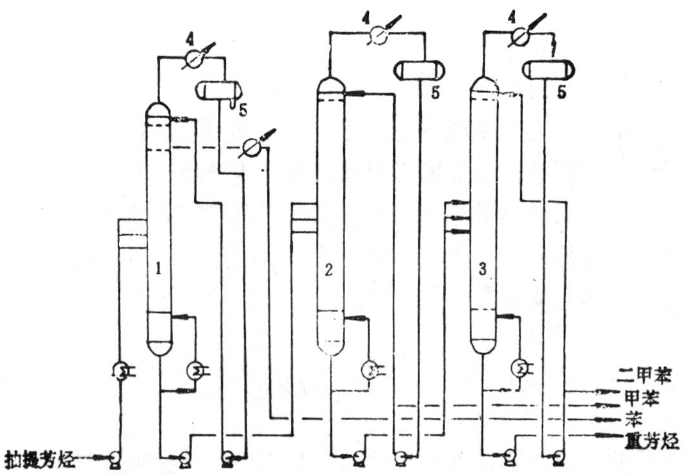

图 Ⅲ-2-18 芳烃精馏艺流程

1—苯蒸馏塔；2—甲苯蒸馏塔；3—二甲苯蒸馏塔；4—冷凝冷却器；5—回流罐

自抽提塔出来的混合芳烃经加热后进入苯塔中部（塔底重沸器提供热源）加热到130～135℃，塔顶产物经冷凝冷却器冷却至40℃左右进入回流罐，经沉降脱水后全部打回塔顶作回流，苯产品是从塔侧抽出，经换热冷却后进入成品罐，分析合格后，转到芳烃罐区。

苯产品从塔侧抽出的目的是提高苯的纯度，因塔顶产品含水并含有其它低沸点非芳烃会影响苯的初馏点，所以也就不以塔顶馏出物作为产品。水的存在还常与某些烃类形成共沸物从塔顶馏出，不断累积于塔顶回流之中，当其浓度达到一定值以后会影响侧线产品苯的质量，此时，应排放一部分回流苯。

苯塔底（要求不含苯）芳烃用泵打入甲苯塔中部，塔底物料由重沸器用热载体加热至155℃左右，甲苯塔顶馏出物经冷凝冷却后进入甲苯回流罐，一部分打入塔顶作回流，另一部分去甲苯成品罐，分析合格转到芳烃罐区。

甲苯塔底油（要求不含甲苯）用泵打入二甲苯塔中部，塔底芳烃经重沸器热载体加热，控制塔的第8层温度为160℃左右，塔顶馏出物经冷凝冷却后进入二甲苯回流罐，一部分作二甲苯塔顶回流，另一部分去二甲苯成品罐，分析合格后转送芳烃罐区。二甲苯塔底油是重芳烃经冷却后混入汽油线或者进入再分离装置，从中分离出偏三甲苯等化工原料。

二甲苯塔顶蒸馏所得的二甲苯是间位、对位、邻位二甲苯及乙基苯的混合物，可以根据它们的沸点用超精馏的方法分离出邻二甲苯及乙基苯，它们的纯度可达97～99%，间、对二甲苯的分离则采用深度冷冻的方法。

各精馏塔的操作条件如表Ⅲ-2-13。

表 Ⅲ-2-13 芳烃蒸馏塔操作条件

塔名称		苯塔	甲苯塔	二甲苯塔	邻二甲苯塔	乙苯塔
项目	进料温度，℃	78～80	108～110	138～139	30～40	35～38
	塔顶温度，℃	81～82	115～117	140～145	137～139	137～138
	塔底温度，℃	130～135	155～160	175～180	168～170	163～164
	回流比	6～8	3～5	2～3	7～8	10～4

表Ⅲ-2-14为我国石油苯类产品的标准。

表 Ⅲ-2-14 我国石油苯类产品标准

项目		苯	甲苯	5℃二甲苯
外观		合格	合格	合格
相对密度		0.876～0.880	0.865～0.868	0.860～0.870
沸程，℃				137.0～143.0之间沸程范围不大于5℃
初馏点，℃	不低于	79.6	110.3	
终馏点，℃	不高于	80.5	111.0	
酸洗比色号	不深于	4	4	15
结晶点，℃	不低于	5.0		
硫含量，ppm	不大于	5		

二、精馏过程的温差控制

芳烃产品（如苯、甲苯等）纯度要求高（在99.9%以上），馏分范围窄，如苯为79.6～80.5℃，甲苯为110.3～111.0℃；这就要求精馏的操作更加小心仔细，例如塔顶温度只允许波动0.02℃。

芳烃精馏不仅对塔顶产品要求严格，塔底产物也严格要求，不允许有重叠，否则将使下一个产品不合格，例如苯塔底只要重叠有0.5%苯，就可能造成甲苯的初馏点不合格。

推动精馏物质的热交换和物质交换的动力是塔内上部与下部的温差——温度梯度，不同温度梯度将造成精馏物的浓度变化——浓度梯度。显然，塔内的温度梯度越大，造成的浓度梯度也越大，但这种浓度变化不是在塔内自上而下均匀变化的，而是在塔中某块塔板上出现显著变化，这块塔板就称为灵敏塔板，灵敏塔板上的浓度变化对产品的质量影响最大。

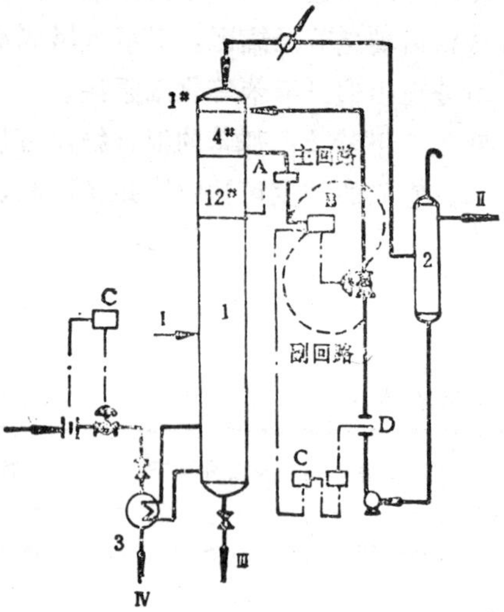

图 Ⅲ-2-19 温差调节系统控制图
1—精馏塔；2—回流罐；3—重沸器；A—温差变送器；B—温差调节器；C—流量变送器；D—孔板；Ⅰ—原料；Ⅱ—芳烃产品；Ⅲ—重芳烃；Ⅳ—热载体

温差控制器是控制灵敏塔板变化的工具，温差控制器能够控制灵敏塔板和塔顶间的温差变化，可反映塔板上浓度的变化，因而，无论塔压或外界压力如何变化，能够保证温差不变，从而消除了大气压力变化的影响（这对塔顶温度控制十分有利）。温差指出控制器调整后的参数（出风）作为塔顶回流控制器的给定值，当灵敏塔板上的组成稍有变化，就会由温差仪反映出来，并经过串级控制，“指挥”增减回流量，从而起到提前反映情况，并采取措施。

精馏过程的温差控制系统见图Ⅲ-2-19。

温差控制就是从上述原理出发，以灵敏塔板作为控制点，以塔顶或上部某层塔板为参考点，这样，灵敏塔板和参考点的温差波动就反映出塔内的组成变化情况。

以苯塔为例：温差通常是由第8～12层塔板为灵敏塔板，以塔顶1～4层为参考点，将该两点温度讯号分别接入温差控制器的平衡电桥的两臂上，利用温差控制器发出的讯号进行调节出风，去改变塔顶回流量的大小。这一系统称为主回路，在这里，温差变化和回流量的变化是串级系统，流量变化通过流量变送器和流量调节器与调节阀构成的回路。当灵敏塔板组成发生变化时，其温差值即随之发生变化，这样温差控制器发出讯号至总调节器，立即改变出风，调节阀随之动作，保证塔顶温度的稳定。

温差的影响因素包括：温差灵敏区的变化，进料温度的变化，回流量的变化，塔底温度的变化，大气温度的变化，回流罐液面的变化，进料组成的变化等等。

在温差调节过程中，温差灵敏区的选择十分重要，温差灵敏区是由温差的上限和下限来决定的。

所谓温差上限是指塔顶产品刚刚不含塔底组分时的数值。所谓温差下限是指塔底组分刚刚不含塔顶组分时的数值。但是，在实际操作中，温差灵敏区的下限要高于理论上的下限值，所以，温差灵敏区一般应选在偏近上限的数值范围内。

选择温差灵敏区时，应注意下列各点：

（1）进料应当稳定；

（2）在正常的塔底温度下，塔底产物基本不含塔顶组分；

（3）塔顶温度和回流量的大小接近正常状态，产品稳定合格；

（4）回流罐中存水已彻底切除。

再按设计值或生产经验给定好塔底温度，使其符合正常操作温度。回流量要用单参数控制。

在选择温差灵敏区前，温差在较小位置时逐渐降低回流量。在降回流过程中，温差会缓缓上升一定值后便开始显著上升，开始显著上升时的温差值便为温差灵敏区的下限（在产品质量合格的条件下）。温差显著上升一定值后，增加或减小回流量时温差反应灵敏，控制灵活自如且产品质量合格，此点温差即在灵敏区内。继续减小回流量，提高温差值使产品干点刚刚合格时的温差即为温差灵敏区的上限。找出温差灵敏区后，便把温差控制在温差灵敏区内的任意一点，都能保证产品质量合格。在选择温差灵敏区前，若是温差值超程时，应逐渐提高回流量，在提高回流量过程中温差值会突然下降，此时应减小回流量，直至温差显著上升一定值后，控制住分析质量合格即可。

近年来，对于重整芳烃（C_9芳烃）的利用，引起世界各国的注意，它可用邻苯二甲酸二甲酯为溶剂，用萃取蒸馏法将间、对甲乙基苯、均三甲苯、邻甲基乙苯、偏三甲苯与重组分等多种产品加以分离。国内外已工业化的方法除蒸馏、萃取、结晶外，工业化和半工业化的方法还有包络法，吸附法等。随着石油化学工业和催化重整的发展，经济地分离的方法已成为可能，为重整重芳烃有效组分的综合利用，创造了有利的条件。

第三章 气 体 分 馏

一、原 料 和 产 品

气体分馏装置以馏分油或渣油催化裂化的液态烃为原料，主要成份是催化裂化气中的C_3、C_4馏分，还有少量的C_2、C_5馏分。原料组成见表Ⅲ-3-1。

表 Ⅲ-3-1 液化气进气体分馏原料组成（脱硫后）

组　　成	分子量	重量%	g/h	摩尔%	kmol/h
乙　烷	30.1	0.81	211	1.38	7.01
丙　烯	42.1	23.89	6233	29.25	148.05
丙　烷	44.1	7.39	1928	8.64	43.719
异丁烷	58.1	23.60	6156	20.93	105.95
异丁烯、1-丁烯	56.1	18.30	4775	16.82	85.116
正丁烷	58.1	6.53	1704	5.79	29.32
反-2-丁烯	56.1	9.11	2376	8.37	42.344
顺-2-丁烯	56.1	6.84	1784	6.28	31.8
C_5	72.1	3.53	922	2.53	12.783
合　计		100.00	26089	100.00	500.0967

气体分馏的原料首先经脱硫和脱硫醇精制，然后按五塔流程进行分离。

分离得到的产品有下列几种：

（1）丙烯：纯度达99%以上，可供合成聚丙烯的原料；

（2）丙烷：纯度96%，可作丙烷脱沥青的溶剂；

（3）轻C_4：纯度99.88%，作烷基化原料；

（4）重C_4：纯度99.91%；

（5）戊烷馏分：是C_5的烷烃与烯烃的混合物，纯度为95%左右，可作裂解原料或调合汽油组分。

下述数据仅为典型数据，与实际生产中各种烃类组成有一定差异。

表 Ⅲ-3-2 乙 烷 馏 分

组　　成	分子量	重量%	kg/h	摩尔%	kmol/h
乙　烷	30.1	35.61	209	43.77	6.9633
丙　烯	42.1	58.94	346	51.66	8.219
丙　烷	44.1	5.45	32	4.57	0.7277
合　计		100.00	587	100.00	15.9103

表Ⅲ-3-3 丙烯馏分

组成	分子量	重量%	kg/h	摩尔%	kmol/h
乙烷	30.1	0.02	1	0.03	0.0464
丙烯	42.1	99.59	5847	99.59	138.9303
丙烷	44.1	0.39	23	0.38	0.5281
合计		100.00	5871	100.00	139.5247

表Ⅲ-3-4 丙烷馏分

组成	分子量	重量%	kg/h	摩尔%	kmol/h
丙烯	42.1	1.71	33	1.77	0.7719
丙烷	44.1	96.33	1863	96.74	42.2457
异丁烷	58.1	1.60	31	1.21	0.5271
异丁烯、1-丁烯	56.1	0.36	7	0.28	0.1367
合计		100.00	1934	100.00	43.6813

表Ⅲ-3-5 轻 C_4 馏分

组成	分子量	重量%	kg/h	摩尔%	kmol/h
丙烯	42.1	0.04	5	0.05	0.1087
丙烷	44.1	0.08	10	0.10	0.2175
异丁烷	58.1	50.07	6119	49.25	105.3073
异丁烯	56.1	38.26	4676	38.97	83.3264
正丁烷	58.1	3.87	478	3.81	8.1435
反-2-丁烯	56.1	5.98	731	6.10	13.0199
顺-2-丁烯	56.1	1.70	207	1.72	3.6835
合计		100.00	12221	100.00	213.8066

表Ⅲ-3-6 重 C_4 馏分

组成	分子量	重量%	kg/h	摩尔%	kmol/h
异丁烷	58.1	0.15	7	0.14	0.1156
异丁烯、1-丁烯	56.1	2.06	93	2.09	1.664
正丁烷	58.1	27.03	1220	26.35	20.9923
反-2-丁烯	56.1	36.13	1631	36.49	29.0751
顺-2-丁烯	56.1	34.54	1559	34.85	27.7663
C_5	72.1	0.09	4	0.08	0.0636
合计		100.00	4514	100.00	79.6768

表 Ⅲ-3-7 戊烷馏分

组成	分子量	重量 %	kg/h	摩尔 %	kmol/h
正丁烷	58.1	1.14	11	1.34	0.1833
反-2-丁烯	56.1	1.46	14	1.79	0.2422
顺-2-丁烯	56.1	2.08	20	2.57	0.3471
C_5	72.1	95.32	917	94.28	12.7244
合计		100.00	962	100.00	13.4969

二、气体分馏的工艺原则流程说明

气体分馏工艺原则流程见图Ⅲ-3-1。

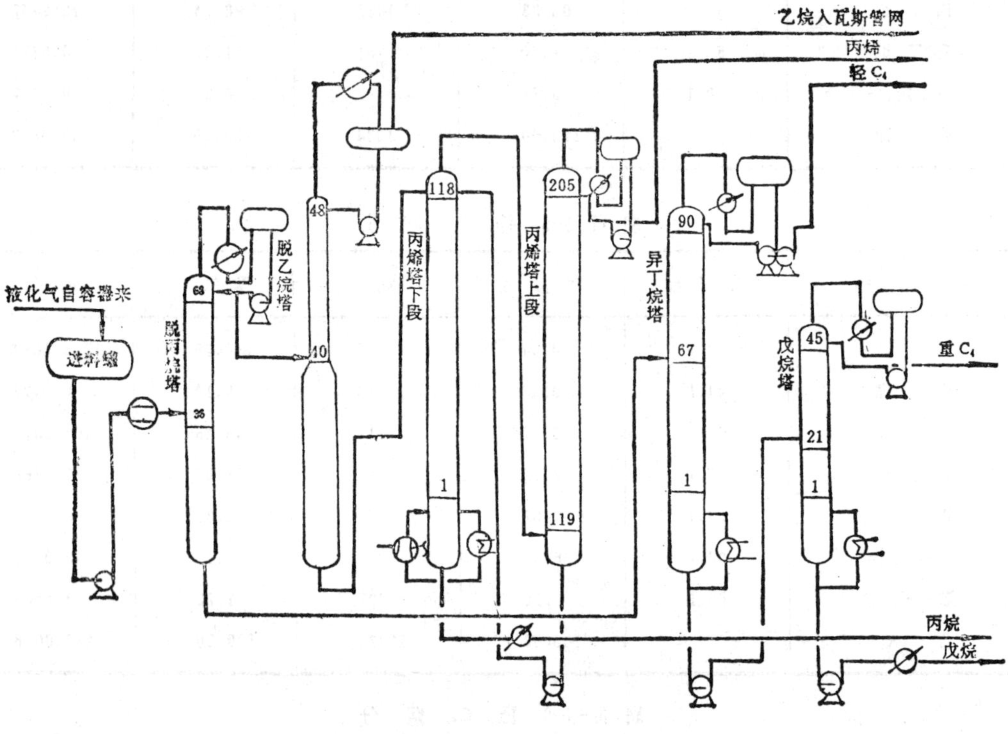

图 Ⅲ-3-1 气体分馏工艺原则流程图

经气体脱硫，催化氧化脱硫醇工艺处理后的液化气由容器出来进入气体分馏进料罐，再由进料泵抽出，经脱丙烷塔进料加热器，用低温热水加热到75℃进入脱丙烷塔36层塔板，在此塔内将C_3、C_4馏分进行分离，塔顶出来的C_3馏分经冷凝器冷却到40℃进入回流罐，然后用回流泵抽出打至脱丙烷塔顶作为塔顶回流，塔底重沸器用0.7MPa[7kg/cm^2(绝)]蒸汽加热。

含有C_2的C_3馏分用泵由回流罐抽出进入脱乙烷塔40层塔板，在脱乙烷塔内将C_3中的C_2馏分分出，塔顶出来的C_2馏分经冷却到35℃进入回流罐，然后用泵抽出打回塔内作为塔顶回流，塔顶回流罐顶部出来的C_2馏分出装置至系统高压瓦斯管网，塔底重沸器用蒸汽加热。从塔底出来的C_3馏分到脱丙烯塔，进行丙烯、丙烷分离，丙烯塔由两个塔组成，进料段以下为下段，进料段以上为上段，由脱乙烷塔底出来的C_3馏分进丙烯塔下段的顶部即118层塔板，丙烯塔下段顶部气相物料从塔顶出来后进入丙烯塔上段的底部，即119层塔板，丙烯塔下段底部用重沸器供热，正常时用低温热水加热，热水中断用蒸汽加热。丙烯塔下段底部出来的丙烷馏分冷却后送出装置。上段顶部出来的丙烯经冷凝冷却到40℃进入回流罐，用泵抽出打回上段顶部作塔顶回流，再用泵从回流罐抽出装置作为丙烯产品。

脱丙烷塔底部出来的混合C_4馏分进入脱异丁烷塔67层，顶部出来的轻C_4馏分经冷凝器冷却到40℃进入回流罐，然后用泵抽出，打到塔顶部作为回流，再用泵抽出装置，作为轻C_4馏分，底部重沸器用蒸汽加热，塔底出来的物料经液位控制进入脱戊烷塔21层，顶部出来的重C_4馏分经冷凝器冷却到40℃进回流罐，另一部分送出装置。

脱戊烷塔底部出来的C_5馏分，冷却后送出装置。底部重沸器用蒸汽加热。

三、气体分馏塔的特点

（1）分馏塔的操作参数为压力、温度、流量、液面。压力和温度是影响产品质量的主要因素。

由于液化气体具有沸点低、蒸气压大的特点，当塔内压力稍微下降，液化气则以很大的速度挥发并产生携带现象，降低了分馏效果，所以，要严格控制压力，其波动范围不能超过正负49.1kPa，石油气体单体烃的各种理化性质见表Ⅲ-3-8。

表 Ⅲ-3-8 石油气体各种单体烃的物理性质

项目		分子式	相对密度 d_4^{20}	沸点 ℃	临界性质		爆炸极限,%(体)	
					温度 ℃	压力 MPa	下限	上限
组分	甲烷	CH_4	0.4240	−161.49	−82.5	4.56	5.0	15.0
	乙烯	C_2H_4	0.5678	−103.71	9.9	5.11	3.05	28.6
	乙烷	C_2H_6	0.5462	−88.63	32.27	4.88	3.22	12.45
	丙烯	C_3H_6	0.5139	−47.7	91.89	4.60	2.0	11.1
	丙烷	C_3H_8	0.5824	−42.07	96.81	4.26	2.37	9.5
	异丁烷	C_4H_{10}	0.5572	−11.27	134.98	3.65	1.8	8.44
	异丁烯	C_4H_8	0.5942	−6.9	144.7	4.00	1.75	9.7
	1-丁烯	C_4H_8	0.5951	−6.29	146.4	4.02	1.6	9.3
	正丁烷	C_4H_{10}	0.5788	−0.5	152.01	3.79	1.86	8.41
	反-2-丁烯	C_4H_8	0.6042	0.88	155	4.15	1.75	9.7
	顺-2-丁烯	C_4H_8	0.6213	3.72	163	4.15	1.75	9.7
	异戊烷	C_5H_{12}	0.613	27.85	187.8	3.32	1.32	8.3
	正戊烷	C_5H_{12}	0.6262	36.07	196.62	3.37	1.4	7.8

塔的压力波动直接影响系统的温度、流量、液面变化，所以，要平稳操作。

（2）气体分馏处于较大压力下操作，各塔压力相差较大，液面调节不能过猛，防止塔底液面放空，重沸器干锅。

（3）为保证各系统操作的平稳性和连续性，各塔应保持一定的独立性。操作中应以首先保证塔底（尤其是脱丙烷塔）质量合格为原则。

表 Ⅲ-3-9 各塔操作条件及结构

设备名称	介质	操作温度			操作压力		塔板型式	塔径	塔高
		塔顶 ℃	塔底 ℃	进料口 ℃	塔顶 MPa (绝)	塔底 MPa (绝)		mm	mm
脱丙烷塔	C_3、C_4	46	105	75	1.86	1.91	浮阀	2000	46000
脱乙烷塔	C_2、C_3	47	70	40	2.94	2.94	浮阀	1200	36000
						2.99	浮阀	1400	
脱丙烯塔(上段)	丙烷、丙烯	47.4	58.3		1.96	2.06	浮阀	3000	56500
脱丙烯塔(下段)	丙烷、丙烯	60.5	69.3		2.16	2.25	浮阀	3000	68600
脱异丁烷塔	C_4、C_5	53	72.5	103	6.86	0.785	浮阀	2400	56000
脱戊烷塔	C_4、C_5	57	99	70	5.89	0.638	浮阀	1000	32000

第四章 烷 基 化

烷基化过程的目的是由炼厂气生产工业异辛烷，作为车用汽油（或航空汽油）的高辛烷值组分，以满足优质、无铅汽油的需要。

第一节 概 述

异丁烷和丁烯的烷基化，早在1932年就被人发现。第二次世界大战爆发后，由于航空汽油需要量剧增，从而促进了烷基化工业的发展和完善。第一个硫酸烷基化工业装置是1939年底在美国博蒙特（Beaumant）投入生产。第一个氢氟酸烷基化装置是1942年在美国博格（Bargen）建成，以满足当时第二次世界大战急需的航空汽油。第二次世界大战结束后，很多烷基化装置停产。至50年代，由于汽车工业的发展，对汽油辛烷值要求不断提高，同时为了控制环境污染，要求降低汽油含铅量，烷基化工艺又有了新的发展。

近年来，世界各国为了严格控制环境污染，汽油中含铅量受到很大限制。美国已制定环保法，对汽油含铅量限制在每升不高于0.11g，并进而禁止使用加铅汽油。无铅汽油在国际市场上需要量越来越大。美、日等国家无铅汽油销售量目前都已超过汽油总销售量的一半。

我国目前出口汽油含铅量为每升0.13～0.3g，不符合当前国际市场要求。另外在汽油的辛烷值和组成方面也存在很大差距。要使产品占领国际市场，必须向低铅、无铅、高辛烷值汽油发展。如何发展优质无铅汽油，各国都需要根据本国炼油装置的实际情况来考虑优质汽油的构成。美国优质汽油中大都调入催化裂化、重整汽油和烷基化油组分；日本则建议用重整汽油和催化裂化汽油各半；欧洲则倾向于用重整汽油调入双聚油和异构化油。我国和美国相似，催化裂化装置比较普遍，而且正在发展重油深度加工，催化裂化装置处理量不断扩大，副产品液化气量将大大增加，为发展烷基化提供了丰富的原料。因此发展烷基化工艺是发展我国优质无铅汽油的重要手段。

世界烷基化工业发展过程中，70年代以前以硫酸法为主导地位。70年代以后，由于氢氟酸烷基化具有酸耗低、能耗低、收率高、废酸不需处理等优点，使氢氟酸烷基化有了较大发展。

我国第一套硫酸法烷基化装置于1964年在兰州炼油化工总厂建成，后来在一些炼油厂也相继建成硫酸法烷基化。从1983年开始，我国引进氢氟酸烷基化技术。引进的均为美国菲利浦斯（phillips）石油公司技术。目前引进技术的吸收消化工作已取得了一定成效。

第二节 烷基化的化学反应

烷基化反应是一种烃化反应。烃化反应是指烃类分子中活泼氢原子被烯烃取代的反应，也称为烯烃的加成反应。实验证明，仲碳氢原子被取代的速度是伯碳氢原子的两倍，而叔碳氢原子的取代速度又是仲碳氢原子的两倍，所以烷基化反应都是异构烷烃与烯烃的反应。

异丁烷和丁烯在催化剂硫酸或氢氟酸等作用下进行加成反应生成异辛烷。

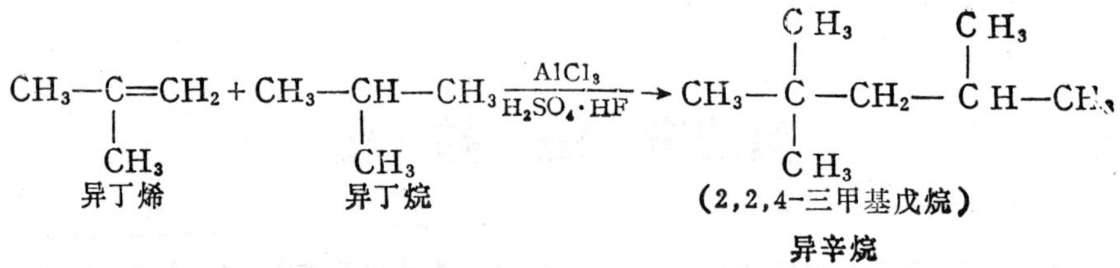

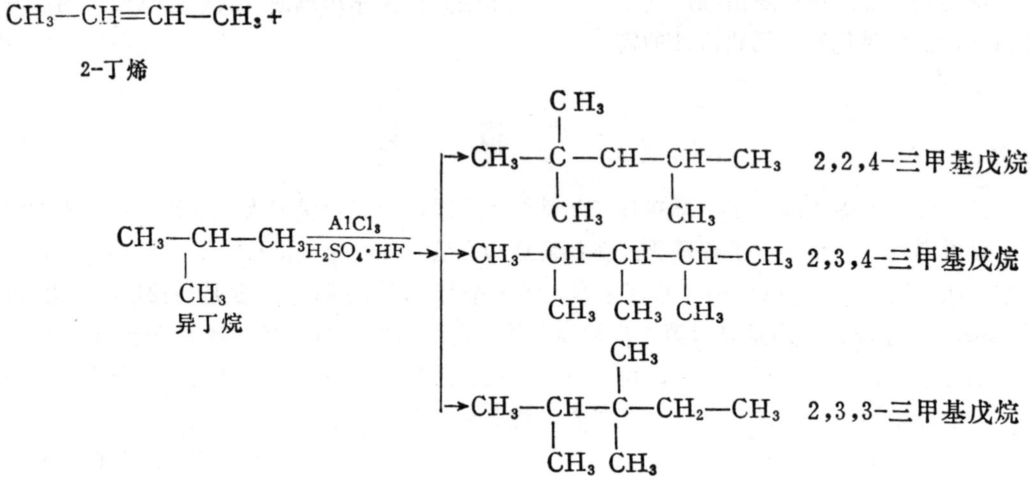

1-丁烯在硫酸和催化剂作用下，首先异构成2-丁烯，然后再与异丁烷发生烷基化反应。

烷基化反应是体积缩小的放热反应，低温高压有利于达到较高的平衡产率。

烷基化过程除了进行烷基化主反应外，还有下列主要副反应：

（1）烯烃自身的叠合反应

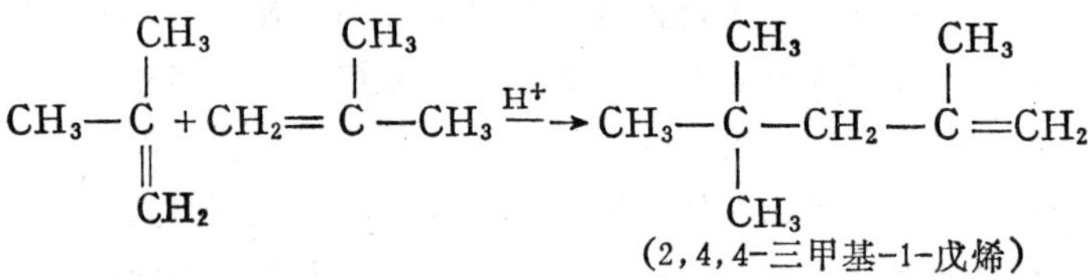

叠合生成的大分子烯烃使产物碘值上升，安定性变差。同时，大分子烯烃易溶于酸，稀释了酸的浓度，增加酸的耗量。为了避免烯烃叠合，生产中采用大量异丁烷循环，以控制烯烃浓度。

（2）去烷基反应，即生成的烃化物又分解成小分子的烯烃和烷烃。

（3）再烷基化反应，生成大于异辛烷的重烃化油。

由于上述副反应的存在，烷基化产物是一个多组分宽馏分产物。

第三节　烷基化的原料和产品

一、原料组成和要求

烷基化原料通常是异丁烷-丁烯馏分。在理论上异丁烷与丁烯是等分子反应，但是为了减少烯烃叠合副反应，保证烷基化油的质量，在反应过程中应保持异丁烷与丁烯的分子比略高于1。以建立异丁烷正常循环。

异丁烷-丁烯馏分来源于炼油厂催化裂化、焦化、重整等装置副产的炼厂气，经气分装置分离后，满足异丁烷-丁烯摩尔比为1.05～1.10:1，作为烷基化装置的适宜进料，其组成见表Ⅲ-4-1。

表 Ⅲ-4-1 烷基化装置的原料组成（从气体分馏装置来）

组　分	%（摩尔）	组　分	%（摩尔）
丙　烯	0.14	1-丁　烯	16.26
丙　烷	0.51	反-2-丁烯	8.87
异丁烷	47.46	顺-2-丁烯	2.39
正丁烷	5.91	总　计	100.00
异丁烯	18.46		

异丁烷/总丁烯＝1.032:1

炼油厂为了合理利用丁烯组分，使C_4馏分中异丁烯首先与甲醇合成甲基叔丁基醚，作为汽油辛烷值的优质掺合剂。反应后的异丁烷-丁烯馏分作为烷基化的适宜进料，其组成见表Ⅲ-4-2。

表 Ⅲ-4-2 烷基化装置原料组成〔从甲基叔丁基醚（MTBE）装置来〕

组　分	%（摩尔）	组　分	%（摩尔）
丙烷＋丙烯	0.6～1.0	异丁烯	2～3
异　丁　烷	43～46	1-丁　烯	15～17
正　丁　烷	11.5～13.5	总2-丁烯	22～25.4

异丁烷/总丁烯＝1.04～1.05:1

氢氟酸烷基化对原料中杂质含量有一定要求。杂质含量过高，对产品收率、产品质量、酸耗量及开工周期等均有很大影响。

如原料中丁二烯含量高时，除酸耗量增加外，产品中生成的酸溶性油（ASO）量要比正常高出数倍，因而使产品辛烷值下降，烷基化油干点上升。硫化物含量过高，则会生成较多的低沸点的酸溶性油，使酸耗量增加。一般每千克硫化物会造成7～8kg的氢氟酸消耗。原料中含水会造成设备严重腐蚀和酸耗量增加。因此，国外有的氢氟酸烷基化装置，特别强调要严格控制硫及水的含量。尤其对水含量要求更苛刻。要使水降到最低限度，以控制腐蚀与酸耗，保证装置长期稳定生产。原料中对C_2及C_3组分均要控制。原料中杂质含量要求如下：

总硫≤20ppm；水≤500ppm；丁二烯≤0.2%（摩尔）；甲醇≤50ppm；甲基叔丁基醚≤50ppm；二甲醚≤100ppm。

二、产品主要性质

烷基化装置主要产品是烷基化油，烷基化油是异构烷烃的混合物，具有良好的抗爆性。其研究法辛烷值可高达95～96，敏感性小（即研究法辛烷值与马达法辛烷值的差值），感铅性好、挥发性好、燃烧清洁，是车用汽油的理想组分。我国一般用催化裂化汽油或重整生成油和烷基化油调合成80号、85号车用汽油。也可做航空汽油组分。其性质和组成见表Ⅲ-4-3、表Ⅲ-4-4。

表 Ⅲ-4-3 烷基化油性质

相对密度 $d_{15.6}^{15.6}$	0.693～0.702	50%	104～107
雷氏蒸气压 kPa(kg/cm²)	34.3～52.0(0.35～0.53)	90%	115～125
馏程，℃		干点	185～195
初馏点	40～43	无铅研究法辛烷值	95～96
10%	74～85	无铅马达法辛烷值	93～94

表 Ⅲ-4-4 烷基化油的典型组成

组　　分	%（体）	组　　分	%（体）
戊　烷	7.5	癸　烷	5.0
己　烷	6.0	非癸烷	7.0
庚　烷	6.5	重组分	1.0
辛　烷	65.0	总　计	100
壬　烷	2.0		

烷基化油的组成及辛烷值随原料中烯烃种类不同而变化，见表Ⅲ-4-5。当原料为异丁烷和丙烯时，其反应产物中含有较多的异构庚烷，如2,3-二甲基戊烷，2,4-二甲基戊烷，其辛烷值较低。所以丙烯做烷基化原料不太合适。当原料为异丁烷和2-丁烯时，其反应产物主要成分为2,2,4-三甲基戊烷、2,3,4-三甲基戊烷等，其辛烷值最高。用正丁烯为原料比异丁烯为原料所得产品辛烷值要高 2 个单位左右。各种烯烃原料所产烷基化油的辛烷值按下列次序排列：2-丁烯＞1-丁烯＞异丁烯＞戊烯＞丙烯。

表 Ⅲ-4-5 不同烯烃原料所产烷基化油的组成及辛烷值〔注〕

烷基化油组成	丙烯原料	2-丁烯原料	1-丁烯原料	混合烯烃
异戊烷	4.8	2.2	2.7	3.7
带支链C_6	3.9	1.8	1.7	2.9
带支链C_7	45.8	2.8	2.7	25.5
2,2,4-三甲基戊烷	21.7	49.0	39.7	35.6
其他三甲基戊烷	8.8	32.2	25.9	18.6
二甲基己烷	3.5	9.2	20.0	7.2
C_9	11.5	2.8	7.3	6.5
合　计	100.0	100.0	100.0	100.0
无铅研究法辛烷值	90.6	97	92	92

注：表中除辛烷值外，单位均为%（重）。

第四节　烷基化的工艺流程及操作条件

烷基化装置一般由下列几个部分组成：

（1）原料的预处理和预分馏；

（2）反应系统；

（3）分离催化剂；

（4）产品分馏；

（5）产品中和；

（6）废催化剂处理；

（7）压缩、冷冻系统。

下面分别介绍氢氟酸和硫酸法烷基化工艺流程。

一、氢氟酸法烷基化

目前世界上氢氟酸烷基化以美国环球石油公司和菲利浦斯公司的技术为代表。菲利浦斯公司工艺流程较短，而且不使用维修量较大的酸循环泵的优点。菲利浦斯工艺流程，见图Ⅲ-4-1。

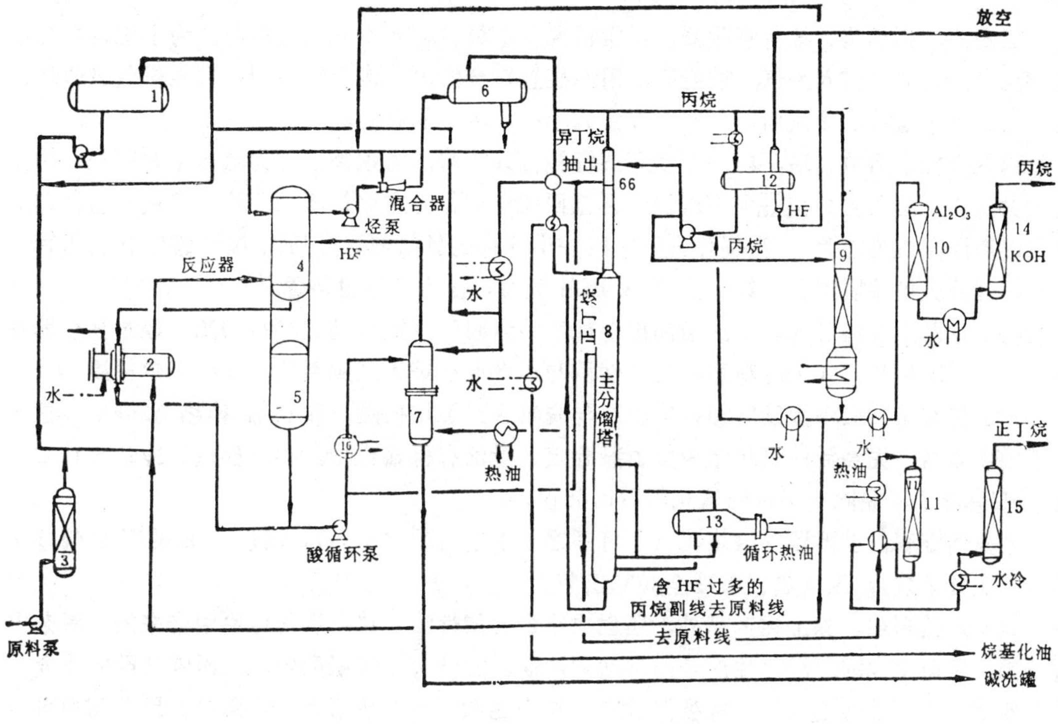

图 Ⅲ-4-1　氢氟酸烷基化装置原则流程图

1—异丁烷贮罐；2—酸冷却器；3—干燥器；4—酸沉降器；5—酸贮罐；6—酸再接触器；7—酸再生塔；8—主分馏塔；9—丙烷汽提塔；10—丙烷脱氟器；11—正丁烷脱氟器；12—塔顶回流罐；13—重沸器；14—KOH脱氟器；15—正丁烷脱氟器；16—酸气化器

1．流程说明

（1）原料预处理：新鲜原料（异丁烷和混合烯烃）经原料泵送至干燥器（内装活性氧化铝）中干燥。干燥操作条件为40℃，1.53MPa〔15.6kg/cm^2（表）〕在干燥器内将原料中水分脱至10ppm以下。干燥器设两台，切换操作。

（2）反应：干燥后的原料与来自主分馏塔的循环异丁烷在管道内混合进入酸冷却器，通过高效喷嘴，喷入循环酸中，一起进入提升管（反应器）。烯烃与异丁烷在提升管中充分迅速反应（反应条件见后）。反应后物料进入酸沉降器。在沉降器内，酸和烃由于密度不同

（HF密度0.99）自行分离。烃类由泵自沉降器上部抽出，与氢氟酸混合后进入酸再接触器。在酸再接触器内，酸和烃充分接触，使烷基化油中因副反应生成的有机氟化物在氢氟酸存在下，重新分解成丁烯和氢氟酸。丁烯则再与异丁烷反应生成烷基化油。所以酸再接触器可以看成是一个辅助反应器，采用它可以节省酸耗量，增产烷基化油。酸接触器中氢氟酸沉降汇集在酸包内，循环使用。反应后烃类则从酸接触器顶部出来，经过与来自主分馏塔的循环异丁烷及烷基化油换热至74℃左右后，进入主分馏塔。

（3）产品分离及产品处理：主分馏塔采用82层V-Grid塔板（它具有弹性大、传质效率高、边壁效应小、便于清扫、安装制造简单等优点），塔高63m。来自酸再接触器的烃类，经主分馏塔分离出丙烷、异丁烷、正丁烷及烷基化油4个产品。塔顶温度为63℃，塔顶压力1.97MPa〔20.1kg/cm²（表）〕。塔顶馏出物为丙烷及带少量氢氟酸和异丁烷的气体。经塔顶冷凝器冷凝后，进入塔顶回流罐，丙烷与氢氟酸分离，氢氟酸由罐底酸包自压至沉降罐。丙烷由回流罐抽出，一部分作为主分馏塔顶回流，一部分送丙烷汽提塔进一步脱除残留氢氟酸。

回流油罐顶部装有放空吸收器，正常情况下不放空。当不凝气过多时，为了维持主分馏塔顶压力，可放空排入大气。放空时，用本装置自产的丙烷作为致冷剂，通入排气吸收器，可将不凝气中氢氟酸冷凝回收下来，大大减小排气中的氢氟酸蒸气。

丙烷汽提塔为填料塔，内装石墨环或瓷拉西环填料。塔顶馏出物为氢氟酸与丙烷、异丁烷的共沸物，进入主分馏塔顶冷凝器，再至回流油罐作为主分馏塔顶回流。塔底由重沸器加热（以高压蒸汽为热源），汽提除去塔底丙烷中残存的氢氟酸。产品丙烷一部分作为塔顶回流，一部分去丙烷脱氟器，经Al_2O_3和KOH脱氟后，作为产品出装置。

异丁烷从主分馏塔66层以液相抽出，纯度约为83%（重）、温度为100℃，经过换热器与主分馏塔进料换热，并经冷却至40℃，然后与原料混合进入反应系统。或异丁烷储罐。

正丁烷从第12层塔板以气相抽出，经与脱氟后正丁烷换热，和热油换热至205℃，进入正丁烷脱氟器。先经活性氧化铝脱氟器脱除痕迹量的有机氟化物。再经换热、冷却至40℃，进KOH脱氟器，脱除痕迹量的氟化氢后出装置。

主分馏塔底由重沸器供给热源（也可考虑采用催化裂化余热），塔底出目的产品烷基化油（工业异辛烷），经换热、水冷至80℃出装置。

（4）酸再生。除上述产品外，还生成小量的酸性油，这主要是原料中带来的含氧杂质进行副反应而生成的。酸溶性油是一种粘稠性油，能溶解在氢氟酸中，从而降低酸的浓度。为了保持反应所需酸的浓度，需要脱除在操作中逐渐增多的酸溶性油和水分。因此需要进行酸再生。用酸循环泵自酸冷却器抽出循环酸，送至酸再生塔顶，用过热异丁烷蒸气气提，塔顶为异丁烷和被气提出的氢氟酸蒸气返回酸沉降罐。气提塔底酸溶性油，一般含HF量为2～3%，可定期排送至碱洗罐，碱洗除去残余氢氟酸后，调入全厂燃料油中。

2. 主要操作条件

反应： 反应温度：40℃

反应压力：0.8～1.0MPa〔8.3～10kg/cm²(表)〕

异丁烷:丁烯（摩尔比）：15.5:1

酸浓度：85～95%

酸烃比（体）：5.2:1

酸耗量：0.47kg/t烷基化油

产品分离：主分馏塔顶温度：63℃

主分馏塔顶压力：2.0MPa〔20.1kg/cm²（表）〕

丙烷汽提塔顶温度：61℃

丙烷汽提塔顶压力：2.2MPa〔22.2kg/cm²（表）〕

二、硫酸法烷基化

自冷冻式硫酸法烷基化工艺流程如图Ⅲ-4-2。

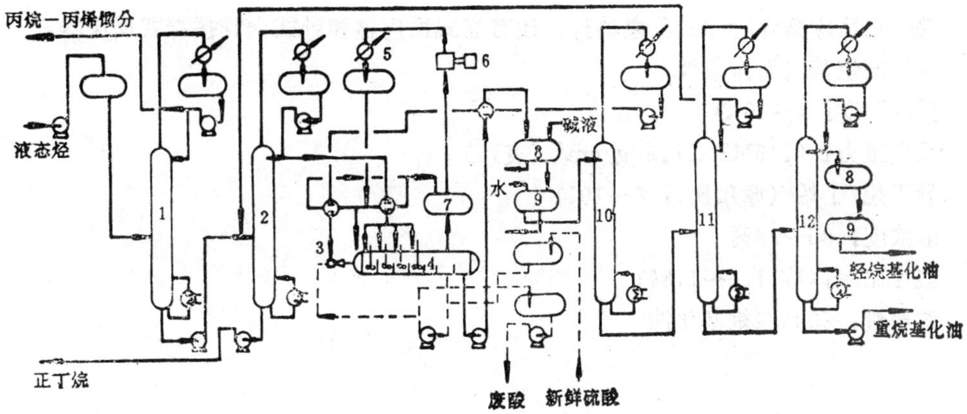

图 Ⅲ-4-2　硫酸法烷基化装置的原则流程图

1—丙烷塔；2—异丁烷塔；3—混合器；4—阶梯式反应器；5—冷冻剂罐；6—压缩机；7—分液罐；8—碱洗罐；9—水洗罐；10—反应产物分馏塔；11—正丁烷分馏塔；12—产品再蒸馏塔

（1）预分馏：脱硫和碱洗后液态烃，经缓冲罐进入脱丙烷塔，在压力1.6MPa（表）〔16kg/cm²（表）〕和塔底温度100℃条件下进行分馏。塔顶丙烷-丙烯馏分经冷凝冷却后，一部分作塔顶回流，另一部分作为产品送出装置。塔底丁烷-丁烯馏分压入异丁烷塔。异丁烷塔操作压力0.55MPa〔5.5kg/cm²（表）〕，塔底温度为60℃。塔顶出异丁烷-丁烯馏分，经冷凝冷却后，一部分作回流，其余部分作为烷基化反应原料。塔底正丁烷馏分经冷却后送出装置。

（2）反应：来自异丁烷塔顶的异丁烷-丁烯馏分经冷却后，分几路进入阶梯式反应器反应段。从反应产物分馏塔来的循环异丁烷与来自反应器沉降段的循环硫酸（保持酸浓度85～98%）经混合器混合后，也进入反应器。由压缩冷冻系统来的循环冷冻剂（主要是异丁烷）也进入反应器。异丁烷-丁烯在硫酸催化剂作用下，并在压力为0.15MPa〔1.5kg/cm²(表)〕温度为10℃和搅拌条件下进行烷基化反应。为抑制烯烃的叠合反应，需加大异丁烷对烯烃的比例，一般控制进料异丁烷/烯烃摩尔比为6～10。反应热被部分异丁烷自身汽化取走。反应产物和硫酸自流到反应器沉降段，进行液相分离。分出的硫酸用泵送去循环使用，当硫酸浓度降至85%（重）时，需排出废酸另换新酸。反应产物则经碱洗、水洗后进入产物分馏塔。

（3）产品分馏：反应产物分馏塔塔顶出异丁烷，经冷凝后送往反应器循环使用。塔底物料送至正丁烷塔。

正丁烷塔塔顶出正丁烷馏分，经冷凝后，一部分作塔顶回流，另一部分送回异丁烷塔。塔底物料压入产品再蒸馏塔。

再蒸馏塔塔顶出轻烷基化油，经冷凝冷却后，一部分作塔顶回流，另一部分经碱洗、水洗后，作为产品出装置。塔底出重烷基化油，经冷却后送出装置，可作为农用柴油调和组分或催化裂化原料。

（4）压缩冷冻：反应器中吸热汽化的异丁烷，经分液罐分出液体。气体异丁烷经压缩机压缩后，再经冷凝后进入冷冻剂罐，作为循环冷冻剂再送入反应器。

硫酸烷基化装置的热源可采用水蒸气加热或热载体换热。

反应系统部分，国内外多采用阶梯式反应器，这种反应器通常分为7段。在充分的搅拌条件下，使烃类溶于硫酸中，并与硫酸形成乳化液，促使反应进行。

烷基化反应器除阶梯式反应器外，还有立式反应器和卧式涡轮搅拌式反应器。

硫酸法烷基化操作条件：

反应温度：4～10℃

反应压力：0.15MPa〔1.5kg/cm²（表）〕

异丁烷/丁烯（摩尔比）：6～10:1

酸浓度：85～98%

酸烃比（体）：1.5～1.8:1

酸耗量：50kg/t烷基化油

第五节　烷基化的主要设备

一、氢氟酸烷基化主要设备

氢氟酸烷基化的主要设备包括管式反应器、酸沉降器、酸储罐、酸冷却器、酸再生塔、主分馏塔及氢氟酸气提塔等。这些设备内部结构并不复杂，只是有些设备需选用蒙乃尔合金（镍70%、铜30%合金），以保证装置的正常生产。现将装置的主要设备结构及特点简介如下（以60kt/a生产规模为例）：

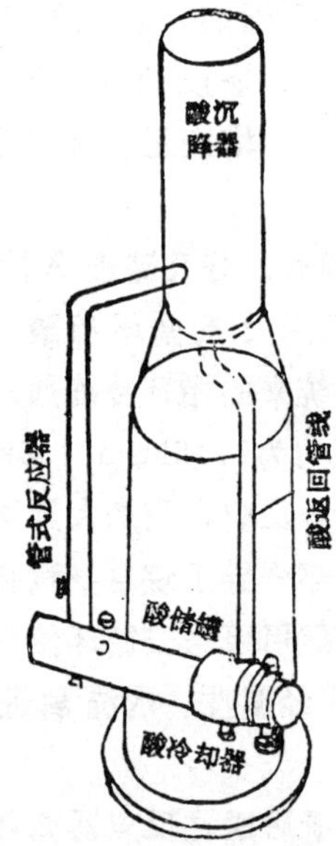

图 Ⅲ-4-3　反应器沉降器、酸储罐和酸冷却器组合图

1. 反应系统

包括提升管、酸沉降器、酸贮罐和酸冷却器。全系统布置图见表Ⅲ-4-3。

（1）提升管反应器：直径700mm。高15m左右。经过充分雾化混合的反应原料在氢氟酸作用下，在管内进行烷基化反应。物料相对密度约0.85。停留时间约20s。反应物料的提升主要靠管式反应器与循环酸管内物料的密度差来实现。

（2）酸沉降器：直径2.2m，高约14.3m，安装在直径2.6m。高约10m的酸储罐上，见图Ⅲ-4-4。酸沉降罐设计压力1.15MPa(11.8kg/cm²)，温度51℃。在酸沉降器下部设有3层筛板，筛板上有小孔。筛板的用途是在其上面维持一定的氢氟酸液面，以便反应更完全并使有机氟化物分解，减小反应产物中有机氟化物含量。提升管反应物料从最下面一层筛板下进入，入口处设有挡板，使物料不致冲击液面。氢氟酸自沉降器底部进入酸冷却器。

（3）酸冷却器：酸冷却器是本装置的关键设备之一，其结构较复杂，见图Ⅲ-4-5。酸冷却器的作用是：

①冷却循环酸，以取出烷基化反应放出的热量；

②保证反应原料与酸充分接触，以使反应均匀、完全；

③由酸冷却器下部抽出一部分酸进行再生，保证酸纯度和节省酸耗量。

酸冷却器直径1.3m，总长12m。水走管程。烃和循环酸走壳程。管束为U型管结构，管子无焊缝，换热面积530～580m²。

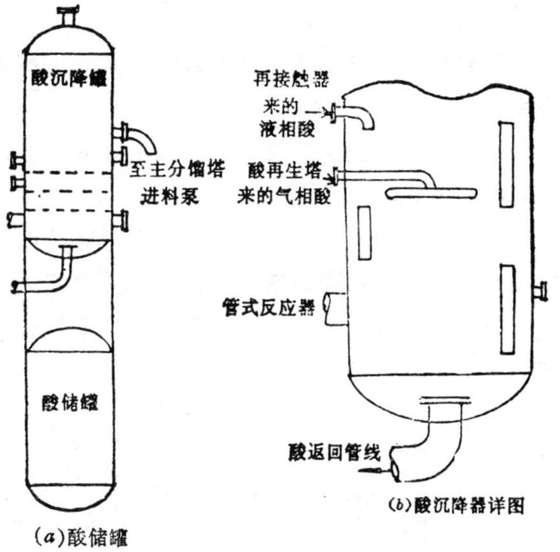

图 Ⅲ-4-4　酸沉降罐和酸储罐

该冷却器传热系数较高，一般在581～640W/(m²·K)〔500～550kcal/(m²·h·℃)〕。压降较低，壳程压降受酸循环推动力的影响，一般在7.8kPa(0.08kg/cm²)。为适应这一要求，壳程挡板采用杆式、双缺圆式、多缺圆式。

反应系统的特点是：

①结构简单，检修维护方便；

②没有复杂的搅拌设备；

③酸靠自身的密度差循环；

④没有复杂的操作参数控制系统。

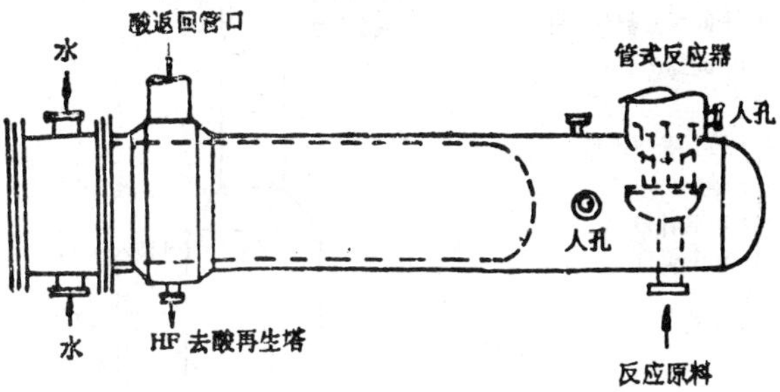

图 Ⅲ-4-5　酸冷却器

2. 酸再生塔

在生产中，HF的纯度由于含水和酸溶性油的逐渐积累而下降，影响反应的进行。因此需要将一部分酸不定期的再生，以提高酸的纯度。为此设置酸再生塔，结构见图Ⅲ-4-6。酸再生塔塔径0.6m，高约5.1m。设计压力1.3MPa(13kg/cm²)，温度163℃，全塔用蒙乃尔合金制成。

酸进入再生塔闪蒸段，与自下而上的热的异丁烷接触气提。为增加气提效果，在气提段上部设有4块挡板。

3. 主分馏塔

主分馏塔是产品分离的核心设备。总高63m，上部塔径2.0m(62～82层)，下部塔径为2.4m，共有82层塔板。结构见图Ⅲ-4-7所示。

塔设计压力为2.4MPa(24kg/cm²)，设计温度为350℃，塔材质为普通碳钢。

分馏塔塔板不能使用碳钢制浮阀塔板，因为生成的氟化铁结垢会使浮阀卡住。国外装置现采用固定开孔式V-Grid碳钢塔板。这种塔板由美国NUTTER ENAINEERING公司于60年代开发，使用效果较好。

4. 氢氟酸气提塔

氢氟酸气提塔的作用是回收丙烷产品中氢氟酸，以节省酸耗。同时也可以减轻产品脱氟负荷。

全塔高约14m，上部塔径0.4m，下部为1.0m，见图Ⅳ-4-8。该塔设计压力2.53MPa（25.8kg/cm²），设计温度93℃。

氢氟酸气提塔是一个填料塔，上部装拉西环填料。填料层上下部装有温差热偶控制，保证氢氟酸不带入塔底。塔底用插入式重沸器加热，热载体为0.3MPa（3kg/cm²）水蒸气。

除上述主要设备外，酸再生进料的酸汽化器由于酸要在此汽化，腐蚀严重，故用蒙乃尔合金材料制成。

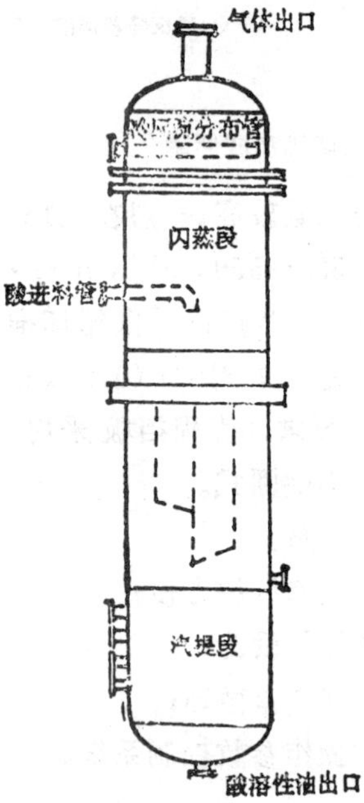

图 Ⅲ-4-6 酸再生塔

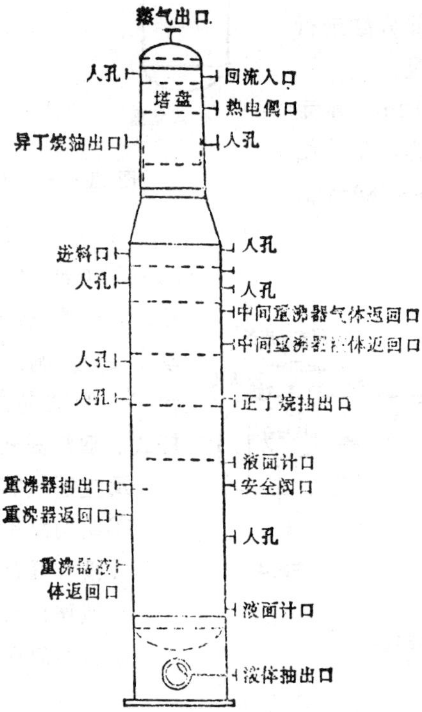

图 Ⅲ-4-7 主分馏塔

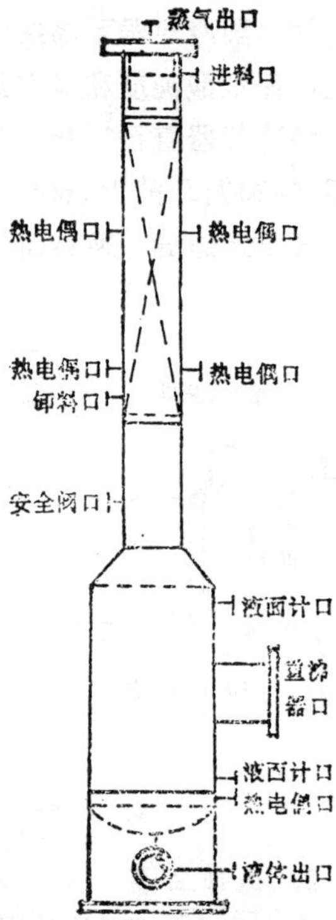

图 Ⅲ-4-8 氢氟酸气提塔

二、硫酸法烷基化主要设备

硫酸法烷基化主要设备是反应器，一般应用涡轮搅拌式反应器和阶梯式反应器两种类型。

1. 阶梯式反应器

阶梯式反应器结构示意图如图Ⅲ-4-9所示。

阶梯式反应器分为7段。前5段为反应段，每段都有电动搅拌器。第6段为沉降段，烷基化产物和硫酸在其中进行沉降分离。分离后的烷基化产物从第7段抽走。原料是分5路加入5个反应段。每个反应段迅速消耗了烯烃，这种加料方式可以大大提高异丁烷与丁烯比例，有利于抑制叠合反应，这是阶梯式反应器的突出优点。

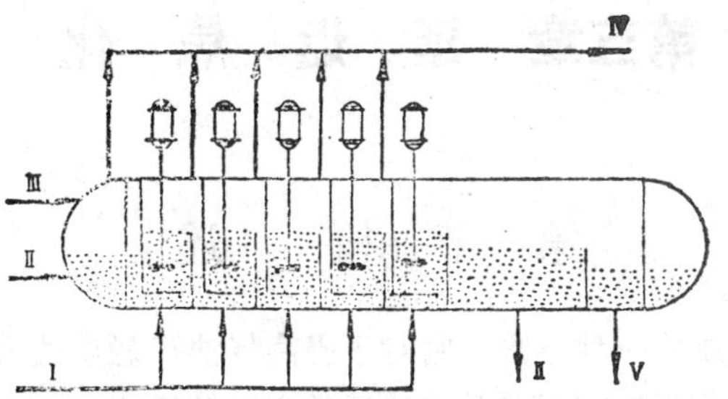

图 Ⅲ-4-9　阶梯式反应器结构示意图

Ⅰ—烯烃进料；Ⅱ—循环硫酸；Ⅲ—循环异丁烷及冷冻剂；

Ⅳ—异丁烷蒸气去压缩机；Ⅴ—烷基化反应产物

2. 涡轮搅拌式反应器

涡轮搅拌式反应器是一个带U型冷却管的蒸发器，结构如图Ⅲ-4-10所示。在壳程内装有涡轮机带动的涡轮搅拌器、扩散导板和循环罩。反应在壳程内进行，冷冻剂走U型管程，不断带走反应热。这种反应器优点是硫酸与烃的比例可以调节，硫酸分布比较均匀，但结构复杂。

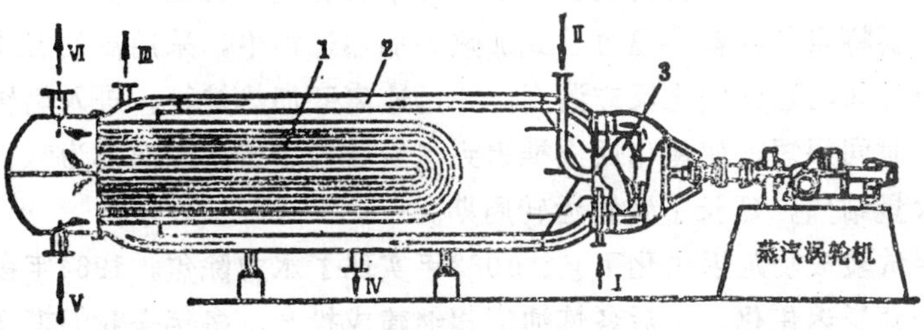

图 Ⅲ-4-10　涡轮搅拌式反应器

1—U型管束；2—循环罩；3—涡轮搅拌器；

Ⅰ—烃进料；Ⅱ—酸进料；Ⅲ—反应后物料；Ⅳ—排出口；Ⅴ—冷剂进料；Ⅵ—冷剂出口

第五章 延 迟 焦 化

第一节 概 述

焦化是深度加工重质油的一种方法。它对于提高炼油厂轻质油收率，生产优质石油焦、增加炼油厂经济效益起着重要的作用，是炼油厂的主要装置之一。

焦化是焦炭化的简称。它是用残渣油为原料，在高温条件下，通过深度裂解和缩合，转化为气体、轻质油、中间馏分及焦炭的加工过程。它和热裂化、减粘裂化、汽油改质等加工过程一样，都属于热破坏加工过程。

焦化的工艺方法有釜式焦化、平炉焦化、接触焦化、流化焦化、延迟焦化5种。

最早出现的是釜式焦化，后来是平炉焦化。这两种焦化方法由于工艺技术落后，劳动条件恶劣，已逐步淘汰。以焦粒为热载体的连续移动床接触焦化，由于设备结构复杂，维修费用高，未能获得发展。流化焦化虽然生产效率较高，设备结构简单，但因石油焦成粉状，质量差，不能满足电极焦和有色冶金焦的需要，发展也受到限制。延迟焦化于1930年试验成功，1938年水力除焦试验成功。由于该法有工艺技术简单，操作方便、装置灵活性大，开工周期长等优点，所以发展迅速。目前仍在炼油生产中占有重要位置。

延迟焦化的主要特点是原料在通过管式加热炉加热过程中，采用高的流速和较高的加热强度，使油品在短时间内达到焦化反应温度，并迅速离开加热炉管，进入焦炭塔。由于原料在高温炉管内停留时间很短，使焦化反应推迟到焦炭塔内进行。因而称为“延迟”焦化。这样就避免了炉管内大量结焦，延长了装置运转周期。

我国于1958年试验成功延迟焦化工艺，1963年实现了水力除焦。1964年在抚顺石化公司石油二厂建成第一套延迟焦化，之后各炼油厂相继建成投产，多年来我们摸索了一整套设计、生产经验，并在不断改进完善中。

第二节 焦化的化学反应

一、石油烃类的热化学反应

烃类在加热条件下，主要发生两种反应：一种是分解反应，它是吸热过程。分解反应结果生成小分子的烃类，如汽油、气体等；另一种是缩合反应，它是放热过程。缩合反应结果，生成大分子烃类，如焦炭。各种烃类主要裂化反应如下：

1. 烷烃

烷烃在各类烃中，对热的稳定性最差，最容易分解。烷烃的裂化反应主要是分解反应和脱氢反应。

$nC_{26}H_{54} \longrightarrow CH_4 + C_{25}H_{50}$ （分解）

$R—CH_2—CH_2—CH_2—CH_2—CH_3 \longrightarrow R—CH_2—CH_2—CH_2—CH=CH_2 + H_2$（脱氢）

由于C—C键的键能比C—H键的键能小，所以分解反应比脱氢反应更为显著。

按照自由基反应机理，烷烃分解时，容易生成甲烷、乙烷、乙烯、丙烯等小分子烷烃和烯烃，很难生成异构烷和异构烯。

脱氢反应在小分子烷烃中容易发生，随着分子量增大，脱氢倾向迅速降低。

烷烃的热稳定性随其分子量增大而降低，在同一温度下，大分子烷烃更容易裂解。例如在425℃下裂化1h，$C_{10}H_{22}$转化率为27.5%，而$C_{32}H_{66}$的转化率则为84.5%。这一结论对其他烃类也适用，也就是说馏分越重越容易裂解。

2. 环烷烃

环烷烃的热稳定性比烷烃高，裂解时主要是断侧链，断环和脱氢。

（1）断侧链：带侧链的环烷在裂解反应时，首先是环上侧链断裂，断链发生在第一碳原子或第二碳原子上，生成烷基环烷和烯烃。并且随着侧链增长，断链反应速度加快。

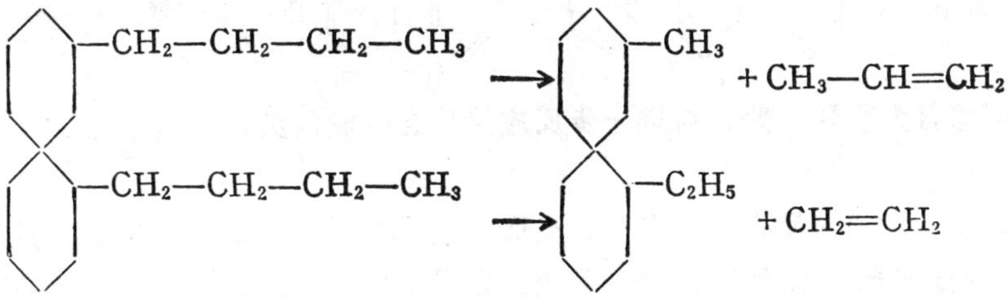

（2）断环：当反应温度较高（575～600℃），或反应时间很长时，环烷易发生断环反应，生成小分子烷烃、烯烃和二烯烃。

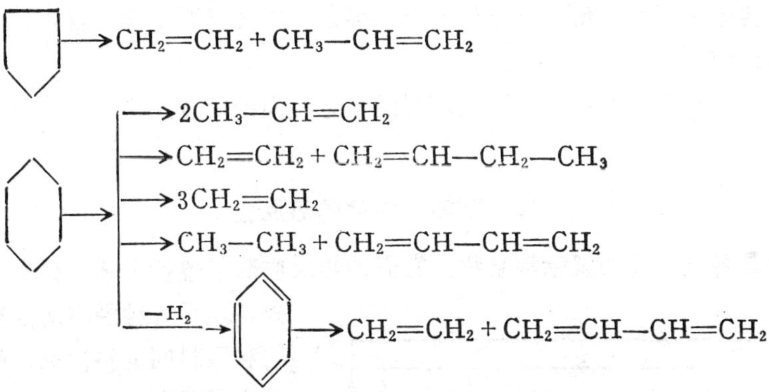

（3）脱氢：脱氢也是环烷重要反应，脱氢后生成不饱和环状化合物。六元环脱氢较五元环困难，需600～700℃才能发生脱氢反应生成芳烃。

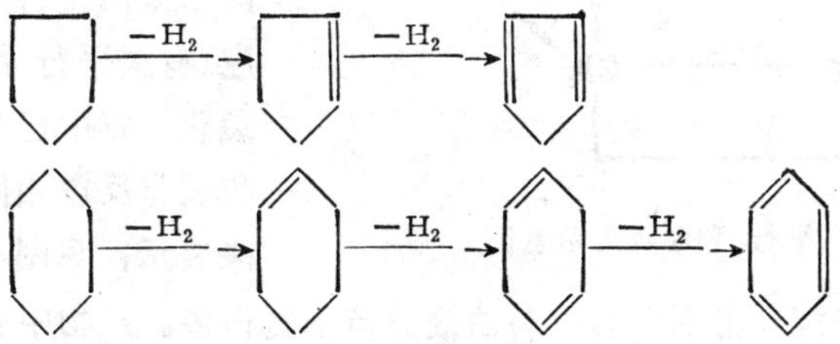

双环环烷在500℃左右开始脱氢反应，逐步脱氢最后生成双环芳烃。

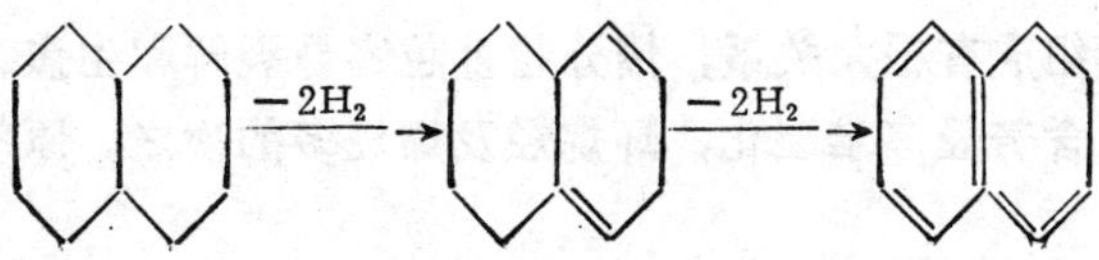

3. 芳香烃

芳香烃的热稳定性最高，不易裂解。加热反应时，主要发生断侧链和缩合反应。

（1）断侧链：侧链越长，越容易断裂。

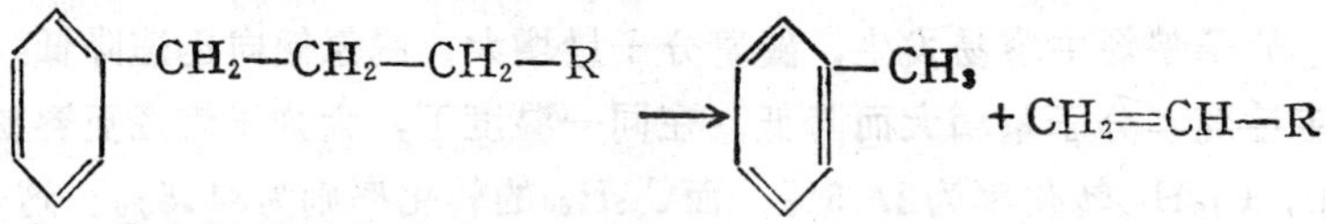

（2）缩合：苯和甲苯极为稳定，苯环很难断裂，但缩合反应非常显著。

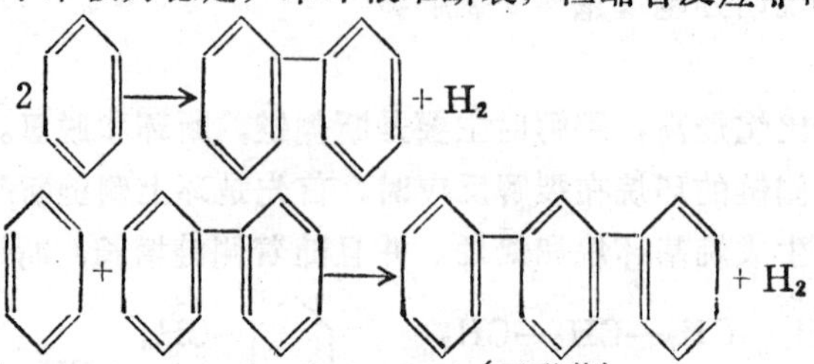

（三联苯）

三联苯可缩合为稠环芳烃，再进一步反应就缩合生成焦炭。

4. 烯烃

焦化原料中，烯烃含量很少，但在烃类反应过程中能生成大量烯烃。这些烯烃在加热条件下可进行分解、叠合和缩合等反应。在温度较低时，烯烃叠合生成链状大分子叠合物。在较高温度下（400℃以上），分解反应加快，大分子烯烃可分解成烯烃和二烯烃。二烯烃很不稳定，易连锁反应生成大分子叠合物，最后缩合成焦炭。温度超过600℃烯烃极易缩合生成二烯烃、芳烃等产物，所以焦化汽油中，烯烃、二烯烃含量多，极不安定。

5. 胶质和沥青质

胶质和沥青质，在高温条件下，和稠环芳烃具有相同的反应，即发生缩合反应，最后生成焦炭。

二、重油、渣油的热反应

重油、渣油是各族烃类的复杂混合物。它们的热反应除了遵循上述单体烃的反应规律外，还受各种烃类的互相影响以及产物和原料间的再次反应的影响，所以反应是复杂的。

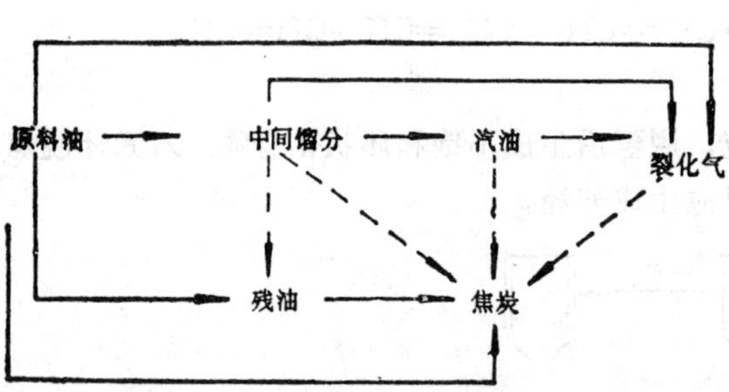

图 Ⅲ-5-1　平行-顺序反应示意图

焦化反应基本上是按分解和缩合两个方向进行的复杂的平行-顺序反应。有关平行-顺序反应的特点在催化裂化一章中已介绍。烃类的焦化反应和裂化反应相同，也可以用类似过程来表示，见图Ⅲ-5-1。

焦化反应后产物的馏分范围要比原料油馏分范围宽得多。产物中有低分子气体烃生成，也有高分子缩合物焦炭生成。

焦化反应与原料的组成有很大关系，馏分越重越容易裂解和生焦。原料沸点范围相同时，含烷烃多易裂化，含芳烃多难裂化，环烷烃及烯烃多的次之。原料中含芳香烃多、胶质多的生焦速度快。

第三节　延迟焦化的原料及产品

一、原 料 性 质

延迟焦化对原料油没有特殊限制，可以处理多种原料，如减压渣油、催化裂化澄清油、热裂化渣油、轻油裂解焦油等。但原料油性质对焦化工艺条件的选择、产品产率和质量、装置生产能力、生产周期和经济效益都有密切关系。

我国常用延迟焦化原料油性质如表Ⅲ-5-1所示。由表可看出，不同产地原油的减压渣油性质不同，而且减压渣油的性质还和减压拔出率有很大关系。一般来说减压渣油胶质、沥青质含量高，芳烃含量少。热裂化渣油、催化裂化澄清油中则胶质、沥青质含量少，芳烃含量高，适于生产优质石油焦。

表 Ⅲ-5-1　我国某些渣油的性质

项　　目	大庆减压渣油	胜利减压渣油	热裂化渣油
拔出率(占原油)，%	39	49.6	—
密度(20℃)，g/cm³	0.9241	0.9612	0.9325
凝点，℃	28	42.8	29
残炭，%	7.97	12.09	7.2
含盐，mg/l	～100	70～90	—
硫含量，%	0.037	1.36	—
烷烃，%	35.2	—	41.25
芳香烃，%	34.0	—	44.04
胶质沥青质，%	30.3	—	17.71

根据原料油中残炭值，可以估计焦炭产率的高低，焦炭产率一般为残炭的1.5～1.7倍。原料油中含硫、盐也会直接影响设备的安全和产品质量。

二、产 品 性 质

焦化装置的产品产率及其性质在很大程度上取决于原料油的性质。一般来说随着原料油密度增大，残炭值增大，焦炭产率增加。不同原料所得焦化产物的收率如表Ⅲ-5-2。

表 Ⅲ-5-2　焦化产品的收率

项　　目	大庆减压渣油	胜利减压渣油
气体，%	6.6	7.58
汽油，%	15.4	10.9
柴油，%	28.0	30.3
蜡油，%	32.0	25.5
石油焦，%	16.0	23.7
甩油+损失，%	2.0	2.02

焦化气体中含甲烷量较高，是制氢的优良原料。气体组成如表Ⅲ-5-3所示。

焦化汽油、柴油含烯烃较多，溴价达40～80g溴/100g，安定性很差，贮存极易变色生胶，不能直接作为产品使用。必须经过酸、碱精制和再蒸馏，最好经加氢精制和加氢裂化，可以生产重整原料、优质汽油、喷气燃料和低凝点柴油。

焦化蜡油可以作为二次加工装置的原料或锅炉燃料的调合组分。各油品性质见表Ⅲ-5-4、表Ⅲ-5-5、表Ⅲ-5-6。

焦炭是焦化装置的特有产品。石油焦用途很广，除了作冶金工业电极、燃料和绝缘体材料外，还可用于制作原子反应堆减速剂、宇宙飞行设备的高级石墨制品。

石油焦的用途不同，对产品质量要求在第一篇内已介绍过。

表 Ⅲ-5-3 焦化贫气组成分析%（体）

项　目	N_2	H_2	CH_4	C_2H_6	C_2H_4	C_3H_8	C_3H_6	C_4H_{10}	C_4H_8
大庆减压渣油	15.7	4.5	30.5	16.6	4.17	12.1	10.5	4.0	1.16
胜利减压渣油	3.11	9.2	22.56	12.12	2.16	8.04	4.38	11.33	9.17

表 Ⅲ-5-4 焦化汽油的性质

	原　料　油	大庆减压渣油	胜利减压渣油
项目	密度(20℃), g/cm³	0.7152	0.7384
	诱导期, min	155	—
	酸度, mgKOH/100ml	0.1079	0.12
	水溶性酸或碱	无	—
	胶质, mg/100ml	3.40	1.00
	硫含量, %	0.0346	0.942
	腐蚀	合格	不合格
	辛烷值, 马达法	57.4	60.9
	蒸气压, kPa(mmHg)	57.19(430)	—
	馏程, ℃		
	初馏点	36	41
	10%	64	74
	50%	120	127
	干点	192	181

表 Ⅲ-5-5 焦化柴油的性质

	原　料　油	大庆减压渣油	胜利减压渣油
项目	密度(20℃), g/cm³	0.8180	0.8307
	酸度, mgKOH/100ml	1.484	7.2
	硫含量, %	0.078	1.132
	腐蚀	合格	不合格
	胶质, mg/100ml	24.8	108.8
	溴价, gBr/100g	42.09	43.9
	粘度(20℃), mm²/s	3.73	4.15
	灰分, %	0.003	—
	残炭, %	0.0825	—
	凝点, ℃	−13	−12
	十六烷值	57.07	49.1

续表

原料油		大庆减压渣油	胜利减压渣油
项目	馏程，℃		
	初馏点	179	198
	10%	228	222
	50%	264	255
	90%	310	299
	干点	330	313

表 Ⅲ-5-6 焦化蜡油性质

原料油		大庆减压渣油	胜利减压渣油
项目	密度(20℃)，g/cm³	0.8615	0.8709
	凝点，℃	30.5	—
	粘度(50℃)，mm²/s	9.74	(80℃)6.59
	残炭，%	0.079	0.434
	硫含量，%	0.009	—
	溴价，gBr/100g	23.27	—
	馏程，℃		
	初馏点	280	230
	10%	340	355
	350℃	17.5	—

第四节　延迟焦化的工艺流程

延迟焦化装置工艺原则流程如图Ⅲ-5-2。

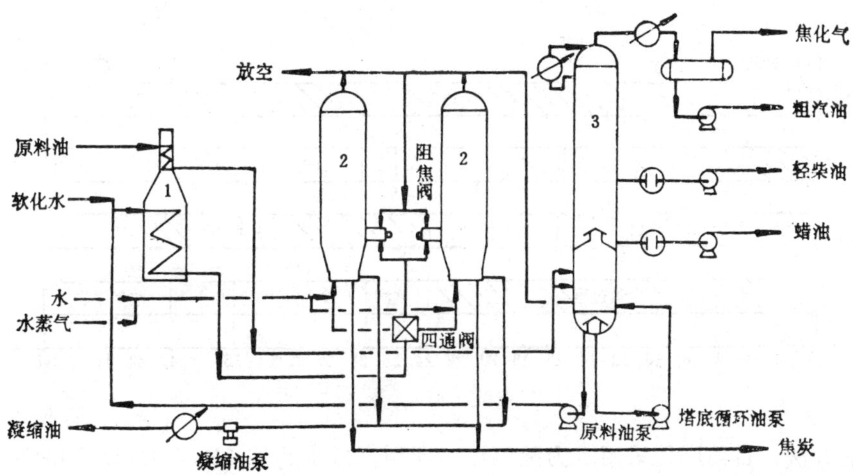

图 Ⅲ-5-2　延迟焦化工艺原则流程示意图

1—加热炉；2—焦炭塔；3—分馏塔

原料经加热炉对流段预热到350℃左右，进入分馏塔下部蒸发段。与焦炭塔来的焦化油气直接换热（蒸发段温度控制在360～380℃）。经加热后原料油中轻组分蒸发出来，并和焦化油气一起上升至分馏塔的分馏段。经分馏可得气体、汽油、柴油和蜡油。焦炭塔来的油气中循环油（重油）因与原料换热而冷凝下来。并与原料一起流至分馏塔底。作为入加热炉的焦化原料。用循环比（循环油量/新鲜原料油量）控制入加热炉焦化原料油性质和调节炼量。对一般原料，循环比控制在0.1～0.5，对重质易结焦原料循环比较大，有时达1.0左右。

分馏塔底温度控制在390～395℃，塔底设循环油泵，保持油料不断循环，以减少塔底结焦。塔底油料经粗细过滤器，除去油料中焦粉，经原料油泵送入加热炉辐射段。

原料油在加热炉中快速加热，升温至500℃。为了减少加热炉管结焦，在辐射段入口处注入300℃的软化水或高压蒸汽。注入量约为原料油量的2％(重)。用以加快油的流速，使其处于强烈的湍流状态通过炉管，达到延迟焦化反应的目的。

炉出口油料，通过四通阀进入焦炭塔。焦化反应主要在焦炭塔中进行。焦炭塔提供了原料反应的空间和足够的反应时间，使原料进行裂解，缩合反应生成气体、汽油、轻柴油、裂化原料油和焦炭。焦炭积聚在焦炭塔内，其余产品则进入分馏段下段。

焦炭塔为间歇操作，一般有2～4个焦炭塔切换使用，切换周期为48h，其中生焦24h，除焦等其他操作24h。在生产过程中，焦炭层从上至下逐渐积聚在焦炭塔内。焦炭层上部有泡沫层，是反应的中间产物起泡而形成。当泡沫层高度达到全塔2/3～3/4时，即停止进料，切换已准备好的另一焦炭塔生焦。

老塔在停止进料后，先吹蒸汽，赶尽剩余油气后，再吹气冷却放空，然后水冷，再进行除焦。

新塔在切换前要进行吹赶空气、试压，油气预热至塔顶温度达到390℃时，以备进料。预热过程中生成的塔底凝缩油用油泵抽出。

焦炭塔生产工序及周期见表Ⅲ-5-7。

表 Ⅲ-5-7　焦炭塔生产周期工序

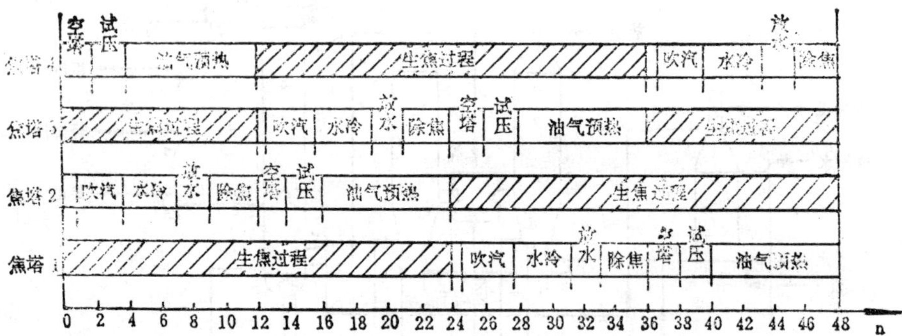

除焦的方法，目前广泛采用水力除焦法，即用高压水约12MPa（120kg/cm^2）通过水力切焦器喷嘴，利用其强大的冲击力，沿塔自下而上分层将焦全部切除，落入焦池后送出装置。

延迟焦化操作条件，参看表Ⅲ-5-8。

我国试产新型优质针焦的操作条件为炉出口温度510℃，循环比可增加到1以上，焦炭塔压力适当提高，生焦时间延长到36h以上。

表 Ⅲ-5-8 延迟焦化操作条件

项　　目	大庆减压渣油	胜利减压渣油
辐射管出口温度，℃	500	500
蒸发段温度，℃	350～360	380
分馏塔底温度，℃	390～395	390
分馏塔顶表压（即系统压力），kPa(atm)	50.7(0.5)	80(0.7)
辐射管流量，m^3/h	80～90	121
加热炉进料泵出口表压，MPa(atm)	3.5～4.0(35～39)	2.7～3.0(27～30)
焦炭塔顶表压，kPa(atm)	223(2.2)	233(2.3)
注水量，kg/h	1300	1600
循环比	0.3	0.4

第五节 延迟焦化的特殊设备

一、焦炭塔及辅助设备

（1）焦炭塔实际上是一个空塔反应器，全塔自上而下分别由24、28、30mm的20号锅炉钢板拼焊而成，见图Ⅲ-5-3所示。焦炭塔高度由焦炭层高度、泡沫层高度和安全高度之和来决定。塔径由最大允许空塔线速度来决定。塔上部有除焦器，放空器、油气出口和泡沫小塔等。泡沫小塔中装填钢丝筛网，对油气起破沫和过滤作用，以减轻挥发线结焦。塔下部为30°斜度的锥体。锥体下设有除焦器和进料的底盖，底盖用35CrMo铸造。塔侧有预热循环油气进口。在不同高度上还装有钴60放射性料面计，用来测示泡沫层高度和焦层高度，见图Ⅲ-5-4。

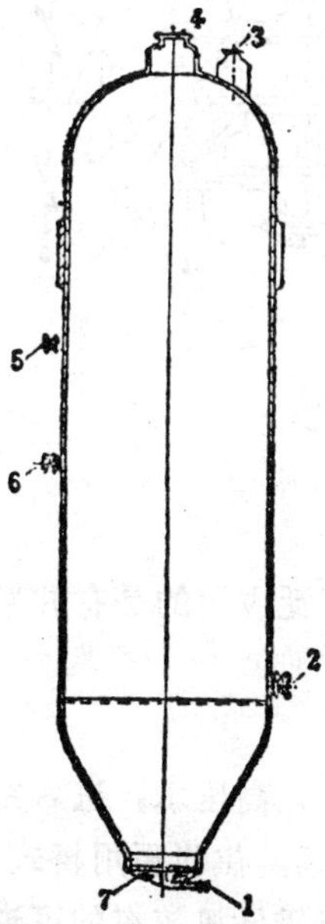

图 Ⅲ-5-3 焦炭塔结构示意图

1—进料口短管；2—预热油气入口；3—泡沫小塔口；4—除焦口；5、6—钴60料面计口；7—排焦口

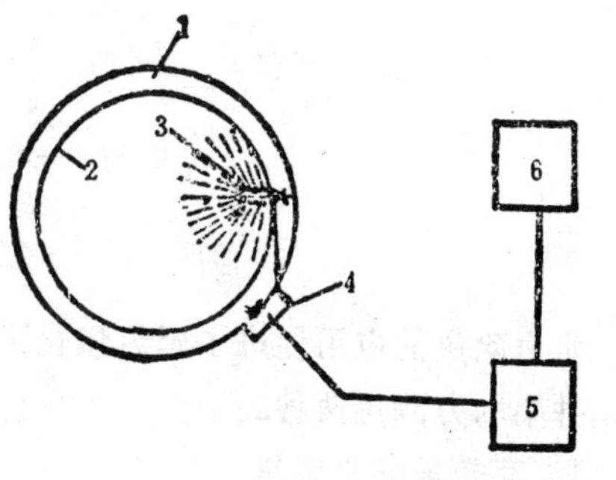

图 Ⅲ-5-4 钴60料面计安装示意图

1—焦炭塔保温层；2—塔壁；3—钴60放射源；4—接受器；5—放大器；6—指示仪表

焦炭塔的辅助设备有四通旋塞阀和气动堵焦阀。

（2）四通堵塞阀是由铬、钼合金阀体和旋塞组成，旋塞锥面上开有弯头形通道，和阀体四个方向的开口都可以相通。通过旋塞旋转位置来切换油的流向。阀体上有两个出口，可以分别通向两个焦炭塔，一个出口去放空线和开工循环进料线，另一个是切断位置。阀体和旋塞的剖面图见图Ⅲ-5-5、图Ⅲ-5-6。四通阀流向示意图如图Ⅲ-5-7。

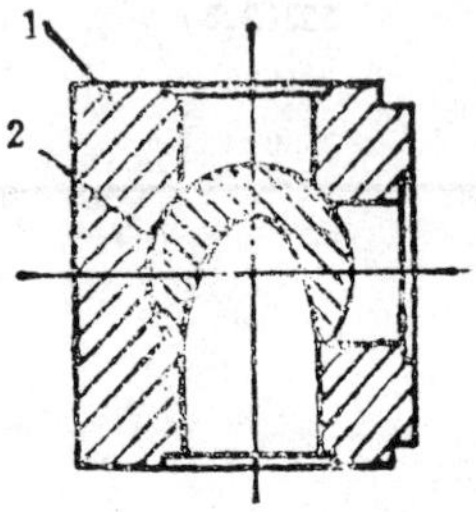

图 Ⅲ-5-5 四通阀截面

1—壳体；2—旋塞

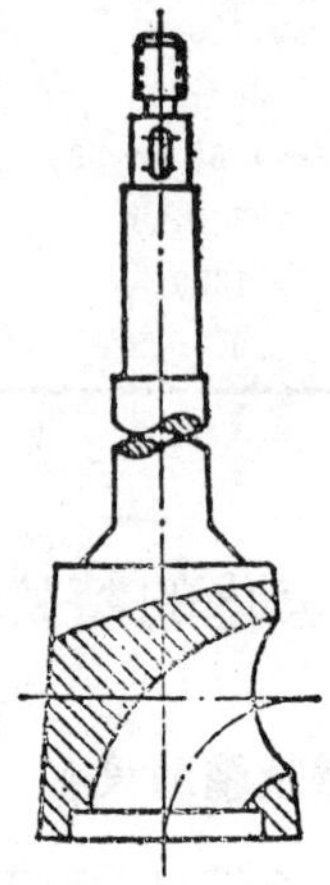

图 Ⅲ-5-6 旋塞剖面

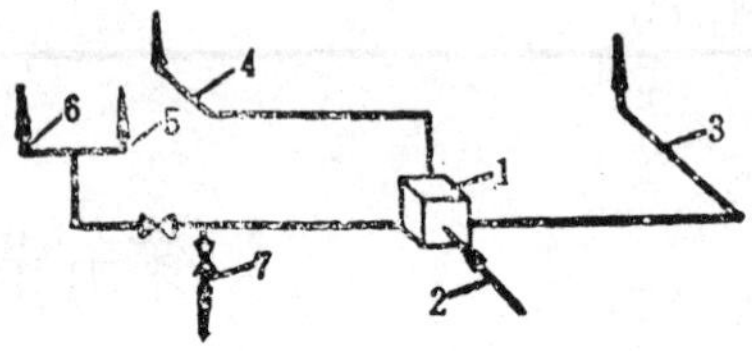

图 Ⅲ-5-7 四通阀进出口流向示意图

1—四通阀；2—加热炉来油管；3、4—去焦炭塔；5、6—去阻焦阀（开工线）；7—去放空

（3）气动阻焦阀是焦炭塔侧油气预热循环入口阀门，其结构如图Ⅲ-5-8所示。阻焦阀关闭时，阀芯正好与焦炭塔内壁相切，防止了循环管入口管内的结焦，所以称为阻焦阀。

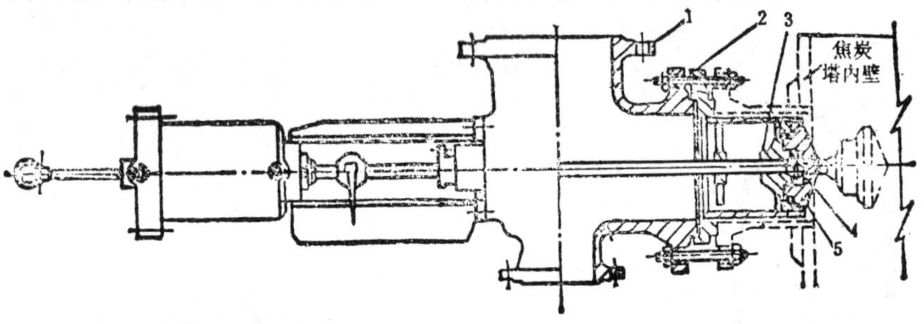

图 Ⅲ-5-8 阻焦阀结构

1—阀体；2—阀座；3—固定盖；4—阀杆；5—阀芯

二、水力除焦设备

水力除焦的应用促进了延迟焦化工艺的完善和发展。目前广泛应用的是有井架水力除焦和无井架水力除焦两种。

1．有井架水力除焦

如图Ⅲ-5-9所示。由高压水泵输送的约12MPa（120kg/cm²）高压水，进入空心铝杆和切焦器。经切焦器喷切，水和焦炭一起落入28°溜槽，进入除焦场。焦炭再用桥式吊车装运出装置。水经多次栅栏，流入吸水井，供循环使用。钻杆的升降靠钻机绞车的可逆电动机带动。钻杆的旋转靠风动马达带动。

2．无井架水力除焦

如图Ⅲ-5-10所示。取消了焦炭塔的很高井架和很长的钻杆。高压水送至焦炭塔上，与绕在滚筒上的水龙带相通。水龙带经过导向装置与切焦器上端的水涡轮旋转器相连。高压水经过涡轮叶片产生旋转。主轴将动力传出，经过减速带动切焦器旋转。水力涡轮代替了有井架水力除焦的风动马达和水龙头。

以上两种水力除焦方法各有优缺点，仍需不断改进和发展。有井架水力除焦要有高大的井架，很长的钻杆，钢材消耗量大，设备、基建投资都很大。无井架水力除焦。高压水龙带损耗多，大约为有井架的10～20倍，除焦时间长一倍，另外，水力涡轮旋转器故障多，操作维修费用大。

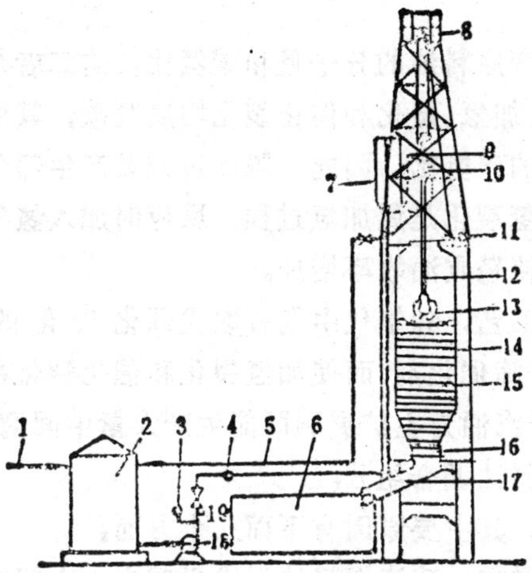

图 Ⅲ-5-9　有井架水力除焦流程示意图

1—进水管；2—高位储水罐；3—压力表；4—水流量表；5—回水管；6—储焦场；7—水龙带；8—天车；9—水龙头；10—风动马达；11—绞车；12—钻杆；13—水力切焦器；14—焦炭塔；15—焦炭；16—保护筒；17—28°溜槽；18—泵出口管；19—高压水泵

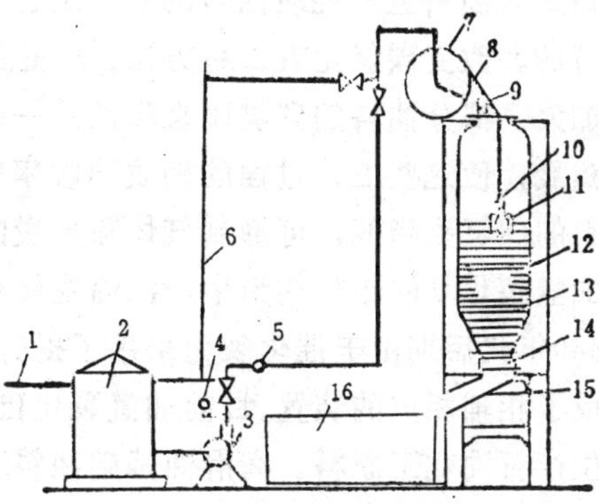

图 Ⅲ-5-10　无井架水力除焦流程示意图

1—进水管；2—高位储水罐；3—高压水泵；4—压力表；5—水流量表；6—口水管；7—滚筒；8—高压水龙带；9—水龙带导向装置；10—水力涡轮旋转器；11—水力切焦器；12—焦炭塔；13—保护筒；14—28°溜槽；15—焦炭；16—储焦场

第六章 加 氢 裂 化

第一节 概 况

加氢裂化是重质油料在氢气和催化剂存在下，进行加氢、异构、裂化等反应，使大分子烃类裂解成小分子烃类，以生产液态烃、汽油、煤油、柴油等优良轻质油品和其他优质油料。

用重质油料生产轻质油料的基本工艺原理是改变原料油的分子量和碳氢比。这二者是同时进行的。改变碳氢比有二种方法：一是脱碳，二是加氢。焦化和催化裂化均属脱碳；其原理是用加大一部分油料的碳氢比来降低另一部分油料的碳氢比。因此，脱碳过程要产生部分气体和焦炭，使这些工艺过程的轻质油收率较低。加氢裂化是属加氢过程，反应时加入氢气，使油料的碳氢比降低，可抑制气体和焦炭的生成，使轻质油收率增加。

加氢裂化是60年代初为生产汽油发展起来的新工艺，60年代中期有取代催化裂化的趋势，到60年代后期由于催化裂化采用了提升管和分子筛催化剂，而使加氢裂化和催化裂化在炼厂中成了相辅相成的装置。目前加氢裂化已经从生产汽油为主扩展到既能生产大量中间馏分，又能生产石油化工原料、润滑油基础油料和低硫燃料油调合组分。

进入80年代以来，加氢裂化工业应用发展较快，其主要原因有下面几个方面：

（1）重质和高硫原油占原油加工总量的比例增加，残渣燃料油需求量减少，中间馏分油（航空煤油和柴油）的需要量增加，而加氢裂化工艺是用重质高硫原料油进行深度加工增产优质中间馏分油，少出重质燃料油最理想的一种工艺方法。

（2）加氢裂化工艺灵活性大，可靠性高。产品收率可随操作条件而变化，能使产品适应市场需要。既可以生产液态烃、汽油，也可生产石脑油作为化工原料，更适于生产优质航空煤油或柴油，还可生产润滑油基础油和低硫燃料油。

（3）产品质量好，液体收率高。加氢裂化轻汽油是优质汽油调合组分；石脑油环烷烃含量高，是生产芳烃的理想原料；航空煤油冰点低燃烧性能好；柴油凝点低，十六烷值适中。此外产品中基本不含硫、氧、氮杂质，饱和度高，安定性好，液体收率高于100%。

加氢裂化技术的发展对推动炼油技术的改进起着较大的作用。但加氢裂化操作条件苛刻（高温、高压，有氢气存在），需用合金钢材较多，投资高，操作费用高，因此在技术经济上受到一定限制，目前应用还远不如催化裂化普遍。

第二节 加氢裂化的化学反应

加氢裂化原料中各种烃类及非烃类在高温（370～430℃），高压（10～18MPa），有催化剂和氢气存在下，主要发生下列反应。

一、烷 烃

烷烃在加氢裂化时主要进行裂化、异构化反应。异构烷烃比正构烷烃容易裂化，反应中一方面原料中大分子进行裂解；另一方面裂解的小分子又进行异构和加氢。致使反应产物中有较多的小分子异构烷烃。因而加氢裂化所得的汽油辛烷值高，航煤冰点低，柴油凝点低。

二、烯　　烃

烯烃在加氢裂化时与烷烃反应相似，裂化反应比烷烃更易进行，而且烯烃加氢反应迅速而完全，烃类饱和度高，产品安定性好。产品中裂化干气和缩合焦炭少。

三、环　烷　烃

带长侧链的单环环烷烃主要进行断链反应，断下的侧链多生成异构烷烃，而环很少断裂，但它可以异构生成甲基环戊烷。然后五元环开环和断侧链。反应如下：

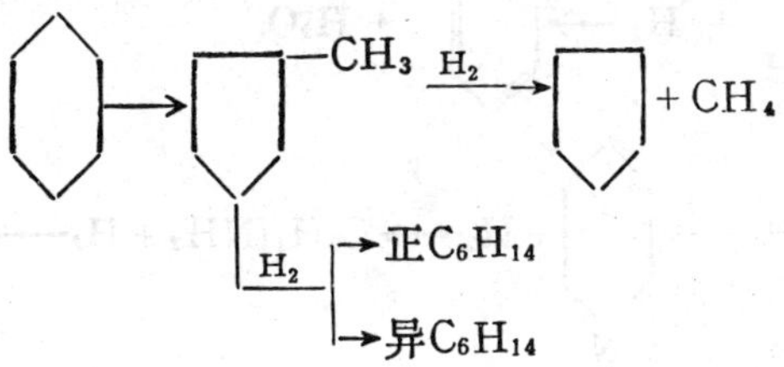

双环环烷烃在加氢裂化时，首先发生一个环的异构化生成五元环衍生物，然后再断环。

环烷烃一般不进行脱氢反应，因此反应产物中小分子环烷和异构烷烃多，是优良的重整原料和航空煤油的理想组分。

四、芳　　烃

单环芳烃在加氢裂化时，首先加氢生成六元环烷，再异构成五元环烷衍生物，五元环开环和断侧链，反应如下：

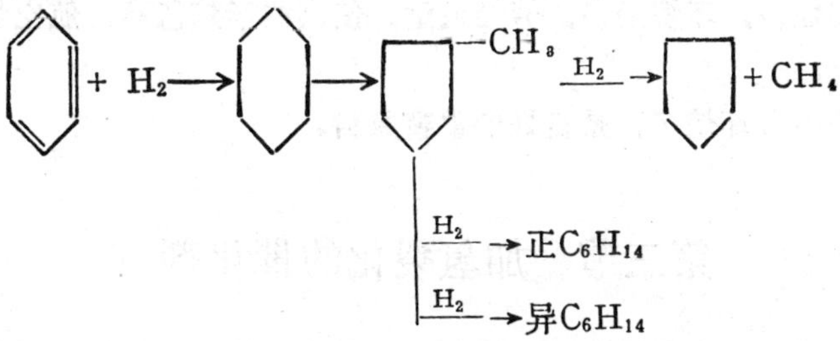

多环和稠环芳烃加氢裂化如同上述过程中加氢和断环逐次进行的。例如：

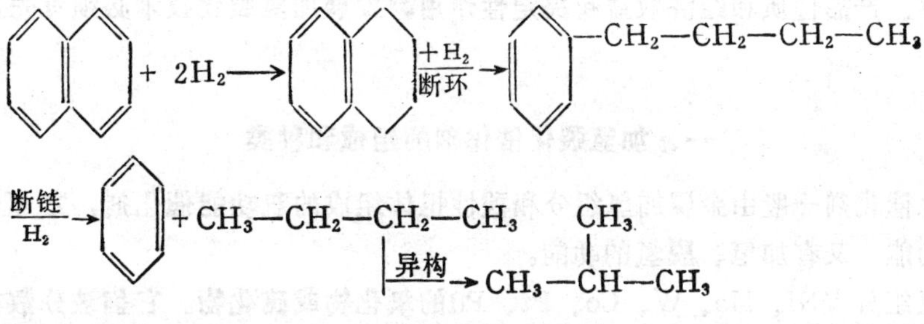

由于上述反应使产品中能保留一定的环结构，生成干气和焦炭比催化裂化少。

五、非烃化合物

含硫、氧、氮化合物在加氢裂化时，主要进行氢解反应，生成相应的烃类和硫化氢、氨及水。硫化氢、氨和水均易除去，所以产品不需要再精制。例如：

$$RSH + H_2 \longrightarrow RH + H_2S$$

$$RSR' + H_2 \longrightarrow RSH + R'H$$

$$\quad \xrightarrow{H_2} RH + H_2S$$

$$RSSR' + H_2 \longrightarrow 2RSH \longrightarrow 2RH + H_2S$$

$$\quad \longrightarrow RSR + H_2S$$

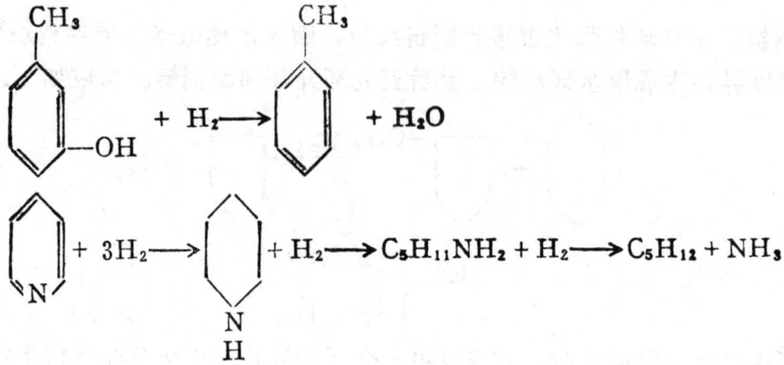

其中含氮化合物，特别是高分子氮化物，很稳定，较难进行氢解反应。所以氮化物对加氢裂化过程有较大的危害，难脱除，易使催化剂中毒。

在石油馏分加氢精制中，所有金属有机化合物都发生氢解反应，生成的金属都沉积在催化剂上。

由于上述一系列反应，决定了加氢裂化产品具有如下优点：

（1）饱和烃含量高，非烃类杂质含量少，产品安定性好，无腐蚀。

（2）含异构烷烃多，环烷烃多，芳烃适量，使汽油辛烷值高，航空煤油冰点低，燃烧性能好，柴油凝点低。

（3）轻石脑油中含环烷多，是良好的重整原料。

第三节　加氢裂化的催化剂

加氢裂化催化剂是加氢裂化反应进行的关键，催化剂性能的好坏，对化学反应、工艺条件、产品产率、产品性质和经济效益起决定性作用。发展加氢裂化技术必须首先发展加氢裂化催化剂。

一、加氢裂化催化剂的组成和种类

加氢裂化催化剂一般由金属加氢组分和酸性担体组成的双功能催化剂。它既有促进异构、裂解的功能，又有加氢、脱氢的功能。

金属加氢组分有Ni、Mo、W、Co、Pt、Pd的氧化物或硫化物。它们被分散在担体上，对氢有较强的亲和力。

常用的担体有无定形硅酸铝、硅酸镁、分子筛和层状硅酸铝。它因具有酸性，对裂化和异构化能起催化作用，同时它可以承担活性金属组分，使金属组分在其表面分散均匀，以提高催化剂活性，减少金属组分用量以降低催化剂成本。

加氢裂化催化剂可分为3种：

（1）以无定形硅酸铝为担体的非贵金属（Ni、Mo、W、Co）催化剂；

（2）以硅酸铝和贵金属（Pt、Pd)组成的催化剂；

（3）以分子筛和硅酸铝为担体，分别含有上述两种金属的催化剂。

在无定型硅酸铝中，加入一定量的分子筛，可以提高催化剂的活性、选择性、抗氮能力等。调节两种担体组成比例和金属组分，可适用于处理不同原料，获得不同的目的产品。

近年来我国引进的加氢裂化装置所用催化剂具体组成如下：

①加氢预精制催化剂HC-F。其脱氮和芳烃饱和性能都较好，可将含氮量高达0.18%的原料油脱氮至几个ppm。其组成为MoO_3-NiO-P-SiO_2-Al_2O_3。

②加氢裂化催化剂有两种：一是HC-16，一是HC-14。

HC-16为高活性，高选择性的非贵金属——无定形硅铝——分子筛催化剂。适用于处理较重的原料，生产中间馏分油或汽油，中间馏分油收率较高，但抗氮能力较差。茂名炼油厂和南京炼油厂用此种催化剂。其组成为Mo-Ni-Y型分子筛（15%）-Al_2O_3(85%)。

HC-14是新的非贵金属分子筛催化剂，适用于处理含氮量较重的原料，用来生产石脑油和中间馏分。上海石化总厂应用该种催化剂，其组成为Mo-Co-Ni-Y型分子筛（65%）Al_2O_3(35%)。

③后精制催化剂HC-B，装在反应器底部，用来脱除反应过程中生成的硫醇，其组成为CoO-MoO_3-Al_2O_3。

为了使加氢裂化装置使用的催化剂立足于国内，抚顺石油化工研究院研制了加氢预精制催化剂3822（其组成为MoO_3-NiO-P_2O_3-SiO_2-Al_2O_3）和加氢裂化催化剂3825晶型催化剂（其组成为MoO_3-NiO-SiO_2-Al_2O_3)，催化剂使用性能达到国际水平。

我国自己设计的石油三厂和大庆炼油厂加氢裂化装置所用加氢预精制催化剂为3822和219甲，加氢裂化催化剂为3812和219乙，其活性稍低。

二、加氢裂化催化剂使用性能

1．活性

促进化学反应的能力称为活性。不同组成的催化剂其活性各不相同。催化剂的制备方法和控制的操作条件也会影响催化剂活性。提高催化剂活性可以缓和操作条件，如降低温度、压力、提高空速和降低氢油比。

加氢裂化催化剂活性可以用在一定的工艺条件下，单位催化剂获得的目的产品收率或转化率来表示。

收率通常指液体产品收率。

$$\text{收率}\%(\text{重})=\frac{\text{生成油量}(t/h)}{\text{原料油量}(t/h)}\times 100$$

转化率是指原料经过加氢裂化后所生成的气体和生成油（低于原料初馏点的馏分）的百分率。若以>320℃的油量为生成油中高于原料油初馏点的馏分，则

$$\text{转化率}\%(\text{重})=\frac{\text{原料油量}-\text{生成油中}>320℃\text{馏分油量}}{\text{原料油量}}\times 100$$

2．选择性

催化剂的选择性是指增加目的产品的能力。提高催化剂的选择性可以生产更多的目的产

品，如石脑油、汽油、航空煤油、柴油等，减少副反应产物，如气体和焦炭等。选择性表示公式如下：

$$选择性\% = \frac{目的产品单程转化率\%}{原料油转化率\%} \times 100$$

例3-2 某加氢裂化装置处理原料油90t，共产生成油76t，其中>320℃馏分油40t，求该装置的液体收率，原料油转化率和<320℃馏分油的选择性。

$$液体收率\%(重) = \frac{76 \times 100}{90}\% = 84.4\%$$

$$原料油转化率\%(重) = \frac{(90-40) \times 100}{90}\% = 55.6\%$$

$$<320℃馏分油单程转化率 = \frac{(76-40) \times 100}{90}\% = 40\%$$

$$选择性 = \frac{40\%}{55.6\%} = 71.9\%$$

3。稳定性

是指催化剂在反应条件下能够保持活性和选择性的时间。稳定性高，能使催化剂在使用过程中保持良好的活性和选择性，延长催化剂使用寿命。

通常在生产中要保持催化剂的活性和选择性，必须升高反应温度。一般把维持一定的转化率的每天上升的反应温度称为升温系数（℃/天）。由催化剂的升温系数和催化剂的初活性温度和末期允许最高温度可以计算出该催化剂的运转周期。达到这一使用期限，催化剂由于积炭而丧失活性，就需要烧去积炭进行再生。

HC-16运转周期约为2年，催化剂使用寿命约为6年。

4。机械强度

催化剂的机械强度对使用期限有一定影响。催化剂机械强度好，可使催化剂耐磨损，不易破碎，减少催化剂损失和降低反应器床层压力降。

第四节 加氢裂化的工艺流程和操作条件

加氢裂化流程一般分为固定床一段流程、二段流程和沸腾床流程。采用哪种流程取决于原料油性质、目的产品品种和质量、生产灵活性要求和经济效益。由于催化剂的改进，目前世界各国趋向于采用固定床一段流程。较重的渣油有时采用沸腾床流程。我国自己设计的大庆炼油厂、石油三厂和引进的南京炼油厂、茂名炼油厂、上海石化总厂的加氢裂化流程均属一段法流程。本节就减压馏分油生产中间馏分的一段固定床加氢裂化流程介绍如下。

一、流 程 说 明

一段加氢裂化工艺原则流程图见图Ⅲ-6-1。

原料为减压馏分油90%，焦化蜡油10%（性质见表Ⅲ-6-1），由高压油泵升压至约19 MPa，经换热器与反应产物换热后和加热后的氢气混合，温度约为370℃左右，进入加氢预精制反应器1。

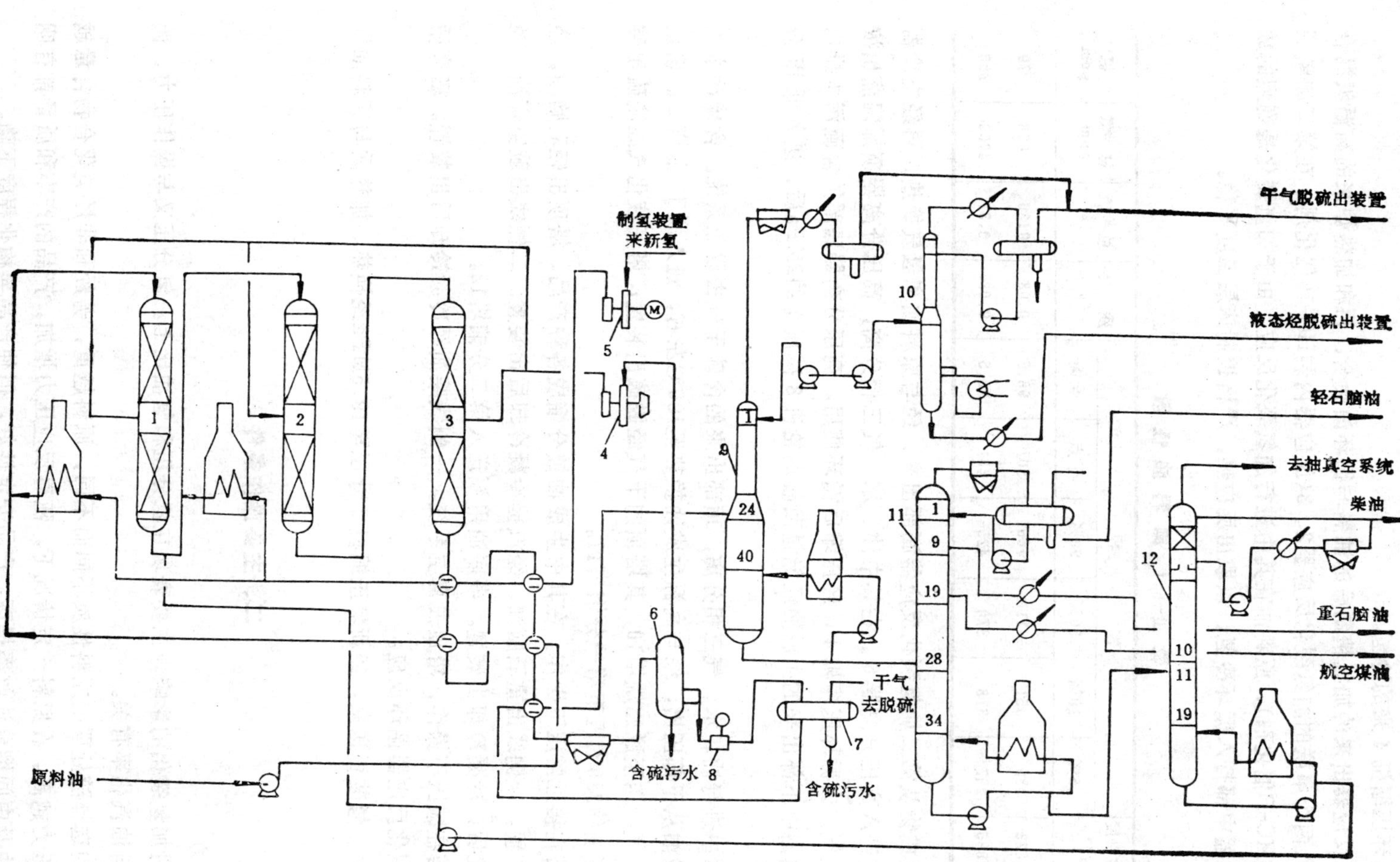

图 Ⅲ-6-1　一段加氢裂化原则流程图

1—加氢精制反应器；2—第一加氢裂化反应器；3—第二加氢裂化反应器；
4—循环氢压缩机；5—新氢压缩机；6—高压分离器；7—低压分离器；
8—能量回收涡轮机；9—脱丁烷塔；10—脱乙烷塔；11—第一分馏塔；12—第二分馏塔

在加氢预精制反应器中装HC-F催化剂，原料油在其中加氢精制，使原料中含硫、氧、氮化合物分别转化为硫化氢、氨和水。由于氢解为放热反应，为控制催化剂床层平稳，需向反应器中打入循环压缩机4来的冷氢。

从加氢精制反应器出来的加氢精制后的油料与循环油会合，再和加热炉来的高温氢混合至360℃左右进入两个串联的加氢裂化反应器2、3(反应器内装HC-16催化剂，在第二加氢裂化反应器底部装HC-B催化剂)，原料油在其中进行加氢裂化反应。由于加氢裂化是剧烈的放热反应，在反应器中部打入循环冷氢，以取出反应热，严格控制床层温度平稳。

表 Ⅲ-6-1 原料油性质

组 成	相对密度 d_4^{20}	馏 程，℃						残 炭 %	总 硫 %	总 氮 ppm	氯 ppm
		5%	10%	50%	90%	干点	全馏				
减压馏分油	0.8823	335	351	411	466	507	98.5	0.08	0.36	1098	79
焦化蜡油	0.8885	297	318	370	425	481	98.5	0.087	0.37	4309	386

反应后的生成物从第二加氢裂化反应器底部出来，经与原料油和氢气换热，再经空冷器冷却至50℃左右进入高压分离器6。在其中油、水、气三相分离，高压分离器顶部闪蒸出浓度约为75%的氢气，去循环压缩机4，经压缩后循环使用。高压分离器底部的含硫污水排出装置。高压分离器中下部出来的生成油经能量回收涡轮机8减压至约2MPa后，进入低压分离器7。

低压分离器中进行油、水、气三相分离，顶部出来的含硫干气去脱硫系统。含硫污水从水包排出。生成油从下部压出，经与高温生成油换热至190℃左右，进入脱丁烷塔9。塔顶部为液化气和干气，送至脱乙烷塔10，其塔顶的干气经脱硫出装置；塔底液化气经脱硫出装置。脱丁烷塔底油约280℃压至第一分馏塔11。

第一分馏塔在接近常压下操作，在其中生成油被分馏成各种产品。塔顶出轻石脑油，经冷凝冷却后出装置。一侧线出重石脑油，经汽提冷凝冷却后出装置。二侧线出航空煤油，经重沸器供热汽提后，冷凝冷却出装置。塔底油用泵送入第二分馏塔12。

第二分馏塔在减压下操作，塔顶去真空系统，一侧线柴油经冷凝冷却后出装置。塔底循环油送回加氢裂化反应器循环反应。

新鲜氢气由制氢装置送来，经新氢压缩机5升压至19.5MPa经换热、加热后与原料油混合进反应器。

二、主要操作条件

1. 反应压力

反应压力对加氢裂化的影响，主要表现在氢分压和氢油比上。氢分压又与操作压力、循环氢浓度和原料油汽化率有关。

反应压力的选择随处理的原料性质不同而不同，原料越重，芳烃和非烃类化合物含量越高，所需反应压力越高。在原料一定情况下，随着反应压力增加，产品的产率和质量都有明显改善，如汽油及中间馏分油收率提高，产品安定性好，但使产品异构化程度下降。

提高压力还有利于脱氮和延长催化剂寿命。加氢裂化操作压力一般为10～16MPa。

2. 反应温度

反应温度是控制加氢裂化操作的重要操作参数，对不同原料油和催化剂，都有开始加氢裂化的反应温度和最佳反应温度，在操作中，常利用反应温度的影响，来控制反应向最佳方向进行。

在原料和催化剂一定情况下，提高反应温度，裂化反应会加速，产品中轻汽油和气体会增加，中间馏分油产率下降。所以加氢裂化工艺过程常用改变反应温度来改变产品生产方案。如将生产航空煤油方案的反应温度提高 8 ℃，就可改变成生产石脑油方案；若降低6℃，生产航空煤油方案又可变成生产柴油方案。

提高反应温度还有利于脱硫脱氮。但是不适当的提高反应温度，使裂化反应速度大于加氢反应速度，会使产品中异构烷烃含量下降，不饱和度增加，还会使催化剂上积炭增加，活性降低。所以加氢裂化过程中必须控制反应温度在最佳范围内，一般反应温度为 370～430℃。

3．空速

空速是指单位时间内，单位体积催化剂所通过的原料油体积数。一般含蜡重油进料要保持在60℃，以防凝固，所以进料量以60℃下体积为计算空速的基础。

$$空速=\frac{进料量(60℃)，m^3/h}{催化剂容积，m^3}$$

根据原料油性质和所选用的催化剂活性不同，所选用的空速也不相同。

增加空速就意味着增加处理量，在不影响原料油转化率的情况下，应尽量提高空速。一般来说，在反应压力和温度一定的条件下，提高空速，原料油转化率会下降，产品质量变差。降低空速，虽然原料转化率可提高，但二次裂化反应会加剧，干气也相应增加。根据催化剂活性、原料油性质和反应深度不同一般加氢裂化空速在0.5～10h^{-1}之间。

4．氢油比

氢油比是指在加氢裂化过程中，标准状态下工作氢与原料油体积之比。工作氢包括新氢和循环氢两部分。

$$氢油比=\frac{工作氢的体积流量，Nm^3/h}{原料油体积流量，m^3/h}。$$

一般加氢裂化反应中氢油比保持在1000～2500∶1。反应中需要这样大量的氢气循环其原因是加氢裂化反应耗氢量很大，一般200～300Nm^3/t原料油，大量氢气循环，以保持一定的氢分压，使加氢裂化容易进行。其次是用大量氢气循环，可以带走反应热，以控制床层温度平稳。同时循环氢可以起到保护催化剂的作用，以防止或减少催化剂表面积炭的生成。

本节介绍的一段加氢裂化流程的主要操作条件见表Ⅲ-6-2。该流程的产品产率及产品性质见表Ⅲ-6-3、表Ⅲ-6-4。

表 Ⅲ-6-2 主要操作条件

		加氢精制反应器	第一加氢裂化反应器	第二加氢裂化反应器	高压分离器	低压分离器	第一分馏塔	第二分馏塔
温度℃	床层平均温度	370～390	360～390	360～390	49	49	250	308
	床层平均温升	32～42	8 各段等温升	8 （同左）				
压力，MPa		17.5～18.0	17.1～18.0	17.1～18.0	16.8	2	0.015(表)	真空度 33.33kPa
液时空速，h^{-1}		0.94	1.04	下部15.0	—	—	—	—
氢油比(体)		840:1	1000:1	1000:1	—	—	—	—

表Ⅲ-6-3 产品产率

产品，%(重)	茂名炼油厂	南京炼油厂	产品，%(重)	茂名炼油厂	南京炼油厂
酸性气体	0.15		航空煤油	42.39	43.37
干 气	2.66		柴 油	18.51	23.21
液气化	3.59	3.19	未转化油	1.44	C_5以上馏分96.33
轻石脑油	17.36	13.58	损 失	1.85	中间馏分产率66.58
重石脑油	15.78	16.17	液体总收率	94.03	

表Ⅲ-6-4 产品性质

产 品	相对密度	馏 程， ℃					闪点℃	凝点℃	冰点℃	腐 蚀	
	d_4^{20}	初馏	10%	50%	90%	干点				铜片	银片
液化气											
轻石脑油	0.6680	36	48	68	76	117					
重石脑油	0.7342	101	104	107	114	148					
航空煤油	0.7807	146	163	186	245	98% 269	42		−52	16	0
柴 油	0.8018	228	225	295	326	336	790	−5			

第五节 加氢裂化反应器

反应器是加氢裂化装置的心脏设备，它直接影响整个装置的运转结果；同时反应器消耗的特殊钢材最多，成本最高，投资最大，因此在装置内居于十分重要的地位。

加氢裂化反应器要在高温、高压、有氢气存在下操作，因此要求反应器既要耐高温高压，又要抗氢气和硫化氢的腐蚀，内部结构还要适应生产操作要求。

一、加氢裂化反应器的结构种类

加氢裂化反应器大都是厚壁，超重量反应器。它从制造结构来说可分为3种型式：一是锻造成型式；二是单层厚板卷焊式；三是多层板包扎式。我国自行设计和引进的加氢裂化反应器大多采用单层厚板卷焊式。

反应器按壁温又可分为冷壁式和热壁式。

冷壁式反应器内装隔热层，筒体温度（约250℃以下）远低于内部反应温度，这样可使氢气和硫化氢的低温下腐蚀速度大大减慢，反应器材质要求就可以降低。我国大庆炼油厂加氢裂化反应器采用的是冷壁式反应器。

热壁式反应器内部不设隔热层，筒体温度与反应温度相差不大。由于热壁反应器在苛刻条件下运转，反应器材质要求高，抚顺石化公司石油三厂的和引进的加氢裂化装置均采用热壁反应器。

反应器材质一般要选择具有良好的和长期的耐高温性能和腐蚀性能的钢材如20Cr3MA，$2^1/_4$Cr-1Mo等钢种。反应器衬里用0Cr13或1Cr18Ni9Ti(18-8钢)。我国和国外一些加氢裂化反应器规格及材质见表Ⅲ-6-5

表 Ⅲ-6-5 国内外某些加氢裂化反应器规格及材质

厂 名	处理能力 $\times 10^4 t/a$	反应器（个）	反应器尺寸，mm 内 径	高	壁 厚	重吨/个	壁温类型	筒体材质
大庆炼油厂	40	精制1 裂化A 裂化B	2845 3150 3200	20620 12642 13066		320	冷壁式	20CrMo9
抚顺石化公司石油三厂	40	精制1 裂化1	2100 1800	22200 18000			热壁式	
南京、茂名炼油厂	80	精制1 裂化A 裂化B	2845 3150 3200	19856 11828 12250	195.5 209 209	370 290 307	冷壁式	$2^1/_4$Cr-1Mo
日本冰岛炼油厂	47.5	2	2600	29000	200	350		Cr-Mo
美国里奇蒙炼厂	322.5	8	3350	33000	127	7500		$2^1/_4$Cr-1Mo
科威特舍巴炼厂	（沸腾床） 127.5	2	3960	16500	203	564		$2^1/_4$Cr-1Mo

二、加氢裂化反应器的内部结构

加氢裂化反应器的内部结构设计应满足如下要求：

（1）能及时导出反应过程中产生的大量反应热，能根据需要灵活调节床层温度，以维持反应床层稳定操作。

（2）为了使加氢裂化反应进行良好，就要使油、氢气、催化剂三者接触良好，使气液混合物在催化剂床层上分配均匀。

（3）要保证催化剂顺利装卸。

根据上述条件，设计的反应器结构示意图如图Ⅲ-6-2。

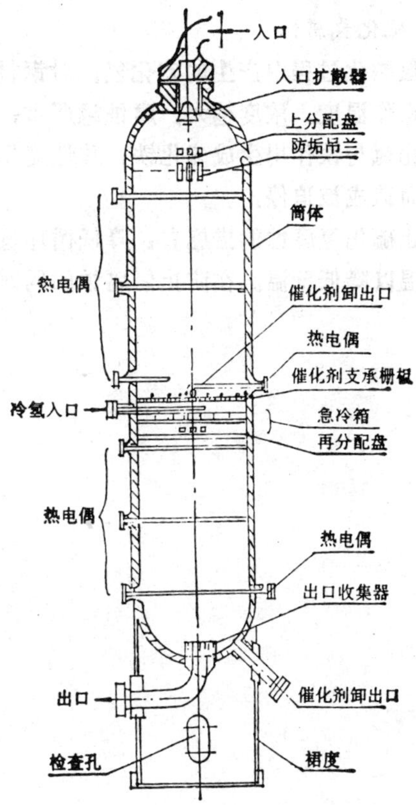

图 Ⅲ-6-2 反应器结构图

三、加氢裂化反应器的氢腐蚀和硫化氢腐蚀

加氢裂化过程中，因原料中含有不同程度的硫，同时，为了维持反应的进行，需要有大量的一定浓度的氢气存在。因此，在反应器各个部位同时存在着氢气和硫化氢，所以反应器就会受到氢气和硫化氢的腐蚀。为了防止腐蚀，一般在加工高含硫原料的反应器的外壳内装有不锈钢衬里。我国自行设计的反应器衬里采用1Cr18Ni9Ti钢；引进装置采用在反应器内堆焊一层TP347（相当于Cr18Ni11）不锈钢防护层，厚度不小于3mm。若用冷壁反应器，在衬里里面还要加一个隔热层，降低反应器筒壁温度，减小氢气和硫化氢的腐蚀。常见的氢气和硫化氢腐蚀形式有下列几种：

1. 氢腐蚀

常温下氢气几乎无腐蚀作用，而在高温下氢腐蚀严重，一般有4种形式：

氢渗透——在高温高压下，原子氢能扩散到金属（钢）的晶格内或穿透金属向外排出，这是氢腐蚀的第一步。

氢鼓泡——扩散到金属晶格内的原子氢，在金属内存留和集聚，体积增加，出现鼓泡现象，氢鼓泡结果使金属强度下降。

金属脱碳——扩散到金属晶格内的原子氢，与金属内碳原子作用生成甲烷，这叫金属脱碳。

$$Fe_3C + 2H_2 \longrightarrow 3Fe + CH_4$$

脱碳在金属内部发生，生成的甲烷在金属内积聚，也引起鼓泡。

氢脆变——由于鼓泡和金属脱碳结果，金属脆性增高，形成无数裂纹，使金属钢韧性和强度下降，以致突然断裂。

防止上述氢腐蚀的措施有：

（1）采用内保温（即隔热层）降低反应器壁温度。

（2）采用耐氢腐蚀的合金钢材做反应器筒体。

（3）采用抗氢腐蚀的衬里。

（4）反应器采用多层结构，在壁上开排气孔，将内壁渗透过来的氢气集中排出等。

2. 硫化氢腐蚀

加氢裂化过程中产生的硫化氢，对钢材有强烈的腐蚀作用。硫化氢腐蚀主要决定硫化氢浓度和操作温度。浓度越大，腐蚀越严重；温度越高，腐蚀速度越快。

硫化氢与铁作用生成硫化铁，其性脆易脱落，除造成设备腐蚀外，还会堵塞管路，增大压力降而造成被迫停产。

防止硫化氢腐蚀的措施有：降低循环氢中硫化氢浓度，采用抗硫化氢腐蚀的新钢种，或用内保温以降低壁温。在防止氢腐蚀的同时，亦能减轻硫化氢腐蚀。

习题及思考题

第一章 催 化 裂 化

1．为什么催化裂化过程能居石油二次加工的首位，是目前我国炼厂中提高轻质油收率和汽油辛烷值的主要手段？

2．反应-再生两器布置的形式有几种？

3．什么叫固体流态化及流化床？什么叫临界流化速度及带出速度？

4．催化剂跑损的原因是什么？

5．简述密相输送原理。

6．何谓稀相输送？为维持提升管内良好流动状态，管内气速控制如何？

7．简述流化床层反应器和提升管反应器的优缺点。

8．什么叫催化剂的活性、选择性、稳定性、再生性？

9．什么叫催化剂中毒？引起催化剂中毒的重金属有哪几类？中毒后的催化剂在反应中哪些现象？

10．结晶型分子筛催化剂与无定型硅铝催化剂相比有何优越性？为什么它必须与提升管裂化工艺相配合？

11．从烃族组成上看哪种类型的烃类是催化裂化的理想原料？为什么？

12．为什么说石油馏分的催化裂化反应是平行-顺序反应？

13．什么叫回炼油？为什么要使用回炼操作？分子筛催化剂为什么不用大回炼比？

14．催化裂化的原料来源及质量控制？产品的种类及特点如何？

15．画出催化裂化装置原则流程图。

16．简述双动滑阀、旋风分离器、稳定塔的作用？

17．催化裂化的分馏塔与常压分馏塔相比有何异同点？

18．叙述催化裂化反应中各个参数的定义以及计算式。

19．催化裂化反应，再生系统中三大平衡是什么？它们各包括哪些部分？

20．催化裂化反应、再生系统的影响因素有哪些？

21．影响催化裂化反应转化率的主要操作因素有哪些？转化率对产品分布、质量有何影响？

22．叙述催化裂化操作调节的原则。

第二章 催 化 重 整

1．什么叫催化重整？催化重整的目的是什么？

2．重整催化剂的类型、组成和功能是什么？

3．重整催化剂活性下降的原因是什么？

4．何谓水氯平衡？它对催化剂性能有何影响？

5．既然硫会使铂催化剂中毒，为什么还对新鲜催化剂进行硫化？

6. 使铂中毒的毒物有哪些？它们的控制范围为多少？

7. 运转催化剂的活性保护有哪些措施？

8. 何谓"氯化更新"？它对催化剂的性能有何影响？

9. 重整化学反应有几种类型？各种反应对生产芳烃和提高汽油辛烷值有何贡献？

10. 对重整原料的选择有哪些要求？为什么含环烷烃多的原料是重整的良好原料？对几种杂质提出了限量要求？

11. 重整原料预处理的目的是什么？它包括哪几部分？各部分的原理和流程如何？

12. 重整反应器为什么要采用多个串联、中间加热的形式？

13. "后加氢"、"循环氢"的作用各是什么？脱戊烷塔的作用是什么？

14. 重整反应系统的主要操作参数有哪几项？它们间的关系如何？

15. 重整催化剂再生的主要操作因素有哪些？

16. 芳烃抽提的目的是什么？影响抽提过程的因素有哪些？

17. 芳烃精馏的目的是什么？什么叫"灵敏塔板"？温差控制器的作用是什么？

第三章 气体分馏

1. 气体分馏装置的原料及产品是什么？

2. 画出气体分馏装置的原则流程图。

第四章 烷基化

1. 烷基化装置的原料及产品是什么？

2. 烷基化的化学反应有哪些？

3. 画出烷基化装置的原则流程图（氢氟酸法）。

4. 硫酸法烷基化和氢氟酸法烷基化各具有什么特点？为什么我国近年引进的装置都采用氢氟酸法？

5. 氢氟酸烷基化装置的主要设备有哪些？

第五章 延迟焦化

1. 延迟焦化中的"延迟"体现在那里？它有何优点？

2. 焦化的化学反应有哪些？

3. 延迟焦化的原料和产品有哪些？

4. 画出延迟焦化的原则流程图。

5. 延迟焦化装置中有哪些特殊设备？

第六章 加氢裂化

1. 加氢裂化的优越性有哪些？

2. 加氢裂化的化学反应有哪些？它决定了它的产品有何特点？

3. 加氢裂化的催化剂的组成及种类有哪些？我国的加氢裂化装置所用的催化剂有哪几种？

4. 加氢裂化催化剂的使用性能有哪些？与催化裂化、催化重整的催化剂比较有哪些相同和不同处？

5. 画出一段加氢裂化装置的原则流程图。

6. 加氢裂化工艺流程有哪三种方法？我国多采用的为哪一种流程？

7. 加氢裂化的主要操作条件有哪些？

8. 加氢裂化的反应器种类、结构以及采取哪些防腐措施？

第四篇 润滑油的生产工艺

第一章 润滑油概述

第一节 摩擦与润滑

一、摩　　擦

当一个物体沿着另一个物体的表面滑动时，就会发现在它们的接触面上有一个与这个物体的运动方向相反的力阻碍着这个物体的滑动。象这样，一个物体沿着另一个物体表面滑动而受到阻力的现象，就叫做摩擦现象，简称为摩擦。发生摩擦时，这两个物体间相互接触的表面称为摩擦面。在摩擦面间产生的阻力称为摩擦力。摩擦力的大小与摩擦面的材质、加工精度和负荷大小有关。

摩擦力是怎样产生的呢？各种机械，不论其运动形式如何，都有两个互相接触的摩擦面，若把它放在放大镜下观察，我们就会发现这些摩擦面并不是真正平滑的，而是凹凸不平的（如图Ⅳ-1-1所示）。因此，可以认为：两个接触面间，实际上只是它们的凸出点的部位才互相接触着。在这些接触点处，有很大的分子引力，使这两个物体互相吸引着。同时，作用于这两个物体上的负荷，也集中地作用在这些接触点上。当物体相互滑动时，这些凸出的接触点处会强烈地发生相互碰撞、咬合和切削等现象（见图Ⅳ-1-2所示）。正由于上述这些作用的结果，就形成了阻碍物体滑动时的摩擦力。因而摩擦面愈粗糙、机械的负荷愈重，摩擦力也就愈大。

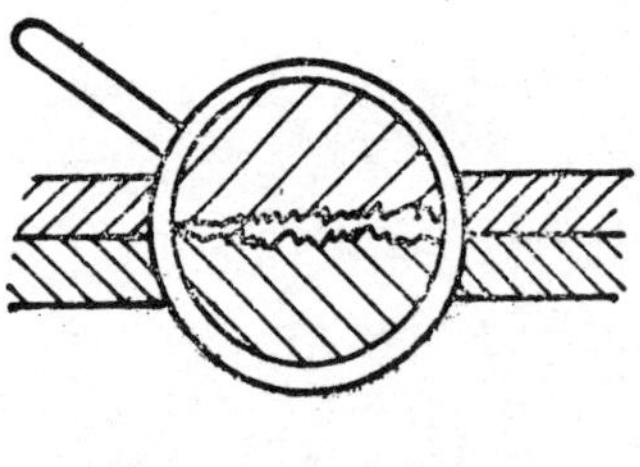

图 Ⅳ-1-1 摩擦表面放大示意图

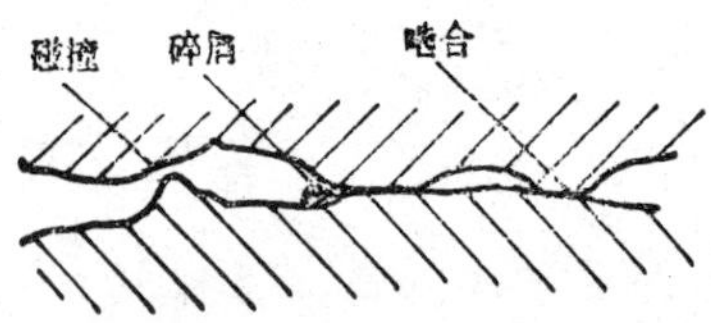

图 Ⅳ-1-2 干摩擦面互相作用示意图

由于摩擦力的存在，就会在机械的运转中造成大量的功率损耗，有时甚至能占功率消耗的50～70%之多；摩擦还会造成机械的严重磨损，特别是当摩擦面凸出部分的金属被切削下来以后，这些金属碎屑又继续停留在摩擦面之间充当了"磨粒"而造成了机械的研磨性磨损，从而导致机械的迅速损坏；另外，机械在摩擦过程中会放出大量的热，使摩擦面的温度急剧升高，降低了机件的机械强度，也破坏了零件之间的正常配合，迫使机械不能正常运转，进一步加剧了机械的摩擦和磨损。更有甚者，是在干摩擦的情况下，负荷集中作用在凸出的接触点上，使这些接触点的局部负荷高达981MPa（10000kg/cm²）以上。在这样大的重荷下，这些接触部位就会受重压而发生塑性变形，并放出大量的热。热量集中于这些接触点上，会产生局部的瞬时高温，即约在0.001～0.01s的短暂时间内，局部温度可以升到1000℃以上，从而出现局部粘连现象。随着机件的继续运动，这些粘连部分即被撕裂。这就使摩擦面变得更为粗糙，继而引起更加严重的粘连与撕裂现象。此时，由于热量的聚集，机件的温度迅速升高，以至于使得机械因膨胀而被"卡死"或被迅速熔融而烧毁。可见，如何尽力减小机械的摩擦，是一个极其重要的问题。

二、润　　滑

为了减小机械的摩擦，一般要从两方面着手：一方面是提高摩擦面的表面光洁度，以减少其凹凸不平的程度，这就要求有较高的加工精度。但是，若加工精度过高时，就会使两个摩擦面间的接触点更多，这时，巨大的分子间引力反倒会使摩擦力增大。可见，完全依靠提高加工精度并不能很好地解决摩擦问题；另一方面，就是采用某些物质把两个摩擦面隔开，使摩擦面上的凸出部分之间不再发生碰撞或减轻碰撞，同时也消除了两个摩擦面间的分子间吸引力的作用，从而减小了摩擦力，这个方法就叫做润滑。作润滑用的物质就叫做润滑剂。

润滑剂的种类很多，可分为三类：

（1）液体润滑剂——常见的有植物油、甘油、矿物润滑油等；

（2）半固体润滑剂——如动物脂肪、凡士林、润滑脂等；

（3）固体润滑剂——如石墨、滑石粉、二硫化钼等。

在各种润滑剂中，使用最广泛的是液体润滑剂，特别是石油产品润滑油。

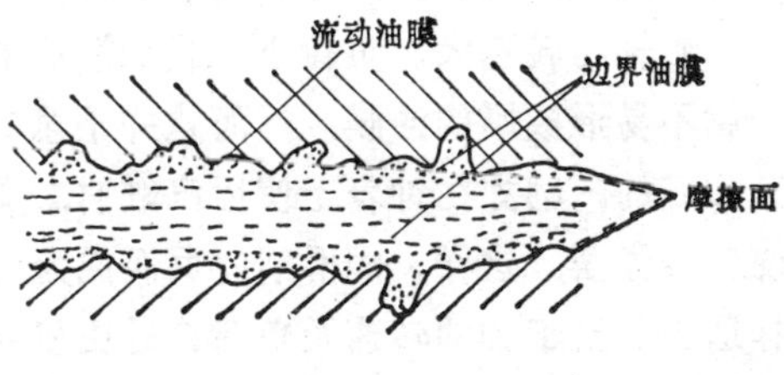

图 Ⅳ-1-3　油膜组成示意图（在液体润滑状态下）

润滑油起润滑作用的原因是润滑油在一定的条件下能够在摩擦面间形成油膜，油膜将两个摩擦面隔开。一个完整的油膜，是由流动油膜层和边界油膜层两部分组成的（见图Ⅳ-1-3）。润滑油分子靠静电吸引力牢固地吸附在金属摩擦面的表面上，不能自由流动，形成的一层薄油膜，称为边界油膜层，它的厚度一般约为0.1～0.4μm，在一定的条件下，它可以承受住一定的负荷而不会受到破坏。形成边界油膜层的物质是润滑油中的极性化合物分子，它和润滑油的油性（或称为润滑能力）有直接关系，油性愈强的润滑油，形成边界油膜层的能力愈强，而且边界油膜层愈牢固，所能承受的负荷亦愈大。在两层边界油膜层之间的油膜部分，称为流动油膜层。流动油膜内部的分子未被金属表面吸附，它是在一定的条件下依靠润滑油的粘滞性而形成的。在一定的条件下，流动油膜层可以承受一定的负荷不会被挤掉。由此可见，在摩擦面间注入润滑油以后，形成的油膜就可把两个摩擦面隔开。于是，这两个摩擦面之间的固体干摩擦就会被油膜内部的油分子之间的内摩擦所代替。由于后者的摩擦力远远小于前者，仅有原来的几十分之一，甚至几百分之一，因而大大改善了机械的工作条件。

一个完全的润滑油油膜是怎样形成的呢？现在我们用滑动轴承的润滑情况为例，来说明油膜的形成过程（见图Ⅳ-1-4）：

轴在转动前的状况如图中 *a* 所示：轴与轴承的底部互相紧挨着，润滑油则介于轴与轴承之间的月牙形缝隙中。当轴开始转动（按箭头所示的方向）时，状况如图中b所示，由于润滑油受金属表面分子吸引力的作用，在润滑油中的极性分子便会被牢固地吸附在金属表面，形成边界油膜层，随着轴表面移动，而离摩擦面较远的那些未被金属表面吸附的润滑油分子，则依靠润滑油分子之间的粘滞力，被随轴转动的边界油膜层的分子携带着卷入轴与轴承紧挨着的底部，开始将轴与轴承隔开。随着轴转速的加快，由于润滑油分子间内摩擦力的作用，而使更多的润滑油分子被裹携进入轴承底部的狭窄的缝隙中去，在这个过程中形成了一个楔形力，如图中 c 所示，把润滑油压入轴与轴承间的底部缝隙。这个力分解为两个分力：一个分力竖直向上，把轴向上抬起；另一个分力沿着水平方向把轴稍稍向后推移。当轴的转速逐渐增加时，轴承底部油膜的厚度也随着增大。当轴的转速达到正常值时，轴与轴承之间的整个环形缝隙中的油膜厚度就逐渐趋于均匀，轴就渐渐地移到轴承的中心并稳定在这个位置上。于是，一个完全的润滑油油膜便建立起来，如图中 d 所示，这时，运转中的轴就象浮在“油垫”上一样，完全被油膜托起，并被包围在环形油膜当中。

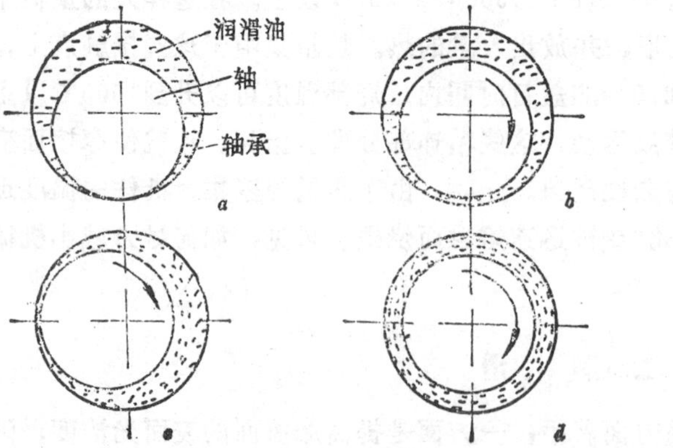

图 Ⅳ-1-4 滑动轴承的润滑油润滑

润滑油在轴与轴承中间能否形成油膜以及形成的油膜厚度如何，一方面取决于轴的工作条件(轴的转速与负荷)，也取决于润滑油的油性(即润滑油的分子在金属表面的吸附能力)和粘度。若轴的转速大、负荷小，且润滑油的油性好、粘度又高时，就易于形成厚的油膜；反之，就不易形成厚的油膜。然而这并不意味着对任何机器来说，所用的润滑油都希望是粘度愈高愈好的，例如在钟表上使用汽缸油之类的高粘度润滑油作润滑剂时，就会因为粘度过高而使钟表停摆，这样，润滑剂就反而成为“制动”剂了。可见，各种机器对润滑油的使用，应选择适当。至于轴的转速及负荷，是由机器的机械性能所决定的。石油的润滑油产品具有一定的油性，还可以加入添加剂以改善其油性。因此，在选择使用润滑油时，需要考虑的主要问题，就是如何根据机器的机械性能来选用具有适宜粘度的润滑油。一般说来，选择使用润滑油的原则是：

（1）对于负荷轻、转速高的机械来说，因为比较易于形成油膜，所以应该选用低粘度的润滑油；

（2）对于负荷重、转速低的机械，因为不易形成油膜，所以应该选用高粘度、油性强的润滑油；

（3）在选择使用润滑油时，除了考虑润滑油的粘度以外，还要根据机械的工作条件来考虑润滑油还应该具备的其它使用性能，如粘温特性、抗氧化安定性、抗乳化性、腐蚀性、低温流动性等。这些方面的要求，将在本章第四节中专门讲述。

第二节 润滑油的作用

润滑油在使用过程中，对机械设备起着如下几个主要作用：

1. 润滑作用

通过上一节所述的摩擦与润滑的原理，使我们知道了润滑油的最主要的作用是润滑作用。由于油膜的形成，把两个摩擦面隔离开，从而把固体间的滑动摩擦转变为润滑油的液体分子间的摩擦。因此，降低了功率损耗，减轻了机械的磨损。

2. 冷却作用

在润滑油的润滑作用下，由于减小了机械运转时的摩擦力，因此，由摩擦而产生的热量也就大为减少，摩擦面的温度不至于升得很高。同时，流动着的润滑油不断地从摩擦面间流过，吸收了摩擦面上的热量，并且不断把热量传到其它较冷的零件上，加速了热量的散发，起到了冷却的作用。

3. 冲洗作用

摩擦面上被摩擦脱落下来的金属碎屑，可以被流动着的润滑油冲洗出来，并把它们送入油箱或润滑油滤清器中去，保持了摩擦面的清洁。

4. 密封作用

有许多机件是需要密封的。例如内燃机汽缸的活塞与活塞环之间，以及汽缸壁与活塞环之间都有一定的间隙。当润滑油充满了这些间隙后，便形成了很好的液封，防止了工作气体的泄漏，提高了内燃机的效率。

5. 减振作用

由于润滑油在摩擦面上形成了油膜，使摩擦件在油膜上运动时，浮在这层稳定的油垫上。因而，对机件的振动起到了一定的缓冲作用，减小了机械的振动。

6. 卸荷作用

由于摩擦面间有油膜存在，所以作用在摩擦面上的负荷就能比较均匀地分布在摩擦面上，使干摩擦时的那种负荷集中于摩擦面上少数接触点上的应力集中状况得到改善。这种卸除了接触点的集中负荷的作用叫做卸荷作用。

7. 保护作用

牢固地吸附于金属表面的润滑油分子，形成了一层保护膜，将金属表面覆盖住，能够隔绝周围的氧气或其它腐蚀性气体，使金属免遭腐蚀。

第三节 润滑油的分组、命名和代号

润滑油的使用范围极广，品种繁多，目前润滑油产品牌号已经不下100种。随着我国经济建设的飞速发展，各种新型的机器和机械设备不断地涌现出来，它们对润滑油的品种、数量和质量都提出了更多更高的要求，从而促进了润滑油的生产，使得润滑油的新品种日益增多。

各种机械对它们所用的润滑油的要求是各不相同的，因此，我国最近参照了ISO的分类标准，将原分类中的润滑油及有关产品并入“润滑剂和有关产品”中。本类产品的类别名称用英文字母“L”表示，在此分类中，根据尽可能包括所使用的润滑剂和有关产品的应用场合这一原则把产品分成19个组，见表Ⅳ-1-1。

在H组中，又根据应用场合将产品品种详细分类，进一步细分又根据产品的组成和特性而定，见表Ⅳ-1-2。

表 Ⅳ-1-1 润滑剂和有关产品（L类）的分组

组别	应用场合	组别	应用场合
A	全损耗系统	P	风动工具
B	脱模	Q	热传导
C	齿轮	R	暂时保护防腐蚀
D	压缩机(包括冷冻机和真空泵)	T	汽轮机
E	内燃机	U	热处理
F	主轴、轴承和离合器	X	用润滑脂的场合
G	导轨	Y	其它应用场合
H	液压系统	Z	蒸汽气缸
M	金属加工	SD	特殊润滑剂应用场合
N	电器绝缘		

表 Ⅳ-1-2 润滑剂和有关产品中H组分类

组别符号	总应用	特殊应用	更具体应用	组成和特性	产品符号 L-	典型应用
H	液压系统	流体静压系统		无抗氧剂的精制矿油	HH	
				精制矿油，并改善其防锈和抗氧性	HL	
				HL油，并改善其抗磨性	HM	高负荷部件的一般液压系统
				HL油，并改善其粘温性	HR	
				HM油，并改善其粘温性	HV	机械和船用设备
				无特定难燃性的合成液	HS	

组别符号	总应用	特殊应用	更具体应用	组成和特性	产品符号 L-	典型应用
H	液压系统	流体静压系统	液压导轨系统	HM油，并具有粘-滑性	HG	液压和滑动轴承导轨润滑系统合用的机床在低速下使振动或间断滑动(粘-滑)减为最小
			需要难燃液的场合	水包油乳化液	HFAE	
				水的化学溶液	HFAS	
				油包水乳化液	HFB	
				含聚合物水溶液	HFC	
				磷酸酯无水合成液	HFDR	
				氯化烃无水合成液	HFDS	
				HFDR和HFDS液混合的无水合成液	HFDT	
				其他成分的无水合成液	HFDU	
		流体动力系统	自动传动		HA	
			联轴节和转换器		HN	

它的产品名称一般形式如下所示：

类　品种　数字

例如：L — AN　32

— 数字（规定的粘度等级）

— 品种（精制矿物油，A为L类产品所属的组别，其应用场合为全损耗系统）

— 类别（润滑剂）

L — FC　10

— 数字（规定的粘度等级）

— 品种（具有抗氧防锈性能的精制矿物油，F为L类产品所属的组别，其应用场合为主轴、轴承和离合器）

— 类别（润滑剂）

过去产品的粘度牌号以中心粘度值厘斯数整值表示，在2～1500范围内共分成连续的18个粘度牌号，现它统一以40℃运动粘度为基础进行分类，它的SI制单位为mm^2/s。

$$1cSt=1mm^2/s=10^{-6}m^2/s$$

粘度牌号分类见表Ⅳ-1-3，工业用润滑油产品新旧粘度牌号对照见图Ⅳ-1-5。

表 Ⅳ-1-3　工业用润滑油粘度牌号分类

本标准采用的粘度牌号	ISO采用的粘度牌号	中心值运动粘度 $mm^2/s(cSt)$ 40℃	运动粘度范围 $mm^2/s(cSt)$ 40℃
N2	ISO VG2	2.2	1.98～2.42
N3	ISO VG3	3.2	2.88～3.52
N5	ISO VG5	4.6	4.14～5.06
N7	ISO VG7	6.8	6.12～7.48
N10	ISO VG10	10	9.00～11.0
N15	ISO VG15	15	13.5～16.5
N22	ISO VG22	22	19.8～24.2
N32	ISO VG32	32	28.8～35.2
N46	ISO VG46	46	41.4～50.6
N68	ISO VG68	68	61.2～74.8
N100	ISO VG100	100	90.0～110
N150	ISO VG150	150	135～165
N220	ISO VG220	220	198～242
N320	ISO VG320	320	288～352
N460	ISO VG460	460	414～506
N680	ISO VG680	680	612～748
N1000	ISO VG1000	1000	900～1100
N1500	ISO VG1500	1500	1350～1650

在润滑油分组中，还有一些生产工艺上与润滑油的生产工艺相似，而使用目的则并非用于润滑的石油产品，它们也划归润滑油类。这些油类包括：

（1）电气用油类：用作电气绝缘或冷却介质，如变压器油，电容器油和电缆油等；

（2）液压油类：用作传递重型机械力的介质及要求高度精确力的传动油，如航空液压油、舵机液压油等；

（3）工艺用油类：用作日用化学品的原料，轻工业工艺和金属工艺生产用油，如白色油、软麻油、乳化油等；

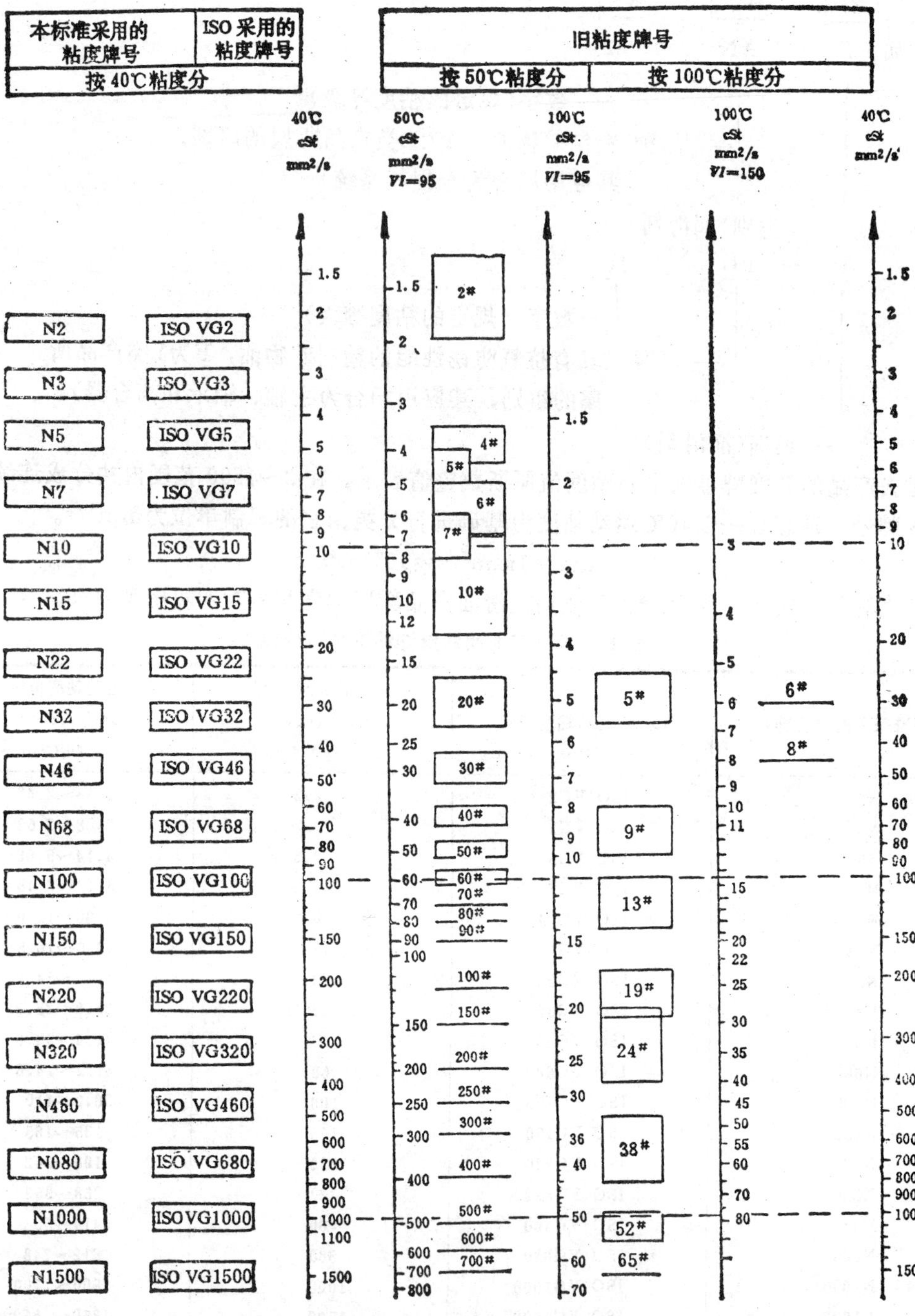

图 Ⅳ-1-5 新旧牌号对照参考图

注：工业用润滑油产品中压缩机油、汽缸油、液力油等原先系按100℃运动粘度中心值分牌号，其他油原先按50℃运动粘度中心值分牌号。相当于旧牌号为20号的普通液压油，其新牌号为N32号

（4）真空油脂类：包括扩散泵油、真空泵油等。

上述这些油类均有相应的分组、命名和代号，可在石油产品标准的有关资料中查得，在此不再赘述。

第四节　润滑油的使用要求

机械设备种类繁多，它们的结构和工作条件也千差万别，不同的机械设备对润滑油的质量要求也就各不相同。因而对每种润滑油来说，都要根据它的使用条件来制订出一定的质量指标，作为生产和选用润滑油的标准。每种润滑油的质量指标都可以在石油产品标准的有关资料中查得。以下就几种具有代表性的润滑油和有关的油品为例，来说明润滑油的使用要求。

一、汽油机油和柴油机油

目前，汽油机油级别较多，有QB、QC、QD、QE 等多种，现将QC级中二种牌号质量，指标列于表Ⅳ-1-4。同样柴油机油也有CA、CC等多种，例举CC级中二种牌号，见表Ⅳ-1-5。

表 Ⅳ-1-4　汽油机润滑油规格

项目＼品种／等级		质量标准 L-EQC 30	质量标准 L-EQC 40	项目＼品种／等级		质量标准 L-EQC 30、40
密度(20℃),g/cm³		实测	实测	残炭(未加剂),%		实测
运动粘度(100℃),mm²/s		9.3～<12.5	12.5～<16.3	硫酸盐灰分,%		实测
粘度指数	不低于	75	80	硫含量,%		实测
闪点(开口),℃	不低于	210	220	磷含量		实测
倾点,℃	不高于	−15	−10	有机金属含量,%		
沉淀物,%	不大于	0.01	0.01	钙		实测
水分,%	不大于	痕迹	痕迹	钡		实测
泡沫性,ml/ml				锌		实测
24±0.5℃	不大于	25/0		轴承腐蚀试验:轴承失重,mg	不大于	50
93±0.5℃	不大于	150/0		活塞裙部漆膜评分	不小于	9.0
后24±0.5℃	不大于	25/0		酸值(加剂前),mgKOH/g		实测

表 Ⅳ-1-5　柴油机润滑油规格

项目＼品种／等级		质量标准 L-ECC 30	质量标准 L-ECC 40	项目＼品种／等级		质量标准 L-ECC 30、40
密度(20℃),g/cm³		实测		硫含量/磷含量，%		实测
运动粘度(100℃),mm²/s		9.3～小于12.5	12.5～小于16.3	酸值(加剂前),mgKOH/g		实测
粘度指数	不小于	75	80	有机金属含量,%		
闪点(开口),℃	不低于	210	220	钙		实测
倾点,℃	不高于	−15	−10	钡		实测
沉淀物,%	不大于	0.01		锌		实测
水分,%	不大于	痕迹		轴承腐蚀试验:轴承失重,mg	不大于	50
泡沫性,ml/ml 24±0.5℃	不大于	25/0		活塞裙部漆膜,评分	不小于	9.0
93±0.5℃	不大于	150/0		高温清净试验:		
后24±0.5℃	不大于	25/0		顶环槽充炭,%	不大于	45
硫酸盐灰分,%		实测		总加权评分		140
残炭(加剂前),%		实测		活塞环侧间隙损失	不大于	0.013

这类润滑油主要是用来润滑和冷却气缸壁与活塞、润滑曲轴等运动部分，并起着对活塞与活塞环之间以及活塞环与气缸壁之间的空隙的密封作用。其主要使用要求是：

1．适宜的粘度

润滑油的粘度对发动机的启动性能、磨损程度、功率损失的大小以及燃料、润滑油的消耗量等都有直接影响。

若润滑油的粘度过大，它的流动性能就差。当发动机启动时，润滑油不能迅速流到各摩擦点上，特别是距曲轴箱较远的机件，更不容易及时得到良好的润滑，从而延长了发动机的启动时间，也增加了燃料的消耗量，特别是增加了机件的磨损。专门的研究资料表明，发动机的磨损中，有2/3是在启动时造成的。在发动机正常工作时，由于润滑油的粘度过大，流动就慢，通过摩擦面的润滑油量就少，清洗和散热的效果就不好。粘度大的润滑油的密封作用却比较好。

若润滑油的粘度过小，在高温条件下很容易流走，不易形成可靠的油膜，特别是发动机气缸内第一活塞环的温度，虽然是处于水套的冷却下，仍然高达200℃左右。在这样苛刻的条件下，摩擦件就会因润滑油粘度过小，不能维持液体润滑而增大磨损。同时，也因气缸与活塞间失去密封而使发动机的功率降低、效率降低，并且润滑油也容易渗入燃烧室而增加了润滑油的消耗量。

因此，润滑油的粘度要适当，才能保证内燃机的正常运转，充分发挥其应有的功效。

2．良好的粘温特性

所谓粘温特性，是指润滑油的粘度随温度变化而变化的性质。润滑油的粘度随温度的变化愈小，其粘温特性就愈好。由于内燃机润滑油使用在温度变化范围较大的条件下，因而要求在低温时，润滑油不致变得太稠，以利于内燃机的启动，高温时，润滑油不致变得过稀，以保证油膜的形成，起到润滑和密封的作用。通常是采用粘度比和粘度指数来作为衡量润滑油的粘温特性的指标。

3．良好的热氧化安定性

润滑油在内燃机中的活塞及气缸壁等高温部件上呈薄膜状态。由于在高温下，并在金属及金属氧化物的催化作用下与空气密切接触，油膜极易被氧化而生成酸，并进一步缩合成漆状物和焦炭，同时，由于润滑油的高温裂解反应，也会生成焦炭。

酸能腐蚀机件；漆状物是热的不良导体，能造成活塞的局部过热，并使活塞环被固结在活塞环槽内而失去弹性；坚硬的焦炭炭渣会造成气缸壁与活塞间的“磨粒性”磨损；炭渣与漆状物能一起形成胶泥，堵塞住活塞环槽而使润滑油油路堵塞，导致机件的严重磨损，并破坏密封作用，甚至烧坏活塞及活塞环。

润滑油在高温下生成漆状物及焦炭的大小，大致可以从残炭值的大小反映出来。但是，由于润滑油的使用条件和试验条件不完全相同，所以残炭值也并不能完全反映润滑油在内燃机中工作时炭渣生成的倾向，甚至有时残炭值小的润滑油在内燃机中生成的炭渣量反而比残炭值高的油为多，虽然如此，但还是具有一定的参考价值，同时又采取了另外一个能反映内燃机润滑油高温氧化性能的指标，即热氧化安定性，来评价润滑油在高温及与氧接触的条件下的抗氧化及防止漆膜生成的能力。热氧化安定性愈差的润滑油，其生成漆膜的速度就愈快。

4．良好的清净和分散作用

为了能够及时清除摩擦面上的氧化产物，避免其进一步氧化、缩合为漆状物及焦炭，就要设法使它们能够分散和悬浮（亦称浮游）在润滑油中，使之不致聚集而沉淀在摩擦面上，然后通过滤清器将它们滤除，借以保持摩擦面的清洁。目前采用加入抗氧化添加剂、清净分散添加剂及多效添加剂的办法来改善润滑油的热氧化安定性和浮游性。

5．良好的低温流动性

内燃机润滑油的低温流动性，对于冬季或寒冷地区的使用具有很重要的意义。

润滑油的低温流动性大致可以用润滑油的凝点来进行判断，因为润滑油的凝点并不等于它所能使用的最低温度，一般在比凝点高5～10℃时，润滑油就已经基本停止流动了。并且当润滑油冷却到接近它的凝点时，其粘度亦将随之而急剧增大，这也是使润滑油在低温时流动性变坏的原因之一。

6．腐蚀性小

处在高温、高压条件下工作的内燃机，润滑油很容易被氧化而产生有机酸，在有水存在的条件下能造成金属的腐蚀；原来存在于润滑油中的水溶性酸或碱也对金属有腐蚀作用。

为了能够反映出润滑油腐蚀性的大小，可以用酸值、腐蚀度和水溶性酸碱等指标来评定。

另外，还必须对润滑油的闪点、灰分、含水量和机械杂质含量等进行限制。

此外，还有用粘度小、凝点低的润滑油料掺入增粘剂制得的稠化机油，可以适应宽温度范围（－50～250℃）的工作条件，这种机油具有粘度适宜、粘温特性好、凝点低、热氧化安定性好等特点，因此，稠化机油的使用得到了迅速的发展。

二、全损耗系统油

这类润滑油包括高速机械油、机械油及重型机械用油，主要是用于纺织机、缝纫机、各种车床、矿山机械以及小型轧钢机等，使用范围最广，用量最小，使用条件不苛刻，一般使用于100℃以下。

表 Ⅳ-1-6 全损耗系统用油

项目 \ 品种 / 粘度等级	质量标准									
品种	L-AN									
粘度等级	5	7	10	15	22	32	46	68	100	150
运动粘度(40℃)mm²/s	4.14～5.06	6.12～7.48	9.00～11.00	13.5～16.5	19.8～24.2	28.8～35.2	41.4～50.6	61.2～74.8	90.0～110	135～165
倾点，℃ 不高于	−5									
水溶性酸碱	无									
中和值，mgKOH/g	报告									
机械杂质，% 不大于	无			0.005		0.007				
水分，% 不大于	痕迹									
闪点(开口)，℃ 不低于	80	110	130	150			160		180	
腐蚀(铜片,100℃,3h)，级 不大于	1									
色度，号 不大于	2				2.5		报告			

对它们的质量要求主要是合适的粘度，无腐蚀性、机械杂质少等。为保证机械的安全运转，还要求机械油具有较高的闪点。

三、压缩机油、汽轮机油、冷冻机油与气缸油

这类润滑油使用于各种工作条件不同的机械，质量指标也各有不同的要求。例如冷冻机油直接和冷冻机的低温部分接触，因此，要求冷冻机油的低温流动性能好，其凝点必须低于-40℃；汽缸油用于蒸汽机、蒸汽泵等机械，直接与水蒸气接触，因此，要求汽缸油具有较高的粘度和较高的附着力，以免被水蒸气及冷凝水冲刷掉；压缩机油用于空气压缩机，直接和高温高压的空气接触，因此，要求空气压缩机油具有较高的抗氧化安定性；汽轮机油用于各种汽轮机，在高速蒸汽气流的作用下，易与润滑油形成乳化液，破坏润滑油的正常润滑作用，因此，要求汽轮机油具有较强的抗乳化性能。

四、齿 轮 油

这类润滑油使用在工作压力高的齿轮或涡轮涡杆等传动装置上，如汽车、拖拉机的变速箱及传动齿轮。一般齿面压力高至2000～2500MPa(20000～25000kg/cm²)，高级小轿车的双曲线齿轮齿面上承受的压力甚至要高达3000～4000MPa(30000～40000kg/cm²)，在运转中转速高，速度变化大。因此，要求润滑油具有良好的润滑性能和抗磨性能，以保证其在齿轮表面形成牢固的油膜。此外，还应有较低的凝点以保证设备在低温下正常运转，特别对汽车、拖拉机的低温启动尤为重要。

五、液 压 油

这类油品主要用作各类液压机械的传动介质，如工程机械的提升机构和夹紧机构及汽车的制动机构的传动用油。

要求这类润滑油具有良好的抗氧化安定性和热稳定性，以保证较长的使用期限；要有良好的粘温特性、不易挥发、不易起泡，以保证在使用中流量稳定；要求具有低的凝点，以保证冬季野外的正常使用；此外，还应当不具有任何腐蚀性，以保持设备的使用寿命。

六、电 气 用 油

这类油品用作电器绝缘和导热介质，包括变压器油，电容器油及电缆油等。它们并不属于润滑油类，但它们的原料和加工工艺都与润滑油的原料和加工工艺相似。对它们的质量要求则以电气性能为主。在此仅着重介绍变压器油的质量要求，它们是：

1．良好的电绝缘性能

这个性能是用击穿强度（要求电压达35kV以上）和介质损失角这两个指标来评定的。含水量和机械杂质含量增大都会使变压器油的电绝缘性能变坏，使击穿强度降低，介质损失角增大，实验表明，干燥的变压器油中吸入水分达0.01%时，油的击穿强度就降低7/8。

2．良好的抗氧化安定性

变压器油在变压器运行中的温度常处在60～80℃，并与空气长期接触，易于氧化而生成酸、醇、酮、醛等物质，在电场的作用下，这些物质进一步聚合成不溶于油的高分子化合物。上列物质的生成，除了能降低油品的电绝缘性能外，其沉淀物沉积于线圈和铁芯上造成散热

困难，易产生局部高温而烧毁线圈。有机酸能腐蚀铁芯，酮、醛等物能腐蚀线圈上的绝缘材料，易造成短路，并且许多水溶性氧化产物能增大油品的吸水性，导致油品电绝缘性能的进一步降低。因此，变压器油必须具有良好的抗氧化安定性。

3. 良好的低温流动性

为保证变压器油在寒冷的野外条件下安全运行，必须具有良好的低温流动性。

4. 可靠的高温安定性

变压器油的挥发性愈小，安全程度就愈大。一般要求变压器油的闪点应不低于135℃。

从上述各例可以看出，虽然各种润滑油及油品的质量要求依各自的使用条件的不同而异，但是它们又有其共同点：即适宜的粘度，良好的粘温特性、较好的抗氧化安定性、较好的低温流动性、不具有腐蚀性、低的残炭值、不含机械杂质、较少的灰分及水分，并对闪点也提出了一定的要求。这些质量指标都是必须在润滑油的生产过程中加以注意的问题。

第五节　润滑油的主要使用性能与化学组成的关系

上一节叙述了机械设备对润滑油的使用性能提出的主要要求，而润滑油的性质是与它的化学组成（烃类）密切相关的。因此，必须研究组成润滑油原料的各种烃类对润滑油的使用性能的影响，以便在生产加工过程中除去其对使用性能不利的不良组成，保留和添加对使用性能有利的良好组成。

一、粘度与烃类结构的关系

同一种原料蒸馏出来的不同馏分，其粘度也不同，粘度随着馏分的平均沸点的增高、相对密度及分子量的增大而增大；而不同的原油所蒸馏出来的同样的沸点范围的馏分，其粘度也是各不相同的，这是因为它们的化学组成不同的缘故。

各种润滑油馏分的粘度不同，是由于它们所含的烃类的结构及分子的大小不同。下面先以烃类的粘度随结构及分子大小的不同而变化的规律入手，来研究润滑油的粘度与化学组成的关系。

大量的研究证明，在各种烃类中，正构烷烃的粘度最小，C_{20}～C_{50}的正构烷烃，其50℃时的运动粘度（v_{50}）只有 10～12mm^2/s，粘度随分子量的增大而增大。异构烷烃的粘度较正构烷烃的粘度稍大，粘度也随分子量的增大而增大；但碳原子数相同时，其粘度随其侧链分支的增多而增大；当侧链相同时，侧链的位置离主链中心较远则粘度较高。如表Ⅳ-1-7所示：

表 Ⅳ-1-7　异构烷烃分子结构对粘度的影响

碳原子数	26	26	26	26	26
结构式	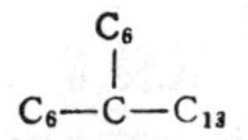	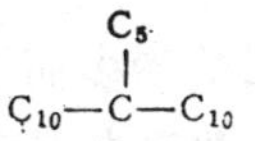	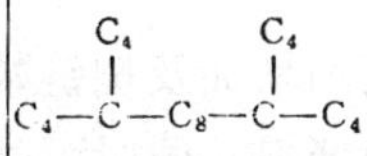	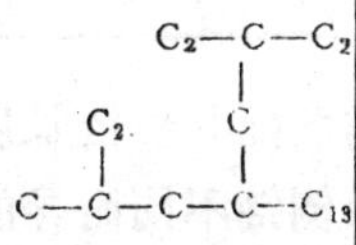	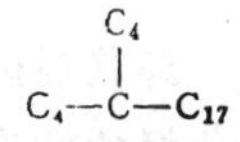
粘度，mm^2/s $\nu_{98.9}$	2.56	2.73	2.85	2.91	3.03

环状烃粘度比烷烃大，且当碳原子数相同时粘度随环数的增多而增大。如表Ⅳ-1-8中结

表 Ⅳ-1-8 环烷烃环数对粘度的影响

结构式	$C_8-C(C_8)-C_8$	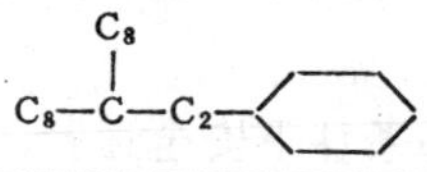	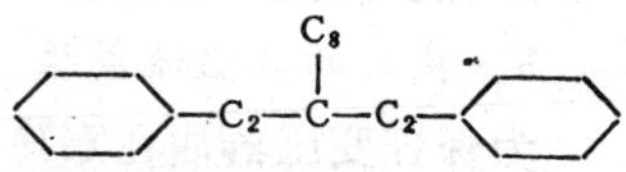
粘度，mm^2/s $\nu_{37.8}$	8.93	14.72	33.49

构式为$C_8-C(C_8)-C_8$的异构烷烃，在37.8℃时的运动粘度为8.93mm^2/s，当分子中引入一个六元环烷环时粘度增大到 14.72mm^2/s 当分子中引入两个六元环烷环时，粘度就增大到 33.49 mm^2/s。

在单环和双环的烃类中，环烷烃的粘度要比芳香烃的粘度大。如环烷烃

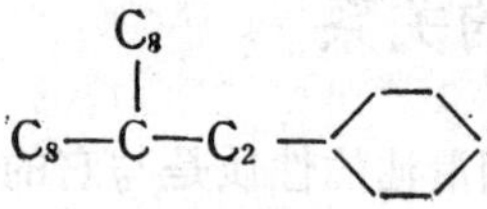在37.8℃时的运动粘度为 14.72mm^2/s，而芳香烃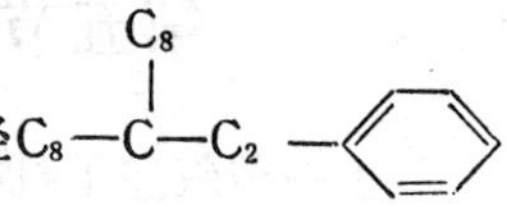在同温度下的粘度则为9.38mm^2/s；又如环烷烃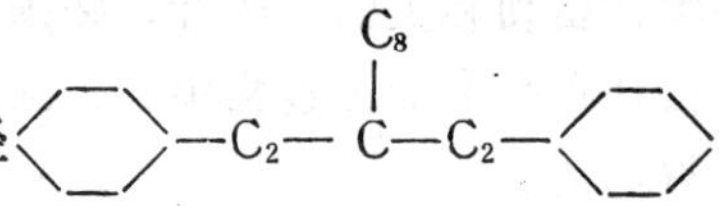在37.8℃时的运动粘度为33.49mm^2/s，而芳香烃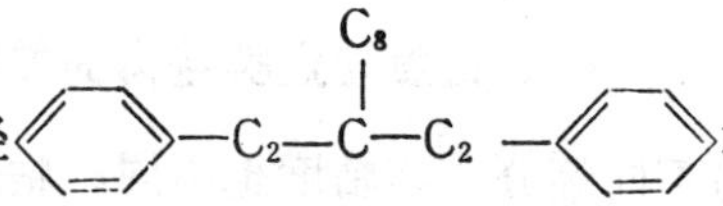在同温度下的运动粘度则仅为 12.61mm^2/s。在表Ⅳ-1-9中也可以看到同样的规律。

在三环及三环以上的烃类中，芳香烃的粘度反而比环烷烃的粘度大（见表Ⅳ-1-9）；而环烷-芳香烃的粘度居中，且粘度随着芳香环对环烷环比数的增加而增大，当侧链愈短，总环数愈多时，这种影响就愈大。

表 Ⅳ-1-9 环状烃中的环烷环及芳香环对粘度的影响

碳原子数	22	22	28	28	25	25
结构式	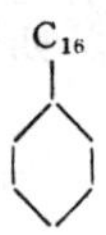		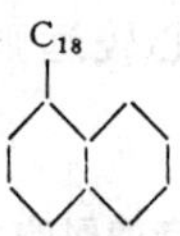	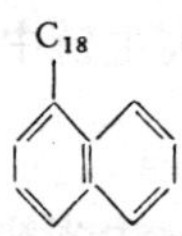	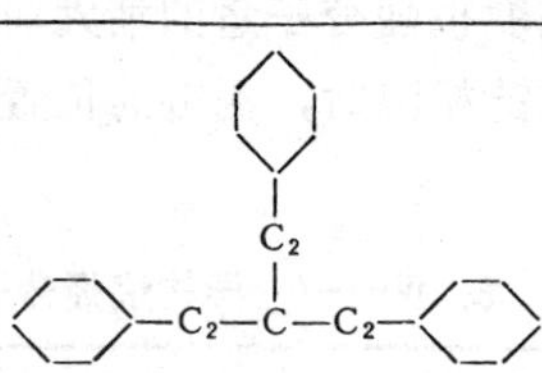	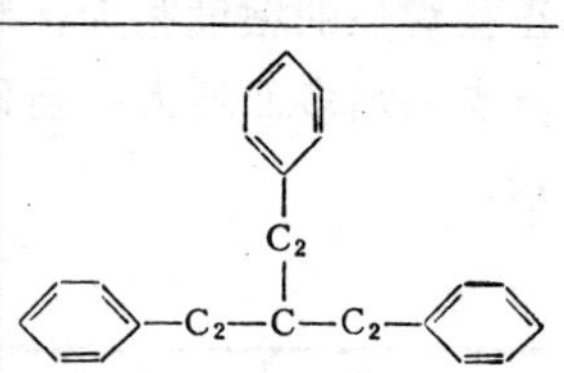
粘度，mm^2/s ν_{50}	7.2	5.66	19.70	14.50	15.02	15.10

环状烃的粘度随其侧链长度的增加及侧链数目的增多而增大。从表Ⅳ-1-10中可以看到环状烃的粘度因侧链不同而异的情况。同时可知，当环状烃的环数、环结构、侧链碳原子数相同时，侧链分支多的环状烃类粘度大。

综合上面所述，可以看出：当几种烃类的碳原子数相同时，正构烷烃的粘度最小，异构

表 Ⅳ-1-10　侧链分支情况对环状烃类粘度的影响

碳原子数	22	22	22	22
结构式	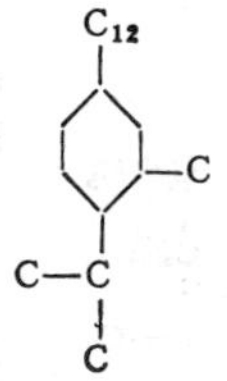	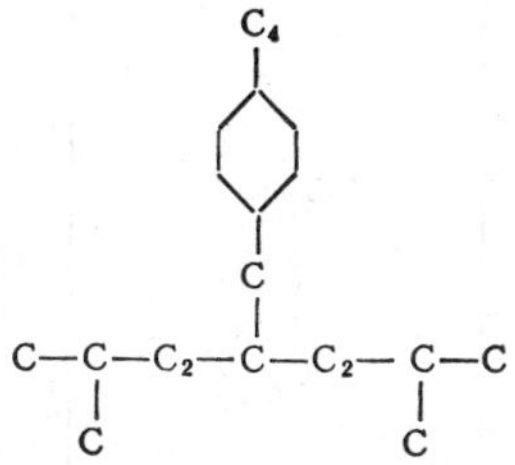		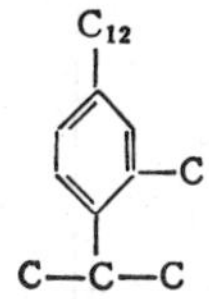
粘度,mm²/s,ν_{50}	6.99	10.02	5.66	6.32

烷烃较大，环状烃的粘度最大。而且根据原油中的烃类分布规律得知，随着沸点升高，环状烃的含量愈来愈多，所以润滑油馏分中的烃类大多数是环状烃。因此润滑油中的环状烃是润滑油粘度的载体，就粘度方面来看，润滑油中的理想组分应是环状烃类。

另外，润滑油馏分中含的胶质、沥青质的粘度虽然很大，但是它们的存在易使润滑油产生漆状物和生成焦炭，所以在润滑油生产过程中必须除去。

二、粘温特性与烃类结构的关系

润滑油的粘度随温度的升高而降低。多数润滑油在50℃以下时，尤其是在低温下粘度的变化较大，而在50～100℃的温度范围内，粘度的变化极小，在100℃以上时，粘度的变化也很小。一般是用粘度指数来评定油品的粘温特性，粘度指数愈大，粘温特性愈好。

油品的粘温特性与烃类的分子大小及结构有关。在润滑油的烃类中，以正构烷烃的粘温特性为最好，粘度指数可达 180 以上，且粘度指数随分子量的增大而增大。异构烷烃的粘度指数要比正构烷烃低；在碳原子数相同时，异构烷烃的侧链愈短、愈少及侧链分支链愈少，粘度指数愈大；并且侧链离主链中心的位置愈远，粘度指数愈大。

环状烃的环数愈少，粘度指数愈大；环状烃的侧链愈长，数目愈小，粘度指数愈大，并且侧链上的分支愈少，粘度指数愈大。

若芳香烃与环烷烃的环数相同，侧链上的碳原子数和结构相同时，则环烷烃的粘度指数大于芳香烃的粘度指数。现将一些烃类的粘度指数列于表Ⅳ-1-11中

从表 Ⅳ-1-11 中可以看出，各种烃类在碳原子数相同时，正构烷烃的粘度指数最大。异构烷烃的粘度指数随异构化程度的减小而增大，也就是说，异构烷烃的结构愈接近于正构烷烃的结构，粘度指数就愈大。

环状烃类的环数愈少，侧链的异构化程度愈小（愈接近于正构烷基），粘度指数就愈大；而且环状烃的侧链愈长，粘度指数就愈大。

综上所述，我们可以得出结论，正构烷基侧链是润滑油中烃类的粘度指数的载体。从润滑油的粘温特性的要求看来，异构烷基链是不可取的。烃类的粘度指数的大小，还要受到侧链多少的影响，侧链数目愈多，粘度指数也愈小。此外，还应考虑到环状烃类中的所含环数的多少对粘温特性的影响，研究结果表明，烃类分子的粘度指数随环数的增加而急剧减小(见表 Ⅳ-1-12)。环烷-芳香烃的粘度指数随环数的变化规律与环烷烃及芳香烃的规律相同。至

表 IV-1-11 各种烃类的粘度指数

碳原子数	26	28	26	26	22
结构式	n—C_{26}	n-C_{28}	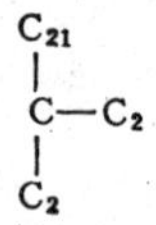	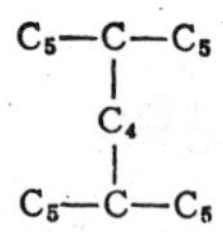	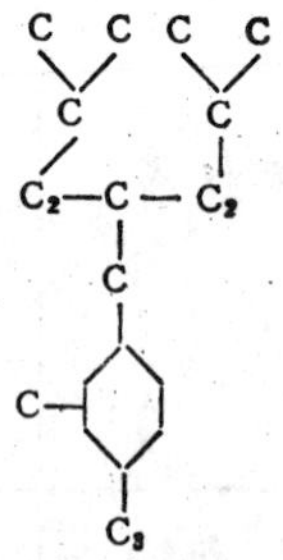
粘度指数	177	188	174	72	<0

碳原子数	22	26	26	26	26	32	32
结构式	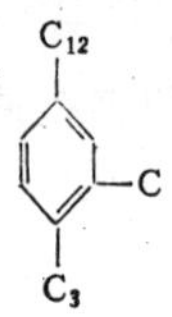	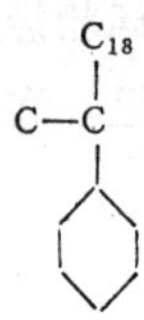	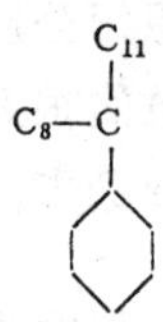	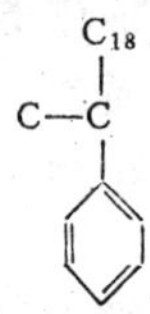	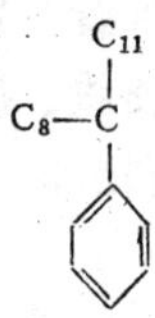	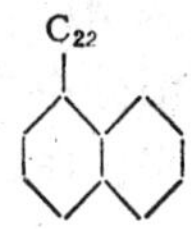	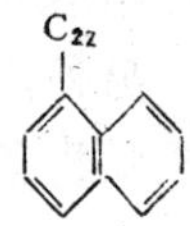
粘度指数	95	166	107	159	105	148	144

表 IV-1-12 环状烃中环数对粘度指数的影响

烃 类	分子式	环 数	侧链的碳原子数	粘度指数
环烷烃	$C_{24}H_{48}$	1	18	160
	$C_{28}H_{54}$	2	18	144
	$C_{28}H_{52}$	3	14	40
	$C_{25}H_{44}$	4	7	−150
	$C_{23}H_{40}$	5	5	−300
芳香烃	$C_{24}H_{42}$	1	18	196
	$C_{28}H_{44}$	2	18	140
	$C_{28}H_{42}$	3	18	93

于润滑油馏分内的胶质、沥青质，其粘温特性更坏。因此，结合润滑油的粘度和粘温特性这两方面来看，少环长侧链的环状烃是润滑油的理想组分。而正构烷烃的粘温特性虽好，但是它的低温流动性却很差，因而并不属于理想组分（详见本节三）。

三、低温流动性与烃类结构的关系

润滑油的流动性随温度的降低而逐渐变差，直到凝固而失去流动性。其原因在于两个方面：一方面是由于高分子烃类的粘度很大，在低温时，粘度变得更大而使油品丧失流动性，这种现象称为粘温凝固。造成粘温凝固的烃类主要是油品中的多环短侧链的环状烃类及胶质。另一方面是由于油品中某些烃类在低温时能形成结晶，晶体之间靠分子间引力联结起来，形成结晶网，把液体包围住而使油品流动性变差，乃至丧失流动性，这种现象称为结构凝固。造成结构凝固的烃类是油品中的高熔点正构烷烃、异构烷烃和长烷基链的环状烃。

正构烷烃的凝点随分子量的增加而增高。异构烷烃的凝点随碳原子数不同而变化的规律，视其结构不同而异；碳原子数相同的异构烷烃，异构化程度愈小的、凝点就愈高，即侧链位置离主链中心愈远，侧链数目及分支愈少的异构烷烃的凝点愈高。

环状烃类的凝点随其环数的增多而增高；侧链的结构对环状烃类凝点的影响，其规律与异构烷烃相似，侧链分支离环愈远时，凝点就愈高，一些烃类的凝点列于表Ⅳ-1-13中。

从表Ⅳ-1-13中看出：各种烃类在碳原子数相同时，以正构烷烃的凝点为最高，其次为环状烃，异构烷烃的凝点最低。

表Ⅳ-1-13　各种烃类的凝点

碳原子数	28	24	24	24	24	24
结构式	$n-C_{28}$	$n-C_{24}$	$C-\overset{C_{21}}{\overset{\mid}{C}}-C$	$C-\overset{C_{18}}{\overset{\mid}{C}}-C_4$	$C-\overset{C_{11}}{\overset{\mid}{C}}-C_{11}$	$C_8-\overset{C_3}{\overset{\mid}{C}}-\overset{C_3}{\overset{\mid}{C}}-C_8$
凝点，℃	61.6	50.7	37.6	8	−27	−60
碳原子数	24	24	24	24	28	28
结构式		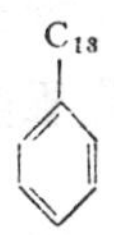	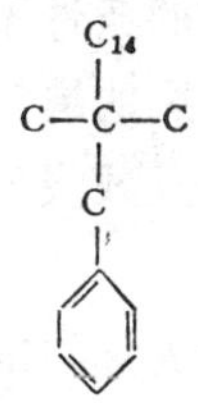	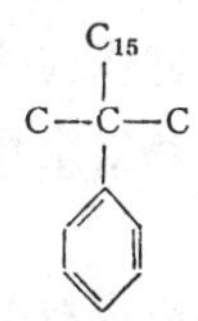		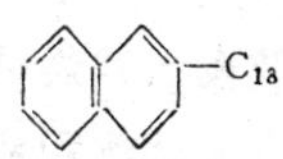
凝点，℃	41.3	32.8	−19	−40	43～47	51～52

因此，为改善润滑油的低温流动性，除了应该将影响其粘温凝固性的多环短侧链环状烃及胶质除去外，还应将影响其结构凝固性高的正构、异构烷烃及长烷基侧链的环状烃（通称为固态烃类，因它们在常温下呈固态而得名）除去，除去的程度应根据润滑油的使用要求确定。

四、抗氧化安定性与烃类结构的关系

润滑油在贮存和使用过程中，由于热和氧的作用而氧化变质，影响它们的使用性能。

润滑油氧化后的产物有：有机酸、羟酸、酚及醇、醛、酮、酯、胶质、沥青质等。低分子有机酸能腐蚀金属，高分子有机酸在低温下和有氧及水存在时，也能腐蚀金属，羟酸还能进一步缩合成漆状和焦状沉积物，沉积于机件上可把零件牢固地粘在一起，胶质、沥青质是各种氧化物深度氧化、缩合的结果，它又可以进一步缩合为含氢更少的炭青质，这些物质是油中沉淀的主要来源。其中醛、酮、酯易生成缩合物使油的粘度稍有增加。

在相同的实验条件下，各种单体烃类中，以芳香烃的抗氧化安定性最好，尤其是无侧链的单环芳香烃最不易氧化；环烷烃的抗氧化安定性比芳香烃要差得多；环烷-芳香烃的抗氧化安定性介于环烷烃及芳香烃之间；而烷烃的抗氧化安定性最差。

不同的烃类氧化产物不同，润滑油的组成中的烷烃、环烷烃氧化的主要产物是醇、醛、酸等，固体产物很少，因此这类烃的氧化产物对润滑油的突出影响是酸值增大；芳香烃随其结构不同而使其氧化产物有所区别，短侧链芳香烃、多环芳香烃经氧化、缩合最终生成胶质、沥青质及半油焦质等；环烷-芳香烃氧化后生成大量的酸、羟酸、胶质及沉淀物等。

综上所述，为减少润滑油氧化后生成胶质、沥青质等沉积物，希望其组成为环数少、侧链长的芳香烃和环烷烃，但这些烃类氧化的结果使酸值增加很多，因此，经过一定程度精制后的润滑油，常需加入少量的抗氧化添加剂来提高油品的抗氧化安定性能。由于多环短侧链的芳香烃与胶质具有一定的抗氧化作用，因此，在精制过程中，根据情况还需要保存一部分多环短侧链的芳香烃和胶质，起天然的抗氧化作用。在油品中非活性高分子含硫多环化合物也具有较强的天然抗氧化作用。

润滑油的氧化性能，除与它的化学组成有关外，还与外界使用条件有关，例如温度在50℃以上才能明显表现氧化作用，在125℃以上可激烈氧化生成胶漆和焦炭。润滑油的氧化作用也随空气压力增大而增强，润滑油在高压纯氧的作用下，氧化反应异常激烈甚至爆炸，故在氧气瓶和氧气压缩机上绝对不能使用润滑油。除此以外，氧化性能还与润滑油和氧气的接触表面积、某些金属（如铜、铅、锰、铁等）的催化作用有关。

五、残炭值与烃类结构的关系

将油品放入残炭测定器中，在不通入空气的条件下加热油中的多环芳烃、胶质和沥青质等受热蒸发、分解并缩合，排出燃烧气体后所剩的鳞片状黑色残余物，称为残炭，以重量百分数表示残炭值。它反映了油品的热安定性，并且残炭值在一定程度上反映了油品在使用时生成漆状物和积炭的倾向性。

油品的残炭值大小与其化学组成有关，生成焦炭的主要物质是沥青质、胶质及芳香烃。在芳香烃中，以多环芳香烃的残炭值最大，而环烷烃生成的焦炭很少，烷烃则不生成焦炭。

经研究表明：润滑油在使用过程中，生成的积炭量逐渐增多，是由于某些烃类被深度氧化而生成胶质、沥青质，这些胶质、沥青质再进一步缩合而生成焦炭的缘故。可见，积炭的生成不仅与润滑油的热安定性有关，而且也与润滑油的抗氧化安定性有关。

多环短侧链的环状烃及胶质多集中于重质油馏分中，尤其是残渣油中，因此，重质润滑油馏分要比轻质润滑油馏分的残炭值高。为了降低润滑油的残炭值，就必须从润滑油馏分中除去多环短侧链的环状烃（特别是多环短侧链的芳香烃）与胶质和沥青质。

综合上述润滑油的主要使用性能与烃类化学组成的关系，可知，若欲得到品质好的润滑油，在加工精制过程中，就必须除去润滑油馏分中的沥青质，大部分胶质、多环短侧链的环状烃及含硫、氮、氧的非烃有机化合物，上列物质统称为润滑油中的非理想组成。保留其少环长侧链及少量的少环多侧链的环状烃，这些物质称为润滑油的理想组分。为改善润滑油的低温流动性，还必须除去部分固态烃类（即凝点较高的高分子烷烃）。

第六节　润滑油的生产过程

为满足各种机械对润滑油提出的各种使用要求，对各种润滑油规定了各种质量指标。润滑油的生产任务，就是要按照国家规定的各项质量指标，通过各种工艺过程，把原料加工精制成为合格的润滑油产品。

润滑油质量指标所规定的项目很多，一般包括粘度、粘度比（或粘度指数）、凝点、闪点、残炭值、酸值、灰分、水分、机械杂质及颜色等。此外，对特殊要求的润滑油来说，还必须增加代表其特殊性能（如清净分散能力、抗乳化性等）的有关项目。为保证润滑油产品能符合这些质量指标的要求，现必须在生产中采用各种工艺方法，并根据原料的性质，工厂的设备条件以及加工的经济合理性等方面统筹兼顾，使各加工过程能够多、快、好、省地依次完成。

各工艺过程各自具有不同的加工目的，例如：为保证润滑油具有一定的粘度，就必须在原油的初馏过程中，在减压蒸馏塔切割出粘度合适的润滑油馏分。为保证润滑油能具有较好的粘温特性、较低的残炭值和较理想的抗氧化安定性，就必须对润滑油馏分施行溶剂（或酸碱）精制，以便除去润滑油馏分中的多环短侧链的环状烃、沥青质和大部分胶质，同时，也随着胶质、沥青质的脱除而改善了润滑油的粘温凝固性。为保证润滑油具有较好的低温流动性能，就必须脱蜡（包括冷榨脱蜡、溶剂脱蜡和尿素脱蜡等）工艺，以除去润滑油馏分中熔点较高的固态烃。为了保证润滑油产品中不含有精制后残存在润滑油中的溶剂（它们的存在会使润滑油闪点降低，或在润滑油使用中易于分解而使润滑油的残炭值增大）及为了使润滑油产品中不含酸、碱性物质（包括酸渣、碱渣、环烷酸、脂肪酸及它们的盐类）、不含机械杂质、灰分、有色物质和水分等，还必须采取白土吸附的办法。以上这些工艺过程，究竟谁先谁后，或取或舍（例如是先脱蜡后精制，还是先精制后脱蜡），需要根据原料性质、设备条件以及加工的经济合理性等各方面的因素来决定。

有时，润滑油馏分经过一系列加工过程之后，可能有某些项目仍然达不到质量指标的要求。甚至有时虽然经过加工而提高了产品的某些品质，但却又带来了其它某些品质的降低，因此，还须往润滑油产品中加入少量的添加剂以进一步改善润滑油的使用性能，使其各项质量指标都能达到规格标准。添加剂的种类很多，有抗氧化添加剂、抗氧化抗腐蚀添加剂和抗氧化防胶添加剂等多效添加剂、清净分散添加剂、粘度添加剂、抗凝添加剂、油性添加剂、极压添加剂和防锈添加剂等。有时采用馏分油调合的办法，也可以收到同样的效果。

此外，润滑油品种繁多，目前润滑油的牌号已有100多种，若要对生产每种牌号的润滑油都要在原油和初馏时专门切割出一个馏分，那是根本无法实施的；况且，随着现代化科学技术的突飞猛进，对润滑油品质要求愈来愈严格，只凭单个的宽馏分，是很难获得全面合乎规格要求的润滑油的。因此，必须在原油初馏时，先切割出许多窄馏分，经精制加工后得到基础油，再按照不同的规格要求，把这些基础油按一定的比例进行调合，并加进合适的添加剂，才能制成合格的润滑油。这就需要有一个专门的产品调合工艺过程。

对于残渣润滑油原料（减压渣油）来说，还应考虑到减压渣油中集中了原油中所含的绝大部分的胶质和沥青质。若先进行溶剂脱蜡，则蜡的结晶不良，蜡中带油量大，难以过滤，而且润滑油的收率也低。同时，蜡和沥青混在一起，也难以分离，两者皆无法利用。为此，残渣润滑油原料的加工过程，必须首先经过丙烷脱沥青的工艺过程，以除去原料中所含的胶质和沥青质，然后再进行上列各加工过程。为简明起见，现将润滑油的生产工艺过程概括于图Ⅳ-1-6中。

除了图Ⅳ-1-6中所示的生产过程以外，随着炼油工艺技术的发展，已经研究出润滑油催化加氢精制的新工艺，见第五篇。

目前，用润滑油的催化加氢精制代替白土精制的工艺方法已经开始运用于工业生产；而用润滑油催化加氢精制代替溶剂精制和白土精制的工艺方法正处在试验阶段；用润滑油催化加氢精制代替脱蜡、溶剂精制和白土精制的工艺方法，已经开始研究。

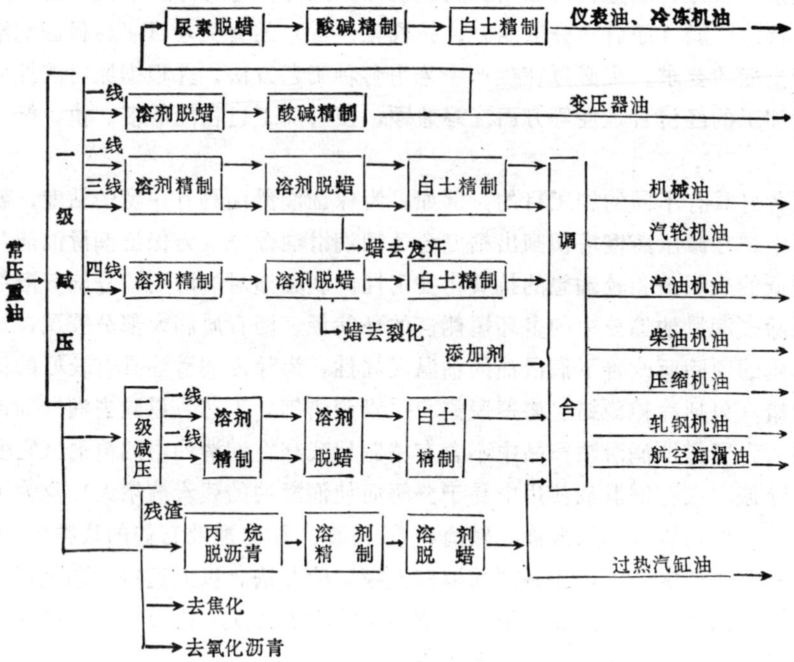

图 Ⅳ-1-6 润滑油生产程序示意图

第二章　润滑油的选择性溶剂精制

润滑油精制的目的，是从馏分润滑油原料和脱沥青后的残渣润滑油原料油中，除去所含的大部分多环短侧链的芳香烃、胶质、沥青质及含氧、氮、硫的非烃化合物（统称为非理想组分），而保留其理想组分，从而改善润滑油的粘温特性及抗氧化安定性。

炼油工业中最先采用酸碱精制法，即用浓硫酸从润滑油原料中除去非理想组分。但由于这种方法存在着处理量小、操作不连续、酸渣无法处理（污染环境）、收率低和生产费用高等缺点而被溶剂精制法所代替。但酸碱精制法仍因其具有使精制油的抗氧化安定性特别好的优点，而被继续应用于一些特殊要求的润滑油的精制工艺。

利用一种选择性溶剂，将润滑油原料中的非理想组分溶解、分离，保留其理想组分，以提高润滑油质量的工艺称为润滑油的选择性溶剂精制（简称为溶剂精制）。

第一节　润滑油的选择性溶剂精制原理

选择性溶剂精制法是一种物理方法，它不改变润滑油中任何组分的分子结构，即不起化学反应，只是通过溶剂对非理想组分的溶解作用来除去润滑油中的非理想组分的方法。

一、溶剂抽提

利用溶剂把混合物中的某组分提取出来的方法称为溶剂抽提。

如图Ⅳ-2-1所示，将一定量的润滑油原料装入烧杯中，在温度一定的条件下，逐渐向烧杯内加入溶剂（例如酚和糠醛）。当加入少量溶剂时，溶剂能溶解在油里，继续加入溶剂，在烧杯内的溶液分为两层（每层称为一相）。上层是溶剂溶解在油中的饱和溶液，它是以含理想组分为主，并溶有少量的溶剂及少量的非理想组分，称为提余液。下层是油溶解在溶剂中的饱和溶液，它是以含溶剂为主，并溶有大量的非理想组分及少量的理想组分，称为提取液。

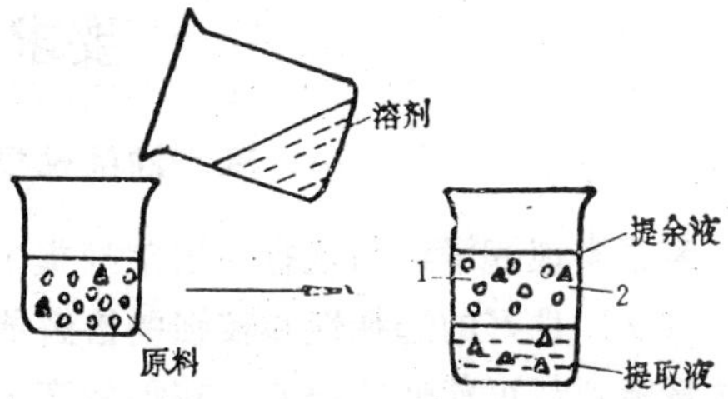

图 Ⅳ-2-1　溶剂精制原理图

1—原料中的理想组分；2—原料中的非理想组分

溶剂精制的原理就是利用某些有机溶剂对润滑油馏分中所含的各种烃类，具有不同溶解度的特性。非理想组分在溶剂中的溶解度比较大，而理想组分在溶剂中的溶解度比较小，这样，在一定的条件下，就可使润滑油原料中的理想组分和非理想组分分开。

各种润滑油抽提过程进行的深度如何，关键在于溶剂对非理想组分及理想组分的溶解能力的差别。这种差别越大，过程进行得越完全，分离效果也越好。溶剂的这种对非理想组分及理想组分的溶解能力的差别，称为溶剂的选择性。溶剂的选择性越强，抽提效果就越好，具有选择性的溶剂就称为选择性溶剂，采用选择性溶剂进行润滑油抽提的精制工艺称为润滑油的选择性溶剂精制。

二、分 配 定 律

在抽提过程中，当温度和压力一定时，溶解在两个互相接触的互不溶解的溶剂中的物质，在两相达到平衡时，它在两相中的体积浓度之比是一个常数。这个规律称为分配定律。

当溶剂和原料油接触时，非理想组分在原料油中的浓度要大于它达到平衡时在溶剂中的浓度，由于这个浓度差使非理想组分向溶剂中扩散，直至达到平衡为止。此时，非理想组分在提取液和提余液中的浓度比服从分配定律，其表达式为：

$$K=\frac{Y}{X}$$

式中 K——分配系数；

Y——溶质（非理想组分）在提取液中的体积浓度；

X——溶质（非理想组分）在提余液中的体积浓度。

从上式可知：若K值越大，说明非理想组分在提取液中的浓度越大，即原料中的非理想组分被溶剂提取出来的量越多，抽提过程进行得就越完全。可见，K的大小是由加入的溶剂对溶质（非理想组分）的溶解能力所决定的。因此，溶剂对溶质的溶解能力越强，抽提过程进行得越深。

当温度升高时，由于溶剂对非理想组分的溶解能力提高，使K值增大。但当温度升高到某一温度时，由于溶剂和油的相互溶解度增加而完全互溶，此时，只能生成一相，K值等于零，抽提过程也就无法进行。

第二节 润滑油的选择性溶剂精制对溶剂的要求和溶剂的性质

一、润滑油的选择性溶剂精制对溶剂的要求

为了实现润滑油的选择性溶剂抽提过程，对溶剂必须提出下列要求：

（1）良好的选择性和较强的溶解能力。溶剂的选择性良好，就可以把提取液中的理想组分含量降到尽可能低的程度，获得较高的精制油收率。可是，如果溶剂的选择性虽好，但它的溶解能力很弱时，虽然理想组分几乎不溶于溶剂，但在单位体积溶剂中被溶解的非理想组分的量也不多，就不得不使用更多的溶剂才能把非理想组分抽提出来，从而使设备增大或增多，操作费用增加，很不经济。

我们把烃类在溶剂中的溶解度大小，称为该溶剂对烃类的溶解能力。一般各种烃类在有机溶剂中的溶解度都是随温度的升高而增大的，因此，可以用下述方法来比较溶剂对各种烃类的溶解能力的强弱：用同体积的有机溶剂（如苯胺）与烃类混合，随温度升高。二者互溶的程度不断增大，当二者完全互溶时，原来的两相溶为一相，这时的温度称为该烃类的苯胺点。某烃类的苯胺点愈高，就说明溶剂（苯胺）对该烃类愈不易溶解，也就是溶剂对该烃类的溶解能力愈弱。反之，某烃类的苯胺点较低时，则说明溶剂对该烃类的溶解能力较强。

图Ⅳ-2-2中作出了不同结构烃类的苯胺点。从图中可以看出，同一类型的化合物，当环中的碳原子数占分子中总碳原子数的百分率愈大时，苯胺点就愈低；烃类分子结构与溶剂（苯胺）的分子结构（特别是环的结构）愈接近，其苯胺点就愈低。因此，乙基苯衍生物的苯胺

点最低，其次为乙基环己烷衍生物，而丙基环戊烷的苯胺点更高。图中虽然未给出烷烃的曲线，但环中碳原子数的0%点就代表了烷烃，因此曲线与纵坐标轴的交点即为烷烃的苯胺点。

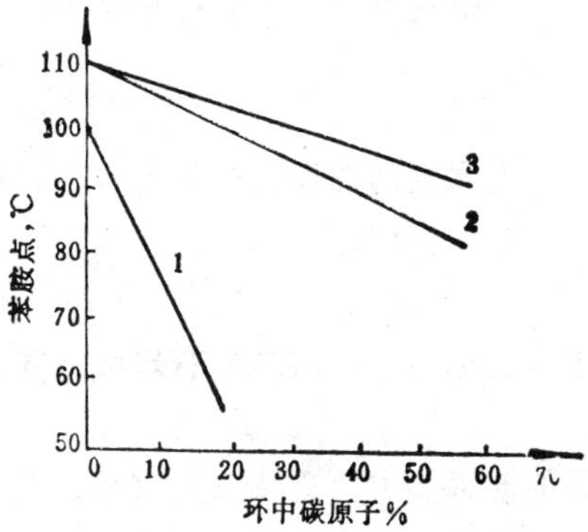

图 Ⅳ-2-2 不同结构的烃类苯胺点
1—乙基苯衍生物；2—乙基环己烷衍生物；3—丙基环戊烷衍生物

上述规律，在测定其它有机溶剂对烃类的溶解能力时仍大致相同。可见，有机溶剂对润滑油原料中的各种烃类溶解能力的强弱是与烃类的分子结构有关的，它们的次序是：胶质＞多环芳香烃＞少环芳香烃＞环烷-芳香烃＞环烷烃＞烷烃；对同类烃的溶解能力，依该烃类分子量的增大而减弱；对环状烃的溶解能力，依环状烃的侧链的增长及侧链数目的增多而减弱。

再者，溶剂对烃类的溶解能力也与溶剂本身的分子结构有关。且溶剂对烃类的选择性与溶解能力常常是相互矛盾的，即选择性较强的溶剂，其溶解能力反而较弱。现将几种常用的选择性溶剂的选择性及溶解能力列于表Ⅳ-2-1。

表 Ⅳ-2-1 各种溶剂的溶解能力和选择性次序

溶剂名称	分子结构式	对烃类的溶解能力	对烃类的选择性
液体二氧化硫	SO_2	弱	强
糠醛	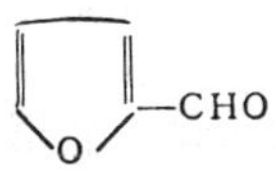	↓	↓
苯酚	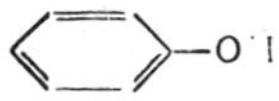	↓	↓
苯胺	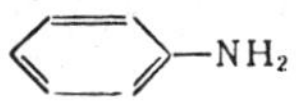	↓	↓
硝基苯	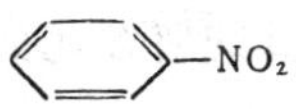	强	弱

（2）溶剂和原料油在某些物理性质方面应有较大的差别。这些物理性质包括密度，粘度、沸点。对它们的要求是：

①密度差别大，使提取液及提余液易于分成两相，形成上下两层；

②粘度小，利于分离；

③沸点低，且与油有较大的沸点差，以利于蒸馏回收溶剂，但沸点不宜过低，否则精制过程须在高压下进行，使生产过程复杂化，回收成本增加。

（3）在精制过程中，溶剂与原料油不发生任何化学反应，以免影响润滑油的质量。

（4）溶剂要有足够的热稳定性和抗氧化安定性。溶剂在使用过程中不易分解，不易变质，以保证回收利用。

（5）溶剂应毒性小、腐蚀性小、易于制得。

实际上，要求溶剂在各方面的性能都很好，是难以办到的。一般在选择溶剂时，应抓住选择性强、溶解能力强和易于回收等主要性能，兼顾其它方面的要求。在润滑油精制过程中，酚和糠醛是最常见的最广泛采用的溶剂。

二、溶剂的性质

工业上常用的选择性溶剂有苯酚和糠醛。现在把它们的性质分述如下：

1．苯酚的性质

苯酚简称为酚，俗名为石炭酸，其化学结构式为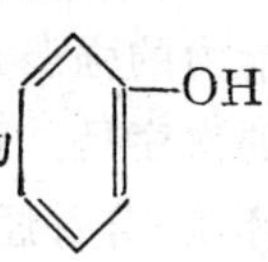。对烃类具有中等的选择性和较强的溶解能力，有特殊的气味，其主要物理性质如下：

分子量	94.11
25℃时的密度，g/cm^3	1.071
常压下的沸点，℃	181.6
熔点，℃	40.97
燃点，℃	430
常压下的蒸发潜热，kJ/kg	478.6
45℃时的运动粘度，mm^2/s	3.8

酚在常温下能形成无色的针状或棱形结晶，显弱酸性，能与碱作用而生成易溶于水的酚盐，酚易被氧化，在空气中及光的作用下，能被氧化而首先变成玫瑰色，继而变为棕红色。

酚微溶于水，在20℃时，酚可以溶解于15倍体积的水中；若温度高于68℃时，则可与水完全互溶。酚能与水形成恒沸点混合物（共沸物）。常压下的共沸点是99.6℃，共沸物中的酚含量为9.2%（重量）。

酚有毒，纯酚及其水溶液均能灼伤皮肤，溅入眼中会造成永久性灼伤，导致视力减退，乃至失明。因此，在使用酚时应特别注意安全防护。酚蒸气在空气中的最大允许浓度是0.005 mg/L，若工作环境中的酚浓度超过此限时，必须戴防毒面具。酚蒸气的密度比空气的大，易聚集于低凹潮湿处。

酚对碳素钢有腐蚀性，特别是对铜、铝制设备的腐蚀尤为严重，因而酚抽提装置要采用合金钢材料制作。

2．糠醛的性质

糠醛是杂环的呋喃族醛类。其化学结构式为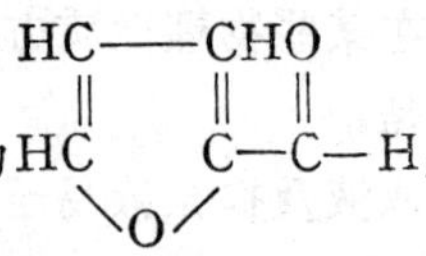，具有很强的选择性和中等的溶解能力，有苦杏仁味。其主要物理性质如下：

分子量	96.09
25℃时的密度，g/cm^3	1.1563
常温下的沸点，℃	161.8
熔点，℃	-36.5
闪点（开杯），℃	56
常压下的蒸发潜热，kJ/kg	446.3
38℃时的运动粘度，mm^2/s	0.907

纯糠醛在常温下是无色透明的液体，能溶于乙醇和乙醚中。糠醛的化学性质较活泼，在空气中易被氧化而使颜色变深，先呈黄色，继而逐渐变为褐色，特别是在光和热的作用下，会加剧其氧化速度。当温度在230℃以上时，容易分解而变成胶质。有机酸的存在会加速糠醛的氧化作用。糠醛能和酚类作用，发生酚醛缩合反应，产生沉淀。

糠醛能和水部分互溶，在常温（25℃）下，糠醛在水中的重量百分浓度是6.3%，而水在糠醛中的重量百分含量为6.1%；当温度高于121℃时，糠醛与水能完全互溶。糠醛与水能形成共沸物，其常压下的共沸点是97.45℃，共沸物中的糠醛重量百分浓度为35%。

糠醛的毒性比酚小，对皮肤有腐蚀性。糠醛蒸气在空气中的最大允许浓度为0.01mg/L。在生产中，为检查油品内是否含有糠醛或检查设备是否有糠醛泄漏时，可用浸有醋酸与苯胺的纸片来进行检验，如果有糠醛存在时，纸片会变红，反应如下：

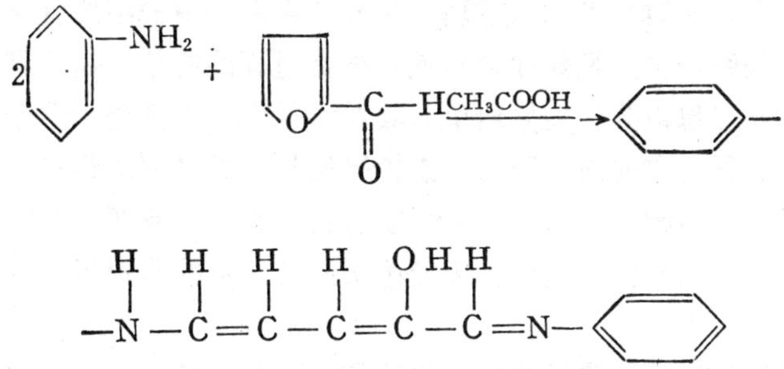

糠醛质量的好坏，直接影响精制效果。因此，平时向装置补充用的糠醛有一定的质量要求（表Ⅳ-2-2）。

表 Ⅳ-2-2 糠醛质量要求

外 观	相对密度	纯度，%	酸 值	水分，%	酸溶盐含量	蒸发性	
						158℃以下	165℃
淡黄～黄色	1.140～1.165	>96	中性	<1	无	<18%	>97%

由于糠醛的化学安定性和热安定性较差，因此，在生产中使用糠醛时，应采取以下措施：

（1）控制糠醛的酸值。经常化验糠醛的酸值，当发现酸值增大时，应及时采取措施以降低其酸值，并预防其酸值增大，措施有：

①在糠醛中加入一定量的弱碱性物质，如$Ca(OH)_2$、Na_2CO_3等进行中和；

②避免糠醛与酸性物质接触；

③设法减小原料油的酸值。

（2）避免与酚类物质接触。如抗氧化添加剂2，6-二叔丁基对甲酚、苯酚等，以免发生酚醛缩合反应而生成胶质沉淀物。

（3）避免与空气直接接触。在糠醛储罐内，应在糠醛的自由表面上覆盖一层厚度大于1cm的油层，以隔绝空气。

（4）控制加热炉温度。应在生产过程中，控制好提取液及提余液加热炉出口温度，使不超过230℃，以避免糠醛的分解。

第三节　润滑油选择性溶剂精制过程的条件和影响因素

抽提过程是一个由不平衡趋向于平衡的过程。在抽提过程中，最初，当溶剂和原料刚接触时，由于溶质（非理想组分）在两相间的浓度差最大，因此，原料中的溶质（非理想组分）扩散到溶剂的速度也最大，随着过程的进展，溶剂中的溶质（非理想组分）浓度逐渐增大，溶质由溶剂向原料的扩散在不断增大，同时由于原料中的溶质（非理想组分）在不断减小，因此，溶质（非理想组分）由原料向溶剂的扩散速度也在不断减小，当原料中的溶质（非理想组分）向溶剂的扩散数量和由溶剂中的溶质（非理想组分）向原料的扩散数量在单位时间内相等时，即达到了平衡，此时，溶质（非理想组分）在两相中的溶质就不再发生改变了，它在两相间的浓度比例关系遵循分配定律，这就是抽提过程的终结。由此可见，抽提过程进行的推动力就是溶质（非理想组分）在原料中与其在溶剂中的浓度差，这个浓度差越大，过程进行的趋势就越大，过程的方向向着平衡状态，平衡状态是过程的终点。

由此可知，若要润滑油的溶剂抽提过程得以进行，必须具备两个基本条件，就是：

（1）溶剂必须具有选择性，这样，才能溶解原料油中的非理想组分，而不溶解或尽可能少地溶解理想组分。

（2）溶剂与原料作用后，能够分成互相平衡的两相。只有分成两相，才能将非理想组分分离出去。

实际上在生产中还要考虑到提高精制油的质量、收率、降低消耗、节省能源等方面，因此，就必须对影响抽提的诸因素进行分析研究，借以确定合理的工艺条件。

一、溶剂用量对精制效果的影响

溶剂与原料相混合以后，并不是在任何情况下都能形成两相的。若在一定的温度下，加入的溶剂量很少，由于溶剂被原料所溶解，所以就不可能形成两相。若再多加入一些溶剂，当溶剂的浓度达到了溶剂在原料中的饱和浓度时，那么溶剂就不再继续被原料溶入，此时若再多加入溶剂（既便是很少），就一定会出现另一相。同样的道理，在一定的温度下，若用大量的溶剂与很少量的原料油相混合，这少量的原料油也可以完全被溶剂溶解，只有在增加原料油，使原料油在溶剂中的浓度超过该温度下原料油在溶剂中的饱和浓度时，才能出现两相，上述情况表明，在一定温度下，溶剂量和原料量只能在一定的比例范围内，才能形成两相。

工业上以溶剂的用量与原料量的比值，称为溶剂比，即

$$溶剂比=\frac{溶剂用量}{原料油量}$$

溶剂比可以是体积比，也可以是重量比，一般常用体积比。

一般说来，在形成两相的条件下，随着溶剂比的增大，非理想组分被抽提得愈多，提余油的质量就提高得愈大。然而理想组分被溶剂溶解去的数量也相应增多，因此精制油的收率也会相应地下降。如表Ⅳ-2-3列出的大庆15号汽油机油馏分在进行酚精制时的溶剂比与提余油质量及收率的对比数据（抽提塔顶温度为95℃）。

由表看出，采用较大的溶剂比，对提高提余油（精制油）的质量是有好处的。但是过大的溶剂比不仅使提余油的产率降低，而且使设备负荷增大，影响处理能力（降低处理量），同时也增加了溶剂回收系统的负荷，增加了生产费用。此外，过大的溶剂比，会将润滑油中的芳香烃除去得过多，反而会影响润滑油的抗氧化安定性。所以溶剂比应选取适当，应根据原料性质、溶剂种类、产品质量要求并结合其它工艺条件来确定。

一般粘度较大的原料油，溶剂比应大些，如残渣油原料所采取的溶剂比就要大于馏分油原料。质量要求较高的润滑油，为要除去更多的芳香烃，就可以采用较大的溶剂比。在用酚作溶剂时，一般低粘度油的溶剂比为1.3:1～2:1，中粘度油为2.5:1～3.5:1，高粘度油为3.5:1～4.5:1，而残渣润滑油却大得多，甚至可达6:1，在使用糠醛做溶剂时，溶剂用量要多25～50%。

表 Ⅳ-2-3 不同溶剂比对提余液的质量、收率的影响

溶剂比(重量)	粘度指数	残炭值，%	酸值，mgKOH/g	提余油收率，%(重)
0:1	80	1.222	0.0725	100
1:1	90	0.72	0.055	70.2
1:5:1	93	0.565	0.0519	60
2:5:1	100	0.291	0.0274	51

二、抽提温度对精制效果的影响

1. 溶剂和原料油形成两相与温度的关系

溶剂对烃类的溶解能力，随温度的升高而增强。在润滑油精制时，若提高抽提温度，不仅非理想组分会更多地被溶剂溶解，而且理想组分也同时会更多地被溶剂溶解，这样就相当于降低了溶剂的选择性。

此外，还要注意到温度的变化对形成两相的影响。在溶剂比一定的条件下，若逐渐提高处于液体两相平衡系统的温度时，因溶剂与原料的溶解度均在不断提高，互溶作用愈益加剧，可以看出其中某一相的体积随温度的升高而愈来愈小，另一相的体积则愈来愈大，当达到某一温度时，原来的两相会完全转变为一相。这就意味着该系统的溶剂和原料刚刚能完全互溶，这个温度就称为该系统的临界溶解温度。临界溶解温度越低，就说明溶剂与原料愈易互溶；其临界溶解温度愈高，则说明溶剂与原料愈不容易互溶。

实践表明，同种原料油与同种溶剂按不同的溶剂比混合时，它们的临界溶解温度是各不相同的。前面所述的苯胺点就是指的油品与溶剂苯胺在溶剂比为1:1的条件下的临界溶解温度。表Ⅳ-2-4中列出了某机械油原料与溶剂糠醛在不同糠醛比（溶剂比）时的临界溶解温度。

表 Ⅳ-2-4 某机械油原料在不同糠醛比时的临界溶解温度

糠醛体积，%	5	10	20	30	40	00	50	70	80	90	95
临界溶解温度，℃	无分层	93.5	120.5	134.5	140	144	146	145	141	130	123

将原料油与溶剂在不同的溶剂比时的临界溶解温度绘成曲线，就称为原料油-溶剂系统临

界曲线，如图Ⅳ-2-3是某机械油-糠醛系统临界溶解度曲线。曲线下部为两相区，曲线上部为一相区；曲线的最高点为原料油与溶剂的最高临界溶解温度，在高于此温度时，原料与溶剂不论以任何比例混合，均不能形成两相。曲线上的某一点，都表明了在相应的溶剂比时的临界溶解温度。为保证系统内分成两相，就必须使系统的温度低于系统在该溶剂比时的临界溶解温度。

通过上述分析，可以知道，当确定了溶剂比之后，抽提温度必须低于该溶剂比时的临界溶解温度，才能形成两相，抽提过程才能得以实施。

原料油-溶剂系统的临界溶解温度是与溶剂同原料油之间的相互溶解度有直接关系的。在使用的溶剂比相同时，不同的溶剂对同一种原料油的临界溶解温度，随溶剂的溶解能力的提高而降低。如果润滑油在采用相同的溶剂比，用糠醛作溶剂时的临界溶解温度为100℃，而用酚作溶剂时的临界溶解温度则为75℃，这就是因为酚对烃类的溶解能力比糠醛大的缘故。所以临界溶解温度的高低，也表明了各种溶剂的溶解能力的强弱。

大量事实证明，对于同一种溶剂来说，临界溶解温度的高低，也取决于原料油的性质和组成。在溶剂比一定时，一般有如下规律：

（1）从同一种原油切割出来的润滑油馏分，沸点范围愈高，临界溶解温度也愈高。

（2）原料中含稠环芳香烃、胶质愈多时，临界溶解温度就愈低。因而在连续逆流抽提塔下部的油（含非理想组分多）的临界溶解温度就要比上部的油（含理想组分多）的临界溶解温度低得多。

（3）随着烃类侧链长度的增长，临界溶解温度升高。环状烃分子量相同时，随着侧链数目与分支的增多，临界溶解温度降低。特别是随着环状烃环数的增多，临界溶解温度急剧降低。

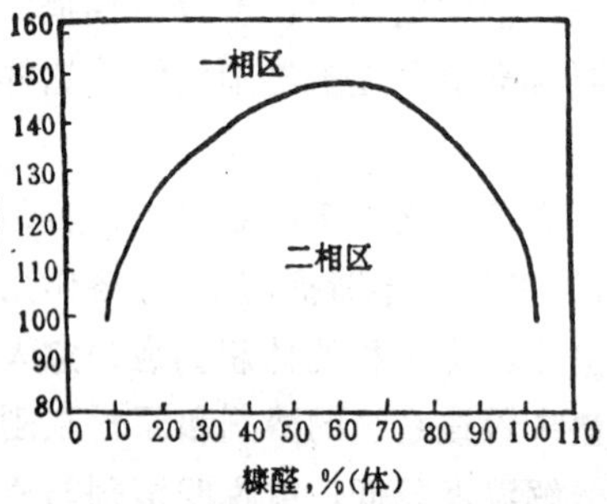

图 Ⅳ-2-3 某机械油-糠醛系统临界溶解度曲线

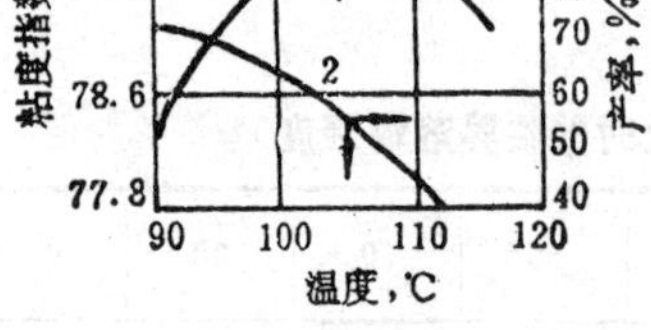

图 Ⅳ-2-4 抽提温度与精制油质量及收率间的关系

1—精制油粘度指数曲线；2—精制油收率曲线

上述规律，说明了临界溶解温度与各种烃类化学结构的关系，表明了各种烃类在溶剂中被溶解的难易程度。临界溶解温度愈高的烃类就愈不易被溶解。因此，对不同的原料油，应采用不同的抽提温度，如对临界溶解温度较高的原料油，就要采用较高的抽提温度，要求精制深度愈深的油品，抽提温度也应高一些。一般抽提温度要比该原料在所规定的溶剂比时的临界溶解温度大约要低10℃左右。对于连续逆流抽提装置来说，抽提塔顶部温度则比该提余液的临界溶解温度要低得多，可低于该临界溶解温度20～30℃。

2．适宜的精制温度及温度梯度

在两相内，原料在溶剂中的溶解度随温度升高而增大，由于更多的非理想组分进入提取液，所得的精制油质量就会提高，但由于溶剂的选择性随温度的升高而逐渐减弱，理想组分的溶解度增大，使精制油的收率逐渐减小，如图Ⅳ-2-4所示。该图是溶剂比为3:1时，在不同的抽提温度下的质量、收率曲线。当温度升到某一温度（图中为105℃）时，粘度指数曲线达到最高点，说明在该温度下系统中的溶剂具有最合适的溶解能力，可以保证最大限度地溶解非理想组分，同时也具有恰当的选择性，使理想组分不致因溶剂溶解能力的提高而过多地进入提取液。低于这一温度时，由于溶剂的溶解能力较弱，使相当数量的非理想组分不能进入提取液，使精制油质量变差。温度高于这一温度时，由于溶剂的溶解能力较强，选择性过差，使过多的理想组分进入提取液，因而粘度指数高的理想组分也被溶入提取液中，使精制油的粘度指数下降，产率也大幅度减小。可见，精制温度不可太高，否则将会导致产品质量及收率的同时下降。在粘度指数曲线最高点时的温度就是该溶剂比时的最佳精制温度。最佳精制温度依不同原料、不同溶剂、不同溶剂比而异，它需通过大量的实验来确定。

但是，在实际生产中，所使用的精制温度并不是最佳精制温度，而是根据润滑油的质量要求来选用一个既保证产品质量，又有最大收率的温度，因此，它不一定是粘度曲线最高点时的温度（最佳精制温度），而是采用比最佳温度低的温度。也就是说，有时为保证一定的收率，采用某一精制温度后，某项质量指标不合格，可以采取调合或掺入添加剂的办法来改善质量。

由于润滑油中各种烃类的临界溶解温度不同，润滑油原料进塔后，与溶剂接触，沿塔上升逐渐被抽提，当到塔顶时，主要组成为理想组分，其临界溶解温度较高，故塔顶应保持较高的温度，使溶剂的溶解能力增强，可保证提余液内的非理想组分更充分地溶解到新鲜溶剂中去，以提高精制油质量，虽在温度较高时，溶剂中也会更多地溶解一些理想组分，但当溶剂自上部流下时，因温度逐渐降低，溶剂的溶解能力逐渐减弱，理想组分就会从溶剂中重新被分离出来，而转入提余液中。塔底主要为非理想组分，其临界溶解温度较低，在塔底保持较低的温度，以提高溶剂的选择性，减弱其溶解能力以便使理想组分从提取液中充分分离出来，而转入原料中去，从而减少了理想组分的损失，以保证精制油的收率。

从上述可知，由于温度梯度的建立，在塔中便引起了理想组分和非理想组分在两相间的不断转移的过程——即传质过程，其中也包括因两相溶质的浓度差而引起的传质过程。可见由温度梯度引起的传质过程比单纯的逆流抽提的传质过程进行得更深。

温度梯度的大小需视原料的性质、产品的质量要求，溶剂的种类、溶剂比和设备结构等的不同而异，一般宽馏分原料的温度梯度应大些，窄馏分原料的温度梯度应小些，酚精制抽提塔的温度梯度约为20～25℃，糠醛精制抽提塔的温度梯度约为20～50℃，通常塔顶温度约低于塔顶提余液临界温度10℃左右，酚精制抽提塔顶温度在处理馏分油原料时约为65～90℃，在处理残渣油原料时约在90～110℃，糠醛精制抽提塔顶温度在处理馏分油原料时约在85～125℃，处理残渣油原料时约在125～140℃。

在抽提塔中，适当调节塔顶温度，可控制精制油的质量，适当地调节塔底温度，可控制精制油的收率和降低精制油的残炭，当改变这两个温度时，都会引起塔内各部分温度和组成的相应变化，因此，在调节塔顶温度或塔底温度中的一个时，另一个也应作适当的调节。

综上所述，温度和溶剂比这两个因素对精制油的质量和收率都有影响。通过比较发现，当精制油质量相同时，加大溶剂比要比提高精制温度所得的精制油收率要高些；若精制油收率相同时，增大溶剂比要比提高精制温度所得的精制油质量要高些。这是因为精制温度的提高，既提高了溶剂的溶解能力，又降低了溶剂的选择性，前者对产率不利，后者对分离不利。因而，若欲分离出更多的非理想组分，就得把温度提得更高，势必使更多的理想组分进入提取液；若欲保证较高的收率，则精制温度就必须低一些，但又会有更多的非理想组分存留在精制油中。鉴于上述原因，并通过实践，认为采用低温、大溶剂比的精制条件要比高温、小溶剂比时好得多。实践证明，在精制油质量相同时，采用低温、大溶剂比时，虽然设备负荷会相应增大，操作费用相应增多，但精制油收率高。所以权衡利弊得知，低温、大溶剂比的精制条件无论是从经济角度或充分利用资源的角度来看，都是比较合理的。

三、抽提方式对精制效果的影响

由上述可知，增大溶剂比和提高抽提温度有利于抽提过程的进行，但由于抽提过程中达到的平衡状态只是一种动态平衡，是溶质（非理想组分）在两相间的扩散速度彼此相等。由于在两相中都有一定量的溶质（非理想组分），为了使抽提过程向着有利方向发展，抽提方式也是十分重要的，现将几种抽提方式分别讨论如下：

1. 一次抽提

一次抽提是将溶剂和原料油一次加入到抽提罐中，经过机械搅拌，使它们充分接触，经沉降分层后，经抽提罐锥形底（如分液漏斗状）将两相分开，抽提罐如图Ⅳ-2-5所示。然后，再将抽提液送到溶剂回收系统，把溶剂回收后继续使用。提取物可以用作劣质润滑油或裂解原料等。将提余液送到溶剂回收系统，将溶剂分离后，可得到精制润滑油。

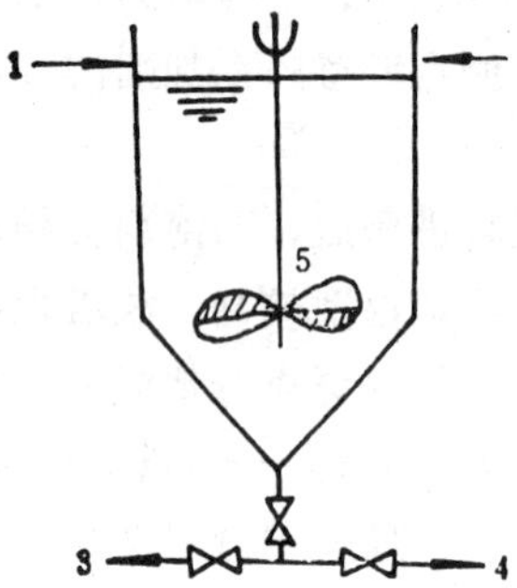

图 Ⅳ-2-5 抽提罐示意图
1—原料入口管线；
2—溶剂入口管线；
3—提取液出口管线；
4—提余液出口管线；
5—搅拌器

用这种抽提方式得到的精制油质量不高。同时在非理想组分溶解的过程中，一部分理想组分也溶解在溶剂中，因而精制油收率也低。

2. 多次抽提

这种抽提方式是把溶剂分成若干份，逐次加入到原料油、第一次提余液及以后各种提余液中，如图Ⅳ-2-6所示。

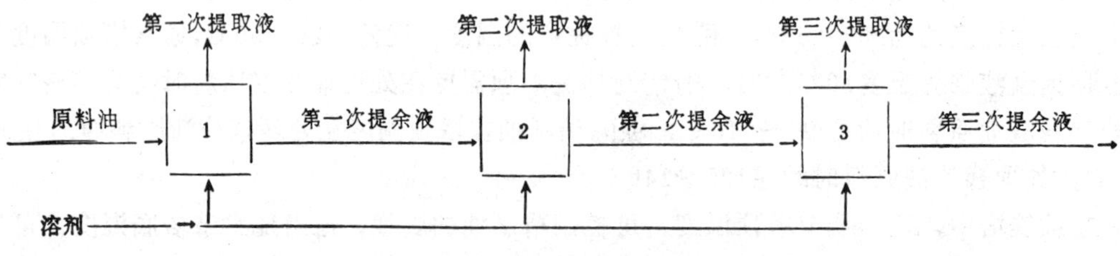

图 Ⅳ-2-6 多次抽提过程示意图

在总溶剂比相同的情况下，多次抽提比一次抽提的效果要好，即精制得深一些；若精制效果相同时，多次抽提比一次抽提溶剂用量要少一些。

多次抽提精制效果好的原因，在于每次抽提所加入的溶剂都是新鲜溶剂，与一次抽提方式相比，多次抽提方式中的每一次抽提过程始终保持了较大的溶剂与原料间溶质的浓度差，所以系统中的两相不平衡的程度大，也就是在多次抽提方式中，溶质的抽提程度比一次抽提的大。但是，应该指出，在多次抽提方式中，依次往后每份溶剂所能抽取出来的溶质数量，相对说来是愈来愈少的，况且随着抽提次数的增多，也会带来设备的增加及操作的复杂化，因而抽提次数不宜无限度的增多。

而且还应该看到，多次抽提方式中，随着溶质（非理想组分）更多地被抽提出来，理想组分也相应地会更多地被溶剂抽提出来，因而精制油的收率也不高。

3．逆流抽提

（1）多段逆流抽提。多段逆流抽提装置是由许多混合器及沉降分离器组成的抽提分离系统串联而成的设备组。原料油和新鲜的溶剂分别由装置的首末两端进入，逆向流动。图Ⅳ-2-7为三段逆流抽提装置的流程示意图。

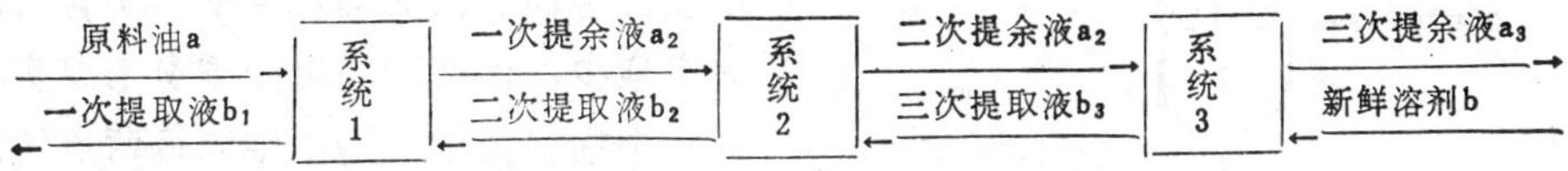

图 Ⅳ-2-7 三段逆流抽提流程示意图

在系统1中，原料油a与来自系统2的二次提取液b_2接触，原料中含有最多的非理想组分，它们将进入b_2的溶剂中，同时，b_2中溶有的理想组分的溶解度远远小于非理想组分的溶解度，因此理想组分就被非理想组分从溶剂中置换而回到原料中去，直到在系统1中建立起新的平衡。这个过程就类似精馏过程中的汽液相间的物质交换过程，结果使得离开系统1的提取液b_1中的非理想组分的浓度比b_2的大；同时使离开系统1的提余液a_1中的非理想组分的浓度比a的小。同样，在系统2中也进行着相同的过程，通过a_1与b_3的物质交换过程，而使离开系统2的提取液b_2的非理想组分的浓度比b_3的大；同时也使得离开系统2的提余液a_2中的非理想组分的浓度比a_1的小。在系统3中，含有非理想组分很少的a_2与新鲜溶剂b相接触，以进一步抽提其中的少量非理想组分，就可把提余液a_2中的非理想组分减少到最少的程度，而获得提余液a_3，从整个装置流程示意图可以看出：原料中的非理想组分按系统顺序而逐渐减少；溶剂中的非理想组分按系统的相反顺序而逐渐增多。即最后离开装置的是非理想组分浓度最小的提余液及非理想组分浓度最大的提取液。

这种抽提方式的优点是：

①进入各系统的两液相间始终保持着较大的浓度（非理想组分的浓度）差，所以与前两种抽提方式相比较，这种方式的每份溶剂都能发挥最大的效能，即溶剂比相同时，这种方式所得的精制油的质量高；

②在各系统中都发生一次物质交换过程（即相间不仅有非理想组分的再分配，而且有理想组分的再分配），可以使最后离开装置的提取液中所含的理想组分的浓度大为降低，所以，多段逆流抽提方式的精制油收率也比前述两种方式的高。

但是，多段逆流抽提方式存在着装置庞大、设备分散、占地面积大、动力消耗大和操作费用大等特点，因而已被连续逆流抽提方式所取代。

（2）连续逆流抽提。连续逆流抽提过程是在抽提塔中进行的，如图Ⅳ-2-8所示。

溶剂由塔上部连续进入，原料油由塔下部连续进入，由于原料油与溶剂间的密度差而产生逆向流动，原料油上行，溶剂下行。塔内装有填料或塔板、转盘等，以保证原料与溶剂密切接触，抽提过程便在溶剂入口与原料油入口之间的b段中进行，因此称b段为塔的抽提段。塔的上段a和下段c这两个空间称为塔的沉降段和分离段。a段的作用是使提余液中的携带的溶剂液滴有足够的时间从提余液中沉降下来，以保证精制油的质量；c段的作用是使提取液

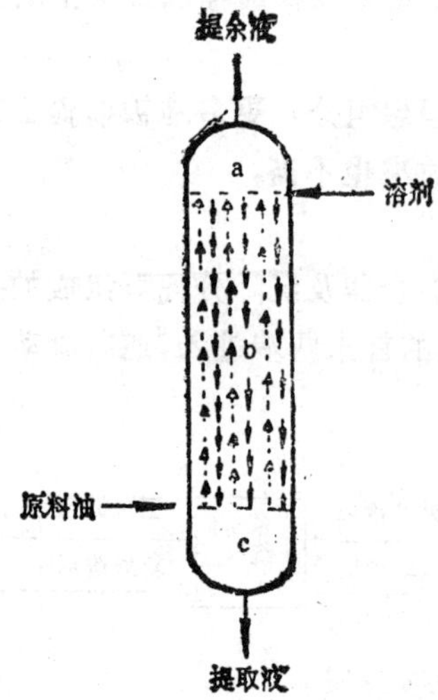

图 Ⅳ-2-8 连续逆流抽提塔示意图
····→原料油；
—→溶剂

中携带的原料油滴有足够的时间从提取液中分离出来，以保证精制油的收率。提余液及提取液分别从塔顶和塔底连续流出。

在抽提塔中，上升的原料与下降的溶剂在抽提段内，沿着轴向连续地进行着物质交换过程，就相当于无限个多段逆流抽提过程。原料在自下而上的流动过程中，其所含的非理想组分逐渐减少，理想组分则逐渐增多；同时，溶剂在自上而下的流动过程中，所含的理想组分愈来愈少，而非理想组分则愈来愈多。可见，在整个抽提段中，沿塔轴向每两点的溶剂、原料中非理想组分的浓度都不相同，所以它们就相当于精馏塔中的内回流，上下回流连续相遇，物质交换过程均随时随地连续进行着，直到离开抽提段为止。

这种抽提方式是较理想的抽提方式，一方面具有前述各种抽提方式所难以实现的全部过程连续化的特点，从而带来了生产装置紧凑、生产操作简便、操作平稳和生产费用低廉的好处。同时，由于新鲜溶剂首先是同含有少量非理想组分的原料油相接触，而新鲜原料则首先同含有较多的非理想组分的溶剂相接触，这样就使接触的两相间始终保持着较大的非理想组分浓度差，使溶剂能充分发挥作用，抽提效果较好。与前述各种抽提方式比较，在溶剂比相同时，连续逆流抽提的精制油质量较好，且由于连续逆流抽提过程中的连续物质交换，使精制油的收率也比其它方式的为高。图Ⅳ-2-9、图Ⅳ-2-10 说明了不同抽提方式对抽提效果的影响。从图中可以看出，对同一原料油采用相同的抽提条件时，连续逆流抽提要比多次抽提和一次抽提的效果要好。如欲获得质量（用粘度指数表示）相同的精制油时，采用连续逆流抽提，可以使用最小的溶剂比并得到最高的精制油收率。

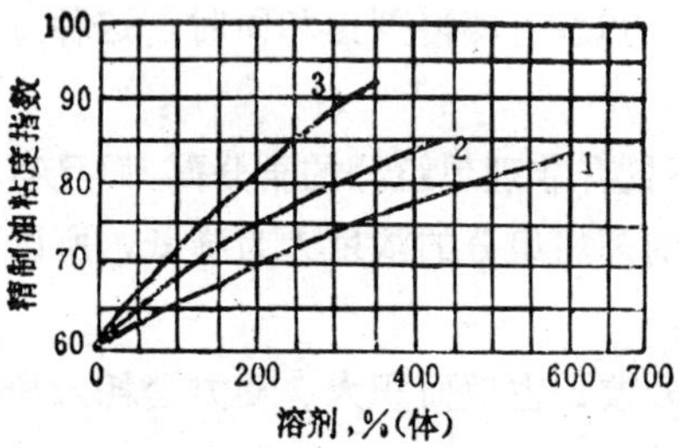

图 Ⅳ-2-9 不同抽提方式与溶剂用量的关系
1—一次抽提；2—多次抽提；3—连续逆流抽提

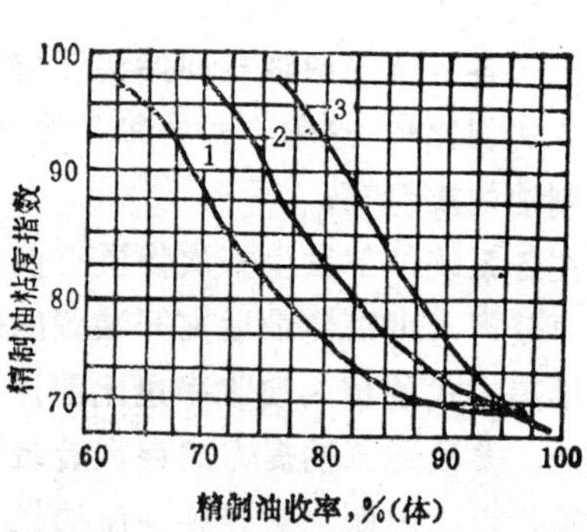

图 Ⅳ-2-10 不同抽提方式对精制油收率的影响
1—一次抽提；2—多次抽提；3—连续逆流抽提

四、接触时间（或接触面积）对精制效果的影响

溶剂抽提过程是溶质由原料经过两相的界面扩散到溶剂中的传质过程，界面的面积愈大，则单位时间内扩散的溶质数量亦愈多，传质速度愈快，过程就愈容易进行，接触所需的时间

就可以缩短。因此，为了缩短抽提时间，就要设法扩大接触面积，也就是增大液体的分散程度，一定量的液体，分散成的液滴的半径愈小，其总的表面积愈大，为达到这个目的，一般采取在塔内填充填料，使用泡帽或筛孔塔板或采用搅拌器等方法。

目前酚精制装置都采用填料塔见图Ⅳ-2-11a。而糠醛精制装置则大部分采用转盘塔（国外也有采用填料塔代替转盘塔的报道，我国正在进行试验）。转盘塔如图Ⅳ-2-11b所示；塔的内壁安装许多等距离的环形圆盘，称为静环（或固定环），塔中心轴上装有平滑的圆盘（一般有14～26层），圆盘的位置在每两层静环之间，转轴由安装在塔顶的电动机驱动。操作时，液体被转盘带动作旋转运动（10～20r/min），液体由于离心运动而从转盘流向塔壁，被静环挡住后，又折向轴心而呈S形流向，且又有液体间相向逆流，使整个抽提段内的液体流动情况非常复杂，液体由于扰动而被分散成较小的珠滴，从而增大了接触面积。但转盘的转速亦不宜过快，否则会造成过大的扰动，使液滴分散成过小的微滴而难以聚集、沉降，反而使设备的处理能力减小，并影响精制油的质量和收率。

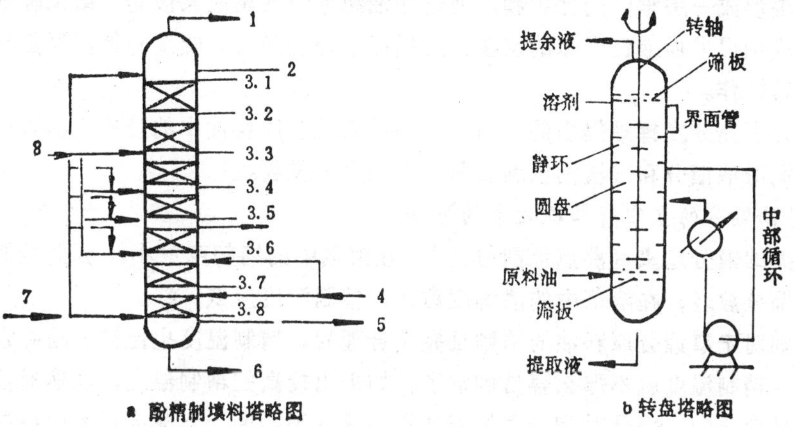

图 Ⅳ-2-11 抽提塔

1—提余液出口；2—干酚入口；3.1～3.8—测界面管；4—循环液入口；5—循环液出口；6—提取液出口；7—酚水入口；8—原料油入口；9—瓷环填料层

在设备处理量相同的情况下，转盘塔的体积可比填料塔小若干倍，而且转盘塔结构简单，造价低廉，操作灵便，动力消耗小，切换原料也快。

另外，在抽提塔内的两相分界面（简称界面）与接触时间也存在着直接的关系，溶剂在塔内界面以下呈连续相，原料油呈分散相，而在界面以上时则正好相反，原料油呈连续相，溶剂呈分散相。在界面以下，原料油以分散状态在连续相（溶剂）内沿塔上升，然后通过界面进入界面上部的连续相；同样，溶剂在界面上部以分散状态在提余油（连续相）内沿塔下降，通过界面后，进入下部连续相。若界面过低时，原料在溶剂中停留的时间就太短，非理想组分的扩散时间就短，扩散过程不充分，即抽提得不充分，会使精制油质量下降。并且界面过低时也会使提取液分离、聚集的时间短，微细的原料液滴来不及从提取液中分离出来，而被提取液从塔底带出，造成精制油收率降低。若界面过高时，抽提过程固然进行得很充分，但由于溶剂液滴来不及聚集、沉降，就会被提余液带出塔顶而影响精制油质量，并且使精制液汽提塔的负荷增大。可见，抽提塔界面位置的控制是关系到抽提效果（精制油质量及收率）的一个重要因素。

一般，适宜的界面位置对糠醛抽提塔来说应在溶剂进口附近，对酚抽提塔来说则应控制在抽提塔高度的2/3处附近。

五、原料的质量对精制效果的影响

原料油的性质好坏，对抽提塔的处理能力、精制油质量和收率有很大的影响。我们知道，原料的性质是由组成润滑油原料的各种烃类和非烃类有机化合物的种类及其含量所决定的。各种烃类在选择性溶剂中的溶解情况，已经在前面作了比较详细的叙述。在此还要特别强调原料中的高分子胶质及沥青质的含量和馏分的宽窄对抽提效果的影响。

1. 原料油中的沥青质对抽提效果的影响

在生产中，不仅残渣润滑油原料中会含有一定数量的沥青质，而且在减压蒸馏的过程中，馏分润滑油原料也或多或少地夹带一些沥青质。

沥青质几乎不溶于选择性溶剂中。它的比重介于溶剂与原料油之间。当沥青质随原料油进入抽提塔后，便聚集、悬浮在界面附近，被分散的原料油滴即被这些物质包围（污染），在每个液滴周围形成一层牢固的保护膜，使这些油滴难于聚集成大液滴，结果轻则引起界面不清，重则造成抽提塔内液泛现象的发生。使抽提塔处理能力大幅度降低，严重时，抽提塔便无法维持正常操作。

因此，为了充分发挥抽提塔的能力，必须严格控制原料油中的胶质、沥青质的含量，特别是对重质润滑油馏分和残渣油原料质量的控制尤为重要。

2. 原料油馏分的宽窄对抽提效果的影响

由于烃类的馏分愈重（沸点范围愈高），在溶剂中的溶解度愈小，因此精制温度应高一些；反之，馏分愈轻，在溶剂中的溶解度愈大，精制温度应低一些。

上述原则对于窄馏分原料油的精制是完全合理的，精制温度也比较容易确定。然而对于宽馏分来说，精制温度就不那么容易确定了，如采用较高的精制温度，虽然对馏分中高沸点部分的精制是合适的，但是对馏分中的低沸点部分，则会因为溶解度过大而精制过深；若采用较低的精制温度，则又使得高沸点部分达不到要求的精制深度。

因此，原料油馏分应尽量切割得窄一些为佳，而且这样也增加了调合多品种润滑油的灵活性。

六、抽出物循环

抽提塔的抽出物循环有两种，它们的作用也各不相同。

1. 中部循环

是从抽提塔中部抽出一部分液体，经冷却器冷却后，再进入抽出口下部，这种循环方法称为中部循环。其作用是利用这部分冷却循环液来降低抽提塔中部的温度，以辅助塔底温度的调节，使抽提塔有一个理想的温度梯度，糠醛转盘抽提塔多采用这种方法。

2. 塔底抽出物循环

是将塔底的提取液抽出冷却后，再打入抽提塔的抽提段下部，一方面可以降低下部温度以降低溶剂的溶解能力，使抽提液中的理想组分更好地分离出来；同时，打入的提取液可以提高抽提段下段的非理想组分的浓度，而将溶剂中的理想组分及中间组分置换出来，可以提高精制油收率。从表Ⅳ-2-5中可以看出，在精制油质量不变的情况下，采用塔底抽出物循

表 Ⅳ-2-5 塔底抽出物循环对精制油的质量和收率的影响

石油种类	少胶含蜡石油				无胶含蜡石油	
产 品	发动机润滑油轻馏分		发动机润滑油残渣油馏分		车轴油中粘度馏分	
溶剂比(体积)	3:1	3.05:1	2:1	1.99:1	3.5:1	3.52:1
塔顶温度，℃	121	124	133	137	127	127
塔底温度，℃	77	79	88	88	85	85.5
抽出物占原料百分数	0	0.4	0	0.35	0	0.56
精制油产率，%(体)	80.4	84.0	86.5	90.5	59.1	63.0
精制油脱蜡后的粘度指数	110.0	110.5	103.5	103.5	69.5	70

环，其精制油收率比不采用时为高。

采用塔底抽出物循环还可以用来控制抽提塔底温度。

第四节 溶剂的回收原理及过程

提取液和提余液中都含有溶剂，必须把它们所含的溶剂分离出来，才能得到产品——精制油和副产品——抽出油。分离出来的溶剂可以回收并循环使用。这个从提取液及提余液中分离出溶剂并加以回收利用的过程，称为溶剂回收。如果分离、回收不完全，就会影响产品的质量，及造成溶剂的损耗。

溶剂回收的过程，按其实质来说，就是加热-蒸发-冷凝的过程。其设备主要是加热炉、塔和换热器。

一、提取液及提余液的溶剂回收

选择性溶剂的沸点均比润滑油的沸点范围温度低得多，所以，可以用蒸馏的方法把提取液及提余液中的溶剂蒸出来。但是，要想把它们所含的溶剂一次全部蒸出来，是根本不可能办到的。因为这样就必须把它们加热到很高的温度，可当温度超过350℃时，润滑油就会分解，特别是在使用糠醛作溶剂时，加热温度要求不得超过230℃，否则糠醛就会分解。因此，毫无例外地还要采用水蒸气汽提，或甚至辅以减压操作，以便把残存在润滑油中的溶剂充分蒸出来。采用水蒸气汽提之后，所得的溶剂-水混合物可以送往脱水设备中脱去水分，获得无水溶剂。

因为提取液和提余液中溶剂含量的差别很大，所以它们的溶剂回收过程就有很大的区别。

1. 提余液的溶剂回收

提余液（精制液）主要是由润滑油组成，溶剂含量一般为15～30%，因此，从提余液中回收溶剂就较为简单。过去，一般只用一段蒸发方式进行溶剂回收，主要设备是使用一个加热炉（或蒸汽加热器）和一个塔（见图Ⅳ-2-12中a）。其流程是：提余液经换热器及加热炉加热后，即进入汽提塔内，自塔底吹入水蒸气。溶剂-水的混合蒸汽由塔顶逸出，塔底可得不含溶剂的精制油。

为了在回收时得到最大量的干溶剂（无水溶剂），尽量减少含水溶剂或共沸物，以降低脱水设备的负荷并降低水蒸气消耗，近年来，大多采用如图Ⅳ-2-12中b所示的二段蒸发方式。经加热炉加热的提余液在塔1中先蒸出大部分干溶剂；塔底的含少量溶剂的精制油自动

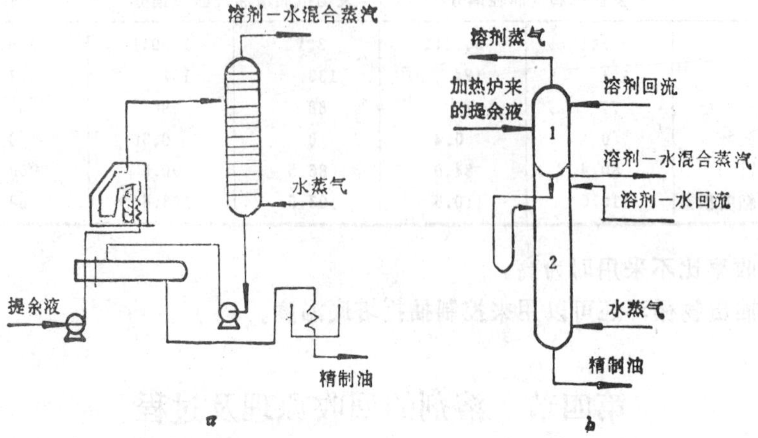

图 Ⅳ-2-12 提余液溶剂回收流程示意图

a—一段蒸发方式；b—二段蒸发方式

流入塔2，在塔2中进行汽提蒸馏。自塔2顶部溢出溶剂-水混合物蒸气，塔底可得精制油。精制油出塔的温度较高，为了回收利用这部分热量，可与进加热炉以前的提余液换热，以提高提余液的进炉温度，可以节省燃料油和冷却水。

提余液蒸馏所需的热量主要是由加热炉供给的。加热炉出口温度，对于酚精制装置来说，一般控制在280～290℃为宜；对于糠醛精制装置来说，一般控制在220℃左右为宜。

2. 提取液的溶剂回收

提取液（抽出液）中的溶剂含量很多，约占提取液的85%左右。若采用一般的蒸馏方法，是不可能将其所含的绝大部分溶剂分离出来的。同时，在蒸馏时所需要的热量也是很多的，因此，温度就必须提得很高，但又会导致油品及溶剂的分解，并且溶剂回收过程中加进系统的那么多热量也必须加以回收利用，以降低燃料和冷却用水的消耗，所以，提取液的溶剂回收均采用“多效蒸发原理”。所谓“多效蒸发原理”就是采用几个不同压力的塔分段蒸出溶剂，高压段（第二段）的溶剂蒸气温度高，冷凝后放出的冷凝热来预热低压段（第一段）的进料。为了提高换热效率，减少换热面积，就应增大换热器中的溶剂与提取液间的温差，所以应使前一段保持比后一段为低的操作压力。可见，从提取液中回收溶剂要比从提余液中回收溶剂复杂些。

图Ⅳ-2-13是提取液的三段蒸发式溶剂回收流程示意图：从抽提塔底抽出的提取液，与由Ⅱ段蒸出的高压溶剂蒸气换热后，进入第1蒸发塔，塔顶以共沸物的形式，蒸出全部的水分和部分溶剂；塔底不含水的提取液经提取液加热炉加热后，进入处于高压的第2蒸发塔，蒸出绝大部分溶剂。为使溶剂蒸发得更充分，在第Ⅱ段中采用提取液热循环，即将部分经蒸发后的残液自第二蒸发塔底抽出，经过加热炉加热至更高的温度后再打入塔内。

溶剂蒸发所需的热量，由提取液加热炉和提取液循环加热炉共同供给。为了使设备紧凑起见，这两个加热炉往往建在一起，共用一个炉膛。加热炉出口温度，应根据溶剂的性质（热稳定性、沸点）和蒸发量的大小来确定。酚精制装置提取液加热炉出口温度一般控制在220～240℃，提取液循环加热炉出口温度一般控制在340～350℃。糠醛的热稳定性比酚差，

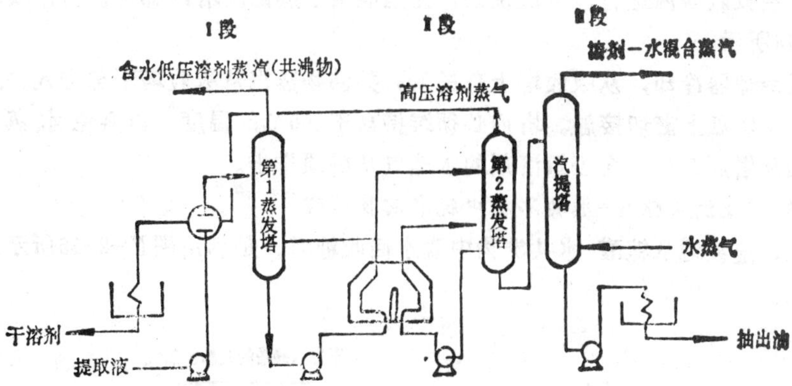

图 Ⅳ-2-13 提取液溶剂回收三段蒸发流程示意图

超过230℃便发生热分解（包括裂解和缩合），因此，糠醛精制装置加热炉出口温度应控制在220℃左右，提取液循环加热炉出口温度则不得超过230℃。

提取液经第Ⅱ段蒸发后，还剩有百分之几的溶剂，可依靠压力差自第2蒸发塔底压入汽提塔内，用水蒸气汽提，以除去其剩余的全部溶剂。这一段（Ⅲ段）蒸发设备，多数是在常压下操作，有时还可以采用减压操作，以促进溶剂的蒸发。

自塔1和汽提塔顶部出来的溶剂-水混合汽经换热冷凝冷却后，送入脱水回收系统，以脱除溶剂中的水。

二、含水溶剂的脱水回收

在溶剂精制装置的溶剂回收系统中，从汽提塔顶蒸出的气体是溶剂-水的共沸物。共沸物中的溶剂和水是不能够用普通蒸馏方法分开的，必须用特殊的脱水方法。

由本章第二节所论述过的苯酚及糠醛的性质，我们发现苯酚-水与糠醛-水这两种共沸物的性质是不同的。在共沸物苯酚-水中，酚的重量百分含量为9.2%，但是在40℃时，酚在水中的饱和重量百分浓度为9.6%，所以这种共沸物冷凝成液体后，其中的苯酚与水仍然是完全互溶的，不会分成两相，因此宜采取吸收法来脱水回收溶剂。在共沸物糠醛-水中，糠醛的重量百分含量为35%，但是在操作温度（38℃）下，糠醛在水中的饱和重量百分浓度为9%，所以当糠醛-水共沸物冷凝成液体后，糠醛就会因过饱和而离析，液体便会分为两相。其轻相为含糠醛浓度为9%的水溶液，密度较小，浮在上层；而其重相则为含水6.5%（重量）的糠醛，密度较大，沉于下层。这样就可以先粗略地将这两相分开，然后再分别蒸出轻相中的共沸物而脱除水，蒸出重相中的共沸物得到无水糠醛（干糠醛）。为使过程得以连续进行，故采用双塔回收法。下面将分别把这两种脱水回收方法加以介绍：

1. 用吸收法从苯酚-水共沸物蒸汽中脱水回收苯酚

若把苯酚-水共沸物的蒸汽通入润滑油原料中，使它们充分接触，并保持一定的温度，就会发现出来的蒸汽中的酚含量减少了，而水蒸气的数量则几乎不变。可见，蒸汽中的酚能够溶解于原料油中，而水蒸气几乎不能够溶解。

实践表明，在压力和温度一定时，溶质（酚）被溶剂（润滑油）吸收的数量是一个定值。且酚在润滑油中的溶解度随温度的升高而减小，因此，降低原料油的温度是对酚蒸气的吸收有利的。

吸收过程在吸收塔内进行。一般说来，凡是能用于蒸馏的塔，都可以用作吸收塔。吸收塔如图Ⅳ-2-14所示：

原料油经冷却器冷却，从吸收塔上部进入，共沸物蒸汽从吸收塔下部进入，上升的蒸汽与下降的液体在塔盘上密切接触。塔内必须维持高于100℃的温度，以避免水蒸气凝结，含溶剂的原料油从塔底流出，含少量溶剂的水蒸气从塔顶排出。

2．用双塔回收法从糠醛-水共沸物中脱水回收糠醛

在工业上，连续地从糠醛-水共沸物中脱水回收糠醛，是利用图Ⅳ-2-15所示的双塔回收系统来实施的。

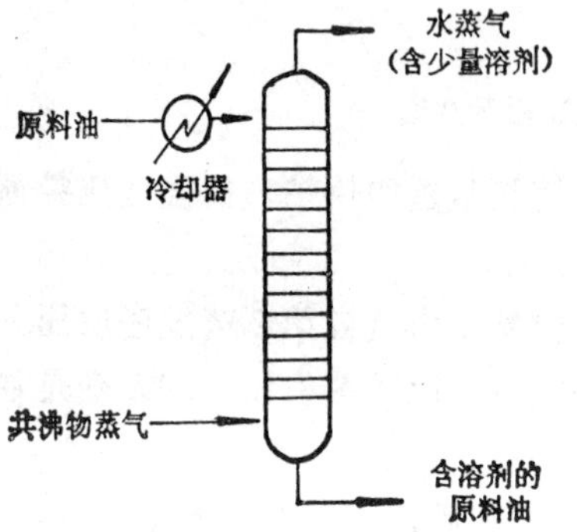

图 Ⅳ-2-14 溶剂吸收塔

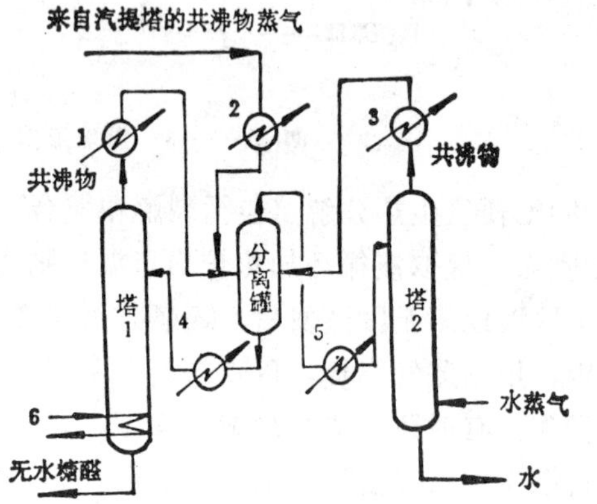

图 Ⅳ-2-15 糠醛双塔回收系统

1、2、3—冷凝冷却器；4、5—蒸汽加热器；6—重沸器

图中，来自汽提塔的共沸物蒸汽经冷凝冷却器2冷凝冷却后，进入分离罐分为二层，下层是含少量水的糠醛，上层是含有少量糠酚的水。分离罐下层的含水糠醛自分离罐下部流出，经蒸汽加热器4加热，进入糠醛干燥塔（塔1）上部，塔底用重沸器加热，溶于糠醛中水就和部分糠醛以共沸物的形式从塔顶蒸出，于是，便可从塔底获得无水糠醛。分离罐内上层的糠醛水溶液从罐上部流出，经蒸汽加热器5加热，进入脱水塔（塔2）上部，从塔底吹入过热水蒸气，溶解在水中的糠醛和部分水以共沸物的形式从塔顶蒸出，于是，塔底排出的就是不含糠醛的水。

从塔1和塔2顶部蒸出来的共沸物，经冷凝冷却器1和冷凝冷却器3冷却后，又重进入分离罐再行分离，连续循环脱水回收。

第五节 糠醛精制工艺流程

糠醛精制装置的工艺流程示意图见图Ⅳ-2-16。

1．抽提系统

用原料油泵泵-1抽原料油经冷却器11冷却后，进入抽提塔1的下部，用糠醛泵泵-3抽糠醛干燥塔2底部糠醛箱中的无水糠醛打入抽提塔1的上部；一部分糠醛经过加热器13加热，以调节糠醛进塔温度。在抽提塔内进行连续逆流抽提，塔中压力一般维持0.6～0.7MPa（$6\sim7kg/cm^2$）。在抽提塔中部，用中部循环泵泵-2抽一部分液体，经冷却器12冷却后，送回塔内，以控制塔中部及底部温度，以保证抽提塔内有理想的温度梯度。

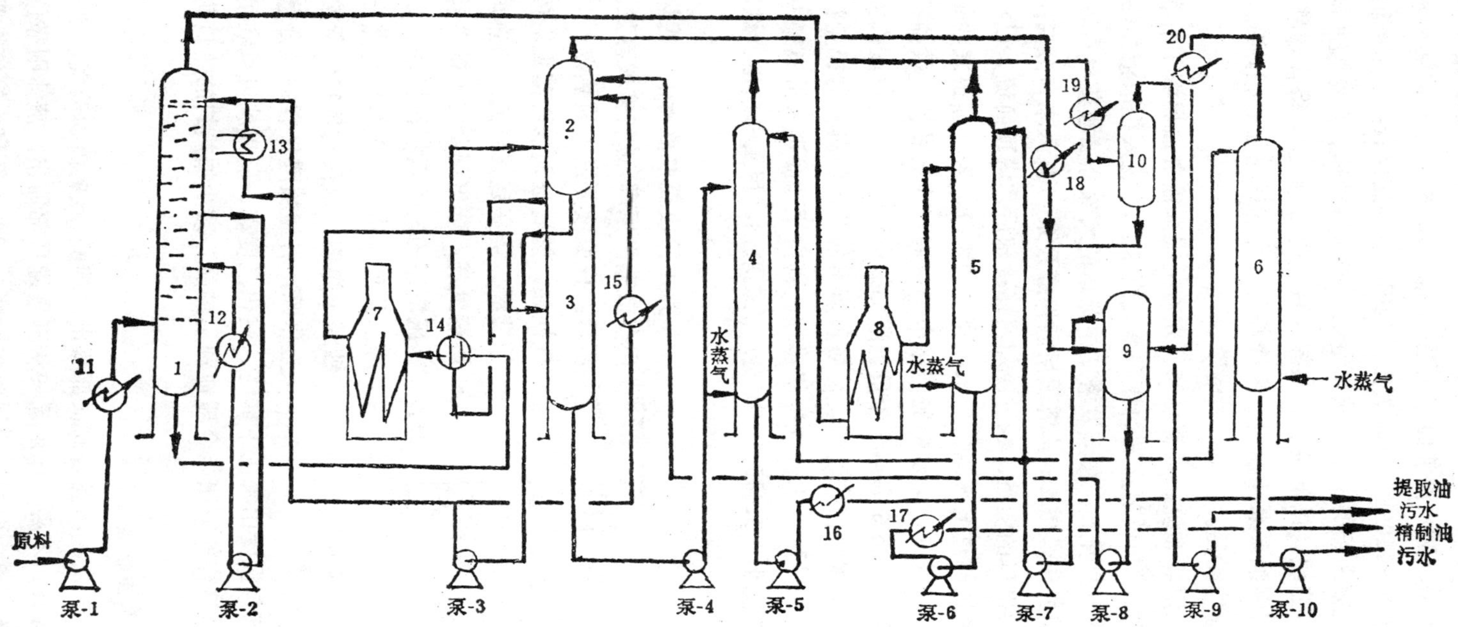

图 Ⅳ-2-16　糠醛精制装置工艺流程图

1—抽提塔；2—糠醛干燥塔；3—糠醛蒸发塔；4—提取液汽提塔；5—提余液汽提塔；6—糠醛水溶液汽提塔；7—提取液加热炉；8—提余液加热炉；9—分离罐；10—真空罐；11—原料油冷却器；12—提取液循环冷却器；13—抽提糠醛冷却器；14—提取液换热器；15—回流糠醛冷却器；16—提取液冷却器；17—精制油冷却器；18—共沸物冷却器；19—糠醛、水蒸气冷却器；20—共沸物冷却器

2. 提余液及提取液的溶剂回收系统

（1）提余液的溶剂回收系统。提余液自抽提塔顶部靠压差自行流经提余液加热炉8，被加热至220℃左右，再进入提余液汽提蒸馏塔5．进行减压汽提蒸馏，塔中真空度要求大于60kPa(450mmHg）塔顶用糠醛水溶液回流泵泵-7抽分离罐9上层的糠醛水溶液作顶部回流，以维持塔顶温度于105～110℃。塔顶蒸出的糠醛、水混合物经冷凝冷却器19冷凝冷却后，进入真空罐10，真空罐上部的不凝气被真空泵泵-9抽出排掉。真空罐底部的液体糠醛、水混合物流入分离罐进行分层，以备脱水。从提余液汽提塔5底部可得含糠醛量小于0.005%（重量）的精制油，用精制油泵泵-6抽出，经冷却器17冷却后输往贮罐，或不经冷却而直接送往白土精制装置，以降低能耗。

（2）提取液的溶剂回收系统。含糠醛85%左右的提取液自抽提塔1塔底靠压差自动流经换热器14，与糠醛蒸发塔3顶部蒸发的糠醛蒸气换热后，进入提取液加热炉7，加热至220℃左右，再进入糠醛蒸发塔3。在蒸发塔3中蒸出的大部分糠醛蒸气自塔顶经换热器14与提取液换热后，进入糠醛干燥塔2，其塔顶用湿糠醛泵泵-8打入来自分离罐下层的含水糠醛，并用一部分来自泵-3出口的糠醛，经过冷却器15冷却后作塔顶回流，以控制塔顶温度。在塔中利用进料糠醛所带进的热量来蒸出含水糠醛中的水分，塔顶蒸出来的是共沸物蒸汽，经冷凝冷却器18而进入分离罐9，无水糠醛则集中于塔底部的糠醛箱，供抽提循环使用。

用提取液泵泵-4抽取蒸发塔3底部含少量糠醛的提取液，送入提取液汽提塔4中，进行减压汽提蒸馏，塔顶用糠醛水溶液作回流。从塔顶蒸出的共沸物蒸汽与提余液汽提塔5顶蒸出的共沸物蒸汽混合后，经糠醛、水蒸气冷却器19、真空罐10而进入分离罐9。由提取液汽提塔4底部可得含糠醛浓度小于0.005%（重量）的提取油，用泵-5抽出，经冷却器16冷却后进入贮罐。

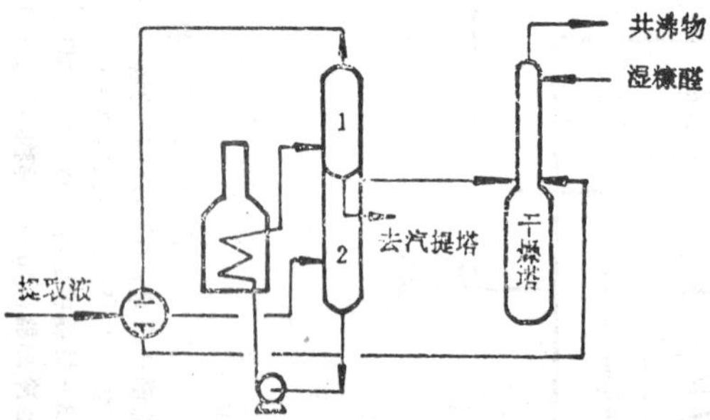

图 Ⅳ-2-17 糠醛回收多段蒸发流程示意图

1—高压塔；2—低压塔

为了回收提取液所带走的热量，也可以采用多效蒸发原理，进行多段蒸发。如图Ⅳ-2-17所示：提取液先进入换热器，与高温的糠醛蒸气换热，然后进入低压蒸发塔闪蒸出30%左右的糠醛，塔底残液再流经加热炉加热后进入高压蒸发塔，蒸出剩余的大部分糠醛，最后，把高压塔底的残油送往汽提塔，以除去残余的糠醛。从低压塔和高压塔顶部蒸出的糠醛都送往糠醛干燥塔，以便利用它们所携带的热量来作为热源，将湿糠醛带有的水分蒸出。因为高压蒸发塔蒸发出来的糠醛蒸气温度比常压下糠醛的汽化温度高，所以就可以利用高压糠醛蒸气来加热提取液。因此，用这样的方法能合理地利用热能，减少加热炉的热负荷，也减少了冷却水的耗量。

3. 糠醛水溶液的脱水回收系统

自提取液汽提塔4，提余液汽提塔5顶部蒸出的糠醛-水共沸物蒸气，经冷凝冷却器16冷凝冷却后，进入真空罐10，不凝气体用泵-9从真空罐顶部抽出。液体则靠位差流入分离罐9中。在分离罐中，液体分离为两相，上层为含糠醛6～8%的糠醛水溶液，下层为含水6%左右的湿（含水）糠醛。

用糠醛水溶液泵-7抽分离罐上层的糠醛水溶液分三路送出，一路作提取液汽提塔4顶部回流，一路作提余液汽提塔5顶部回流，剩余的一路送入糠醛水溶液汽提塔6上部，进行汽提蒸馏，塔顶的共沸物蒸气经冷凝冷却器20冷凝冷却后，进入分离罐中；糠醛水溶液汽提塔6底部为含微量糠醛的污水，送往净化系统处理。分离罐下层的湿糠醛，用湿糠醛泵泵-8送入糠醛干燥塔2上部，以蒸馏脱水。

第六节　糠醛精制装置抽提塔的操作

抽提装置操作的目的是为了保证润滑油原料能达到要求的精制深度，在产品质量合格的基础上，尽力提高产品收率。并保证溶剂的及时回收与补充，尽力减少溶剂的损耗，保持装置内溶剂的使用与回收平衡。

抽提装置的操作，主要是抽提系统的操作，而抽提系统操作的关键是抽提塔的操作。因为抽提塔操作的好坏，直接影响到整个生产装置的平稳与否，决定着整个生产装置的处理能力、产品的质量和收率。因此，在生产过程中，保证抽提塔平稳操作是极其重要的。

抽提塔的操作任务，主要是根据原料油的性质和对产品的质量要求，在确定的操作条件范围内，掌握全塔的物料平衡，控制与调节各有关物理参量，以保证抽提过程的正常进行。根据抽提过程中的诸影响因素，检查、分析判断并及时排除抽提过程中发生的不正常现象，或纠正可能发生的不正常倾向，保持平稳操作，充分发挥设备的效能。

一、抽提塔界面的控制

界面的位置很重要，界面过高时，不但有可能使提取液进入精制系统而影响产品质量，而且溶剂液滴在沉降段没有足够的时间聚集、沉降，塔顶的精制液就会带出较多的溶剂，增加了精制液溶剂回收系统的负荷；界面过低时，说明塔内溶剂太少，缩短了抽提时间，不能较充分地把非理想组分抽提出来，影响产品质量，个别情况，会因界面过低使提取液中的原料油滴没有足够的时间在分离段聚集、分离而被提取液带出塔底使精制油收率减小。

在转盘塔中，糠醛在界面下为连续相（填料塔则正好相反，为分散相），一般界面在溶剂入口附近为宜，也就是说，在操作中将界面保持在界面管的中间位置较为合适。

在操作中，有很多因素影响着界面的稳定，大致有以下几个方面：

1. 物料平衡对界面的影响

抽提塔的物料进出量不平衡是造成界面波动的直接原因。抽提塔的物料平衡用下式表示：

原料油量＋糠醛量＝提取液量＋提余液量

或：　　进塔溶剂量＝提取液中的溶剂量＋提余液中的溶剂量

上列两式的成立就是界面稳定的必要条件。下面再作一些具体分析：

（1）溶剂进塔流量的影响。进塔溶剂量增加，就能溶解更多的非理想组分，使提取液总量增多。在提取液抽出量不变的情况下，提取液带走的溶剂量相对减少，因而界面将连续上升。反之，则界面连续下降。

（2）原料进塔流量的影响。原料油进料量增加，油在抽提段内所占的体积增大，界面上升，同时提取液内含非理想组分总量也增加，在提取液抽出量不变时，提取液带走的溶剂量相对减少，也会使界面上升；另外，提余油量也同时因原料油量增加而增加，从而提余液所带走的溶剂量也会增多，应使界面趋于下降。但是在塔上部的非理想组分较少，故溶进油中的溶剂量并不太多，因而后者对界面的影响比前者对界面的影响要微小得多，所以总的趋势是使界面连续上升。反之，则界面连续下降。若处理量增加接近液泛点时，界面就会忽高忽低，使操作混乱。

（3）提取液流量变化对界面的影响。提取液抽出量的变化对界面的影响最为显著，提取液抽出量增加，界面就下降，反之，界面就上升。

2. 温度对界面的影响

温度的高低影响着糠醛的选择性和溶解能力的强弱，决定着提取液和提余液的组成，也就影响着界面的稳定。

（1）塔顶温度对界面的影响。溶剂在精制油中的溶解度随塔顶温度的升高而增大，使塔顶提余液中带走的溶剂量增多，会使界面下降，另外，虽然塔顶温度升高能提高糠醛的溶解能力，能更多地溶进非理想组分，使提取液总量增加，应使界面上升。但是塔上部的非理想组分已经很少，所以后者对界面的影响比前者对界面的影响要轻微得多，所以总的结果是使界面下降。反之，则界面上升。

（2）塔底温度对界面的影响。塔底温度升高，溶剂的溶解能力增强选择性变差，提取液中理想组分的含量增加，在塔底流出量不变情况下，使提取液的总量增多，界面就上升。反之则界面下降。

3. 原料性质对界面的影响

在生产操作中，原料性质的变化，首先反映在抽提塔内界面的变化上。

在精制条件相同时，如果原料油的馏分不相同，则因原料的溶解度变化而使界面发生变化。若原料油馏分变重，糠醛在理想组分中的溶解度增大，即提余液中的糠醛量增多，因此界面下降。反之，则界面上升。若原料油中含胶质、沥青质多，会使界面分不清以及提余液中含糠醛量多、提取液中带走大量理想组分，从而使精制油收率下降。

4. 转盘转速对界面的影响

转盘塔中的转盘转速过高时，会因液滴分散过细而难以聚集、沉降和分层。转速过低时糠醛和原料油接触不好，使精制效果不佳。所以应有合适的转速，生产上一般多维持在10～50r/min，重质原料油要求转速高些，轻质原料油要求转速要低些。一般说来，物料平衡时，转盘转速提高时，界面上升；转盘转速降低时，界面略下降。但转速太快，会造成液泛，80%以上糠醛将从塔顶跑出，破坏平衡操作。

影响界面稳定的因素除了上述这些主要因素外，还有其它一些原因，如抽出物循环泵的抽空和仪表失灵等。应该指出的是，界面的变化往往是几种原因共同影响的结果，如果在切换原料时，还有原料量的提降、糠醛量的提降、提取液量的提降和温度的改变等，但其中糠醛和提取液的提降量是主要方面，因此只要抓住这个主要的方面，在提降糠醛量的同时，调节提取液抽出量，就较易于使界面稳定下来。可见，在操作中要对各种影响因素进行全面分析，找出其中的主要矛盾，从解决主要矛盾入手，然后再逐步解决其它矛盾，就易于作到平稳操作。

界面的控制方法，一般都是用调节塔底提取液抽出量来调节，无论是采用界面自动控制塔底抽出量或是控制提取液进炉量，其实质都是调节抽提塔的物料平衡。

在提降界面时，要注意糠醛在抽提系统与回收系统间的平衡，保持好醛水分离罐内湿糠醛的液面，不使湿糠醛泵抽水而影响糠醛干燥塔的操作而造成操作混乱，特别是糠醛在各设备中的分配情况要平衡得当。如果糠醛量不足，应及时向装置内补充糠醛。

二、抽提塔温度的控制

引起抽提塔温度变化的原因很多，分别讨论如下：

1．塔底温度变化的原因

（1）原料油罐内油温的变化；

（2）原料油冷却器（或加热器）的冷却水压力（或水蒸气压力）的变化，达不到要求的冷却（或加热）效果，使原料油进料温度变化；

（3）原料油冷却器（或加热器）发生短路，起不到对原料油的冷却（或加热）作用；

（4）抽出液循环量变化或循环液冷却器发生故障以及冷却水压力降低，塔中热量不平衡；

（5）自动控制仪表失灵或控制阀被堵塞，起不到自动调节作用；

（6）溶剂比的变化，如溶剂比增大后，进塔溶剂量增多，提取液总量也增多，而溶剂的温度在塔内也最高，根据全塔的热平衡，提取液带走的热量也一定更增多，塔底温度就会升高。

2．塔顶温度变化的原因

（1）糠醛箱温度变化；

（2）糠醛的加热器发生故障或加热器水蒸气压力变化；

（3）自动控制仪表失灵或控制阀发生故障。

糠醛抽提塔塔顶温度是用糠醛进塔的温度来控制的，塔底温度是以原料油进塔温度并辅以中部循环油温度（或流量）来控制的。

三、原料油的切换操作

切换原料油的操作是日常操作中经常遇到的，是操作工应掌握的一项基本操作。

在切换原料油时，要做到条件改变适宜，操作调节平稳，顶油量准确和切换及时，以保证精制油质量。应注意以下几方面：

（1）预先检查原料油的质量是否符合所需切换的原料油的质量要求。

（2）根据设备容量及各部分流量计算顶油量所需的切换时间。顶油量的计算公式为：

$$顶油量=设备容量+安全裕量\ (m^3)$$

式中设备容量包括：抽提塔界面上部容积、塔顶至提余液汽提塔之间的全部管线（包括加热炉管线）的容积、提余液汽提塔塔底精制油体积、提余液储罐低液位时的容积使精制油泵出入口管线的容积。安全裕量一般为10～15m³，可根据设备的容量大小情况适当选择。

$$切换所需时间\ (h)=顶油量\ (m^3)\div 处理量\ (m^3/h)$$

在切换操作中，从开始切换原料油时算起，直至经历的时间恰好等于计算出来的切换所需时间为止。在这段时间内，精制油泵所抽出的产品前半段为切换前的产品，后半段为切换前与切换后的两种产品混合的油品，因此，应适当地截取后半段混合较严重的产品送入混合产品罐另储，以备它用。顶完油后的产品即为较纯净的切换后的产品，可正式送往该产品的储罐。

在处理量较小时，切换前与切换后产品容易混，顶油量应略多一些；处理量较大时，顶油量就可略少一些。

（3）操作条件改变较小时，界面应保持稳定在界面管内。提降量应缓而平稳，尽力避免忽高忽低，以免影响加热炉的平稳操作。

（4）温度条件的改变原则。由于温度条件的改变比较缓慢，所以一般可以提前一些时间改变温度条件。总的原则是：

溶剂比大的原料油切换成溶剂比小的原料油时，在切换混合产品时开始改变温度条件；在溶剂比小的原料油切换成溶剂比大的原料油时，应在顶油一开始就同时开始改变温度条件。

（5）在切换原料的过程中，应停止中部循环。

（6）在切换质量要求严格的产品时，应进行采样分析，在合乎产品质量要求后，方可引入产品储罐。

四、抽提塔操作中异常情况的处理

1. 转盘塔液泛

现象：塔顶提余液带糠醛多，塔底提取液带油多，界面不清，提余液加热炉出口温度下降。

原因：原料油温度低；转盘转速太快；抽提塔超负荷；塔顶温度≥临界溶解温度；原料含沥青质过多。

处理：提高原料油进塔温度；适当调节转盘转速，降低处理量；降低糠醛进塔温度；切换含沥青质少的同种原料油。

2. 抽提塔中带水

现象：抽提塔底提取液量波动大；炉温波动；糠醛蒸发塔压力增大，真空度下降，带水严重时，界面管也可以见到水。

原因：原料或糠醛中带水。

处理：及时找出带水原因，采取措施防止带水：如检查原料油罐起落管位置是否太低、醛水分离罐是否界面太低等；界面管有水时，应打开界面管旋塞阀放水；若引起操作混乱时，可适当降低处理量，以稳定操作。

第七节　酚精制工艺流程

酚精制装置的工艺流程示意图见图IV-2-18。

1. 抽提系统

用原料油泵-1抽吸收塔7塔底原料油，经加热器18加热至50～70℃，进入抽提塔1中部。酚泵泵-2抽酚罐13内的无水酚（干酚），经加热器17加热至85～105℃，进入抽提塔上部。原料油和酚在抽提塔中进行连续逆流抽提。提余液和提取液分别从塔顶和塔底流出，并分别进入中间储罐11和12中。

为提高精制油收率，用循环泵泵-3自抽提塔1下部抽出部分提取液，经提取液冷却器19冷却后，再打回塔的下中部，称为塔底循环，以便使塔底维持低的温度。并且用酚水泵泵-4抽酚水罐14中的酚水，分出其一部分打入抽提塔1下部，以适当降低酚的溶解能力，使提取液中的理想组分能充分地分离并且回到原料中来。

2. 溶剂回收系统

（1）从提余液中回收酚

用提余液泵泵-5抽提余液罐11中的提余液，经提余液换热器20与精制油换热后，再入提余液加热炉8，加热至270℃左右，进入提余液蒸发塔2，塔内压力维持在60～100kPa〔0.6～1.0kg/cm²（表）〕大部分无水酚从塔顶蒸出，经原料油换热器15与原料油换热冷凝，并

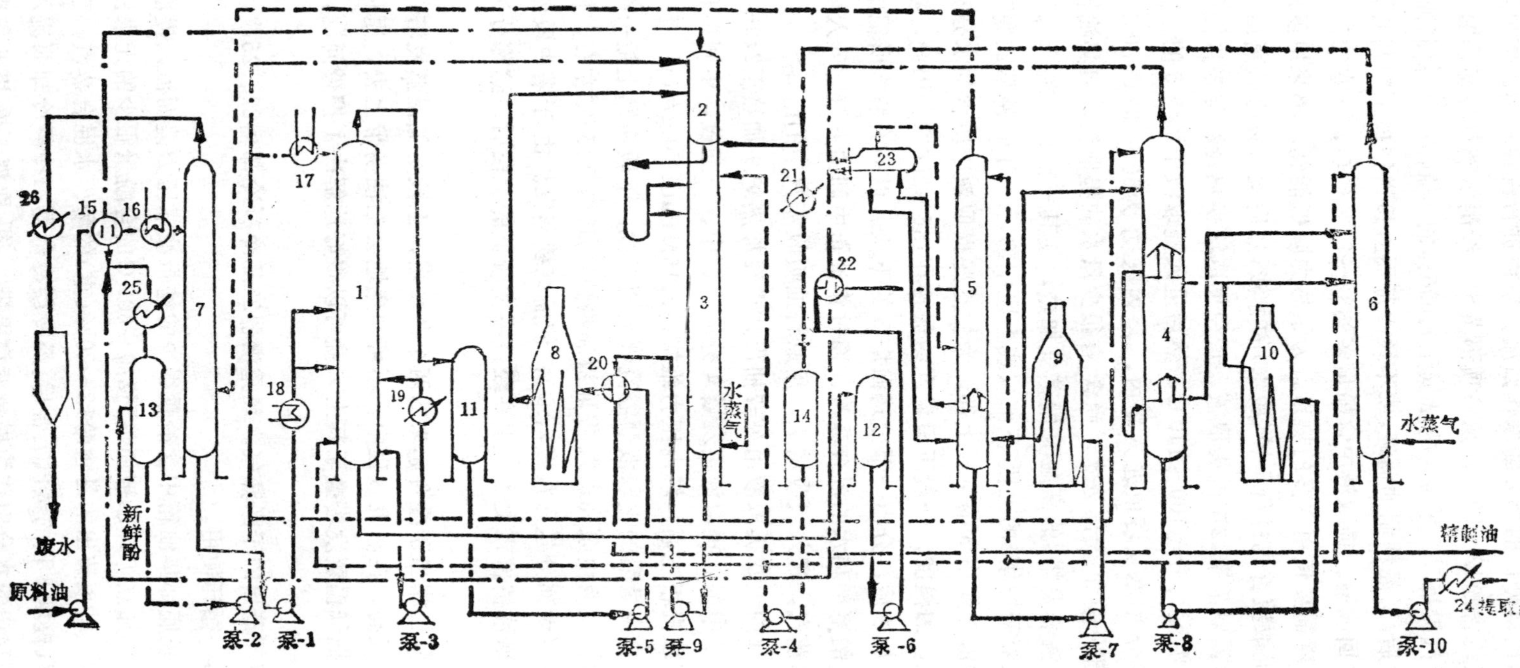

图 Ⅳ-2-18　酚精制工艺流程图

1—提取塔；2—提余液蒸发塔；3—提余液汽提塔；4—提取液蒸发塔；5—提取液干燥塔；6—提取液汽提塔；7—吸收塔；8—提余液加热炉；9—提取液循环加热炉；10—提取液加热炉；11—提余液罐；12—提取液罐；13—酚罐；14—酚水罐；15—原料油换热器；16—原料油加热器；17—酚加热器；18—原料油加热器；19—提取液冷却器；20—提余液换热器；21—酚水蒸汽冷却器；22—提取液换热器；23—提取液重沸器；24—提取油冷却器；25—酚冷却器

经酚冷却器25冷却后，流入干酚储罐13，供继续循环使用。

提余液蒸发塔2塔底含酚量很少的提余液，依靠压差自动流入提余液汽提塔3中，塔底通入水蒸气，塔顶用泵-4出口分出的部分酚水作回流，塔内进行汽提蒸馏，蒸出绝大部分残余酚。酚、水混合蒸汽（约含酚12～20%）从塔顶部蒸出，经酚水蒸气冷却器21冷凝冷却后，进入酚水罐14。提余液汽提塔3塔底得含酚量低于0.005%的精制油，用精制油泵泵9抽出，在换热器20中换热冷却后，送经精制油储罐，或不经冷却而直接送往白土精制装置。

（2）从提取液中回收酚。提取液中含酚量多达82～87%(重)，含水约7～11%，为了蒸出这么多的溶剂和水，就需要使用很多的热量。为了尽力降低能耗，都采用多效蒸发。又为了得到干酚，就采取对提取液首先进行干燥(脱水)的办法，然后就可以直接蒸出大量的干酚。

用提取液泵泵-6抽提取液罐12中的提取液，送经提取液换热器22与来自提取液蒸发塔4的高压干酚蒸气换热，温度可升至100～140℃，然后进入提取液干燥塔5的上段中部，同时酚水泵泵-4送出的大部分酚水从塔顶进入塔内，塔内压力为60～70kPa〔0.6～0.7kg/cm²(表)〕塔顶可以蒸出一部分酚和大部分水。尚含有很少量水的提取液，自集油箱流进提取液重沸器23，被来自提取液蒸发塔4的高温干酚蒸气加热，使其一部分水在重沸器中以共沸物的形式蒸出，送回提取液干燥塔5的上段下部（或上段中部）。自重沸器23底部流出的含水更少的提取液回到提取液干燥塔5的下段上部，为使这些提取液中所含的水分充分脱除，要求塔下段的温度高于上段的温度，一般下段温度约保持在185～200℃，因此，要把塔底部抽出的提取液经加热炉9加热后，分出一部分送回塔5的下段，以补充脱水所需的热量。从提取液干燥塔5下段蒸出的溶剂和水的混合蒸汽，通过集油箱中间的升汽管升入塔的上段。从塔顶部蒸出的是共沸物蒸汽，送入吸收塔7，用原料油吸收蒸汽中的酚。

提取液干燥塔5底部的无水提取液用泵-7抽出，送经加热炉9加热至240～290℃后，进入提取液蒸发塔4的上段中部。提取液蒸发塔4分成上、中、下三段，中间设有集油箱，集油箱中间的升汽管使三段汽相连通。塔内压力维持在0.15MPa〔1.5kg/cm²(表)〕左右。大部分酚在塔的上段蒸发；含少量酚的提取液顺溢流管流到下段，下段实际上是一个略有蒸发作用的中间罐，其底部的提取液由泵-8送入提取液加热炉10加热至350℃左右，使其一部分返回提取液蒸发塔4中段（大部分送入汽提塔6），使酚继续蒸发。由于塔中段温度较高，在酚蒸发过程中有部分提取油被携带上去，但在经过温度较低的上段时，这部分油又被冷凝，分离下来。

提取液蒸发塔4实际上相当于叠合起来的两个蒸发塔，上段是低温蒸发塔，中段是高温蒸发塔。因为中段温度很高，在蒸发过程中，不可避免地会把油携带上去，原料油愈轻时，携带现象愈严重，所以把低温蒸发塔叠于其上，就可以很好地解决了携带问题，并且使装置紧凑。

提取液蒸发塔4顶部蒸出的干酚蒸气，经重沸器23及冷凝冷却器22、25放热、冷凝、冷却后，进入干酚储罐13，循环使用。

提取液蒸发塔4中段底部集油箱中含酚量很少的携带油靠压力差而流入提取液汽提塔6的中上部。在塔中，来自加热炉10已被加热到270～300℃的含酚量很少的无水提取液，与携带油一同进行汽提蒸馏。塔顶蒸出的是含酚12～20%(重)的酚、水混合蒸汽，它们与来自提取液干燥塔顶、提余液汽提塔3顶的蒸汽汇合后，经冷凝冷却器21冷凝冷却而流入酚水罐14，由酚水泵泵-4抽酚水罐14中酚水分别作为提余液汽提塔3、提取液干燥塔5和提取液汽提塔6的塔顶回流及打入抽提塔塔底，作为酚水进料。在提取液汽提塔6底部即得含酚量小于

0.005%的提取油，用提取油泵泵-10抽出，经冷却器24送往储罐。

（3）从酚——水共沸物中回收酚。从提余液汽提塔3、提取液干燥塔5和提取液汽提塔6塔顶蒸出的酚——水共沸物 蒸汽从吸收塔7 下部进入，与经加热器15、16加热到115℃左右的原料油在塔内呈逆向流动，在塔板上进行接触吸收。

经吸收后的水蒸气从塔顶逸出，经冷凝冷却器26冷凝冷却后，含酚量可降低到0.005%以下，送污水处理装置进行净化处理。

吸收了酚的含酚原料油从吸收塔7底部流经加热器18加热至50～70℃，作为抽提塔进料油。

第八节　酚精制装置抽提塔的操作

关于抽提塔的操作，我们在本章第七节中结合糠醛抽提塔的操作问题作了较详细的讨论，在此不再赘述。现在仅根据酚精制抽提塔的独特的操作问题进行一些讨论。

由于酚的密度比糠醛的密度小，所以酚和原料油的密度差别就小得多，因此，酚抽提塔内两相的分离效果（包括分散液滴的聚集、沉降、分离等）就比糠醛抽提塔内两相的分离效果差得多，特别是在处理重质原料油和含胶质沥青质多的原料油时，分离效果就更差，因此界面往往是模糊不清的，这也是酚抽提装置不宜使用转盘塔的主要原因。再者，由于酚对石油中烃类的溶解能力要比糠醛的溶解能力强得多（选择性比糠醛差得多）。因而酚抽提塔就具有下述的操作特点：

（1）要严格控制抽提塔的处理量。油量大时，界面不清，难于分辨界面的确切位置，不好控制。特别是在处理高粘度原料油时，常常出现提余液中带酚多的现象。一般将抽提塔的液体流速控制在每平方米塔截面积的体积流量为$10m^3/(m^2 \cdot h)$左右，流量若超过这个数值较大时，就会出现上述现象，严重时甚至出现液泛现象。

（2）为保证提余油的收率，要在塔下部注入适量的酚水，以降低塔底溶剂的溶解能力，使被溶解于酚中的理想组分从提取液中析出，回到原料油中来。酚水量一般占原料重的2～8%。

（3）处理高粘度原料油时，因原料油的粘度大，沉降、分离困难，界面不清，必须用提高精制温度的办法来降低粘度。但提高精制温度可能受到系统临界溶解温度的限制。因此，必要时可以将一部分酚水自塔顶注入，以提高系统的临界溶解温度，就能保证良好的分离效果，改善界面状况。

（4）在原料油质量差、含沥青质多的情况下，从塔顶注入酚水，可以起到提高处理量、改善界面状况、提高精制油质量和收率的作用。

（5）界面位置一般控制在塔高的2/3处附近，可用塔底抽出液量来进行调节。

（6）温度的控制方法：

塔顶温度：用酚的进塔温度控制；

塔中部温度：用原料油的进塔温度控制；

塔底温度：用抽出液循环（温度或流量）来控制调节。

（7）为适应不同原料油接触时间的不同要求，可以调节原料进料口与界面的位置。如原料油中含非理想组分较多时，需要接触时间就较长，原料油进口位置可以低些，并把界面位置调节高一些。反之，则原料油进口位置可以高些，界面位置可以调节低一些。

第三章 润滑油脱蜡

第一节 概 述

石油产品的脱蜡，通常是生产润滑油、低凝点的柴油、航空煤油、变压器油料必不可少的过程。

润滑油脱蜡的目的是由润滑油馏分或残渣油原料中除去固态烃——石蜡或地蜡，以降低油品的凝点，同时还可得到蜡。这种生产过程称为润滑油的脱蜡。含蜡原料油经脱蜡后就可满足对油品凝点的要求。

由于含蜡原料油的轻重不同和对凝点的要求不同，脱蜡的方法有很多种：冷榨脱蜡、溶剂脱蜡、分子筛脱蜡、尿素脱蜡、细菌脱蜡以及正在开发的石墨脱蜡等。按脱蜡原理，大致可分为几类：

结晶脱蜡：将油品冷冻降温，油中蜡结晶析出，然后通过过滤等方法分离油和蜡。属于此类的有冷榨脱蜡、溶剂脱蜡。

吸附脱蜡：属于这类的如分子筛脱蜡，它是利用5A分子筛能吸附油品中的正构烷烃而不吸附异构烷烃和环状烃的性质，将油品中的正构和异构烷烃进行分离。

尿素脱蜡：利用尿素和油中的蜡生成不溶性络合物，然后用过滤等方法分出络合物，取得脱蜡油。它只适用低粘度油品，如轻柴油馏分。

细菌脱蜡：它是利用一种酵母菌与含蜡油加水一起发酵，蜡就会被细菌吃掉而浮于表面，再用离心机将油分离出来。

催化脱蜡：它可有两种不同途径：

加氢降凝——即将润滑油料在较高温度和高氢压下，通过催化作用与氢气发生加氢异构化和选择性加氢裂化反应，使其中凝点较高的正构烷烃转化为凝点较低的异构烷烃，而保持其它烃点基本不发生变化。

择形裂化——采用以分子筛为担体的催化剂，利用分子筛均匀的孔结构和特殊的吸附性能，只让那些凝点高的正构烷烃以及只带有短侧链的异构烷烃进入分子筛内表面的高活性催化中心接触，加氢裂化成低分子烃而与润滑油分离。

石墨脱蜡：利用石墨的双向吸附效应，当润滑油和石墨接触时，其中正构烷烃和稠环芳烃就会被吸附，因而可得到低倾点、高粘度指数油。

油品和蜡结晶分开时的温度称为脱蜡温度。显然，分出蜡结晶后的油品再次冷到这个温度时，就不会有蜡结晶析出，继续降低温度就还会有蜡继续结晶析出，使油品凝固。

为了得到一定凝点的油需把溶剂-润滑油料冷到比凝点更低的温度，才能得到所需的产品。将脱蜡油凝点与脱蜡温度之差称为脱蜡温差。脱蜡温差可以是正值或负值。脱蜡温差越小，得到同样凝点的脱蜡油所需的脱蜡温度越高，冷冻费用越少。

在润滑油脱蜡工艺中，以溶剂脱蜡为常用方法，但近年来，尿素脱蜡、分子筛脱蜡、微生物脱蜡以及催化脱蜡都有很快的发展。

对于重质润滑油与残渣润滑油原料在低温下粘度很大，蜡结晶不易析出，油、蜡粘在一起，过滤时阻力很大，甚至无法用过滤的方法从蜡中把它所带的油除去，油的收率很低。为此，在处理粘度较大的馏分润滑油与残渣润滑油原料时就采用溶剂脱蜡方法。

过去，旧装置是用80～130℃轻汽油馏分作溶剂，它的优点是溶剂易于获得，但过程的脱蜡温差大，溶剂不利于蜡结晶生成，目前已很少采用，而广泛采用丙酮-苯-甲苯混合溶剂及甲基乙基酮-苯-甲苯混合溶剂。丙酮比甲基乙基酮容易获得，但损耗较大，脱蜡温差也稍大。到目前为止，世界上的溶剂脱蜡过程绝大部分为酮苯脱蜡。

除了酮类溶剂以外，在工业上仍能占一定地位的是丙烷脱蜡，近年来使用丙烯-丙酮脱蜡在一定程度上弥补丙烷对蜡溶解度过高的缺点。

本章主要讨论酮苯脱蜡过程。

第二节 脱 蜡 原 理

脱蜡原料油中的固态烃（蜡）在一定温度下与液态组分（油、溶剂）形成真溶液，随着温度降低，蜡在溶液中的溶解度下降使之达到过饱和状态而结晶，温度继续降低，结晶不断析出，并生长成较大的蜡结晶，然后将蜡和油分开，使脱蜡油的凝点下降，这一过程是一切“结晶脱蜡”的共同原理，酮苯脱蜡也不例外。但是，与其它的“结晶脱蜡”相比，它在脱蜡过程中采用了酮苯溶剂稀释。

为什么要稀释呢？因为脱蜡原料油粘度较大，特别是馏分较重的原料油粘度更大，在降温结晶过程中，由于受到油品粘稠的影响，蜡分子不易移动而聚结，故它们分散地生成为数众多的细小结晶，这些细小的结晶在过滤时堵塞滤布孔隙使过滤难于进行。同时这些结晶常常还联接成晶网，把润滑油包含起来，这样在过滤时蜡与润滑油就难以分离。另方面，对润滑油而言，随着温度降低，油的粘度迅速增加，如50℃时粘度为10mm²/s的馏出油，在0℃时的粘度增加到200mm²/s，到－10℃时增加到450mm²/s（增加44倍），因而在低温过滤的条件下，润滑油变得很稠，过滤时阻力很大，难以通过蜡饼和滤布，蜡和油也就无法分离，脱蜡过程自然就不能进行。过滤过程见图Ⅳ-3-1。为了解决这矛盾，人们采用了粘度很低的溶剂如丙酮-苯-甲苯溶剂进行稀释，把溶液的粘度大大降低，这时蜡在低粘度的溶液中析出时，晶体颗粒增大，特别是当溶液中含有沉淀剂时还会生成颗粒更大的稍为紧密的聚结体结晶，这些单晶和聚结体结晶由于颗粒的增大还会使得晶体的表面积减少，而使吸附的油量减少。同时由于油品的粘度降低而使蜡带油也减少。这样蜡饼就易形成毛细孔多的过滤渣层，滤液（过滤得到的液体）易于通过。并且滤液本身的粘度大大下降，减少了滤液通过滤布和滤渣层的阻力，也使过滤速度提高。因而用溶剂稀释后得到的结果是：蜡的结晶好，溶液的粘度低，过滤速度快，脱蜡油收率高，而且在脱蜡生产中不受原料油粘度大小和脱蜡深度的限制，可以处理脱蜡深度各不相同的各种轻重润滑油料。因此，工业上广泛地采用了溶剂稀释脱蜡。

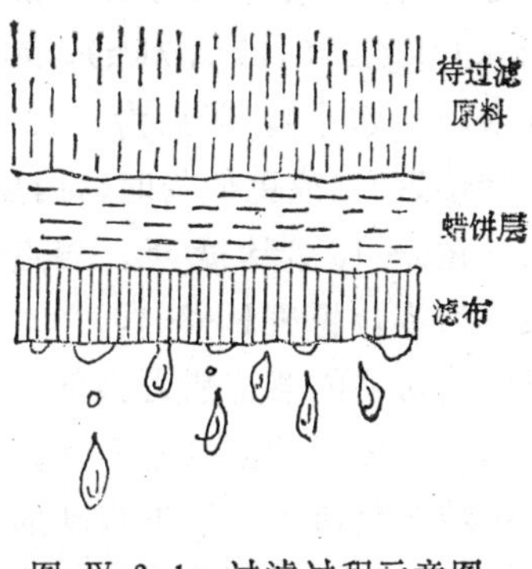

图 Ⅳ-3-1 过滤过程示意图

为什么要选用酮、苯溶剂作为稀释剂呢？因为采用溶剂来脱蜡时，不仅要求溶剂有较低的粘度，而且要求溶剂有较强的选择性。所谓选择性也就是它能够在脱蜡温度下充分溶解原料油中的低凝点组分，而对蜡则具有较小的溶解能力。如果溶剂在脱蜡温度下不完全溶解润滑油，则润滑油将同蜡形成粘稠的物质，在过滤的时候，就会生成没有渗透性的蜡饼，这样会使过滤无法继续进行。如果蜡在溶剂中的溶解度大，则会造成脱蜡温差增大，为使成品润滑油具有所要求的凝点，就必须使脱蜡温度降得更低。例如，为制取凝点为-18℃的残渣润滑油，当脱蜡温差为24℃时，脱蜡温度必须冷到-42℃，但脱蜡温差为10℃时，脱蜡温度只需冷到-28℃，因此为避免过大的脱蜡温差，就必须要求溶剂对蜡具有极小的溶解能力。此外，溶剂的沸点不应过高，而性质应该比较安定，以便用简单的蒸馏方法将它们从滤液或蜡液中分离出来。

若以丙烷或轻汽油馏分为溶剂时，由于此类溶剂选择性差，脱蜡温差大（丙烷为15～20℃，轻汽油为25～26℃），且在低温下，丙烷和轻汽油馏分的粘度较大，过滤比较困难，因此应用的较少，而丙酮-苯-甲苯组成的溶剂，它的粘度小(20℃时粘度小于0.735mm²/s，选择性很强，又含有沉淀剂，沸点又低（常压下低于110℃），毒性较小，冰点较低，腐蚀性小，而且容易制得，故多采用酮、苯为脱蜡溶剂。

即使选择性很强的溶剂，对蜡也含有一定的溶解度，因此溶解在溶剂中的蜡，经溶剂回收后转移到油中，使脱蜡油的凝点升高，使酮、苯溶剂脱蜡的脱蜡温差通常都比无溶剂的结晶脱蜡温差大。以后还将讨论影响酮、苯脱蜡效果的几个因素。

第三节 酮苯溶剂的性质及要求

一、丙酮-苯-甲苯混合溶剂的性质

丙酮是一种无色透明易于流动的液体，具有类似薄荷气味，常压下沸点为56.1℃，汽化潜热为525kJ/kg(125.5kcal/kg)，冰点为-95℃，能与水以任何比例混和，20℃时粘度为0.41mm²/s（比水小)，闪点为-16℃，自燃点为603℃。它的特点是对蜡和油的溶解度均较小。在温度接近0℃或更低些时，丙酮对石蜡和地蜡几乎不溶解，因此称它为脱蜡的沉淀剂。例如，在0～15℃温度下，熔点为42～61℃的石蜡，在丙酮中溶解度最大为0.24g/100g溶剂，最小为零，见表Ⅳ-3-1。

由于丙酮对油的溶解能力很低，单纯用丙酮是不能进行溶剂脱蜡的。因此需要加入一种对油的溶解能力较强的溶剂——苯。

苯是一种无色透明、易于流动的液体，它对润滑油的溶解能力很强，能以任何比例混合。因此在脱蜡溶剂中可称它为溶油剂。苯的冰点为5.5℃，常压下沸点为80.1℃，汽化潜热为390kJ/kg，在水中溶解度小于1%，20℃时粘度为0.35mm²/s（比水小），自燃点为735℃，闪点为-13℃。

由于苯的结晶温度较高，与丙酮混合在一起所得到的溶剂，其冰点也高，在低温脱蜡时，常常有苯的结晶析出，使油的收率降低。因此，在酮、苯混合溶剂中，通常总是加入一些冰点很低的甲苯来弥补。

甲苯也是一种无色透明的液体，在低温（0℃）下对油的溶解能力比苯强，对蜡的溶解能力比苯差。也就是说，低温下甲苯的选择性比苯强。甲苯的沸点比丙酮和苯高。常压下为110.6℃，汽化潜热为361.8kJ/kg，冰点为-95℃，与水的溶解能力在1%以下，比苯还差。

表 Ⅳ-3-1 石蜡在不同溶剂中的溶解度

溶剂	溶解温度 ℃	溶解度,g/100g 溶剂	
		熔点42～44.6℃的蜡	熔点58～61℃的蜡
丙烷	0	>5.0	>2.9
	5	>7.6	>8.6
	10	>13.3	>4.8
	15	>29.0	>7.2
丙酮	0	0	0.0
	5	0.06	0.0
	10	0.22	0.0
	15	0.24	0.0125
苯	0	—	0.22
	5	—	0.5
	10	10	1.15
	15	—	2.51
丁酮	0	0.603	0.0
	5	0.13	0.0
	10	0.27	0.011
	15	0.56	0.026

20℃时粘度为0.68mm²/s（比水小），自燃点730℃，闪点6.5℃。在混合溶剂中增加甲苯的含量，对提高脱蜡油收率与降低脱蜡温差都有好处。

综上所述，丙酮-苯-甲苯混合溶剂是一种良好的选择性溶剂，它对油的溶解能力强，对蜡的溶解能力低，同时粘度小，冰点低，腐蚀性和毒性又不大、沸点也不高，因此是润滑油脱蜡较理想的溶剂，但其闪点低，应注意安全。

二、丁酮-苯-甲苯溶剂的性质

丁酮是无色而易于流动的液体，具有香味，它对油和蜡的溶解能力比丙酮稍大，丁酮的沸点为79.6℃，冰点为-86.4℃，汽化潜热为442.9kJ/kg，20℃粘度为0.52mm²/s（比水小），20℃时对水的溶解度为22.6%，能与水形成共沸物，共沸点为73.45℃，共沸物中含溶剂89%，闪点为-7℃，它的特点是：

（1）丁酮在水中的溶解度不很大，与水形成共沸物，而丙酮则与水完全互溶，不生成共沸物；

（2）丁酮的沸点和冰点比丙酮稍高；

（3）丁酮对蜡的溶解度也很小，但对油的溶解能力比丙酮大。脱蜡时溶剂可采用较大的丁酮比例，使脱蜡温差降低，油收率提高，从这一点上说，采用丁酮脱蜡比用丙酮脱蜡效果好。因此，丁酮-苯-甲苯组成的溶液也是溶剂脱蜡的理想溶剂。

丙酮、丁酮、苯、甲苯的性质见表Ⅳ-3-2。

三、酮-苯-甲苯溶剂的性质与组成的关系

酮-苯-甲苯溶剂的性质随着组成的改变而改变。当酮含量增加时，酮苯（甲苯）溶剂对油的溶解能力降低，使含油溶剂出现第二相（分出润滑油）的温度升高，见表Ⅳ-3-3；对蜡

表 Ⅳ-3-2 丙酮、丁酮、苯、甲苯的性质

	丙 酮	苯	甲 苯	丁 酮
分子量	58.05	78.05	92.06	72.06
20℃时密度，g/cm³	0.7915	0.8790	0.86697	0.8054
常压下沸点，℃	56.1	80.099	110.626	79.6
熔点，℃	−95.5	5.533	−94.991	−86.4
临界温度，℃	235	288.5	320.6	
临界压力(绝对)，MPa	4.61	4.77	4.03	
临界密度，g/cm³	0.268	0.3845	0.292	
粘度(20℃时)，mm²/s	0.41	0.735	0.68	0.53
闪点，℃	−16	−12	6.5	−7
自燃点，℃	603	702	730	
在空气中的爆炸范围，%(体)	2.15～12.4	1.4～8.0	1.3～6.75	1.97～10.1
溶解度：				20℃时
10℃溶剂在水中，g/100g	无限大	0.175	0.037	22.6
10℃水在溶剂中，g/100g	无限大	0.041	0.034	9.9
中毒浓度，mg/l	2.2	10	24	
在空气中的允许浓度，mg/l	<0.2	<0.1	—	
常压下汽化潜热，kJ/kg	525	395	362	443

表 Ⅳ-3-3 酮苯溶剂对油（100℃粘度7.7mm²/s）溶解度的影响

溶 剂	酮 含 量，%	溶 剂：油	出现第二相的温度，℃
丙 酮	50	3:1	−15
	50	1.5:1	−11
	30	3:1	−25
丁 酮	100	3:1	−3
	70	3:1	−32
	70	1.5:1	−32

的溶解能力降低，见表Ⅳ-3-4；同时溶剂的冰点和沸点都相应降低，见图Ⅳ-3-2 。

在丙酮比例一定的条件下，增加甲苯的比例，使酮-苯-甲苯溶剂在低温下的选择性提高，即对油的溶解能力加强，对蜡的溶解能力降低，同时溶液的冰点降低，见图Ⅳ-3-2。因此，在深度脱蜡时，总是增大溶液中甲苯的比例，但是甲苯比例的增加，使酮-苯-甲苯溶剂的沸点上升。

表 Ⅳ-3-4 酮苯溶剂组成对蜡溶解度的影响

溶剂中酮含量，%(体)	溶解度											
	熔点48℃的蜡				熔点51.5℃的蜡				熔点58℃的蜡			
	0℃	+5℃	+10℃	+15℃	0℃	+5℃	+10℃	+15℃	0℃	+5℃	+10℃	+15℃
丙酮40	0.45	0.92	1.9	4.0	0.12	0.23	0.48	0.95	0.0125	0.03	0.07	0.07
20					0.12	0.5	1.2	2.8	0.05	0.115	0.25	0.56
丁酮(甲基乙基酮)70	0.4	0.75	1.45	2.7	0.06	0.12	0.25	0.5	0.012	0.2	0.046	0.091
	0.58	1.4	3.5	8.5	0.14	0.32	0.69	1.5	0.028	0.063	0.14	0.33

四、对脱蜡溶剂的要求

根据润滑油脱蜡溶剂的稀释及选择性溶解以及考虑操作、安全等因素，对溶剂提出下列要求：

（1）良好的选择性：即在脱蜡温度下溶剂很难溶解蜡，却能很好地溶解油。如蜡在溶剂中的溶解度大，将有碍于从脱蜡原料中充分地分出蜡来，而为了使产品达到要求的凝点，就要使脱蜡温差维持很大，也就是使脱蜡温度更低。如溶剂溶解油的能力差，则会减小脱蜡油的收率，尤其在过滤分离油和蜡时，由于油、蜡混在一起形成粘稠的滤层而影响过滤。

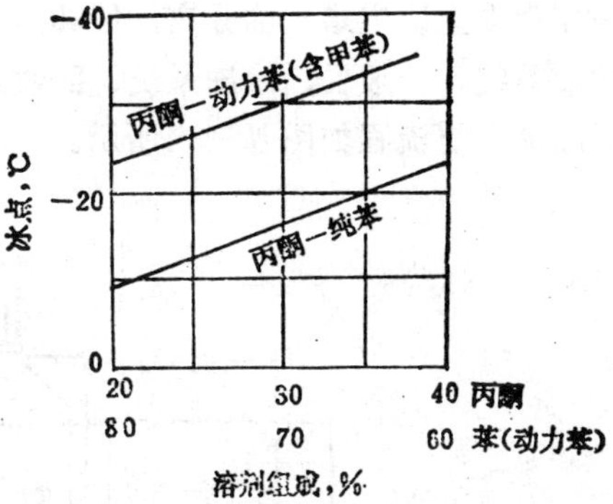

图 Ⅳ-3-2　溶剂组成与冰点之关系

（2）溶剂本身在低温时粘度要小、凝点要低，溶剂加入油中后，溶液的粘度要小，有利于蜡的结晶。

（3）溶剂本身沸点要低，且与油的沸点差要大，便于回收，但不要过低，避免使用高压操作。

（4）溶剂与油不应起化学作用，不腐蚀设备，且应无毒。

第四节　酮苯脱蜡工艺流程

一、酮苯脱蜡的原理流程

要使蜡从油溶液中结晶并析出，就需要降低温度及进行结晶，因此需有结晶系统，冷冻系统给结晶系统提供冷冻剂，以取走原料油与溶剂混合物放出的大部分热量。当蜡已经从油与溶剂溶液中析出之后，就需要在过滤系统把蜡膏和油溶液分离。自过滤系统出来的油溶液（滤液）和蜡膏都带有溶剂，因此就需要有溶剂回收系统，以便自滤液与蜡膏中回收溶剂。为了防爆在过滤系统用安全气封闭。溶剂脱蜡原理流程如图Ⅳ-3-3表示。

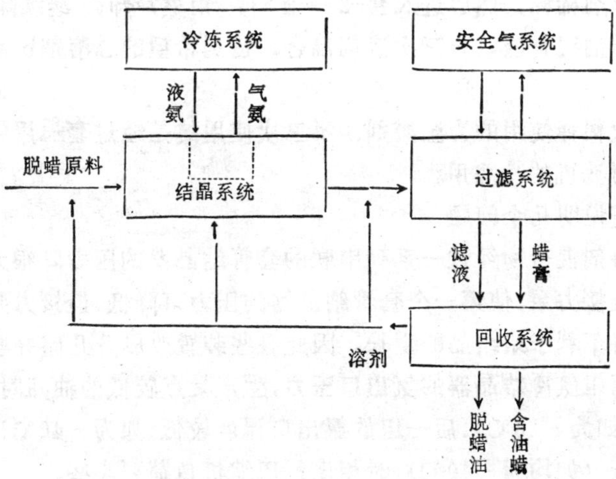

图 Ⅳ-3-3　酮苯脱蜡流程示意图

二、酮苯脱蜡工艺流程

1. 结晶系统

在酮苯脱蜡过程中最关键的部分是结晶系统，蜡结晶好坏直接影响过滤系统的操作，即在一定程度上决定蜡、油分离的好坏。结晶系统用来自冷冻系统的氨来冷冻，所用的溶剂来自回收系统，一般说，冷冻系统、回收系统的操作也要尽量保证结晶系统的需要。

结晶系统流程如图Ⅳ-3-4所示。

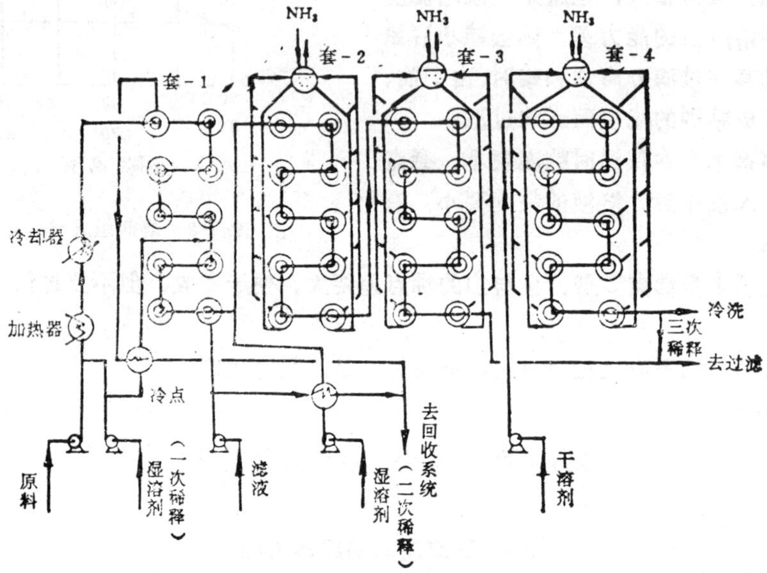

图 Ⅳ-3-4 结晶系统流程

含蜡原料油经冷却后（残渣油先热处理、再冷却）进入套管结晶器（套-1）同冷的滤液换冷结晶，在套-1内经过几根套管降温后，油的粘度增大，同时出现部分蜡结晶，这时加入一次溶剂稀释（冷点稀释），溶剂温度比相应的原料油温度低2～3℃或相等。从套-1出来的混合液再次被二次稀释溶剂稀释，然后进入套-2、套-3，用氨冷却，继续降温结晶，最后从套-3出来的含溶剂的蜡油混合液，与三次溶剂混合，达到希望的总溶剂比后，进入过滤机进料罐。

流程中一次、二次稀释使用的为湿溶剂，第三次使用的是经过套-4用氨冷却的干溶剂。干溶剂一部分作过滤时滤机的冷洗用。

本系统流程中还需说明几个问题：

（1）蜡、油、溶剂混合物经过一系列串联的套管结晶器的压力降很大，有些装置在串联结晶器中间要放一个接力泵，使第一个套管结晶器的压力可降低，但接力泵对蜡、油、溶剂混合物有搅拌作用，将不利于蜡结晶的生长，因此有些装置改成分几路并联通过结晶系统。

（2）可以控制两组氨冷结晶器的氨出口压力，生产凝点较低的油品时，前一组氨结晶器的氨出口温度稍高些(如为－28℃)，后一组的氨出口温度较低(如为－40℃)，这样与将两组的氨出口温度都控制较低（如均为－40℃）时相比，压缩机负荷要小些。

（3）二次稀释用循环液比用干溶剂的稀释效果要差些，但却可减小回收，冷冻两系统的负荷。

2. 过滤、安全系统

过滤系统是完成油蜡分离的部分，其工艺流程如图Ⅳ-3-5所示。

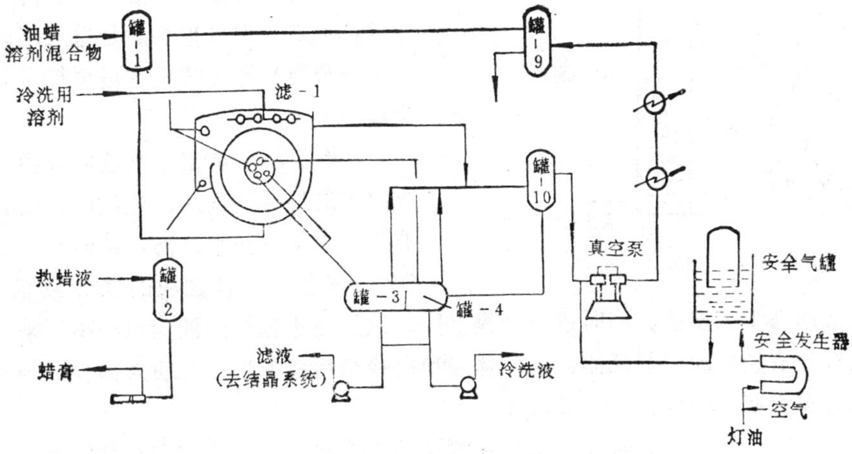

图 Ⅳ-3-5　过滤安全系统流程

滤机进料罐罐-1架在高于过滤机的位置，结晶冷却后的蜡、油、溶剂混合物自罐-1自流进入并联的各台过滤机的底部。进料量由滤机的液面自动控制。过滤后蜡膏进入中间罐罐-2，滤液、冷洗液进入中间罐罐-3、罐-4，再分别由泵抽出。滤液去结晶器与原料、溶剂混合物换冷、冷洗液去作二次稀释用。有的装置不用冷洗滤液作二次稀释，则冷洗滤液可与滤液一起去结晶系统。

由螺旋输送器将蜡膏送到中间罐罐-2，为使它能顺利被泵送去回收，有热蜡液循环流动。

由于溶剂易于挥发，并和空气形成易爆炸的混合物，就要使过滤机内尽可能不抽入空气，为此在滤机壳内维持1～3kPa〔0.01～0.03kg/cm²(表)〕以及用真空泵送安全气入过滤机壳体内起密封作用。反吹也用安全气（反吹用来吹掉滤鼓上的蜡膏)。安全气是用燃料与空气在安全气发生器中燃烧成含氧≯0.1%(体）的烟气，经安全罐再经真空泵送出、经换冷到罐-9，切除溶剂后，再送入滤机作密封与反吹用。进入滤机外壳的安全气，一部分在滤鼓表面的冷洗与吸干部分，由鼓外通过蜡饼被吸入鼓内，经罐-3、罐-4，又在真空中间罐罐-10分出携带的液滴，再进真空泵送入滤机循环使用。在循环使用的安全气内含氧量应保持小于5％(体)，安全气在循环过程中氧含量会逐渐升高，当过大时可把安全气排空一部分，再补充新鲜安全气入系统。

3. 溶剂回收系统

（1）溶剂回收原理：脱蜡原料经过结晶、过滤之后得到了蜡膏和滤液，蜡膏含溶剂60～70%，滤液含溶剂80～85%，这些溶剂需要回收循环使用，下面以丙酮-苯脱蜡时所得滤液进行溶剂回收为例来说明：

①闪蒸原理：由于丙酮、苯、甲苯的蒸气压比润滑油料蒸气压大得多，如100℃时大约相差500～2000倍。在脱蜡回收溶剂的温度下，轻质润滑油的蒸气压约26.6kPa(200mmHg) 以

下，而重质润滑油的蒸气压大约在7.34kPa(55mmHg) 以下。当加热滤液时，蒸气压大的溶剂首先汽化，蒸气压小的油很难汽化。因此，在加热时就会得到含油量很少的溶剂蒸气。而在脱蜡过程中，只要蒸气中含油不大于0.5%就足够满足脱蜡的要求（蜡脱油除外），因此只要把滤液送入加热器或加热炉加热，升高温度后送入塔内闪蒸，让溶剂在塔内进一步汽化并进行汽液分离（也有的是送入旋风分离器进行闪蒸分离），即不需要在塔顶打回流进行精馏分离的。

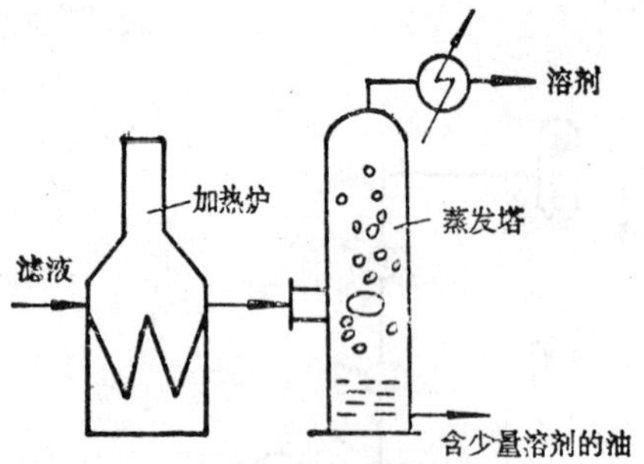

图 Ⅳ-3-6 闪蒸原理示意图

从图Ⅳ-3-6看出，汽液混合物一般以切线方向塔的进料口进入，让汽液在离心力和重力的作用下得到初步分离，这样使大颗粒的液滴分离下来，剩下小颗粒的雾状液滴随气流上升，雾状液滴碰上金属破沫网时进行凝聚沉降，这样使小颗粒的液滴也分离下来。从塔顶出来的蒸气就变成较纯的溶剂气体，该气体经冷凝冷却后成为液体，使大部分溶剂得到回收，塔底出来含少量溶剂的油。

②汽提原理：滤液或蜡膏经闪蒸后，剩余的油或蜡中总是残存有微量的溶剂，这些溶剂的回收方法采用水蒸气汽提。由于混合液中溶剂的蒸气压很小，溶剂很难汽化出来，若要使它们汽化，就必须提高加热温度，增加溶剂蒸气的压力才能使它们汽化出来。但是温度加得过高，润滑油就会发生裂解，这是不允许的。如果采用真空的办法降低设备中的压力，使含溶剂油沸点降低来使溶剂蒸发，这个办法虽然不会引起油品的裂解，但操作费用和投资费用增加，也是生产中不允许的，因此采用既经济又方便的水蒸气汽提法。

水蒸气汽提时蒸出的溶剂几乎全部是苯蒸气，并在溶剂回收温度下，苯不与水蒸气发生化学反应也不溶解，将水蒸气通入汽提塔后，使塔内苯的蒸气分压得到降低，有利于油中的微量溶剂汽化。

在生产中采用图Ⅳ-3-7所示的汽提塔结构，塔内有20余块塔板，含溶剂的油从上数2～4块塔板进入，水蒸气从最下面一块塔板下吹入，使油与蒸气分别在各层塔板上进行接触，每一块塔板上，溶剂的汽化可以近似地看为平衡汽化。因此，从上往下每一块塔板上都有新苯蒸出，使上升的蒸气中苯的浓度逐渐增多，占有的分压也就增大，相反水蒸气的分压从上往下逐渐增大，当油离开最后一块塔板时，直接与吹入的新鲜蒸气接触，溶剂蒸气的分压降到很小，同时当塔内水蒸气的温度始终比油的温度高时，油从上往下流的过程中受到蒸汽的加热，如果蒸汽给予的热量比溶剂汽化吸收的热量还多，那么油的温度就会逐渐上升，因而油离开最后一块塔板时的温度也就最高。含溶剂的油温度高，气体中占有的分压又很小，使油中的溶剂（苯）就很少，一般可达到<0.02%，这样就使残存在油中的溶剂得到回收。

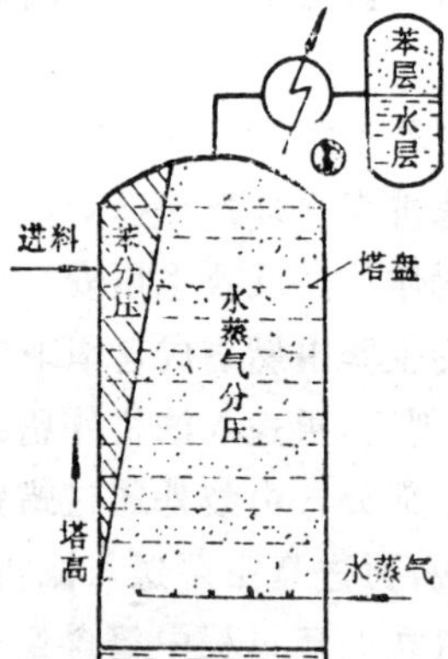

图 Ⅳ-3-7 水蒸气汽提原理示意图

从汽提塔顶出来的含水溶剂蒸气经冷凝冷却后流入水溶剂罐。由于水对苯的溶解度小于

1%，水与苯的密度差又较大（20℃时苯为0.878，水为0.998），因此，在水溶剂罐内分为两层，上层为苯层，下层为水层，在这二层中都含有少量的丙酮，含丙酮的水溶液到水回收系统回收丙酮。

③水溶液回收溶剂（丙酮）的原理：由于丙酮与水完全互溶，这种溶液汽化时，在相同温度、压力下、饱和蒸气压大的组分容易汽化，使该组分在汽相中的浓度较液相中多。因此，汽相中丙酮的摩尔百分数永远大于液相中丙酮的摩尔百分数。如图Ⅳ-3-8所示。由图可知，液相中含丙酮的摩尔百分数为0%和100%时，是纯水和纯丙酮时的情况，此时它们的常压下沸点分别为100℃和56.1℃，也就是说常压丙酮水溶液的沸点在56.1～100℃之间。在此温度范围内，随着温度升高，水溶液中丙酮的含量逐渐减小，在常压下温度近100℃时，水中的丙酮浓度就很小。相反，水溶液的蒸气则随温度的降低，丙酮在其中的浓度则逐渐增加，于是采用了如同汽提塔的结构，让低温的水溶液从塔上部进入，向下流动，而温度高的水蒸气则从下部吹入，向上流动，在塔板上水蒸气和液体接触时，液体受到加热，温度升高，而水

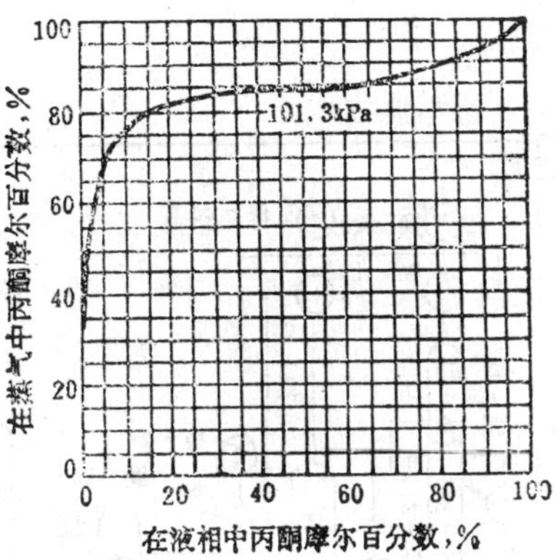

图 Ⅳ-3-8 丙酮-水的液相和汽相平衡组成

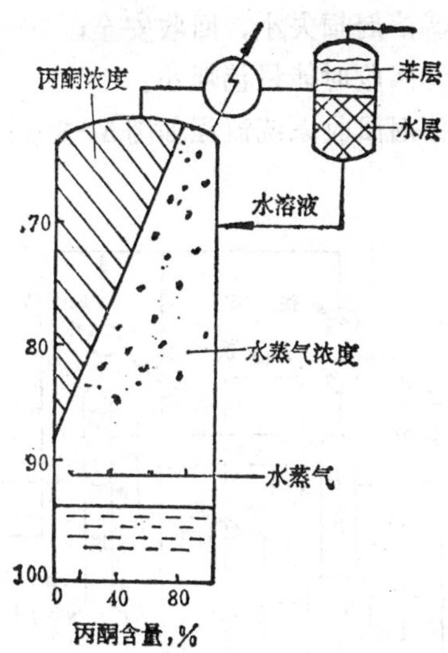

图 Ⅳ-3-9 水溶液回收原理示意图

蒸气受到冷却和部分冷凝，温度逐渐降低，这就使得丙酮塔内温度从上往下逐渐升高，液体中的丙酮浓度逐渐降低，蒸气中的丙酮浓度逐渐增加。如果在一定压力下，控制丙酮塔底的温度为该压力下水的沸点，水中的丙酮浓度就可降至0.002%以下。而塔顶温度则控制在比该压力下丙酮的沸点略高，这样蒸气中的丙酮含量至少在40%以上，比进料时水溶液中的丙酮含量（8～15%）大得多，因此使丙酮水溶液得到了提浓。提浓后的蒸气经冷凝冷却后流入汽提塔的水溶液罐内，见图Ⅳ-3-9，提浓液中的水含有一些丙酮进入水层，另一些丙酮则进入苯层，同苯一起流入湿溶剂罐中，使水溶剂中的丙酮得到一部分回收。如果这个过程不断循环，则水不断从丙酮塔的塔底切除，丙酮不断进入苯层流入湿溶剂罐中，这样，水溶液中的丙酮就得到了回收。

应当说明，丙酮塔内吹入水蒸气的目的与汽提塔吹入水蒸气的目的不完全相同，前者主要是用水蒸气来加热水，后者主要是用来降低溶剂的蒸气分压。

综上所述，滤液或蜡膏中的溶剂，经简单蒸馏后蒸出绝大部分溶剂，而后用水蒸气汽提

的办法蒸出脱蜡油和蜡中的微量溶剂。汽提时得到的水溶液经水回收后，把水切除，这样使丙酮得以回收。过程如图Ⅳ-3-10。

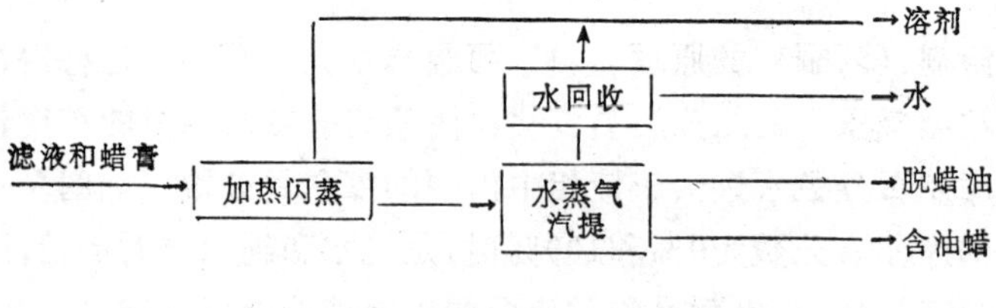

图 Ⅳ-3-10 溶剂回收原理图

（2）流程：溶剂回收的好坏关系到溶剂的周转和损耗，在操作上和经济上都十分重要。回收系统有3个任务：

①保证回收溶剂的质量，要求溶剂不带蜡和油，大部分溶剂不带水；

②溶剂损失小，回收安全；

③回收时能量消耗小。

溶剂回收系统流程如图Ⅳ-3-11所示。

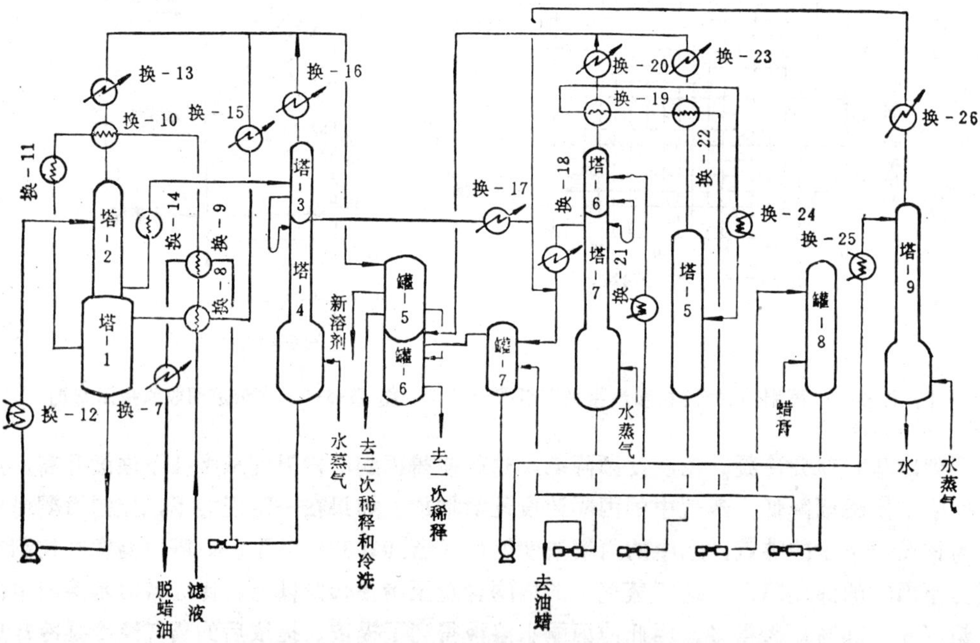

图 Ⅳ-3-11 溶剂系统回收流程

由于溶剂的沸点较低所以回收时可用蒸汽加热器(对于大型装置倾向于用加热炉加热)，这样使设备简化，但操作受蒸汽供应影响较大。由于溶剂与油、蜡沸点差较大，各塔都不打回流。

为了节省热量，滤液和蜡膏均采用多效蒸发原理，所以分几个塔分段蒸发。

由于滤液量比蜡膏量大，因此从滤液中回收溶剂部分负荷较大，由4个塔（三段蒸发、一段汽提）组成。低压蒸发塔（塔-1）在0.130～0.147MPa〔1.3～1.4kg/cm²（表）〕下操作，高压蒸发塔（塔-2）在0.25MPa〔2.5kg/cm²（表）〕左右下操作。塔-1的温度为90～100℃，可以蒸出滤液中溶剂量70%左右，塔底含溶剂的油用泵抽出去加热汽化，然后进塔-2,塔-2的进塔温度受蒸汽温度的限制，如蒸气压力可以保证到0.9～1.2MPa(9～12atm)，则可以加热到165℃左右。如在这样的温度、压力条件下，脱蜡油中含溶剂仍较多，则可适当降低塔-2的压力，以免在汽提塔（塔-4）中消耗大量蒸汽。由于高压蒸发塔是在高压下操作的，所以塔底抽出液中仍有一些溶剂，抽出后在第三蒸发塔（塔-3）（它的压力与塔-1接近）中再进行蒸发，以上3个塔蒸出的溶剂进入干溶剂罐(罐-5)，脱蜡油自塔底进入汽提塔（塔-4）汽提，汽提后的油自塔底由泵抽出送储罐，塔顶出来的蒸气中有溶剂和水，进入水溶剂罐(罐-7)。

由于蜡膏中回收溶剂的负荷较小，由3个塔（两段蒸发、一段汽提）组成。蜡膏由中间罐（罐-8）用泵打入系统，先加热后进入第一蒸发塔（塔-5）蒸出溶剂大部分，然后在第二蒸发塔（塔-6）中蒸出剩余溶剂，由于蜡膏中带有冰粒，在加热汽化时水也汽化，所以两塔蒸出溶剂冷凝后由于均含水都进入湿溶剂罐(罐-6)。第一、第二蒸发塔的压力都是49～98kPa〔0.5～1.0kg/cm²（表）〕，第一段加热器用乏汽加热到90～100℃，蒸出蜡膏中所含溶剂的90%，第二段加热器用主蒸汽加热到165℃左右。从第二蒸发塔底部出来的蜡液进入汽提塔（塔-7）汽提，塔顶含水溶剂蒸气冷凝后进入水溶剂罐(罐-7)，去油蜡用泵送入储罐。

两个汽提塔（塔-4、7）塔顶出来的水与溶剂混合物，由于苯和甲苯很少溶于水，丙酮与水却能完全互溶，冷凝后在水溶剂罐中分成两层，上层为苯和甲苯，打回湿溶剂罐(罐-6)，下层为水和丙酮，将下层送入丙酮塔(塔-8)汽提，从塔-8顶蒸出的带少量的水的丙酮回到水溶剂罐(罐-7)的上层，与苯、甲苯一起进入湿溶剂罐，丙酮塔底放出水。

流程中为使溶剂很好周转，三次稀释与冷洗所用干溶剂量小于从滤液回收来的干溶剂量，多余的干溶剂可以补充入湿溶剂中。

4. 冷冻系统

酮苯脱蜡过程一般采用氨作冷冻剂，氨在常压下沸点为-33.4℃，汽化潜热较大1.372MJ/kg，所用制冷设备为氨压缩机。由于酮苯脱蜡的冷冻温度一般在-20℃以下，必须用两段以上的压缩机，因为一段压缩机的压缩比不能太大，制冷温度不超过-18℃。氨冷冻系统流程如图Ⅳ-3-12所示。

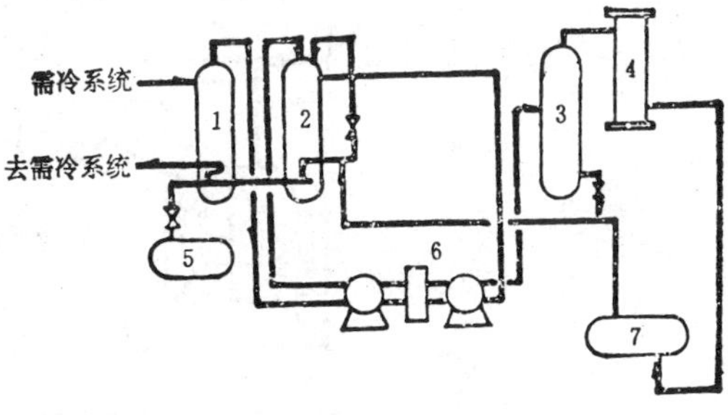

图 Ⅳ-3-12 冷冻系统流程图
1—低压分离罐；2—中间罐；3—润滑油分离罐；4—冷凝器；5—地下罐；6—二段压缩机；7—液氨储罐

从需冷设备来的氨蒸气，经过在常压下操作的低压分离罐分出液滴，由于液滴带入气缸会使气缸壁承受压力增大，压力过大时会引起爆炸。从低压分离罐出来的氨气经第一段压缩到0.3～0.5MPa(3～5kg/cm²)，温度为60～120℃再进入中间罐。在中间罐顶部喷淋液氨，使温度降到0℃以下，再进行第二段压缩。出二段时压力一般为1.1～1.4MPa(11～14kg/cm²)，压缩后氨气分掉润滑油，又在冷凝器中冷凝后进入液氨储罐，液氨从储罐经中间罐与低压分离罐中浸在液氨中的盘管进一步冷却后再到需冷系统。在低压分离器及中间罐中盘管外的液氨则受热蒸发而去压缩。

酮苯脱蜡装置工艺流程见图Ⅳ-3-13，图中未将冷冻系统、安全气循环系统包括在内。

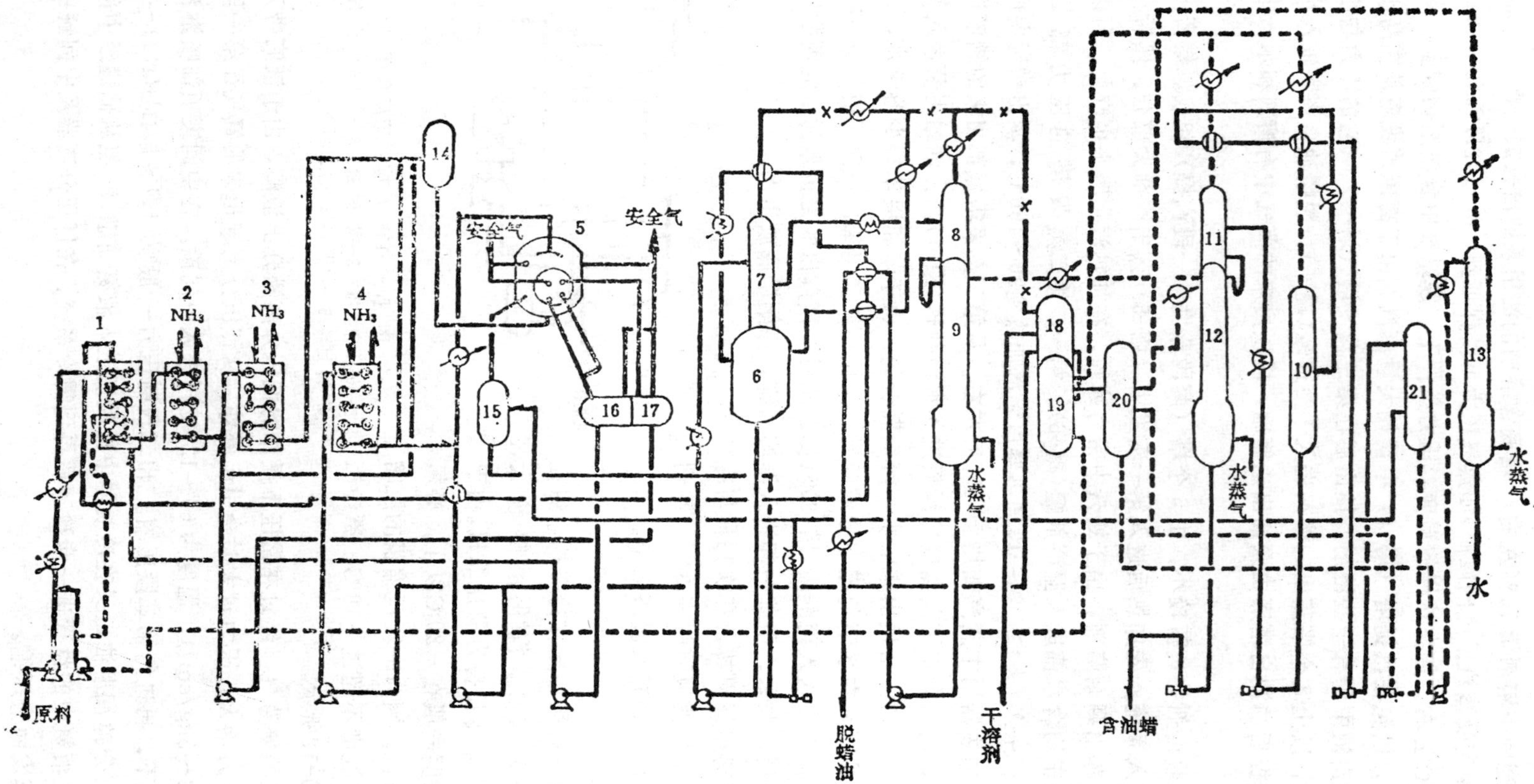

图 Ⅳ-3-13 酮苯脱蜡装置工艺流程图

1—换冷结晶器；2、3—氨冷结晶器；4—氨、溶剂换冷结晶器；5—真空过滤机；6—滤液低压蒸发塔；7—滤液高压蒸发塔；8—滤液三次蒸发塔；9—滤液汽提塔；10—蜡膏一次蒸发塔；11—蜡膏二次蒸发塔；12—蜡膏汽提塔；13—丙酮塔；14—滤机进料罐；15—蜡膏罐；16、17—滤液罐；18—干溶剂罐；19—湿溶剂罐；20—水溶剂罐；21—蜡膏分水罐

——油、蜡线，—×—干溶剂线，------湿溶剂线

第五节　酮苯脱蜡装置中主要设备

一、套管结晶器

结晶系统中主要的设备是套管结晶器，它的任务是冷却含蜡原料油和溶剂的混合物，保证蜡有一定的时间在其中析出结晶并不断移出。因此套管结晶器的结构除具有一般套管换热器的特点外，在内管中还有转动的刮刀，用来刮下管壁上的蜡，以利于传热。

图Ⅳ-3-14是常用的套管结晶器构造图。含蜡原料油和溶剂的混合物在内管中流过，冷却剂在内、外管间的环形空间流过。内、外管的直径分别为150mm和200mm，长度为13m左右，每10～16根套管安装在一起组成一台结晶器，每台结晶器的冷却表面积为68m²。由于夹带蜡的液体很粘稠，流动阻力很大，所以内管压力按2.3MPa（23kg/cm²）设计，也有按4.0MPa（40kg/cm²）设计，需用无缝钢管制成。

刮刀安装在贯通每根套管的钢轴上，每台结晶器用一台电动机经减速器用链条带动钢轴，为了使刮刀和管壁贴紧，在轴和刮刀间装有弹簧压紧，所以刮刀在管的径向有伸缩的余地。这样，在管壁某一部分有硬块（如冰）时，刮刀可以缩回，不至于把轴扭断。刮刀用30号钢或35号钢制成，如果用高碳钢制造，容易磨坏套管。

刮刀转数对于操作有一定的影响，加快转数可以减小管内的输送阻力，并能加强结晶过

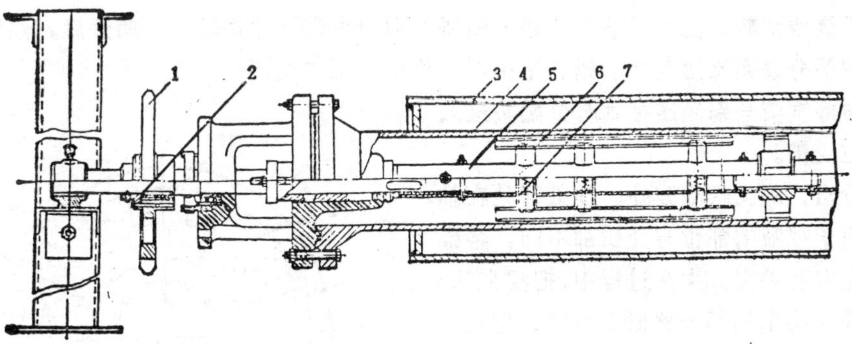

图 Ⅳ-3-14　套管结晶器中套管的结构

1—构架；2—滑动轴承；3—链轮；4—安全销；5—滚动轴承；6—转动轴；7—填料函压盖；8—填料；9—填料函；10—外管；11—内管；12—中心（空心）轴；13—刮刀；14—弹簧

程中蜡分子的扩散，但过大的转数会破坏蜡的结晶，给过滤增加困难，并且增加电机负荷，因此套管的转速都不太高，一般为10～12r/min。

二、转鼓式真空过滤机

自结晶系统来的油、蜡混合物是通过转鼓式真空过滤机将它们分离的。这种过滤机是连续操作的，有油、蜡分离好、处理量大、节省劳力和安全等优点，但价贵，结构复杂和检修频繁。

转鼓式真空过滤机的构造示意图如图Ⅳ-3-15所示。

过滤机滤鼓和外壳空间的下部为冷却后的蜡、油、溶剂混合物的容器。过滤机的主体是圆

筒形的滤鼓，滤鼓的外壳被纵向分成若干格子，每一格子中安装两层金属网作为支架，上面敷以滤布，用铅条将滤布压在两格中间的缝中，以固定滤布，再用钢丝绕在滤布的外面，使滤布紧贴在金属网上。在滤鼓的每个格子中，沿鼓长方向装有两排连通的短管，经连接长管与分配头相连。

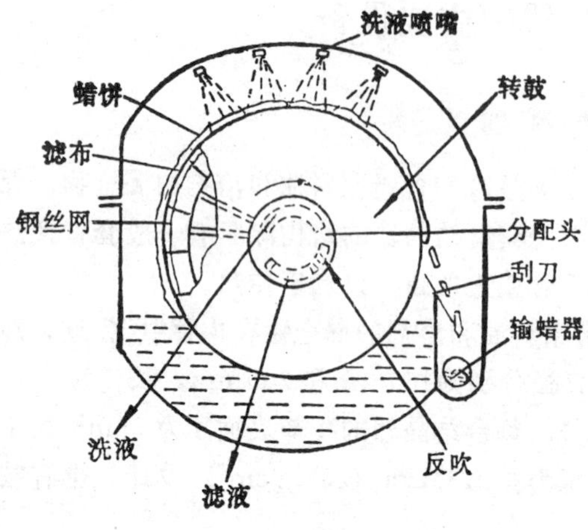

图 Ⅳ-3-15 转鼓式真空过滤机构造图

过滤的动力是滤机外壳与滤鼓格子内的压差，用真空泵经过分配头和连管把滤鼓壳内的格子抽成减压，而滤机外壳与滤鼓间的压力为1～1.5kPa〔0.01～0.015atm(表)〕。这样就能把滤液吸进去，把蜡饼留在滤鼓表面上。为了能连续操作，蜡饼需要不断地从滤鼓表面刮下来，因此在滤鼓的一面，沿鼓长设有刮刀，刮刀下方为收集槽，槽底有电动螺旋输送器。

滤鼓在油、蜡、溶剂混合物中浸没深度约为滤鼓直径的1/3左右，当滤鼓转动时，在滤鼓浸入部分，滤液穿过滤布，蜡结晶聚积在滤布上，随滤鼓转动而蜡层增厚。当蜡层离开滤液后，通过滤鼓上方的喷淋管用冷溶剂（它的温度与过滤温度同）淋洗蜡饼，这种淋洗称为冷洗，冷洗溶剂与残留于蜡饼中的一部分润滑油被吸入滤鼓内，冷洗后蜡饼随滤鼓转动而被吸干。吸干后，当蜡饼转到括刀上方，即用压力为29.4～49.0kPa(0.3～0.5kg/cm²表压)的安全气将蜡饼吹松，称为反吹。这样可以使刮刀不致紧贴滤鼓（刮刀刀刃距滤鼓还有1.5～2毫米)，以免把绕线刮断，滤布刮破。吹松的蜡饼经刮刀由螺旋输送器送到蜡膏罐，然后，除去蜡饼的滤鼓部分表面又浸入油、蜡、溶剂混合物中，工作循环进行。

滤液与冷洗液分别经连接管与分配头进入各自的真空受槽。

可以看出，除反吹部分外，滤鼓都处在抽吸状态。由于抽吸的部位与介质都不同，各部分真空度也有所差别。生产过程中，把浸在油、蜡、溶剂混合物中的部分称低真空区，把处于吸干滤液和少量淋洗溶剂部分称高真空区，处于大部分冷洗和反吹前的吸干残余溶剂与油部分称为冷洗真空区。

安装在滤机一端的分配头，是滤机中控制低、高、冷洗真空及反吹和死区5个部分的位置，也是控制各个过程时间长短的一个部件，构造如图Ⅳ-3-16所示。分配头不随滤鼓转动，但和滤鼓轴用弹簧压紧，由于它既连真空又连反吹，所以在滤鼓轴转到不同位置时，分别与真空、反吹相连，并通过滤鼓轴上的很多连接管把真空度和反吹压力传递到滤鼓表面上，从而实现滤鼓吸滤、吹脱蜡饼（再经刮刀刮下蜡饼）的能力。

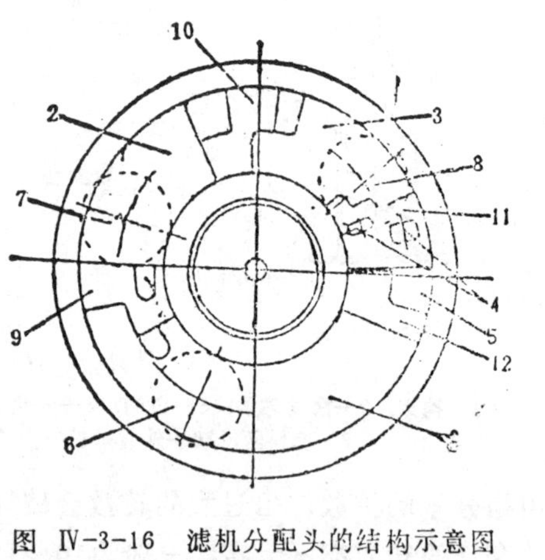

图 Ⅳ-3-16 滤机分配头的结构示意图

1—低真空区；2—高真空区；3—冷洗真空区；4—反吹；5—死区；6—低真空抽出管；7—高真空抽出管；8—冷洗真空抽出管；9—低高真空分配桥；10—高真空、冷洗真空分配桥；11—冷洗、死区分配桥；12—活动分配桥（调死区大小用）

由于分配头与滤鼓轴要求紧密相连，易磨损，因此在它们之间夹一块铜板，见图Ⅳ-3-

17。由于铜比钢软，磨损时主要损坏铜板，而分配头与滤鼓轴端面磨损很小，使之得到保护。铜板磨损后要及时修复，现在实验采用聚四氟乙烯板代替铜板，以便耐磨。

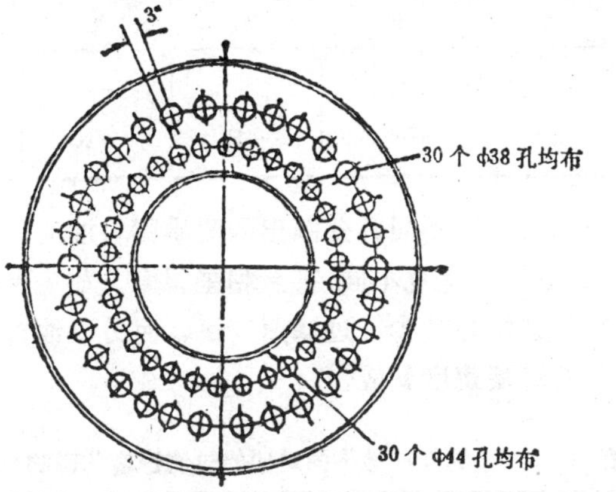

图 Ⅳ-3-17 摩擦铜板示意图（厚30mm）

第六节 酮苯脱蜡的影响因素及操作原理

一、酮苯脱蜡的影响因素

研究影响酮苯脱蜡过程的工艺因素，是为了掌握这些工艺因素变化对过程的影响规律，以便于在生产中选择适宜的工艺条件，来满足下面的要求：一是使含蜡原料油中应除去的蜡完全析出，脱蜡油达到要求的凝点；二是使蜡形成良好的结晶形态，易于过滤分离，以提高脱蜡油的收率。

影响酮苯脱蜡的因素是很多的，下面逐一讨论。

1. *原料性质对脱蜡过程的影响*

（1）原料的轻重：脱蜡原料越轻，析出蜡的熔点也就越低，而在溶剂中的溶解度越大，同时蜡在润滑油中的溶解度也较大，因此在相同条件下，轻原料的脱蜡温差比重原料的脱蜡温差大，见表Ⅳ-3-5。

表 Ⅳ-3-5 原料馏分的宽窄对脱蜡温差的影响

粘度 50℃ mm^2/s	凝点 ℃	馏程，℃							脱蜡温差 ℃
		初馏点	5%	10%	50%	90%	95%	干点	
5.22	23	289	317	323	355	403	415	452	6～8
6.93	30	248	325	350	395	441	454	484	9～10

脱蜡原料越重，析出的晶粒越小，生成的蜡饼的间隙较小，渗透性差，因此，重原料油比轻原料油难于过滤，残渣油比馏分油更难过滤。

（2）原料馏分的宽窄：对同一种原料油，如果馏分范围越宽，则脱蜡温差越大，且不易找到合适的操作条件，如表Ⅳ-3-5所示。如果脱蜡原料的馏分越窄，蜡的结晶越好，在达到相同凝点和收率的脱蜡油的条件下，过滤速度越快，如表Ⅳ-3-6所示。

表 Ⅳ-3-6 馏分宽窄对脱蜡过程的影响

原料粘度 50℃ mm^2/s	馏分范围 初馏点～干点 ℃	馏分宽窄 ℃	溶剂组成 丙酮 %	滤机进料温度 ℃	脱蜡油凝点 ℃	过滤速度 $kg/(m^2\cdot h)$	油收率 %
16.12	362～453	91	35		－20	151	83
18.7	352～410	58	31～35	－15	－20	314	82.5

（3）原料组成：由于原料产地不同，分割出的脱蜡原料油的化学组成和性质相差较大，若在相同条件下脱蜡，其脱蜡温差也不同，甚至相差很大。如表Ⅳ-3-7所示。前者为大庆油，由于其含蜡量多，生成的共熔物较少，过滤速度快，而另一油含环烷烃多，容易与其中的正构烷烃形成共熔物，因而过滤速度就较慢。

表 Ⅳ-3-7 原料产地不同对脱蜡过滤速度的影响

原料产地	原料性质					工艺条件				
	凝点 ℃	初馏点 ℃	干点 ℃	馏程 ℃	粘度(50℃) mm^2/s	丙酮比 %	总溶剂比 溶剂/油	冷点温度 ℃	过滤温度 ℃	过滤速度 $kg/(m^2\cdot h)$
大庆(石蜡基)	41	344～356	506～508	152～162	13.48～13.77	35～43	3.03～3.06:1	18～21	－25～－27	285
某地(环烷基)	0	356～369	507	138～151	15.98～16.0	35～37	3.26～3.33:1	19～21	－23～－24	211

（4）原料中的含胶质、沥青质量：原料中含胶质、沥青质较多时，在固体烃析出时，不易连接成大颗粒晶体，而是生成微粒晶体，易堵塞滤布，降低过滤速度，同时易粘连而使蜡含油量大。但原料中含有少量胶质，可促使蜡结晶连接成大颗粒，提高过滤速度。

（5）原料中的含水量：由于酮苯溶剂和润滑油料对水的溶解度均很小，因此，当原料经酮苯溶剂的稀释降温结晶时，如果原料油中含水较多，在低温下就会有一部分水得不到溶解而结晶析出，生成的细小冰粒，散布在蜡结晶的表面，妨碍蜡晶体更好地生长，在过滤时，呈正六角柱体的冰粒易堵塞滤布的孔隙（蜡的基本晶形为薄片状，与冰比较，不易堵塞滤布的孔隙），使过滤困难。因此，生产中总是希望原料油中含水越少越好。

2．溶剂组成对脱蜡过程的影响

在溶剂中酮含量较小的情况下，脱蜡过程中蜡结晶常会发生溶剂化现象，所谓溶剂化现象就是烃类分子（包括溶剂中的苯、甲苯、油分子）在蜡结晶的周围作定向排列，这些烃类分子会附在蜡晶体表面上或蜡结晶网内，使过滤极为困难，也降低了脱蜡油的收率。

溶剂中酮含量增加时，由于酮分子是一个带有羟基的极性分子，它能破坏溶剂化现象，使蜡带油减少，从而使脱蜡油收率增加。

又由于丙酮（丁酮）是良好的沉淀剂，当溶剂中酮含量增加时，能使蜡析出完全，也就使脱蜡温差减小，因此在得到同样凝点油品时，由于脱蜡温度的升高，有利于降低油溶液的粘度，而且蜡中含油少，因此过滤速度加快，油收率进一步提高。

当溶剂中酮含量过高时，使在脱蜡温度下的含蜡原料油中不该析出的组分（如少环长侧链的环状烃类）也析出，这些组分在脱蜡温度下呈粘稠的液体，它们与析出的蜡混合成糊状物，因此使过滤困难，脱蜡油收率下降。

表Ⅳ-3-8中列出某原油20号机械油馏分脱蜡时溶剂中丙酮量对脱蜡温差、脱蜡油收率和过滤速度的影响，可以看出，溶剂中丙酮含量的增减对脱蜡效果的影响符合上述规律。

表 Ⅳ-3-8　溶剂中丙酮含量对脱蜡效果的影响

原料 \ 项目	溶剂组成 丙酮:芳烃	脱蜡温度 ℃	脱蜡油凝点 ℃	脱蜡温差 ℃	脱蜡油收率 ℃	过滤速度 kg/(m²·h)
20号机械油	30:70	−5	8	13	54.1	141
	40:60	−5	2	7	59.4	207
	50:50	−5	2	7	64.4	240
	60:40	−4.8	2	6.8	62.0	227
	70:30	−4.8	−8	−2.5	42.5	107
	80:20	−4.8	−8	−3.2	32.5	94

还需指出，当蜡结晶时，甲苯比苯更多溶解油，而且蜡在低温下（0℃以下)在甲苯中溶解度比在苯中要小些，因此，多用甲苯比多用苯对油收率、脱蜡温差是有利的。

混合溶剂中，丙酮(丁酮)、苯、甲苯比例是根据原料粘度大小、含蜡量大小、脱蜡深度而定。馏分重的油粘度大，在溶剂中的溶解度小，所用溶剂的酮含量较小，如残渣油一般采用酮含量28～30%，减压二线采用40～43%，变压器油采用50%。

对于含蜡量少的原料，需要采用溶解能力较大的溶剂即酮含量小的混合溶剂。对含蜡量高的大庆油，混合溶剂的溶解能力不需太大，溶剂中的酮含量可相应增大些。

当脱蜡温度降低时，随着温度的下降，混合溶剂的溶解能力减小，原料油的粘度加大，为了提高溶剂的溶解能力，酮含量应相应减小，并应增加甲苯含量，使溶剂的溶解能力增加，混合溶剂的冰点降低。

总之，在酮苯脱蜡过程时，对不同原料和产品，其适宜的溶剂组成需通过试验方法确定，一般酮苯混合溶剂的组成为：丙酮（丁酮）25～40%，苯30～60%，甲苯10～40%。

3．溶剂比对脱蜡过程的影响

溶剂脱蜡过程中，所用溶剂与脱蜡原料油的体积比称为溶剂比(稀释比)。适宜的溶剂比能使润滑油完全溶解于溶剂中，蜡结晶良好，并且在蜡、油、溶剂混合物过滤时得到最大的过滤速度。

溶剂比过大时，会使冷冻系统、回收系统、过滤系统的负荷增大，使处理量减少，也会使蜡在油溶液中浓度降低，对蜡结晶生成不利，而且使油与蜡在溶剂中溶解量都增大，因此虽使脱蜡油收率增大,但为了保证脱蜡油的凝点,脱蜡温差也会增大。

溶剂比要根据原料油的性质来决定，对同一原油的各个馏分来说，较轻的润滑油馏分粘度小，在溶剂中溶解度较大，溶剂比可以小些；较重馏分脱蜡所用的溶剂比要大些。此外，如处理高含蜡油时，冷却后会析出大量的蜡，使蜡、油、溶剂混合物不易流动，因此也要使用较大的溶剂比。对相同的原料，脱蜡深度大时所使用的溶剂比要大于浅度脱蜡的溶剂比。表Ⅳ-3-9为我国某原油的馏分在脱蜡时所用的溶剂比。

表 Ⅳ-3-9　脱蜡原料含蜡量、馏分组成与溶剂比的关系

油料 \ 指标	馏分范围，℃ 初馏点	馏分范围，℃ 终馏点	密度 ρ_{20}, g/cm³	含蜡量 %	凝点 ℃	脱蜡用溶剂比
20号机械油料	370～380	475～485	0.8530～0.8560	38.5	41	3.8～4.3
10号汽油机润滑油料	390～420	530～550	0.8750～0.8760	44	50	4.3～5.0
15号汽油机润滑油料	415～435	570～580(90%点)	0.8885～0.8902	61.2*	52	5.1～6.0

*取15号汽油机油料至−20℃脱蜡时，蜡析出的量。

4. 溶剂加入方式对脱蜡的影响

根据生产实践证明，溶剂的加入方式对脱蜡效果有很大的影响。溶剂加入方式有两种：一种是一次稀释，另一种是多次稀释。目前多用三次稀释，因为采用多次稀释可以改善蜡的结晶，并在一定程度上减小了脱蜡温差。

采用多次稀释法时，第一次稀释称预稀释，加入位置因原料而异。对馏分油，可先将原料冷却到比它凝点低15～20℃时，此时，蜡已部分结晶析出，然后再加入溶剂，加入溶剂称为"冷点稀释"，即把第一次溶剂加入点——原料油泵出口处后移至原料油的温度比其凝点低15～20℃的地方。采用"冷点稀释"工艺后，能提高油收率5～7%，特别是对轻馏分油的作用最明显，同时由于蜡结晶变得良好，使过滤速度提高和溶剂比降低。现通常采用稀释点后移工艺，溶剂打在第一台结晶器中部。对残渣油则是加在原料泵的出口，经加热到70℃左右，再冷却结晶，称为"热处理"。

第二次稀释加入位置在滤液换热套管出口或第一台氨冷结晶器的出口。因为此时温度已进一步降低，溶液的粘度上升较大，对蜡的结晶和输送不利，需要用溶剂进一步稀释。加入的溶剂可使蜡结晶分散在溶剂中，易于流动和结晶充分，也可将蜡结晶中的油分溶解出来，提高油的收率。

第三次稀释加入位置在结晶已完成以后的第二台氨冷结晶器出口，此时温度更低，粘度进一步增加，需要加入溶剂进一步稀释使溶液的粘度降低，同时使蜡晶体表面上的油得到溶解，以便提高过滤速度和油的收率。

进行第一、二、三次稀释时，加入的溶剂温度应与加入点温度或溶液温度相同或稍低。过高，则把已结晶的蜡晶体局部溶解或熔化，起不到冷点稀释作用。过低，使溶液受到急冷，会出现较多的细小晶体，不便过滤。

为了充分发挥多次稀释的作用，每次加入的溶剂量和溶剂组成应适宜，见表Ⅳ-3-10。

表 Ⅳ-3-10　一、二次稀释比对脱蜡效果的影响

原料油名称	一次稀释比 溶剂:油	二次稀释比 溶剂:油	过滤速度 kg/(m²·h)	脱蜡油收率 %	脱蜡油凝点 ℃
减压三线油	0.8	1.8	104	67.8	−3
	1.0	1.5	93	55.06	−1
	1.3	1.3	89	54.6	−2
减压四线油	1.3	2.0	71	67.49	0
	1.6	1.9	58	63.05	+3

由表可知，粘度低的润滑油，一次稀释比可小些，粘度高的油，由于其溶解度小，需要更多的溶剂才能溶解全部润滑油，因此，一次稀释比应大些。确定稀释比大小应适宜，一般在保证充分溶解油的情况下，稀释比小些为宜。

二次稀释的目的除了创造蜡结晶的有利条件外，对脱蜡操作也有好处。由于冷却到一定温度后，蜡析出很多，混合物粘度很大，当加入二次溶剂后，可降低混合物的粘度，减小蜡的扩散阻力、有利于蜡结晶的长大。通常二次稀释比较一次稀释比大，由上表可知。在总的稀释比相同时，过滤速度、脱蜡油收率和质量都可得到提高。

三次稀释主要满足总的溶剂比，进一步降低溶液粘度，以利于过滤。

有的装置采用四次稀释，其中三次与上述相同，不同的是，对馏分较重的含蜡较多的减三、减四油，在原料被冷冻结晶之前加入微量溶剂稀释（称为预稀释），以降低粘度，减小石蜡分子的扩散阻力，为结晶创造良好的环境。

每次稀释所用溶剂的组成也应有所不同，目前使用的高低酮脱蜡，在一次稀释时，采用酮含量高的溶剂（50%以上的酮），二次或三次稀释采用低酮溶剂（30%左右的酮）。由于一次稀释的酮含量高，结晶过程中生成的蜡结晶粒大，在低温下再用低酮溶剂二次稀释，可充分溶解蜡表面的油，而蜡的溶解度几乎不会增大，这样脱蜡的过滤速度得到提高，而收率不会有多大的变化。

5. 冷却速度对脱蜡效果影响

冷却速度就是单位时间内溶剂与脱蜡原料油混合物的温度降。

冷却速度较小时，由于原料油和溶剂混合在单位时间内粘度增加不很快，所以蜡分子向蜡晶核移动不困难，就有利于生成大颗粒结晶，使过滤速度提高。但冷却速度过小，会延长原料油与溶剂混合物在结晶器中的停留时间，这就需要加大结晶器或降低处理量。因此，在脱蜡过程的冷冻初期不宜冷却过快。

在冷却结晶后期，由于已经生成了表面积足够大的晶体，继续析出的蜡分子已易于扩散到这些晶体的表面上，就可适当提高冷却速度。

表Ⅳ-3-11为某原油15号汽油机润滑油料脱蜡冷却速度与过滤速度的关系。从表中可知，当其它条件一致相同时冷却速度提高，使过滤速度下降，这因为有大量的小结晶生成之故。

据文献记载，结晶初期冷却速度最好在60～80℃/时，后期可快些，可达130～250℃/时，最大为300℃/时。对于各地的原油性质不一，究竟在冷冻初期和末期的冷却速度控制多少，应按具体的情况而定。我国目前所用润滑油原料大都含蜡多，常采用较大的冷却速度，因为高含蜡馏分油中石蜡多、地蜡少，易生长为大结晶，而且蜡浓度大，使蜡易于结晶析出。如我国某地原油的15号汽油机润滑油含蜡量大于45%，生产时的冷却速度大于200℃/时，也未发现操作困难的现象。

表 Ⅳ-3-11 某原油15号汽油机润滑油料脱蜡冷却速度与过滤速度的关系

冷却速度 ℃/h	溶剂组成 丙酮:苯	溶剂比 溶剂:油	脱蜡温度 ℃	过滤速度 kg/(m²·h)
30	35:65	5:1	−5.5	400
60	35:65	5:1	−6	253
120	35:65	5:1	−5	201
180	35:65	5:1	−6	162

冷却速度还与脱蜡深度有关，浅度脱蜡时冷却速度可以快些，深度脱蜡时冷却速度可以慢些。

6. 助滤剂对脱蜡过程的影响

为了增大蜡的晶体颗粒，提高处理量和收率，还采用加入助滤剂来提高过滤速度。如加入烷基萘（巴拉弗洛）、丙烯酸酯、乙烯-乙酸乙烯酯、氧化微晶蜡等。如对国产冬用车辆油料加入0.15%巴拉弗洛后，改变了一部分蜡的晶体结构，使原来的单晶结构变成颗粒较大的、互不相连的树枝状结晶，使过滤速度提高22.5～41.5%，收率提高了4.7～6.4%，见表Ⅳ-3-12。

表 Ⅳ-3-12 原料加入巴拉沸洛对脱蜡过滤速度和收率的影响

原料性质			工艺条件				结果		
粘度 50℃ mm^2/s	凝点 ℃	含蜡量 %	加入巴拉沸洛 %	丙酮比 %	溶剂比 剂/油	过滤温度 ℃	过滤速度 $kg/(m^2\cdot h)$	相对滤速	收率 %
14.58～16.18	34.4	45.91	—	35.5～40	2.94～3.32:1	-25	225	100	57.7
14.58	33	43.73	0.11	35.5	2.79:1	-25	276	141.5	64.1

二、酮苯脱蜡装置的操作原理

1. 结晶系统的操作原理

结晶系统操作的任务是根据不同原料的性质，采取不同的操作条件，使蜡结晶生长良好，以便于过滤操作的进行。具体有下列几方面：

（1）根据原料性质及时改变操作：酮苯脱蜡装置上切换原料是较频繁的，原料的轻重、组成和脱蜡的深度经常发生变化。在生产上应根据原料油的化验数据、原料油的颜色和含水情况，按照操作经验，调整好溶剂组成、稀释比、冷点的油温和溶剂温度以及滤机进料温度等，然后再根据滤机蜡饼的状况和化验数据调整有关条件。如脱蜡油凝点经化验后没有达到要求指标，则应降低滤机进料温度。

当原料油由轻变重，如脱蜡深度相近，则总溶剂比要加大，一次稀释比也要加大，溶剂中的酮含量应降低，但如果轻的原料比重的原料脱蜡深度大得多，则有可能轻的原料比重的原料所用溶剂比和一次稀释比都要大，以使在低的脱蜡温度下流动阻力较小。同时，冷点稀释（或热处理）的温度应及时调节。换冷、氨冷的各点温度则应根据要求的脱蜡深度调节，脱蜡深度要求大，则换冷、氨冷的各点温度低。当原料组成发生变化时，也应及时调节好各点工艺条件。另外，在生产中还应该经常观察滤机蜡饼情况，分析生产中各种因素的变化。

原料中如含水，则需注意因水在套管中结冰而使流动阻力增大的问题。

原料馏分宽时对结晶过程不利，同时不易寻找适宜的操作条件。如按原料中重的部分考虑溶剂比应大些，才能使油完全溶解，然而会造成原料中轻组分的蜡较多地溶解在溶剂中，尤其是含石蜡馏分中混有相当量地蜡时则会使结晶恶化，因此溶剂脱蜡装置避免处理宽馏分原料。如一定要处理宽馏分时，则亦应经常根据蜡结晶情况来调整操作条件。

（2）保证蜡结晶良好，提高脱蜡油收率：

①各次溶剂稀释比：在分次加入装置中，在一次稀释溶剂能完全溶解油的前提下（如一次稀释比越小对蜡结晶越有利），二、三次溶剂多加入些，有利于提高过滤速度与脱蜡油收率，但不能超过规定的总溶剂比。二、三次溶剂加入温度必须与加入部位原料、溶剂混合物温度相当，使蜡结晶良好。

②溶剂组成：操作时为使蜡结晶好，酮含量不要低于规定指标，当然过多也是不利的。

③冷点稀释：控制好冷点稀释时的油温和溶剂的温度是搞好冷点稀释的关键，特别是控制油的温度更为重要。

④使用助滤剂：当处理残渣油时，可用含油石蜡及含石蜡的较轻润滑油馏分作助滤剂，改善残渣油脱蜡时所得蜡的结晶，使之易于过滤，脱蜡油收率增大。

（3）维持套管结晶器各段正常压力：维持套管结晶器各段正常压力是使结晶器各处压力不致过大，保证原料泵各路流量平衡并防止结晶器的损坏。

①一次稀释比在操作上不能过小，这就是保证套管流动阻力在不超过指标条件下，降低一次稀释比。在分三次加入的装置中，二次稀释比也可起减小套管中流动阻力的作用。在生产凝点较低的油品时，混合液的冷却温度低，更要用较大的一次稀释比来操作。

②为确保安全生产，在处理量改变时，要注意套管中溶剂量不能过少，以防流过结晶器内管的压力降过大，因此在提高处理量时，应先提高溶剂量，后提高原料油量；降低处理量时则应先降低原料量，后降低溶剂量。当装置内溶剂量不足时，首先保证一次稀释溶剂量，而三次稀释及冷洗的溶剂量则可暂时减少些。发现套管结晶器压力增大后，应找出原因及时处理。

③当冷点稀释从换热套管的后部移至前部时，在前部加入溶剂后，后部的溶剂可以减少，但不能中断（应经几分钟后才可停止），否则，换热套管前部加入的溶剂把原料油往后顶使它不能及时得到溶剂稀释，在低温下，粘稠的油蜡糊状物会使换热器套管压力升高。此外，在操作中还应经常检查干湿溶剂罐的液面，防止溶剂泵的抽空而引起套管压力突然升高。

2. 过滤系统操作原理

影响过滤机操作因素主要包括：单位过滤面积所能通过的滤液量以及残留在蜡饼中的油溶液量（即残留在蜡中的油量）两个方面。

单位面积通过的滤液量主要由蜡结晶好坏、蜡饼厚度和滤鼓内部和外部的压差所决定，残留在蜡饼中的油溶液量则由蜡结晶好坏、冷洗状况和冷洗液吸入滤鼓情况所决定。

蜡结晶好坏对过滤的影响前面已有介绍，这里讨论在蜡的结晶情况相同下，采取不同滤鼓操作条件时对脱蜡的影响。

在操作中，经常调节的因素是滤机液面高度、滤鼓转速、滤布的温洗、滤鼓各部的真空度等。现分述如下：

（1）控制好滤机液面高度和滤鼓转速：在滤鼓转速不变时，滤机液面的高度决定滤鼓表面在液体中的浸没时间。液面低，则滤鼓表面在液体中的浸没时间短，通过该表面的滤液量就比较少，附在滤鼓表面的蜡饼也薄。相对来说，蜡饼脱离液面后的吸干、冷洗、再吸干的时间延长，同时，蜡饼薄冷洗时也容易洗透，对过滤效果是有利的，但对滤机的处理量则不利。

滤鼓转速加快，可以增大滤鼓表面的利用率，在一定时间通过滤鼓表面的总滤液量可以提高，但对于吸干、冷洗、再吸干的时间相对缩短，将不利于蜡饼中除去油溶液。

如何选择适当的液面高度和滤鼓转速，往往要依靠经验来进行调节，一般在蜡结晶比较好的条件下，可以用增大滤鼓转速来加大过滤机的处理量，或者处理量不变，用增大滤鼓转速和控制低真空的办法来提高油收率，在蜡饼不易过滤的情况下，则最好用降低液面的办法使蜡、油分离较完全。

（2）控制好过滤真空度：滤鼓内部真空度的影响主要表现在滤液通过滤鼓的速度上。真空度过小，滤液通过滤饼速度慢，尤其是在蜡饼脱离液面以后，在冷洗时不易吸干，这样会增加蜡饼中的含油量。但如果滤鼓过滤部分（即浸没在混合液中的部分）的真空度过高，将会把蜡饼很快压紧，对吸干和洗涤都不利，在正常操作中，以维持滤鼓过滤部分真空度略比吸干、冷洗真空度稍低为宜。并注意控制好每台滤机的液面和冷洗溶剂（冷洗溶剂能覆盖蜡饼裂纹，维持较大的真空度），如果其中有一台滤机的液面过低或冷洗中断，就会引起整个过滤真空度的下降。

（8）及时进行温洗：滤机经过一段时间过滤后，滤布孔隙被蜡晶粒和冰粒堵塞，需要用高于蜡的熔点3～5℃的溶剂进行冲洗，把滤布孔隙中的堵塞物溶解或熔化，使滤布恢复过滤效率。温洗的周期，应根据过滤失效情况而定，一般重质油比轻质油短，重质油大约1～4h洗一次，轻质油大约6～10h 洗一次。温洗时间大约是滤鼓转一圈多。另外，温洗前，滤机底部液面应吸空，待滤鼓上蜡饼很少时才开热溶剂温洗。温洗液中含有蜡，因此一般不放入滤液罐，以免影响脱蜡油的凝点。尤其在深度脱蜡时更应注意。

（4）控制好冷洗流量：滤鼓上蜡饼的喷淋溶剂即冷洗溶剂要均匀，其量应按照蜡饼厚度、裂纹程度、吸滤真空度等情况来调节。通常以冷洗溶剂能在滤鼓上吸干，没有剩余溶剂掉入滤机底部为宜，其量大致在0.8～1.0∶1（对原料)。

（5）注意滤机的安全运转：控制好滤机的密闭压力和反吹压力，维持安全气含氧量不大于5%，搞好滤机的润滑，注意检查绕线情况，发现绕线松动和断裂后应及时处理。

3．回收系统操作原理

从过滤系统来的滤液和蜡膏都含有大量的溶剂，这些溶剂回收的好坏关系到溶剂的周转和损耗问题，因此在经济上和操作上都十分重要。

在整个回收的操作过程中，最重要的是把溶剂及时地回收，要求滤液经回收后得到含溶剂<0.02%的油，蜡膏经回收后得到含溶剂<0.02%的蜡，并保证溶剂的循环使用以及回收溶剂的质量、回收的完全程度、回收时的节约热量。本系统的操作有以下几方面：

（1）控制好液面：根据结晶系统流量的提降和回收系统的滤液罐、蜡膏罐、各塔液面的变化，及时地调整各泵流量，使各处的液面保持正常。

控制好液面可使结晶系统和回收系统物料平衡，不致造成干、湿溶剂罐液面过低，引起溶剂泵抽空，也不致使得各塔液面过低而引起泵抽空，液面过高而造成带油带蜡。为了保证合适的液面，一般均安装液面自动控制仪表。

（2）控制温度与压力：温度、压力的控制决定了各塔的拔出量，并在一定程度上决定溶剂回收的完全程度。由于溶剂回收中的操作压力与常压接近，因此它不起主导作用，在生产中主要是控制好各点温度。控制好各点温度的方法主要是通过调节加热器的蒸汽量来调节的。有的装置为了控制油回收系统的第二蒸发塔顶部压力，在塔顶溶剂换热器或冷却器出口安装压力自动控制仪表。

（3）控制汽提量：汽提量的多少决定着汽提塔内溶剂蒸气分压的高低，也就是决定着油和蜡中含溶剂量的多少，当汽提塔的进料中含溶剂<5%，温度为150℃以上时，通常采用汽提蒸汽量约为进料量的6～10% 左右，当汽提塔内液面接近汽提蒸汽管时应减小汽提量，当超过蒸汽管时应关闭汽提蒸汽阀，防止把油和蜡携带到塔顶馏出线造成带油或带蜡。

（4）控制丙酮塔顶和塔底温度：丙酮塔顶的温度决定了塔顶气体中含丙酮的浓度，而塔底温度决定了水中丙酮含量，在常压下，一般控制塔顶温度为70～80℃左右，塔底温度为100～105℃。当水回收泵的流量增加后，丙酮塔的汽提量就应适当加大，使塔顶塔底温度保持不变。如果塔内压力升高，塔底温度应控制较高。如果进料水温度升高，汽提量可适当关小。平时在生产中应根据塔底排出水气味和水中溶剂含量调节好汽提量。

当塔顶温度控制过高时，气体中的丙酮含量小，冷凝后水溶液的浓度与水溶液罐内的浓度差不多，因而形成了水循环，使水溶液中的溶剂得不到回收。而水溶液罐又在不断进料，于是会造成罐内水层升高。

4．冷冻系统操作原理

冷冻系统是为结晶系统和安全气系统提供冷量。随着处理量的大小、溶剂稀释比的改变、安全气循环量的变化、气温的高低等，及时地提供足够的冷量，使各点温度控制在指标以内，保证脱蜡油的质量合格和安全气中溶剂的回收。

冷冻系统的操作包括三方面：

（1）控制各点温度：脱蜡原料油和溶剂的混合物以及安全气的冷却温度是通过控制各点氨的液面和氨的蒸发压力来调节的。如果液面过低，说明需要的冷量超过了液氨提供的冷量，这时应适当补充液氨。反之，液面过高则应缩小补入液氨。当结晶系统的流量增大、溶剂和原料油的温度升高后或套管出口的温度升高了而氨的蒸发压力又未变化，此时，则应适当增大液氨量。由于纯氨的蒸发压力为温度所决定，因此正常生产中氨的蒸发压力主要为脱蜡温度所决定，生产中不予调节，只是在加热融化套管和冷却器的结蜡或结冰时才予以调节。因此，在正常生产中，主要是通过氨的流量控制液面，通过液面去控制各点温度。蒸发器内的液面控制过低，汽化后的氨常常被过热，氨的密度减小，冷冻机的制冷能力降低。但液面过高，汽化空间减小，传热能力减小，而且气体氨夹带的雾状液滴多，甚至引起冷冻机抽液氨，因此生产上要求控制液面为1/3左右。

（2）提高冷冻机的制冷能力：由于冷量不易得到，耗电量较大，因此在生产中总希望循环1kg的氨得到最大的冷量。一般是通过降低需冷设备与被冷物质的温差，减小冷冻机的二段出口压力与液氨的冷凝温度等办法来提高冷冻机的制冷能力。

降低传热温差，就能使氨的蒸发温度相应提高，由于蒸发温度与蒸发压力是对应的，当蒸发温度提高时，蒸发压力也随之提高，单位体积内的氨含量增加，冷冻机吸入氨气的量也增加，也就提高了冷冻机的制冷能力。

冷冻机二段出口压力主要由氨的冷凝温度所决定，如果冷凝温度降低5℃，冷冻机二段出口压力可下降0.2MPa(2kg/cm^2)，可提高制冷能力约3～5%。冷凝后的液氨进一步过冷后，也可提高制冷能力，过冷温度每降低1℃可提高制冷能力0.2～0.4%。

为了使氨的冷凝温度和二段出口压力得到降低，通常采取的办法为：

①冷凝器中水量不足时加大水量；

②空冷器或冷凝器并联使用时，分配好氨的流量，防止有的设备内流量过大或过小，使冷凝效率降低；

③清扫空冷器和水冷器的污垢，提高传热系数；

④油分离器经常放废油，防止润滑油带入空冷器和水冷器中，影响传热；

⑤排除氨气中的空气，降低冷凝温度和二段出口压力。

吸入冷冻机的氨气状态，对制冷能力有较大的影响，如果需冷设备内液氨不足，气化后的氨就会过热。同时低温的氨气从蒸发器流经冷冻机入口的管路中会吸收空气的热量而进一步过热，使冷冻机吸入氨气的密度大为降低，冷冻机的制冷能力下降。因此通常氨气要求以干饱和状态进入冷冻机为最好，但实际生产中不易达到，一般过热5～10℃。

保持中间槽液面，使冷冻机二段入口氨气接近于饱和状态，同时使中间槽蛇管中的液氨进一步得到过冷，也能使冷冻机的制冷能力得到提高。

（3）维护好冷冻机：生产中应控制好各点的温度、压力，并搞好润滑以及维持好中间槽和低压分离器的液面，防止冷冻机抽液氨。

5. 安全气系统操作原理

安全气操作的好坏直接影响到装置的安全和溶剂的损失，安全气发生器产生的安全气的含氧量应<0.1%，这主要是通过调节风量和油量的比例，控制好风压和油的质量来实现的，

通常从看窗上观察火焰的颜色来判断。如果火苗尖端微带淡蓝色时，生成的安全气含氧量一般较小，生成的炭黑也不多，一氧化碳含量也不高；如果火苗发红，则生成的气体含氧量小，但含炭黑多，一氧化碳含量高；如果火焰发蓝，则生成的气体含氧量高。

因此，生产中通常根据安全气分析数据和火焰颜色调节风量和油量，使安全气达到要求。

安全气经过循环后，含氧量逐渐上升，需要不断补充部分新鲜安全气，排空一部分旧安全气，排气时应通过水吸收气体中的丙酮，减少对环境的污染和溶剂的损失。

安全气含溶剂的浓度随温度的降低而减小，水吸收丙酮气体的浓度随温度的降低而升高，因此，排空气体的温度和吸收丙酮气体的水温越低越好，降低排空气体的温度的方法通常是把氨放入冷却器中冷却安全气。因此，生产中应控制好安全气的冷却温度，一般应小于－15℃以下，冷凝的溶剂应及时回收。

第四章　润滑油的丙烷脱沥青

原油初馏的减压蒸馏残渣油中，含有大量的有用组分，是制造高粘度润滑油，（如航空润滑油、汽缸油等）的主要组分。由于这些组分的沸点很高，在原油减压蒸馏时必须加热到更高的温度才能蒸出，但是温度过高又会引起油的剧烈分解，很难获得合格产品，且设备结焦严重，很难维持生产。所以，只能采用别的方法，在低温下从减压蒸馏残渣油（简称残渣油）中制取高粘度润滑油。

由于残渣油中集中了原油所含的绝大部分胶质和沥青质，既不能脱蜡，也无法精制，所以必须首先使残渣油中的油和胶质、沥青分开，这种过程称为脱沥青。

脱沥青的方法有多种。目前工业上广泛采用丙烷脱沥青法。丙烷可以从催化裂化气体中获得。经丙烷脱沥青所得的脱沥青油(简称脱后油)，除作高粘度润滑油外，还可以作催化裂化原料，以提高原油的轻质油收率。从脱后油中可以得到高熔点蜡，脱下的沥青经氧化可以制得高质量的沥青产品。

第一节　丙烷脱沥青的基本原理

丙烷在一定压力下可以液化成液体丙烷。液体丙烷在一定的温度下对润滑油组分和蜡有相当大的溶解能力，而对于胶质、沥青质则难溶或几乎不溶解。当残渣油中加入丙烷后，油和蜡都溶于丙烷，胶质和沥青质则少溶或不溶于丙烷。靠密度差别分为两层（两相），上层为丙烷、油、蜡溶液，下层为沥青、胶质、丙烷溶液层，将它们分离后，再分别蒸出溶剂（丙烷），便可获得脱后油和沥青。可见丙烷脱沥青的过程就是用液体丙烷作溶剂的抽提过程。

第二节　丙烷脱沥青的工艺流程

丙烷脱沥青的工艺流程见图Ⅳ-4-1。

丙烷脱沥青的工艺流程分两部分：

抽提系统——油和沥青的分离部分；

溶剂回收系统——将提取液和提余液中的丙烷回收，供循环使用，根据不同的回收工艺方法，分为临界回收、蒸发回收和汽提回收 3 个过程。

一、抽 提 系 统

脱沥青的抽提过程是在抽提塔中实现的，为了获得轻脱后油、重脱后油、残脱油和沥青，所以本流程采用的是二段抽提方式：即先经一段抽提塔抽提后，把原料分成 3 种组分，它们是塔顶的轻脱后液、集油箱侧线抽出的中间重脱后液和塔底的沥青-溶剂（提余液）。再把中间重脱后液作为二段的原料，在二段抽提塔内进行抽提，而得到二个产品，即塔顶的重脱液和塔底的残脱液。若仅仅是为了生产轻脱后油和裂化原料，则只用前面的一段抽提塔就足以解决问题了，所以本流程的灵活性很大。流程如下：

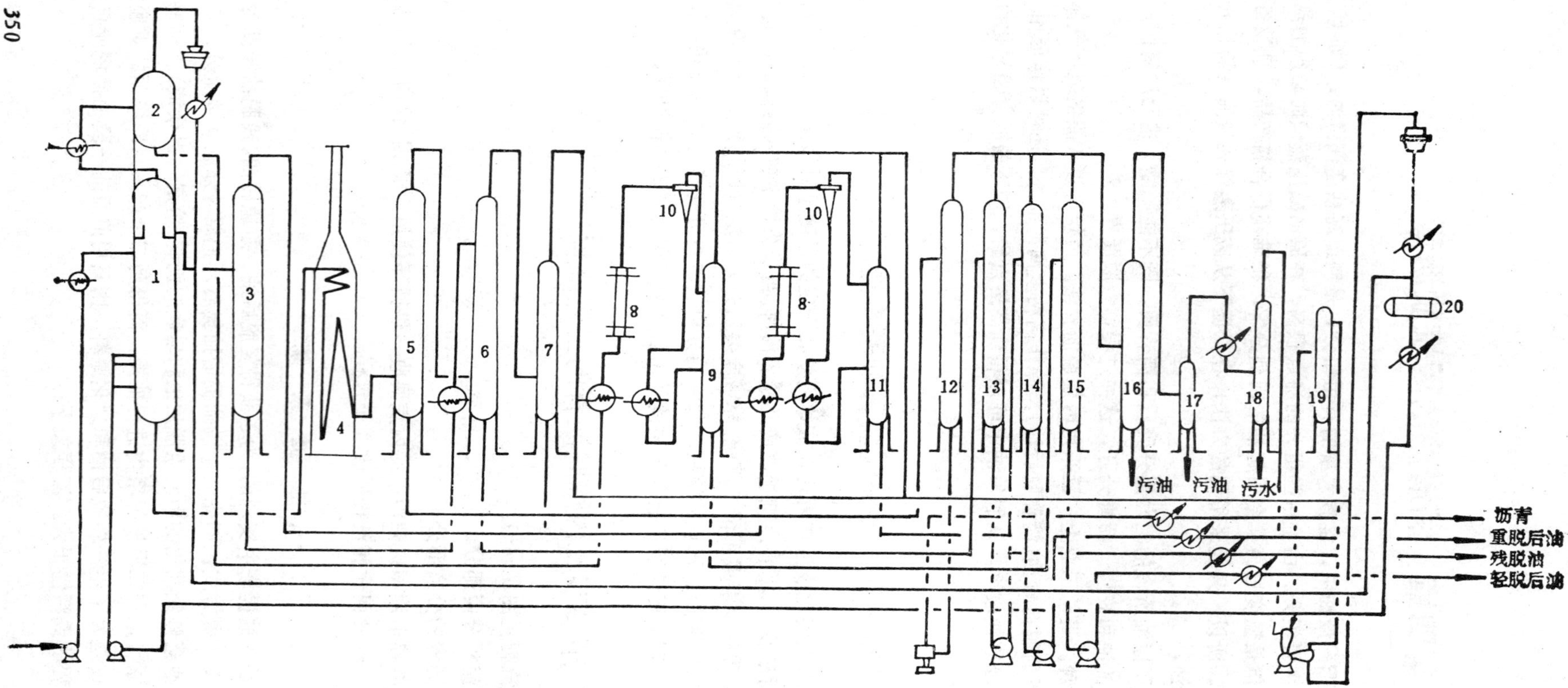

图 Ⅳ-4-1 丙烷脱沥青装置流程图

1——一段蒸发塔；2—临界塔；3—二段蒸发塔；4—提余液加热炉；5—沥青液蒸发塔；6—残脱后油蒸发塔；7—残脱后分油塔；8—薄膜蒸发器；9—轻脱后液蒸发罐；10—旋风分离器；11—重脱后液蒸发罐；12—沥青液汽提塔；13—残脱后液汽提塔；14—重脱后油汽提塔；15—轻脱后油汽提塔；16—混合冷凝器；17—丙烷气体中间罐；18—分水罐；19—丙烷罐；20—丙烷储罐

用原料泵抽残渣油经加热器，加热至120～135℃，送至一段抽提塔1上部，用丙烷泵抽液体丙烷储罐20中的丙烷经过冷凝器冷却后由抽提塔1下部送入，在操作压力4.1MPa（42kg/cm²）和操作温度（40～60℃）下，原料沿塔下流，丙烷沿塔上流，进行逆流接触，渣油中的润滑油组分即被部分溶解，未溶解的部分继续向下流动，而新鲜的丙烷入口在下面，所以愈向下则渣油中的油的浓度就愈小，直至丙烷入口，渣油中的油的浓度已减小到最低限度。随后，提余液进入塔的下部沉降段，为了尽可能多地把润滑油组分溶解（抽提）出来，所以在下部沉降段的上部再加入少量的丙烷（称副丙烷）以稀释提余液，促进提取液液滴从提余液的粘附状态中聚集并分离出来，以提高脱后油收率。提取液从抽提段上部出来时，由于和原料接触，必然会溶解或携带一部分胶质、沥青质，为把这些胶质、沥青质分离出去，以保证脱后油的质量，在抽提上方设有上部沉降段，在提取油进入上部沉降段时，流经U型加热管，提取液被加热后，丙烷的选择性即被加强，促进了所溶解的胶质、沥青质的析出、聚集和沉降分离。为了保证轻脱后油的残炭值小于0.7%，所以在上部沉降段的中部设翅片管加热器，用水蒸气加热，当提取液流过翅片时被均匀加热，利用丙烷选择性加强的特性，使其析出所溶解的高分子多环烃类（称中间重脱后液），因其密度较大，它们就沉降下来，聚集在翅片加热器下方的集油箱中（应注意：它们也含有溶剂——丙烷），可流入二段抽提塔3与新鲜丙烷进行再抽提，由塔顶部出来的是重脱后液，下底部出来的是含沥青、丙烷的提余液。

二、溶剂回收系统

溶剂回收系统的作用是从各脱后液和提余液中分离出丙烷、脱后油和沥青。

溶剂回收系统按不同的工艺方法分为3个过程：

1. 临界回收

临界回收就是使操作压力等于或略高于丙烷的临界压力，而操作温度低于或等于丙烷的界临温度，使丙烷在保证不汽化的最高温度下，其溶解能力最弱，几乎不溶解润滑油，从而使丙烷和油分离，直接将分离出来的液态丙烷循环使用，而无须加热蒸发、冷却回收。此过程是在临界塔中进行的。

2. 蒸发回收

蒸发回收是利用丙烷和润滑油的挥发性差别较大的特点来考虑的。此过程是在薄膜蒸发器和旋风分离器中进行的。

3. 汽提回收

汽提回收的目的是为了把经蒸发回收后的残液中的少量丙烷进一步蒸出来，再进行冷凝冷却、脱水、压缩液化后循环使用。这个过程是在汽提塔中进行的。

流程如下：

（1）一段抽提塔1顶部出来的轻脱后液含丙烷量约占进塔丙烷量的80%左右，经加热器加热至90℃左右，进入临界塔2，在此进行沉降分离，从塔顶出来的丙烷（约占丙烷总量的60%）经空气冷却器与后冷器冷却至40℃以下，回到丙烷贮罐20，供循环使用。

（2）轻脱后液由临界塔2底部出来，经预热器加热至100℃左右，进入薄膜蒸发器8进行加热蒸发后即进入旋风分离器10中，经强化分离，丙烷气由旋风分离器顶部分出，进入轻脱后液蒸发罐9上部。而旋风分离器底部分出的润滑油中仍含有少量的丙烷，再经加热器继续加热至150℃左右，进入蒸发罐9中部进行闪蒸。由蒸发罐9顶部出来的丙烷气经空冷器和后冷器冷凝冷却后，进入丙烷储罐20。由蒸发罐9底部出来的仍含微量丙烷的油液，则进入汽提塔15进行汽提蒸馏。丙烷-水蒸气由塔顶部出来，塔底为残炭值小于0.7%的轻脱后油，用泵抽出，通过冷却器冷却至100℃以下，送入成品储罐。

（3）重脱后液由二段抽提塔3顶部出来，经预热器加热至100℃左右，进入薄膜蒸发器8加热蒸发后，进入旋风分离器10，进行强化分离，丙烷气从旋风分离器顶部分出，进入重脱后液蒸发罐11上部。而旋分器底部分出的润滑油中仍含有少量丙烷，再经加热器加热至150℃左右，进入蒸发罐11中部进行闪蒸。由蒸发罐11顶部出来的丙烷蒸气和由蒸发罐9顶部的蒸气汇合。由蒸发罐11底部分出的含微量丙烷的油液，则进入重脱后油汽提塔14，经汽提后，丙烷-水蒸气由塔顶出来。塔底为残炭值小于1.2%的重脱后油，用泵抽出，经冷却器冷却至100℃以下，送至成品储罐。

（4）残脱后油由二段抽提塔3底部出来，经加热器加热至180℃左右，进入残脱后液蒸发塔6上部，塔下部送入来自沥青液蒸发塔5顶部的220℃左右的丙烷气，在塔内进行逆向接触，把丙烷从塔顶蒸出，经分油塔7将携带油分离后，丙烷气由分油塔7顶部出来即与来自蒸发罐9、11顶的丙烷气汇合。

残脱后液蒸发塔6底部的残脱后液尚含有微量的丙烷，进入残脱后液汽提塔13，经汽提后，塔底为残脱后油（残炭值大于1.2%）可用泵抽出，送经冷却器冷却至100℃以下，入成品储罐或直接送往裂化装置作裂化原料。

（5）提余液（沥青液）中的沥青粘度很高，需要加热至较高的温度，便于输送，因此使其由一段抽提塔1底部出来后即进入加热炉4加热至220～230℃，再进入沥青液蒸发塔5。塔顶部出来的丙烷气去残脱后液蒸发塔6，塔底含微量丙烷的沥青液去沥青液汽提塔12。汽提后，塔底的沥青用泵抽出，经冷却槽冷却至100℃以下送出装置。

各汽提塔（12、13、14、15）顶部出来的丙烷-水蒸气汇合后，经冷凝冷却器将水蒸气冷凝冷却后，进入气-液分离罐（分水罐）18，将丙烷气与水分开。水排入污水线送往污水净化装置处理，丙烷气体去压缩机，经二段压缩后，经空冷器和后冷器冷却后，进入丙烷储罐。

第三节　丙烷脱沥青的影响因素

1. 温度

丙烷脱沥青适宜的温度范围是40～96.84℃，在这个温度范围内，丙烷的溶解能力较强。

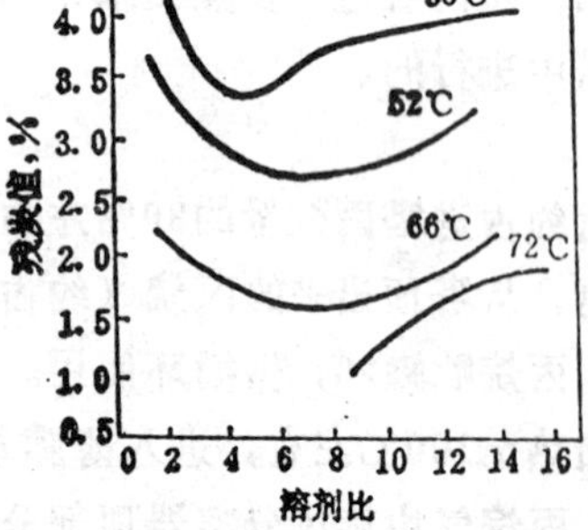

图 Ⅳ-4-2　脱后油质量与温度、溶剂比的关系

随着温度的升高，丙烷的选择性增强，而溶解能力则相应减弱，就能使溶剂-油相内的非理想组分（胶质和多环芳烃）含量减少，使脱后油质量变好（残炭值减小）。从图Ⅳ-4-2中看出，在溶剂比相同时，随着温度的升高，曲线向下移动，说明高温抽提比低温抽提所得的脱后油的质量好。

2. 丙烷用量

在温度一定的条件下，当溶剂用量太少时，只能起到降低残渣油粘度的作用，当溶剂用量逐渐增多时，就会分为两相。起初，增大溶剂比（增加溶剂）时，上层的脱后油收率随着溶剂比的增大而降低，而脱后油的质量在逐渐提高（残炭值降低），这说明溶剂的加入，使残渣油中的分离情况愈来愈好；当溶剂比达到了某一定的值时，脱后油的收率有一个最低值，这时的脱后油质量最高，说明在这个溶剂比时，残渣油中的分离效果最好，这个溶剂比正是该原料在该温度下的最佳溶剂比；随着溶剂比的进一步增大，发现上层脱后油的收率反而愈来愈大，脱后油的质量也反而愈来愈低了。这就说明随着溶剂量的增多，使得非理想组分被丙烷溶解得愈来愈多，也进入了脱后油，所以使脱后油质量降低。如图Ⅳ-4-3所示的某残渣油在丙烷脱沥青时的脱后油的产品收率、产品质量与溶剂比的关系。图中曲线最低点的左边说明溶剂比增大，使沥青质、胶质和多环烃类分离的作用在过程中起主导作用；曲线最低点的右边，说明溶剂比继续增大时，使多环烃类和胶质愈来愈多地被丙烷溶解的作用在过程中愈来愈起主导作用；而曲线的最低点则说明了在这样的溶剂比时，不良组分能刚好被充分分离开，使脱后油的质量最好。此曲线最低点处所对应的溶剂比，为最佳溶剂比。最佳溶剂比和原料的性质、溶剂纯度、抽提温度等有关，可以通过实验求定。

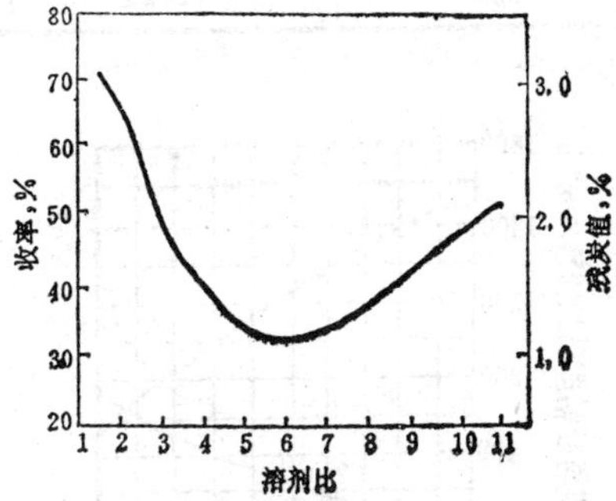

图 Ⅳ-4-3　脱后油的质量、收率与溶剂比的关系

由于在最佳溶剂比时所得的脱后油产率很低，所以多不采用它。若采用稍小的溶剂比，混合物粘度又太大，不易分离。只有采用较大的溶剂比，这样却又相应带来了残炭值大的缺点。为了弥补这个缺点，可利用丙烷在高温时选择性增强的特性，把分离后的提取液的温度再提高一些，就可以沉降出被溶解的那部分残炭值高的组分（胶质和高分子多环烃），而得得残炭值高的和残炭值低的两种脱后油。前者称为重脱后油，作为裂化原料；后者称为轻脱后油，可作为润滑油原料。这个办法的实施为简便起见，多在抽提塔的上部沉降段安装翅片加热器，提取液经过翅片加热即可自动分成两相，重相重脱后液聚集在塔顶集油箱内，轻相轻脱后液就直接从塔顶流出，然后再分别处理即可。

一般溶剂比为5∶1～9∶1。

3．丙烷纯度

脱沥青装置所用的丙烷系裂化气体分馏制得，因此总会含有乙烷、丙烯、丁烷等杂质，称工业丙烷，工业丙烷一般含丙烷70％以上。纯丙烷的主要物理性质见表Ⅳ-4-1。丙烷的纯度如何，对抽提效果的影响很大，为了弄清这个问题，将各种低分子烃在同样的条件下进行脱沥青实验，结果见表Ⅳ-4-2。从表中看出，所用的溶剂分子量愈小，则分离的沥青胶质和高分

表 Ⅳ-4-1　丙烷的主要物理性质

分子量	44.06	临界密度，g/cm³	0.224
相对密度（液体）	0.5824	汽化潜热（－42℃），KJ/kg(kcal/kg)	420.3(100.4)
沸点，℃	－42.06	粘度（28℃），mPa·s	0.12
临界温度，℃	96.84	蒸气在空气中的着火范围（体积％）	2.4～9.5
临界压力，MPa(atm)	4.2(42.01)		

子或多环烃类的量愈多，使用乙烷作溶剂时，甚至高分子少环烃类也被分离出去了，脱后油收率仅为11.00％；若用戊烷作溶剂时，则不仅胶质及多环烃类不易分离出去，甚至一部分

表 Ⅳ-4-2 不同的溶剂对脱沥青的影响（溶剂比1:10，温度27℃）

溶剂	脱后油收率 %	脱后油残炭值 %	沥青胶质收率 %	沥青胶质熔点 ℃
乙烷	11.00	0.07	89.00	软
丙烷	75.00	2.35	25.00	80
丁烷	88.80	5.12	11.20	153
戊烷	95.20	6.23	4.80	160

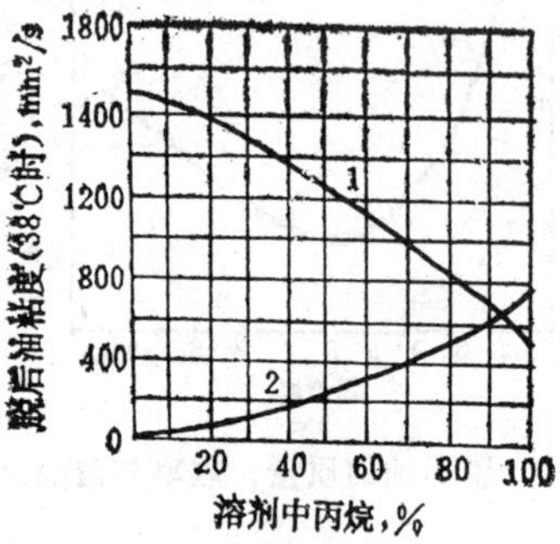

图 Ⅳ-4-4 丙烷中混有丁烷或乙烷时对脱后油粘度的影响
1—丁烷-丙烷（体积溶剂比＝5:1）；
2—乙烷-丙烷（体积溶剂比＝4:1）

沥青质也仍然不能分离出去，脱后油收率高达95.20%，而脱后油颜色很黑，残炭值很大；使用丁烷作溶剂时，情况比用戊烷作溶剂时稍为好些，但脱后油颜色仍然很黑，残炭值也很大；丙烷作溶剂时，情况就大大好转，脱后油的颜色为绿色，残炭值为2.35%，且收率较用乙烷作溶剂时要高得多，可见用丙烷作溶剂的分离效果较为理想。从图Ⅳ-4-4可以见到某残渣油在同温度时用丙烷-丁烷混合溶剂与丙烷-乙烷混合溶剂脱沥青的效果对比。从曲线1看出，随着丁烷量的增加，所得脱后油的粘度增大，这是因为溶剂中溶解了高分子多环烃和胶质的缘故，使脱后油的残炭值增大，会增加下一步精制的困难；从曲线2看出，随着乙烷含量的增加，所得脱后油的粘度会变小，这是因为溶剂溶解能力减弱，选择性增强，使更多的分子量较小的烃类也从溶剂中析出的结果，因而使脱后油收率降低。

根据上述分析可知，丙烷中含丁烷多时，会使产品质量降低；含乙烷多时，会影响产品的收率，同时也给装置的溶剂冷凝回收带来困难。因此，常要求把丙烷中的乙烷含量限制在不大于2～3%，丁烷含量限制在不大于4～5%。丙烯的影响和丁烷相近，也必须限制在20%以下。

如果溶剂中有丁烷和丁烯，在溶剂回收系统中多集中在汽提出来的低压丙烷气内，丙烷气经压缩机第一段压缩后，经过冷水冷却，丁烷和丁烯就会首先被冷凝成液体，将其切除即可解决。

如果溶剂中有乙烷，在溶剂回收系统中，它将随同丙烷一同进入丙烷液体储罐内，在液体储罐内的温度和压力下，乙烷仍为气态，因此，可以排出气体来解决。

此外，丙烷中应不含H_2S，以避免设备的腐蚀，故此，在裂化气体分馏之前就应该对裂化气体进行水洗及碱洗。

4．原料的性质

原料（残渣油）中的含油量对脱沥青过程有很大的影响。原料中的含油量取决于减压蒸馏的拔出率。

在渣油中的含油量多时，由于丙烷对油的溶解能力是一定的，为了能使溶剂把油充分地溶解（抽取）出来，就必须使用更多的溶剂（丙烷），所以溶剂比应该增大，因而降低了装置的处理能力，因此，希望能深拔减压渣油。

渣油中含油量少时，沥青胶质的浓缩程度大，残存在渣油中的润滑油组分的化学结构更接近于胶质、沥青质，因此丙烷对油与胶质、沥青质的选择性不好。为了提高丙烷的选择性，就应该提高抽提温度，否则将影响脱后油的质量。

第四节　丙烷脱沥青的主要设备

1. 一段抽提塔

一段抽提塔的结构如图Ⅳ-4-5，在抽提塔的上方是临界塔（因操作压力等于或高于丙烷的临界压力，操作温度略低于或等于丙烷的临界温度而得名）。在一段抽提塔内，上部设有高效立式翅片加热器，集油箱下方设有U型管加热器，以便控制上部沉降段各部温度。抽提段内装有转盘搅拌器，转轴上装有水轮叶片，靠入塔丙烷冲击水轮叶片来驱动水轮使转盘转动，用丙烷流量来调节转速。原料渣油从集油箱下部的分配管进入，分配管由主管和许多带小孔的支管组成，以保证原料的均匀散布。丙烷在抽提段下部分三段进入塔内：主丙烷（或称正丙烷，是抽提过程中所用的丙烷溶剂的绝大部分，相当于主部，因而得名）由水轮冲击管和水轮冲击管上方的环形孔管进入；下方的丙烷入口实际上是在下部沉降段的上部，其作用是为了把提余液中所携带的油充分地抽提出来，以提高抽提分离效果。因其用量仅占丙烷总用量的少部分，故称副丙烷。

2. 二段抽提塔

二段抽提塔的用途，是把由一段抽提塔集油箱得来的重脱后液再进行一次抽提，以脱除其所含的胶质和高分子多环烃类，借以提高重脱后油的质量。其结构如图Ⅳ-4-6所示。抽提段

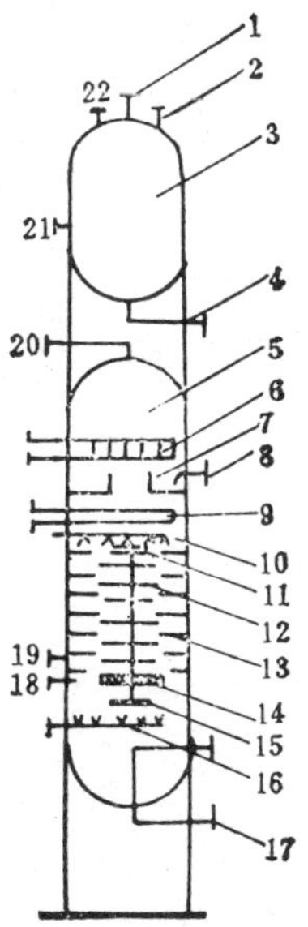

图 Ⅳ-4-5　一段丙烷抽提塔

1—丙烷出口；2—安全阀；3—临界塔；4—轻脱后液出口；5—抽提塔；6—翅片加热器；7—集油箱；8—重脱后液出口；9—U型管加热器；10—原料渣油入口；11—滚珠轴承；12—转盘；13—静环；14—水轮；15—止推轴承；16—副丙烷入口；17—沥青余液出口；18、19—正丙烷入口；20—轻脱后液出口；21—临界塔进料口；22—排空线

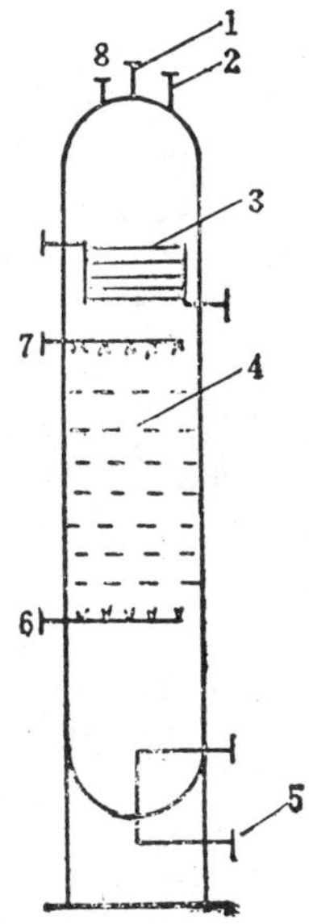

图 Ⅳ-4-6　二段抽提塔

1—重脱后液出口；2—安全阀；3—蒸汽加热管；4—百叶窗式塔板；5—残脱液出口；6—丙烷入口；7—二段原料(一段重脱液)入口；8—排空线

设有百叶窗式塔板若干层；上部沉降段与抽提段之间装有蒸汽加热管，以保持塔顶温度。

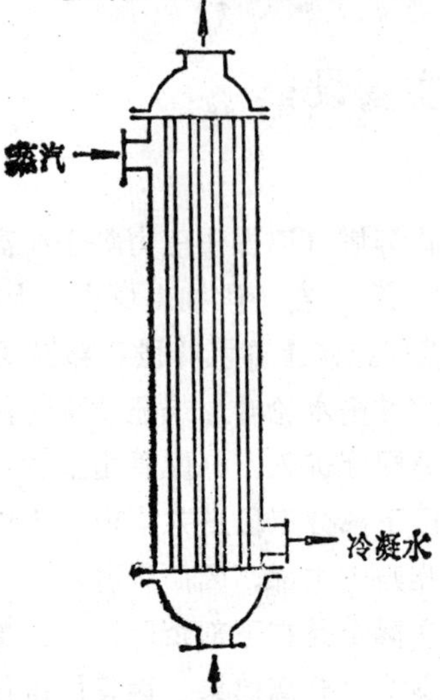

图 Ⅳ-4-7 薄膜蒸发器

3．薄膜蒸发器

薄膜蒸发器实际上就是一直立安装的固定管板式热交换器(如图Ⅳ-4-7)。加热蒸汽从壳程进出，被蒸发的料液从下部进入管程，加热后，溶剂大量蒸发，形成泡沫。溶剂蒸汽以很高的速度沿加热管上升，把液体拉成薄膜沿管壁上升。在上升过程中，溶剂汽化程度愈来愈大，高速气流20～50m/g就携带着液滴一起逸出薄膜蒸发器，进入旋风分离器，可把汽化的溶剂与油液分开。

这种蒸发器具有传热效率高，蒸发量大和接触时间短等优点，蒸发效果很好。采用了薄膜蒸发器和旋风分离器联合分离系统，就可以省去了笨重的卧式蒸发器和泡沫蒸发塔，使装置紧凑，操作简便，且由于传热效率高，节省能源消耗。

习题及思考题

第一章　润滑油概述

1．什么叫摩擦？摩擦可分为哪几类？减摩的方法有哪几种？

2．什么叫润滑？润滑油润滑的原因是什么？其作用有哪些？

3．比较液体润滑和边界润滑的区别？

4．举例说明润滑油的命名、代号。

5．对润滑油的共同使用要求有哪些？

6．哪种烃类是润滑油的粘度载体？哪种烃类的粘温性能最好？综合考虑润滑油的使用性能，哪种烃类是润滑油的理想组分？

7．润滑油中的天然抗氧剂是什么？为什么要控制它的含量要很少？含量多有何不利？

8．润滑油溶剂精制需除去的非理想组分有哪些？

9．润滑油生产过程有哪几种？各自的生产目的是什么？

第二章　润滑油的溶剂精制

1．何谓选择性溶剂精制？溶剂精制的原理是什么？精制过程中的推动力是什么？

2．对精制所用的溶剂有哪些要求？目前工业上常用的溶剂有哪几种？各具有什么特点？

3．溶剂抽提过程进行的条件是什么？

4．何谓溶剂比？精制过程中为何需要采用适当的溶剂比？

5．何谓临界溶解温度？精制过程中，为什么要采用适当的精制温度？为何在抽提塔内要保持一定的温度梯度？此梯度的大小有何影响？受什么限制？

6．要提高精制深度，加大溶剂比和提高抽提温度哪个方法更为恰当？试从分析其利弊中找出结论。

7．为什么连续逆流抽提是较理想的抽提方式？

8．对目前工业上二种常用溶剂应选择哪种形式的抽提设备？各自的界面位置如何控制？各自的抽出物循环有何不同？其作用如何？

9．抽提塔中界面过高、过低有何不利？

10．何谓多效蒸发？画出三效蒸发的流程。

11．酚-水、糠醛-水共沸物的回收有何不同？各采用什么原理？

12．对糠醛、酚精制的抽提塔的操作应注意哪几个方面？

第三章　润滑油的溶剂脱蜡

1．润滑油脱蜡的目的是什么？它使油品的哪项指标得到改善？

2．何谓脱蜡温差？为什么说它是衡量脱蜡过程的重要标志？脱蜡温差与哪些因素有关？可否为负值？为什么？

3. 溶剂对脱蜡的作用是什么?对溶剂有哪些要求?工业上常用的脱蜡溶剂组成是什么?其中各组分的作用是什么?

4. 酮苯脱蜡装置由哪些系统组成?各自的作用如何?画出酮苯脱蜡的流程示意图。

5. 套管结晶器、过滤机的作用是什么?

6. 在丙酮塔及汽提塔中吹入水蒸气的目的有什么不同?它们各自回收溶剂的原理是什么?

7. 简述转鼓式过滤机的工作过程。

8. 为何酮苯脱蜡的溶剂需要一定的溶剂组成?

9. 对于馏分重的原料油、含蜡少的原料油及要求脱蜡深度深的油对溶剂组成各有何要求?

10. 酮苯脱蜡中对原料有何要求?为什么?

11. 什么叫冷点稀释?它有何作用?什么叫热处理?

12. 在三次稀释中，各次稀释的作用是什么?

13. 什么叫冷却速度?为什么冷却速度一般在冷却后期可提高?

14. 何谓干溶剂、湿溶剂?各自的来源和用途如何?

15. 溶剂脱蜡装置中为什么要避免处理宽馏分原料?

16. 过滤机的操作好坏包括哪二个方面?在滤机操作中经常调节的有哪些?

17. 溶剂回收系统、冷冻系统中应控制好哪几方面?

第四章 丙烷脱沥青

1. 何谓丙烷脱沥青?

2. 丙烷脱沥青的基本原理是什么?

3. 何谓“临界回收”?

4. 什么叫最佳溶剂比?既然采用最佳溶剂比时，脱后油质量最好，但为何生产中多不采用它?又以采用什么方法弥补其不足?

5. 丙烷脱沥青的操作影响因素有哪些?

第五篇 加 氢 精 制

第一节 概 述

油品的加氢精制是各种石油产品在氢压下进行催化改质的一个统称，即将原料油在一定的温度下（约300～425℃）、高压（约1.6～15MPa）和氢气存在下，通过催化剂床层，使其中所含的硫、氧、氮等非烃类化合物转化成易于除去的硫化氢、水和氨，使不安定的烯径和某些稠环芳烃饱和，将金属杂质截留，从而改善了油品的安定性能、防腐蚀性能和燃烧性能以及其它性能，这一工艺过程称为油品的加氢精制过程。

加氢精制工艺过程的类别：按原料的来源可分：一次加工馏分油的加氢精制；二次加工馏分油的加氢精制。按馏分油的种类可分：汽油（包括重整原料）的加氢精制；煤油的加氢精制；柴油的加氢精制；润滑油的加氢精制；石蜡的加氢精制等。按加氢精制的精制深度可分为：浅度加氢精制；深度加氢精制。

加氢精制工艺所处理的原料油的范围广，如直馏、热裂化、焦化所得的粗汽油、煤油、柴油、裂化原料和重油、石蜡等。产品质量好，液体收率高〔可达100%（体）以上〕。因此，近几年来无论是加工高硫原油或低硫原油的炼油厂，都广泛采用这种方法来改善油的质量。由于加氢精制比油品的化学精制（如电化学精制及酸碱洗涤等）具有很多优点，故加氢精制装置在炼油工业中所占的比例逐年增长。加氢精制工艺在炼油厂所以能大量应用的重要前提，就是有了廉价的副产品氢气，所以在炼油厂的馏分油加氢精制装置主要采用催化重整的副产品氢气进行生产。

近年来，加氢精制工艺得到了高速发展，主要是随着对各种高安定性、低硫燃料以及高质量的润滑油和高质量的石蜡的需要量不断增长，加氢精制工艺在炼油厂用得越来越多，增长速度比其它工艺过程都快。

直馏煤油和轻柴油经加氢精制后，主要是脱硫，并部分脱氮以改善其气味、颜色和安定性，也有一些直馏煤油和轻柴油进行深度加氢，使芳烃变为环烷烃，从而提高了航空煤油的烟点和柴油的十六烷值，改善了燃烧性能。二次加工柴油经加氢精制除脱除硫、氮、氧化合物外，还由于柴油中含有一定量的烯烃和胶质，它们很不安定，容易变色，生成沉渣，而加氢精制可改善其安定性。由含硫原油得到的催化裂化原料会含有较多的重芳烃和重金属，它们会使催化剂中毒，碱性氮化物能抑制催化剂活性，并使结焦速度加快，经加氢精制处理后可提高装置的处理能力，改善产品质量，且汽油的感铅性能好。

加氢精制工艺过程的方法很多，但所有这些方法，从流程和设备上来看，实际上都差不多，主要是催化剂性能有差别，因而造成工艺条件也不一样。要根据所处理的原料性质、精制要求等全面的技术经济数据来确定生产方法。

由于馏分油加氢精制的工艺条件比较缓和，对设备的要求不高，故在工业上比较容易实现。直馏汽油、煤油、柴油的加氢脱硫所需温度、压力不高，空速较高，耗氢量少。

加氢技术的关键是催化剂，对加氢精制催化剂的要求，不仅是加氢活性强，裂解活性弱，寿命长，而且还要求价格低廉。目前工业上用得最多的是γ-氧化铝为担体的钼酸钴催化剂。如处理含氮量高的原料时，多采用钼酸镍催化剂，近年来，为了提高加氢精制深度，进一步改善油品质量，降低反应压力，提高空速，又发展了以γ-氧化铝为担体的镍-钴-钼催化剂。

加氢精制技术的发展趋向主要是改进旧催化剂和发展新催化剂。

第二节　加氢精制的化学反应

加氢精制工艺过程中进行化学反应主要是发生下列两大类反应：一是含硫、含氮、含氧化合物与氢发生反应，分别生成硫化氢、氨和水，这些生成物很容易被除掉。二是烷烃、环烷烃很少反应，一部分芳烃可加氢成为环烷径，大部分烯烃与氢反应生成烷烃。

一般来说，由于馏分油的加氢精制操作条件比较缓和，所以在该过程中很少有裂化反应发生。加氢精制产品的一切特点都是由加氢精制反应所决定的。而催化剂对加氢反应的程度影响最大。

润滑油原料加氢精制时与氢气发生的各种化学反应，主要是除去硫、氮、氧等杂质，保留润滑油的理想组分，将非理想组分转化为理想组分。在深度加氢精制时，反应条件苛刻，因此会发生裂解反应，产生了少量气体和燃料油组分。润滑油的加氢降凝工艺中，油品通过催化剂的作用与氢气发生加氢异构和加氢裂化反应。

馏分油加氢精制过程中进行的反应有：

1. 脱硫反应

$$RSH + H_2 \longrightarrow RH + H_2S$$

$$RSR' + 2H_2 \longrightarrow RH + R'H + H_2S$$

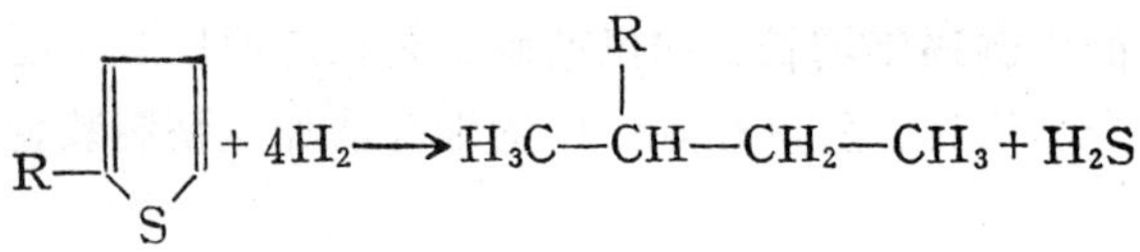

在温度（200～250℃）和压力低于30MPa（300kg/cm²）的范围内，有相当数量氢气存在下，脱硫反应能够顺利进行。

不同类型含硫化合物的加氢速度按以下顺序增加：

噻吩＜氢化噻吩≈硫醚≤硫化物＜硫醇

硫化物的芳香环或环烷环的数目愈多，其稳定性愈强，即脱硫愈难。硫化物的分子愈大，氢原子愈不容易与硫原子接触。

2. 脱氮反应

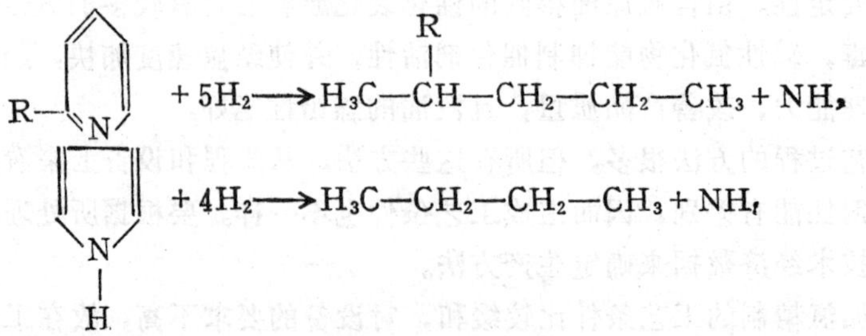

有环状结构的氮化物加氢时，首先是杂环加氢饱和，然后在不同位置上断裂生成胺，胺进一步加氢分解生成相应的饱和烃或烷基芳香烃。

氮化物的分子量愈大，愈难加氢脱氮，这是由于分子中的非氮部分降低了脱氮反应的速度，因此，需要苛刻的条件，但这将不可避免地会引起裂化反应，结果使得产品变轻，同时还要消耗较多的氢气。

加氢时，硫、氮和烯烃饱和的反应速度比较如下：

表 V-0-1 硫、氮和烯烃加氢的反应速度比较

被加氢组分 \ 油品	粗汽油馏分	煤油柴油馏分	被加氢组分 \ 油品	粗汽油馏分	煤油柴油馏分
硫化物	100	70	氮化物	20	1
烯烃	80	40			

3．脱氧反应

石油中的含氧化合物主要是环烷酸和酚类。

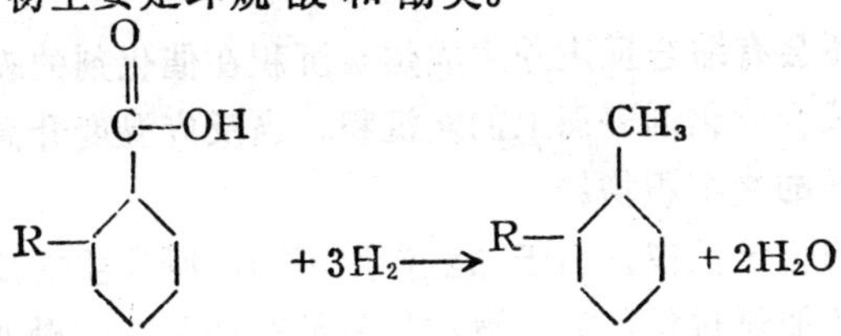

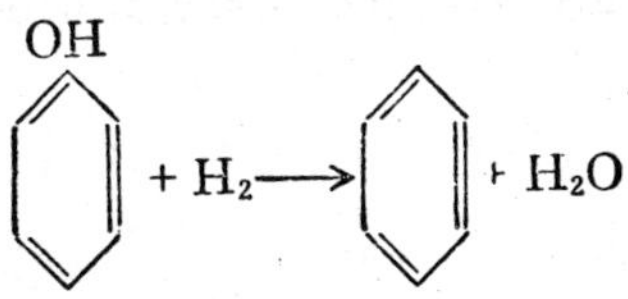

4．烯烃和芳香烃加氢饱和

（1）烯烃加氢饱和生成烷烃：

$$RCH=CH_2+H_2 \longrightarrow R-CH_2-CH_3$$

（2）单环芳烃加氢饱和后生成环烷烃：

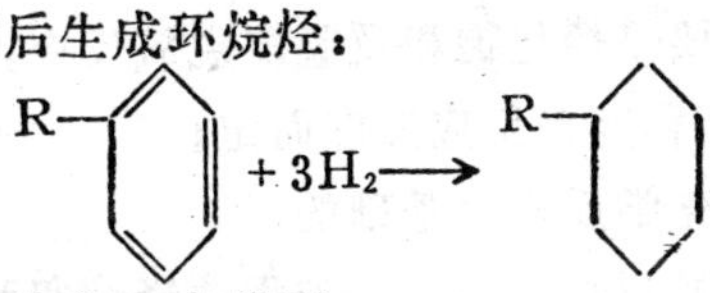

（3）双环芳烃加氢一般饱和一个苯环：

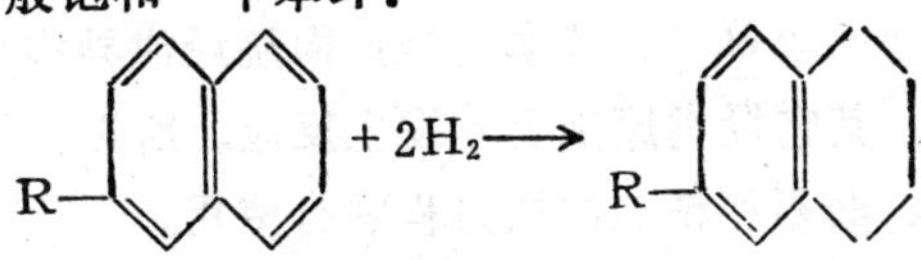

5．加氢裂化反应

$$\underset{\text{癸烷}}{CH_3-CH_2-CH_2-CH_2-CH_2-CH_2-CH_2-CH_2-CH_2-CH_3} \longrightarrow$$

$$\underset{\text{戊烷}}{CH_3-CH_2-CH_2-CH_2-CH_3}+\underset{\text{2-甲基丁烷}}{CH_3-CH_2-\overset{\overset{CH_3}{|}}{CH}-CH_3}$$

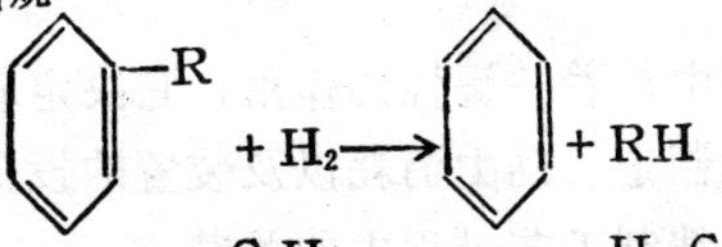

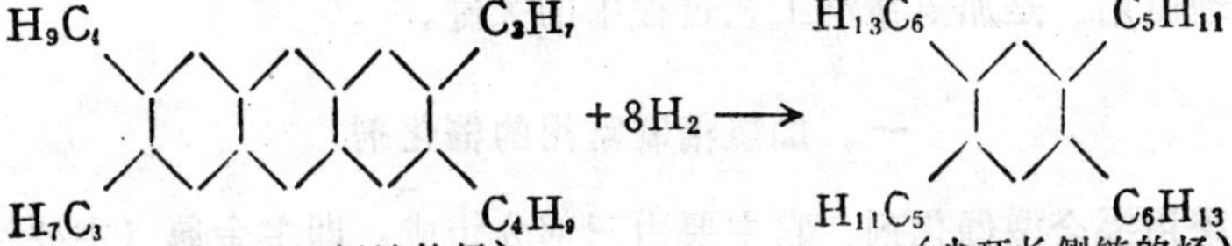

（多环短侧链的烃）　（少环长侧链的烃）

在加氢精制时，是不希望有加氢裂化反应进行，即要限制这类反应进行，为此，应选用适宜的加氢催化剂，还应根据实际可能，尽量降低反应温度。

润滑油加氢裂化工艺中，其主要的化学反应是加氢裂化，它的特点是：使多环的烃类加氢开环，形成少环长侧链的烃，因此，润滑油原料经此工艺处理后使其粘温性能得到了很大的改善。

在润滑油加氢降凝工艺中，在适当苛刻的反应条件及催化剂作用下也会发生一定程度的加氢裂化反应，促使原料中凝点较高的正构烷烃转化为凝点较低的低分子烷烃，而保持其它烃类基本上不发生反应，从而达到降低油品凝点的目的。

6. 脱金属作用

原料油中的金属有机物在加氢精制条件下，不论是否分解，都被吸附在催化剂的表面上。

7. 缩合反应

在加氢精制条件下，还会有缩合反应并生成焦炭沉积在催化剂的表面上。在一定温度下可采用较高的氢分压，以减少催化剂表面上的炭沉积。当反应温度升高或原料油中稠环分子的含量过高时，会使催化剂的炭沉积增加。

对于润滑油加氢精制的化学反应，由于加氢作用不同，所发生的反应也各异。

（1）对于精制改质的加氢过程，如润滑油加氢补充精制，润滑油的加氢裂化等。其化学反应可归纳为以下几类：

①非烃类杂质的破坏加氢；

②芳烃加氢饱和生成环烷烃；

③烯烃加氢饱和；

④多环烃类加氢开环、脱烷基（侧链断裂）；

⑤烷烃及环烷烃的异构化。

加氢补充精制的化学反应主要是烯烃饱和及脱硫脱氧反应，脱氮作用则很有限，而加氢裂化过程则包括上述5种反应，其程度视反应深度而定。

加氢过程的分类实质上是以化学反应为基础的。

（2）对于润滑油的催化脱蜡过程，主要是利用选择性很强的催化剂。专门使蜡进行转化，因此其化学反应的类型比较单一，基本上是正构烷烃或异构化程度较小的异构烷烃进行异构化或选择性加氢裂化，其它烃类原则上不发生反应。所以，催化脱蜡不能起到脱除非烃类杂质和烃类改质的作用，必须和精制改质过程联合使用。

目前使用的主要是分子筛催化剂进行选择性加氢裂化脱蜡。它是利用分子筛的特殊孔结构和金属-酸性双功能，仅使具有长侧链结构的烃类能进入分子筛孔道进行裂化反应。

第三节　加氢精制的催化剂

加氢精制催化剂在加氢过程中起着关键性的作用，它决定着加氢产品的质量和收率、合理工艺流程的制定、工艺条件的制定、动力消耗以及装置的投资。因此，加氢精制催化剂的选择、制备和合理使用，是加氢精制工艺过程中的关键。

一、加氢精制常用的催化剂

加氢精制常采用混合型催化剂，它主要由三部分组成：即主金属（主要活性部分）、助催化剂、载体。

1. 加氢催化剂的主金属

加氢精制催化剂的主金属是加氢活性的主要来源，它们是周期表中第Ⅵ B族中的铬、钼、钨和Ⅷ族中的铁、钴、镍。这些金属能使催化剂具有较高的活性，是与它们的化学特性有关的。

2. 加氢精制催化剂的助催化剂

助催化剂可对催化剂的化学结构、结晶结构、孔结构、酸性、机械强度等发生变化，从而影响催化剂的活性、选择性及寿命等。

助催化剂可以元素状态或化合物状态加入，如金属或金属氧化物，也有用非金属（如Cl、Fe、P）。

表Ⅴ-0-2为柴油加氢Mo-Ni催化剂中加入磷后，提高了催化剂的脱硫、脱氮能力，其效果如表所示。

3. 加氢精制催化剂的载体

加氢精制常采用的载体是中性无定形Al_2O_3，在其中加入一些SiO_2后可提高催化剂的脱氮活性和稳定性，见表Ⅴ-0-3。

表 Ⅴ-0-2 Mo-Ni-Al_2O_3加氢催化剂加磷前后的精制效果

项 目	Mo-Ni-Al_2O_3	Mo-Ni-P-Al_2O_3	项 目	Mo-Ni-Al_2O_3	Mn-Ni-P-Al_2O_3
催化剂组成，%			溴价，g/100g	30.49	56.4
MoO_3	10～15	18.7	精制油		
NiO	1～5	3.6	碱性氮，ppm	155	160
P	—	1.39	含硫，%	0.033	0.0013
原料油			溴价，g/100g	3.11	4.46
馏程，℃	190～341	177～344	脱氮率，%	66.3	73.3
碱性氮，ppm	160	600	脱硫率，%	62.8	96.7
含硫，%	0.088	0.04	烯烃饱和率，%	89.8	92.2

表 Ⅴ-0-3 载体中加入SiO_2对焦化柴油精制效果影响

项目 \ 催化剂	Mo-Ni-Al_2O_3	Mo-Ni-SiO_2-Al_2O_3	项目 \ 催化剂	Mo-Ni-Al_2O_3	Mo-Ni-SiO_2-Al_2O_3
催化剂组成，%			反应温度，℃	360	360
Al_2O_3	100	—	加氢生成油性质		
SiO_2	—	8.4	氮含量，ppm	170	140
MoO_3	10～15	12～23	碱性氮，mg/l	104	53
NiO	1～5	2～7	脱氮率，%	81.1	84.5
原料油性质			脱碱氮率，%	71.5	85.5
氮含量，%	0.09	0.09			
碱性氮，mg/l	365	365			

在载体中加入少量分子筛及层状硅酸铝，同样可提高催化剂的使用性能。

加氢精制催化剂一般其颗粒直径≮1.5mm。

二、馏分油和渣油加氢常用的催化剂

馏分油加氢精制常用的催化剂是以氧化铝为担体的催化剂，其组分为：Mo-Co、Mo-Ni W-Ni的组合。

汽油馏分加氢精制的原料包括重整原料油、热裂化和焦化汽油、催化裂化汽油。加氢精制的主要目的是脱硫、脱氮、脱金属杂质，以提高其安定性，并不要求C-C链的断裂。所以一般使用Mo-Co或Mo-Ni催化剂。但对脱氮的汽油馏分则Mo-Ni组分比Mo-Co组分的催化剂更有效。

灯用煤油加氢精制一般采用浅度加氢精制，操作条件比较缓和，主要是脱硫，改善颜色，改进安定性能。可使用Mo-Co组分的催化剂。

喷气燃料加氢精制，根据要求不同，可采用浅度或深度加氢精制。深度加氢精度不仅脱硫，主要是使芳烃饱和，提高烟点，以生产高烟点的喷气燃料。使用的催化剂为：W-Ni或Pt催化剂进行加氢。

柴油馏分加氢精制，直馏柴油主要是脱硫、降低酸度、改善颜色。对于二次加工柴油不仅要脱硫，而且主要是改善其安定性能。故一般采用脱硫脱氮性能均较好的Mo-Ni催化剂。

催化裂化原料油经过加氢精制后，可增加催化裂化的转化率，提高汽油收率，减少焦炭及气体的产率，降低产品的含硫量，提高汽油的感铅性，再生尾气引起的污染问题也可以得到解决。因此加氢精制除要求脱硫、脱氮外，还要求脱掉重金属和减少多环芳烃，故一般使用Mo-Ni催化剂效果好。

表 V-0-4 一些加氢精制催化剂的组成、物理性质和用途

组　成	No-Co-Al_2O_3	Mo-Ni-P-Al_2O_3	Mo-Co-SiO_2-Al_2O_3
形　状	挤　条φ1.6	挤　条φ1.6	挤条三叶形
化学组成,%			
MoO_3	1.51	1.84	12
NiO	—	3.10	—
CoO	3.20	—	4
P	—	~2.50	—
SiO_2	0.1	—	2
Al_2O_3	余　量	余　量	余　量
物理性质			
堆积密度,g/ml	0.53	0.78	0.70~0.80
孔体积,ml/g	0.70	0.49	0.40~0.50
比表面积,m^2/g	270	150	240~250
性能及使用范围	用于轻馏分油加氢精制,活性高,机械强度好	用于轻馏分油、催化裂化原料油和润滑油加氢精制，脱氮和多环芳烃饱和性能好	用于渣油固定床加氢脱硫、中间馏分加氢精制

渣油加氢精制主要生产低硫燃料油，由于渣油中含大量高分子的稠环化合物及胶质、沥青质，故集中了原油中大部分的硫、氮、金属杂质，所以该油加氢精制的反应条件较为苛刻。要求催化剂应具有良好的脱硫活性以及在金属沉积下能保持其活性和稳定性。处理低硫渣油时可使用Mo-Ni或Mo-Co催化剂。处理高硫渣油时可先用Mo-Zn催化剂处理后再用Mo-Ni催化剂处理。

三、润滑油加氢补充精制催化剂

早期润滑油补充精制使用的是：钼酸钴型催化剂，该型催化剂是属于燃料加氢脱硫的催化剂。

1959～1961年英国研制出了用于润滑油补充精制的Fe-Mo-Co-Al_2O_3型的三组分催化剂（又称铁剂），一般称为润滑油的铁精制，它的特点是脱色性能好，使用条件缓和。

1962年美国研制的钼酸镍催化剂目前已大量应用。它的组成见表Ⅴ-0-5，其优点是加氢活性高，因此脱氮脱稠环芳烃能力强，生成油颜色好，反应温度低，可以减少裂解，催化剂使用寿命长。

表 Ⅴ-0-5 钼酸镍型催化剂的组成

催化剂	主要组成	处理原料
HH241	8% MoO_3+2% NiO担在Al_2O_3上	用于处理重质油，不发生裂解，脱氮率高
HR344	13% MoO_3+2.5% NiO担在Al_2O_3上	标准的补充精制催化剂，用于含氮原料
HR346	19% MoO_3+3.5% NiO担在Al_2O_3上	标准的补充精制催化剂，用于含氮原料

（1）为了避免裂解作用，要求担体的酸性应弱些，因此，基本上都采用活性氧化铝。

（2）催化剂在使用前先要硫化，其目的是使活性金属组分变为硫化态，这是因为硫化型的催化剂的抗毒能力强，活性也较高，可以延长运转周期。

润滑油加氢补充精制的有些装置使用的催化剂是Mo-Ni-P-Al_2O_3型催化剂。

四、石蜡加氢精制催化剂

Mo-Ni、Mo-Co双金属联合使用是石蜡加氢催化剂常用的金属活性组分。石蜡加氢精制的主要目的是脱氮和脱芳烃，而Mo-Ni的这一性能比Mo-Co为优，故工业上多采用Mo-Ni型催化剂。

由于对食品蜡安全性的严格要求，对催化剂提出更高的要求。

首先，催化剂应具有较大的孔容积和平均孔径，特别是6nm以上的孔应在总孔分布中占很大比例。这样蜡的大分子能自由到达催化剂内表面。其次是选用微酸性的担体及合适的酸性组分，对催化剂的稳定性以及粒度大小都有一定要求。表Ⅴ-0-6为石蜡加氢的专用催化剂的组成和性质。

上表所列者为专用催化剂，担体为多孔的含8～20%（重）氧化硅的Al_2O_3，含有0.2～5%的碱金属组分。直径6～15nm范围内的孔容积占直径在0～15nm范围内孔容积80%以上。

表 Ⅴ-0-6 蜡加氢专用催化剂的性质

	专用催化剂	通用催化剂		专用催化剂	通用催化剂
组成，%（重）			0～6nm	0.004	0.056
MoO_3	15.1	15.3	6～15nm	0.044	0.104
NiO	4.2	4.1	15～18nm	0.175	0.162
NaO	0.54	0.09	18～24nm	0.151	0.109
SiO_2	11.9	3.5	24～30nm	0.094	0.105
比表面积，m^2/g	259	286	30～36nm	0.051	0.048
孔容积，ml/g			PVI%	91.7	65.0
0～60nm	0.519	0.584			

注：PVI=〔(6～15nm)/(0～15nm)〕×100，1nm=10^{-9}m。

使用专用催化剂后所得石蜡的产品质量好，各项指标值都优于通用催化剂，见表Ⅴ-0-7。

表 V-0-7 专用催化剂石蜡加氢精制结果

操作条件：反应温度：250℃；空速：0.5h⁻¹；氢分压：5.9MPa；氢/蜡（体）：150

项　　　目	原料蜡	专用催化剂	通用催化剂
颜色，赛氏号	16	30⁺	30
热安定性(160℃,2h)，赛波特	−1	30⁺	28
光安定性(散光15d)赛波特	−3	28	20
含油，%重	0.185	0.203	0.445
熔点，℃	58		
紫外吸收值，270nm	1.65	0.018	0.081
硫，ppm	3	0	
氮，ppm	2	0	

第四节 加氢精制的工艺流程

各种馏分油加氢精制过程多达数10种，但基本大同小异，一般采用固定床反应器，加氢精制的工艺流程因原料而异，但基本原理是相同的。

一、典型的加氢精制工艺流程

加氢精制工艺流程见图Ⅴ-0-1。

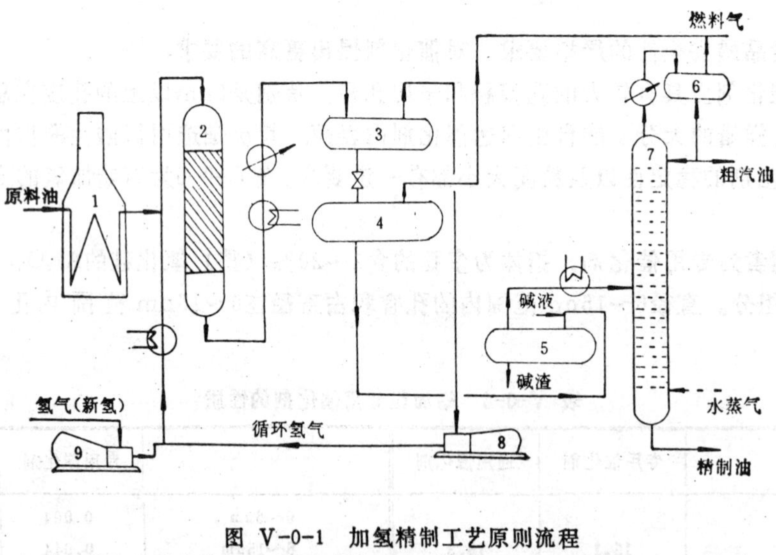

图 V-0-1 加氢精制工艺原则流程

1—加热炉；2—反应器；3—高压分离器；4—低压分离器；5—碱洗器；6—分液器；7—分馏塔；8—循环氢压缩机；9—新氢压缩机

原料油经换热后进入加热炉加热至所需温度，再与循环氢在管道内混合（这种方式称炉后混氢，也有在加热炉前混氢的，称为炉前混氢），然后从上部进入反应器，循环氢与油料混合物通过催化剂床层进行加氢反应。加氢生成油经换热和水冷却后依次进入高、低压分离器。

加氢精制的产物中有精制油品及未反应的氢气（循环氢）、H_2S、水和NH_3等。其中一部分H_2S溶于油中，其余部分则呈气态。由高压分离器分离出来的氢气大部分经循环氢气压缩机升压后循环使用，底部油经减压后送入低压分离器，由低压分离器出来的氢气（含有一部分裂解产生的烃气体）送入燃料系统作燃料。从低压分离器底部出来的加氢生成油经过加热，然后送入分馏塔，把残留在油中的气体及轻馏分汽提出去，由塔底出来的生成油经过换热冷却后即为加氢精制油品。

从高压分离器3分出的氢气中含有H_2S，可用乙醇胺水溶液将其除掉，为了保持循环氢中氢的纯度，可用新氢压缩机不断往系统中补充新鲜氢气。

二、柴油加氢精制工艺流程

柴油加氢精制工艺流程见图Ⅴ-0-2。

原料油与加氢生成油在换热器1中换热后，进入加热炉2中，在炉出口与加氢生成油换热后来的循环氢混合，依次进入串联的两个加氢精制反应器中，以反应器温度为330～410℃范围内调整加热炉的供热。

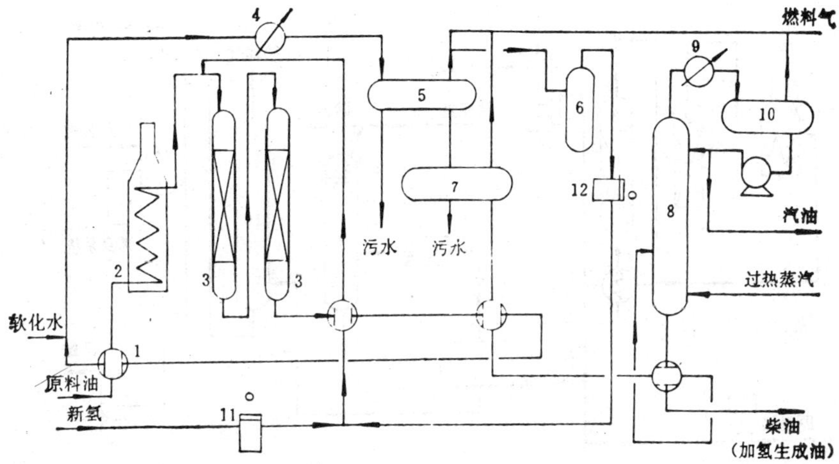

图 Ⅴ-0-2 柴油加氢精制工艺原则流程图

1—换热器；2—加热炉；3—反应器；4—冷却器；5—高压分离器；6—分液器；7—低压分离器；8—分馏塔；9—冷凝冷却器；10—油水分离器；11—新氢压缩机；12—循环氢压缩机

加氢生成油经与循环氢、分馏塔进料和原料油换热后，注入软化水，以清洗加氢反应时生成的NH_3和H_2S，防止生成的多硫化铵或其它铵盐堵塞设备。然后进入冷却器4中，再进入高压分离器5中，含铵盐的污水排入下水道。

高压分离器分出的循环氢大部分进入分液器6，进一步分离携带的油滴后，进入循环氢压缩机12，并在临氢系统中循环，另一部分循环氢作为燃料气排出装置。加氢过程消耗的氢气由新氢压缩机11补充。

加氢生成油分出循环氢后经减压进入低压分离器7中，放出的燃料气排出装置，在底部分出的油品经与加氢生成油换热后进入分馏塔8，塔底吹入过热蒸汽，以保证柴油的闪点和腐蚀性合格。塔顶油气经冷凝冷却器9冷凝冷却后，进入油水分离器10，分出的汽油一部分打回流控制塔顶温度，其余送出装置。

若处理的原料含硫较高时，则工艺流程中设有脱除H_2S系统，即用乙醇胺溶液将循环氢中的H_2S吸收，并将循环氢水洗后再循环于临氢系统。吸收了H_2S的乙醇胺溶液经过解吸过程后，乙醇胺溶液可循环使用。解吸出来的H_2S可送至制硫磺装置。

三、典型的蜡加氢精制工艺流程

下面介绍ARCO公司设计的石蜡加氢精制工艺流程，其特点如下：

（1）两个反应器串联（也可采用一个反应器），反应压力：9.8MPa，反应温度：根据原料性质确定，在260～370℃之间调节，本工艺反应条件较苛刻，可保证产品质量。

（2）氢分离采用三次分离，可保证氢气质量，即高温高压、低温高压和低温低压。

（3）原料无预处理过程，仅用一个简单的缓冲罐脱水。

（4）加氢生成油后处理采用常压汽提和减压干燥复合塔。

（5）本工艺适合于生产食品蜡。

图Ⅴ-0-3是典型的石蜡加氢精制工艺流程。

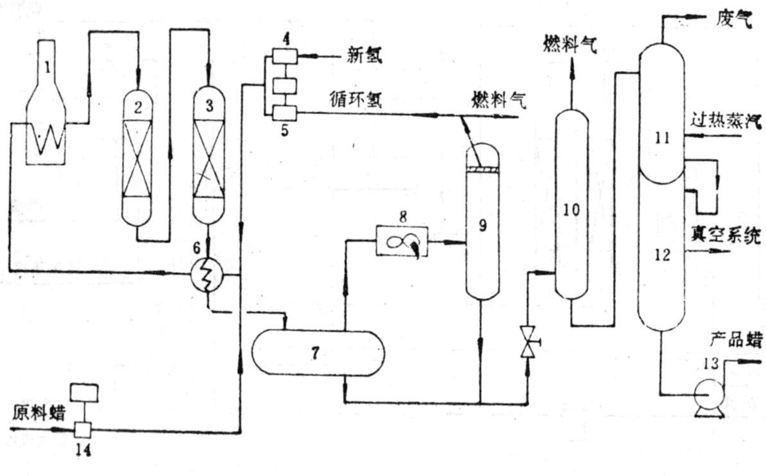

图 Ⅴ-0-3　石蜡加氢精制工艺原则流程

1—加热炉；2、3—反应器；4—新氢压缩机；5—循环氢压缩机；6—换热器；7—高温高压分离器；8—高分空冷器；9—低温低压分离器；10—低压分离器；11—汽提塔；12—干燥塔；13—成品泵；14—原料泵

四、润滑油加氢补充精制工艺流程

润滑油加氢补充精制工艺流程见图Ⅴ-0-4。

原料油、循环氢和补充新氢混合、加热至一定温度，然后自上而下通过固定床反应器。反应产物经换热、冷却，在高压分离器中分离出循环氢，再减压进入低压汽提塔分离出硫化氢及低沸点烃类，最后在真空脱水器中除去残留水分，即得加氢生成油。有时在高压分离器和汽提塔之间还设有低压分离器，以分离气体产物，从而降低汽提塔的负荷。

为了调节生成油的闪点，有时可在汽提塔顶增加回流装置，以排除低沸组分，并在侧线引出产品，成品油在离开装置前需通过过滤，以分出携带的催化剂粉末。

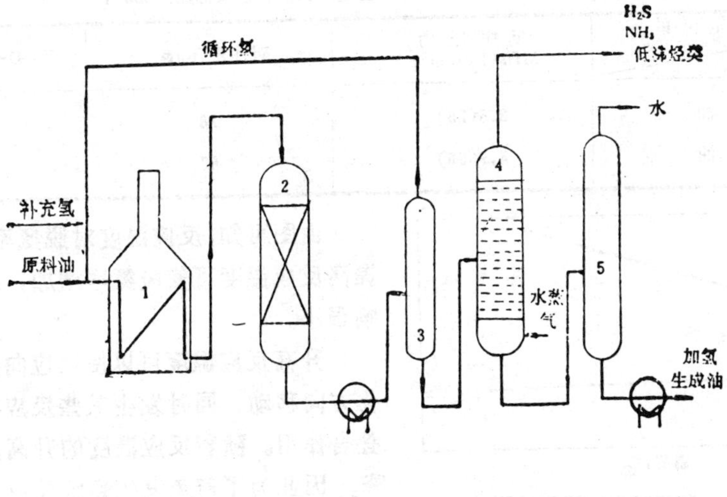

图 V-0-4 润滑油加氢补充精制工艺原则流程

1—加热炉；2—反应器；3—高压分离器；4—低压汽提塔；5—真空脱水器

第五节 加氢精制的工艺条件和影响因素

一、油品加氢精制的主要工艺条件

影响油品加氢精制的主要工艺条件有反应压力、反应温度、空速、氢油比，现分别叙述于下：

1．反应压力

反应压力的影响主要表现在氢分压和氢油比的影响，而氢分压是由下列一些因素所决定：装置的操作压力（总压）、新氢和循环氢气体的数量和氢气浓度、化学耗氢量、原料油的汽化率等。

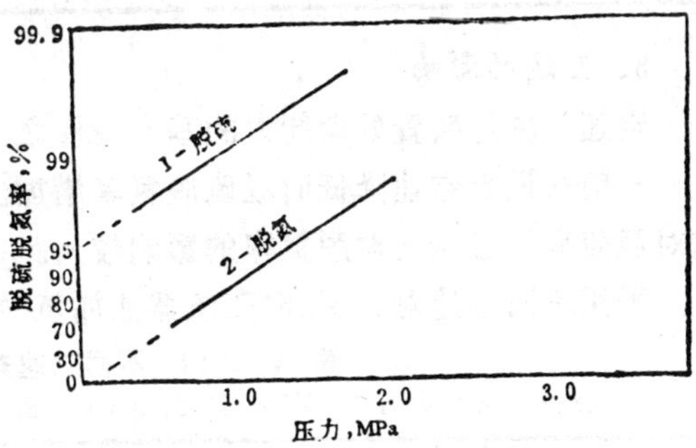

图 V-0-5 脱硫脱氮率与压力的关系

氢分压对脱硫脱氮的影响见图V-0-5。

由图可见，直线1（脱硫率）的效果比直线2（脱氮率）的效果好，即在同样压力下脱硫率高于脱氮率。氢分压升高时，脱硫脱氮率均增加。

氢分压增加时，油品的氧化安定性能提高，颜色变好。当氢分压升高后可防止催化剂床层的结焦，保持催化剂的活性，提高催化剂的稳定性。见表V-0-8。

2．反应温度

反应温度对产品质量和收率起着主要作用。加氢反应虽然是放热反应，但为了提高催化剂的效能和有效地利用催化剂的活性温度范围，并适当提高反应速度，在工业生产过程中还需要保持一定的反应温度。

温度对脱硫率和脱氮率的影响见图V-0-6。

表 V-0-8 大庆生产汽轮机油的试验数据

试验条件：催化剂：Mo-Ni-P；反应温度：310℃；空速：$1.0h^{-1}$；氢油比：300:1

项目 / 油品	反应压力 MPa(kg/cm^2)	碱性氮,ppm	D-943(氧化),h
汽轮机油	2.5(25)	78	1024
汽轮机油	4.9(50)	57	1352

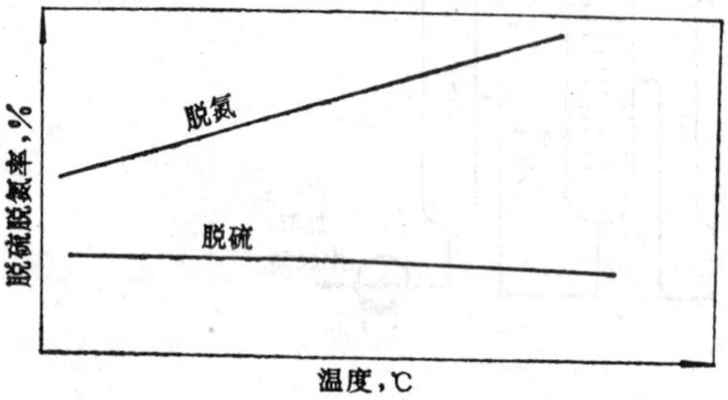

图 V-0-6 温度对脱硫脱氮的影响

由图可知，反应温度对脱氮率的影响较大，提高反应温度可使脱氮率增加，对脱硫率的影响很小。

升高反应温度可以使反应向芳构化和异构化方向移动，同时发生某些反应产物的裂解和叠合作用。随着反应温度的升高，产品收率下降。因此为了避免发生裂解反应及提高产率，应尽量采用低的反应温度。

减二线油采用不同反应温度时对加氢效果的影响。见表 V-0-9。

表 V-0-9 不同温度对减二线油加氢的影响

条件：反应压力：2.5MPa；空速：$1.0h^{-1}$；氢油比：300:1

反应温度,℃	250	270	320	340
加氢效果				
脱氮率,%	25.9	30.9	33.2	42.6
脱碱氮率,%	4.5	—	24.3	39.6
脱硫率,%	34.6	50.9	82.5	86.7
凝点,℃	+2	+2	+2	0

3．空速的影响

空速是决定装置处理能力的基本条件之一。

一般来说当空速降低时脱硫脱氮率增加。空速对脱硫脱氮率的影响程度是不一样的，空速对脱硫率的影响比对脱氮率的影响较大。

采用不同空速对大庆25#变压器油加氢效果的比较见表 V-0-10。

表 V-0-10 不同空速对大庆25#变压器油的影响

（条件：反应压力：2.5MPa；温度：310℃；氢油比：300:1（体）

项目 \ 试验编号	3-1	3-2	3-3	3-4
反应空速,h^{-1}	1	2	3	4
脱碱氮率,%	35.7	26.1	11.9	14.0
脱硫率,%	92.5	87.6	84.2	79.6
溴价,mg/100g	0.84	1.10	0.97	1.22
酸值	0	0	0.003	0.005

4．氢油比对加氢深度的影响

氢油比是指在过程中标准状况下工作氢气与原料油的体积比。

$$氢油比(体)=\frac{工作氢气的体积流量，Nm^3/h}{原料油的体积流量，m^3/h}$$

工作氢气包括新氢和循环氢两部分。

氢油比大时有利于传质和加氢反应的进行，可及时将反应热从系统中排除，使反应温度平稳，容易控制，使精制深度提高。但氢油比过大时，由于原料在反应空间内停留时间短，反而使加氢深度下降，氢油比超过一定范围后，还会使系统的压力降增加，同时增加了动力消耗，故需要加粗管径。

为了保持加氢系统内气体和液体流动状况稳定，氢油比不能过小，因为当循环氢量大量减少时会使转油线、换热器、加热炉管内的气体和液体流动变得不稳定，造成装置内的压力和温度波动。

5. 原料性质的影响

低沸点馏分的加氢脱硫要比高沸点馏分容易进行。这是由于低沸点馏分中的硫化物性质和高沸点馏分中的硫化物性质不同。脱硫脱氮时的耗氢量与馏分油的沸点范围有关。

二、反应条件对生成油性质的影响

了解加氢过程中油品的物理与化学性质的变化以及反应条件对生成油性质的影响，对于掌握加氢油性质的变化规律，以及为既定的原料和目的产品选择一个合适的催化剂和操作条件都具有很重要的意义。

1. 对脱硫脱氮的影响

一般在缓和的条件下，油品的脱硫效率也很高。因脱氮比脱硫困难得多，故提高反应深度有利于脱氮，即增加压力、降低空速，并尽量维持较低的温度，以免发生加氢裂化，见图V-0-7。

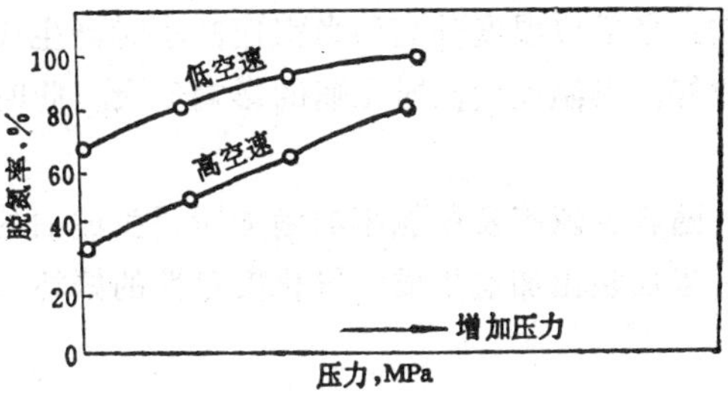

图 V-0-7　反应条件对脱氮率的影响（温度一定时）

由图可知：压力较低时，空速的影响较大，随着压力的增高，不同空速的差距愈来愈小。

对不同的原料油虽在同一条件下，但脱硫脱氮的效果却不一样，当原料轻时或经过抽提去芳烃时，则效果愈好。

2. 对生成油物理性质的影响

一般浅度加氢时，生成油的粘度有轻微降低，闪点有所下降，这是因为含硫芳烃加氢脱硫后生成少量的轻馏分。当加氢精制深度增加时，生成油粘度下降，需要采取蒸馏的方法得到合格产品。当增加反应深度时，因发生开环裂解反应生成长侧链的单环烷或单环芳烃，使粘度指数上升。又因烃类发生饱和作用使生成油的凝点上升。

表 V-0-11　不同反应深度下加氢油的物理性质

性　质	原　料	不同反应深度时，>371℃的润滑油		
		低温加氢（高空速）	高温加氢（高空速）	高温加氢（低空速）
收率，%（体）	100	99.6	87.2	40.5
相对密度，d_4^{20}	0.943	0.909	0.899	0.862
粘度(37.8℃)，mm²/s	500	223	119	247
粘度(98.9℃)，mm²/s	21.8	14.2	10.8	4.8
粘度指数	34	52	75	121
倾点，℃	−15	−17.8	−10	+15.5

3. 对颜色和颜色安定性的影响

颜色和颜色安定性是评定加氢生成油性质的主要指标。

根据许多研究成果认为：油品着色的物质主要是含氮化合物，这些化合物很不安定，热氧化后会生成颜色更深的物质。如需要生产质量较高的产品，脱氮率应在95%以上，并使用加氢活性较强的催化剂以及采用较低的空速。

表 V-0-12 某润滑油馏分中各组分的颜色及安定性

组分	含量 %(mol)	各组分构成油品颜色的,%		
		起始色度	100℃热氧化	
			43h	168h后
氮化合物	5	89	98	99
硫、氧化合物	19	10	2	0.6
无杂原子的芳烃	26	1	0	0.4
烷烃和环烷烃	50	0	0	0

4. 对氧化安定性的影响

氧化安定性用10g加氢生成油试样经氧化后生成10mg沉淀的小时数来表示。由图V-0-8可知：当反应温度升高和当空速减小时，生成油的氧化安定性提高，即反应条件愈苛刻则效果愈好，当温度增高时空速的影响愈大。此时反应条件的选择，主要是产品粘度指标的限制。

随着脱硫率及脱氮率的增加所得生成油的氧化安定性能愈来愈好。所以脱硫脱氮率的高低可以反映出加氢生成油氧化安定性的好坏，见图V-0-9。

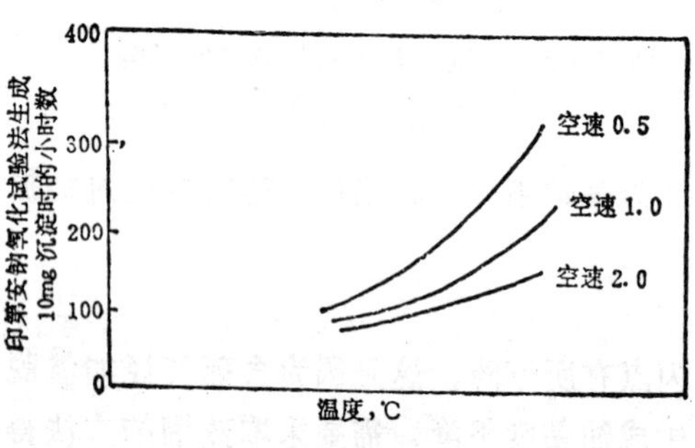

图 V-0-8 反应条件对氧化安定性的影响（溶剂精制油）

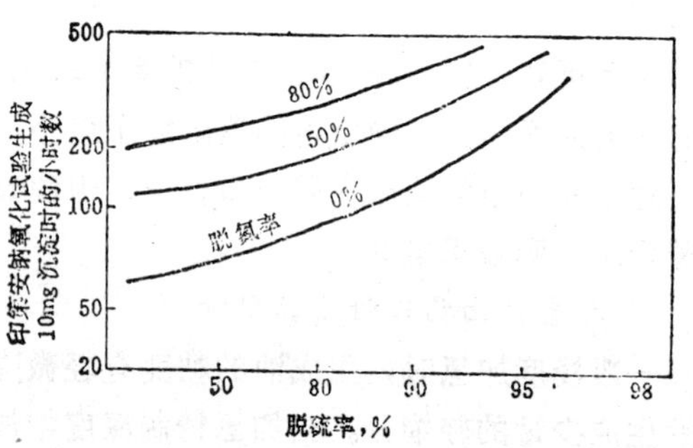

图 V-0-9 脱硫脱氮率对氧化安定性的影响

经研究及试验结果表明，加氢深度愈高，则对抗氧剂的感受性愈高，如对SAE20的原料加氢深度由脱氮率81%提高97%，则加抗氧剂后生成油的安定性由1000h可增至4500h。

三、石蜡加氢精制工艺操作条件的选择

石蜡加氢精制的工艺特点是反应条件温和。这是因为石蜡精制过程不允许出现C-C链的裂解和烃类异构化反应，必须防止蜡中含油量回升，必须做到加氢精制后的熔点、硬度、针入度、粘度等物理性质不变。

由图V-0-10可知氢分压和空速对加氢生成蜡的质量都有明显的影响，即采用低的氢分

压和高空速时会使蜡的质量大幅度下降。

由图Ⅴ-0-11可知曲线AB区间的蜡的安定性随着反应温度上升而改善，温度超过B点横坐标极限值时则生成蜡的质量降低，含油量也回升，表示在超高温度下伴随有裂解反应发生。

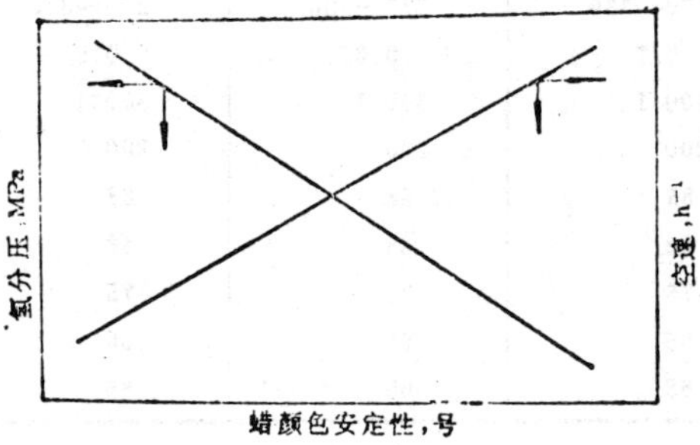

图 Ⅴ-0-10 氢分压和空速对蜡质量的影响

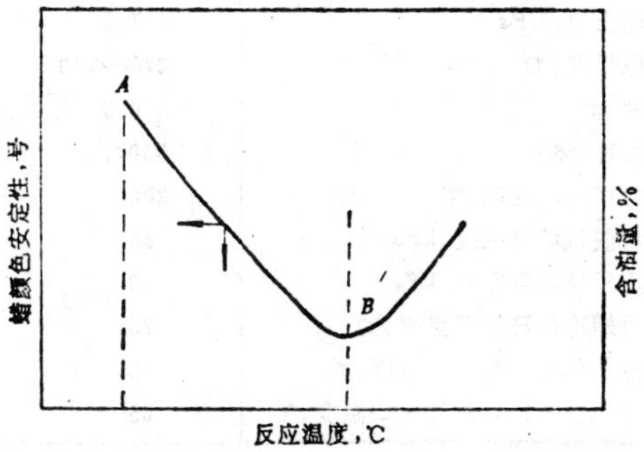

图 Ⅴ-0-11 反应温度对蜡质量的影响

表 Ⅴ-0-13 我国几个炼厂柴油精制操作条件

项目 \ 厂名	精制条件 长岭	茂名	胜利	项目 \ 厂名	精制条件 长岭	茂名	胜利
催化剂名称	2′钼酸镍	481	钼酸镍	温差,℃	40	50～100	70
原料油名称	焦化柴油	焦化柴油	焦化柴油	混氢方式	炉后	炉后	炉后
操作压力,MPa	6.4	5.4	3.1～3.5	循环氢脱H_2S方式	不脱	乙醇胺	乙醇胺
氢分压,MPa	5.5～5.8	4.9		精制油收率,%(重)	98	95	98
空速,h^{-1}	1.4	0.8	1.2～2.8	脱硫率,%	95	95～98	90～98
氢油比(体)	500～600	1045	>600	脱碱氮率,%	75	90～95	18
生成油脱H_2S方式	汽提	汽提	汽提	烯烃饱和率,%	94		
一反入口温度,℃	320	300	300	催化剂寿命,m^3/kg	26.67	24.00	
床层最高温度,℃	360	350～400	<400	再生情况	二次	二次	

表 Ⅴ-0-14 我国某厂润滑油加氢补充精制操作条件

操作条件 \ 油品	常三线	减二线	减三线	减四线	残渣
反应温度,℃	310	280～300	260～300	250～300	260～300
反应压力,MPa	2.5～3.0	2.5～3.0	2.5～3.0	2.5～3.0	7.5～3.0
空速,h^{-1}	1.0	1.0～2.0	2.0～2.5	1.0～2.0	1.0～2.0
汽提塔进料,℃ 不小于	180	190	220	230	230
氢分压,MPa	2.5	2.5	2.5	2.5	2.5
干燥塔真空度,kPa	80	80	80	80	80
馏出口温度,℃	80	80	80	80	80

工艺条件中对蜡质量影响最大的是氢分压力，故为了保证成品蜡的质量，蜡加氢精制装置都采用了比一般油品加氢精制装置稍高的操作压力。反应的起始温度一般不高于300℃。因为石蜡加氢精制属于典型滴流床液相加氢过程，故氢油比可以很低，氢油比一般都在200

以下。石蜡加氢的空速比一般油品加氢精制要低，一般为0.5～1.5h^{-1}，实际操作中空速多在0.5～1.0h^{-1}。

表 V-0-15 我国某厂石蜡加氢工艺操作条件

操作条件 \ 指标 \ 品种	56	58	60	62
反应压力,MPa	7.9	7.9	7.9	7.9
反应温度,℃	270～330	270～330	270～330	270～330
空速,h^{-1}	0.8	0.7	0.6	0.5
氢油比(体)	300:1	300:1	300:1	300:1
汽提塔进料温度,℃	200	200	200	200
原料脱气塔真空度,kPa	88	88	88	88
减压干燥塔真空度,kPa	88	88	88	88
产品蜡冷却器出口温度,℃	75	75	75	75
高分气体冷却器出口温度,℃	65	65	65	65
低分气体出口冷却器出口温度,℃	65	65	65	65

习题及思考题

1．何谓加氢精制？

2．加氢精制工艺过程的类型以及它在炼厂中的地位？

3．加氢精制的化学反应有那些？

4．加氢精制常用的催化剂由那几部分组成？对汽油加氢、柴油加氢、渣油加氢、润滑油加氢、石蜡加氢对产品各有什么要求以及相应采用的催化剂是什么？

5．比较各种加氢精制工艺流程的相同点和不同点。

6．加氢精制的主要工艺条件及其对产品的性质影响有那些？

主要参考书目

1．朱耘青主编，《石油炼制工艺学》，中国石化出版社，1992年5月。

2．林世雄主编，《石油炼制工程》，（第二版）石油工业出版社，1988年6月。

3．张锡鹏主编，《炼油工艺学》，石油工业出版社。

4．陆庆云主编，《流化催化裂化》，（第二版）烃加工出版社，1989年8月。

5．李成栋编，《催化重整》（修订本），中国石化出版社，1991年11月。